安徽省煤矿

水文地质及水害防治技术

姚多喜　鲁海峰　编著

中国科学技术大学出版社

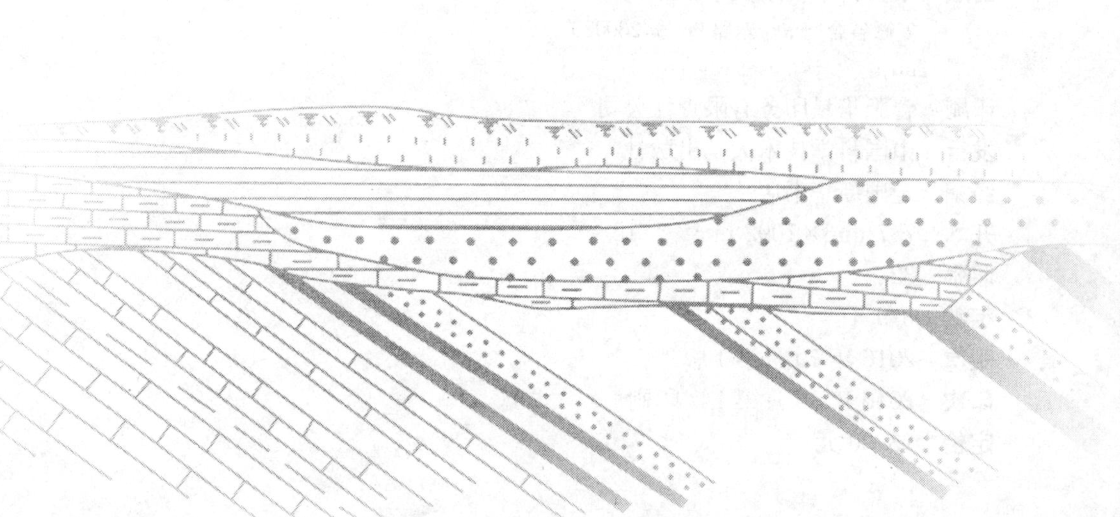

内 容 简 介

本书主要以《煤矿防治水规定》《煤矿安全规程》为依据，系统总结了安徽省两淮煤田近20年来水害防治方面的经验和教训，整合了现场生产技术和科研项目的研究成果，全面分析了两淮煤田的水文工程地质条件，从理论和技术上对安徽省煤矿水文地质特征进行了深入系统地研究，总结了相应的水害治理技术手段，为安徽省煤矿的安全开采提供可靠的水文地质保障。

本书内容丰富、资料翔实、技术手段先进，反映了安徽省煤矿水害防治技术研究的最新成果。本书适合煤矿防治水工程技术人员和管理人员使用，也可供高校地质工程、地下水科学与工程以及采矿工程等专业的师生参考。

图书在版编目(CIP)数据

安徽省煤矿水文地质及水害防治技术/姚多喜，鲁海峰编著. —合肥：中国科学技术大学出版社，2016.10

ISBN 978-7-312-04066-5

Ⅰ.安… Ⅱ.① 姚… ② 鲁… Ⅲ.① 煤矿—矿床水文地质—安徽 ② 煤矿—矿山水灾—灾害防治—安徽 Ⅳ.① P641.4 ② TD745

中国版本图书馆数据核字(2016)第235807号

出版 中国科学技术大学出版社
安徽省合肥市金寨路96号，230026
http://press.ustc.edu.cn

印刷 合肥华星印务有限责任公司

发行 中国科学技术大学出版社

经销 全国新华书店

开本 787 mm×1092 mm 1/16

印张 32

字数 819千

版次 2016年10月第1版

印次 2016年10月第1次印刷

定价 98.00元

前　言

安徽省位于中国的东部，地下蕴藏有丰富的煤炭资源。按所处的构造位置和不同沉积类型可将安徽省含煤区划分为淮北煤田、淮南煤田和皖南煤田。安徽省煤炭资源主要分布在淮南煤田和淮北煤田(合称“两淮煤田”)，其为华北型石炭—二叠系含煤地层，是我国重要的煤炭产地。

目前皖南煤田已无生产矿井，安徽省煤炭开采主要集中在皖北的两淮煤田。两淮煤田水文地质条件复杂，煤炭资源开采受松散层孔隙水、灰岩岩溶裂隙水、煤系砂岩裂隙水、老窑(空)水等多种水源的严重威胁，水害防治是安徽省煤矿安全管理重中之重。矿山水害事故是仅次于瓦斯突出与爆炸的重大灾害事故，造成的人员伤亡、经济损失一直居各类矿难之首，在煤矿重、特大事故中所占比重较大。近年来，安徽省煤矿水害事故时有发生，甚至发生了突水淹井、采掘工作面以致被迫停产及人员伤亡等事故。如 2013 年 2 月 3 日淮北煤田桃园矿 1035 工作面切眼隐伏陷落柱突水，29 000 m^3/h 的突水量使得这个大型现代化矿井在数小时内被淹没；2015 年 1 月 30 日，淮北煤田朱仙庄煤矿发生顶板离层水突水事故，造成 7 人死亡、7 人受伤。水害事故造成了巨大的经济损失和严重的社会影响。

两淮煤田许多矿井目前相继进入了深部开采阶段，开采地质和水文地质条件变得越来越复杂，全省三分之一以上煤矿矿井水文地质类型将为复杂或极复杂类型，水害隐患也越来越严重，使得水害治理难度越来越大，安全形势不容乐观。为了认真吸取近期煤矿安全事故教训，有效防范和坚决遏制重、特大事故，促进全省煤矿安全生产形势进一步稳定好转，同时也为了系统总结和分析近 20 年来安徽省在煤矿水害防治方面取得的经验和教训，科学指导今后煤矿水害防治工作，安徽省经济和信息化委员会特委托安徽理工大学组织全省相关专家编写及出版了这部《安徽省煤矿水文地质及水害防治技术》。

本书主要以《煤矿防治水规定》《煤矿安全规程》以及《矿井地质规程》为依据，并结合安徽省经济和信息化委员会、安徽煤矿安全监察局下发的有关煤矿水害防治专业技术文件，广泛收集两淮煤田矿井防治水工程资料和科研成果资料，系统总结安徽两淮煤田近 20 年来水害防治方面取得的经验和教训，整合了现场生产技术和科研项目的研究成果，全面分析了两淮煤田的水文工程地质条件，从理论和技术上对安徽省煤矿水文地质特征进行了深入系统地研究，总结了相应的水害治理技术手段，为安徽省煤矿的安全开采提供可靠的水文地质保障。

全书编写分工如下：全书章节安排及统稿由姚多喜和鲁海峰负责，前言和第一章、第二章、第六章、第七章、第十八章、第二十二章由姚多喜编写，第三章、第四章、第五章、第九章、第十章、第十一章、第十四章、第十五章、第十六章、第十九章、第二十章由鲁海峰编写，第八章由张平松编写，第十二章、第十三章由鲁海峰、陈善成、胡杰共同编写，第十七章由傅先杰、王厚柱编写，第二十一章由胡杰、贺世芳共同编写。姚多喜和鲁海峰对全书进行了统稿。

必须指出的是，本书的成稿绝非一两人之功，而是安徽省煤矿防治水战线广大科技人员的集体智慧的结晶。淮南矿业集团公司赵伟、汪敏华、刘满才、马济国，淮北矿业集团公司葛春贵、倪建明、韩东亚、王大设、孙尚云，皖北煤电集团公司吴玉华、孔一凡、赵开全、段中稳、孙本魁、易德礼，国投新集股份公司傅先杰、廉法宪以及安徽省煤田地质局章云根、张文永、朱文伟等为本书的编写提供了宝贵的资料并提出了修改意见，在此致以诚挚的谢意。此外，中国矿业大学李文平，合肥工业大学钱家忠、陈陆望，安徽理工大学吴基文、许光泉，安徽建筑大学杨本水，宿州学院桂和荣等均在两淮煤田水害防治研究工作中做了大量卓有成效的工作，丰富了本书的内容，在此一并予以感谢。中国科学技术大学出版社有关领导和编辑为该书的编写与出版付出了艰辛和努力，安徽理工大学地质工程硕士研究生董旭、翁荔玉、张好、朱宁宁、薛凉、方翔宇等在图件描绘以及部分数据的整理上做了大量的工作，在此一并致谢。

本书的出版得到安徽省煤矿安全生产专项资金项目“安徽煤矿水文地质”的资助，同时得到国家自然科学基金“岩层组合结构对底板采动破坏及突水危险性的制约研究”(51474008)的资助，还得到了安徽省自然科学基金(1508085QE89)的资助，谨表衷心感谢！

由于时间仓促，加之作者水平有限，书中可能还存在不少问题，敬请读者不吝指教。

编　者

2016年5月

目　　录

第三篇 煤矿水文地质工作与方法

第四篇 安徽煤矿水文地质特征

第一篇　总论

第一章　概　　述

一、本书编写背景

安徽省位于中国的东部，地下蕴藏有丰富的煤炭资源。按所处的构造位置和不同沉积类型可将全省含煤区划分为淮北煤田、淮南煤田和皖南煤田。目前，安徽省的煤炭资源主要分布在淮南煤田和淮北煤田，为华北型石炭二叠系含煤地层，是我国重要的煤炭产地。

目前皖南煤田已无生产矿井，安徽省煤炭开采主要集中在皖北的两淮煤田，本书主要以两淮煤田矿井为例来编写。两淮石炭二叠系煤田是我国重要的产煤区之一，现有四大矿业集团（淮南、淮北、皖北、国投新集），年产亿吨煤炭。目前，煤炭资源仍是我国现在乃至今后相当长一段时间内的主要能源，在一次能源结构中占60%左右，其开采及利用是我国国民经济发展的重要基础。然而，安徽省两淮地区的煤炭资源的开采受水害威胁严重，水害防治是安徽省煤矿安全管理的重中之重。

矿山水害事故是仅次于瓦斯爆炸的重大灾害事故，其造成的人员伤亡、经济损失一直居各类矿难之首，且在煤矿重、特大事故中所占比重较大。矿山水害主要是指在煤矿建设和生产过程中，不同形式、不同水源的水体通过某种导水途径进入矿坑，如孔隙水、煤系砂岩裂隙水、灰岩岩溶裂隙水、老窑（空）水、地表水体等通过断层、陷落柱、采动裂隙和封闭不良钻孔等导水通道溃入井下，并给矿山建设与生产带来不利影响和灾害的过程及结果。

近年来，安徽省煤矿水害事故时有发生，甚至发生了突水淹井、采掘工作面以致被迫停产及人员伤亡等事故。例如，2009年4月淮南煤田板集煤矿副井井筒发生突水涌砂事故，平均突水涌砂量为18 870 m^3/h，造成直接经济损失912万元（人民币，全书同）；2013年2月3日淮北煤田桃园矿1035工作面切眼隐伏陷落柱突水，29 000 m^3/h的突水量使得这个大型现代化矿井在数小时内被淹没；2015年1月30日，淮北煤田朱仙庄煤矿发生顶板侏罗系五含突水事故，造成7人死亡、7人受伤。水害事故造成了巨大的经济损失和严重的社会影响。

两淮煤田许多矿井目前都进入了深部开采阶段，煤矿深部开采的地质和水文地质条件变得越来越复杂，水害隐患也越来越严重，使得水害治理难度越来越大。煤矿水害已成为影响煤矿安全生产的重大关键问题之一，对其进行防治工作研究具有十分重要的现实意义和长远的战略意义。水害防治工作要以矿区水文地质条件为基础和依据，为查清矿区水文地质条件，为煤矿的防治水工作提供技术资料，防止和减少水害事故，国家先后出台多项规章、规程和制度，对我国煤矿水文地质条件探查和防治水工作做出了明确规定。《煤矿防治水规定》中第八条要求“煤矿企业、矿井井田范围内及周边区域水文地质条件不清楚的，应当采取有效措施，查明水害情况。在水害情况查明前，严禁进行采掘活动”；第十条要求“煤矿企业、矿井应当加强防治水技术研究和科技攻关”；第十二条也指出“矿井应当对本单位的水文地质情况进行研究”。

基于上述背景，编写《安徽省煤矿水文地质及水害防治技术》的工作就显得极为重要了。本书系统总结两淮煤田水文地质条件，将有助于深化对矿井突水机理的认识，有利于制定矿井防灾设计和措施，具有重大的现实意义。

二、编写目的和意义

安徽省煤矿水害十分严重，随着开采深度的不断增加，矿井水害越来越严重，安全生产形势仍然十分严峻，特别是近几年板集、桃园、朱仙庄煤矿的突水淹井事故，所造成的影响和损失十分严重。为了进一步提高安徽省煤矿相关技术人员应对煤矿水害的能力，安徽省经信委委托安徽理工大学组织安徽省相关专家编写了本书，以便系统地总结和分析近20年来安徽省在煤矿水害防治方面取得的经验和教训，科学指导今后煤矿水害防治工作，保障安徽省煤矿发展和可持续发展。

矿井突水机制是一个涉及采矿工程、工程地质、水文地质、岩体力学、岩体水力学、渗流力学等多门学科的理论课题，对煤层底板灰岩水富水性及底板岩层阻水性能的研究，是对矿井突水机制及其防治研究的深入和完善，是对矿业工程理论的发展和补充，具有重大的理论意义。

三、编写任务和编写原则

本书重点从地质构造单元和水文地质单元出发，结合安徽省煤矿具体布局，分淮南、淮北两大煤田，从煤田地质、煤矿工程地质与水文地质的地质条件对煤矿安全开采的影响分析，矿井水探查方法与技术、突水事故的应急救援预案等几个方面，科学、系统、简明、实用的进行总结和研究，同时编制相关实用案例，为从事煤矿防治水工作的工程技术人员服务。

本书的编写主要依据《煤矿防治水规定》《建筑物、水体、铁路及主要井巷煤柱留设与压煤开采规程》以及《矿井地质规程》等规范，并以安徽省经信委、安徽省煤监局等部门下发的有关煤矿防治水专业技术文件为原则，结合前人的研究成果，系统分析了两淮煤田的水文地质、工程地质条件，从理论和技术上对安徽省煤矿水文地质特征进行了深入系统地研究，总结了相应的水害治理技术手段，可为安徽省煤矿的安全开采提供可靠的水文地质保障。

第二章　研究区概况

第一节　地 理 位 置

两淮煤田位于华北石炭二叠纪巨型聚煤坳陷的东南隅、秦岭东西向构造带的北缘。地理位置在安徽省北部，地跨淮南、阜阳、亳州、宿州、淮北五市的凤台、颍上、利辛、蒙城、涡阳、濉溪、怀远、埇桥等县、区。其中，淮南煤田东部自淮南东部九龙岗地区，西部延展到阜阳附近，煤田在平面上呈北西西向长椭圆状，长约 118 km，宽为 15～35 km，地域面积约 3 240 km^2。淮北煤田东起京沪铁路和符离集—四铺—任桥一线，西止于豫皖省界；南自板桥断层，北至陇海铁路和苏皖省界。东西长 40～150 km，南北宽 110 km 左右，面积约 12 350 km^2，实际含煤面积约1 047.1 km^2。

两淮煤田境内共有四大矿业集团，即位于淮北煤田内的淮北矿业集团有限公司和皖北煤电集团公司；位于淮南煤田内的淮南矿业集团公司和国投新集能源股份有限公司。两淮煤田共有煤炭探矿区 33 个，取得采矿证的煤矿山 89 个（两淮煤田煤矿分布如图 2.1 所示），共计 122 个，拐点坐标如表 2.1 所示。

表 2.1　两淮煤田边界拐点坐标

1	$X=3\,800\,000$	$Y=39\,456\,041$	2	$X=3\,741\,679$	$Y=39\,449\,068$
3	$X=3\,738\,146$	$Y=39\,424\,344$	4	$X=3\,715\,921$	$Y=39\,422\,561$
5	$X=3\,716\,125$	$Y=39\,405\,597$	6	$X=3\,692\,119$	$Y=39\,402\,487$
7	$X=3\,689\,803$	$Y=39\,520\,172$	8	$X=3\,724\,926$	$Y=39\,520\,098$
9	$X=3\,737\,073$	$Y=39\,495\,606$	10	$X=380\,000$	$Y=3\,950\,570$
11	$X=3\,664\,277$	$Y=39\,414\,428$	12	$X=3\,634\,728$	$Y=39\,411\,049$
13	$X=3\,614\,192$	$Y=39\,437\,451$	14	$X=3\,601\,054$	$Y=39\,477\,463$
15	$X=3\,604\,781$	$Y=39\,512\,519$	16	$X=3\,636\,181$	$Y=39\,509\,361$

两淮煤田按其所处构造部位及煤层赋存特点可进一步分为 6 个矿区。淮北煤田被宿北断裂切割成南北两大构造单元，其中北区为濉萧矿区，南区以南坪断层、丰涡断层为界自东向西分为宿县矿区、临涣矿区和涡阳矿区；淮南煤田划分为三个矿区，分别为煤田东南部的淮南矿区（淮南老区）、中部的潘谢矿区以及西部的阜东矿区。

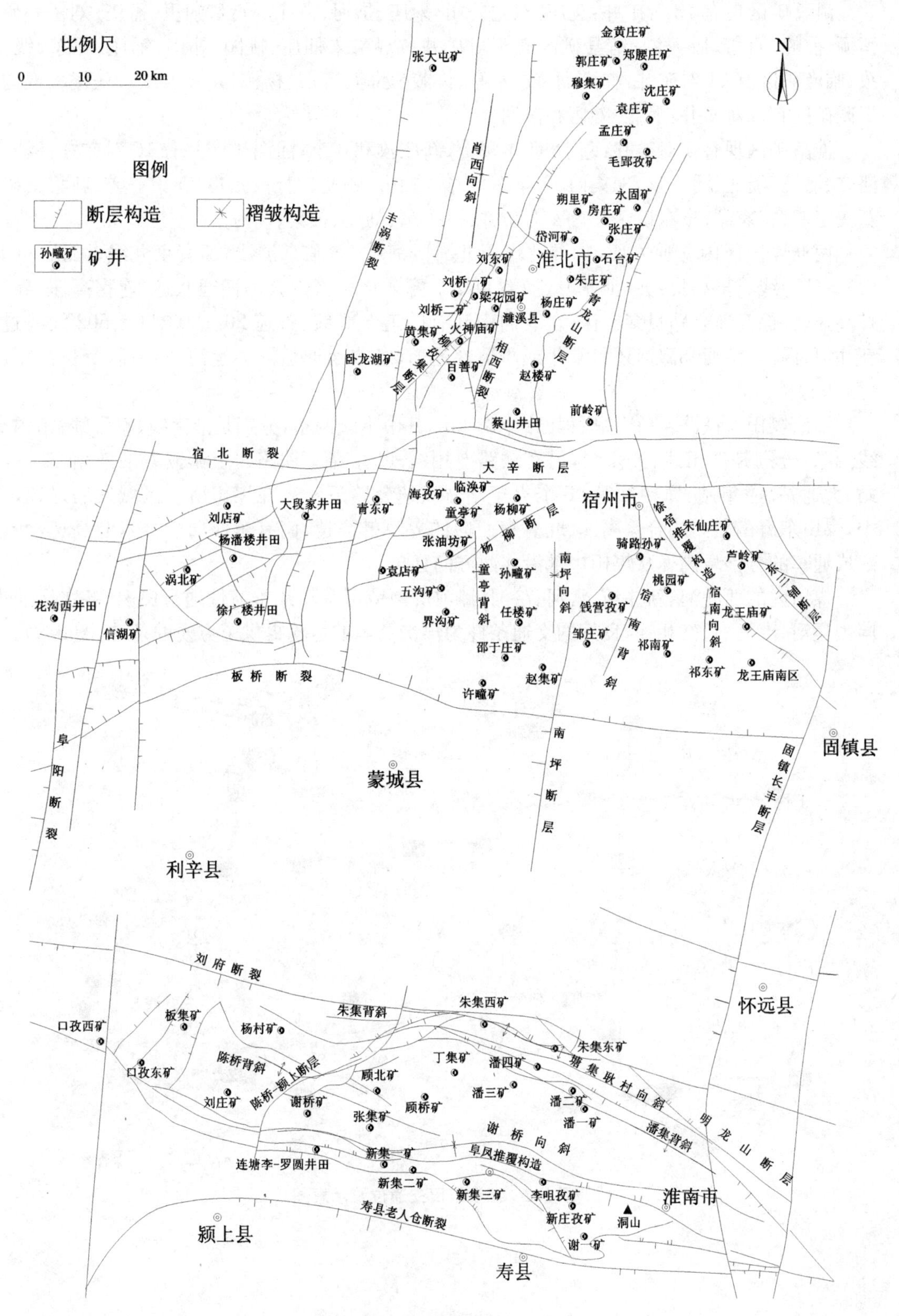

图 2.1 两淮煤田煤矿分布图

濉萧矿区现有 13 对矿井：袁庄、双龙公司、朱庄、岱河、杨庄、石台、朔里、孟庄、刘桥一矿、恒源、前岭、百善、卧龙湖；宿县矿区有 7 对矿井：芦岭、朱仙庄、桃园、祁南、邹庄、祁东、钱营孜；临涣矿区有 11 对矿井：临涣、海孜、童亭、许疃、孙疃、青东、杨柳、袁一、袁二、任楼和五沟；涡阳矿区有 3 对矿井：涡北、刘店和信湖。

淮南矿区现有 4 对矿井：谢李、谢李深部、新庄孜和孔李；潘谢矿区共有 16 对矿井：潘一、潘二、潘三、潘北、潘一东、朱集西、朱集东、丁集、顾桥、顾北、谢桥、张集、新集一矿、新集二矿、新集三矿、花家湖；阜东矿区共有 4 对矿井：口孜东、刘庄、板集、杨村。

两淮煤田区内交通方便，如淮北煤田北靠陇海线，东临京沪线，西有京九线，国铁青（龙山）阜（阳）线、符（离集）夹（河寨）线及青芦线贯穿矿区。区内公路四通八达，连霍高速、界阜蚌高速、合徐高速公路贯穿本区；自北向南尚有国道 206 线、省道 202、203、307、502 线经过。新汴河、涡河、浍河和濉河还可常年或季节性通航，各水运通道同大运河、淮河以及长江相连（图 2.1）。

淮南煤田有铁路 4 条，总里程已达 431 km，其中干线两条，分别是淮南线、阜淮线；市内支线两条，分别是淮田线、淮张线，另有铁路专用线 40 余条。铁路线上镶嵌着淮南站、淮南西站、大通站、潘集站、凤台站等 16 个火车站。高速公路近年来在煤田所在区域发展迅速，其中，煤田东有南北向的合徐高速、北有东西向的界阜蚌高速，南有东西向的合六叶高速，新近建成通车的合淮阜高速从煤田中部沿北西方向穿过。

煤田内的西淝河、新汴河、涡河、浍河、濉河等河流可常年或季节性通行民船，各水运通道同大运河、淮河、长江相连，良好的交通条件为煤炭资源的运输提供了方便的条件（图 2.2）。

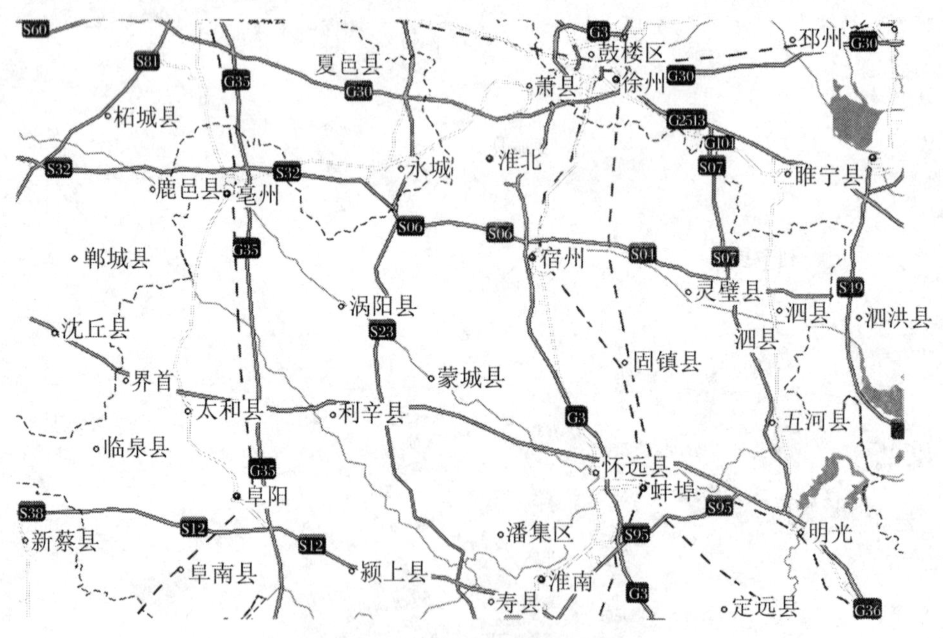

图 2.2　两淮煤田交通位置示意图

第二节　自 然 地 理

一、地形地貌

两淮煤田以淮河为界形成两种不同的地貌类型。淮河以南为丘陵，属于江淮丘陵的一部分；淮河以北为地势平坦的淮北平原。淮河南岸由东至西隆起不连续的低山丘陵，环山为一斜坡地带，宽 500～1 500 m，坡度 10°左右，海拔 40～75 m；斜坡地带以下交错衔接洪冲积二级阶地，宽 500～2 500 m，海拔 30～40 m，坡度 2°左右；舜耕山以北二级阶地以下是淮河冲积一级阶地，宽 2 500～3 000 m，海拔 25 m 以下，坡度平缓；一级阶地以下是淮河高位漫滩，宽2 000～3 000 m，海拔 17～20 m；漫滩以下是淮河滨河浅滩。舜耕山以南斜坡以下，东为高塘湖一级、二级洪冲积阶地，西为瓦埠湖一级、二级洪冲积阶地；中为丘陵岗地。淮河以北为广袤的黄淮平原一部分，地势呈西北东南向倾斜，地面标高在＋17～＋40 m 之间，坡降为万分之十一。淮北市境内有相山(海拔 342.8 m)、老龙脊(海拔 362.9 m)及一些小山丘，其余为冲积平原。平川广野是该地区地貌的主要特征，以寒武和奥陶系地层形成的山丘，分两列由东北向西南延伸。

淮南煤田的主体和淮北煤田的全部位于淮北平原区域，淮南煤田只有淮南矿区和潘谢矿区东南部小部分区域位于江淮丘陵区域。

二、水文

两淮煤田皆位于淮河流域，境内最大的地表水系为淮河。淮河由陆家沟口入市境凤台县，流至永幸河闸口分流为二，北道北上转东环九里湾进入市境潘集区，南道(又名超河)东流至皮家路入市境八公山区，南北河道至邓家岗汇流，由大通区洛河湾横坝孜出境。境内流长 87 km，其中淮南市区流长 51 km。支流有东淝河、闸河、沱河、浍河、岱河、窑河、西淝河、架河、泥黑河等；湖泊有瓦埠湖、高塘湖、石涧湖、焦岗湖、花家湖、城北湖等，此外，还有采煤沉陷区积水而成的众多湖泊、湿地。这些河流以各种方式流经各个矿区，平时可提供农业灌溉用水，也不同程度补给含水层，对矿井安全生产构成的直接威胁较小。

淮河主河道河床宽 250～300 m，最大洪水期宽达 3 000～4 000 m，正常水位标高一般在＋17～＋18 m，常见洪水位标高为＋23 m 左右，历史最低水位标高为＋12.36 m(田家庵姚家湾 1953 年 6 月 21 日)，百年来最高洪水位为＋24.53 m(1954 年 7 月 29 日)，1991 年汛期(特大水年)最高洪水位标高为＋24.30 m(1991 年 7 月 10 日)。根据治淮委员会统计，矿区段淮河最大流量为 10 800 m^3/s(1954 年 7 月 26 日)，最小流量为 164 m^3/s(1954 年元月 26 日)，正常流速为 1～2 m/s。淮河水常年浑浊，含沙多，含沙量最高为 11.7‰，最低为 2.78‰，平均为 7‰。淮河两岸各筑护堤一道，南堤为老应段确保堤，北堤为下六方堤，堤坝由于受回采塌陷影响，逐年下沉，河防工事亦逐年加固、加高。

三、气象

淮河流域地处我国南北气候过渡地带，属于暖温带半湿润季风气候区，两淮煤田属暖温带半湿润—湿润气候，季风性明显。年平均温度 15.2 ℃左右，极端最高气温为 44.2 ℃(1953

年8月31日)，极端最低气温为零下22.8℃，一年中夏季高温(8月份)，一般为31～39℃，冬季低温(1月份)，一般为－8～3℃。风向一般春夏季多为东南风、东风，冬季多为东北风及西北风，风力一般2～4级，最大风力8～9级，月平均风速1.3～2.9 m/s，最大风速8 m/s。

降水量年际变化较大，季节变化不均匀，冬季干冷，夏季多雨。据1955年至1985年共31年间的气象资料统计，境内年平均降水量多在800～1 000 mm之间，其中降水量最多的年份是1956年，达1 429.3 mm；降水量最少的年份是1966年，仅471.1 mm，为1956年的三分之一；正常年累计降水量为744.2～1 102.2 mm。降水量分配从时间上来看，一般夏季最多，平均占年降水量的50%；春秋两季次之，分别占年降水量的22.7%和19.8%；冬季最少，平均只占年降水量的7.7%。

年平均蒸发量为1 613.2 mm，最大年份为2 008.1 mm，最小年份为710.7 mm。一年内蒸发量以夏季最大，为469.0 mm；冬季最小，为72.9 mm。

初雪通常为11月，终雪为2～3月，降雪期为54～127天，最长连续降雪6天，年最大降雪量为0.96 m，平均降雪量为0.30 m。

各矿井自然地理情况详见表2.2。

表2.2　两淮煤田各矿井自然地理情况一览表

矿井名称	地面标高(m)	地表河流	河流位置	河流流向	气候类型	气温(℃)	降雨量(mm)	蒸发量(mm)	雨季
百善	+28～+32	南沱河	矿井北侧	东南	暖温带半湿润	－23.2～41	平均820	平均1 774	7～8月
刘桥一	平均+31	王引河等	矿井北部	东南	暖温带半湿润	－10.9～40.3	平均785	平均1 774	7～8月
恒源	+30～+32	王引河等	矿区内	东南	暖温带半湿润	－10.9～40.3	平均785	平均1 774	7～8月
孟庄	+24～+35	闸河	矿井东侧	东南	暖温带半湿润	－12～40	平均800	平均1 774	7～8月
祁东	+17.02～+22.89	浍河	矿井北、东部	东南	暖温带半湿润	－10.9～40.3	平均834	平均1 524	7～8月
前岭	+27.14～+31.30	濉河等	矿区内	东南	暖温带半湿润	－20.6～40.2	823～1 420	平均1 278	6～9月
钱营孜	+19.68～+24.72	浍河	矿区内	东南	暖温带半湿润	－14～40.2	平均850	平均1 576	7～8月
任楼	+25～+27	澥河等	矿区内	西至东	暖温带半湿润	－23.2～41	平均820	平均1 774	7～8月
卧龙湖	平均+30	浍河等	西南、东北	流向多	暖温带半湿润	平均14.1	平均837	平均1 400	7～8月
五沟	+26.37～+27.67	浍河	矿井北部	东南	暖温带半湿润	－10.9～40.3	平均834	平均1 400	7～8月
顾桥	+21～+24	永幸河等	矿井西北	东南	暖温带半湿润	－22.8～41.2	平均1 134.8	平均1 610	7～8月
潘二	+20.5～+22	黑河	矿井北部	东南	暖温带半湿润	－21.7～41.2	平均1 134.8	平均1 610	6～8月

续表

矿井名称	地面标高(m)	地表河流	河流位置	河流流向	气候类型	气　温(℃)	降雨量(mm)	蒸发量(mm)	雨　季
谢一	+22～+35	淮河	矿井西南部	东北	暖温带湿润气候	-22.8～41.2	平均1 134.8	平均1 610	6～8月
谢桥	+24～+25	济河	矿区内	西至东	暖温带湿润气候	-22.8～41.2	平均1 134.8	平均1 610	6～8月
潘一	+19～+23	泥河	矿井南部	东南	暖温带湿润气候	-22.8～41.2	平均1 134.8	平均1 610	6～8月
张集	+21m～+26	西淝河	矿区东北部	东南	暖温带湿润气候	-22.8～41.2	平均1 134.8	平均1 610	6～8月
潘三	+19.5～23.5	泥、黑河	矿井北部	东南	暖温带湿润气候	-21.7～41.4	平均1 134.8	平均1 610	6～8月
潘北	+21～+23	泥河	矿井南部	东南	暖温带湿润气候	-22.8～41.4	平均1 134.8	平均1 610	6～8月
李嘴孜	+10～+21	淮河	矿井北部	西至东	暖温带湿润气候	-22.8～41.4	平均1 134.8	平均1 610	6～8月
丁集	+21～+23	架河	矿区内	东南	暖温带湿润气候	-22.8～41.4	平均1 134.8	平均1 610	6～8月
新庄孜	+22～+35	淮河	矿区内	西向东	暖温带湿润气候	-22.8～41.3	平均1 134.8	平均1 610	6～8月
朱庄	+30～+32	龙、岱河	矿区内	南至北	暖温带半湿润	-23～41.1	平均862.2	平均1 890	7～8月
朱仙庄	+23～+27	沱河等	矿井南部	东南	暖温带半湿润	-23.2～41	平均940.5	平均1 890	7～8月
袁庄	+32～+36.4	解放河等	矿区内部	东南	暖温带半湿润	-10.9～40.3	平均834	平均1 890	6～8月
袁店一井	+27.2～+28.446	北淝河等	矿区内部	东南	暖温带半湿润	-10.9～40.3	平均834	平均1 890	7～9月
袁店二井	平均+27.95	北淝河	矿区内部	东南	暖温带半湿润	-10.9～40.3	平均834	平均1 890	7～9月
杨庄	+29.2～+31.7	岱、雷河等	矿区内部	东南	暖温带半湿润	-18～40	平均854	平均1 890	6～8月
杨柳	+25.98～+28.26	浍河	矿井西南部	东南	暖温带半湿润	-10.9～40.3	平均834	平均1 890	7～8月
岱河	+31.5～+33.5	岱河	矿西南部	东南	暖温带半湿润	-20～+42	平均1 500	平均1 890	7～9月
海孜	+26.5～+28.6	浍河	矿西南部	西向东	暖温带半湿润	-10.9～40.3	平均834	平均1 890	7～9月

续表

矿井名称	地面标高(m)	地表河流	河流位置	河流流向	气候类型	气温(℃)	降雨量(mm)	蒸发量(mm)	雨季
临涣	+20.78～+28.58	浍河	矿中部	东南	暖温带半湿润季风	-10.9～40.3	平均737	平均1 890	7～9月
刘店	+30.16～+31.47	涡新河	矿区内	斜切	暖温带半湿润	-17.2～40	平均800	平均1 890	7～8月
芦岭	+22～+25	沱河	矿区内	东南	暖温带半湿润	-12.5～40.3	平均766	平均1 635	7～8月
祁南	+17.20～+23.80	浍河、澥浍新河	矿区内	东南	暖温带半湿润	-12.5～40.3	平均756	平均1 524	7～8月
青东	+27.62～+31.37	界洪新河	矿区内	东北	暖温带半湿润	-24～41.2	平均811.8	平均1 890	7～8月
石台	+31.90～+36.50	闸河、龙河	矿区内	北向南	暖温带半湿润	-10.9～40.3	平均834	平均1890	6～8月
双龙	+31.5～+33.5	龙河、闸河	矿区东部	东南	暖温带半湿润	-23～41	平均848	平均1 890	6～9月
朔里	+32.04～+34.99	—	—	—	暖温带半湿润	-12～40	平均834	平均1 890	6～8月
孙疃	+25.50～+26.20	浍河	矿区中部	东南	暖温带半湿润气候	-23.2～41	平均862.9	平均1 890	7～9月
桃园	+20.3～+27.10	—	—	—	暖温带半湿润	-12.5～40.3	平均766	平均1 635	7～8月
童亭	+25～+28	浍河	矿井中部	东南	暖温带半湿润	-23.2～41.4	平均832.2	平均1 890	7～8月
涡北	+29.49～+31.80	涡河	矿西南部	东南	暖温带半湿润	-24～41.2	平均811.8	平均1 890	7～8月
许疃	+24.11～+27.1	—	—	—	暖温带半湿润	-12.8～41	750～910	平均1 890	7～9月
新集二	+18～+23	西淝河	矿井中部	东南	暖温带湿润气候	-22.8～41.2	平均908	平均1 610	6～8月
新集一	+22～+26	西淝河	矿井东部	东南	暖温带湿润气候	-22.8～41.2	平均908	平均1 684	6～8月
口孜东	+23.52～+27.58	颍河	矿井南部	东南	暖温带半湿润	-21.7～41.4	平均893.7	平均1 642	6～8月
刘庄	+24～+26	颍河	矿井南部	东南	暖温带半湿润	-21.7～41.4	平均926.3	平均1 642	6～8月
新集三	平均+22	西淝河	矿井西部	南向北	暖温带湿润气候	-21.7～41.0	平均926.3	平均1 695	6～8月

第三节　地　　震

淮南煤田属于许昌—淮南地震带。据历史记载，自公元294年以来，许昌—淮南地震带发生4.75级以上地震14次，其中1831年淮南北部的明龙山发生6.25级地震，地震震中裂度为8度。除此之外，淮南周围的较大地震对淮南也曾产生过不同程度的破坏和震感，如著名的1868年山东郯城8.5级大地震，波及淮南时的最大裂度达10度，另外1979年固镇5级地震、1979年7月9日江苏溧阳6级地震、1983年10月7日山东菏泽5.9级地震、1984年5月21日黄海6.2级地震等，淮南均有不同程度的震感。1979年10月，国家地震局在淮南地区进行地应力普查，对7 km的深度截面地应力相对等值线图作断裂构造分析，明显地存在北西西向的地应力高值区，存在一条东西向、一条北东向的深大断层。1984年，安徽省地震局通过对地震地质、历史地震、地震活动性及数理统计等资料以及近百年内地震活动趋势的综合分析研究，提出淮南地区未来百年内的基本地震裂度为7度。建设部以建标[2001]156号文颁发了《关于发布国家标准〈建筑抗震设计规范〉的通知》，按《建筑抗震设计规范》相关规定，淮南抗震设防裂度为7度，设计基本地震加速度为0.10 g。

淮北煤田自公元925年以来，曾发生强弱地震40余次，最强地震(1668年)波及本区，裂度为7度。同样依据建设部的《建筑抗震设计规范》，淮北煤田全境抗震设防裂度为6度，设计基本地震加速度为0.05 g。

第四节　安徽煤矿生产现状

一、煤炭资源状况

安徽省煤炭资源丰富，且分布范围甚广，全省含煤面积约1.79×10^4 km^2，约占全省总面积的12.8%，其中$-2\,000$ m以浅的含煤面积约9 772 km^2。在全省78个市县中，有煤炭资源者达47个，但资源分布很不均匀，绝大部分集中在安徽省北部约十余个县市内。就已探获的248处/374.1亿吨资源储量中，淮北煤田171.6亿吨，淮南煤田199.9亿吨，沿江、江南诸煤田2.59亿吨，两淮煤田探明资源储量占全省探明总资源储量的99%以上。

安徽省煤炭种类较全，计有不黏煤、弱黏煤、气煤、1/3焦煤、肥煤、焦煤、瘦煤、贫煤、无烟煤等，另有天然焦、断裂带的沥青煤和寒武纪的石煤。

安徽省不仅煤种齐全，而且煤质优良，尤其是两淮煤田的气煤、1/3焦煤和肥煤等，都属低—中灰分的低硫、低磷、高发热量煤，是良好的炼焦和动力用煤；其他高变质的贫煤、无烟煤和天然焦等则可作化工用煤和民用煤。

二、煤矿生产现状

2015年全省规模以上工业企业原煤产量$1.340\,42\times10^8$ t，其中淮北地区$4.973\,31\times10^7$ t，

淮南地区 8.019 30×10^7 t。目前，两淮矿区的孔李、孟庄煤矿已闭坑关井；袁庄、朔里、岱河、前岭煤矿资源已趋于枯竭，矿井正处于收尾阶段；百善、海孜等矿的资源也所剩不多，逐渐进入衰老期。研究区各矿井生产情况差异较大，井田面积最大者为顾桥煤矿，面积为 74.123 7 km^2，最小者为前岭煤矿，面积为 8.2 km^2；有生产多年的老矿井，如岱河、杨庄、朔里、百善、孟庄、孔李、新庄孜等矿，有最近几年才投产的矿井，如孙疃、杨柳、青东、朱集、钱营孜、祁东、顾桥、丁集、谢桥等矿，也有在建矿井，如杨村煤矿；开拓方式除了淮北煤田的孟庄煤矿为斜井开拓外，其余均为立井开拓；采煤方法大部分为综采，走向长壁或倾向长壁，采区前进工作面后退式；开采水平和主采煤层各矿井差异较大，详见表 2.3。

表 2.3　两淮煤田煤矿生产现状表(截止到 2013 年底)

矿井名称	井田面积(km^2)	投产时间(年)	剩余可采储量(×10^4 t)	核定生产能力(×10^4 t)	开拓方式	采煤方法	开采水平(m)	开采煤层
百善	22.5	1977.7	319.7	150	立井单水平主要石门	综采，走向、倾向长壁	−195	5_2，6
刘桥一	14.2604	1981	1 110.1	140	立井多水平集中大巷	综采，走向、倾向长壁	−380，−540	4，6
恒源	19.0966	1993.7	4 223.4	200	立井多水平集中大巷	综采，走向、倾向长壁	−400，−600	4，6
孟庄	13.745	1975.10	已关闭	—	斜井多水平主要石门	炮采、高普，走向长壁	−200，−300，−450，−760	3，4_1，4_2，5
祁东	47.2975	2002.5	13 368	240	立井多水平集中石门	综采，走向长壁	−600，−800	3_2，7_1，8_2，9
前岭	8.2	2003.10	1 009.1		立井多水平主要石门	炮采，走向长壁	−240，−500	3_1，3_2，4，6
钱营孜	74.1237	2009.10	50 760.73	180	立井多水平主要石门	综采，走向、倾向长壁	−650，−1 000	3_2，7_2，8_2
任楼	42.0705	1997		280	立井分水平主要石门	综采，走向长壁	−520，−720	3_1，5_1，7_2，8_2
卧龙湖	24.7	2008.6	48 500	90	立井单水平主要石门	综采，走向、倾向长壁	−535	6，7，8，10
五沟	21.6508	2008.9	7 247.3	150	立井单水平主要石门	综采，走向长壁	−500以浅	7_2，8_1，8_2，10
新集一	12.6	1993.7		390	立井多水平主要石门	综采，走向、倾向长壁	−450，−550，−580	13-1，8，6-1，11-2
新集二	21.3968	1996.7		290	立井多水平主要石门	炮采、综采，走向长壁	−550，−750	13-1，8，11-2，6-1

续表

矿井名称	井田面积（km^2）	投产时间（年）	剩余可采储量（$\times 10^4$ t）	核定生产能力（$\times 10^4$ t）	开拓方式	采煤方法	开采水平（m）	开采煤层
新集三	6.8174	1996.7	630	75	立井多水平主要石门	综采，走向、倾向长壁	－340，－550	8-1，11-2，13-1
口孜东	33.6	2007.7		500	立井多水平主要石门	综采，走向、倾向长壁	－967，－1 200	13-1，8，11-2，5，1
刘庄	82.2114	2007.7		1 140	立井多水平主要石门	综采，走向、倾向长壁	－762，－900，－1 000	13-1，11-2，8，5
岱河	19.19	1965.12		140	立井多水平主要石门	综采，走向、倾向长壁		3，4，5
海孜	11.3	1987.10	6 201.4	30	立井多水平主要石门	综采，综合机械化采煤	－475，－700，－1 000	3，4，7，8，9，10
临涣	49.6624	1985.12		180	立井多水平主要石门	炮采、综采	－250，－450，－650	7，8，9，10
刘店	110.15	2009.12	已关闭	150	立井多水平主要石门	综采、高档普采，走向、倾向长壁	－641，－1 000	7，10
芦岭	19.0894	1969.12	8 638.3	150	立井多水平主要石门	综放、综采、炮采；长壁全陷落和厚煤层低位放顶煤	－400，－590，－900	8，9，10
涡北	17.1786	2007.5	10 762.4	150	立井多水平主要石门	综放、综采，走向长壁	－640	8_1，8_2
朱庄	25	1961.10	432.9	220	立井多水平主要石门	综采，走向长壁	－420	3，4，5，6
朱仙庄	21.555	1983.4	5 771.5	245	立井多水平主要石门	综采，走向长壁	－680	8，10
袁庄	12.632	1959.1	367.6	69	立井、暗斜井、分水平	综采、炮采，走向长壁		3_2，4，6
袁店一	37.22	2011.12	10 716.6	180	立井多水平主要石门	综采，走向长壁	－748，－850	3_2，7_2，8_1，8_2，10
袁店二	41.60	2011.12	8 071.4		立井多水平主要石门	综采，走向长壁	－560以浅	3_2，7_2，8_1，8_2，10
杨庄	33	1966.5	1 686.4	210	立井多水平主要石门	单一走向（倾向）	－330，－500	5，6
杨柳	60.1976	2011.12	14 056.1		立井多水平主要石门	综采，倾斜长壁	－1 000以上	3_1，3_2，5_1，7_2，8_1，8_2，10

续表

矿井名称	井田面积（km²）	投产时间（年）	剩余可采储量（×10⁴ t）	核定生产能力（×10⁴ t）	开拓方式	采煤方法	开采水平（m）	开采煤层
许疃	52.592 3	2004.11	18 703	350	立井多水平主要石门	单一走向长壁	−500，−730	3_2，7_1，7_2，8_2，10_1
祁南	54.582 2	2000.12	3 753.5	300	立井多水平主要石门	走向长壁全陷垮落法	−550，−800	3_2，6_1，7_1，7_2，10
青东	51.7291	2011.12	47 177.3	180	立井多水平主要石门	走向长壁和倾斜长壁相结合	−585，−900，−1 200	3_2，7，8_2，10
石台	18.44	1976.2	6 544.2	150	立井多水平主要石门	分区前进，采区内后退	−250，−660	3，5，6
双龙		1960.12	344.0		立井多水平主要石门	走向长壁综采、炮采		3，5
朔里	17.995 8	1971.7	701.8	180	立井多水平主要石门	走向长壁综采、炮采	−200	6，4
孙疃	44	2008.6	13 102.7	300	立井多水平主要石门	走向长壁综采	−545	3_1，5_1，7_2，8_2，10
桃园	29.45	1995.11	7 751.0	160	立井多水平主要石门	走向长壁顶板冒落式	−520，−800	5_2，6_3，7_2，8_2，10
童亭	24.15	1989.11	6 137.2	180	立井多水平主要石门	走向长壁顶板全陷落法开采	−500以浅	3，5_1，5_2，7，8_1，8_2，10
顾桥	91.882	2007.4	106 716.9	900	立井多水平主要石门	综采，走向、倾向长壁	−780，−1 000	11_2，13_1
潘二	19.6518	2009	44 828.9	330	立井多水平主要石门	走向长壁综采	−530，−800	7_1，4，3
谢一	25.39	1952.3	28 937.9	300	立井多水平主要石门	走向长壁综采	−812	13，15，8，11，9，7，6，3，1
新庄孜	17.7861	1947.8	12 154.2	400	立井多水平主要石门	单一长壁、悬移支架	−612，−812，−1 000	13，11b，10，8，7a，6，4，3，1
丁集	100.534	2007.12	66 462.1	500	立井多水平主要石门	走向长壁和倾斜长壁相结合	−826	13，11
李嘴孜	6.0736	1960.9	已关闭	50	立井多水平主要石门	仓房采煤，水平分层采煤、平板型掩护支架、伪倾斜柔性掩护支架采煤法及挑皮、正、倒台阶非正规采煤	−200，−400，−530	13，11b，9b，7b，4b，3，1
潘北	15	2007.8	10 962.6	130	立井多水平主要石门	走向长壁综采	−650	13，11，8，1

续表

矿井名称	井田面积（km^2）	投产时间（年）	剩余可采储量（$\times10^4$ t）	核定生产能力（$\times10^4$ t）	开拓方式	采煤方法	开采水平（m）	开采煤层
潘三	54.3	1992.11	54 207.4	500	立井多水平主要石门	走向长壁综采	−650，−960	13-1,11-2,8
张集	73	2001.11	128 404.43	760	立井多水平主要石门	走向、倾向长壁	−600，−810	13,11,8,6,1
潘一	54.671 7	1983.12	88 144.5		立井多水平主要石门	走向长壁综采	−530，−788	13-1,11-2
潘一东	54.671 7	2013.6	88 144.5		立井多水平主要石门	走向长壁综采	−848	11-2,13-1
谢桥	38.200 6	1997.5	35 505.2	960	立井多水平主要石门	走向长壁综采	−610，−920	13-1,11-2, 6

三、煤炭供需情况

安徽省地理位置优越，交通运输便利，历年来一直是华东地区主要煤炭调出省份之一。20 世纪 80 年代以前，每年净调出煤炭近 5×10^6 t。进入 20 世纪 80 年代后，随着安徽省经济的迅速发展，煤炭消费量逐年增加，从 1986 年起，安徽省由原来的煤炭净调出省变为净调入省。但从 1996 年上半年起，需求增速明显放缓，1997 年起出现负增长，1998 年、1999 年，全省煤炭消费总量仅分别比上年则增加 3.23% 和 2.37%，远低于“九五”期间年递增 7.8%～12.8%的增长速度。2000 年到 2012 年，安徽省能源消费呈现出不断增长的趋势，煤炭价格大幅上扬，呈现供不应求的态势。进入“十一五”后，全省人均 GDP 已超过 1 000 美元，经济发展进入重要的战略起飞阶段，对能源的需求急剧增长，煤炭出现供不应求的现象。但进入 2013 年以后，随着省内外市场开拓，安徽原煤去库存成效明显，截至 2015 年底，全省规模以上工业企业原煤库存 1.203×10^6 t，比年初减少 8.96×10^5 t，而上年则增加 1.47×10^5 t。

煤炭依然是中国的主体能源和重要的工业原料，目前，煤炭在我国一次能源消费结构中的比重仍在 60%以上，安徽省煤炭工业仍具有较大的发展空间。

第二篇 煤矿水文地质学基础

第三章　地下水的基本知识

第一节　自然界中的水循环

地球上的水以气态、液态和固态形式存在于大气圈、水圈和岩石圈中，各相应圈层中的水分别称为大气水、地表水和地下水。它们之间有着密切的联系，通过水循环相互转化和迁移。水的循环可分为大循环和小循环两种(图 3.1)。

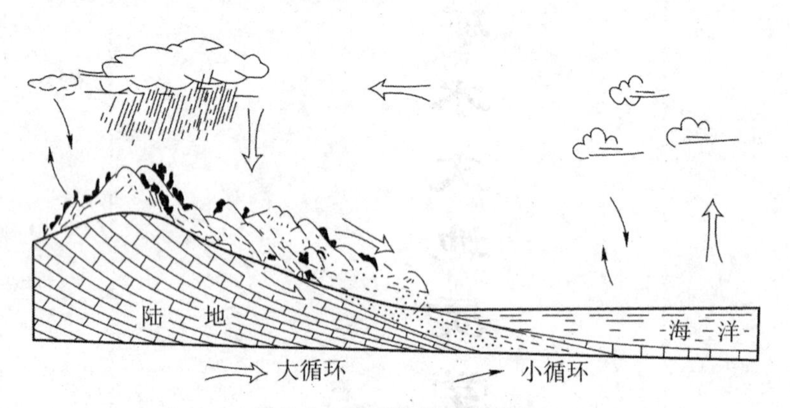

图 3.1　自然界中水的循环

水的大循环，又称外循环，是从海洋蒸发的水分凝结降落到陆地，再通过径流形式返回到海洋。

水的小循环，又称外循环，是从海洋(或陆地)蒸发的水分再降落到海洋(或陆地)。

自然界中的水在循环过程中保持均衡，自然界水均衡情况如表 3.1 所示。

海洋表面的蒸发，是大陆上大气降水的主要来源，但陆地上河、湖表面，地表及植物叶面的蒸发，同样是大陆范围内大气降水的来源。后者对距海洋远的干旱、半干旱地区尤其具有重大意义。因此，一个地区降水量的多少，既取决于大循环的频率和数量，又取决于小循环的频率和数量。所以，在干旱和半干旱地区采取大修运河和水库、大面积植树造林等一系列措施，人为地加强小循环，也可以有效地改善当地的自然环境。地下水的补给水源归根结底是大气降水，所以，一般来讲降水量大的地区，地下水较为丰富，矿井水害也表现得较为严重。

表 3.1　自然界水均衡情况

区　域	面积(km^2)	水均衡要素	水的体积(m^3)	水层厚度(mm)
海洋	360×10^6	降水 蒸发 河流流入量	412×10^3 448×10^3 36×10^3	1 140 1 200 100
陆地外流区	117×10^6	降水 蒸发 河流流入量	99.3×10^3 63.0×10^3 36.3×10^3	860 540 310
陆地内流区	33×10^6	降水 蒸发	7.7×10^3 7.7×10^3	240 240
整个地球	510×10^6	降水或蒸发	518.6×10^3	1 017

第二节　岩石中的空隙与水分

一、岩石中的空隙

地壳表层十余千米范围内，都或多或少存在着空隙，特别是深部一两千米以内，空隙分布较为普遍。这就为地下水的赋存提供了必要的空间条件。按维尔纳茨基(В. И. Верндский)的形象说法“地壳表层就好像是饱含着水的海绵”。

岩石空隙是地下水储存场所和运动通道。空隙的多少、大小、形状、连通情况和分布规律，对地下水的分布和运动具有重要影响。

将岩石空隙作为地下水储存场所和运动通道研究时，可分为三类，即松散岩石中的孔隙、坚硬岩石中的裂隙和可溶岩石中的溶穴。

(一) 孔隙

松散岩石是由大小不等的颗粒组成的。颗粒或颗粒集合体之间的空隙，称为孔隙(图 3.2 中(a)～(h))。

岩石中孔隙体积的大小是影响其地下水储容能力的重要因素。孔隙体积的大小可用孔隙度表示。孔隙度是指某一体积岩石(包括孔隙在内)中孔隙体积所占的比例。

若以 n 表示岩石的孔隙度，V 表示包括孔隙在内的岩石体积，V_n 表示岩石中孔隙的体积，则

$$n = \frac{V_n}{V} \quad 或 \quad n = \frac{V_n}{V}\times 100\% \tag{3.1}$$

孔隙度是一个比值，可用小数或百分数表示。

孔隙度的大小主要取决于分选程度及颗粒排列情况，另外颗粒形状及胶结充填情况也影响孔隙度。对于黏性土，结构及次生孔隙常是影响孔隙度的重要因素。

为了说明颗粒排列方式对孔隙度的影响，我们不妨设想一种理想的情况，即构成松散岩石的颗粒均为等粒圆球，当其为立方体排列时(图 3.3(a))；可算得孔隙度为 47.64%；当其为四面体排列时(图 3.3(b))，孔隙度仅为 25.95%。由几何学可知，立方体排列为最松散的排

列，四面体排列为最紧密的排列，自然界中松散岩石的孔隙度大多介于此两者之间。

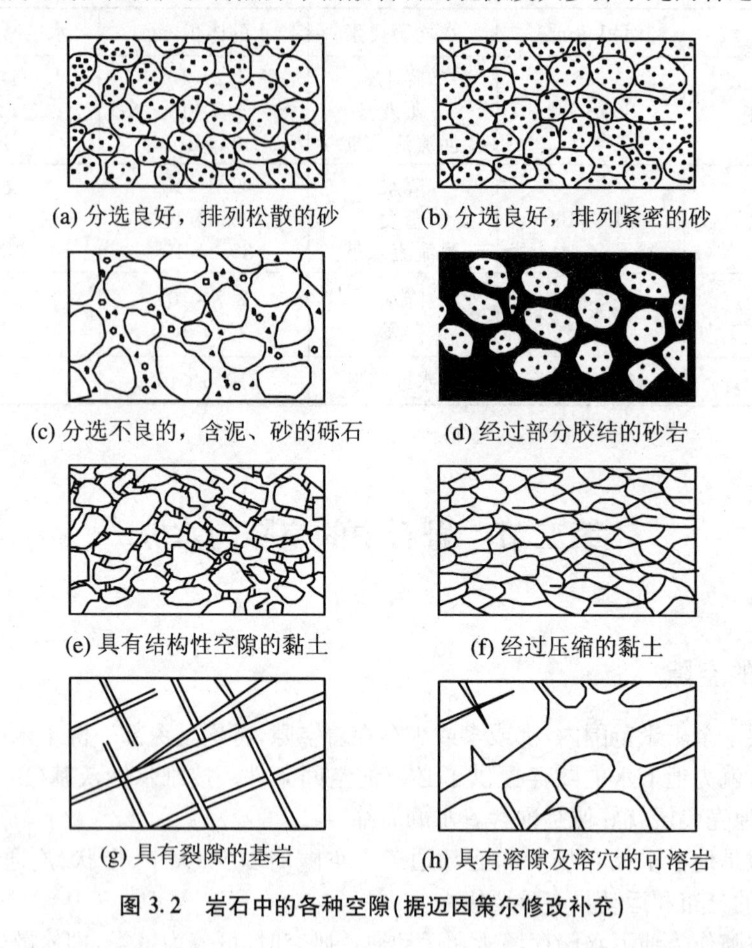

(a) 分选良好，排列松散的砂　　(b) 分选良好，排列紧密的砂

(c) 分选不良的，含泥、砂的砾石　　(d) 经过部分胶结的砂岩

(e) 具有结构性空隙的黏土　　(f) 经过压缩的黏土

(g) 具有裂隙的基岩　　(h) 具有溶隙及溶穴的可溶岩

图 3.2　岩石中的各种空隙(据迈因策尔修改补充)

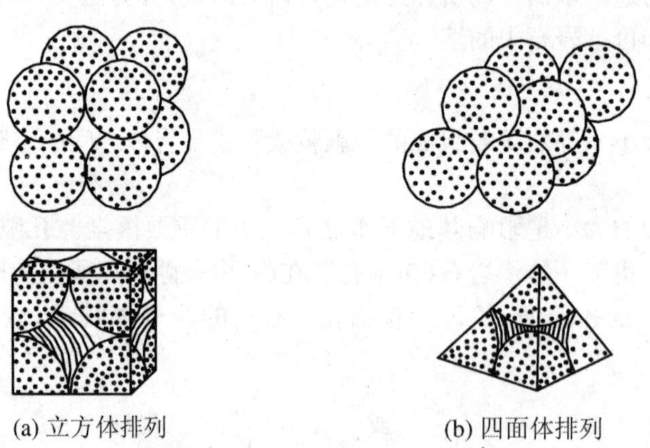

(a) 立方体排列　　(b) 四面体排列

图 3.3　颗粒的排列形式(参照格雷通)

应当注意，上述讨论并未涉及圆球的大小。如图 3.4 所示，三种颗粒直径不同的等粒岩石排列方式相同时，孔隙度完全相同。

自然界中并不存在完全等粒的松散岩石。分选程度愈差、颗粒大小愈悬殊的松散岩石，孔隙度便愈小。细小颗粒充填于粗大颗粒之间的孔隙，自然会大大降低孔隙度(图 3.2(c))。当某种岩石由两种大小不等的颗粒组成，且粗大颗粒之间的孔隙完全为细小颗粒所充填时，则此岩石的孔隙度等于由粗粒和细粒分别单独组成时的岩石的孔隙度的乘积。

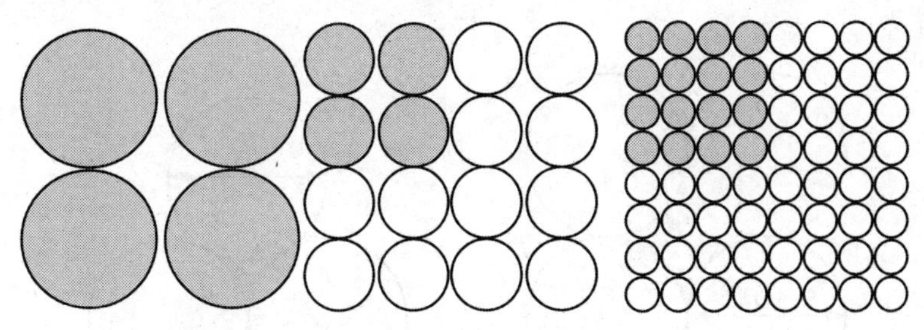

(A. H. Семиχатов, 1954)

图 3.4　不同粒度等粒岩石的孔隙度与空隙大小

自然界中的岩石的颗粒形状多是不规则的。组成岩石的颗粒形状愈不规则，棱角愈明显，通常排列就愈松散，孔隙度也愈大。

黏土的孔隙度往往可以超过上述理论中的最大孔隙度值。这是因为黏土颗粒表面常带有电荷，会在沉积过程中聚合，构成颗粒集合体，形成直径比颗粒还大的结构孔隙(图 3.2 中(e)和(f))。此外，黏性土中往往还发育有虫孔、根孔、干裂缝等次生空隙。

表 3.2 列出了自然界中主要松散岩石孔隙的参考数值。

表 3.2　松散岩石孔隙度参考数值(据弗里泽等，1987)

岩石名称	砾石	砂	粉砂	黏土
孔隙度变化区间	25%～40%	25%～50%	35%～50%	40%～70%

孔隙大小对地下水运动影响很大。孔隙通道最细小的部分称作孔喉，最宽大的部分称作孔腹(图 3.5)。孔喉对水流动的影响更大，讨论孔隙大小时可以用孔喉直径进行比较。

孔隙大小取决于颗粒大小(图 3.4)。对于颗粒大小悬殊的松散岩石，由于粗大颗粒形成的孔隙被细小颗粒所充填，所以孔隙大小取决于实际构成孔隙的细小颗粒的直径(图 3.2(c))。

颗粒排列方式也影响孔隙大小。仍以理想等粒圆球状颗粒为例，设颗粒直径为 D，孔喉直径为 d，则作立方体排列时，$d=0.414D$ (图 3.5；图 3.6(a))；作四面体排列时，$d=0.155D$ (图 3.6(b))。

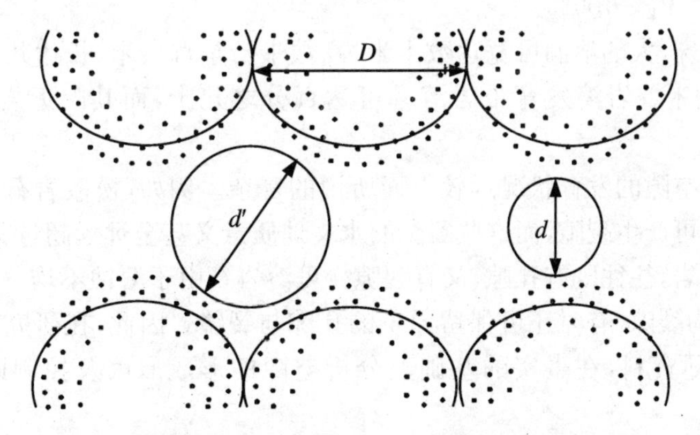

假定颗粒为等粒球体(直径为 D)作立方体排列。

图 3.5　孔喉(直径为 d)与孔腹(直径为 d')通过空隙通道中心切面图

显然，对于黏性土，决定孔隙大小的不仅是颗粒大小及排列，结构孔隙及次生空隙的影响是不可忽视的。

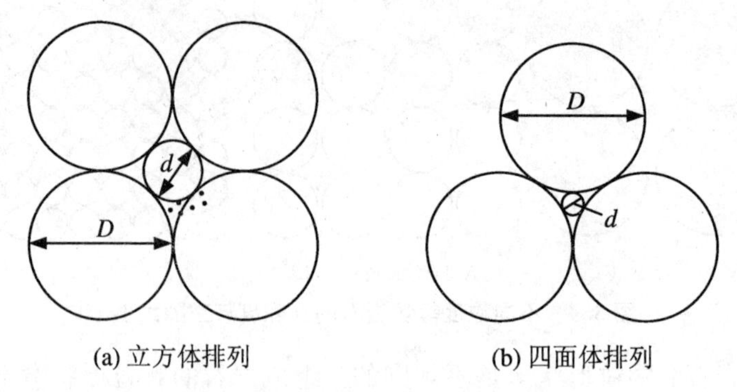

(a) 立方体排列　　(b) 四面体排列

图 3.6　排列方式与空隙大小关系

（二）裂隙

固结的坚硬岩石，包括沉积岩、岩浆岩和变质岩，一般不存在或只保留一部分颗粒之间的孔隙，而主要发育成各种应力作用下岩石破裂变形产生的裂隙。

按裂隙的成因可分成岩裂隙、构造裂隙和风化裂隙。

成岩裂隙是岩石形成过程中，由于冷凝收缩（岩浆岩）或固结干缩（沉积岩）而产生的。成岩裂隙在岩浆岩中较为发育，尤以玄武岩中柱状节理最有意义。构造裂隙是岩石在构造变动过程中受力产生的，具有方向性，大小悬殊（由隐蔽的节理到大断层）、分布不均一。风化裂隙是在物理与化学等因素的作用下，岩石遭受破坏而产生的裂隙，主要分布于地表附近。

裂隙的多少以裂隙率表示。裂隙率（K_r）是裂隙体积（V_r）与包括裂隙在内的岩石体积（V）的比值，即 $K_r = V_r/V$ 或 $K_r = (V_r/V) \times 100\%$。除了这种体积裂隙率，还可用面裂隙率或线裂隙率说明裂隙的多少。野外研究裂隙时，应注意测定裂隙的方向、宽度、延伸长度、充填情况等，因为这些都对水的运动具有重要影响。

（三）溶穴

可溶的沉积岩，如岩盐、石膏、石灰岩和白云岩等，在地下水溶蚀下会产生空洞，这种空隙称为溶穴（隙）。溶穴的体积（V_k）与包括溶穴在内的岩石体积（V）的比值即为岩溶率（K_k），即 $K_k = V_k$ 或 $K_k = V_k \times 100\%$。

溶穴的规模悬殊，大的溶洞可宽达数十米、高数十乃至百余米，长达几至几十千米；而小的溶孔直径仅几毫米。岩溶发育带岩溶率可达百分之几十，而其附近岩石的岩溶率几乎为零。

自然界岩石中空隙的发育状况远较上面所说的复杂。例如，松散岩石固然以孔隙为主，但某些黏土干缩后可产生裂隙，而这些裂隙的水文地质意义甚至远远超过其原有的孔隙。固结程度不高的沉积岩，往往既有孔隙，又有裂隙。可溶岩石由于溶蚀不均一，有的部分发育溶穴，而有的部分则为裂隙，有时还可保留原生的孔隙与裂缝。因此，在研究岩石空隙时，必须注意观察，收集实际资料，在事实的基础上分析空隙的形成原因及控制因素，查明其发育规律。

岩石中的空隙，必须以一定方式连接起来构成空隙网络，才能成为地下水有效的储容空间和运移通道。松散岩石、坚硬基岩和可溶岩石中的空隙网络具有不同的特点。

松散岩石中的孔隙分布于颗粒之间，连通良好，分布均匀，在不同方向上，孔隙通道的大小和多少都很接近，赋存于其中的地下水分布与流动都比较均匀。

坚硬基岩的裂隙是宽窄不等、长度有限的线状缝隙，往往具有一定的方向性。只有当不同方向的裂隙相互穿切连通时，才在某一范围内构成彼此连通的裂隙网络。裂隙的连通性远较孔隙差。因此，赋存于裂隙基岩中的地下水相互联系较差，分布与流动往往是不均匀的。

可溶岩石的溶穴是由一部分原有裂隙与原生孔缝溶蚀扩大而成的，空隙大小悬殊且分布极不均匀。因此，赋存于可溶岩石中的地下水分布与流动通常极不均匀。

赋存于不同岩层中的地下水，由于其含水介质特征不同，具有不同的分布与运动特点。因此，按岩层的空隙类型区分为三种类型地下水——孔隙水、裂隙水和岩溶水。

二、岩石中水的存在形式

地壳岩石中，水文地质学重点研究的对象是岩石空隙中的水，具体分类如图 3.7 所示。

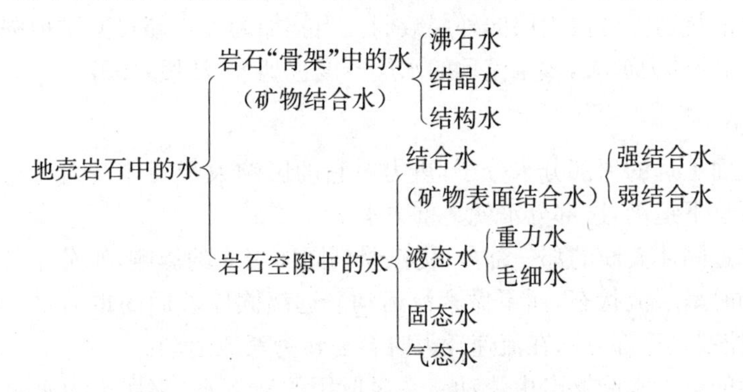

图 3.7　地壳岩石中水的分类图

（一）结合水

松散岩石的颗粒表面及坚硬岩石空隙壁面均带有电荷，水分子又是偶极体，由于静电吸引，所以固相表面具有吸附水分子的能力（图 3.8）。根据库仑定律，电场强度与距离平方成反比。因此，离固相表面很近的水分子受到的静电引力很大；随着距离增大，吸引力减弱，而水分子受自身重力的影响就愈显著。受固相表面的引力大于水分子自身所受重力的那部分水，

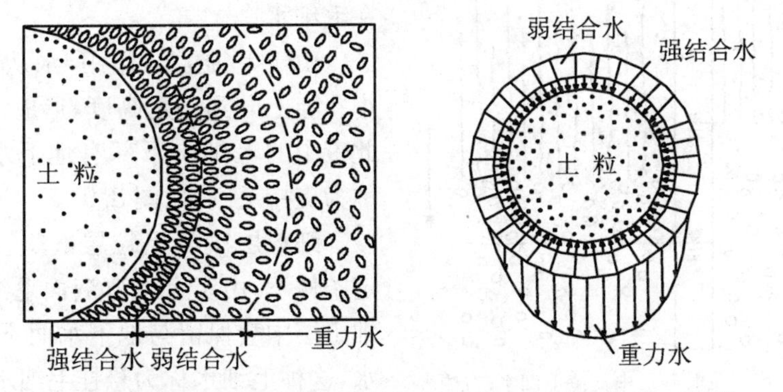

左图：椭圆形小粒代表水分子，结合水部分的水分子带正电荷一端朝向颗粒；右图：箭头代表水分子所受合力方向。

图 3.8　结合水与重力水（部分参照列别捷夫）

称为结合水。此部分水束缚于固相表面,不能在自身重力影响下运动。

由于固相表面对水分子的吸引力自内向外逐渐减弱,结合水的物理性质也随之发生变化。因此,将最接近固相表面的结合水称为强结合水,其外层称为弱结合水(罗戴,1964,图3.8)。

强结合水(又称吸着水)的厚度,不同研究者说法不一,一般认为相当于几个水分子的厚度;也有人认为,其可达几百个水分子厚度。强结合水所受到的引力可相当于 $101\,325\times10^4$ Pa,水分子排列紧密,其密度平均为 2 g/cm^3 左右,不能流动,但可转化为气态水而移动。

弱结合水(又称薄膜水)处于强结合水的外层,受到固相表面的引力比强结合水弱,但仍存在范德华尔斯(Van der Waals)引力和强结合水最外层水分子的静电引力的合力的影响,不同学者认为其厚度为几十、几百或几千个水分子厚度。水分子排列不如强结合水规则和紧密,溶解盐类的能力较低。弱结合水的外层能被植物吸收、利用。

结合水区别于普通液态水的最大特征是具有抗剪强度,即必须施以一定的力方能使其发生变形。结合水的抗剪强度由内层向外层减弱。当施加的外力超过其抗剪强度时,外层结合水发生流动,施加的外力愈大,发生流动的水层厚度也加大(汪民,1987)。

(二) 重力水

距离固体表面更远的那部分水分子,重力对它的影响大于固体表面对它的吸引力,因而能在自身重力影响下运动,这部分水就是重力水。

重力水中靠近固体表面的那一部分,仍然受到固体引力的影响,水分子的排列较为整齐。这部分水在流动时呈层流状态,而不做紊流运动。远离固体表面的重力水,不受固体引力的影响,只受重力控制。这部分水在流速较大时容易转为紊流运动。

岩土空隙中的重力水能够自由流动。井泉取用的地下水,都属重力水,是水文地质研究的主要对象。

(三) 毛细水

将一根玻璃毛细管插入水中,毛细管内的水面即会上升到一定高度,这便是发生在固、液、气三相界面上的毛细现象。

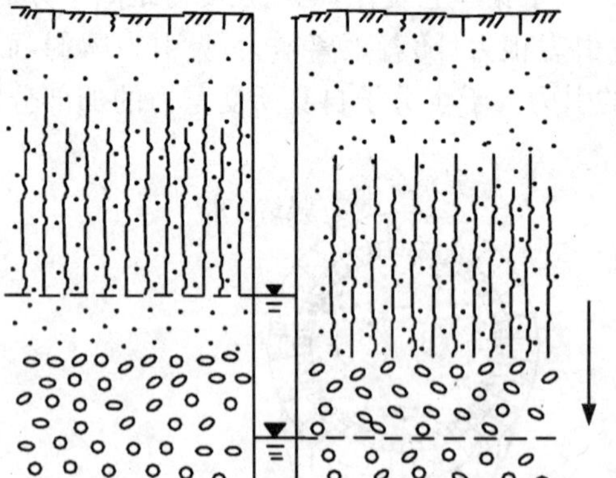

井左侧表示高水位时砂层中支持毛细水;右侧表示水位降低后砂层中的悬挂毛细水;砾石层中孔隙直径已经超过了毛细管的程度,故不存在支持毛细水。

图3.9　支持毛细水与悬挂毛细水

松散岩石中细小的孔隙通道构成毛细管,因此在地下水面以上的包气带中广泛存在毛细水。

由于毛细力的作用,水从地下水面沿着小孔隙上升到一定高度,形成一个毛细水带,此带中的毛细水下部有地下水面支持,因此称为支持毛细水(图3.9)。

细粒层次与粗粒层次交互成层时,在一定条件下,由于上下弯液面毛细力的作用,在细土层中会保留与地下水面不相连接的毛细水,这种毛细水称为悬挂毛细水(图3.9)。

在包气带中颗粒接触点上还可以悬留孔角毛细水(触点毛细水),即使是粗大的卵砾石,颗粒接触处孔隙大小也总可以达到毛细管的程度而形成弯液面，将水滞留在孔角上(图3.10)。

(四) 气态水、固态水及矿物中的水

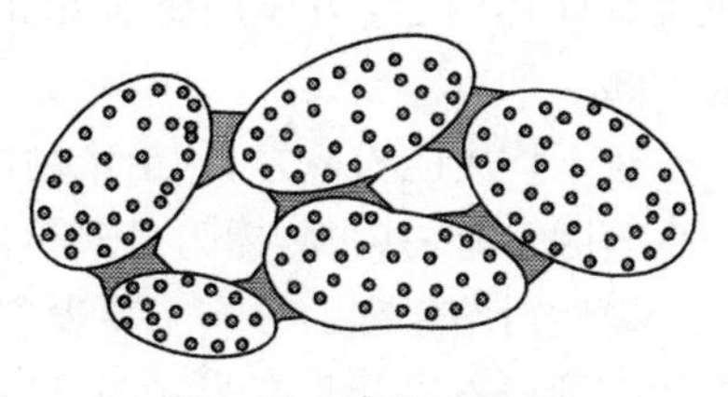

图3.10　孔角毛细水

在未饱和水的空隙中存在着气态水。气态水可以随空气流动而流动。另外，即使空气不流动，它也能从水汽压力(绝对湿度)大的地方向小的地方迁移。气态水在一定温度、压力条件下，与液态水相互转化，两者之间保持动平衡。

岩石的温度低于0℃时，空隙中的液态水转为固态水。我国北方冬季常形成冻土。东北及青藏高原，有一部分岩石其中赋有的地下水多年中保持固态，这就是所谓多年冻土。

除了存在于岩石空隙中的水，还有存在于矿物结晶内部及其间的水，这就是沸石水、结晶水及结构水。如方沸石($Na_2A_{12}Si_4O_{12} \cdot H_2O$)中就含有沸石水，这种水在加热时可以从矿物中分离出去。

三、与水的储容及运移有关的岩石性质

岩石空隙大小、多少、连通程度及其分布的均匀程度，都对其储容、滞留、释出以及透过水的能力有影响。

(一) 容水度

容水度是指岩石完全饱水时所能容纳的最大的水体积与岩石总体积的比值，可用小数或百分数表示。一般说来容水度在数值上与孔隙度(裂隙率、岩溶率)相当。但是对于具有膨胀性的黏土，充水后体积扩大，容水度可大于孔隙度。

(二) 含水量

含水量说明松散岩石实际保留水分的状况。松散岩石孔隙中所含水的重量(G_w)与干燥岩石重量(G_s)的比值，称为重量含水量(W_g)，即

$$W_g = \frac{G_w}{G_s} \times 100\% \tag{3.2}$$

含水的体积(V_w)与包括孔隙在内的岩石体积(V)的比值，称为体积含水量(W_v)，即

$$W_v = \frac{V_w}{V} \times 100\% \tag{3.3}$$

当水的比重为1，岩石的干容重(单位体积干土的重量)为 γ_a时，重量含水量与体积含水量的关系为

$$W_v = W_g g \gamma_a \tag{3.4}$$

孔隙充分饱水时的含水量称作饱和含水量(W_s)；饱和含水量与实际含水量之间的差值称为饱和差；实际含水量与饱和含水量之比称为饱和度。

(三) 给水度

若使地下水面下降，则下降范围内饱水岩石及相应的支持毛细水带中的水，将因重力作用而下移并部分地从原先赋存的空隙中释出。我们把地下水位下降一个单位深度，从地下水位延伸到地表面的单位水平面积岩石柱体，在重力作用下释出的水的体积，称为给水度 μ(贝尔，1985；陈崇希，1984)。给水度以小数或百分数表示。例如，地下水位下降2 m，1 m^2水平面

积岩石柱体，在重力作用下释出的水的体积为 0.2 m^3（相当于水柱高度 0.2 m，则给水度为 10%）。

对于均质的松散岩石，给水度的大小与岩性、初始地下水位埋藏深度以及地下水位下降速率等因素有关（张蔚榛等，1983）。

岩性对给水度的影响主要表现为空隙的大小与多少，颗粒粗大的松散岩石、裂隙比较宽大的坚硬岩石以及具有溶穴的可熔岩，空隙宽大，重力释水时，滞留于岩石空隙中的结合水与孔角毛细水较少，理想条件下给水度的值接近孔隙度、裂隙率与岩溶率。若空隙细小（如黏性土），重力释水时大部分水以结合水与悬挂毛细水形式滞留于空隙中，给水度往往很小。

当初始地下水位埋藏深度小于最大毛细上升高度时，地下水位下降后，重力水的一部分将转化为支持毛细水而保留于地下水水面之上，从而使给水度偏小。观测与实验表明，当地下水位下降速率大时，给水度偏小，此点对于细粒松散岩石尤为明显（张蔚榛等，1983；裴源生，1983）。可能的原因是：重力释水并非瞬时完成，而往往滞后于水位下降；此外，迅速释水时大小孔道释水不同步，大的孔道优先释水，而重力水在小孔道中形成悬挂毛细水不能释出（张人权等，1985）。

对于均质的颗粒较细小的松散岩石，只有当其初始水位埋藏深度足够大、水位下降速率十分缓慢时，释水才比较充分，给水度才能达到其理论最大值。

均质松散岩石的给水度值可参见表 3.3。

表 3.3　常见松散岩石的给水度（Fetter，1980）

岩石名称	给水度		
	最大	最小	平均
黏土	5%	0%	2%
亚黏土	12%	3%	7%
粉砂	19%	3%	18%
细砂	28%	10%	21%
中砂	32%	15%	26%
粗砂	35%	20%	27%
砾砂	35%	20%	25%
细砾	35%	21%	25%
中砾	26%	13%	23%
粗砾	26%	12%	22%

粗细颗粒层次相间分布的层状松散岩石，在地下水位下降时，细粒夹层中的水会以悬挂毛细水形式滞留而不释出，这种情况下，给水度就更偏小了（张人权等，1985）。

（四）持水度

如前所述，地下水位下降时，一部分水由于毛细力（以及分子力）的作用而仍旧反抗重力保持于空隙中。地下水位下降一个单位深度，单位水平面积岩石柱体中反抗重力而保持于岩石空隙中的水量，称作持水度（S_r）。

给水度、持水度与孔隙度的关系如下：

$$\mu + S_r = n \tag{3.5}$$

显然,所有影响给水度的因素也是影响持水度的因素。

包气带充分重力释水而又未受到蒸发、蒸腾消耗时的含水量称作残留含水量(W_0),数值上相当于最大的持水度。

(五) 透水性

岩石的透水性是指岩石允许水透过的能力。表征岩石透水性的定量指标是渗透系数。在此仅讨论影响岩石透水性的因素。

我们以松散岩石为例,分析一个理想孔隙通道中水的运动情况。图 3.11 表示圆管状孔隙通道的纵断面,孔隙的边缘上分布着在寻常条件下不运动的结合水,其余部分是重力水。由于附着于隙壁的结合水层对于重力水以及重力水质点之间存在着摩擦阻力,最近边缘的重力水流速趋于零,中心部分流速最大。由此可得出:孔隙直径愈小,结合水所占据的无效空间愈大,实际渗流断面就愈小;同时,孔隙直径愈小,可能达到的最大流速愈小。因此孔隙直径愈小,透水性就愈差。当孔隙直径小于两倍结合水层厚度时,在寻常条件下就不透水。

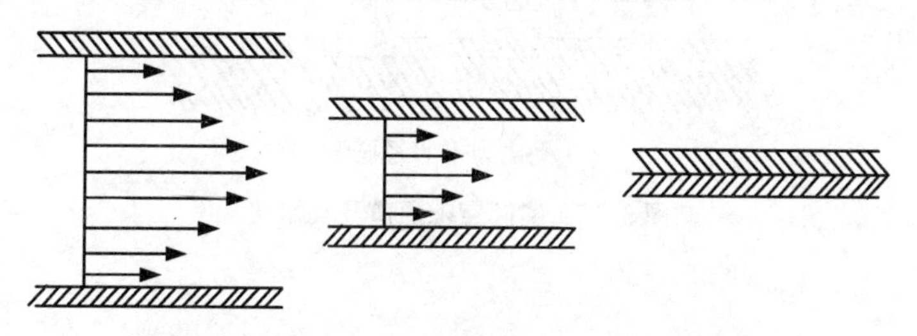

阴影部分代表结合水,箭头长度代表重力水质点实际流速。

图 3.11　理想圆管状空隙中重力水流速分布

如果我们把松散岩石中的全部孔隙通道概化为一束相互平行的等径圆管(图 3.12),则不难推知:当孔隙度一定而孔隙直径愈大,则圆管通道的数量愈少,但有效渗流断面愈大,透水能力就愈强;反之,孔隙直径愈小,透水能力就愈弱。由此可见,决定透水性好坏的主要因素是孔隙大小;只有在孔隙直径大到一定程度后,孔隙度才对岩石的透水性起作用,孔隙度愈大,透水性愈好。

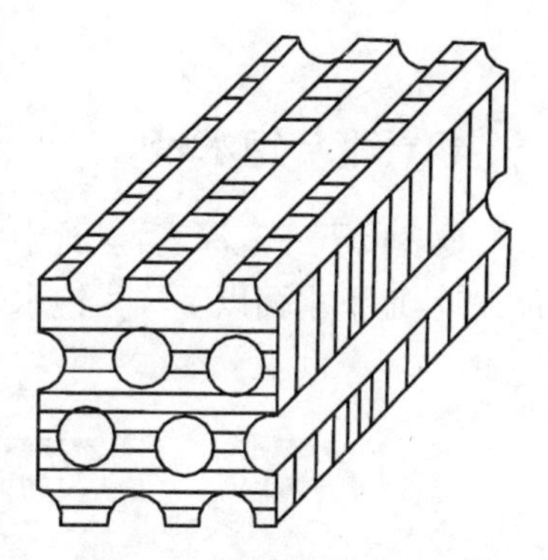

图 3.12　理想化空隙介质

然而,实际的孔隙通道并不是直径均一的圆管,而是直径变化、断面形状复杂的管道系统(图 3.13(a))。岩石的透水能力并不取决于平均孔隙直径(图 3.13(b)),而在很大程度上取决于最小的孔隙直径(图 3.13(c))。

此外,实际的孔隙通道也不是直线的,而是曲折的(图 3.13(a))。孔隙通道愈弯曲,水质点实际流程就愈长,克服摩擦阻力所消耗的能量就愈大。

颗粒分选性除了影响孔隙大小外,还决定着孔隙通道沿程直径的变化和曲折性(图 3.13(a))。因此,分选程度对于松散岩石透水性的影响,往往要超过孔隙度。

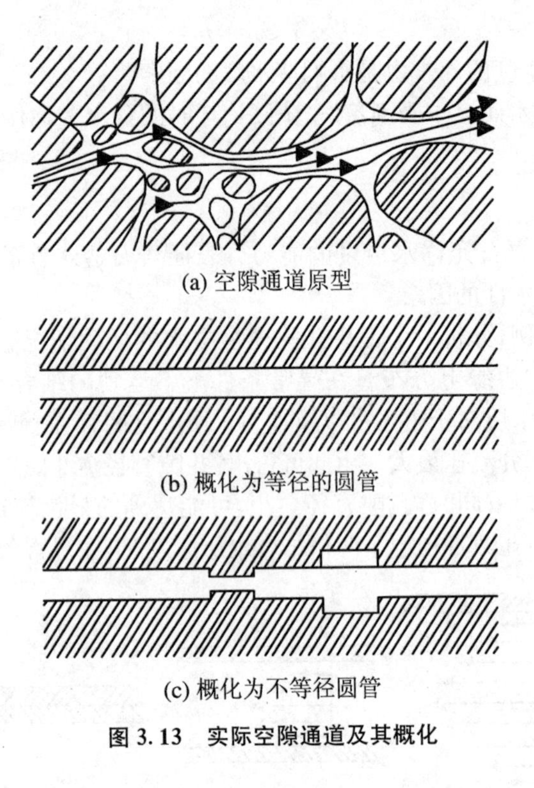
(a) 空隙通道原型

(b) 概化为等径的圆管

(c) 概化为不等径圆管

图 3.13 实际空隙通道及其概化

第三节 地下水的赋存

一、包气带与饱水带

地表以下一定深度，岩石中的空隙被重力水所充满，形成地下水面。地下水面以上称为包气带，地下水面以下称为饱水带(图 3.14)。

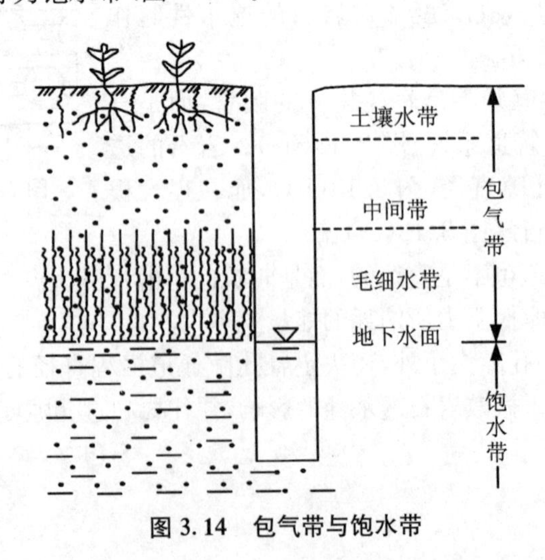

图 3.14 包气带与饱水带

在包气带中,空隙壁面吸附有结合水,细小空隙中含有毛细水,未被液态水占据的空隙中包含空气及气态水,空隙中的水超过吸附力和毛细力所能支持的量时,空隙中的水便以过路重力水的形式向下运动。上述以各种形式存在于包气带中的水统称为包气带水。

包气带自上而下可分为土壤水带、中间带和毛细水带(图 3.14)。包气带顶部植物根系发育与微生物活动的带为土壤层,其中含有土壤水。土壤富含有机质,具有团粒结构,能以毛细水形式大量保持水分。包气带底部由地下水面支持的毛细水构成毛细水带,毛细水带的高度与岩性有关,毛细水带的下部也是饱水的,但因受毛细负压的作用,压强小于大气压强,故毛细饱水带的水不能进入井中。当包气带厚度较大时,在土壤水带与毛细水带之间还存在中间带。若中间带由粗细不同的岩性构成时,在细粒层中可含有成层的悬挂毛细水。细粒层之上局部还可滞留重力水。

包气带水来源于大气降水的入渗、地表水体的渗漏、由地下水面通过毛细上升输送的水以及地下水蒸发形成的气态水。包气带水的赋存与运移受毛细力与重力的共同影响。重力使水分下移;毛细力则将水分输向空隙细小与含水量较低的部位,在蒸发影响下,毛细力常常将水分由包气带下部输向上部。在雨季,包气带水以下渗为主;雨后,浅表的包气带水以蒸发与植物蒸腾形式向大气圈排泄,一定深度以下的包气带水则继续下渗补给饱水带。

包气带的含水量及其水盐运动受气象因素影响极为显著。另外,天然以及人工植被也对其起很大作用。人类生活与生产对包气带水质的影响已经愈来愈强烈。

包气带又是饱水带与大气圈、地表水圈联系必经的通道。饱水带通过包气带获得大气降水和地表水的补给,又通过包气带蒸发与蒸腾排泄到大气圈。因此,研究包气带水盐的形成及其运动规律对阐明饱水带水的形成具有重要意义。

饱水带岩石空隙全部被液态水所充满。饱水带中的水体是连续分布的,能够传递静水压力,在水头差的作用下,可以发生连续运动。饱水带中的重力水是开发利用或排除的主要对象。后续章节将着重讨论饱水带中的水。

二、含水层、隔水层与弱透水层

人们把能够透过并给出一定水量的岩层叫含水层,把不能透过和给出一定水量的岩层叫隔水层。含水层的富水性有强弱之分。含水丰富的含水层,称为强含水层;含水性较差的含水层,称为弱含水层。含水层的出水能力称为富水性,一般以规定某一口径井孔的最大涌水量来表示,如表 3.4 所示。

表 3.4　含水层富水性的划分

含水层富水性等级	钻孔单位涌水量 q(L/(s·m))
富水性极弱的	<0.01
弱富水性	0.01～0.1
中等富水性	0.1～1.0
强富水性	1.0～5.0
极强富水性	>5.0

注:根据《煤矿防治水规定》(2009)规定,钻孔单位涌水量以口径 91 mm、抽水水位降深 10 m 为准。若口径、降深与上述不符时,应进行换算再比较富水性。

含水层与隔水层的划分是相对的，它们之间并没有绝对的界线，在一定条件下两者可以相互转化。从广义上说，自然界没有绝对不含水的岩层。

某些岩层，尤其是沉积岩，由于不同岩性层的互层，有的层次发育裂隙或溶穴，有的层次致密，因而在垂直层面的方向上隔水，但在顺层的方向上都是透水的。例如，薄层页岩和石灰互层时，页岩中裂隙接近闭合，灰岩中裂隙与溶穴发育，便成为典型的顺层透水而垂直层面隔水的岩层。

三、地下水分类

（一）概述

地下水这一名词有广义与狭义之分。广义的地下水是指赋存于地面以下岩土空隙中的水，包气带及饱水带中所有含于岩石空隙中的水均属之；狭义的地下水仅指赋存于饱水带岩土空隙中的水。

长期以来，水文地质学着重于研究饱水带岩土空隙中的重力水。随着学科的发展，人们认识到饱水带水与包气带水有着不可分割的联系，不研究包气带水，许多重大的水文地质问题是无法解决的。因此，本书从广义地下水角度进行分类。

有些水文地质学家注意到，地球深部层圈中的水与地壳表层中的水是有联系的，他们把视野从地壳浅部的水扩展到地球深层圈中的水，并且认为，将水文地质学理解为研究地下水的科学是过于狭窄了，应该把它看作研究地下水圈的科学。这种看法不无道理，但是，鉴于目前对地球深层圈水的情况所知甚少，因此，下述的地下水分类还只是对地壳浅层地下水分类。

地下水的赋存特征对其水量、水质时空分布有决定意义，其中最重要的是埋藏条件与含水介质类型。

所谓地下水的埋藏条件，是指含水岩层在地质剖面中所处的部位及受隔水层（弱透水层）限制的情况。据此可将地下水分为包气带水、潜水及承压水。按含水介质（空隙）类型，可将地下水区分为孔隙水、裂隙水及岩溶水（表 3.5、图 3.15）。

表 3.5 地下水分类表

埋藏条件	含水介质条件		
	孔隙水	裂隙水	岩溶水
包气带水	局部黏性土隔水层上季节性存在的重力水（上层滞水）过路及悬留毛细水及重力水	裂隙岩层浅部季节性存在的重力水及毛细水	裸露岩溶化岩层上部岩溶通道中季节性存在的重力水
潜水	各类松散沉积物浅部的水	裸露于地表的各类裂隙岩层中的水	裸露于地表的岩溶化岩层中的水
承压水	山间盆地及平原松散沉积物深部的水	组成构造盆地、向斜构造或单斜断块的被掩覆的各类裂隙岩层中的水	组成构造盆地、向斜构造或单斜断块的被掩覆盖的岩溶化岩层中的水

应用上述分类分析问题时必须注意：任何分类都不可能不带有某些人为性，因而不可能完全概括纷繁复杂的自然现象。试图将一切客观事物套到简单的分类中去，是不可取的。

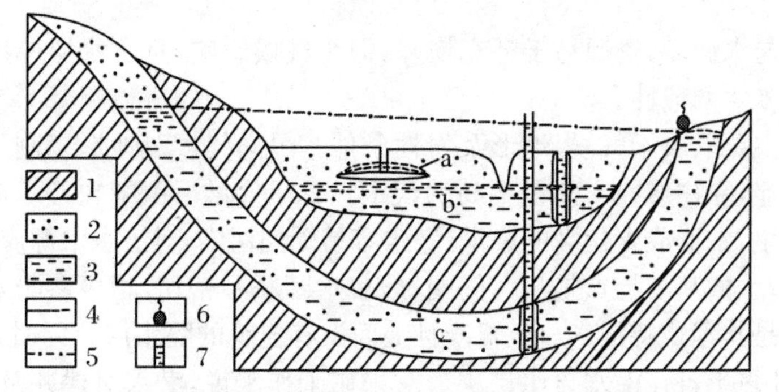

1.隔水层；2.透水层；3.饱水部分；4.潜水位；5.承压水测压水位；6.泉（上升泉）；7.水井,实线表示井壁不进水；a.上层滞水；b.潜水；c.承压水。

图 3.15　潜水、承压水及上层滞水

（二）地下水按埋藏条件分类

1. 潜水

饱水带中第一个具有自由表面的含水层中的水称作潜水。潜水没有隔水顶板,或只有局部的隔水顶板。潜水的表面为自由水面,称作潜水面;从潜水面到隔水底板的距离为潜水含水层的厚度。潜水面到地面的距离为潜水埋藏深度。潜水含水层厚度与潜水面潜藏深度随潜水面的升降而发生相应的变化(图 3.16)。

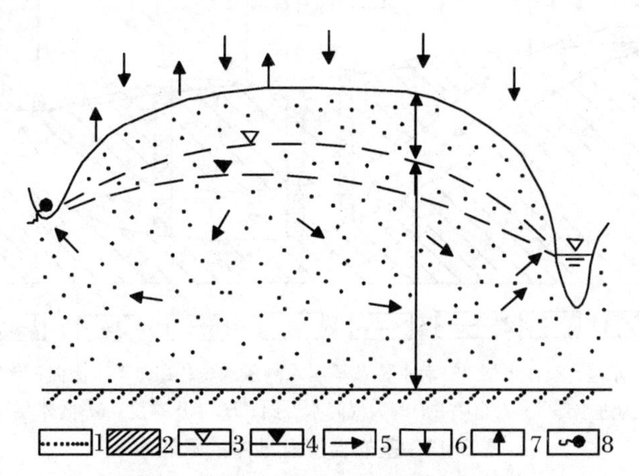

1.含水层；2.隔水层；3.高水位期潜水面；4.低水位期潜水面；5.大气降水入渗；6.蒸发；7.潜水流向；8.泉。

图 3.16　潜水

由于潜水含水层上面不存在完整的隔水或弱透水顶板,与包气带直接连通,因而在潜水的全部分布范围都可以通过包气带接受大气降水、地表水的补给。潜水在重力作用下由水位高的地方向水位低的地方径流。潜水的排泄,除了流入其他含水层以外,泄入大气圈与地表水圈的方式有两类:一类是径流到地形低洼处,以泉、泄流等形式向地表或地表水体排泄,这便是径流排泄;另一类是通过土面蒸发或植物蒸腾的形式进入大气,这便是蒸发排泄。

潜水与大气圈及地表水圈联系密切,气象、水文因素的变动,对它影响显著。丰水季节或年份,潜水接受的补给量大于排泄量,潜水面上升,含水层厚度增大,埋藏深度变小。干旱季节排泄量大于补给量,潜水面下降,含水层厚度变小,埋藏深度变大。潜水的动态有明显的季节变化特点。

潜水积极参与水循环,资源易于补充恢复,但受气候影响,且含水层厚度一般比较有限,其资源通常缺乏多年调节性。

潜水的水质主要取决于气候、地形及岩性条件。湿润气候及地形切割强烈的地区,有利于潜水的径流排泄,往往形成含盐量不高的淡水。干旱气候下由细颗粒组成的盆地平原,潜水以蒸发排泄为主,常形成含盐高的咸水,潜水容易受到污染,对潜水水源应注意卫生防护。

综上所述,潜水的基本特点是与大气圈、地表水圈联系密切,积极参与水循环;决定这一特点的根本原因是其埋藏特征——位置浅且上面没有连续的隔水层。同时,潜水被人们广泛利用,一般的水井多半打在潜水含水层中。对采矿工作来说,潜水对建井及露天开采的影响较大,对地下开采的影响较小。

2. 承压水

承压水是指充满于上、下两个稳定隔水层之间含水层中的重力水(图 3.17)。其补给区与分布区不一致,受大气降水的影响较小,不易受污染。由于承压水充满于两个隔水层之间,其隔水顶板承受静水压力。当地形适宜时经钻孔揭露承压含水层后,水可以喷出地表形成自喷,因此亦称为自流水。

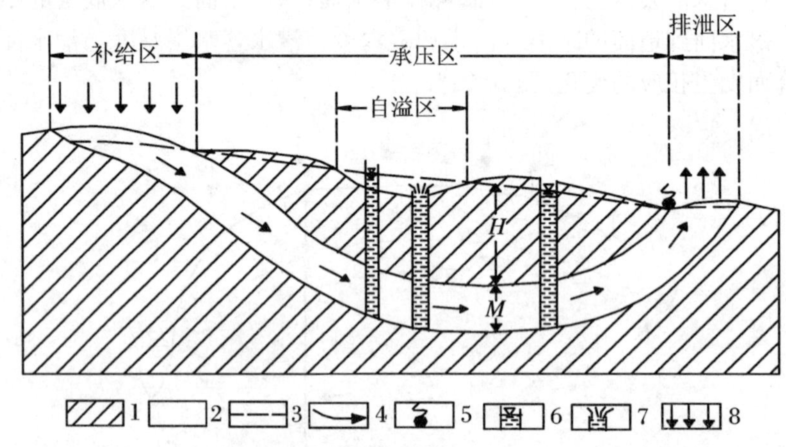

1. 隔水层;2. 含水层;3. 潜水位及承压水测压水位;4. 地下水流向;5. 泉;6. 钻孔,虚线为进水部分;7. 自喷井;8. 大气降水补给;*H*. 承压高度;*M*. 含水层厚度。

图 3.17　基岩自流盆地中的承压水

形成自流水的向斜构造,称为自流盆地。自流盆地按其水文地质特征分为补给区、承压区和排泄区三部分。在补给区由于上面没有隔水层存在,具有潜水性质,直接接受大气降水或地表水补给。含水层上部具有隔水层的地段称为承压区,地下水承受静水压力。当钻孔打穿顶板隔水层底面后,自流水便涌入钻孔内,并沿着钻孔上升到一定高度后,趋于稳定不再上升,此时的水面高度称为静止水位或测压水位。从静止水位到顶板隔水层底面的垂直距离称为承压水头,两隔水层之间的垂直距离为含水层厚度。在盆地一端地形较低的地段内,自流水通过泉水等形式排出,称为排泄区。

适宜于储存自流水的单斜构造,称为自流斜地。自流斜地通常是因含水层岩变化或尖灭以及含水层被断层错开或被岩浆侵入体阻挡而形成(图 3.18)。当地下水未充满两个隔水层之间时,称为无压层间水,其特征除具有自由水面而不承压外,基本上与承压水相同。自流水是很好的供水水源,但对矿井来说,地下水量过大,就会使大量地下水流入井下甚至造成淹井事故，必须引起高度重视。

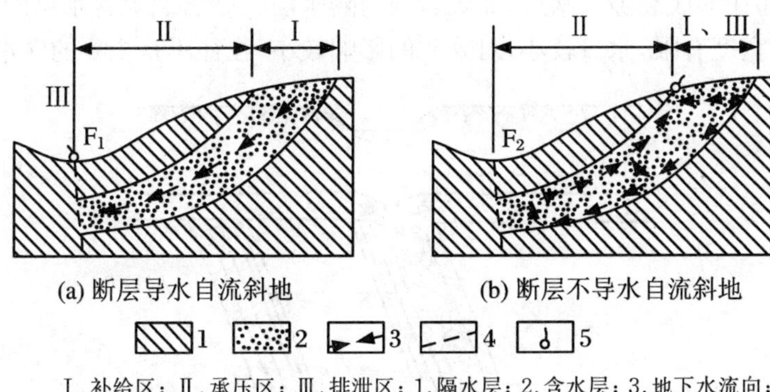

(a) 断层导水自流斜地　　(b) 断层不导水自流斜地

Ⅰ.补给区；Ⅱ.承压区；Ⅲ.排泄区；1.隔水层；2.含水层；3.地下水流向；4.断层（F_1为导水断层，F_2为不导水断层）；5.泉。

图 3.18　断层形成的自流斜地

3．上层滞水

当包气带存在局部隔水层（弱透水层）时，局部隔水层（弱透水层）上会积聚具有自由水面的重力水，这便是上层滞水。上层滞水分布最接近地表，接受大气降水的补给，通过蒸发或向隔水底板（弱透水层底板）的边缘下渗排泄。雨季获得补充，积存一定水量；旱季水量逐渐耗失。当分布范围小且补给不很经常时，不能终年保持有水。由于其水量小，动态变化显著，只有在缺水地区才能成为小型供水水源或暂时性供水水源。包气带中的上层滞水，对其下部的潜水的补给与蒸发排泄，起到一定的滞后调节作用。上层滞水极易受污染，利用其作为饮用水源时要格外注意卫生防护。同时上层滞水的水量有限，季节性明显，仅能作为小型或临时性供水水源，一般对矿井的生产影响不大。

（三）地下水按含水层性质分类

1．孔隙水

存在于疏松岩层的孔隙中的水，称为孔隙水。孔隙水的存在条件和特征取决于岩石孔隙的发育情况，因为岩石孔隙的大小，不仅关系到岩石透水性的好坏，而且也直接影响到岩石中地下水量的多少、地下水在岩石中的运动条件和水质。

岩石的孔隙情况与岩石颗粒的大小、形状、均匀程度及排列情况有关。如果岩石颗粒大而且均匀，则含水层孔隙大，透水性好，地下水水量大、运动快、水质好；相反，则含水层孔隙小、透水性差、水量小、运动慢、水质也差。

由于埋藏条件不同，孔隙水可形成上层滞水、潜水和承压水。孔隙水对采矿的影响主要取决于孔隙含水层的厚度、岩石颗粒大小及其与矿层的相互关系。一般来说，岩石颗粒大而均匀，地下水运动快、水量大，在建井时需要加大排水能力才能穿过；而颗粒细又均匀的砂层，容易形成流砂，如果处理不当，可使井筒报废。在急倾斜煤层条件下，在煤层浅部开采时，岩层垮落向上抽冒，常常波及富水很强的砾岩含水层，这时将有大量孔隙水和松散沉积物涌入井下，造成突水事故（图 3.19）。

2．裂隙水

存在于岩石裂隙中的地下水称为裂隙水。裂隙性质和发育程度的不同，决定了裂隙水的赋存和运动条件的差异。所以，裂隙水的特征主要取决于裂隙的性质。裂隙的成因很多，如风化裂隙、成岩裂隙和构造裂隙。对采矿来说，影响较大的是构造裂隙。在一般情况下，脆性岩石（如砂岩、石灰岩）的构造裂隙远比柔性岩石（如页岩、泥岩）发育。因此，当砂岩和页岩相间分布时，砂岩往往形成裂隙含水层，而页岩则为隔水层。砂岩裂隙含水层的裂隙分布均匀，但其延伸长度和宽度有限，水量较小，对采矿的影响较小，往往不是主要的含水层。

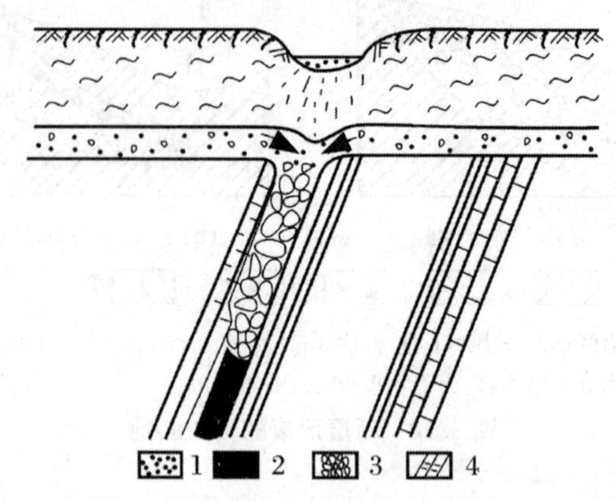

1. 砾石含水层；2. 煤层；3. 崩落岩石；4. 岩石裂隙。

图 3.19 孔隙水对采煤影响示意图

断层裂隙水有其自身的特点。断层通过脆性岩石时，常在破碎带内形成断层角砾岩，往往裂隙发育，有利于地下水的贮存和运动。这类断层有时与强含水层连通，巷道一旦揭露容易造成突水事故。因此，裂隙水的静储量有限，但其动储量大，往往沟通其他含水层，使矿山水文地质条件复杂化。

3. 岩溶水

岩溶是发育在可溶性岩石地区的一系列独特的地质作用和现象的总称，又称为喀斯特。这种地质作用包括地下水的溶蚀作用和冲蚀作用。产生的地质现象就是由这两种作用所形成的各种溶隙、溶洞和溶蚀地形。埋藏于溶洞、溶隙中的重力水，称为岩溶水。

岩溶的发育特点决定了岩溶水的特征。其主要特点是：水量大、运动快、在垂直和水平方向上都分布不均匀。溶洞、溶隙较其他岩石中的孔隙、裂隙要大得多，降水易渗入，几乎能全部渗入地下。溶洞不但迅速接受降水渗入，而且水在溶洞或暗河中流动很快，年水位差可达数十米；岩溶水埋藏很深，在高峻的山区常缺少地下水露头，甚至地表也没有水，造成缺水现象。大量岩溶水都以地下径流的形式流向低处，在沟谷或与岩溶化岩层接触处，以群泉的形式出露地表。岩溶水的水量大、水质好，可作为大型供水水源，但岩溶水对采矿会构成严重威胁，尤其是岩溶层厚度巨大时，如我国华北的奥陶纪灰岩水、华南长兴组及茅口组灰岩水多是造成煤矿矿井重大水患的水源。

第四节 地下水物理性质与化学成分

一、地下水的物理性质

（一）温度

地下水的温度变化幅度极大，有 0°以下至 100°以上的地下水，其温度的变化与自然地理条件、地质条件、水的埋藏深度有关。通常地下水温度变化与当地气温状态相适应。位于变温带内的地下水温度呈现出周期性日变化和周期性年变化，但水温变化比气温变化幅度小，且落后于气温变化；常温带的地下水温度接近于当地年平均气温；增温带的地下水温度随深度的增加而逐渐升高，其变化规律取决于一个地区的地温梯度。不同地区地下水温度差异很大，如火山区的间歇泉水的温度可达 100 ℃以上，而多年冻土带的地下水温度可达 -50 ℃。

（二）颜色

地下水的颜色取决于水中化学成分及其悬浮物。地下水一般是无色的，但当其中含有某种化学成分或有悬浮杂质时，会呈现出各种不同的颜色。如含 FeO 的水呈浅蓝色；含 Fe_2O_3 的水呈褐红色；含腐殖质的水呈黄褐色。

（三）透明度

地下水的透明度取决于水中固体物质及胶体颗粒悬浮物的含量。按其透明度的好坏，地下水可分为透明的、半透明的、微透明的和不透明的。

（四）气味

洁净的地下水是无气味的。地下水是否具有气味主要取决于水中所含气体成分和有机质。如含有 H_2S 的水具有臭鸡蛋味；含有机质的水具有雨腥气等。

（五）味道

通常地下水是无味的，其味道的产生与水中含有某些盐分或气体有关。例如，含 NaCl 的水具有咸味；含 Na_2SO_4 的水具有涩味；含 $MgSO_4$ 的水具有苦味；含有机质的水具有甜味；含 CO_2 的水有令人清爽可口之感。

（六）密度

地下水的密度取决于所溶解的盐分的多少，一般情况下，地下水的密度与化学纯水相同。当水中溶解较多的盐分时，密度增大。

二、地下水中的主要化学成分

地下水循环于岩石的空隙中，能溶解岩石中的各种成分。根据研究表明，地下水中的化学元素有几十种。通常，它们以离子状态、分子状态及游离气体状态存在。地下水中常见的离子、分子及气体成分有：

离子状态——阳离子有 Na^+、K^+、Ca^{2+}、Mg^{2+}、H^+、NH_4^+、Mn_2^+ 等；阴离子有 Cl^-、SO_2^{4-}、HCO_3^-、CO_2^{3-}、OH^-、NO_3^-、NO_2^-、SiO_2^{3-} 等。

分子状态——Fe_2O_3、Al_2O_3、H_2SO_4 等。

气体状态——N_2、O_2、CO_2、H_2S、CH_4 等。

上述成分中以 Cl^-、SO_4^{2-}、HCO_3^-、Na^+、K^+、Ca^{2+}、Mg^{2+} 等离子的分布最广，因而往往以这些成分来表示地下水的化学类型。如地下水中主要阴离子为 HCO_3^-，阳离子为 Ca^{2+}，那么地下水的化学类型就定为重碳酸钙型水；若地下水中主要阴离子为 SO_2^{4-}，阳离子为 Na^+，其化学类型就定为硫酸钠型水。

地下水所含化学成分不同，可以表现出不同的化学性质。反映地下水化学性质的指标有水的总矿化度、pH、硬度以及侵蚀性等。

（一）水的总矿化度

水的总矿化度是指单位体积水中所含有的离子、分子和各种化合物的总量，用 g/L 来表示。总矿化度表示水的矿化程度，即水中所溶解盐分的多少。矿化度直接反映地下水的循环条件，矿化度高，说明地下水的循环条件差；矿化度低，说明地下水的循环条件好。根据总矿化度，可将地下水分为 5 类（表 3.6）。

表 3.6　地下水按矿化度分类表

名　称	矿化度(g/L)
淡水	<1
微咸水	1～3
咸水	3～10
盐水	10～50
卤水	>50

一般情况下，随着矿化度的变化，地下水中占主要地位的离子成分也随之发生变化。低矿化度水中常以 HCO_3^-、Ca^{2+}、Mg^{2+} 为主；高矿化度水中，则以 Cl^-、Na^+ 为主；中等矿化度水中，阴离子常以 SO_4^{2-} 为主，主要阳离子可以是 Ca^{2+}，也可以是 Na^+。

（二）pH

水的酸碱度通常用 pH 来表示。pH 是指水中氢离子浓度的负对数值。根据 pH，可将地下水分为 5 类（表 3.7）。

表 3.7　地下水按 pH 分类表

酸 碱 度	pH
强酸性水	<5
弱酸性水	5.0～6.4
中性水	6.5～8.0
弱碱性水	8.1～10.0
强碱性水	>10.0

（三）水的硬度

地下水的硬度取决于水中 Ca^{2+}、Mg^{2+} 的含量。水的硬度对评价水的工业和生活适用性极为重要。如用硬水可使锅炉产生水垢，导热性变坏甚至引起爆炸；用硬水洗衣，肥皂泡沫减少，造成浪费。水的硬度可分为总硬度、暂时硬度和永久硬度。

总硬度，是指水中所含 Ca^{2+}、Mg^{2+} 的总量，它包括暂时硬度和永久硬度。

暂时硬度，是指水沸腾后，由 HCO_3^- 与 Ca^{2+}、Mg^{2+} 结合生成碳酸盐沉淀出来 Ca^{2+} 和 Mg^{2+} 的含量。

永久硬度，是指水沸腾后，水中残余的 Ca^{2+} 和 Mg^{2+} 的含量。在数值上等于总硬度减去暂时硬度。

通常表示硬度的单位有德国度(°dH)和毫克当量每升(meq/L)。1 德国度相当于 1 L 水中含有 10 mg 的 CaO 或 7.2 mg 的 MgO，即 1 L 水中含有 7.2 mg 的 Ca^{2+} 或 4.3 mg 的 Mg^{2+}。1 meq/L 等于 20.4 mg/L 的 Ca^{2+} 或 12.6 mg/L 的 Mg^{2+}。1 meq/L = 2.8 °dH。表 3.8 所示为地下水的硬度分类。

表 3.8　地下水的硬度分类

水的类型	硬度			硬度（以 $CaCO_3$ 计）(mg/L)
	°dH	(meq/L)	(mol/L)	
极软水	<4.2	<1.5	$<7.5\times10^{-4}$	≤150
软水	4.2～8.4	1.5～3.0	$7.5\times10^{-4}\sim1.5\times10^{-3}$	≤300
微硬水	8.4～16.8	3.0～6.0	$1.5\times10^{-3}\sim3\times10^{-3}$	≤450
硬水	16.8～25.2	6.0～9.0	$3\times10^{-3}\sim4.5\times10^{-3}$	≤550
极硬水	>25.2	>9.0	$>4.5\times10^{-3}$	>550

（四）侵蚀性

地下水的侵蚀性取决于水中侵蚀性 CO_2 的含量。当含有侵蚀性 CO_2 的地下水与混凝土接触时，就可能溶解其中的 $CaCO_3$，从而使混凝土的结构受到破坏。其反应式如下：

$$CaCO_3 + H_2O + CO_2 \rightleftharpoons Ca(HCO_3)_2 \rightleftharpoons Ca^{2+} + 2HCO_3^- \qquad (3.6)$$

上式的反应是可逆的。由上式可见，当水中含有一定数量的 HCO_3^- 时，就必须有一定数量的游离 CO_2 与之相平衡。当水中的游离 CO_2 与 HCO_3^- 达到平衡之后，若又有一部分 CO_2 进入水中，那么上述平衡就遭到破坏，反应式将加速向右进行，进入水中的 CO_2 其中一部分与 $CaCO_3$ 起了化学作用，而使 $CaCO_3$ 被溶解，这部分 CO_2 就称为侵蚀性 CO_2。因此，当水中游离的 CO_2 含量超过平衡的需要时，水中就会有一定的侵蚀性 CO_2，它在地下水中的存在及含量的多少是评价地下水质所必须考虑的问题。

三、常规离子简介

（一）氯离子

Cl^- 在地下水中广泛分布，其含量随矿化度的增高而增大。

Cl^- 的来源：① 含水层（介质）中的盐岩或其他氯化物的溶解；② 补给区介质的溶滤；③ 人为污染。

（二）硫酸根离子

SO_4^{2-} 在高矿化度水中仅次于 Cl^-，低矿化度水中含量较小，中等矿化度水中 SO_4^{2-} 常为含量最高的阴离子。

SO_4^{2-} 主要来源于石膏和其他硫酸盐矿物的溶解和硫化物的氧化。煤系地层中常含有大量的黄铁矿，是地下水中 SO_4^{2-} 的重要来源。

还原环境中，SO_4^{2-} 将被还原成 H_2S 和 S，所以老塘水中 SO_4^{2-} 含量并不高。

（三）重碳酸根离子

地下水中 HCO_3^- 含量相对较低，一般不超过 1 000 mg/L。但在低矿化度水中，HCO_3^- 几乎是主要的阴离子。HCO_3^- 主要来源于碳酸盐的溶解：

$$CaCO_3 + H_2O + CO_2 = 2HCO_3^- + Ca^{2+} \quad (3.7)$$

$$MgCO_3 + H_2O + CO_2 = 2HCO_3^- + Mg^{2+} \quad (3.8)$$

（四）钠离子、钾离子

Na^+、K^+性质相近，在低矿化度水中含量很低，通常每升含量为几十毫克，但在高矿化度水中是主要的阳离子。

Na^+、K^+主要来源于盐岩和钠、钾矿物的溶解。正长石、斜长石均是富含钾、钠的矿物，风化后形成钾、钠的可溶盐，是Na^+、K^+的主要来源。

（五）钙离子

Ca^{2+}是低矿化度水中的主要阳离子，在高矿化度水中，含量会增加，但远低于Na^+。

Ca^{2+}主要来源于灰岩和石膏的溶解。

（六）镁离子

Mg^{2+}在低矿度水中较Ca^{2+}少，但在高矿度水中仅次于Na^+。

Mg^{2+}主要来源于含镁碳酸（白云岩、泥灰岩）溶解。

四、地下水化学成分的形成作用

地下水主要来自大气降水和地表水体的入渗。在进入含水层前，已经含有一些物质，在与岩土接触后，化学成分进一步演变。地下水的化学成分的形成作用主要有以下几种：

（一）溶滤作用

在水与岩土相互作用下，岩土中的一部分物质转入地下水中，称为溶滤作用。溶滤作用与矿物的溶解度（电离度）、水的温度、水的流动情况、水中已有的化学（气体）成分都有关系，从而形成不同水质类型的地下水。

（二）浓缩作用

在干旱半干旱地区，埋藏不深的地下水不断蒸发，矿化度不断升高，称为浓缩作用。浓缩作用不断发展使水中溶解度低的离子不断析出，溶解度高的离子得以保存，水质类型向Cl－Na型靠近。

（三）脱碳酸作用

水中的CO_2随着压力的降低和温度的升高，便成为游离态从水中逸出，其结果使水中的HCO_3^-、Ca^{2+}、Mg^{2+}减少，矿化度降低，pH变小。

（四）脱硫酸作用

在还原环境中，当有有机物存在时，脱硫酸细菌能使SO_4^{2-}还原为H_2S。其反应式如下：

$$SO_4^{2-} + 2C + 2H_2O = H_2S + 2HCO_3^- \quad (3.9)$$

结果使水中SO_4^{2-}减少乃至消失，HCO_3^-增加，pH变大。这也是老塘水的标志之一。

（五）混合作用

成分不同的两种水混合，形成与原来两种水都不同的地下水，这就是混合作用。混合作用的结果，可能发生化学反应，如以SO_4^{2-}、Na^+为主的砂岩水与HCO_3^-、Ca^{2+}为主的灰岩水相混合，就会发生如下反应：

$$Ca(HCO_3)_2 + Na_2SO_4 = CaSO_4 + 2NaHCO_3 \quad (3.10)$$

从上式可以看出，两种不同类型的水混合后，产生了以 HCO_3^-、Na^+ 为主的地下水。这就很好地解释了一些矿区灰岩出水初期不具备灰岩水质特征的现象。

水化学形成作用还包括阳离子交替吸附作用、人类活动等。

五、水质分析成果表示法

（一）离子毫克数表示法

1 升水中所含离子毫克数，单位为 mg/L。

（二）离子毫克当量表示法

1 升水中所含离子当量数(摩尔数)。

（三）离子毫克当量百分数表示法

1 升水中阴、阳离子毫克当量总数各为 100%，某种离子所占百分比。

（四）分式表示法(库尔洛夫式)

将离子毫克当量百分数大于 10% 的阴、阳离子，按递减顺序排列在横线上、下方，再将总矿化度、气体成分、特殊元素列在分式前面，式末列出水温和涌水量，如下式所示：

$$Br_{0.02}H_2S_{0.10}M_{1.5}\frac{HCO_{84}^{3}SO_{10}^{4}}{Ca_{73}Mg_{10}}t_{18}Q_{1.2}$$

（五）图形表示法

图形可以直接形象地反映出水化学特征，有利于水质类型的分析对比，在水化学研究中广泛被使用。主要有圆形图、柱状图、玫瑰花图、六边形图等。

(1) 圆形图。这是根据 6 种离子(K^+、Na^+ 合为一种)毫克当量百分数绘制成的圆形图。阴、阳离子各占圆的一半面积。阴离子在左，从上向下依次为 HCO_3^-、SO_4^{2-}、Cl^-；阳离子在右，从上向下依次为 Ca^{2+}、Mg^{2+}、$Na^+ + K^+$。各种离子所占扇形面积的大小表示毫克当量百分数的多少，圆的直径大小表示矿化度等级(图 3.20(a))。

(2) 柱状图。这是根据 6 种离子毫克当量数绘制成的柱状图(双柱)。阴、阳离子分别位于柱的左右。阴离子在左，从上向下依次为 HCO_3^-、SO_4^{2-}、Cl^-；阳离子在右，从上向下依次为 Ca^{2+}、Mg^{2+}、$Na^+ + K^+$。各种离子所占的高度表示毫克当量数的多少(图 3.20(b))。

(3) 玫瑰花图。这是根据主要阴、阳离子的毫克当量百分数绘制成的圆形图。3 条直径的 6 个端点把圆周六等分，每个半径上自圆心到圆周绘制一种离子的毫克当量百分数分布点，连接成玫瑰花图。自上端点逆时针方向依次为 HCO_3^-、SO_4^{2-}、Cl^-、Ca^{2+}、Mg^{2+}、Na^+ +

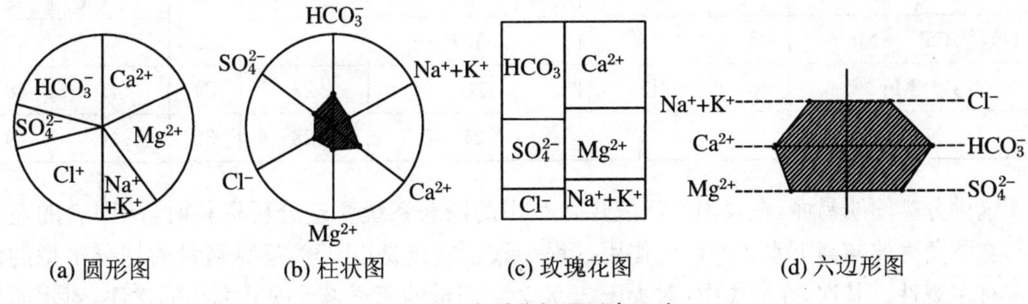

(a) 圆形图　(b) 柱状图　(c) 玫瑰花图　(d) 六边形图

图 3.20　水质分析图形表示法

K^+（图 3.20(c)）。

(4) 六边形图。在水文地质剖面图上，多使用这种水化学图形。它是根据 6 种离子毫克当量数绘制成的六边形。在垂直于竖轴的 3 条间距相等的横线上，用统一的比例尺表示阴、阳离子的毫克数。阴离子在右，从上向下依次为 Cl^-、HCO_3^-、SO_4^{2-}。阳离子在左，从上向下依次为 $Na^+ + K^+$、Ca^{2+}、Mg^{2+}。把 6 个端点连接成六边形(图 3.20(d))。

（六）水质分析结果的审查

(1) 为检查水质分析质量，可以将同一水样送到不同化验室做平行实验，误差不超过 2%。

(2) 阴离子的毫克当量总数，要与阳离子的毫克当量总数相同，误差不超过 2%。

(3) 硬度、碱度与离子之间的关系：$Ca^{2+} + Mg^{2+}$ (meq/L) = 总硬度(meq/L)，误差不超过 1 meq。

当有永久硬度时，没有负硬度。$Cl^- + SO_4^{2-} > K^+ + Na^+$，暂时硬度等于重碳酸根离子含量。

当有负硬度存在时，则总硬度 = 暂时硬度；负硬度 = 总硬度 − 总碱度。

六、地下水化学分类与图示方法

（一）舒卡列夫分类

苏联学者舒卡列夫(С.А.Щукалев)的分类(表 3.9)是根据地下水中 6 种主要离子(K^+ 合并于 Na^+ 中)及矿化度划分的。将含量大于 25%毫克当量的阴离子和阳离子进行组合，共分成 49 型水，每型以一个阿拉伯数字作为代号。按矿化度又划分为 4 组：A 组矿化度小于 1.5 g/L，B 组为 1.5～10 g/L，C 组为 10～40 g/L，D 组大于 40 g/L。

不同化学成分的水都可以用一个简单的符号代替，并赋以一定的成因特征。例如，1-A 型即矿化度小于 1.5 g/L 的 $HCO_3 - Ca$ 型水，是沉积岩地区典型的溶滤水，而 49-D 型则是矿化度大于 40 g/L 的 $Cl - Na$ 型水，可能是与海水及海相沉积有关的地下水或者是大陆盐化潜水。

表 3.9 舒卡列夫分类图表

超过 25%毫克当量的离子	HCO_3^-	$HCO_3^- + SO_4^{2-}$	$HCO_3^- + SO_4^{2-} + Cl^-$	$HCO_3^- + Cl^-$	SO_4^{2-}	$SO_4^{2-} + Cl^-$	Cl^-
Ca^{2+}	1	8	15	22	29	36	43
$Ca^{2+} + Mg^{2+}$	2	9	16	23	30	37	44
Mg^{2+}	3	10	17	24	31	38	45
$Na^+ + Ca^{2+}$	4	11	18	25	32	39	46
$Na^+ + Ca^{2+} + Mg^{2+}$	5	12	19	26	33	40	47
$Na^+ + Mg^{2+}$	6	13	20	27	34	41	48
Na^+	7	14	21	28	35	42	49

这种分类简明易懂，在我国广泛应用。利用此图表系统整理分析资料时，从图表的左上角向右下角大体与地下水总的矿化作用过程一致。缺点是以 25%毫克当量为划分水型的依据带有主观性。其次，在分类中，对大于 25%毫克当量的离子未反映其大小的次序，对水质变化反映不够细致。

（二）派珀三线图解

派珀（A. M. Piper）三线图解由两个三角形和一个菱形组成（图 3.21），左下角三角形的三条边线分别代表阳离子中 $Na^+ + K^+$、Ca^{2+} 及 Mg^{2+} 的毫克当量百分数。右下角三角形表示阴离子 Cl^-、SO_4^{2-} 及 HCO_3^- 的毫克当量百分数。任一水样的阴、阳离子的相对含量分别在两个三角形中以标号的圆圈表示，引线在菱形中得出的交点上以圆圈综合表示此水样的阴、阳离子相对含量，按一定比例尺画的圆圈的大小表示矿化度。

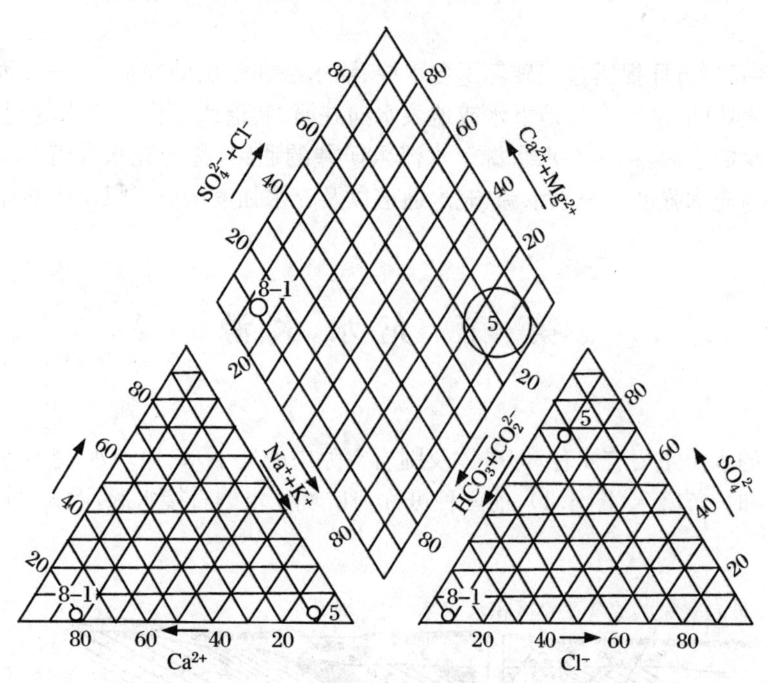

图 3.21　派珀三线图解（Piper，1953）

落在菱形中不同区域的水样具有不同化学特征（图 3.22）。1 区碱土金属离子超过碱金属离子，2 区碱大于碱土，3 区弱酸根超过强酸根，4 区强酸大于弱酸，5 区碳酸盐硬度超过 50%，6 区非碳酸盐硬度超过 50%，7 区碱及强酸为主，8 区碱土及弱酸为主，9 区任一对阴、阳离子毫克当量百分数均不超过 50%。

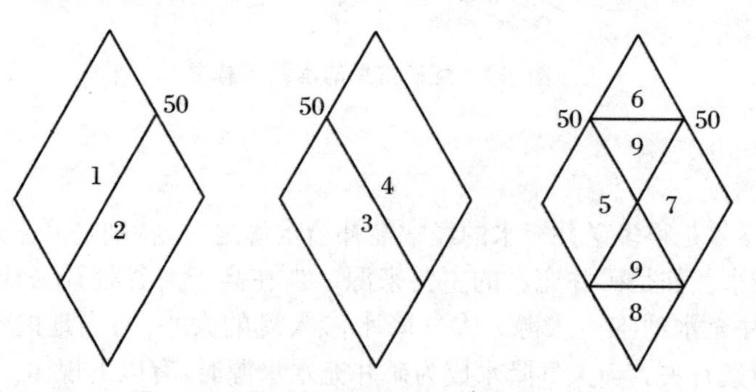

图 3.22　派珀三线图解分区（Piper，1953）

这一图解的优点是不受人为影响，从菱形中可看出水样的一般化学特征，在三角形中可以看出各种离子的相对含量。将一个地区的水样标在图上，可以分析地下水化学成分的演变规律。

第四章　矿井充水条件

采矿过程中，一方面揭露过程破坏了含水层、隔水层和断层破碎带，另一方面会引起围岩岩层移动和地表塌陷，从而产生地下水或地表水向井筒、巷道或工作面涌水的现象，称为矿井充水。矿井充水的水源，称为充水水源。水流入矿井的通路，称为充水通道。水流入矿井涌水量的大小称为充水强度。充水水源、充水通道以及充水强度构成了煤矿床的充水条件。

第一节　充 水 水 源

矿坑充水的水源主要有 4 种，即矿体及围岩空隙中的地下水、地表水、老窑（采空区）积水（简称老空水）和大气降水（图 4.1），前三种可称为矿坑充水的直接水源，而大气降水往往是间接水源。

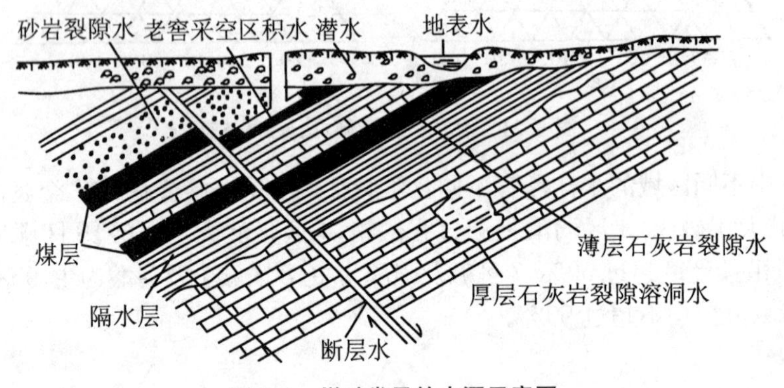

图 4.1　煤矿常见的水源示意图

一、大气降水

大气降水的渗入是很多矿井充水的经常性补给水源之一，特别是开采地形低洼且埋藏较浅的矿层，大气降水往往是矿井充水的主要来源。当在高于河谷处开采地表下的矿层时，大气降水往往是矿井充水的唯一水源。大气降水渗入量的大小，与当地的气候、地形、岩石性质、地质构造等因素有关。当大气降水成为矿井充水水源时，有以下规律：

(1) 矿井充水的程度与该地区降水量的大小、降水性质和强度及延续时间有关。降水量大和长时间降水对渗入有利，因此，矿井的涌水量也大。如有些矿区雨季的矿井涌水量为旱季的数倍。

(2) 矿井的涌水量随气候具有明显的季节性变化，但涌水量出现高峰的时间往往滞后，在浅部常为1～2天，随深度的增加滞后的时间会随之稍长。

(3) 大气降水渗入量随开采深度的增加而减少，即在同一矿井不同的开采深度，大气降水对矿井涌水量的影响程度有很大差别。

二、地表水源

地表水源包括江河、湖海、池沼、水库等。当开采位于这些水体影响范围内的矿体时，在适当的条件下，这些水便会涌入矿坑成为矿坑充水水源(图4.2)。地表水能否进入井下，由一系列自然因素和人为因素决定，主要取决于巷道距水体的距离、水体与巷道之间地层及地质构造条件和所采用的开采方法。一般来说，矿体距地表水体愈近受到影响愈大，充水愈严重，矿井涌水量也愈大。若矿坑充水水源为常年有水的地表水，则水体越大，矿坑涌水量越大，而且稳定，淹井时不易恢复；当季节性水体为充水水源时，对矿坑涌水量的影响程度则具有季节性变化。另外，地表水体所处地层的透水性强弱，直接控制矿坑涌水量的大小，地层透水性越好，则矿坑涌水量越大；反之则小。当有断裂带沟通时，则易发生灾害性的突水。同样，不适当的开采方法，也会造成人为的裂隙，从而增加沟通地表水渗入井下的通道，使矿坑涌水量增加。

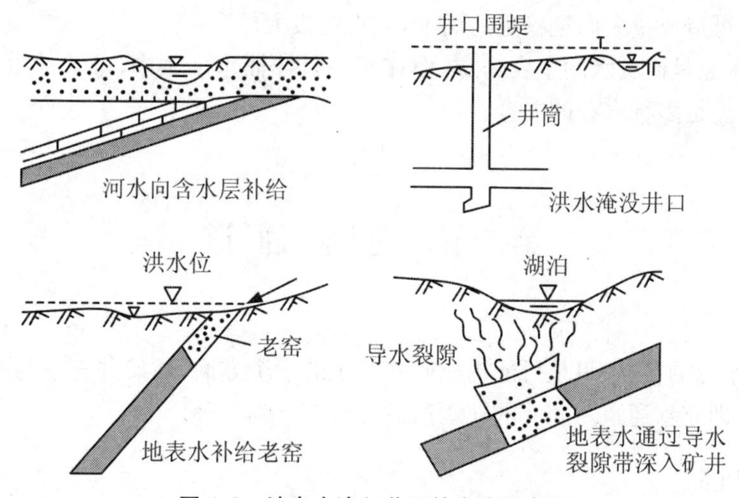

图4.2　地表水渗入井下的方式示意图

三、矿体及围岩空隙中的地下水

有些矿体本身存在较大的空隙，其内充满了地下水，这些水在矿体开采时会直接流入坑道，成为矿坑充水水源。有些矿体本身并不含水，但邻近的围岩往往具有大小不等、性质不同的空隙，其中常含有地下水，当有通道与采掘空间连通时，也会成为矿井充水的水源。根据含水岩石空隙的性质，这些地下水可以是孔隙水、裂隙水或喀斯特水(岩溶水)。

(1) 孔隙水水源。孔隙水存在于松散岩层的孔隙内，当开采松散沉积层中的矿产或开采接近松散沉积层矿体时，常遇到这种水源。如我国开滦煤矿区部分矿井，因受冲积层水的补给，曾发生过突水事故。

(2) 裂隙水水源。裂隙水存在于矿体或其围岩的裂隙中，当工作面揭露到这些含裂隙水的岩体时，这种地下水就会涌入工作面，造成矿坑充水。裂隙水水源的一般特点是：水量较小，水压较大。当裂隙水与其他水源无水力联系时，在多数情况下，涌水量会逐渐减少甚至干涸；如果裂隙水和其他水源有水力联系时，涌水量便会不停地增加甚至造成突水事故。

(3) 喀斯特水水源。这种水源在我国华北和华南的许多煤矿区较为常见。如华北石炭二叠纪煤系的下部为岩溶比较发育的奥陶系石灰岩,奥陶系是厚度巨大的强含水层。不少煤矿区发生的重大突水事故,其直接或间接水源就为石灰岩含水层的岩溶水。岩溶水水源突水的一般特点是:水压高、水量大、来势猛、涌水量稳定、不易疏干、危害性大。

总之,地下水往往是矿井充水最直接、最常见的水源。涌水量的大小及其变化则取决于围岩的富水性和补给条件。流入矿井的地下水通常包括静储量与动储量两部分。在开采初期或水源补给不充沛的情况下,往往是以静储量为主,随着生产的发展及长期排水和采掘范围的不断扩大,静储量会逐渐减少,动储量的比例相对增大。

四、老窑及采空区积水

古代和近期的采空区及废弃巷道,由于长期停止排水而使地下水聚集。当采掘工作面接近它们时,其内积水便会成为矿井充水的水源。这种水源涌水的特点是:水中含有大量的硫酸根离子,积水呈酸性,具有强烈的腐蚀性,对井下的设备破坏性很大。当这种水成为突水水源时,突水来势猛,易造成严重事故。当这种水与其他水源无联系时,易于疏干,若与其他水源有联系时,则可造成量大而且稳定的涌水,危害性极大。

上述几种水源是矿坑水的主要来源,而在某一具体涌水事例中,常常是由某种水源起主导作用,但也可能是多种水源的混合。

第二节　充 水 通 道

矿井充水水源的存在,只是可能构成矿井充水的一个方面,而矿井充水与否,还取决于另一个重要条件,即充水通道。矿井的充水通道主要有下列几种。

一、岩石的孔隙

这种通道通常存在于疏松未胶结成岩的岩石中(图 4.3),其透水性能取决于孔隙的大小和连通性。岩石的孔隙大、连通程度好,当巷道穿过时,其涌水量就大。单纯的孔隙水,只有在矿层围岩是大颗粒的松散岩石并有固定的水源补给,或围岩本身是饱水的流砂层时,才会造成突水或流砂冲溃事故。

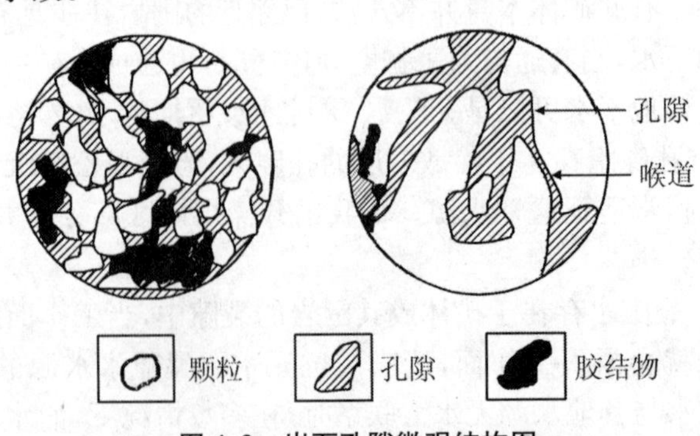

图 4.3　岩石孔隙微观结构图

二、岩层的裂隙

岩层的风化裂隙、成岩裂隙、构造裂隙等都构成矿井充水的通道。其中，风化裂隙及成岩裂隙所含水量一般不大，而对矿井具有威胁的是构造裂隙，包括各种节理、断层和巨大断裂破碎带等，它们是矿井充水的主要通道。

构造裂隙对矿井充水的影响，一方面表现在其本身的富水性，另一方面又往往因其是各种水源进入采掘工作面的天然途径。所以，当采掘工作面与它们相遇或接近时，与它有联系的水源就会通过它们涌入井下造成突水。

节理尤其是张节理是矿井充水的有利通道。在一般情况下，脆性岩石较柔性岩石的节理更为发育，且大多为张节理，其裂隙度较大；柔性岩石中的裂隙大多是细小闭合的，其透水性较差，但当多组裂隙互相沟通时，也可形成矿井充水的良好通道。

断层是构造裂隙中最易造成灾害性事故的进水通道。根据断裂带的水文地质特征，断层可分为隔水断层和透水断层两类。

（1）隔水断层：主要是压性及部分扭性断裂经充填胶结而成。由于致密，不仅断层本身不含水，而且还可切断某些含水层，使含水层在断层两侧具有不同的水文地质特征。一般来说，这类断层在保持其隔水性能的条件下，对分区疏干可起有利作用。

（2）透水断层：多数是张扭性断层，少数是压扭性断层。当它们与其他水源有联系造成矿井突水时，其水量大且稳定。当它们与其他水源无联系时，开始水量大，然后逐渐减少甚至干涸。

三、岩层的溶隙

岩层的溶隙是指可溶性岩石（如碳酸盐岩）被溶蚀而形成的空隙。它可以是细小的溶孔、巨大的溶洞甚至是地下暗河，它们可赋存大量的水并可沟通其他水源，当巷道接近或揭露它们时，易造成灾害性的冲溃。可溶性岩层在我国分布广泛，因而使喀斯特溶隙成为矿井充水的主要通道。在喀斯特发育地区分析矿井充水通道时，应首先研究喀斯特的发育规律。

溶隙发育的规律是随着深度的变化而变化的。喀斯特多分布于含水层的浅部及顶部，随深度增加而逐渐减弱。例如，湖南煤炭坝煤矿，煤层底板为茅口灰岩，喀斯特承压水为矿井充水主要水源，该矿涌水量随深度变化情况如图 4.4 所示。从图中可以看出，不同深度溶隙的发育程度不同，对涌水量的影响也不同，但总体上是表现出随深度增加而逐渐减弱。

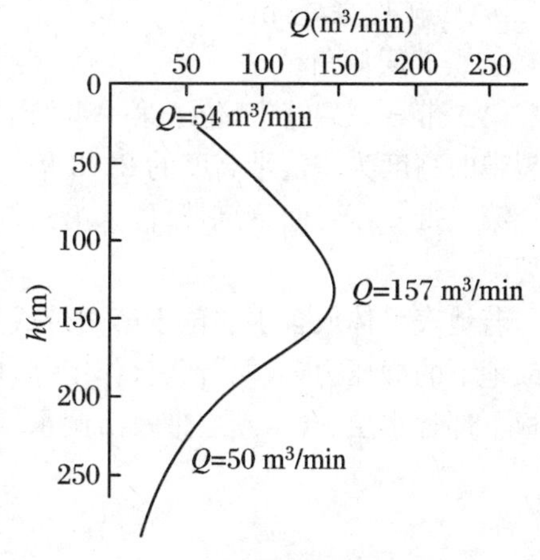

图 4.4　涌水量随深度变化情况

四、人工通道

（一）封闭不良钻孔造成的充水通道

按有关规程规定，勘探时施工的钻孔，在工作结束后都要按要求进行封闭。如果封孔质量未达到标准要求，钻孔就成了矿层与其顶底板含水层或地表水之间的通道。在开采过程中，遇到或接近这些钻孔时，就会引起涌水甚至造成淹井事故。

（二）采矿活动造成的断裂

根据对岩层移动规律的研究，在采用长壁采法、全垮落管理采空区的情况下，根据采空区覆岩移动破坏程度，正常情况下可形成三个不同的破坏带（图 4.5）。

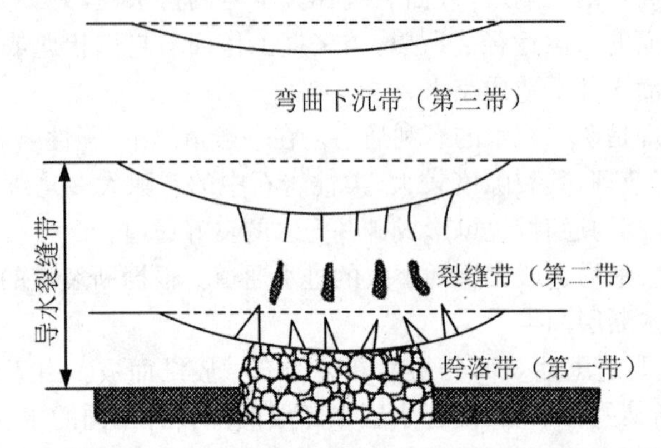

图 4.5 顶板岩层移动分带示意图

第一带——垮落带。煤矿层采出后，顶板岩层的平衡状态遭到破坏而垮落，形成崩落带。其垮落高度取决于顶板岩石的碎胀系数及煤矿层倾角和采厚。在缓倾斜煤矿层条件下，垮落高度可用下式计算：

$$h=\frac{m}{k-1}\cdot\cos\alpha \tag{4.1}$$

式中，h：垮落带的高度（从采空区底界起算），m；

k：顶板岩石的碎胀系数，其大小取决于岩性，一般采用 1.3；

m：煤矿层采高，m；

α：煤矿层倾角。

第二带——裂缝带，位于第一带的上方。由于顶板垮落，岩层下沉而产生许多张性裂隙，断裂带的高度为垮落带高度的 2～3 倍。该带与第一带统称导水裂缝带。

第三带——弯曲下沉带，位于第二带的上方，此带特点是岩层缓慢沉降弯曲，但一般不产生裂隙。

若地表水体或含水层位于第一带或第二带内，则将对矿井构成严重威胁。此外，矿山压力或地下的静压力，或两者联合作用等，也可促使坑道底板形成裂隙，这种裂隙可沟通煤矿层底板下部含水层、含水断层带及溶洞水，使矿井涌水量增加甚至造成突水事故。

第三节　充 水 强 度

不同矿井，充水因素不同，各种因素对矿井充水的影响程度也不同，因而涌水量大小各异。涌水量大的矿井，称充水性强；涌水量小的，称充水性弱。矿井充水程度用含水系数 K_p 和矿井涌水量 Q 两项指标表示。

一、含水系数 K_p

含水系数又称富水系数，其数值是某一时期从矿井中排出的水量 Q 与同一期内煤炭开采量 P 的比值，即矿井每采 1 t 煤的同时，需从矿井内排出的水量，用 K_p 表示，单位为 m^3/t，即

$$K_p = \frac{Q}{P} \tag{4.2}$$

根据含水系数的大小，可将生产矿井的充水程度分为 4 个等级。

(1) 充水性弱的矿井：K_p 小于 2 m^3/t；

(2) 充水性中等的矿井：K_p 为 2～5 m^3/t；

(3) 充水性强的矿井：K_p 为 5～10 m^3/t；

(4) 充水性极强的矿井：K_p 大于 10 m^3/t。

二、矿井涌水量(Q)

矿井涌水量是指在开拓及开采过程中，单位时间内流入矿井的水量，通常用 Q 表示，单位为 m^3/d，m^3/h 或 m^3/min。根据涌水量的大小，将矿井的充水程度分为 4 类：

(1) 涌水量小的矿井：Q 小于 2 m^3/min；

(2) 涌水量中等的矿井：Q 为 2～5 m^3/min；

(3) 涌水量大的矿井：Q 为 5～15 m^3/min；

(4) 涌水量极大的矿井：Q 大于 15 m^3/min。

不同矿井的充水程度或涌水量有很大差别，同一矿井不同时间或不同地段的涌水量也不一样，如在一年内有最大涌水量、正常涌水量和最小涌水量之分。

第五章　矿井水文地质类型划分

按水文地质条件划分的矿井类型，称矿井水文地质类型。矿井水文地质类型的划分是在系统整理、综合分析矿区水文地质勘探成果和矿井建设、生产各阶段所获得的水文地质资料和经验教训的基础上，对矿井充水条件的高度概括与归纳。

第一节　矿井水文地质类型划分的意义和原则

一、矿井水文地质类型划分的意义

矿井水文地质类型也就是通常所说的矿床水文地质类型，两者划分的原则和依据基本相同。但由于矿井仅是矿床的局部开发地段，涉及范围小，受开采影响明显，因此分类的基本出发点也不完全相同。矿井水文地质类型划分的目的是分析矿井水文地质条件，确定水文地质类型，指导矿井防治水工作，通过采取有效的防治水措施，确保煤矿安全生产。

二、矿井水文地质类型划分的原则和要求

矿井水文地质类型划分的原则和要求如下：

(1) 分类以矿井防治水工作为目的，考虑与矿井地质勘探工作相结合。

(2) 分类要全面考虑矿井充水诸因素的影响，要突出其中主要因素的作用。

(3) 分类应符合我国的实际情况，反映近年来煤矿水害事故发生的特点以及在防治水工作中的经验教训，力求简单明了，便于实际应用。

(4) 本类型划分所考虑的各种因素(指标)具有同等地位，并且为了煤矿生产安全，类型划分持就高不就低的原则。如根据矿井及其周边老空水分布状况，某矿井应为极复杂类型，但其他指标均未达到极复杂类型要求，采用就高不就低的原则，将该矿井定为水文地质条件极复杂类型矿井；同理，在单位涌水量 q，矿井涌水量 Q_1、Q_2 和突水量 Q_3 中，以其中的最大值作为分类依据。

(5) 当同一井田内煤层较多且水文地质条件变化较大时，应分煤层进行矿井水文地质类型划分。如华北型煤田，开采上组煤时，矿井可能是水文地质简单或中等类型的，而开采下组煤则可能是水文地质条件复杂或极复杂的矿井。

第二节　矿井水文地质类型划分依据和方案

一、矿井水文地质类型划分的依据

根据我国的矿井水文地质特征和主要影响因素，矿井水文地质类型划分的依据如下：

(1) 受采掘破坏或影响的含水层及水体(其中包括含水层性质、补给条件和单位涌水量)。受采掘破坏或影响的含水层也就是矿井充水的主要含水层，如在华北型煤田中开采上组煤层时可能主要是顶板砂岩含水层，而开采太原组底部煤层时可能是煤层底板奥陶系灰岩含水层和顶板薄层灰岩含水层。单位涌水量 q 是反映充水含水层富水性的重要指标，q 的取值应以井田内主要充水含水层中有代表性的为准。

(2) 矿井及周边老空水分布状况。老空水包括古井、老窑、矿井采空区及废老塘的积水等。我国煤矿开采历史悠久，老空水分布广泛，对矿井或相邻矿井造成极大威胁，矿井采掘工程一旦揭露或接近，常会造成突水。老空水一般位置不清，水体几何形状不规则，空间分布无规律，积水位置难以分析判断。突水来势迅猛，破坏性强。老空水多为酸性水并具有腐蚀性，也有含诸如硫化氢等有害气体的老空水。老空水事故占总水害事故的80%以上，因此，在本矿井水文地质类型划分中，老空水分布状况作为类型划分的一个重要指标。

(3) 矿井涌水量。考虑矿井正常涌水量和最大涌水量两个指标，我国西北地区矿井涌水量明显偏小，因而分类时西北地区矿井涌水量界限值不同于其他地区。

(4) 矿井突水量。含水层或含水体中的水突破隔水体而突然进入采掘系统空间的水量，其往往造成灾害，因此，将突水量作为分类指标之一。

(5) 开采受水害影响程度。主要根据矿井、突水的频率和突水量的大小进行分类。

(6) 防治水工作难易程度。主要根据防治水工程量及经济效益等进行分类。如果投入的防治水工程量太大，经济效益差，目前就不宜开采，可待将来科技进步了再进行安全高效的开采。

二、矿井水文地质类型划分方案

在2009年修订的《煤矿防治水规定》中，为了有针对性地做好矿井水文地质工作，从矿区水文地质条件、井巷充水及其相互关系出发，根据受采掘破坏或影响的含水层性质、富水性以及补给条件、单井年平均涌水量和最大涌水量、开采受水害影响程度和防治水工作难易程度等，按水文地质条件复杂程度将矿井划分为简单、中等、复杂、极复杂四个类型(表5.1)。

表 5.1 矿井水文地质类型划分

分类依据		简单	中等	复杂	极复杂
受采掘破坏或影响的含水层	含水层性质及补给条件	受采掘破坏或影响的孔隙、裂隙、岩溶含水层，补给条件差，补给来源少或极少	受采掘破坏或影响的孔隙、裂隙、岩溶含水层，补给条件一般，有一定的补给水源	受采掘破坏或影响的主要是岩溶含水层、厚层砂砾石含水层、老空水、地表水，其补给条件好，补给水源充沛	受采掘破坏或影响的为岩溶含水层、老空水、地表水，其补给条件很好，补给来源极其充沛，地表泄水条件差
	单位涌水量 q(L/(s·m))	$q\leqslant 0.1$	$0.1<q\leqslant 1.0$	$1.0<q\leqslant 5.0$	$q>5.0$
矿井及周边老空水分布状况		无老空积水	存在少量老空积水，位置、范围、积水量清楚	存在少量老空积水，位置、范围、积水量不清楚	存在大量老空积水，位置、范围、积水量不清楚
矿井涌水量(m^3/h)	年平均 Q_1	$Q_1\leqslant 180$(西北地区 $Q_1\leqslant 90$)	$180<Q_1\leqslant 600$(西北地区 $90<Q_1\leqslant 180$)	$600<Q_1\leqslant 2\ 100$(西北地区 $180<Q_1\leqslant 1\ 200$)	$Q_1>2\ 100$(西北地区 $Q_1>1\ 200$)
	年最大 Q_2	$Q_2\leqslant 300$(西北地区 $Q_2\leqslant 210$)	$300<Q_2\leqslant 1\ 200$(西北地区 $210<Q_2\leqslant 600$)	$1\ 200<Q_2\leqslant 3\ 000$(西北地区 $600<Q_2\leqslant 2\ 100$)	$Q_2>3\ 000$(西北地区 $Q_2>2\ 100$)
突水量 Q_3(m^3/h)		无	$Q_3\leqslant 600$	$600<Q_3\leqslant 1\ 800$	$Q_3>1\ 800$
开采受水害影响程度		采掘工程不受水害影响	矿井偶有突水，采掘工程受水害影响，但不威胁矿井安全	矿井时有突水，采掘工程、矿井安全受水害威胁	矿井突水频繁，采掘工程、矿井安全受水害严重威胁
防治水工作难易程度		防治水工作简单	防治水工作简单或易于进行	防治水工程量较大，难度较高	防治水工程量大，难度高

注：1. 单位涌水量以井田主要含水层中有代表性的为准。

2. 在单位涌水量 q，矿井涌水量 Q_1，Q_2和矿井突水量 Q_3中，以最大值为划分依据。

3. 当同一井田煤层较多，且水文地质条件变化较大时，应当分煤层进行矿井水文地质类型划分。

4. 依据就高不就低的原则，确定矿井水文地质类型。

第三节 矿井水文地质类型划分报告

我国煤矿水文地质条件复杂，对煤矿安全生产影响很大，历史上曾多次发生水害事故，造成了严重的经济损失和人员伤亡。矿井水文地质类型划分报告应在系统整理、综合分析矿床勘探以及矿井建设生产各阶段所获得的水文地质资料的基础上进行编写，至少应当包括以下7项内容。

一、矿井及井田概况

(1) 矿井及井田基本情况。概述煤矿开发情况，包括矿井投产年限、设计年生产能力、现今实际产量、矿井开拓方式、生产水平及主要开采煤层。

(2) 位置、交通。概述井田位置、行政隶属关系，地理坐标、长、宽、面积、边界及四邻关系。通过矿区或临近城镇的铁路、公路、水路等交通干线以及距矿区最近的火车站、码头和机场的距离。附矿区交通位置图。

(3) 地形地貌。概述井田地形地貌主要特征、类型、绝对高度和相对高度、总体地形和代表性地点，如井口、工业场地内主要建筑物标高、主要河流的最低侵蚀基准面等。

(4) 气象、水文。概述矿区及其邻近地区地表水体发育状况，包括江、河、湖、海、水库、沟渠、坑塘池沼等。河流应指出其所属水系，并根据水文站资料分别说明其平均流量、最大流量、最小流量及历史最高洪水位等。湖泊、水库等则应指出其分布范围和面积。

说明矿区所属气候区，根据区内和相邻地区气象站资料，给出区内降水分布，包括年平均降水量、最大和最小降水量以及降水集中的月份。还应指出年平均、年最大蒸发量，最高、最低气温，平均相对湿度，最大冻土深度，年平均气压等。资料齐全时应附气象资料汇总表或月平均降水量、蒸发量、相对湿度、温度曲线等图(插表和插图)。

(5) 地震。概述历史上地震发生的次数、最大震级及地震裂度等。

(6) 矿井排水设施能力现状。概述井下各水平排水设施，包括水仓容积、水泵型号、台数，排水管路直径、趟数，井下最大排水能力，是否具有抗灾能力，是否满足疏水降压的要求等。

二、以往地质和水文地质工作评述

按普查、详查、勘探、建井和矿井生产或改扩建几个不同阶段分门别类总结已完成的地质、水文地质工作成果，指出各类报告的名称及完成时间。

(1) 预查、普查、详查、勘探阶段地质和水文地质工作成果评述。按时间顺序(由老到新)总结“报告”或重要图纸，包括完成年限、完成单位和报告主要内容及结论。

(2) 矿区地震勘探及其他物理探测(物探)工作评述。其主要内容包括完成单位、勘探时间、勘探范围、测线长度和物理点的密度。概述物探的主要地质和水文地质成果，特别是地震勘探对各种构造的控制情况。

(3) 矿井建设、开拓、采掘、延深、改扩建时期的水文地质补充勘探、实验、研究资料或专门报告评述。总结水文地质工作成果(报告)的完成时间、完成单位和主要内容。详细说明矿区存在的主要水文地质问题，对以往的水文地质和防治水工作进行综合评述。

三、地质概况

(1) 地层。按井田所在水文地质单元(或地下水系统)和井田内发育的地层由老到新的顺序进行描述，如震旦系→寒武系→奥陶系→石炭系→二叠系→侏罗系→白垩系→新近系→第四系。某些“系”的地层可再按“统”“组”细分。描述内容主要包括：厚度、岩性、分布与埋藏条件；煤系、可采煤层及储量描述(包括煤系地层和主要可采煤层)。

(2) 构造。按照《中国大地构造纲要》的划分，给出地质构造隶属关系。对褶曲构造逐一进行描述，内容包括背斜、向斜、单斜、地堑和地垒等。对背斜、向斜应给出轴向、产状等。对区内的断裂构造进行详细描述，其中包括断层的数量、编号、展布方向、倾向、倾角、性质、落差和延伸长度等。附断层发育一览表和构造纲要图等。

(3) 岩浆岩。描述井田内岩浆岩的时代、岩性、产状和分布规律及其与煤层及主要含水层的关系。

四、区域水文地质

主要描述矿区所处水文地质单元或地下水系统名称、范围、边界,地下水的补给、径流、排泄条件,强径流带展布规律及岩溶泉群流量等。特别应指出矿区所处地下水系统的具体位置。附矿区所处水文地质单元或地下水系统示意图。

五、矿井水文地质

(1) 井田边界及其水力性质。描述矿井四周边界的构成,一般是指断层、隐伏露头、火成岩体和人为边界等。分析边界可能造成的含水层之间的水力联系和矿区以外含水层水力联系。

(2) 含水层。按由新到老的顺序对含水层逐一进行描述。其内容主要包括:含水层的名称、产状、分布、厚度(最大、最小和平均厚度)、岩性及其在纵横向上的变化规律;地下水位标高、单位涌水量、渗透系数;水的化学类型、矿化度、总硬度等;指出含水层地下水的补给来源及其与其他含水层的水力联系;岩溶裂隙含水层还应指出岩溶的发育情况、钻孔涌水量和泥浆消耗量和单位吸水量等。特别应当指出岩溶陷落柱的存在与发育状况,附主要充水含水层等水位线图等。

(3) 隔水层。按由新到老的顺序逐一描述,重点是构成煤层顶、底板的隔水层。其内容主要包括:岩性、分布、厚度(最大、最小、平均厚度)及其变化规律、物理力学性质和阻隔大气降水、地表水和含水层之间水力联系的有关信息。

(4) 矿井充水条件。矿井充水条件主要是指充水水源、充水通道和充水强度。充水水源是指矿井水来源;充水通道是指水源进入矿井的通道。对各种可能的充水水源(如大气降水、地表水、老窑水和地下水等)、可能的充水通道(如断层和裂隙密集带、陷落柱、煤层顶底板破坏形成的通道、未封堵和封堵不良的钻孔及岩溶塌陷等),进行详细描述并列表加以说明。

(5) 井田及周边地区老窑水分布状况。详细描述井田及周边地区老窑水分布状况,包括位置、积水范围和体积、水头压力以及与其他水源的联系等。必要时进行专项调研。

(6) 矿井充水状况。对井下涌(突)水点进行调查,描述涌(突)水点位置、水量和水质变化规律以及涌(突)水点处理情况。统计分析矿井最大涌水量和正常涌水量。涌水量包括井筒残留水量、巷道涌水量、工作面涌水量和老空区来水量等。

六、对矿井开采受水害影响程度和防治水工作难易程度的评价

(1) 对矿井开采受水害影响程度的评价。根据表 5.1 所列内容,评价水害对矿井生产影响的大小并进行等级划分。

(2) 对矿井防治水工作难易程度的评价。从技术和经济两方面评价矿井防治水工作难易程度。

七、矿井水文地质类型的划分及对防治水工作的建议

(1) 矿井水文地质类型的划分。对不同煤层的开采,按照受采掘破坏或影响的含水层性

质及补给条件、富水性、矿井及周边老窑水分布状况；矿井涌水量、突水量；受水害影响程度和防治水工作难易程度进行矿井水文地质类型划分。同一矿区不同煤层开采的矿井水文地质类型可以不同。

(2) 对防治水工作的建议。说明矿井存在的主要水害问题和应采取的防治水措施。

第四节　两淮煤田各矿水文地质类型划分

查阅两淮煤田各主要矿井的水文地质类型划分报告，统计得出各主要矿井的水文地质类型，如表5.2所示。从表中可以看出，淮北临涣矿区和涡阳矿区水文地质类型一般为中等，淮北煤田的濉萧矿区、宿县矿区，淮南煤田的淮南矿区、潘谢矿区以及阜东矿区的水文地质类型要比上述矿区复杂。

表5.2　两淮煤田各矿井地质水文地质类型一览表(2013年划分结果)

矿　区	矿　井	核定能力($\times10^4$ t/a)	储量($\times10^4$ t)		涌水量(m^3/h)		水文地质类型
			资源量	可采量	正常	最大	
濉萧矿区	袁庄矿	69	878.5	335.6	115	280	中等
	双龙公司	66	243.8	173.6	86	103	中等
	朱庄矿	220	3 043.4	1 599.4	365	544	极复杂
	岱河矿	120	1 100.2	536.9	115	141	中等
	杨庄矿	210	5 360.7	1 643.1	908	1 064	极复杂
	朔里矿	165	642.3	369.8	131	158	中等
	石台矿	150	2 073.9	704.9	108	166	中等
	前岭矿		948.1	338.7	55.24	95.2	中等
	百善矿	100			194	290	中等
	卧龙湖矿	90			57.37	291.5	中等
	刘桥一矿	60			502.6	584.0	复杂
	恒源矿	120	8 004.2	3 533.5	294	336	复杂
宿县矿区	芦岭矿	230	16 723.9	8 551	315	359	复杂
	朱仙庄矿	245	13 476.5	5 623	284	388	复杂
	桃园矿	185	14 513.9	7 927.5	740	843	极复杂
	祁南矿	300	45 369.6	25 008.9	231	313	复杂
	邹庄矿	240	33 062	13 693.6	145	165	中等
	祁东矿	150			305.7	459	复杂
	钱营孜矿	180			128.5	158.3	中等

续表

矿　区	矿　井	核定能力（$\times10^4$ t/a）	储量（$\times10^4$ t）		涌水量（m^3/h）		水文地质类型
			资源量	可采量	正常	最大	
临涣矿区	临涣矿	240	32 458.9	15 476.7	408	462	中等
	海孜矿	159	13 816.5	6 103.5	381	395	中等
	童亭矿	180	14 847.6	5 990.8	234	278	中等
	许疃矿	350	36 886.1	19 379.8	390	432	中等
	孙疃矿	300	26 850.5	12 968.2	168	233	中等
	杨柳矿	180	31 975.7	18 322.3	226	252	中等
	青东矿	180	47 022.4	13 048.9	182	244	中等
	袁店一井	180	30 175.1	10 732.7	154	203	中等
	袁店二井	90	17 367.2	7 874.6	65	79	中等
	任楼	150			146	342.8	极复杂
	五沟	150			111	265	中等
涡阳矿区	涡北矿	180	10 485.6	3 662	72	87	中等
	刘店矿	150	18 032.5	10 068.7	203	270	中等
	信湖矿		82 094.5	22 548.9			中等
淮南矿区	谢李矿	300	168.1	19.4	20	30	中等
	谢李深部	300	44 007.2	28 928.2	986.4	1 157	复杂
	新庄孜矿	400	22 754.6	12 154.2	501	713.97	中等
阜东矿区	口孜东矿	500	75 863.97	39 969.6	92	120	复杂
	刘庄矿	1 140			245.02	286.47	复杂
潘谢矿区	潘一矿				190.7	242.1	中等
	潘二矿	330	44 828.9		126	181.34	复杂
	潘三矿	300		54 207.4	251.39	482.6	复杂
	潘北矿	240	24 098.4	14 589.6	193.94	299.04	复杂
	潘一东矿				13.5～21.1	27.2	中等
	朱集西矿				35.35	63.92	中等
	丁集矿	500	115 057	66 462.1	71.60	130.10	中等
	顾桥矿	900	177 414	106 716.9	150.08	248.40	复杂
	谢桥矿	400	60 097.7	35 505.2	422.47	584.30	极复杂
	张集矿	500	128 404.43		129.68	252.60	中等
	新集一矿	390	58 489.3	18 202.18	327.2	404.9	中等
	新集二矿	290	26 991.1				复杂
	新集三矿	75	16 257.8	881.5	116～148	187	复杂

第三篇 煤矿水文地质工作与方法

第六章　煤矿水文地质调查、观测与编录

第一节　水文地质调查

矿井水文地质调查是矿井地质调查的一个重要组成部分，它直接关系到矿产的合理开发与安全开采。因此，在矿产资源调查的各个阶段都应同时安排相应的水文地质调查，及时提供矿产资源各调查阶段所需的水文地质资料。

一、矿井水文地质调查的目的

(1) 阐明矿区内含水层的分布、岩石成分、产状、厚度、地下水水位（水压）、水质、涌水量等以及地下水的补给和排泄条件。

(2) 阐明地表水与地下水以及含水层之间的水力联系。

(3) 预测未来矿井的可能涌水量，并提出防止地下水的意见。

(4) 对坑道和露天采矿场岩层的稳定性作出一般的工程地质条件评价。

(5) 对供水水源作出一般评价。

二、矿井水文地质调查内容

（一）地质点调查

地质结构是地下水的储存与运动场所，地质条件是决定某地区地下水分布与形成的基础。因此，水文地质测绘中必须重视对地质条件的研究，除了满足地质测绘对地质研究的一般要求外，还应满足水文地质方面的一些特殊要求，尤其要对岩石空隙（孔隙、裂隙、溶隙）的发育规律及含水层、褶皱构造、断裂的储水和导水条件进行详细的调查研究。这样，再结合对井、泉、钻孔、岩溶水点的调查与实验，就可以确定地区含水层的埋藏分布规律及富水情况。

（二）水文点调查

1. 泉的调查

泉的调查应包括下列几方面内容：泉的出露位置、标高，泉附近的地形，泉的成因类型，含水层的情况，泉水的物理性质，涌水量、动态、装备及利用情况等。

2. 井(钻孔)的调查

井（钻孔）的调查内容有井的位置、井口标高、井深、水深、水位、井地质剖面、井水化学成分与物理性质、井口直径、井底直径、井型、井的漏水量与地下水水位、水量变化情况以及井的

结构及使用情况。

3. 岩溶水点(岩溶泉、落水洞、地下河出口、天窗、潭等)的调查

岩溶水点调查的内容如下：

(1) 水点所在地层的层位及岩性。

(2) 水点所处的构造部位、岩层产状、结构面的产状及其力学性质、地质构造与岩溶发育关系。

(3) 水点所处地貌单元的位置及地貌特征。

(4) 水点的地面标高。

(5) 水位标高、埋深及其水位变化。

(6) 观测水的物理性质(色、嗅、味、温度、浑浊度等),并记录气温、洞温和取水样分析。

(7) 溶洞内水流的流向及流量,洞内瀑布的成因和落差,访问流量动态变化情况。

(8) 地下湖或地下河的规模、平面位置、流经地段。

(9) 水生生物的活动情况。

(10) 有意义的水点应实测水文地质剖面图或洞穴水文地质图并素描或照相。

(11) 力求弄清岩溶水点与邻近水点和整个岩溶地下水系的关系,必要时追索地下水的"来龙去脉"或进行连通实验。

4. 老窑的水文地质调查

老窑的水文地质调查内容如下：

(1) 老窑的分布范围及其深度。

(2) 老窑的坍陷和积水情况。

(3) 老窑出现的主要层位及与其他地段连通的情况。

(4) 老窑水的补给来源、排泄条件及其动态变化规律。

(5) 老窑水的物理性质与化学成分。

(6) 老窑突水事故情况。

上述各种地下水露头的调查项目常印成各种表格形式,可在野外直接填写。

5. 地表水体的调查

地表水体的调查内容有：

(1) 河流、湖泊、池塘、渠道等地表水体的位置及周围的地形特征。

(2) 观测地表水体的形态,包括河流的宽度、长度和深度以及湖泊的面积、积水深度。

(3) 地表水体附近的地层岩性、地貌条件及其所处的构造部位。

(4) 测定地表水体的水位、流量、流速、含砂量等。

(5) 观察水的物理性质(水温、色、嗅、味、浑浊度),必要时取水样进行化学分析。

(6) 调查访问动态资料,了解水量、水位、水温的四季变化情况。

(7) 测量和收集河流上下游间流量的变化、支流的水量、河床沿途的变化情况,特别要重视枯水期对地表河流流量的测定。

(8) 地表水的利用情况。

第二节　水文地质观测

生产矿井都必须建立水文观测系统，按规定时间坚持观测。生产矿井的水文地质观测包括地面水文地质调查观测和井下水文地质观测。

一、地面水文地质观测

（一）地面气象观测

矿井气象观测的主要内容是搜集降雨量、蒸发量、气温、气压、相对湿度、风向风速及历年月平均值和两极值。

（二）地表水的观测

观测地表水的主要内容包括：调查搜集矿区内河流、渠道、湖泊、积水区、水库历年的水位，最大洪水淹没的范围，含泥沙量，水质和地表水体与下伏含水层的关系等。一般为每月一次，雨季或暴雨后根据需要增加观测次数。对塌陷积水区和水库，除观测水位外，还应在地形图上圈出积水范围，分段计算不同水深的面积，求得塌陷积水区、水库的总积水量。同时，要根据地形图和地表水系的分布情况圈定和计算该塌陷积水区或水库、塘坝的汇水面积，以便预计不同降水强度下的可能汇水量和水位上升情况。

二、井下水文地质观测

井下水文地质观测的目的是为矿井建设、采掘、开拓延伸、改扩建提供所需的水文地质资料，在采掘过程中进行水害分析、预测，提供防治水工程中所需的水文地质资料。井下水文地质观测主要包括以下内容：

（1）井巷及井下钻孔揭露含水层时，要确定含水层的名称，详细观测、记录含水层的产状、厚度、岩性、成分、颜色、构造、裂隙和喀斯特发育情况，观测揭露点的位置、坐标、标高、出水形式、涌水量及水温等，并采取水样进行水质分析。

（2）观测喀斯特时，要注意其形态、方位、大小、所处标高和岩石层位及其与断层裂隙和上下层的关系，有无充填物及充填物成分和充水状况，并绘制喀斯特素描图或进行实测编录。重点地段的喀斯特形态除进行实测素描外，应摄影或录像记录。

（3）观测含水层裂隙，较密集裂隙可取 1～2 m²，稀疏裂隙可取 4～10 m² 的范围进行观测。观测内容主要有以下几点：① 测定裂隙产状、长度、宽度、数量、形状、尖灭情况，并选择有代表性的地段，测定岩石的裂隙率；② 充填程度及充填物；③ 观察地下水活动的痕迹，绘制裂隙玫瑰图等；④ 测定面积，较密集裂隙，可取 1～2 m²；稀疏裂隙，可取 4～10 m²，其计算公式为

$$K_T = \frac{\sum lb}{A} \times 100\% \tag{6.1}$$

式中，K_T：裂隙率，以百分率表示；A：测定面积，m²；l：裂隙长度，m；b：裂隙宽度，m。

（4）开采受地下水威胁的煤层时所揭露的断层，在其出水或有出水征兆时应记明断层的位置，确定其坐标、标高，并观测以下内容：① 断层的产状及落差；② 断层带的宽度及其力学

性质；③ 断层两盘含水层的岩性、厚度、破碎程度、顶底板承受的水头压力；④ 断层带充填物的胶结程度，判断其含水性、导水性及隔水性；⑤ 出水情况、出水方式和出水部位，测定其出水量，并观测变化趋势；⑥ 水的物理性质（温度、颜色、气味等），必要时取样进行水质分析或环境同位素比值的测定。

（5）对于井下揭露出的出水或有出水征兆的小型褶曲构造，应观测：① 褶曲的产状，记录观测点位置，确定其坐标、标高；② 裂隙的产状、发育程度及充填情况；③ 出水状况、出水方式和出水部位，测定水量、观测变化趋势；④ 水的物理性质，并取样进行全分析，必要时应测定环境同位素比值。

（6）井下探到或揭露陷落柱时，应进行下列观测：① 陷落柱的位置（坐标及标高），尽量圈定其范围；② 详细观察陷落柱内充填物的岩性、胶结程度等；③ 涌水的陷落柱要测定涌水量，并要取水样做水质分析；④ 必要时要取样进行特殊项目分析，以判断涌水水源；⑤ 用钻孔探到陷落柱时，要做出钻孔柱状图或剖面图，孔内如有出水现象，则要测定水量、水压、水温等。

（7）对井下突、涌、淋、滴、渗水点，应观测如下内容：① 出水时间（年、月、日、时、分）；② 出水地点以巷道最近的导线点控制其位置，以便算出准确坐标、标高；突、涌水点填绘在采掘工程图和充水性图上；③ 出水层位、厚度、岩性，喀斯特裂隙发育情况，出水形式、出水点顶底板围岩压力的显现变化情况；④ 出水点水的颜色、温度、透明度、口感、气味等物理性质，并取样进行水质分析；⑤周围出水点和观测孔的水量、水位（水压）变化情况，判断出水水源及其影响范围。

上述内容必须作出详细的记录，并编制出水点记录卡片（表 6.1）和绘制出水点素描图或剖面图（图 6.1）及出水点水量变化曲线图（图 6.2），分析出水原因及水源，必要时，应对采水样进行化学分析。

表 6.1　出水点记录卡片

出水时间	出水地点	出水层位	出水形式	出水口标高（m）	水压（MPa）	出水量（m^3/h）	水质分析	出水原因	水源分析	对生产的影响	备注

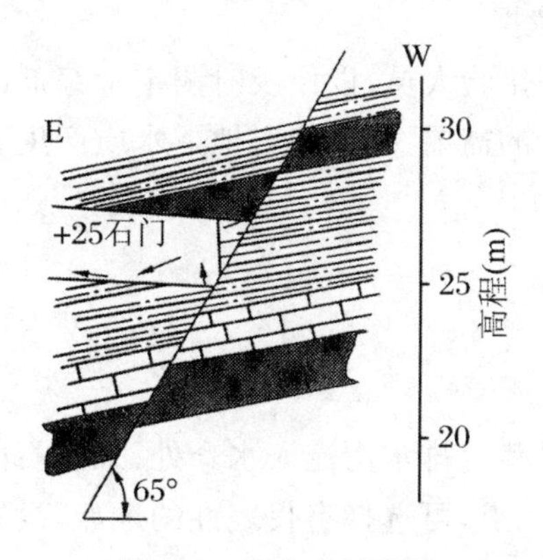

图 6.1　出水点剖面图

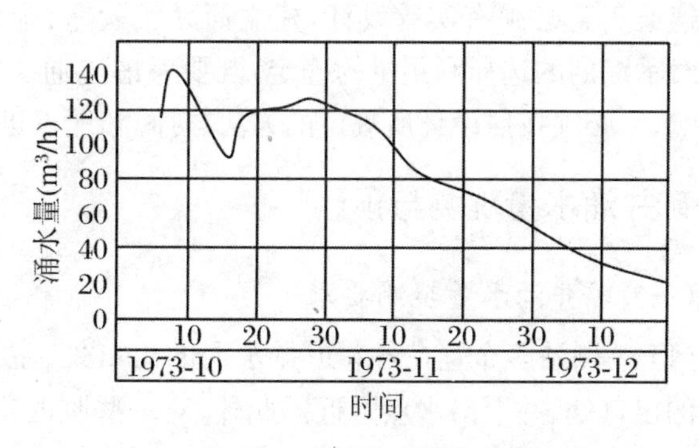

图 6.2　出水点水量变化曲线图

三、小煤矿、老窑及采空积水区的水文地质观测

对于矿(井)区范围内的小煤矿,应及时调查以下情况:① 井口坐标、标高;② 井深和到达煤(岩)层位;③ 小煤矿的开采范围、充水特征,出水点、老空充水区、充水巷道的位置;④ 开采的上下限、涌水量及排水设施等情况。

当井田及其邻近范围内有小窑时,应调查了解因小窑开采而引起的危害矿井的可能的充水因素、小窑采掘矿井防(隔)水煤柱、越界向矿井掘进贯通、小窑向矿井排放水、报废小窑井未做封填处理等。小煤矿开采结束后,要收集报废井筒的封闭日期、封填材料及深度等资料。

对于小煤矿、老窑、采空积水区除观测上述内容,必要时应取水样,进行水质分析。

四、抽(放)水实验与连通实验中的水文地质观测

(一) 抽(放)水实验及其水文地质观测

抽水实验中井上下观测点的水位、水压、水量的观测,要严格按照设计所规定的时间和经过校测的量具、仪表进行操作。放水实验期间的井上、下水动态观测,必须按设计规定的时间同步进行。

放水实验中的水位恢复观测,要在放水实验结束时按设计规定的时间和次序关闭水门,观测其水位、水压变化,直至水位、水压稳定。

放水实验开始前,必须按设计规定进行观测孔水位、出水点水量、相关井巷涌水量背景值等的观测。放水开始后,应每天填绘水位、水量历时曲线图等。

(二) 连通实验及其水文地质观测

连通实验的目的是:① 查明断层的隔水性,证实断层两盘含水层有无水力联系;② 查明断层带的导水性,证实断层同一盘的不同含水层之间有无水力联系;③ 查明地表水体与地下水或井巷水文地质点有无水力联系;④ 查明煤层露头带冲积层中的含水层、煤层顶底板方向不同层位的含水层同井巷水文地质点有无水力联系,或不同含水层之间有无水力联系;⑤ 查明注浆堵水效果;⑥ 监视水体下采煤后的“导水断裂带”的高度是否触及水体;⑦研究地下水的补给范围、补给量与相临地下水系的关系;径流特征,实测地下水流向、流速、流量;配合抽水实验等,确定水文地质参数,为合理布置供水井提供依据。

连通实验必须有实验设计,建立简易实验室,配备化验人员,以便及时测定示踪剂的含量。对示踪剂的选择和用量的确定,既要考虑连通实验的需要,又不能对地下水质产生有害的影响,且必须按照设计所规定的方法、时间和地点进行。

五、矿井涌水量观测与预计

(一) 矿井涌水量观测要求

(1) 观测站多布置在各巷道排水沟的出口处、主要巷道排水沟流入水仓处、采区石门排水沟的出口处、井下出水点附近。此外,对一些临时出水点,可选择有代表性的地点,设置临时观测站。

(2) 矿井涌水量一般每旬观测一次,水文地质条件复杂的矿井,每旬应观测 2~3 次,雨季观测次数还应适当增加。当矿井有数个水平,则应分水平测定涌水量。

(二) 矿井涌水量观测方法

对于存在水患的矿井,观测矿井涌水量是一项经常性的工作,要按照有关规定,在各巷道排水沟的出口处、主要巷道排水沟流入水仓、采区石门排水沟的出口处、井下出水点处布置观测点,并按规定的时间间隔观测。

生产矿井涌水量的观测方法采用容积法、浮标法、堰测法、水仓水位法、流速仪法等。

1. 容积法

容积法是将容量已知的量水桶,放在出水点附近,然后将巷道或工作面顶板或涌水钻孔等出水点的水导入桶内,并用秒表记下水注满量水桶所用的时间。涌水量按下述公式计算:

$$Q = \frac{V}{t} \tag{6.2}$$

式中,Q:涌水量,m^3/min;

V:量水桶的容积,m^3;

t:水流满量水桶所用的时间,min。

用容积法测定涌水量简便易行,也比较准确,但有局限性,当涌水量过大或过小时此方法都不宜使用。

2. 观测水仓水位法

在生产矿井中,经常通过观测水仓水位来计算涌水量(图6.3),这种方法是水仓内设置标尺,停止水泵排水,停泵时立即在标尺上读出水位值 H_1;经过一段时间后,水仓水位上升,再有标尺读出水位值 H_2。涌水量根据下述公式计算:

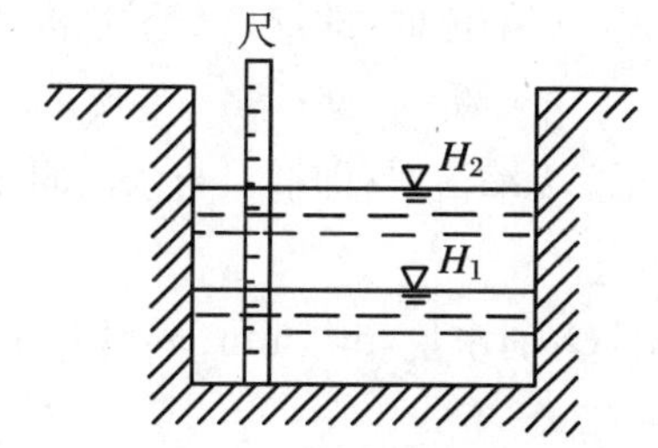

图 6.3　用观测水仓水位法计算涌水量

$$Q = \frac{H_2 - H_1}{t}A \tag{6.3}$$

式中,Q:涌水量,m^3/min;

H_1:停泵时水仓水位,m;

H_2:停泵时间 t 后水仓水位,m;

A:水仓底面积,m^2;

t:水仓水位从 H_1 升至 H_2 所用的时间,min。

3. 浮标法

在规则的水沟上下游选定 2 个断面,并分别测定这 2 个断面的过水面积,取其平均值 F,丈量出两断面之间的距离 L,然后用一个轻的浮标(如木片、树皮、乒乓球等),从水沟上游断面投入水中,记下浮标从上游断面到达下游断面所需要的时间,计算涌水量 Q,相应的公式为

$$Q = \frac{FL}{t} \tag{6.4}$$

式中,Q:涌水量,m^3/min;

F:断面的过水面积,m^2;

L:两断面之间的距离,m;

t:时间,min。

这种方法简单易行,特别是水量大时更适用,但精度不太高。

4. 堰测法

这种方法的实质就是使排水沟的水通过一固定形状的堰口，量测堰口的水头高度，就可以算出流量。堰口的形状不同，计算的公式也不一样，常用的有3种堰形。

(1) 三角堰(图6.4)适合于流量小的情况，计算公式为

$$Q = 0.014h^2\sqrt{h} \tag{6.5}$$

(2) 梯形堰(图6.5)适合于流量较大的情况，计算公式为

$$Q = 0.0186Bh\sqrt{h} \tag{6.6}$$

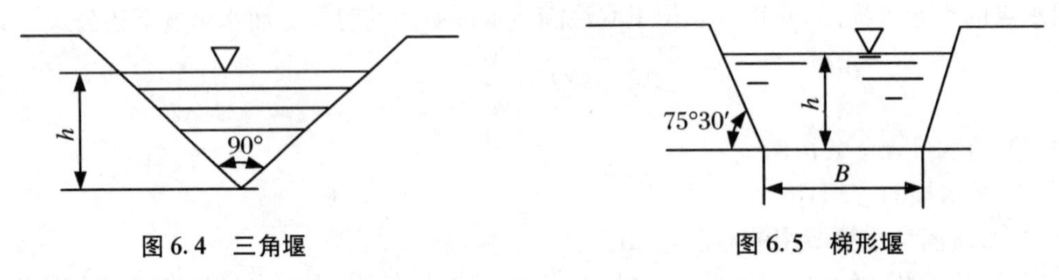

图6.4　三角堰　　　图6.5　梯形堰

(3) 矩形堰(图6.6)适用于大流量的情况，其计算公式如下：

① 有缩流时(即堰口窄于水沟)：

$$Q = 0.01838(B - 0.2h)h\sqrt{h} \tag{6.7}$$

② 无缩流时(即堰口与水沟同宽)：

$$Q = 0.01838Bh\sqrt{h} \tag{6.8}$$

式中，Q：涌水量，m^3/min；h：堰口水头高度，m；b：底宽度，m。

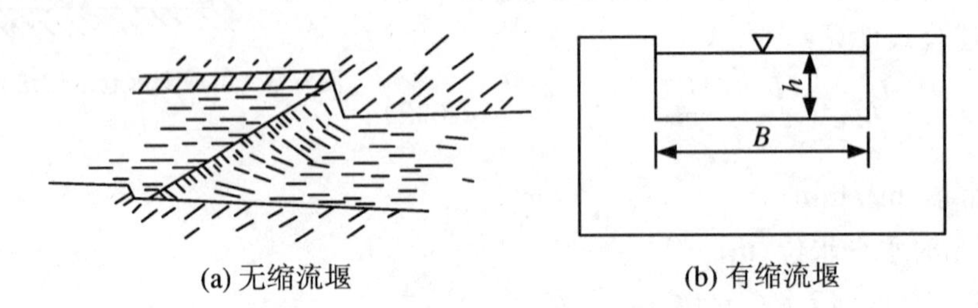

(a) 无缩流堰　　(b) 有缩流堰

图6.6　矩形堰

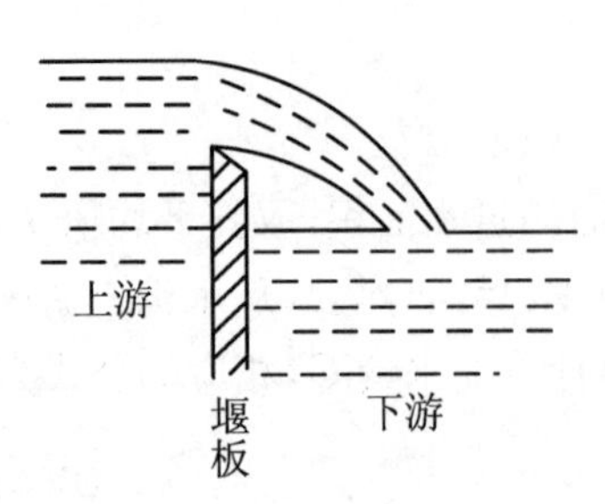

图6.7　堰口水头跌落示意图

使用堰测法时，必须注意堰口的上下游间一定要形成水头差，使得水流越过堰口后形成水头跌落(图6.7)，否则，测量的结果是不准确的。

5. 流速仪法

使用流速仪测定矿井涌水量，一般是在巷道水沟中选定一个断面，然后用流速仪测定水沟过水断面中预定测点的平均流速，从而确定该断面的流量。

除上述介绍的方法外，有的矿井还用每天的总排水量来计算矿井涌水量。一般来说，矿井每天的总排水量也就是一天涌入矿井的水量。

(三) 矿井涌水量的预计

矿井涌水量的预计是矿井水文地质的基础工作。涌水量的正确预计对合理选择开拓方案、采煤方法，制定排水疏干措施，确定排水设备等具有重要意义，同时也是矿井水文地质类

型划分的主要依据。目前国内外常用的预测方法有：坑道系统的水动力学法（大井法）、水文地质比拟法和 $Q-S$ 曲线法等。

1．坑道系统的水动力学法（大井法）

当矿井排水时，在矿井周围含水层中形成以巷道系统为中心的降落漏斗。这与钻孔抽水所形成的降落漏斗十分相似，因此，可以将巷道系统分布范围想象成为一个“大井”，其截面积与巷道系统的分布面积相当，利用井流公式计算巷道系统的涌水量。使用统一的计算公式：

$$Q = 2\pi \frac{\varphi_R - \varphi_w}{\ln R_0 - \ln r_0} \tag{6.9}$$

φ_R为影响边界上的井流势函数，其表达式为

$$\varphi_R = \frac{Q}{2\pi}\ln R_0 + c \tag{6.10a}$$

φ_w为井壁上的井流势函数，其表达式为

$$\varphi_w = \frac{Q}{2\pi}\ln r_0 + c \tag{6.10b}$$

对于均质岩层承压水井势函数为

$$\varphi = KHM$$

对于均质岩层潜水井势函数为

$$\varphi = \frac{1}{2}KH^2$$

式中，k：渗透系数；H：含水层水头高度；M：含水层厚度；R_0：影响半径；r_0：大井引用半径；c：积分常数；

将不同类型的势函数代入统一公式(6.9)中，就可以得到不同的井流公式。

关于引用半径 r_0的计算方法见《矿井地质手册》，在此不再赘述。

2．水文地质比拟法

以已知的水文地质条件类似矿区的水文地质资料，作为新区涌水量计算的依据。这一方法已经得到广泛使用。依据国内外经验，只要建立的比拟关系式符合客观规律，用这种方法预测的涌水量还是比较接近的。其常用的计算方法有以下几种。

(1) 根据单位涌水量换算矿井涌水量

实际资料表明，矿井涌水量与矿坑面积或体积的扩大成正比例增加，因此收集现有生产时矿井排水资料，矿坑面积或体积、水位降低值，换算出生产矿坑单位面积或单位体积上的单位涌水量为

$$q_0 = \frac{Q_0}{F_0 S_0} \tag{6.11}$$

式中，q_0：生产矿坑单位面积、单位降深的涌水量，m/d；

Q_0：生产矿坑总涌水量，m^3/d；

F_0：生产矿坑的开采面积，m^2；

s_0：生产矿坑的水位降低值，m。

根据生产矿坑单位面积上的单位降深的涌水量，可以计算与其地质、水文地质条件相类似的新设计的矿坑总涌水量为

$$Q_{设} = q_0 F_{设} S_{设} \tag{6.12}$$

式中,$F_{设}$:新设计的矿坑的设计开采面积,m^2;$S_{设}$:新设计的矿坑的设计单位水位降低值,m。

这种方法最适用于已开采的矿坑深部水平和外围地段的涌水量预测,也可适用于合乎条件的新矿坑。

(2) 含水系数法

根据前面介绍的含水系数概念,可根据生产矿坑的含水系数换算与其地质、水文地质条件和开采条件相类似的新设计的矿坑总涌水量为

$$Q_{设} = K_p P_{设} \tag{6.13}$$

式中,K_p:含水系数;$P_{设}$:新设计的矿坑的矿石开采量,t/a。

除此之外,其他水文地质比拟法也在应用,如统计法、矿段含水层厚度和水位降低法等,在此不一一叙述,读者可查阅相关文献资料。

3. Q-S 曲线法

该方法有时也叫涌水量曲线法。根据生产或勘探的抽水(放水)实验或长观记录资料所得到的涌水量(Q)和水位降深值(S)的关系曲线,建立经验公式,而后,根据设计矿井的水位,利用经验公式计算矿井涌水量。采用涌水量曲线方程进行外推计算时,任务有四:一是建立Q-S曲线方程;二是鉴别曲线类型;三是确定曲线参数;四是修正井径对涌水量的干扰影响。

(1) 建立曲线方程

实际工作证明,曲线方程有四种类型:

① 直线型(少见):

$$S = a + bQ \quad (a,b \text{ 为选定系数})$$

② 抛物线型:

$$S = aQ + bQ^2$$

③ 幂函数型:

$$Q = mS^n$$

④ 对数型:

$$Q = a + b\ln S$$

Q-S曲线之所以出现各种不同类型,是与抽(放)水实验地层的水文地质条件以及其他一些因素有关。

(2) 鉴别曲线类型

为建立经验公式,必须先确定公式类型。鉴别时应综合考虑矿井的水文地质及抽(放)水实验的全部资料[$Q=f(S)$,$Q=f(t)$,$S=f(t)$]等,分析研究Q,S之间的关系。

(3) 确定曲线参数

四种曲线类型通过“直线化”以后的统一表达式为

$$y = a + bx \quad (a,b \text{ 为待定系数}) \tag{6.14}$$

确定参数a,b一般用最小二乘法,可得a,b的公式:

$$a = \frac{\sum_{i=1}^{n} y_i - b\sum_{i=1}^{n} x_i}{n}$$

$$b = \frac{n\sum_{i=1}^{n} y_i x_i - \sum_{i=1}^{n} y_i \sum_{i=1}^{n} x_i}{n\sum_{i=1}^{n} x_i^2 - \left(\sum_{i=1}^{n} x_i\right)^2}$$

式中，n 为数据个数。

将确定的参数 a，b 的值代入选定的曲线方程，就得到了经验公式的具体形式。在要求不严格的情况下，可采用经验公式直接进行涌水量预测。但是，如果预测模型和实验模型差别很大，还必须进行下步工作。

(4) 井径的换算

由于实验钻孔远比开采井筒小，必须进行井径的换算，以消除井径对涌水量的影响。

当地下水为层流时：

$$Q_{井} = Q_{孔}\frac{\lg R_{b孔} - \lg r_{b孔}}{\lg R_{b井} - \lg r_{b井}} \tag{6.15}$$

当地下水为紊流时：

$$Q_{井} = Q_{孔}\sqrt{\frac{r_{井}}{r_{孔}}} \tag{6.16}$$

式中，$Q_{井}$，$R_{b井}$，$r_{b井}$：开采井筒半径下的涌水量、影响半径、井筒半径；

$Q_{孔}$，$R_{b孔}$，$r_{b孔}$：抽水实验钻孔半径下的涌水量、影响半径、钻孔半径。

六、水文地质观测原始记录及资料整理

(一) 原始资料

水文地质观测的原始记录要用专用记录本填写，附必要的草图。每次观测必须记录观测的时间、地点、位置和观测者的姓名以及使用的仪器及编号。必须同时记录影响观测实验资料精度、质量的各种因素和主要原因，供分析资料时参考。每项测试所用记录本要按时间顺序进行编号，注明目录索引后，存档保存，应统一编号、妥善保管。

(二) 技术成果

1. 水文观测台账

水文地质观测原始记录要进行及时汇总、整理，建立各种台账。矿井水文地质工作必备的技术成果资料主要有：① 气象资料台账；② 地表水文地质成果台账；③ 钻孔水位及井泉动态观测台账；④ 矿井涌水量成果台账；⑤ 抽(放)水实验成果台账；⑥ 矿井突水点台账；⑦ 井下水文地质钻孔台账；⑧ 水质分析成果台账；⑨ 封闭不良的钻孔台账；⑩ 其他专门台账。

2. 水文地质图纸

① 矿井充水性图；② 综合涌水量与各种相关因素动态曲线图；③ 综合水文地质图、水文地质柱状图、水文地质剖面图、主要含水层等水位线图、井上下防治水系统图；④ 专门水文地质图，如区域水文地质图、喀斯特分布图、地下水化学图等。

第三节　水文地质编录

矿井水文地质编录的基本要求如下：一般应在地质编录的基础上进行；坑道素描展开方式应与地质编录一致，以便资料的对比和使用；描述的内容应以井巷揭露的早期特征为准，现场工作一般不应落后于掘进工作面 10～30 m；比例尺采用 1：200～1：50(对某些特征性素

描，还可适当放大）；应有统一的卡片、格式、编号、图例、符号；编录内容必须真实，素描图突出重点、能说明问题，文字描述力求简明扼要；专人编录，专人整理，专人保管。

矿井水文地质编录主要内容有：岩层及其含水性、断裂构造及含水性、岩溶发育情况、井巷工程地质现象、井巷充水情况以及矿山水文地质摄影等。

一、水文地质现象编录

（一）断裂构造及其含水性

先将断层位置准确标绘到图6.8某矿大青灰岩石门b点展开图坑道展开图上（图6.9），并编上号（代号F），然后测量和描述：① 断层产状；② 断层力学性质；③ 断层破碎带宽度和破碎程度（可分为强烈破碎、中等破碎、弱破碎、微破碎等）；④ 描述充填物及其胶结情况：充填物的岩性、块度（或粒度）、形状、胶结的程度（可分为极坚固、坚固、不坚固、松散等）；⑤ 描述断层带充填物的含水性、导水性、隔水性以及出水情况（包括：出水方式、出水部位、水量大小等），并初步判断其水源，必要时取水样，以了解其物理和化学性质。

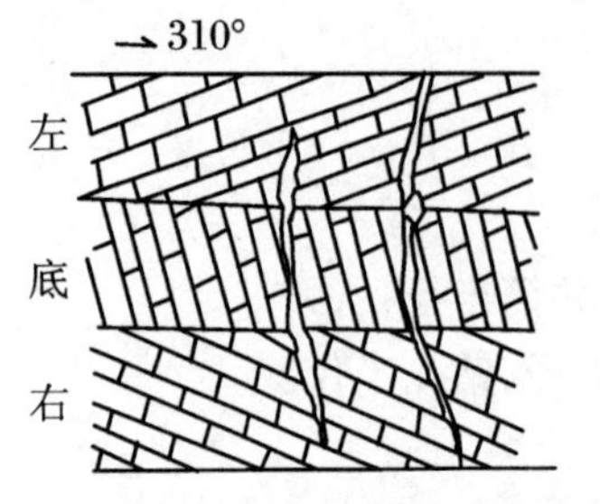

图6.8 某矿大青灰石门b点展开图（溶蚀裂隙涌水量3.1 m³/min）

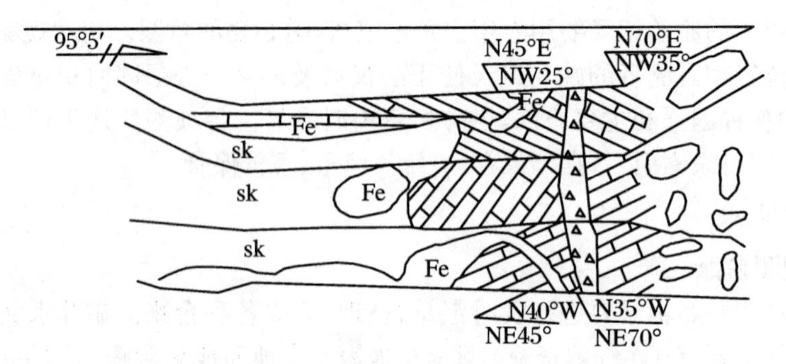

图6.9 西郝庄铁矿115 m阶段穿8平巷素描图

（二）含水裂隙的描述

选择有代表性的部位进行裂隙统计，并将统计描述点准确标绘到坑道展开图上，并编号（代号J）。测量和描述的内容有：① 产状；② 裂隙的长度、宽度；③ 充填和胶结情况；④ 裂隙面的粗糙、光滑程度，断面两壁岩矿颗粒被切错情况；⑤ 描述裂隙的溶蚀现象；⑥ 描述裂隙的含水性：潮湿、滴水、淋水等。必要时可取水样分析。

（三）岩溶发育情况描述

应记录和描述岩溶形态（如针孔状、海绵状、蜂窝状、网格状、串珠状、溶孔、溶蚀裂隙、溶洞等）、规模、分布密度、连通程度、充填程度（充填物、胶结物、胶结程度等）；进行素描（1∶50）；将溶洞位置测绘到坑道展开图上（图6.10）；描述溶洞周壁特征（如溶蚀、机械冲蚀、崩塌等现象）、空洞大小；测量其长轴延伸方位；岩溶率统计（可参照裂隙率统计方法）。

（四）出水现象描述

采掘工作面出水是常见现象，复杂类型矿山，常发生突发性涌水。对井巷出水现象的编录和综合分析，有助于提高对矿井充水条件的认识。编录时，应划分出坑道的干燥区、潮湿区、滴水区、淋水区、涌水区，并标绘到坑道素描图上。遇到涌水(股流、射流)井巷，则还需对其做特征素描，并记录：涌水点的位置、层位、岩性；出水的时间、处理措施；出水口的形态、大小和成因；水的物理性质、水量。必要时取水样，分析其化学成分。当钻孔或炮眼涌水时，则应记录孔深、穿过的层位、涌水层位、涌水量、含砂量、处理意见、措施等。

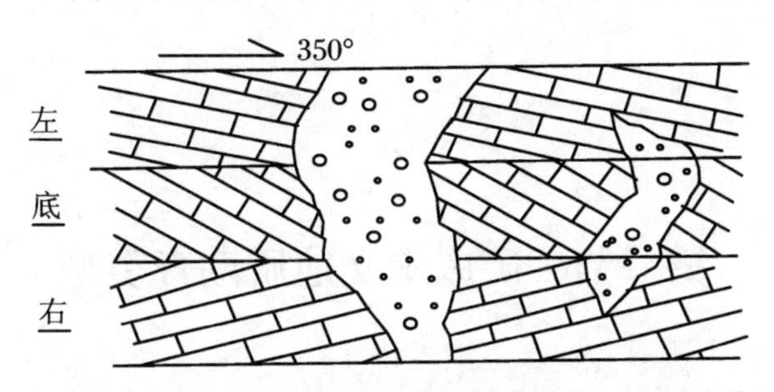

图 6.10　某矿 145 大巷 O_2 灰岩 W 点展开图(古溶洞全被充填无水)

对涌水现象，应建立涌水点登记卡，并研究确定是否设为长期观测点。

(五) 矿山水文地质摄影

对研究和阐明矿井充水条件、井巷工程设计和施工以及矿井水的防治与利用等有实用价值的水文工程地质体，都应摄影保存。主要拍摄对象有：出露完整、特征清楚的矿区地层剖面；断层破碎带节理密集发育带；节理分期配套特征清楚地段；导水断裂形态、张开程度；岩溶发育程度；岩溶空间形态；出水现象；涌水点特征；涌泥流砂现象；井巷缩径、片帮、底鼓、冒顶；地层塌陷、沉降、开裂等等。

二、编录资料整理

原始编录资料应及时整理。室内整理只能修饰誊清，而不允许任意涂改。整理的内容主要包括：

(1) 检查编录表(卡片)上各项目是否都做了观测和描述。

(2) 用彩色笔标绘出含水裂隙、滴水、涌水点(孔)的符号及编号；当钻孔涌水时，则应记录孔位、孔深、穿过层位与涌水层位，涌水量，含砂量。若涌水水源不明时，则需取样分析其物理性质和化学成分。编录时，还应记述对涌水处理措施，将涌水钻孔标绘到坑道编录图上。

(3) 按岩层产状和岩性绘出其花纹图。

(4) 将现场素描图，按统一图例、符号、清绘到室内底图上。

(5) 摄制照片的整理。在各照片登记卡片上，注明编号、名称、日期、地点、拍摄参数，将其汇总建立水文地质摄影台账。

第七章　煤矿水文地质勘探

第一节　矿床水文地质勘查类型

一、按矿床充水水源分类

按照直接充水水源类型可将矿床水文地质勘查类型分为以下几类：

(1) 以孔隙水充水为主的孔隙充水矿床。

(2) 以裂隙水充水为主的裂隙充水矿床。

(3) 以岩溶水充水为主的岩溶充水矿床(其中又可按岩溶发育特征细分为溶蚀裂隙充水矿床、溶洞充水矿床、地下暗河充水矿床)。

(4) 以老空水充水为主的老空水充水矿床。

(5) 以地表水充水为主的地表水充水矿床及复合式充水矿床。也就是包含两种或两种以上充水水源的矿床类型，一般复合方式包括孔隙—裂隙—地表水；孔隙—裂隙；老空水—裂隙；岩溶—裂隙—老空水；岩溶—老空水。

二、按水源与矿床位置关系分类

按矿床可能发生充水的进入方式可分为如下几种：

(1) 矿床顶板充水矿床。含水层或破坏导水裂隙从矿体顶直接或间接(间隔有部分隔水层、弱透水层)与矿体接触。

(2) 矿床底板充水矿床。矿体底部直接或间接接触含水层或破坏导水裂隙，或其在破坏深度范围内。

(3) 矿床周边充水矿床。含水层或老空积水区，导水裂隙与矿体周边接触，或在其围岩开采破坏范围内。

三、按水文地质条件和充水强度分类

(一) 水文地质条件简单型

此类型矿床主要充水含水层和构造破碎带富水性差，矿床的孔隙、裂隙、岩溶含水层水体补给单位涌水量 $q \leqslant 0.1$ L/(s·m)，补给条件差，补给来源少或极少。矿井及周边无老空积水，Q_1(正常涌水量)$\leqslant 180\ m^3/h$(西北地区 $Q_1 \leqslant 90\ m^3/h$)，Q_2(最大涌水量)$\leqslant 300\ m^3/h$(西北地区 $Q_2 \leqslant 210\ m^3/h$)。采掘工程基本不受水害影响，无突水情况，防治水工作简单。

（二）水文地质条件中等型

此类型矿体主要充水含水层和构造破碎带富水性中等，矿床的孔隙、裂隙、岩溶含水层，补给条件一般，有一定的补给水源，补给的单位涌水量 $q=0.1\sim1.0$ L/(s·m)。允许存在少量的老空区积水，位置、范围、积水量清楚。$180<Q_1\leqslant600$ m³/h（西北地区 $90<Q_1\leqslant180$ m³/h），$300<Q_2\leqslant1\,200$ m³/h（西北地区 $210<Q_2\leqslant600$ m³/h），$Q_3\leqslant600$ m³/h。矿井偶有突水，矿井采掘工程可能受水害影响，但不威胁矿井安全，矿井防治水工作易于进行。

（三）水文地质条件复杂型

此类型矿体主要充水含水层富水性强附近补给条件好，补给水源充沛并具较高水压；构造破碎带发育，导水性强且沟通区域强含水层或地表水体，单位涌水量 $q=1.0\sim5.0$ L/(s·m)。存在少量老空积水，位置、范围、积水量不清楚。$600<Q_1\leqslant2\,100$ m³/h（西北地区 $180<Q_1\leqslant1\,200$ m³/h），$1\,200<Q_2\leqslant3\,000$ m³/h（西北地区 $600<Q_2\leqslant2\,100$ m³/h），$600<Q_3\leqslant1\,800$ m³/h。矿井时有突水，采掘工程、矿井安全受水害威胁防治水工程量较大，难度较高。

（四）水文地质条件极复杂型

此类型矿体主要充水含水层富水性极强，其补给条件很好，补给来源极其充沛，地表泄水条件差，单位涌水量 $q>5.0$ L/(s·m)。存在大量老空积水，位置、范围、积水量不清。$Q_1>2\,100$ m³/h（西北地区 $Q_1>1\,200$ m³/h），$Q_2>3\,000$ m³/h（西北地区 $Q_2>2\,100$ m³/h），$Q_3>1\,800$ m³/h。矿井突水频繁，采掘工程、矿井安全受水害严重威胁，防治水工程量大，难度高。

第二节　矿床水文地质勘查阶段及勘查步骤

一、矿床水文地质勘查阶段

床水文勘查一般可分为初步勘探、详细勘探、生产建设勘探三个勘探阶段，各阶段具体任务如下：

初步勘探阶段：了解勘查区构造背景，对可能影响矿区开发建设的水文地质条件作出评价，对煤炭资源开发的经济意义和开发建设的可能性做出评价，为矿区总体发展规划提供依据。

详细勘探阶段：详细查明矿床水文地质条件，掌握其直接或间接的充水水源的水量、水压，查明构造发育条件，明确已有及潜在的补给通道。预计开采期间可能的涌水量及突水发生位置，对开采活动造成的水文地质条件的变化进行预测，评价矿井水利用的可能性，为矿井建设的设计提供地质研究资料和建议。如对受承压水威胁的煤矿的非突水危险区、突水威胁区和突水危险区，对老空区积水警戒线和禁采线的划定；冲击地压现象的矿井，进行冲击倾向性测定和危险性评价等。

生产建设勘探阶段：为了保障安全生产顺利进行，对开采活动造成的水源地质体、构造通道条件的变化进行勘察，根据实际需要实时监测水质、水压和水位等水文动态，掌握矿床水文地质参数，确保安全生产进行。

二、矿床水文地质勘查步骤

前期准备:接受勘查任务、收集已有和现场资料。

勘查工作:勘查类型和阶段的划分并设计编制、勘查施工(水文地质测绘、水文地质物探、钻探、测井、抽水实验、岩石和水样测试实验、动态观测)、分析研究方案与优化设计。

总结报告:整理提交勘探成果,分析评价报告(矿井充水因素分析、危险性评价、水资源评价及矿井涌水量预测、开采防治水工作意见和建议,还有水资源的综合利用等)。

第三节 煤矿水文地质勘探技术——钻探

水文地质钻探是水文地质探查的基本方法之一。它是用以查明水文地质条件、地下水赋存状态和含水层富水性、隔水层分布及其性能的一种最重要、最直接、最可靠的探查手段,亦是进行各种水文地质实验的必备工程,也是对水文地质物探、水文地质化探和水文地质测绘成果作地质结论的检验方法。

一、水文地质钻探工作的重要性

水文地质钻探(按国家标准,水文地质钻探称为水文钻探)是直接探明地下水的一种最重要、最可靠的勘探手段,是进行各种水文地质实验的必备工程,也是对水文地质测绘、水文地质物探成果作地质结论的检验方法。随着水文地质调查阶段的深入,水文地质钻探工作量在整个勘查工作中占有越来越重要的地位。

在矿区水文地质勘查中,水文地质钻探是最基本的勘探手段,也是主要的、可靠的手段,具有其他勘查方法不可替代的优点:①水文地质钻探可直接揭露地下水(含水层),能够确定含水层的埋藏深度、厚度、岩性、空隙率和分布状况;②水文地质钻探可以确定各含水层之间及含水层与地表水体之间的水力联系;③水文地质钻探可以用做抽水实验,测定各含水层的水文地质参数;④水文地质钻探可以实现地下水位动态观测;⑤水文地质钻探可以取水样做水质分析。

水文地质钻探,由于其设备复杂沉重、成本昂贵、施工技术复杂且工期长,所以对整个勘查的完成、勘查项目的投资均起决定作用。

二、水文地质钻探的基本任务

水文地质钻探的基本任务如下:

(1) 验证水文地质遥感解译、地面测绘、物探等手段所取得的认识,研究地质、水文地质剖面,以确定或查明含(隔)水层的数目、层位、厚度、埋藏深度、分布状况、空隙性和隔水层的隔水性等。

(2) 测定各个含水层中的地下水位(包括初见水位和静止水位)及其动态变化。

(3) 测定含水层在垂直和水平方向上的透水性和含水性的变化。

(4) 测定各个含水层之间、地下水与地表水之间的水力联系及断层的导水性。

(5) 按规程要求取水样,分析研究地下水的物理性质和化学成分。

(6) 按规程要求采取岩样和土样,分析研究岩石的水理性质、物理性质和力学性质。

(7) 进行水文地质实验(主要指抽水实验),测定钻孔涌水量和含水层的水文地质参数,为计算评价地下水允许开采量、矿坑涌水量等提供依据。

三、水文地质钻孔的分类

水文地质钻孔分为探查孔、实验孔、观测孔和探采结合孔四种。

(1) 水文地质探查孔,是指为查明水文地质条件、按水文地质钻探要求施工的勘探孔,主要用于水文地质普查阶段。其目的主要是获取地层岩性、地质构造和含水层的埋藏深度、厚度、性质和富水性等资料。钻探中要求必须满足岩芯采取率、校正孔深、测量孔斜、简易水文地质观测、数据编录和封孔等6项指标。

(2) 水文地质实验孔,是指用于进行抽水、注水、压水、流速流向和连通等实验的钻孔,主要用于水文地质详查阶段。在初步掌握地层岩性、地质构造等资料基础上,着重了解地下水的水量、水位、水质、水温等资料,要求进行分层观测、分层抽水、单孔或群孔抽水等。

(3) 水文地质观测孔,是指用于地下水动态观测或在抽水实验中用于观测地下水位(特殊的包括水质、水量、水温)变化的钻孔,主要用于测定地下水埋深和水位的历时变化,以了解区域地下水的分布和变化规律。

(4) 探采结合孔,是指在水文地质探查中既能达到探查目的、取得所需水文地质资料,又能作为开采井的钻孔,主要用于已定水源地的水文地质勘探阶段。在已取得水文地质资料基础上,结合工农业生产开采水源的需要布置钻孔。通过钻探进一步取得水文地质资料后即可作为开采井使用。钻探中既要满足获得有关水文地质资料的要求,又要满足开采生产井对水质、水量、卫生防护等的要求。

四、水文地质钻孔的结构

水文地质钻孔的结构主要包括开孔直径、换径次数、终孔直径和钻孔深度。不同类型的钻孔其结构稍有差异。

(1) 探查孔一般采用直径Ø146 mm的套管做孔口管,用直径Ø127 mm的套管做必要的护孔套管。采用直径Ø110 mm的钻头取芯钻进至终孔,直径Ø91 mm的孔径只做备用孔径,在特殊情况下才用其补取岩芯。在满足水文地质钻探质量指标的前提下,设计钻孔结构时还要考虑抽水实验对钻孔直径的要求,勘探孔的结构如图7.1所示。

(2) 观测孔钻孔直径多为Ø150～Ø200 mm,滤水管直径为Ø50～Ø108 mm,如图7.2所示。

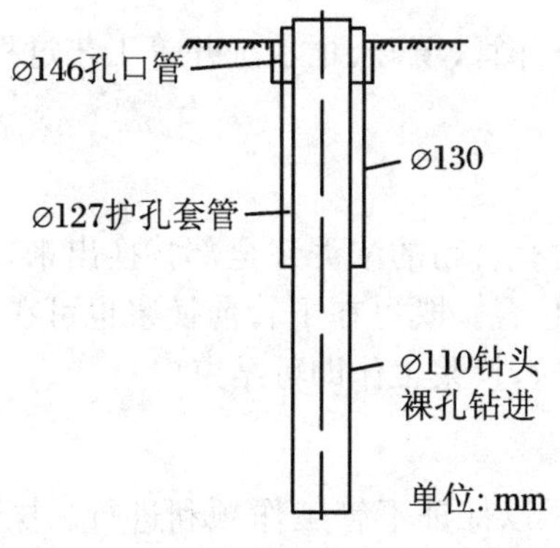

图7.1　水文地质探查孔结构示意图

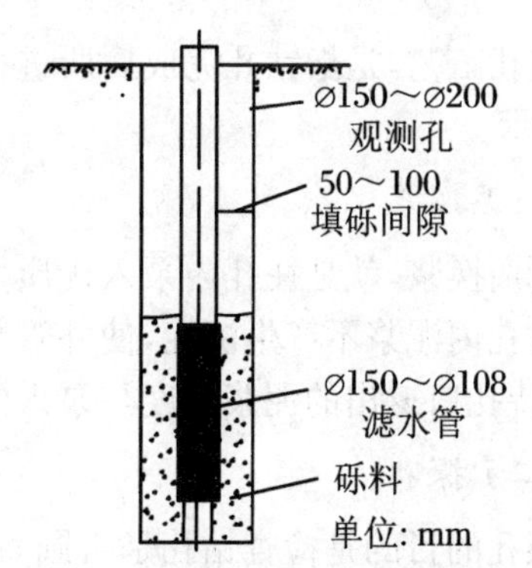

图7.2　水文地质观测孔结构示意图

(3) 探采结合孔是在完成勘探任务以后,扩孔成井或在开始就采用大口径取芯钻进一次成井。一般多采用直径Ø146 mm滤水管。

(4) 供水井的钻孔直径较大。一般为Ø400～Ø500 mm。根据钻孔深度的不同可分为以下3种。

① 浅井——孔深在100 m以内,其含水层主要是第四系砂卵石、砂层,钻孔直径多为500 mm左右,钻孔结构可采用一径成井。

② 中深井——孔深在0～300 m之间,一般可采用一径(或二径)成井,下一种或两种直径的井管,井管直径多为200～300 mm。

③ 深井——孔深超过300 m,一般可采用两径或三径成井,下两种直径的井管。

五、水文地质钻孔的钻进方法

随着科学技术的发展,近年来国内外发展了很多水文地质钻孔的钻进方法,主要分类如图7.3所示。

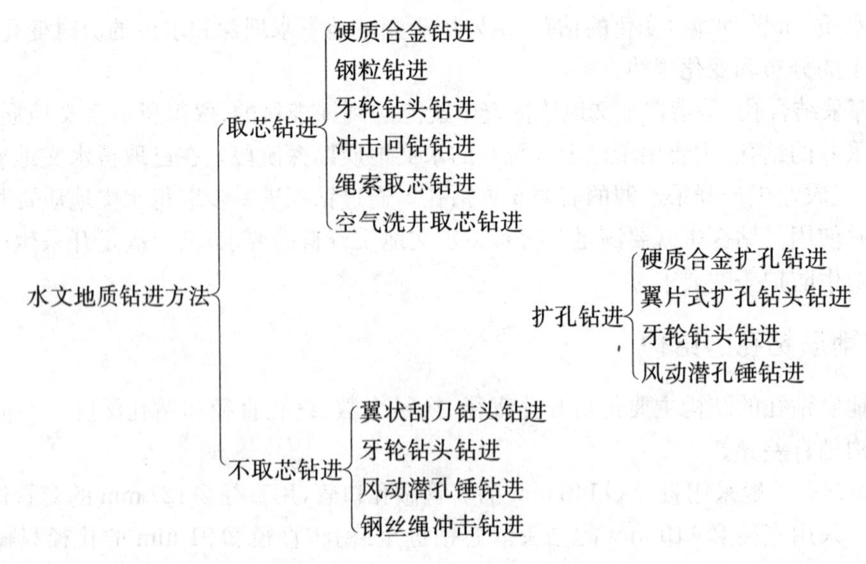

图7.3 水文地质钻进方法分类图

各种钻进方法的选择依据如表7.1所示。

六、成孔工艺

成孔工艺,是指钻孔完成后所进行的冲孔换浆、下井管、填砾、止水洗井等工艺过程,如图7.4所示。

(一) 换浆

所谓换浆,就是往孔内泵入优质稀泥浆,把孔内含有岩粉的浓泥浆全部替换出来,以保证下管时孔内泥浆不产生沉淀,使井管能顺利下到预定位置。既可在下管前换浆也可在下管后换浆,待孔口返出的泥浆黏度与泵入的泥浆黏度相近时,换浆工作即可结束。

(二) 探孔

探孔的目的是检查钻孔是否圆直、孔壁是否平滑,以保证下管工作顺利进行。探孔器可用直径略小于孔径的管材制成。

表 7.1　钻进方法选择

地层		钻进工艺程序	破碎岩石作用	破碎岩石方式	破碎岩石切削具
第四系	黏土类	① 常规口径取芯，大口径扩孔钻进成井；② 大口径一次钻进成井	回转钻进	① 环状破碎取芯钻进；② 全面破碎不取芯钻进	① 合金肋骨钻头；② 合金翼片钻头；③ 鱼尾、三翼钻头
	砂类				
	卵砾石层、漂石	① 大口径一次钻进成井；② 常规口径取芯钻进，大口径扩孔钻进成井	① 回转钻进；② 冲击钻进	① 环状破碎取芯钻进；② 全面破碎不取芯钻进	① 普通合金钻头；② 合金肋骨钻头
					① 钢粒钻头；② 钢粒、合金混合钻头；③ 牙轮钻头；④ 冲击钻头和捞砂筒钻头
基础	四级以下	大口径一次钻进成井	回转钻进	① 环状破碎取芯钻进；② 全面破碎不取芯钻进	① 合金钻头；② 合金肋骨钻头
	四级以上		回转钻进		① 钢粒钻头；② 牙轮钻头
	破碎、溶蚀				① 合金钻头；② 钢粒钻头；③ 牙轮钻头

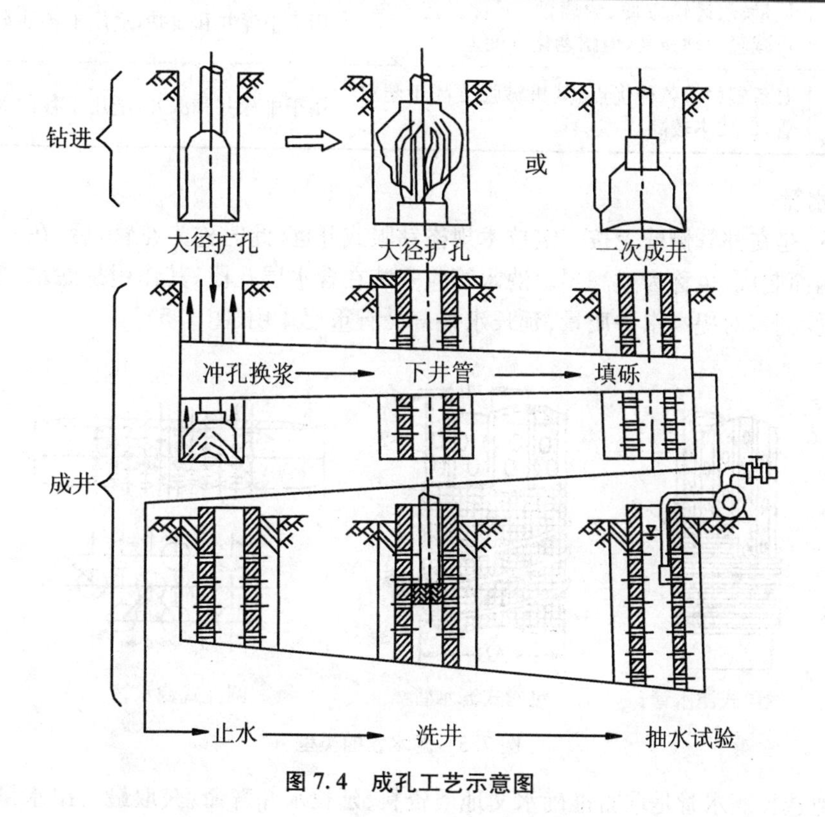

图 7.4　成孔工艺示意图

（三）下井管

下井管是成孔工艺中的关键工序，应在换浆探孔后立即进行，不得拖延。井管包括井壁管、滤水管、沉淀管三部分。

1. 井壁管

井壁管为无孔隙的死管，其作用是保护非含水层孔段的孔壁稳定，隔离有害地下水和地表水防止其涌入井内导致水质污染。常用的井壁管和适用范围详见表7.2所列。

表7.2 常用井壁管的特点和适用范围

井管种类	特点	适用范围
钢管	抗拉、抗侧压强度高、下管工艺简单，发生孔内井管事故易处理，但成本高、抗腐蚀性能差	用于深井；当地下水中含氯离子1 000 mg/L、硫化氢、碳酸盐类物质时不宜使用，硬度小的软水和含有二氧化硫的水对钢管有一定的腐蚀性
铸铁管	抗拉、抗侧压强度高，抗拉强度小，成本比钢管低，抗腐蚀性能比钢管强；但质量大、加工困难、下管不太方便	用于中深井和浅井；在含氯离子和碳酸盐类地下水中抗腐蚀性能比钢管强
水泥砾石管	原材料充足、可就地取材，成本低，制造简单；但性脆、怕冲击、质量大、不易连接、下管工艺复杂、接头处密封性能差	用于浅井；含一定量二氧化碳的地下水中，或超过250～4 000 mg/L硫酸根和硬度大的水中不宜使用
石棉水泥管	介于水泥砾石管与塑料管之间	适用于地下水含硫化氢的浅井
塑料管	质量轻、运输方便、耐腐蚀、下管工艺简单，可减轻劳动强度，但耐老化性能差	用于中深井和浅井，适用于各种水质
玻璃钢管	具备塑料管各种优点，其机械强度高于塑料管，但成本较高	用于中深井和深井，适用于各种水质

2. 滤水管

滤水管，是在井管侧壁上按一定技术规格钻眼或开槽(此时称为花管)后，在其外面垫筋、缠丝或包网而制成，也称为过滤器。滤水管应安装在含水层孔段，其作用是滤水、挡砂。滤水管是水井的心脏，对提高水井质量、延长水井寿命有重要作用(图7.5)。

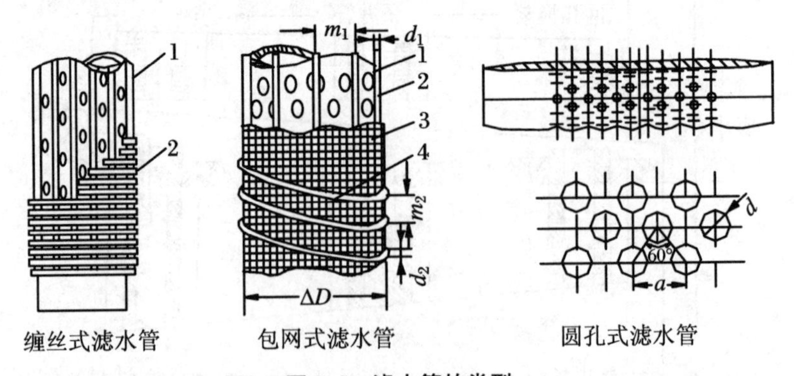

图7.5 滤水管的类型

合理地选择滤水管是取得准确水文地质资料、延长水井寿命、获取最大出水量的关键，应根据含水层结构特征和地下水性质确定。

(1) 滤水管长度。滤水管长度主要应根据含水层的厚度、岩性特征等因素确定。一般情况，当含水层厚度在10 m以内时，滤水管长度与含水层厚度相等；当含水层大于10 m时其长度可按下式计算：

$$L = a\lg(1+Q) \tag{7.1}$$

式中，L：滤水管有效长度，m；

a：校正系数，一般取17；

Q：设计出水量，L/s。

(2) 进水速度。单位时间内水流过滤水管孔隙的长度称为进水速度，其单位为m/s。进水速度是选择滤水管结构和填砾规格的主要依据。在计算中要考虑最大允许进水速度值。该值的选择与含水层的砂、砾直径有关。一般在中、粗砂含水层中，允许进水速度为20～50 mm/s，细砂含水层为20 mm/s以下。

(3) 滤水管直径。滤水管的直径与钻孔出水量、钻孔深度、滤水管的结构和长度等有着密切关系。根据实践经验，一般在粗颗粒富水地层中，增大滤水管直径可以获得较大出水量；在细砂地层中，增大滤水管直径有一定限度，即直径增大到一定值时其出水量不再增加。

滤水管直径可用下式进行计算：

$$D = \frac{Q}{\pi L M \upsilon} \tag{7.2}$$

式中，Q：设计出水量，m^3/s；

L：滤水管长度，m；

M：滤水管孔隙率；

υ：最大允许进水速度，m/s。

(4) 滤水管材质。滤水管材质应根据地下水的性质和滤水管所需强度而选定。地下水中往往含有一些有害的化学物质，如二氧化硫、硫化氢、氯离子、溶解氧等。这些化学物质易在滤水管表面腐蚀、结垢而使滤水管强度降低、孔隙被堵塞，严重影响水井寿命。因此，必须根据不同性质的地下水，选择与其相适应的滤水管。

(四) 填砾

填砾，是指在滤水管与井壁间的环状间隙内投入砾石材料。填砾的目的是为了在滤水管与含水层之间形成人工过滤层，以增加滤水管周围的孔隙率、增大水井出水量，并同时防止涌砂，以延长井管使用寿命。

1. 砾料规格

正确地选择砾料规格是减少涌砂、取得最大出水量的基本保证。合理的砾料规格，必须根据含水砂层的筛分资料确定。实验证明，砾料与含水砂层颗粒间的合理级配关系为：砾料直径D_{50}应为含水砂层粒径d_{50}的6～10倍，即

$$\frac{D_{50}}{d_{50}} = 6 \sim 10 \tag{7.3}$$

式中，D_{50}：砾料筛分后留在筛上的砾料质量为50%时的筛孔直径；

d_{50}：含水砂层的砂样筛分留在筛上的砂质量为50%时的筛孔直径。

该比值过大时，渗透性能虽好但挡砂作用差，水中含砂量大；比值过小时，挡砂作用虽好，但砂层中的细砂因冲不走而堆积在砾料周围，使进水阻力增加而导致渗透性能差。

2. 填砾量

孔内所需砾料的数量可用下式进行计算：

$$Q = \frac{\pi}{4}(D_2 - d_2)Lk \tag{7.4}$$

式中，Q：填砾所需数量，m^3；

D：孔径，m；

d：滤水管直径，m；

L：填砾孔段长度，m；

k：超径系数，一般取1.5～2.0。

填砾前先进行彻底换浆，然后向井管四周进行填砾，开始时填砾速度不宜过快，待井管内出现返水后再适当加快填砾速度，随着滤水管四周逐渐被砾料埋没返水即由大变小。管口返水停止，说明滤水管已被全部埋没。这时可用测绳测量填砾高度，核算砾料数量，当确认无误时填砾即可结束。

（五）止水

为了对目的含水层以外的其他含水层或非含水层进行封闭和隔离，以免对目的含水层造成干扰或污染而进行的处理工作，称为止水。止水是水文地质钻探的主要质量指标之一，止水质量的好坏直接影响水文地质资料的准确性，因此应认真做好止水工作。

1. 止水材料

止水材料可分为临时性止水材料和永久性止水材料两种。

(1) 临时性止水材料——一般应用于水文地质勘探孔的分层抽水实验。要求其止水性能可靠、不污染水质并有利于套管起拔，常用的临时止水材料有海带、桐油石灰、橡胶等。

(2)永久性止水材料——用于供水井中，主要封闭有害含水层以防水质污染，常用的材料有黏土、水泥等。

2. 止水方法

(1) 托盘止水法——在钻进过程中进行分层抽水实验或分层观测水位时。托盘止水是一种临时性的止水方法，可分为上托盘和下托盘两种形式。

(2) 胶塞止水法——胶塞止水适用于基岩地层的临时性止水。使用时将预制好的胶塞套在止水套管的底端，外面用铁丝扎牢，下端内楔入木塞，使胶塞的内圈紧压于套管内壁上。胶塞在套管自重作用下，挤压在换径台阶上。胶塞止水法结构简单、使用方便。

(3) 黏土球围填止水——适用于松散地层的填砾成井钻孔。黏土止水法既经济又有较好效果，故被广泛采用。

（六）洗井

1. 洗井的质量标准

(1) 排出水虽浑浊，但不是泥浆、岩粉等污染物质而是水中固有成分，即可认为洗井已达到要求。

(2) 洗井时应定时观测出水量，到连续三次（每次半小时）出水量无明显变化为止。

(3) 正式抽水时，经过两次或三次降深，单位涌水量无反常现象。

(4) 根据含水层的岩性和区域水文地质资料以及附近抽水孔的涌水资料分析对比，与其基本近似。

2. 洗井的方法

(1)活塞洗井。活塞洗井，是指将活塞安装在钻杆上送至滤水管部位，利用升降机上、下反复提拉钻具,从而产生抽吸和水击作用以破坏填砾层外的泥皮和疏通含水层通道,并在滤水管周围形成一层良好的人工过滤层的洗井方法。洗井用活塞分为单作用和双作用两种结构。

(2) 空压机振荡洗井。空压机振荡洗井,是指使用空压机间歇性地向孔内猛烈喷射高压空气,使孔内水位剧烈振荡,以加速对孔壁泥皮的破坏和促使管外天然过滤层形成的洗井方法。此法可用于任何井管和孔径内,是一种应用广泛的洗井方法。

(3) 二氧化碳洗井。将净化后的二氧化碳气体施加 7 MPa 高压使之变成液态二氧化碳并装入专用钢瓶内,将瓶装液态二氧化碳通过高压管道输送到孔内,液态二氧化碳在孔内遇水吸热、体积迅速膨胀并释放出强大的压强,遂向含水层的孔隙或裂隙深部冲击,同时推动孔内水柱上升而喷出地表。随着井喷,孔内水位迅速降低从而形成孔内水位的瞬时负压,因此在地层压力作用下地下水便携带着大量细颗粒岩粉和裂隙充填物、孔壁泥皮涌入孔内并随之在井喷后期被排出孔外,这即是二氧化碳洗井方法。

二氧化碳洗井是我国近年来研发成功的一种先进洗井方法,一般适用于第四系粗颗粒松散地层、基岩裸眼孔和裂隙含水地层等。

(4) 洗井刷和水泵联合洗井。用钻杆将洗井刷下入井内,对准含水层,之后边用水泵送水洗井边提拉洗井刷,使洗井刷不断洗刷井壁,直到将井壁洗刷干净为止。此法适用于不下井管的基岩含水层。

七、观测和编录

水文地质钻探成果质量如何,还取决于钻探过程中观测和编录的质量。一个水文地质钻孔,即使设计和施工都是正确的,若观测和编录草率从事,势必得不到高质量成果。因而在钻探过程中,必须做好岩芯观察描述和水文地质观测,并对两者进行认真编录。

(一) 岩芯描述和岩芯采取率

在水文地质钻探过程中,要求每次提钻后立即对岩芯进行编号、观察和描述、测量和编录。

1. 岩芯地质描述

对水文地质钻孔岩芯观察描述的内容与地表岩石露头描述的内容基本相同,有两点值得注意:一是注意对地表见不到的现象进行观察和描述,如未风化地层的孔隙、裂隙发育及其充填胶结情况、地层厚度、地下水活动痕迹(溶蚀或沉积)、地表未出露的岩层和构造等;二是注意分析和判别由于钻进所造成的一些假象,将其从自然现象中区别出来,如某些基岩岩层因钻进而造成的破碎擦痕、地层的扭曲、变薄、缺失和错位以及松散层的扰动、结构破坏等。

2. 岩芯采取率

研究岩芯采取率可判断坚硬岩石的破碎程度和岩溶发育程度,进而分析岩石的透水性和确定含水层位。岩芯采取率可按下式进行计算:

$$K_u = \frac{L_0}{L} \times 100\% \tag{7.5}$$

式中,K_u:岩芯采取率;L_0:采取岩芯总长度,m;L:本回次进尺长度,m。

一般而言,在基岩中要求 K_u 不得小于 70%,在构造破碎带、风化带和裂隙、岩溶带中,K_u 不得小于 50%。

3. 裂隙率或岩溶率

基岩的裂隙率或岩溶率，是用以确定岩石裂隙或岩溶发育程度和确定含水段位置的可靠标志。钻探中通常只做线状裂隙率统计，可用下式进行计算：

$$y = \frac{\sum_i b_i}{LK_u} \times 100\% \tag{7.6}$$

式中，y：线裂隙率或线岩溶率；

$\sum_i b_i$：L 段在平行岩芯轴线测得的裂隙或岩溶总宽度，m；

L：统计段长度，m；

K_u：L 段的岩芯采取率。

仅用岩芯来测定裂隙率或岩溶率是比较困难的，因为富含裂隙水或岩溶水段常为裂隙或岩溶强烈发育部位，钻探时易破碎岩芯甚至取不到岩芯，因而难以进行准确统计，故在利用这些资料时应注意综合分析。裂隙率或岩溶率可以统计全孔的、某层位的或某个深度的，视要求而定。

4. 物探测井

按设计要求或相关规范，一般终孔后应在孔内进行综合物探测井，以便准确划分含水层(段)并取得有关参数资料。

5. 岩样采集

按设计的层位或深度从岩芯或钻孔内采取定规格(体积的或质量的)或定方向的岩样或土样，以供观察、鉴定、分析和实验之用。在采取诸如孢子花粉、同位素、古地磁等样品时应更加注意采样要求。

（二）水文地质观测

水文地质观测是水文地质钻探中的核心工作，是用以揭露地下水水文地质条件的直接依据。所以每个水文地质钻孔都要严格按照设计高质量地完成各项内容的观测工作。

在钻进过程中，需随时观测冲洗液消耗量、观测含水层水位、观测钻孔涌水现象、观测水温、观测孔内现象和采集水(气)样。

（三）钻探编录

水文地质钻探编录，是指将钻探过程中观察描述的现象、测量的数据和取得的实物，准确、完整、如实地进行整理、测算、编绘和记录的工作。钻探编录是水文地质钻探中最终的也是最重要的工作。一个高质量的钻孔如果编录质量差，则反映出钻探工作是低质量的、甚至是错误的成果。

钻探编录工作应以钻孔为单位，要求随钻进陆续进行，终孔后立即全部完成。其编录内容包括以下几个方面：

(1) 整理岩芯，排放整齐，按顺序标注清楚，准确地进行记录、描述和测量，探查结束后重点钻孔的岩芯要全部拍照、长期保留，一般钻孔则按规定保留缩样或标本。

(2) 将取得的各种资料，用准确、简练的文字详细地填写于各种记录表格之中(包括钻探编录表和各种观测记录表)。

(3) 将核实后的地质剖面、钻孔结构、地层深度和厚度、岩性描述、含水层和隔水层、岩芯采取率、冲洗液消耗量、地下水水位、测井曲线、孔内现象以及水文地质实验、水质分析等资料，编绘成水文地质钻孔综合成果图。

(4) 伴随钻孔的施工，还应将勘探线上全部水文地质钻孔的成果资料加以综合分析、对比研究，结合水文地质测绘资料总结出调查区内某些剖面乃至平面上的水文地质规律，做出相应的水文地质剖面或平面图，如在岩溶地区可编绘岩溶发育图、溶洞分布图、岩溶水文地质剖面图等。

第八章　煤矿水文地质物探

第一节　地球物理探查方法

一、直流电阻率法

（一）电测深法

1．巷道电测深法的理论基础

电测深法的全称为“视电阻率垂向测深法”，是研究向地质构造的重要的地球物理方法。采用电测深法进行探测时，要在勘探区内布置测网，测网由若干测线组成，测线上有若干测点。探测的实质是用改变供电极距的办法来控制深度，由浅入深了解剖面上的地质体电性情况，从而获得地下半空间电性结构的二维模型。因此，电测深法比剖面法信息更丰富，一条剖面可以包含多个极距的信息。

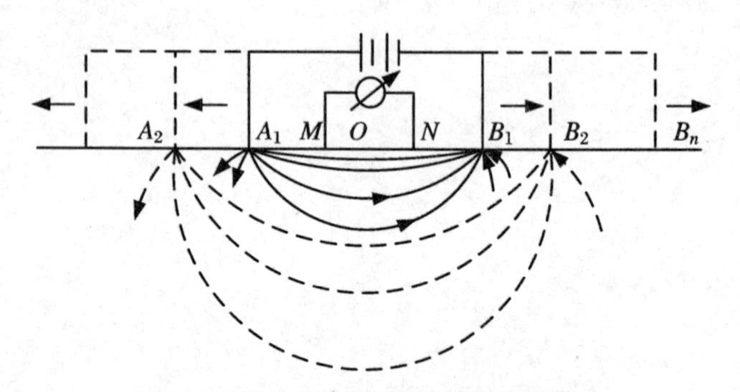

图 8.1　对称四极装置及电场分布示意图

在电测深法探测工作中，通常采用对称四极装置（图 8.1）。图中 A，B 为供电电极，M，N 为测量电极，它们都对称于装置中心点 O。探测时，每改变一次极距，测定一次 M，N 间的电位差 ΔU_{MN} 及电流 I，按公式计算每个极距的 ρ_s：

$$\rho_s = K\frac{\Delta U_{MN}}{I} \tag{8.1}$$

$$K = \pi\frac{AM \cdot AN}{MN} = \frac{\pi}{2} \cdot \frac{\left(\frac{AB}{2}\right)^2 - \left(\frac{MN}{2}\right)^2}{\frac{MN}{2}}$$

式中，ρ_s：视电阻率值；

K：装置系数；

ΔU_{MN}：M，N 间的电位差；

I：M，N 间的电流。

每个测深的测量结果可绘成电测深原始曲线，原始电测深曲线图中的纵坐标表示 ρ_s 值，横坐标表示 $AB/2$。

通常在现场施工时，由于受现场条件限制，一般采用三极测深装置（图 8.2），即将四极电测深法中的一个供电电极放置在远离测量点的地方。三极装置为非对称测量系统，对局部电性异常的响应幅度大。

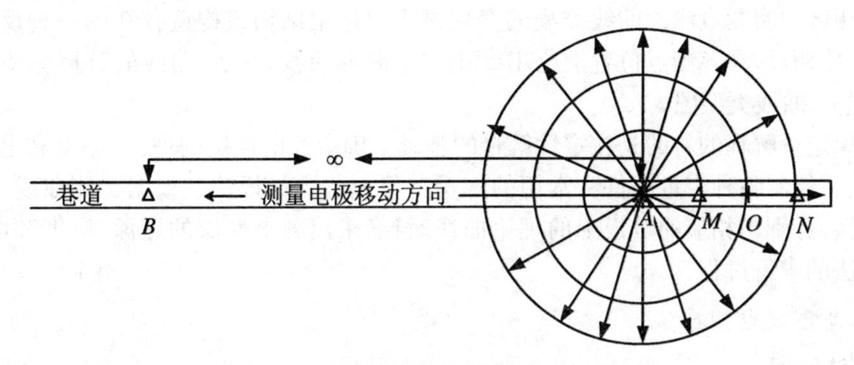

图 8.2　三极测深装置及电场分布示意图

2. 水平层状分布的地电断面和电测深的曲线类型

(1) 均匀半空间情况。地下介质在半空间均匀分布，并具有电阻率 ρ_1，在做电测深时，不论极距怎么变化，测得的 ρ_s 值都与均匀介质的电阻率 ρ_1 相等，故电测深曲线为一条平行于横轴的直线（$\rho_s=\rho_1$）。

(2) 两层情况。设第一层厚 h_1，电阻率为 ρ_1，第二层为 ρ_2，厚度很大（无穷大），则分为以下两种情况：

① 当 $AB/2<h_1$ 时，测得值相当于介质为半空间的结果，这时无论如何变化也不影响地下电流场的分布，故在二层左支出现 $\rho_s=\rho_1$ 的水平渐近线。

② 当 $AB/2$ 逐渐增大时，电流的分布深度也增大，不同的电性层开始影响地电流的分布，这时，若 $\rho_2<\rho_1$，由于良导体对电流的吸引作用，使 $j_{MN}\neq j_0$，可知 $\rho_s<\rho_1$，出现曲线下降（D 型）；若 $\rho_2>\rho1$，则对电流排斥，使地表电流加密，则曲线出现上升（G 型）。

③ 当 $AB/2>h_1$ 时，电流大部分分布在 ρ_2 层中，ρ_1 层中仅有少量平行层面的电流线，此时，相当于电流充满半空间 ρ_2 介质的情况，ρ_s 右支具有出现 $\rho_s\to\rho_2$ 的渐近线；当 $\rho_2\to\infty$ $\left(\frac{\rho_2}{\rho_1}>20\text{倍}\right)$时，$\rho_s$ 右支出现与横轴成对 45°的渐近线；当 $\rho_2\to 0$ 时，ρ_s 曲线右支为一与横轴成 63°的渐近线。

(3) 三层情况。三层的地电断面，按三个电性层的电阻率差异共分为四种类型：H 型曲线（$\rho_1>\rho_2,\rho_3>\rho_2$）、K 型曲线（$\rho_2>\rho_1,\rho_2>\rho_3$）、A 型曲线（$\rho_1<\rho_2<\rho_3$）及 Q 型曲线（$\rho_1>\rho_2>\rho_3$）。

(4) 四层情况。四层的地电断面的电测深曲线，按电性层的电阻率差异共分为 7 种不同类型：分别为 HA 型、HK 型、KH 型、KQ 型、AA 型、QQ 型、QH 型等类型。

3. 电测深资料解释

电测深资料的解释一般可分为定性解释和定量解释两个阶段。定性解释是整个解释工作的基础。常用的定性解释图件包括：

等 ρ_s 断面图：这种图的做法是以测点为横坐标，以 $AB/2$ 为纵坐标，先将每个测点所观测的各极距 ρ_s 值标在图上，然后勾绘 ρ_s 等值线。

ρ_s 平面等值线图：ρ_s 平面等值线图的做法是首先按一定水平比例尺绘出电测深点平面分布图，然后在各测点上标明同一极距在该点上的 ρ_s 值，最后绘制 ρ_s 平面等值线。这种图反映测区内某一勘探深度范围内电阻率的变化规律。

ρ_s 曲线类型图：不同类型、形状和特征的电测深曲线是地下地层、地质体存在的客观反映。所以测区内实测电测深曲线类型的变化是区内地层结构或构造存在的一种反映。作图时，按相应比例尺，在各测点位置上绘出缩小的电测深曲线，在 ρ_s 曲线的首尾标明其视电阻率值，形成 ρ_s 曲线类型图。

电测深定量解释的目的是在定性解释的基础上确定各电性层的埋深、厚度和电阻率的具体数值，最后绘制各种定量图件。常用的定量解释方法为量板法。根据实测曲线，判断它的层数及类型，分别与相应的量板上的理论曲线对比，求出各电性层的埋深、厚度和电阻率值，即为量板法的求解过程。

（二）高密度电阻率法

1. 方法原理

高密度电阻率法的物理前提是地下介质间的导电性差异。和常规电阻率法一样，它通过 A，B 电极向地下供电 I，然后在测量电极 M，N 间测量电位差 ΔU，从而求得该记录点的视电阻率：

$$\rho_s = K\frac{\Delta U}{I}$$

根据实测的视电阻率剖面，进行计算、处理、分析，便可获得地层中的电阻率分布情况，从而可以划分地层、圈闭异常等。

高密度电阻率法采用的是温纳三电位电极系，在条件允许的情况下（可以布设无穷远电极时）还可以采用温纳联合三极装置。高密度电阻率法可采用的装置有：温纳对称四极装置（W-α）（图 8.3）；温纳偶极装置（W-β）（图 8.4）；温纳微分装置（W-γ）（图 8.5）；温纳三极装置（W-A）（图 8.6）；温纳三极装置（W-B）（图 8.7）等 5 种装置。

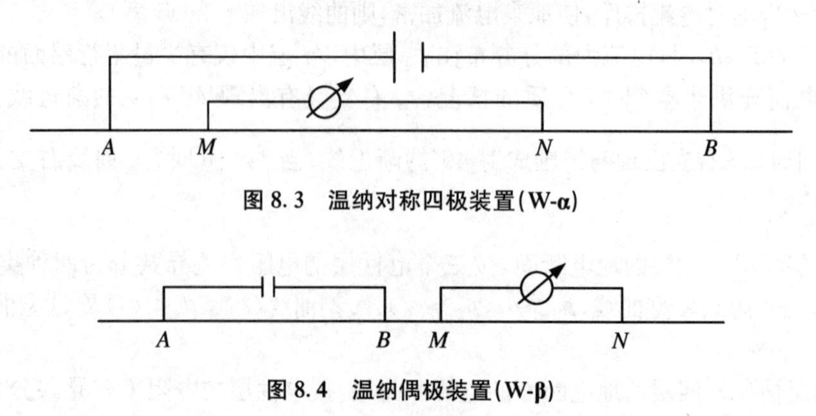

图 8.3　温纳对称四极装置（W-α）

图 8.4　温纳偶极装置（W-β）

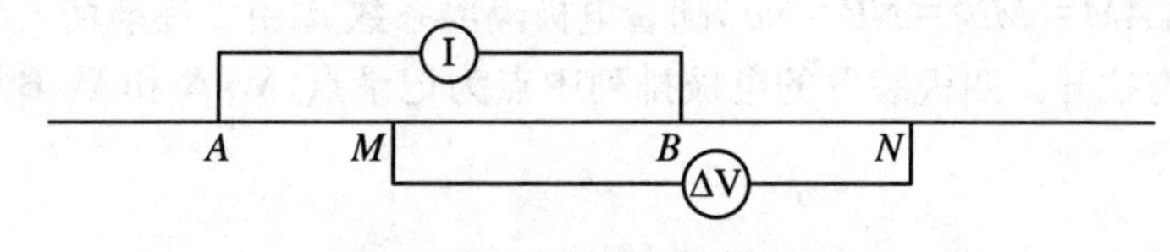

图 8.5　温纳微分装置(W-γ)

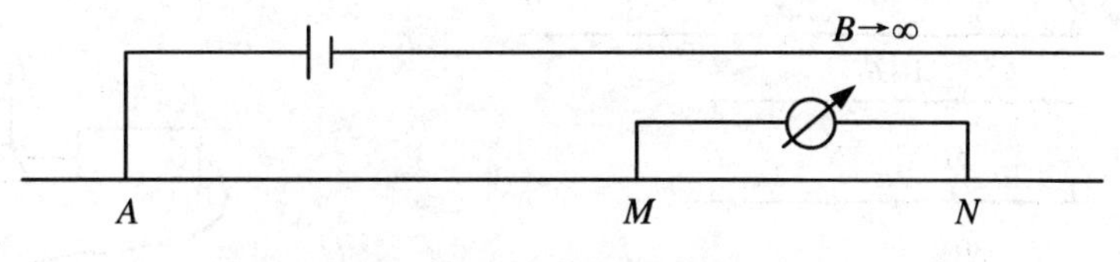

图 8.6　温纳三极装置(W-A)

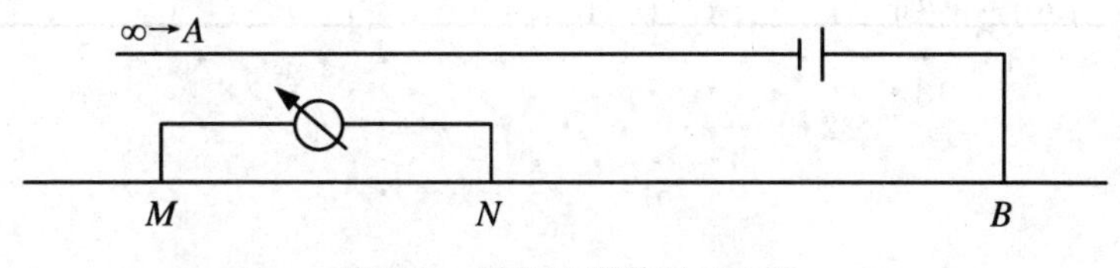

图 8.7　温纳三极装置(W-B)

图 8.3 为温纳对称四极装置,用 W-α 表示。该装置的特点是 $AM=NB$,记录点为 MN 的中点,其视电阻率的表达式为

$$\rho_s^\alpha = K_1 K_\alpha R_s^\alpha = K_1 2\pi\alpha \cdot R_s^\alpha \tag{8.2}$$

图 8.4 为温纳偶极装置,用 W-β 表示。它要求 $AB=MN$,$BM=p*\Delta X$(其中 p 为任意正整数),但在满足精度要求的条件下,为了计算设计的方便,我们取 $AB=MN=NB$,记录点为 BN 的中点,其视电阻率的表达式为

$$\rho_s^\beta = K_2 K_\beta R_s^\beta = K_2 6\pi\alpha \cdot R_s^\beta \tag{8.3}$$

图 8.5 为温纳微分装置,用 W-γ 表示。在这种装置中,一般我们采用温纳思想将 $AB=MN$,且 B 位于 MN 的中点电极上,记录点为 MN 的中点,即为 B 电极,其视电阻率的表达式为

$$\rho_s^\gamma = K_3 K_\gamma R_s^\gamma = K_3 3\pi\alpha \cdot R_s^\gamma \tag{8.4}$$

图 8.6、图 8.7 为温纳联合三极装置,分别用 W-A 和 W-B 表示,其一个电极在无穷远,移动方便,两个三极装置即为一个对称四极,但是又比对称四极覆盖的更全面,所得结果也更可信。总电极相同时,它的观测点数和四极一样,记录点是 MN 的中点,其视电阻率的表达式为

$$\rho_s^{\mathrm{B}} = K_5 K_{\mathrm{B}} R_s^{\mathrm{B}} = K_5 4\pi\alpha \cdot R_s^{\mathrm{B}} \tag{8.5}$$

$$\rho_s^{\mathrm{A}} = K_4 K_{\mathrm{A}} R_s^{\mathrm{A}} = K_4 4\pi\alpha \cdot R_s^{\mathrm{A}} \tag{8.6}$$

其中,$K_1-K_5=1-2$,默认为 1,相同极距,$K_4=K_5$,$\alpha=n\Delta X$。

各视电阻率间有如下关系:

$$R_s^\alpha = R_s^\beta + R_s^\gamma$$

$$\rho_s^\alpha = \frac{\rho_s^{\mathrm{A}} + \rho_s^{\mathrm{B}}}{2}$$

现场探测时,常采用的测量装置是温纳(WN)装置类型(图 8.8)。温纳装置的电极排列规律是 A,M,N,B 等间距排列(A,B 是供电电极,M,N 是测量电极),装置系数 $K=2a$,其

中 a 为电极间距，$AM = MN = NB = na$，随着电极隔离系数 n 由 1 逐渐增大到 $n_{\max}$，4 个电极之间的间距也均匀拉开。四极装置的电极排列中点为记录点，W-A 和 W-B 装置取测量 MN 电极中心为记录点。

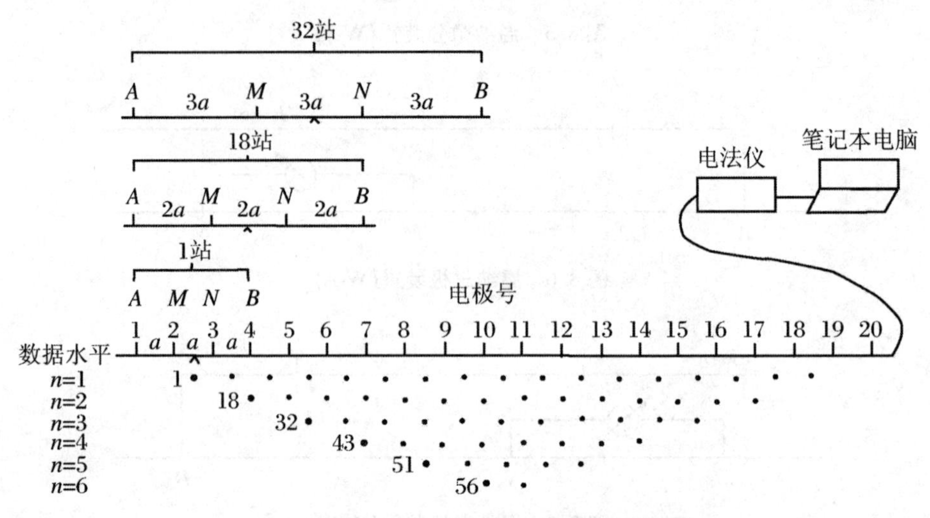

图 8.8 温纳装置类型及数据采集系统

温纳装置适用于固定断面扫描测量，其特点是测量断面为倒梯形。探测深度随着供电电极 AB 距离的增加而增大，当隔离系数 n 逐次增大时，AB 电极距也逐次增大，对地下深部介质的反应能力亦逐步增加。单边三极装置是将供电 B 置于无穷远，仅通过加大供电电极距 AO 来达到测深的目的。

对三极装置的无穷远(B)，在条件允许的情况下，最好沿垂直观测方向的其他巷道布置，尽量保证 $BO \geqslant 3AO$。

采用高密度电法采集的观测数据一般可采用 RES2DINV 软件进行正、反演处理，处理后的结果数据使用 Surfer 软件绘出视电阻率断面图。视电阻率断面图是资料解读的重要依据，也是高密度电法勘探主要的定性图件。根据断面图中显示的电性分布特征，判断出地质体的视电阻率范围，圈定出电性异常点，充分应用已知地形、地质资料以及所采用的电极装置，分析引起电性异常的原因，例如地形引起的假异常、局部不均匀体引起的异常和探测目的地质体引起的真异常等，从而剔除干扰保留真异常，并判断出目的体的位置。

2. 应用范围

利用煤矿巷道布设测线，采用电测深法以及高密度电阻率法探测技术，可以对巷道底板下方岩层的赋水性进行探测，进而判断并圈定底板岩层赋水异常区域，指导防治水工作。通常用于对矿井工作面顶底板岩层赋水性的探测以及对构造异常（岩溶、陷落柱、断层导赋水性）的探测。

二、音频电透视法

（一）方法原理

矿井音频电透视法以全空间电场分布理论为基础，对于均匀全空间，点电源产生的电场分布特征为

$$U_M = \frac{I\rho}{4\pi R} \tag{8.7}$$

$$E_M = -\frac{I\rho}{4\pi R^2} \tag{8.8}$$

$$J_M = \frac{I}{4\pi R^2} \tag{8.9}$$

式中，U_M：电位；I：供电电流强度；E_M：电场强度；J_M：电流密度；ρ：均匀空间介质电阻率；R：观测点 M 到点电源 A 的距离。

通常煤层与其顶、底板（一般为砂岩、泥岩互层）具有明显的电性差异，而煤层相对其顶、底板为高阻层，可用图 8.9 所示的三层地电模型来模拟该电性层组合。根据镜像法，可以求出全空间任意点的电位表达式为

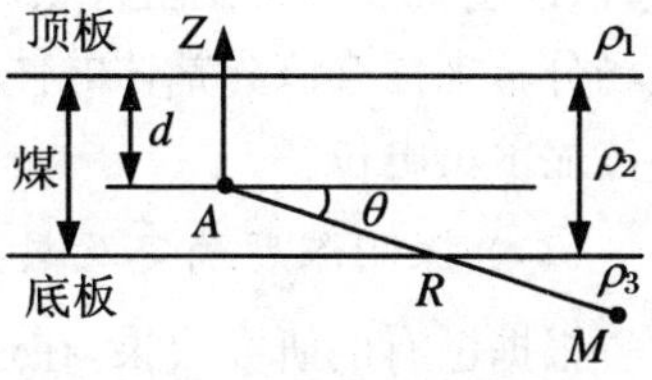

$$U_{i,j} = \frac{\rho_i I}{4\pi}\left[\frac{1}{L} + \sum_{n=1}^{\infty} k_n(i,j)\right] \tag{8.10}$$

图 8.9　井下三层地电模型图

式中，$U_{i,j}$：第 i 层的点源在第 j 层的电位；L：供电点至观测点的距离；ρ_i：第 i 层的电阻率值；$k_n(i,j) = F(L,D,\theta,\rho_m)$：反射系数函数。

含水构造可以模拟为局部低阻地质体，如图 8.10 所示。由局部低阻地质体引起的附加场，可以用导电球来说明问题，即电流场中导体的异常可以近似地看作电偶极子的异常，其表达式为

$$U = \frac{\rho_0 I}{4\pi}\left(\frac{1}{r_2} - \frac{1}{r_1}\right) = \frac{\rho_0 I}{2\pi} \cdot \frac{r_1 - r_2}{r_1 r_2} \tag{8.11}$$

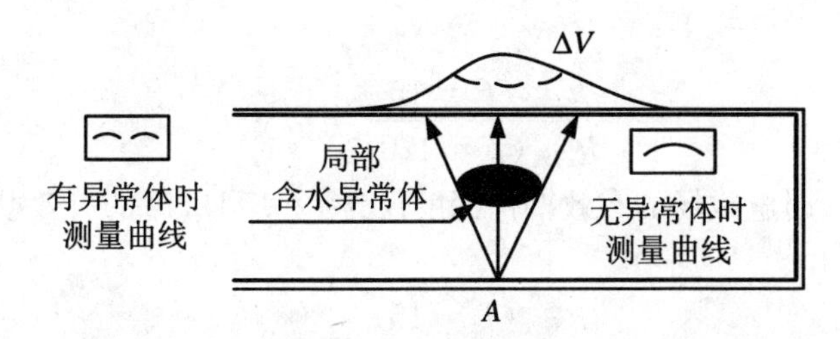

图 8.10　含水构造的模拟及电位异常反映特征示意图

由于 $r_1 \gg 1, r_2 \gg 1$，故 $r_1 - r_2 \approx I\cos\theta, r_1 \cdot r_2 \approx r^2$，上式变为

$$U = \frac{\rho_0 I}{2\pi} L \frac{\cos\theta}{r^2} = M\frac{\cos\theta}{r^2} \tag{8.12}$$

式中

$$M = \frac{\rho_0 IL}{2\pi} = -2\rho_0 j_0 \frac{\rho_1 - \rho_0}{\rho_1 + \rho_0} r_0^3$$

在直角坐标系中，偶极场的电位分布为

$$U = M\frac{x\cos\theta - h\sin\theta}{(h^2 + x^2)^{3/2}}$$

当 $\theta = 90°$时

$$U = -M\frac{h}{(h^2 + x^2)^{3/2}}$$

$$E = -M\frac{3hx}{(h^2 + x^2)^{3/2}}$$

则低阻良体产生一个负电位。对于井下近似三层地电模型来说,其点源场电位表达式为

$$U = U_0 + U_n \tag{8.13}$$

式中,U_0:无局部地质体的电位分布;U_n:局部地质体的异常场。

相对于固体介质,矿井水是一种低阻高导介质。在岩层中裂隙发育而形成储水空间情况下,该部位就显示为低阻特点。将含水构造摸拟为局部低阻良导异常体,通过点电源产生的电场分布来探查该异常体的体积及含水情况,与周边岩层(非异常显示)相比,含水构造异常部位显示负电位。

(二) 探测深度确定及数据处理

根据已有的研究成果,在近区似稳条件下,交流电偶极子的场强与直流电偶极子的场强表达式完全一致,所以交流电偶极子的近区似稳场可用直流方法解释。而在直流电测深中,勘探深度一般定义为 $AB/2$ 或更小,其定量解释的成果已经比较先进与成熟。在电磁场理论研究中,定义有效勘探深度即趋肤深度:

$$h_{有效} = 503.3\sqrt{\frac{\rho}{f}} \tag{8.14}$$

这说明,变频测深所探测的深度与工作频率 f 和地层电阻率 ρ 均有关。在某一实际观测点进行工作时,其地层电性是一定的,所以改变工作频率便可以探测地下不同的深度,能达到测深的目的。在相同条件下,接收点处于近区场中,我们计算 $f = 15$ Hz 和 $f = 120$ Hz 时的有效勘探深度比例:

$$\frac{h_{有效}(f = 15)}{h_{有效}(f = 120)} = 2.8 \tag{8.15}$$

上式说明,$f = 120$ Hz 时电磁场的有效勘探深度仅为 $f = 15$ Hz 时的有效勘探深度的约三分之一,同样可分别计算出:

$$\frac{h_{有效}(f = 15)}{h_{有效}(f = 70)} = 2.2$$

$$\frac{h_{有效}(f = 15)}{h_{有效}(f = 30)} = 1.4$$

资料处理采用 CT 成像法。矿井音频电透视层析成像是利用穿过采煤工作面的内沿的许多电力线(由供电点到测量点)的电位降数据来重建采面电性变化图像的(图 8.11)。

设 X 为供电点和测量点之间的连线,ΔU 为电位降,可以证明:

$$\Delta U = C\int_{(x)} \delta(x,y)\mathrm{d}x \tag{8.16}$$

式中,$\delta(x,y)$:电性参数(是 x,y 的位置函数);C:调节系数。

若把整个研究范围剖分为 $J = M \times N$ 个单元来考虑,把所研究的问题离散化,假定第 J 条射线穿过 I 个单元,则第 J 条射线上的电位降表达式为

$$\Delta U_j = \sum_{i=1}^{I}\delta_{j,i} \cdot r_{ji} \tag{8.17}$$

式中，r_{ji}：第 J 条射线位于 I 单元内的长度(各单元序号是 x, y 的位置函数)；$\delta_{j,i}$：第 I 个单元内的电性参数。

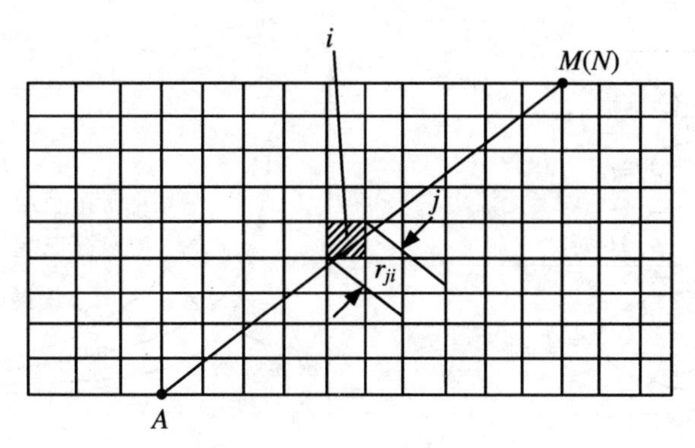

图 8.11　单元剖分图

将所有各射线建立方程则有

$$\Delta U = x \cdot \delta \tag{8.18}$$

则所有问题转化为根据数据来计算 δ 的值。由于这是一个超定方程组，很难求其精确解，故采用多次迭代的近似值法来求其近似解。

在无对比资料的情况下，一般可以把数据分成小于 $\delta-\delta_n$，$\delta-\delta_n \sim \delta-\delta_n/3$，$\delta-\delta_n/3 \sim \delta+\delta_n/3$，$\delta+\delta_n/3 \sim \delta+\delta_n$，大于 $\delta+\delta_n$ 等 5 个级别，并可设定 $\delta+\delta_n/3$ 为异常阙值(其中 δ 为参数算术平均值，δ_n 为参数的标准偏差值)。对于 $\delta > \delta+\delta_n/3$ 的区域，可解释为采面内或下伏含水层相对富水等因素所致。

(三) 应用范围

通常，当煤矿工作面形成后，利用工作面上下顺槽布置音频电透视观测系统，采用不同的工作频率发射供电电流，可以对工作面底板下一定深度的岩层的赋水性进行探测，圈定赋水异常区。

三、瞬变电磁法

(一) 方法原理

瞬变电磁法属时间域电磁感应方法。其探测原理是：在发送回线上供一个电流脉冲方波(图 8.12)，在方波后沿下降的瞬间，产生一个向回线法线方向传播的一次磁场，在一次磁场的激励下，地质体将产生涡流，其大小取决于地质体的导电程度，在一次场消失后，该涡流不会立即消失，它将有一个过渡(衰减)过程(图 8.13)。该过渡过程又产生一个衰减的二次磁场向掌子面传播，由接收回线接收二次磁场，该二次磁场的变化将反映地质体的电性分布情况。如按不同的延迟时间测量二次感生电动势 $V(t)$，就得到了二次磁场随时间衰减的特性曲线。如果没有良导体存在时，将观测到快速衰减的过渡过程(图 8.13)；当存在良导体时，由于电源切断的一瞬间，在导体内部会产生涡流以维持一次场的切断，所观测到的过渡过程衰变速度将变慢，从而发现导体的存在。任一时刻地下涡旋电流在地表产生的磁场可以等效为一个水平环状线电流的磁场。在发射电流刚关断时，该环状线电流紧接发射回线，与发射回线具有相同的形状。随着时间推移，该电流环向下、向外扩散，并逐渐变形为圆电流环。图 8.12 给出了发射电流关断后不同时刻地下等效电流环的示意分布。从图中可以看到，等效电流环很像从发射回线中“吹”出来的一系列“烟圈”，因此，人们将地下涡旋电流向下、向外扩散的过程形象地称为“烟圈效应”。

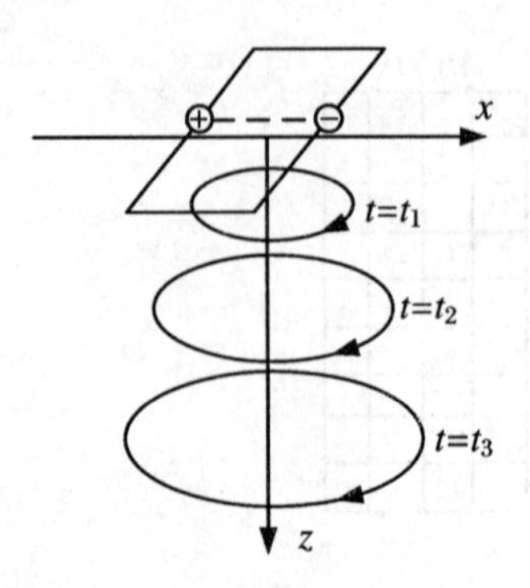

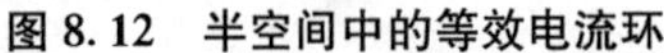
图 8.12　半空间中的等效电流环

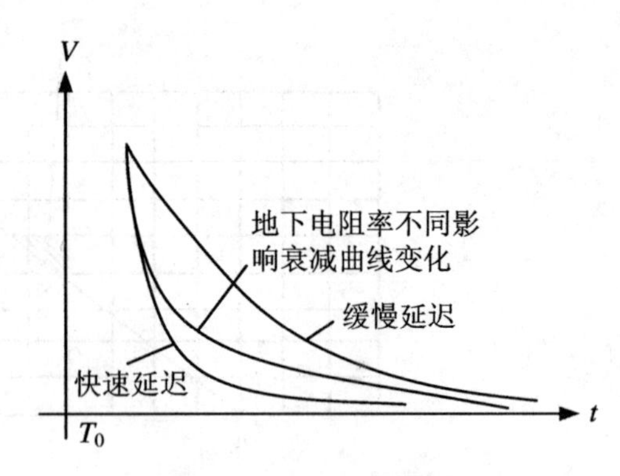

图 8.13　TEM 衰减曲线

瞬变电磁场在大地中主要以扩散形式传播，在这一过程中，电磁能量在导电介质中由于传播而消耗，由于趋肤效应，高频部分主要集中在地表附近，且其分布范围是源下面的局部；较低频部分传播到深处，且分布范围逐渐扩大。

其传播深度：

$$d = \frac{4}{\sqrt{\pi}}\sqrt{\frac{t}{\sigma\mu_0}} \tag{8.19}$$

传播速度：

$$v_z = \frac{\partial d}{\partial t} = \frac{2}{\sqrt{\pi\sigma\mu_0 t}} \tag{8.20}$$

式中，t：传播时间，σ：介质电导率，μ_0：真空中的磁导率。

瞬变电磁的探测深度与发送磁矩覆盖层电阻率及最小可分辨电压有关。由式(8.20)得

$$t = 2\pi \times 10^{-7}\frac{h^2}{\rho} \tag{8.21}$$

时间与表层电阻率，发送磁矩之间的关系为

$$t = \mu_0\left[\frac{\left(\frac{M}{\eta}\right)^2}{400(\pi\rho_1)^3}\right]^{1/5} \tag{8.22}$$

式中，M：发送磁矩，ρ_1：表层电阻率，η：最小可分辨电压。它的大小与目标层几何参数和物理参数，还有和观测时间段有关。联立可得

$$H = 0.55\left(\frac{M\rho_1}{\eta}\right)^{1/5} \tag{8.23}$$

式(8.23)为野外工程中常用来计算最大探测深度的公式。从“烟圈效应”的观点看，早期瞬变电磁场是由近地表的感应电流产生的，反映浅部电性分布；晚期瞬变电磁场主要是由深部的感应电流产生的，反映深部的电性分布。因此，观测和研究大地瞬变电磁场随时间的变化规律，可以探测大地电位的垂向变化，这便是瞬变电磁测深的原理。瞬变电磁的探测度与发送磁矩、覆盖层电阻率及最小可分辨电压有关。

采用晚期公式计算视电阻率：

$$\rho_\tau(t) = \frac{\mu_0}{4\pi t}\left[\frac{2\mu_0 M}{5t\,\dfrac{\mathrm{d}B_z(t)}{\mathrm{d}t}}\right] \tag{8.24}$$

式中，

$$\frac{\mathrm{d}B_z(t)}{\mathrm{d}t} = \frac{\dfrac{V}{I}\cdot I\cdot 10^3}{S_N R} \tag{8.25}$$

（二）应用范围

目前，矿井瞬变电磁法主要用于解决煤层顶板（或底板）岩层内部的富水异常区探测、巷道掘进迎头前方的突水构造预测、含水陷落柱勘查等水文地质问题。应用实例表明，矿井瞬变电磁法对充水构造或充水岩溶等反应灵敏，巷道施工空间对 TEM 法限制小，测量方法的选择较直流电法灵活。建立巷道影响下全空间瞬变电磁场的正演理论，系统研究采煤工作面不同方位地质目标体的地电异常特征，将大大扩大矿井瞬变电磁法的应用领域，其在深部开采精细构造探测、工作面顶板岩层变形观测、高渗透应力条件下水与瓦斯突出的预测预报中具有良好的应用前景。

四、地质雷达法

（一）方法原理

与地面雷达法探测原理相同，矿井地质雷达将高频电磁波以宽频带短脉冲形式，由煤壁通过天线 T 送入介质，经前方目标体反射后返回，为另一天线 R 所接收（图 8.14），脉冲波旅行时间

$$t = \frac{\sqrt{4h^2 + x^2}}{v} \tag{8.26}$$

其中，x：发射点至接收点间距；v：电磁波在介质中的传播速度；h：目标体的距离。

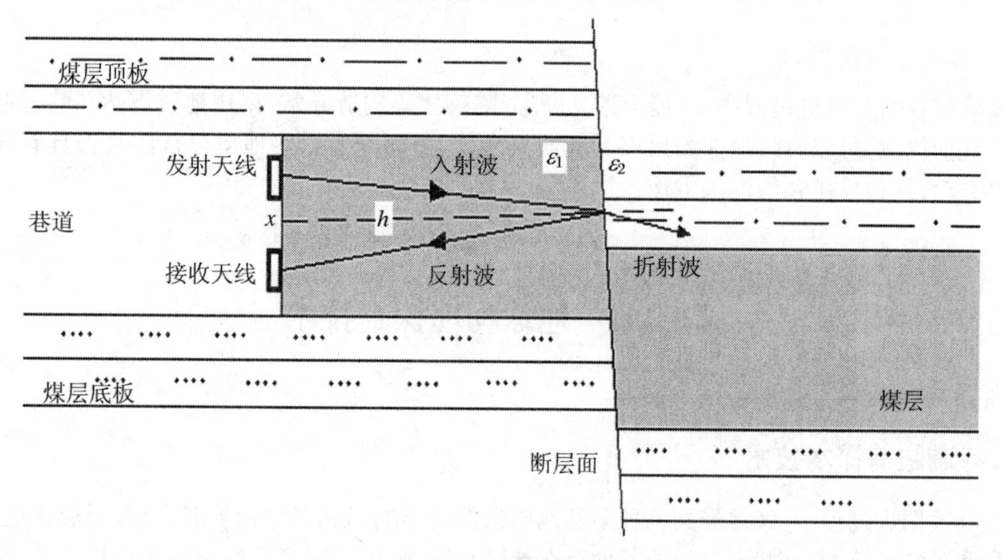

图 8.14　地质雷达探测原理

当介质中的波速 v 已知时，可以根据测到的精确时间 t 值，由式(8.26)求出反射体的距离 h。电磁波在煤系介质中传播时，其路径、电磁场强度与波形将随所通过的介质的电性性质及几何形态变化而变化。因此，根据接收到波的双程旅行时间、幅度与波形特征，可推断介质内部结构和形态变化。

在煤层构造探测中，雷达波主频率和介质的电导率决定了探地雷达的分辨率和探测深度，而介质的相对介电常数则决定了电磁波在介质中的传播速度。通常，雷达波在煤层中的速度 v，可以根据 $v=c/\sqrt{\varepsilon'}$ 计算。式中，v 为雷达波在煤层中传播的速度，c 为光在真空中的传播速度，ε' 为雷达波在煤层中传播的相对介电常数。根据煤的相对介电常数大小，知电磁波在煤层中传播速度 $v=0.15\sim0.19$ m/ns。通常可取 $v=0.18$ m/ns，也可通过原位测试方法进行测定。

根据电磁波反射信号的双程时间 t 以及电磁波在介质中的传播速度 v，可以算出反射所处的深度 z 为

$$z=\frac{vt}{2} \tag{8.27}$$

通过对接收到的地质雷达剖面(图 8.15)进行适当的处理与解释，便可获得剖面下方的有关地质信息(或目标体的内部结构特征信息)。

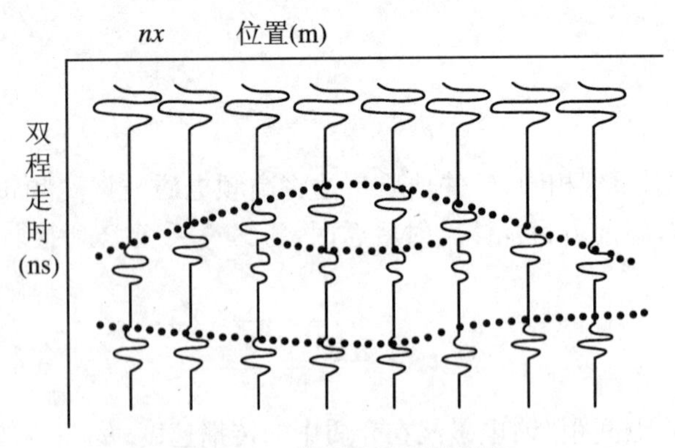

图 8.15 地质雷达反射剖面

(二) 应用范围

煤矿在巷道掘进过程中，可能会遇到断层、陷落柱等构造异常，采用地质雷达在巷道迎头进行超前探测，可以有效地探测出该类地质异常体，进而判定这些地质异常体是否具有导赋水性，有力地指导矿井防治水工作。

第二节 地球物理探查技术

一、巷道超前探水技术

巷道掘进过程中，经常受到各种不良地质条件的影响，如破碎带、软弱夹层、断层构造、陷落柱和采空区等，若这些不良地质条件存在导赋水性，则将给生产和安全带来严重影响，因此必须对其进行超前预测与预报。

近几年来,研究人员逐步认识了掘进巷道前方不良地质体与围岩介质的物理性质差异,将地面使用多种物探方法引为巷道超前预测预报的一种技术手段。由于物探方法效率高、周期短、成本低、分辨率及准确率高,而传统的地质分析法在已知地质资料不详细的情况下,对于解决巷道前方不良地质问题无能为力;超前水平钻探法存在成本高、效率低且其接触式方法在钻进过程中有可能带来其他危害的缺点,如直接产生巷道水害和瓦斯爆炸等,因此选择发展物探类超前预测方法势在必行。

实践证明,物探类测试方法在巷道掘进超前预测预报中发挥了重大作用。目前,在隧道及矿山井巷中广泛运用的超前探水方法主要有直流电阻率法、瞬变电磁法、红外测温以及新兴的聚焦电流法等技术。

(一) 直流电阻率法

直流电阻率法是目前解决坑道地质问题的主要手段之一。该方法是利用岩石导电性差异,通过发射人工电流场,同时测量供电电极附近区域按照一定观测系统布置的电位响应值,然后经数据处理获得视电阻率曲线图或视电阻率拟断面图,从而判断异常体的存在。坑道掘进过程中,当掌子面前方存在含水构造、含水采空区等有明显导电性差异的,采用该方法进行超前预测预报通常效果较好(图 8.16);另外,该方法对于瓦斯富集的空腔或裂隙(如岩溶空腔、断层裂隙带)亦有较为明显的反应,可为解决瓦斯问题提供较大的帮助。

该探测技术在坑道掘进超前探测过程中,主要是依据单极—偶极电阻率法测量原理,在均匀介质中,利用单点电源 A 供电,另一供电电极 B 置于"无穷远"(使 B 点电源场在探测区域内可以忽略),点电源 A 形成的等位面为球面,通过观测测量电极 M,N 之间的电位差,该电位差为 MN 所夹球壳内岩体的综合电性响应,如图 8.17 所示。现场施工时,在巷道迎头后方布设观测系统,如图 8.18 所示。

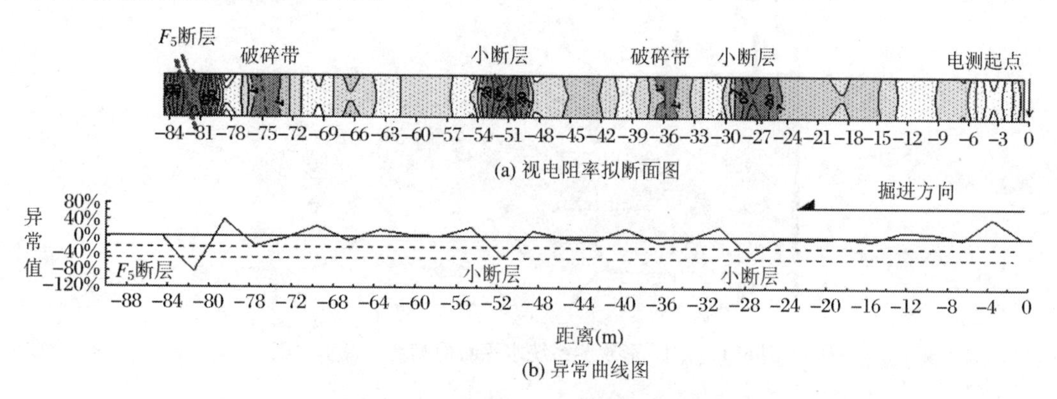

图 8.16　直流电阻率法超前探测结果图

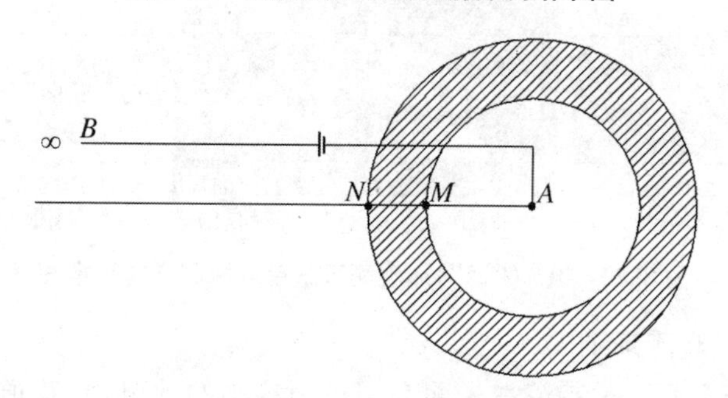

图 8.17　单极—偶极法测量原理剖面示意图

由于该方法具有施工便捷，探测距离远，探测分辨率高，准确度高，探测时不易受交变电磁场的干扰，且受坑道内人工施工或金属干扰少，数据处理简便等优点，从而广泛应用于巷道超前预测预报。

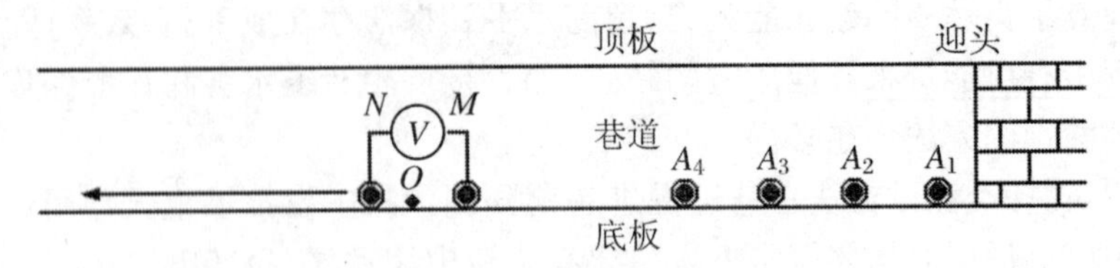

图 8.18 直流电阻率法超前探测布置示意图

（二）瞬变电磁法

瞬变电磁法是利用不接地回线或接地线源向地下发射一次脉冲电磁场，在一次脉冲电磁场间歇期间，利用线圈或接地电极观测二次涡流场，测量由地下导电介质产生的二次感应电磁场随时间变化的衰减特征，从测量得到的异常分析出地下不均匀体的导电性能和位置，进而达到解决地质问题的目的。

采用瞬变电磁法进行巷道超前探水时，超前预测预报观测系统受巷道掌子面空间的限制，其布置方式主要有如下两种方案。

1. "U"形观测系统

"U"形观测系统适应于掌子面相对较大，瞬变电磁发射接收线框可在掌子面自由（无障碍）摆动，可形成多发射点多发射方向的施工条件。

"U"形观测系统的测点主要布置在掌子面正前方，巷道左右帮可少量布置几个测点，辅助探测迎头附近的岩层的电性分布情况，具体布置见图 8.19、图 8.20、图 8.21。

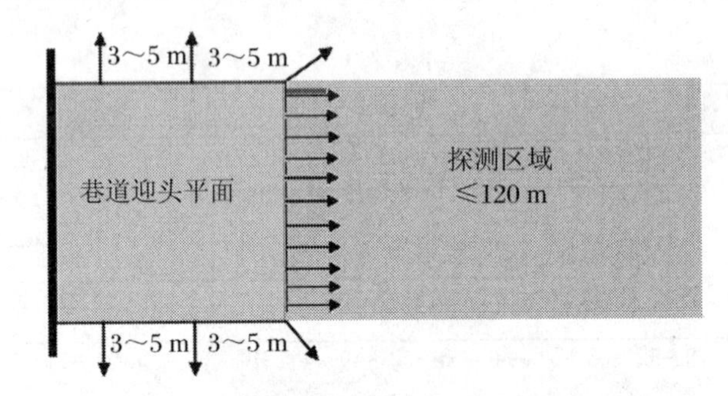

图 8.19 "U"形观测系统水平断面测点布置示意图

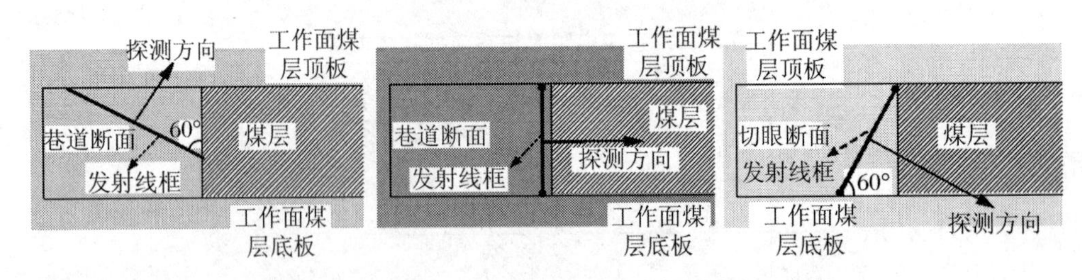

图 8.20 "U"（"▽"）形观测系统单点探测方向示意图

2. "▽"（扇梯形）观测系统

扇梯形观测系统主要针对巷道掌子面空间极为狭小的情况，受巷道空间限制，瞬变电磁发射接收线框无法自由摆动，或沿掌子面无法测试多个横向测点时，为适应瞬变电磁探测的需要，设计在掌子面后方 1/2 线框（通常线框边长为 2 m，半边长为 1 m）处为线框中轴线，沿巷道左帮、掌子面和右帮，布置多个法向方位角度，同时针对每个方位，布置≥3 个倾角测点，具体见图 8.22。

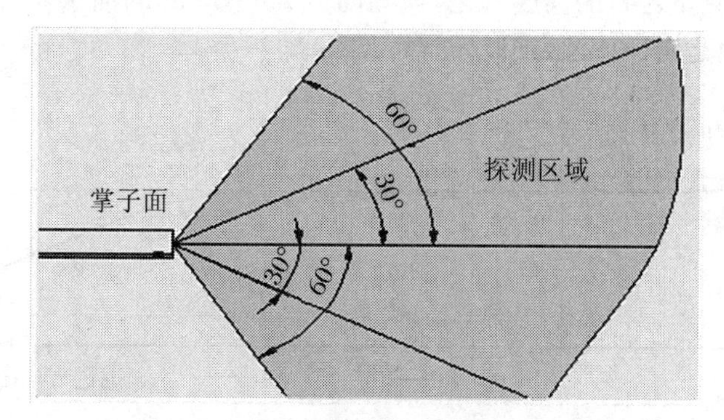

图 8.21　“▽”形观测系统竖直断面测点布置

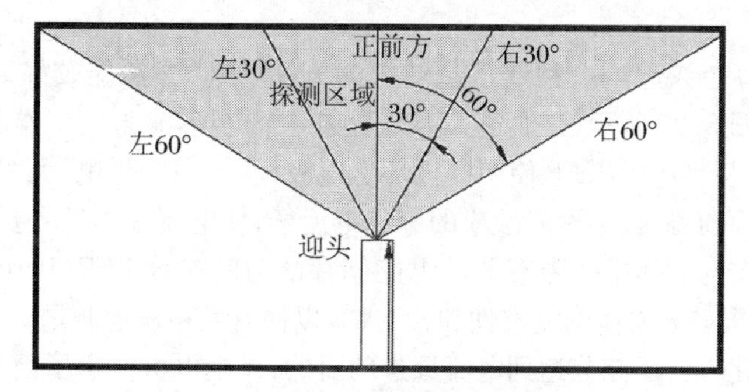

图 8.22　扇梯形水平测点布置示意图

（三）红外测温技术

红外测温技术实际应用时主要以岩石的热传导、热辐射性质为基础，通过测试含水体与围岩的温度差异引起的温度异常场的分布规律，来预测含水体的存在位置及范围。

坑道掘进前方若存在溶洞、断层破碎带、岩溶裂隙发育带等含水体时，采用该方法进行超前预测预报通常探测准确度较高（图 8.23），但该方法探测距离较小，一般小于 30 m，而且只能定性解释，不能做到定量。

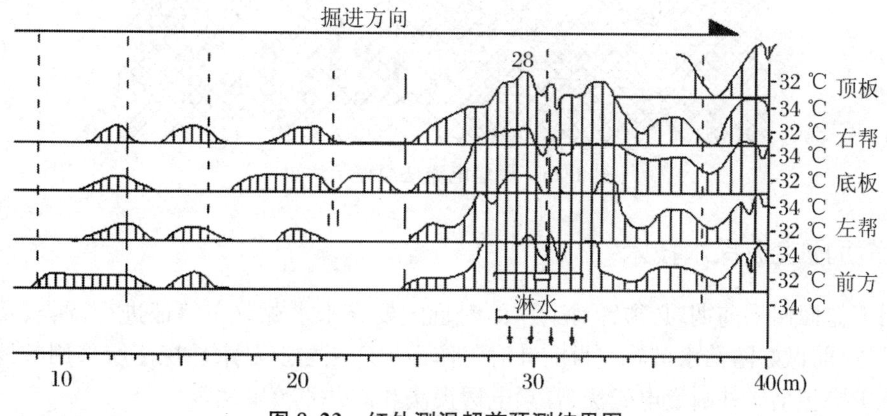

图 8.23　红外测温超前预测结果图

（四）直接测量地温法

直接测量地温法，顾名思义，与红外测温一样，都是以研究岩石的温度差异为基础的，该方法应用于隧道施工掌子面前方涌水位置较多的情况。通常在坑道侧帮布置5～12 m的岩石孔，然后通过直接测量岩石的温度变化，预测前方20～30 m的涌水位置（图8.24），此类测量地温方法目前均只是定性方法，难以做到定量。

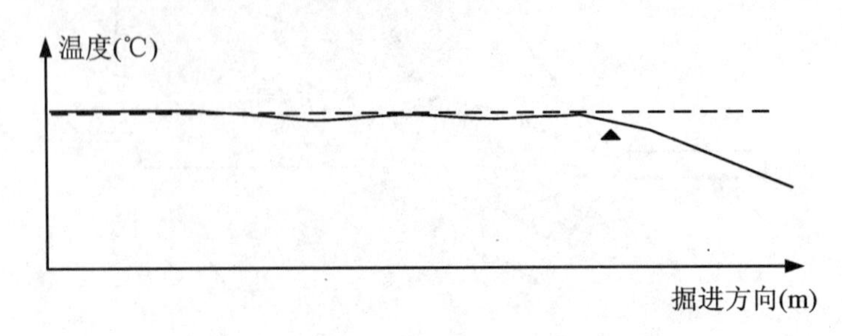

图8.24 直接测量地温法超前预测结果

（五）聚焦电流法

聚焦电流法是新近兴起的一种巷道超前探测方法，该类方法能较好地控制电场的方向性。其工作原理如图8.25所示，是通过人为地附加一个电场，来迫使工作电场具有一定的方向性，利用同性电极相排斥的原理，使用同极环型电极（A_0～A_n）供电，无穷远作负极（B极），从而形成流向掌子面前方、类似聚光效应的聚焦电流场，使电流聚焦进入要探测的岩体中，通过计算电阻率和一个与岩体中孔隙有关的电能储存能力的参数PFE（Percentage Frequency Effect）的变化来预报前方岩体的完整性和含水性，以便有效精确地测量掌子面前方一定范围内的岩石的电性变化。为了充分达到电流聚焦的目的，供电电极在掌子面上的布设可以是环型、多边形，还可以是任意形状。

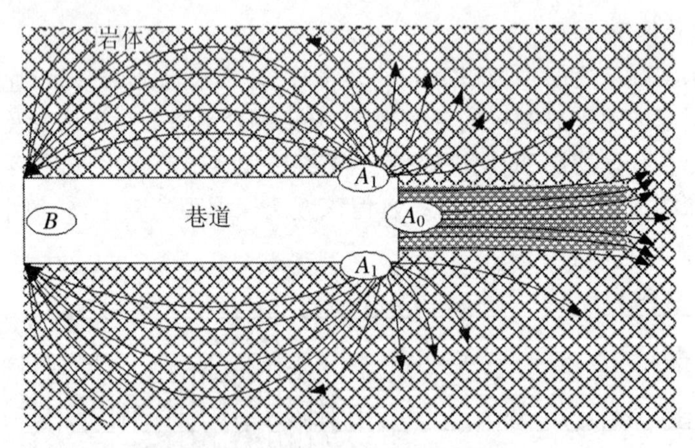

图8.25 聚焦电流法原理示意图

二、工作面顶底板探水技术

煤层工作面回采前期，必须针对工作面附近主要充水水源分布特征进行调查，及时采取有效手段，提前做好防治水措施。目前针对工作面顶底板岩层赋水性探测所采用的地球物理方法技术主要包括矿井瞬变电磁法、音频电透视法和矿井直流电法等。

（一）瞬变电磁法

此类探测与超前预测预报不同，其在探测空间上相对超前预报得到了提升，可沿工作面上下顺槽或切眼布置走向或倾向观测系统，在一定程度上对富水异常区实现了多方位探测，提高了探测效果。

工作面探测布置，主要针对具体的探测对象，其布置方式有一定的差异，但总体而言，工作面瞬变电磁测试也是利用有限的巷道空间达到探测目的的。而在工作面上下顺槽巷道里面，测试系统一般布置在顶板、面内和底板，其主要差异为布置倾角，为统一工作面观测系统，示意如图 8.26 所示。

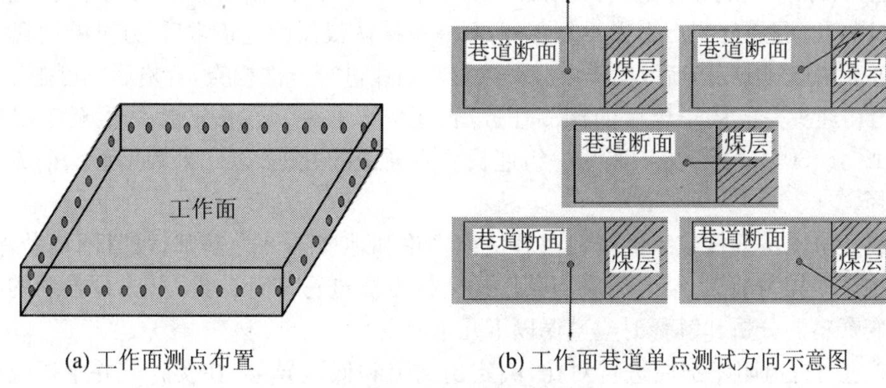

(a) 工作面测点布置　　(b) 工作面巷道单点测试方向示意图

图 8.26　瞬变电器法示意图

采用瞬变电磁法对工作面进行探测的主要对象包括：

（1）工作面顶、底板岩层富水区。

（2）工作面外边界以及老空区富水特征调查。

（3）工作面附近废弃不良钻孔导水性探测。

（4）工作面富水构造注浆效果评价。

矿井瞬变电磁法测量环境位于井下巷道内，离地面深度一般大于 500 m，因此地面瞬变电磁法测量中的各种干扰对井下瞬变电磁法测量影响很小，可不予考虑，但受井下人为设施影响较大。

由电磁法探测特点可知，电磁场在导电性强的介质中产生的涡流较强；相反，则产生微弱的电磁二次场信号。正是利用瞬变电磁场的这一特点，才使得矿井瞬变电磁法在目前井下探测中能够取得较好的探测效果。但该特点既是优点，又是一个缺点，因井下实际巷道内因各种施工需要，布满各种金属器件，即便是相对较为理想的巷道，也存在一定程度的电磁场干扰，如顶板支护的锚网、底板铺设铁轨以及侧帮施工的锚杆等，这些金属物体均在瞬变电磁数据采集过程中造成一定的干扰影响。

探测现场需移除金属物件，迎头尽量少布置锚杆。迎头位置要将浮渣等清除干净，保证迎头断面的尺寸，使得瞬变电磁线框可以施展开，尽量保证线框为正方形或矩形。一切用电设备需断电，将现场的电磁干扰降至最低。

受井下条件限制，瞬变电磁线圈或多或少与巷道内金属体接触，根据现有理论分析，瞬变电磁探测线圈法线方向为发射电磁场信号最强区域，因此，随着测试线圈面积与金属物体重复面积的大小不同，其影响程度也有较大不同，会在二次电磁场信号响应等级上表现出差异。现场必须根据井下实际探测施工过程，全程记录瞬变电磁数据采集干扰情况。

由于井下测量环境与地表不同，无法采用地表测量时的大线圈（边长大于 50 m）装置，只能采用边长小于 3 m 的多匝小线框，因此与地面瞬变电磁法相比具有数据采集工作量小、测量设备轻便、工作效率高、成本低等优点；对于其他矿井物探方法无法施工的巷道（巷道长度有限或巷道掘进迎头超前探测等），可采用测量装置小而轻便的矿井瞬变电磁法探测。

现场进行探测时，需注意以下事项：

(1) 接收线框的布置应避免靠近强干扰源以及金属干扰物的地方，必要时可选择弃点。

(2) 曲线出现畸变时，应在查明原因后，重复观测；必要时可移动点位避开干扰物源重测，并做详细记录。

(3) 遇异常点、突变点时，应重复观测，必要时应加密测点。仪器出现故障时，应及时查明原因，并回到已测过的测点上做重复观测，只有在确认仪器性能正常后，方可继续观测。

(4) 每个测点观测完毕后，操作员应对数据和曲线进行全面检查，合格后方可搬站。

(5) 当在迎头完成从左至后的探测任务后，还应该在迎头最中心按从顶至底（45°，30°，15°，0°，－15°，－30°，－45°）方向采集一组迎头竖直断面的数据，以此来辅助迎头前方的数据处理及解释。

矿井瞬变电磁法勘探成果的资料解释应以理论和地质条件为基础，紧紧围绕勘探要求，以测区的物性差异为前提，结合地质与其他物化探方法进行综合分析，形成最合理的勘探成果。对瞬变资料的分析和解释时应遵循以下几个原则：

(1) 通过对视电阻率剖面进行对比，圈定出高阻和低阻异常，在实际矿井水探查时以识别低阻异常为主。

(2) 对于异常体的定性，要充分认识到异常区与相应地质体间并不存在一一对应的关系，摒弃那些如“低阻区一定有水”的思维定势，要具体情况具体分析。对存在异常的区域要从地质条件分析是否满足条件。

(3) 在异常体空间位置判断上，同样要结合实际进行验证，以验证标定深度后进行统一推断。

(4) 当多剖面资料解释时要注意成果是否来自同一类型设备、同一种装置、同种视电阻率算法、同一种深度标定方法，只有满足“四同”，剖面间的联合解释才有对比意义。

（二）音频电透视法

音频电透视井下施工采用单极（供电）—偶极（接收）装置工作，即一个供电极（A 极）位于工作面一侧巷道内某处，另一个供电极（B 极）为无穷远，测量电极对（M，N 极）位于工作面另一巷道内，在与供电极（A 极）正对位置的两侧一定范围内（该范围的大小与工作面宽度有关）多点接收，M，N 极一般布于巷道两侧的煤壁，为保证测量的可靠性，M，N 极必须与煤壁接触良好（图 8.27）。

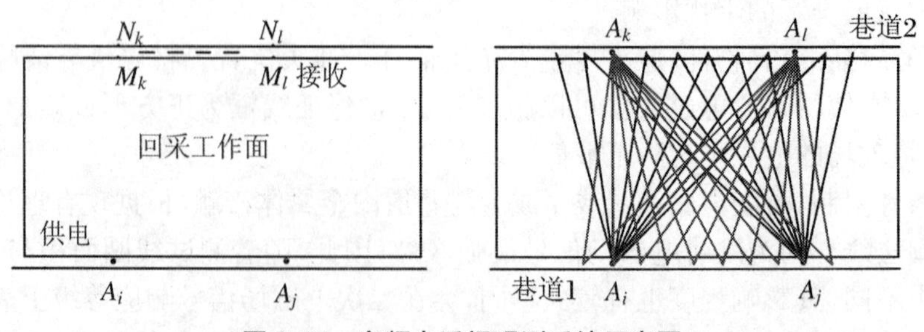

图 8.27 音频电透视观测系统示意图

供电电极一次可以布设多个(供电极系),其间距可依探测目标的规模和探测精度要求而定。在同一点接收时,相邻多个供电极依次供电,既能保证一定的观测覆盖率也可提高工作效率。

现场进行探测时,利用工作面的上下顺槽布置观测系统。根据工作面的具体大小设置供电电极的极距,一般情况下供电电极极距为 50 m,接收电极的电极距为 10 m。每个供电电极一般对应 10～20 个接收点。对于复杂的重点探测区域,可以加密进行观测,采集尽量多的数据。

井下物探施工时,机巷、风巷均有排水管、供电电缆,但因音频电透视法使用低频工作,这些因素对探测信号影响较小。

井下巷道内个的低洼地段的底板积水,由于积水作为良导电体,容易造成发射信号非点电源、接收信号短路。因此探测时,供电点位置应尽量避开水体,实在避不开时,应将供电电极往侧帮上方移动;接收电极 *MN* 分别布置在上下两帮上,其连线应垂直顺槽走向。施工巷道侧帮若有金属锚网,探测中应特别注意保证电极不与金属网接触。探测中遇见侧帮煤壁松动圈时,特别注意保证电极(特别是 *MN* 电极)打在坚实层位上,并尽可能避开积水、淋水地段,避免极化不稳等现象发生。

常规的音频电透视资料解析主要是实测数据经计算处理后绘制的视电导率 CT 分析图,根据图中探测范围内视电导率的相对大小来确定异常区的位置及范围,然后结合已知的地质及水文地质资料来进行地质解析。其中,视电导率的大小用色度表示,深色表示低阻、高电导率,对应地区可能含水;浅色表示高阻、低电导率,此类地区一般含水性较差。

(三) 单巷直流电阻率法

针对工作面顶底板的赋水性探测,可以利用工作面上下顺槽中的某条单巷布置电法测线来进行探测。该类单巷直流电阻率法主要有单巷电测深法和单巷高密度电法两种。

1. 单巷电测深法

利用电测深法对工作面顶板岩层赋水性进行探测时,将电法测线布置在巷道的顶板;而对工作面底板岩层的赋水性进行探测时,则直接将电极布置在巷道底板上即可。一般根据工作面的大小,电极距可以控制在 5 m 左右。通常,数据采集采用的装置类型为对称四极法和三极法。

利用对称四极法进行数据采集时,可以获得尽量多的电场数据,但是受数据采集方式的限制,现场的施工效率相对较低,工期较长,一般情况下若现场允许的话可以采用该类方法进行电测深数据采集。

三极法是从对称四极法演化而来的,其是将对称四极中的一个供电电极 *B* 移至无穷远的位置。采用该类方法进行电测深数据采集时,将大大提高数据采集的速度,使得现场的施工效率得到较大提高。但是该种方法所采集的电场数据量相对来说较少,因此探测的精度受到一定的影响,对于复杂地质构造区,该类方法可能存在一定的局限性。

2. 单巷高密度电法

单巷高密度电阻率法是集单巷电测深法和单巷剖面法于一体的一种多装置、多极距的组合方法,它具有一次布极即可进行多装置的数据采集的优点。其通过求取比值参数能突出异常信息,并且具有信息多、观察精度高、速度快、探测深度灵活等优点。同常规电阻率剖面法、测深法相比,单巷高密度电法既能提供探测地质体在某一深度沿水平方向的电性的变化趋势,也能反映地质体在沿垂直方向不同深度的电性的变化情况。

利用高密度电法对工作面顶底板岩层赋水性进行探测的布极方式与单巷电测深法布极方式基本一致，均依托拟测工作面某条巷道布置电极。数据采集方式常采用温纳对称四极法或温纳三极法进行电场数据的采集。

（四）双巷电穿透法

目前，用于采煤工作面顶、底板内部构造及其异常探测约共有6种典型的电法穿透装置（图8.28），包括2种单极—偶极电穿透法装置和4种偶极—偶极电穿透法（亦称电法透视法）装置。这些方法不受电缆线等人工导体的影响，适宜低阻异常体的探测，能为研究和探测大水矿井工作面附近的低阻含水、导水构造及潜在突水点等提供科学依据。

1. 单极—偶极法（单点发射—偶极接收）

平行单极—偶极法：该方法的电极排列是将供电电极 A 置于巷道底板，另一供电电极 B 置于无穷远处，接收极 M, N 置于另一巷道底板，且其连线垂直于巷道走向，见图8.28(a)。

垂直单极—偶极法：该电极排列是将供电极 A 置于巷道底板，另一供电电极 B 置于无穷远处，接收极 M, N 置于另一巷道且其连线平行于巷道走向，排列见图8.28(b)。

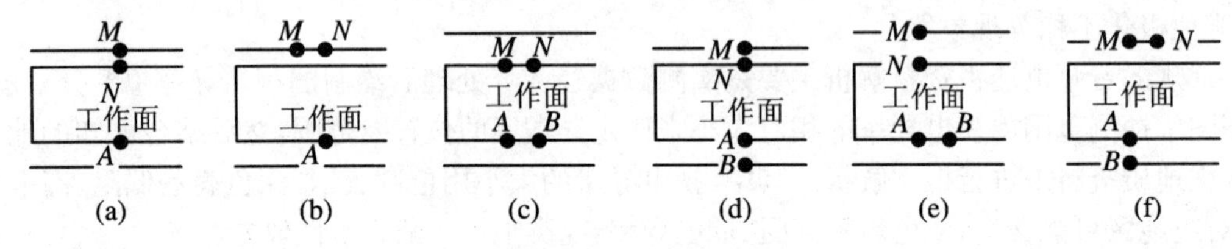

图8.28　电穿透装置示意图

2. 偶极—偶极法（偶极发射—偶极接收）

平行偶极—偶极法(1)：该法的电极排列是将供电偶极 A, B 置于一个巷道中，形成一个电偶极子，接收偶极 M, N 置于另一巷道中，AB, MN 的排列均平行于巷道走向，其排列见图8.28(c)。

平行偶极—偶极法(2)：该法的电极排列是将供电偶极 A, B 和接收偶极 M, N 分别置于工作面两侧的巷道中（与前者相同），只是 AB, MN 的排列均垂直于巷道走向，其排列见图8.28(d)。

垂直偶极—偶极法(1)：该法电极排列是将供电电极 A, B 置于一巷道中，且 AB 的连线与巷道走向平行，测量偶极 M, N 置于另一巷道中，且 MN 的连线与巷道走向垂直，其排列见图8.28(e)。

垂直偶极—偶极法(2)：该法电极排列是将供电电极 AB 置于一巷道中，且 A, B 的连线与巷道走向垂直，测量偶极 M, N 置于另一巷道中，且 MN 连线与巷道走向平行，其排列见图8.28(f)。

两种单极—偶极法对顶、底板电性异常反应敏感，信号强，能保证较高的信噪比，井下施工较为方便，可用于探测顶、底板。4种偶极—偶极法信号太小，信噪比较低，如果能保证供电电流很大，也可以用于探测顶、底板。

（五）双巷并行电法

1. 三维并行电法

并行电法为直流电阻率法的一种，是在高密度电法勘探基础之上发展起来的一种新技术。它既具有集电测深和电剖面法于一体的多装置、多极距的高密度组合功能；同时，还具有多次覆盖叠加的优势，能够探测钻孔外围一定范围，最大侧向探测距离为电极控制段的长度。由于采用并行技术，在数据采集时具有同时性和瞬时性，可得到供电时的测线上的全部电位曲线，使得电法图像更加真实合理，大大提高了视电阻率的时间分辨率。

并行电法仪的技术起点是高密度电法勘探。高密度电法仪是在传统电法仪的基础上增加了单片机电极转换控制系统，通过多芯电缆与电极的连接来构成系统。整套系统只有一个A/D转换器，导致其只能串行采样，要实行并行采样就必须使每一电极都配备A/D转换器。能自动采样的电极相当于智能电极，智能电极通过网络协议与主机保持实时联系，在接受供电状态命令时电极采样部分断开，让电极处于AB供电状态，否则一直工作在电压采样状态，并通过通讯线实时地将测量数据送回主机。通过供电与测量的时序关系对自然场、一次场、二次场电压数据及电流数据自动采样(图8.29)，采样过程没有空闲电极出现。智能电极与网络系统结合，实现了并行电法勘探，完全类似于地震勘探的数据采集功能，从而大大降低了电法数据的采集成本。根据电极观测装置的不同，并行电法数据采集方式分为两种：AM法和ABM法。

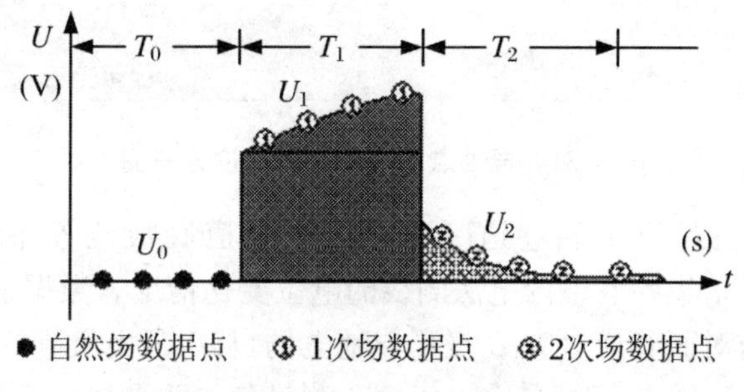

图8.29　单个电极采集的电位时间序列

(1) 单点电源场(AM法)工作方式

在勘探区将电极布置在测线上，供电电极A位于测线上，供电电极B置于无穷远。AM法观测系统所测量的电位场为点电源场(图8.30所示为单点电源场中电位分布图)。

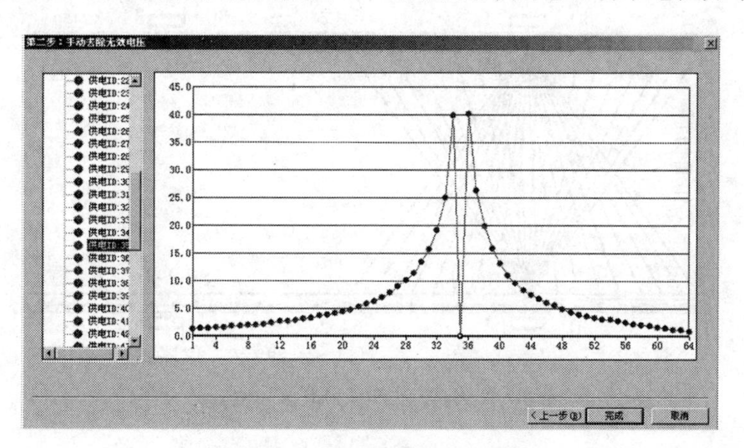

图8.30　AM法电压观测分布图

通过并行电法采集系统，一次测量可实现高密度电法勘探中的温纳二极法、温纳三极A、温纳三极B；可实现电阻率剖面法中的二极装置、三极装置、联合剖面装置；可实现电阻率测深法的三极电测深。

(2) 异性电源场(ABM 法)工作方式

在勘探区将电极布置在测线上,供电电极 A 和 B 位于测线上。ABM 法采集数据所反映的是双异性点电源电场情况(图 8.31 所示为异性电源场中电位分布图)。通过并行电法采集系统,一次测量可实现高密度电法勘探中的各类四极装置勘探,大大提高了采集效率,减小了采集系统误差。

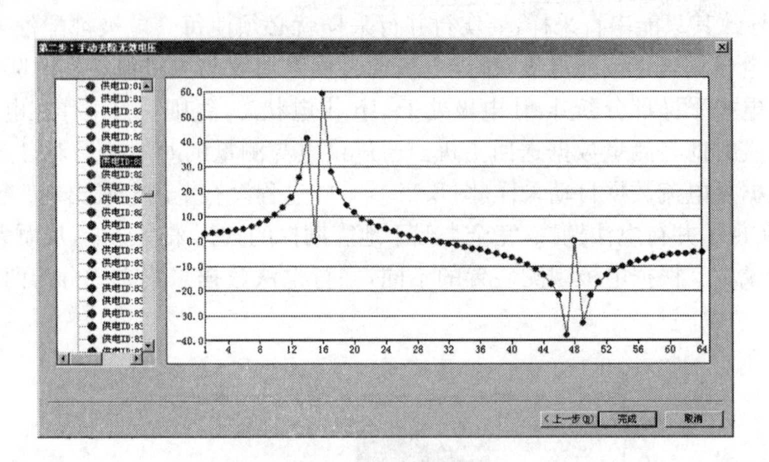

图 8.31　异性点电源场观测电位分布图

通常现场探测时,在巷道 1 和巷道 2 中分别沿巷道底板位置布置电法测线系统(图 8.32),利用并行电法仪采集各巷道内电法测线的电位变化情况。数据采集用 AM 法,每站数据测线上各供电电极与对面巷道对应 B 极形成地电场,从 1 号电极到 64 号电极,逐点供电扫描一遍,形成扇形射线区(图 8.32),其余电极同步测量各点的自然电场、一次场和二次场的电位变化情况,获取大量的地电参数,达到对探测区域的多次覆盖,大大提高了电法探测效率及精度。

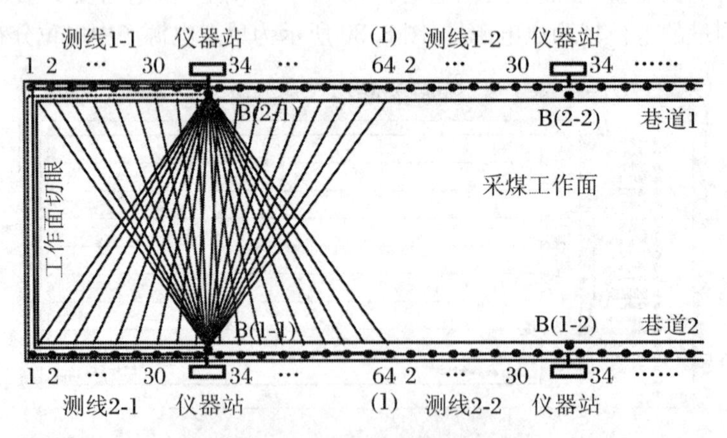

图 8.32　双巷并行电法现场观测系统

利用并行电法仪采集的数据可以进行高密度电阻率法和高分辨地电阻率法解释,也可以进行二维和三维电阻率成像解释。

电阻率三维反问题的一般形式可表示为

$$\Delta d = \boldsymbol{G}\Delta m \tag{8.28}$$

式中,$\boldsymbol{G}$:Jacobi 矩阵;

Δd：观测数据 d 和正演理论值 d_0 的残差向量；

Δm：初始模型 m 的修改向量。

对于三维问题，可将模型剖分成三维网格，反演要求参数就是各网格单元内的电导率值，三维反演的观测数据则是测量的单极—单极电位值或单极—偶极电位差值。由于它们变化范围大，一般用对数来标定反演数据及模型参数，有利于改善反演的稳定性。由于反演参数太多，传统的阻尼最小二乘反演往往导致过于复杂的模型，即产生所谓多余构造，它是数据本身所不要求的或是不可分辨的构造信息，会给解释带来困难。Sasaki 在最小二乘准则中加入光滑约束，反演求得光滑模型，提高了解的稳定性。其求解模型修改量 Δm 的算法为

$$(\boldsymbol{G}^{\mathrm{T}}\boldsymbol{G}+\lambda \boldsymbol{C}^{\mathrm{T}}\boldsymbol{C})\Delta m=\boldsymbol{G}^{\mathrm{T}}\Delta d \tag{8.29}$$

其中，$\boldsymbol{C}$ 是模型光滑矩阵。通过求解 Jacobi 矩阵 $\boldsymbol{G}$ 及大型矩阵逆的计算，来求取各三维网格电性数据。

并行电法仪采集的数据为全电场空间电位值，保持电位测量的同步性，避免了不同时间测量数据的干扰问题。该数据体特别适合于采用全空间三维电阻率反演技术。通过在工作面风巷和机巷中布置电法测线，由于具有较大的平面展布范围，特别适合双巷间电阻率成像以得到工作面间的电性分布情况。采用并行电法仪观测不同位置不同标高的电位变化情况，通过三维电法反演，可得出工作面内及其底板不同深度的电阻率分布情况，从而给出客观的地质解释。

2. 双巷供电接收分离电法

双巷供电接收分离电法与井下电磁波坑道间透视法（坑透法）类似，它是把供电电极和测量电极分别布置在采煤工作面的两相邻巷道中。采用直流供电，研究两巷道间工作面内的电场变化规律，探测工作面内部及其顶、底内的含水、导水构造是否异常。常用的双巷供电接收分离电法装置形式如图 8.33 所示，其中 A，B 为供电电极，M，N 为测量电极。

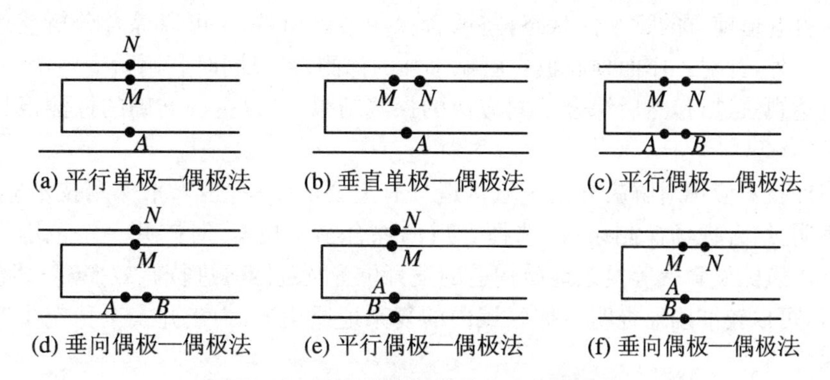

图 8.33　双巷供电接收分离法布极方式

曲线对比法是双巷供电接收分离法资料解释中最常用的基本方法。首先，利用电测资料确定煤层及围岩电性参数（电阻率）；其次，正演模拟计算理论地质模型的理论电透视曲线（电位曲线或视电阻率曲线），也可利用同一巷道不同测点的实测电透视曲线，通过相关分析法来确定地电模型的理论电透视曲线；最后，将实测曲线和理论曲线进行对比，根据二者的吻合程度及实测曲线上的异常畸变点，可定性圈定煤层及其顶、底板内是否存在断层、含水、导水构造等。依据畸变点的性质和位置，结合已知地质资料，可进行综合分析，判断出顶、底板断层或岩溶裂隙发育带的含水性及其位置。

地电成像法可比较直观地将异常体的位置、性质、影响范围表现在工作面平面图上。地

电成像法与地震射线层析成像在原理上有很大的差别;该方法不像地震射线层析成像法那样有走时和速度沿射线路径积分的简单关系。在稳定电流场中,电位满足泊松方程,电流线总是趋向于通过电阻率低的地方,电流强度沿电流线的积分(电位)与路径无关。因此,电阻率成像要通过数学物理方程反演来达到地电成像的目的。一般借助于电位的测量来确定电阻率的变化,而电阻率的变化取决于地层的非均匀性。为了描述这种非均匀性,引入局部电阻率 $\rho_s(x,y,z)$,即将所测范围划分成若干个地电单元体,设偏差 $e(x,y,z)$定义为

$$e(x,y,z)=\frac{\rho_s-\rho_s^0}{\rho_s^0} \tag{8.30}$$

式中,ρ_s^0 为理论地电模型正演计算的视电阻率值。利用视电阻率在不同单元体的偏差 $e(x,y,z)$,将此非均匀性按一定规则用平面图表现出来,就是地电成像结果。依据异常带的性质,可确定断层或裂隙发育带的含水性及其位置。

三、综合物探方法

在矿井建设和生产过程中,存在着诸多影响安全生产的地质因素,如煤岩体中的断层构造、陷落柱、采空区、含水体等。这些因素严重制约着矿井安全生产进度甚至有时造成重大的安全生产事故。那么受物探方法多解性影响,单一方法探测判断的分辨能力低,可能对一些构造异常的判定不够准确。因此通过多种物探技术的综合运用,在复杂构造区域进行测线布置,可综合对比分析各种探测方法的结果,有效地查明目的区域内的复杂地质构造,为煤矿的安全高效生产提供有效的技术保障。

通常,综合物探方法主要是指综合利用不同的物探技术,利用不同方法技术对异常体的探测结果不同,综合分析探测区域的异常分布情况。比如震电结合超前探测技术,采用地震法和电法超前探测技术,一方面可以利用地震方法探测巷道前方的构造异常,另一方面采用电法技术探测巷道前方的赋水性状态,将两者探测结果相结合,可以综合分析巷道前方的赋水性状态。另外,针对工作面顶底板岩层赋水性的探测,可以同时利用瞬变电磁法、直流电法以及音频电透视法进行,然后综合不同方法的探测结果,可以更加准确的探测区目标区域的赋水性异常。

综合物探技术应用对解决复杂区域构造具有重要的作用,是未来探测技术应用的方向。通过应用表明,结合现场探测条件,选择合适的综合物探技术,对矿井一定范围内的隐伏断层、构造、导水裂隙发育带等复杂地质构造的发育位置及范围等进行有效探测,结合地质资料的对比分析,可以较准确地查明目标区域内的复杂地质构造,为矿井安全稳定生产提供了技术依据及保障。

第三节　探查典型案例分析

一、巷道超前探水实例

目前,在煤矿巷道掘进过程中,超前探水常用的主要是瞬变电磁超前探水以及直流电法超前探水技术。

（一）瞬变电磁超前探测

据已知地质资料分析，淮南新集某矿1工作面煤东翼截水巷在掘进施工时，局部煤（岩）层裂隙较发育，压性滑面丰富，掘进时存在水害威胁，并且距底板灰岩较近，且灰岩含水层存在不确定性。为保障巷道安全掘进，需对灰岩含水层水文地质条件做进一步的探查。

现场采用矿井瞬变电磁的探查方法，按照"U"形观测系统布置，在运煤上山巷道迎头11个测点，以巷道迎头立面中心为原点，沿巷道左帮、迎头和右帮45°范围内实施TEM数据采集，每个数据点处观测3个方向，分别为45°顶板、顺层和45°底板。具体探测迎头观测系统布置见图8.34。

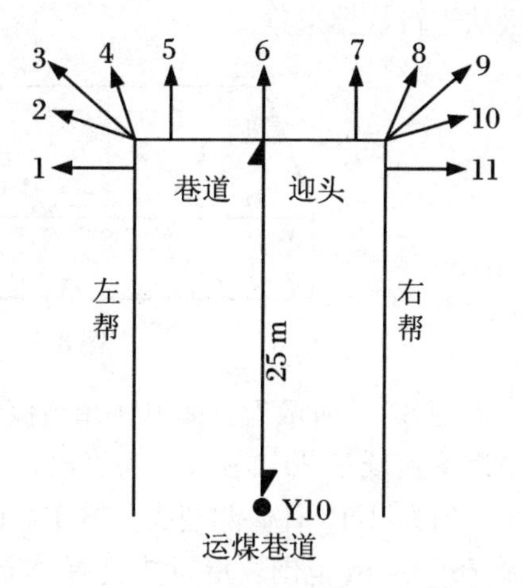

图8.34　瞬变电磁观测系统布置图

图8.35所示为瞬变电磁探测电阻率反演结果图。由图可见，本次探测巷道迎头前方顶板、顺层和底板3个方向60～75 m段视电阻率值表现相对较低，并结合该巷道前几次探测经验，解释探测当日巷道迎头前方60～75 m段岩层具有一定的赋水性或岩层性质发生变化。

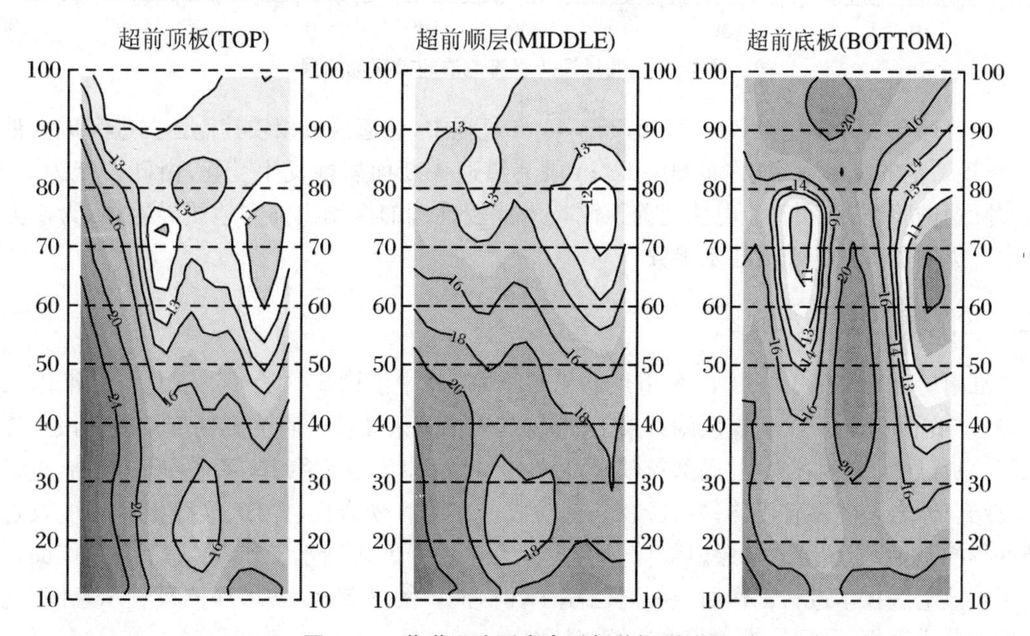

图8.35　巷道迎头瞬变电磁超前探测结果

后巷道在实际掘进65～75 m过程中，巷道顶板相较其他已掘进完成的部分段，出现一定的滴淋水现象。经实际掘进验证，表明瞬变电磁超前探测技术能较准确的探测出前方地质异常体，为矿方掘进生产提供了有效的地质技术参数。

（二）直流电法超前探测

某矿南翼大巷在掘进中需要对前方的地质构造异常进行超前探测，为此采用了直流电法超前探测技术进行了巷道掘进超前探测，电法现场布置图如图8.36所示。

由于现场条件所限，只在迎头布置三个电极及巷道底板布置其余61个电极，采用温纳三极法进行数据采集。

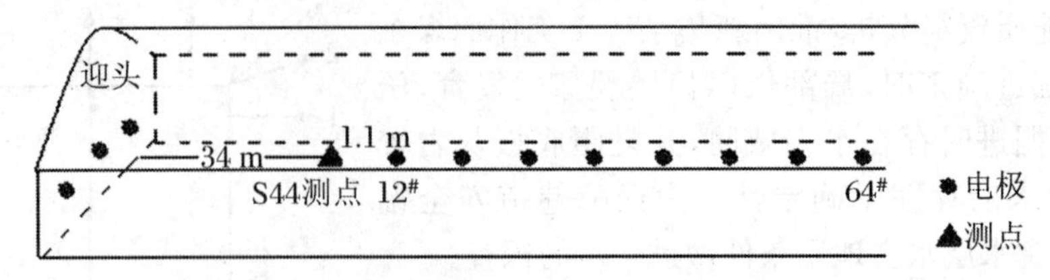

图 8.36 电法超前探测现场布置示意图

图 8.37 所示为直流电法超前探测结果。图中,冷色调表示低阻,暖色调表示高阻,且以电阻率值低于 20 Ω·m 作为岩层岩性发生变化或岩层富水的判断准则。通过图 8.37 可以看出:2013-11-13 日探测迎头前方 100 m 范围内中 0～10 m,18～25 m,35～42 m,62～68 m 以及 78～84 m 范围岩层可能具有一定的赋水性或者岩性发生一定的变化;其他范围岩层赋水性较差。

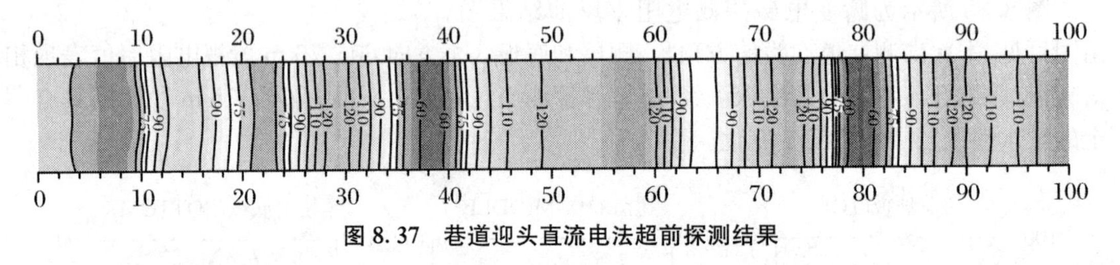

图 8.37 巷道迎头直流电法超前探测结果

后巷道在实际掘进至 20～25 m,35～44 m 过程中,巷道顶板相较其他已掘进完成的部分段,出现一定的滴淋水现象;而 60～68 m 段巷道迎头断面岩性发生变化,由砂岩变为泥岩。经实际掘进验证,表明直流电法超前探测技术能较准确的探测出前方地质异常体,为矿方掘进生产提供了有效的地质技术参数。

二、工作面顶板探水实例

淮南矿区 -1 000 m 以上 A 组煤层储量丰富,其中潘谢矿区为 16.76 亿吨。淮南某矿 11113 工作面为全区 A 组煤层的首采工作面,其安全开采条件一直受到高度重视。该工作面煤层顶板以中、细砂岩为主,局部粉砂岩,岩性变化大,厚度极不稳定,多泥、钙质胶结,少量硅质胶结。砂岩裂隙发育不均一,且被泥、钙质成分充填。受岩性、厚度、裂隙发育程度及边界条件等控制,砂岩裂隙含水层以静储量为主。为有效开展防治水工作,在 11113 工作面顶板采用直流电法技术进行工作面顶板岩层赋水性探测。图 8.38 为现场探测布置示意图,电极布置在巷道顶板,采用三维并行电法探测技术。

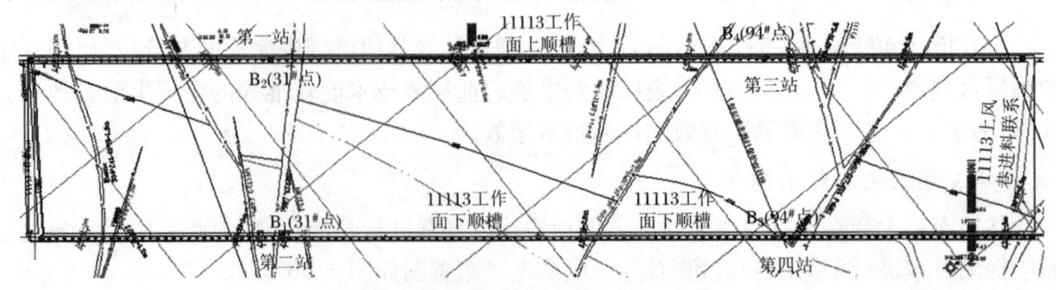

图 8.38 顶板探测现场布置示意图

图 8.39 为 11113 工作面顶板岩层富水性三维并行电法探测立体结果图，由图可见，顶板方向共存在 5 个相对低阻区，分析如下：

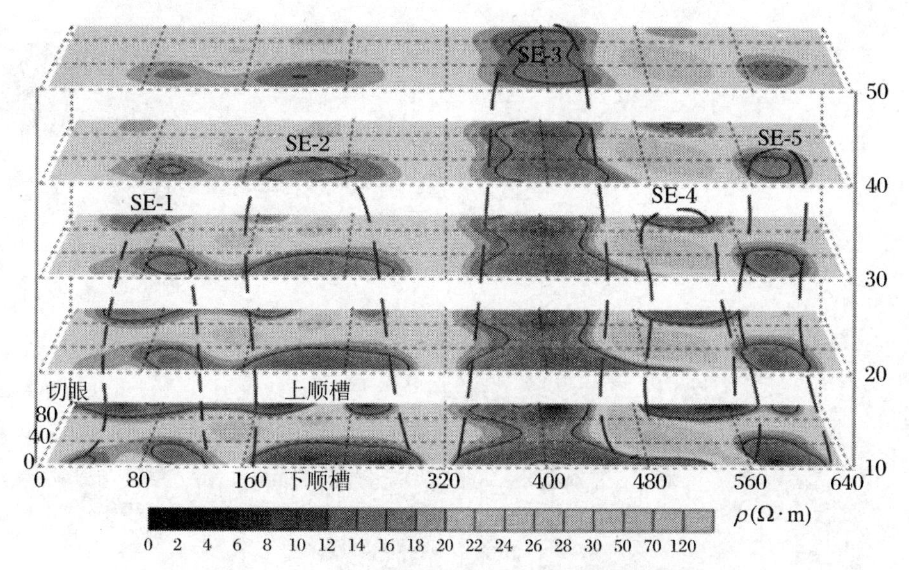

图 8.39　11113 工作面顶板富水性探测结果图

(1) SE-1 区，退尺 60～145 m 范围，沿倾向展布约 40 m，靠近下顺槽，低阻区影响高度相对较小，平面影响范围也较小，具有一定富水性。

(2) SE-2 区，退尺 170～290 m 范围，沿倾向展布约 40 m，靠近下顺槽，低阻区影响深度大，为重点防治水范围。

(3) SE-3 区，退尺 330～470 m 范围，贯穿工作面，低阻区影响高度大，平面展布较大，主要为断层影响带，为重点防治水范围。

(4) SE-4 区，退尺 480～570 m 范围，沿上顺槽展布，低阻区影响高度较小，平面影响区小，为断层影响带，具有一定富水性。

(5) SE-5 区，退尺 560～615 m 范围，偏向运输顺槽展布，低阻区影响高度大，平面展布也较大，为重点防治水范围。

三、工作面底板水害探查

安徽淮北矿业有限公司某矿Ⅲ631 面位于Ⅲ63 采区的右翼，底部到太原群灰岩含水组间距 55.0～62.0 m。该面走向长 1 100 m，倾斜宽 180 m，位于朱暗楼向斜的右翼，为一单斜构造，总体形态呈里高外低。由于该矿 6 煤层底板以下有灰岩含水层，在开采 6 煤的过程中，曾发生过几次底板灰岩出水，流量最高达 1 400 m^3/h。6 煤层的工作面水文地质条件被列为复杂类型。预计该面同样受底板灰岩水潜在威胁，所以回采前必须对底板灰岩进行水文地质条件探查。

根据上述地质条件分析，为准确判别Ⅲ631 工作面底板赋水情况，以指导钻孔探放水以及注浆加固，确保灰岩突水系数达到安全值以下以保证工作面安全回采，现场采用了双巷音频电透视以及双巷三维并行电法技术对该工作面内底板下岩层的赋水性进行探测。

图 8.40 为音频电透视探测成果图，其中图 8.40(a)为Ⅲ631 工作面底板下 0～40 m 层段岩层含水性音频电透视探测成果图；图 8.40(b)为Ⅲ631 工作面底板下 40～90 m 层段岩层含

水性音频电透视探测成果图。

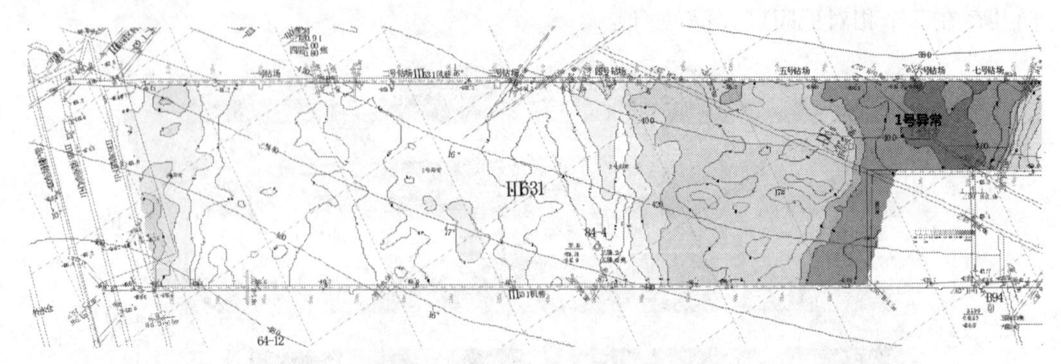

(a) Ⅲ631 工作面底板下 0～40 m 层段岩层含水性音频电透视探测成果图

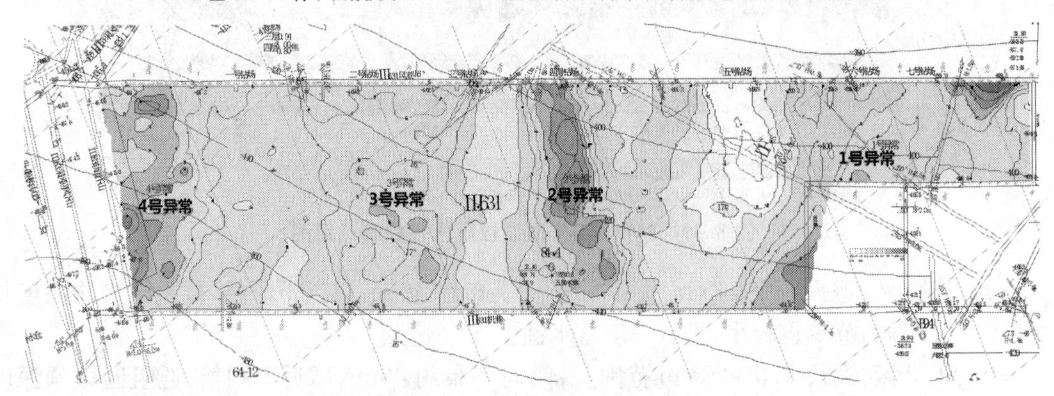

(b) Ⅲ631 工作面底板下 40～90m 层段岩层含水性音频电透视探测成果图

图 8.40　音频电透视探测成果图

图 8.40 反映了Ⅲ631 工作面底板下 0～40 m 层段、40～90 m 层段岩层视电导率值的变化规律。其中 0～40 m 层段成果图主要反映了 6 煤底板粉、细砂岩层位的电导率值横向分布特征;40～90 m 层段主要反映的地层太原组灰岩的导电特征。

探测结果表明:该面内底板下有 4 个异常条带(A_1～A_4)。其中:A_1 主要发育在工作面第 1 切眼西 30 m 至第 2 切眼西 80 m 区间;A_2、A_3 号异常主要发育在工作面中段、断裂构造发育相对集中地区域,但异常主要赋存在 40～90 m 层段的太原组灰岩内,0～40 m 的层段内异常反映不明显;A_4 处在设计停采线附近,也主要赋存在 40～90 m 层段的太原组灰岩内,上部的砂岩层段内反映不明显。

图 8.41 所示为双巷三维并行电法电阻率立体成像成果图。现场采集的电场数据后期反演采用层状模型,可以较好地反映了工作面内底板下岩层电性变化情况。由于不同岩性地层存在电阻率差异,因此在不同层位相对低阻区的阈值不同,只能根据同一层位中相对电阻率高低进行划分,则电阻率显著降低的区域通常为相对赋水区。探测的电阻率变化范围为 0～400 Ω·m,其中砂岩层位赋水区电阻率阀值为 40 Ω·m,40～80 Ω·m 为少量含水区;灰岩层位赋水区电阻率阈值为 60 Ω·m,60～120 Ω·m 为少量含水区。为更好地进行防治水设计,相对赋水区的圈定通常在水平切面图上进行,并将不同切面图上相对低阻区范围进行连接,形成立体的异常分布效果,以便分析赋水区的连通情况及陷落柱存在等异常情况。

探测结果表明,该范围有 5 个较强的相对低阻异常区,结合巷道揭露岩性及巷道积水情况,得出 YC_2～YC_4 号区为相对赋水区,YC_1 号区、YC_5 号区可能主要为全岩巷道影响。

YC_3 和 YC_4 平面分布和深度范围均较大，两低阻区相距较近，但从电阻率分布特征来看，两区之间岩层电阻率值高，未表现出连通特征，因此判定两低阻区之间水力联系弱。

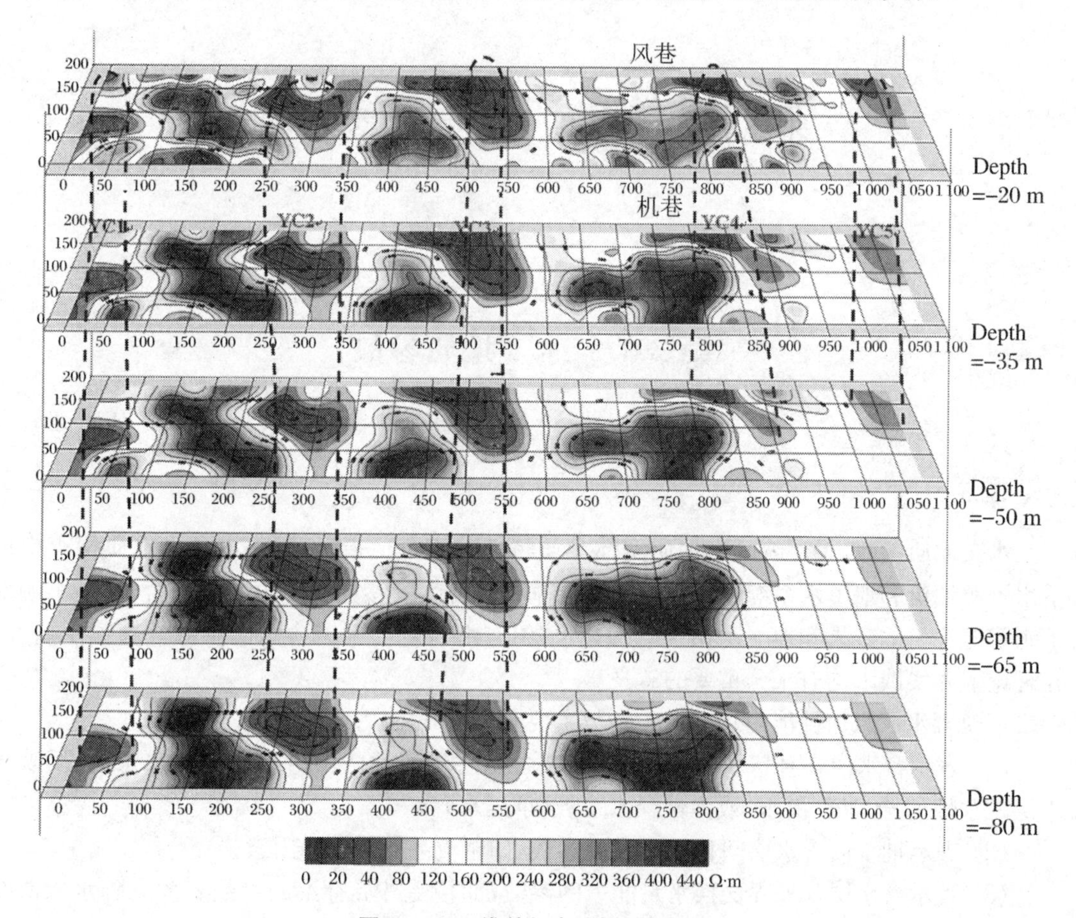

图 8.41　三维并行电法探测结果图

从构造角度看，异常带主要处在工作面东段与中段断层构造发育相对集中的位置，这些部位正是次生裂隙易发地带。视电导率局部异常条带是相应部位岩层裂隙发育并相对富水所致。

后期，矿方针对探测划出的低阻异常区域进行打钻放水验证。注浆前音频电透视探测所圈定的 1 号及 4 号异常区域与其出水量分布具有一定的吻合性，钻孔出水量在 30 m^3/h 左右；3 号异常区的出水量在 15 m^3/h 以下，认为该区域含水性差。三维并行电法圈定的 1 号、2 号及 4 号异常区域与其出水量分布可以较好的对应，钻孔涌水量在 30 m^3/h 以上，低电阻率区域在出水量统计图中也相应显示为高值。3 号及 5 号异常区钻孔涌水量在 15～30 m^3/h 之间。

第九章　煤矿水文地质实验

第一节　水文地质参数

一、概述

水文地质参数，是反映水文地质实体本质特性的定量化指标，是供水水文地质探查中地下水资源评价和地下水系统管理模型求解的基础。含水层参数确定的准确与否，直接影响地下水资源评价的效果和地下水系统管理模型的应用。因此，开展含水层参数计算方法研究，在理论上和实践上均有十分重要的意义。

反映含水层水力性能的水文地质参数主要有以下几类：

(1) 表示含水层自身特性的参数，如反映含水层渗透性的渗透系数和导水系数，反映含水层贮水性的给水度(潜水)或弹性释水系数(承压水)。

(2) 表示抽水后含水层间相互作用的参数，如越流系数和越流因素。

(3) 表示含水层与外界交换水量能力的参数，如接受外界补给的参数有大气降水入渗系数、河水入渗系数和灌溉入渗系数等，向外界排泄的参数有潜水蒸发系数等。

确定水文地质参数的方法一般分为经验数据法、经验公式法、室内实验法和野外实验法四种。

(1) 经验数据法，是指把长期积累的经验数据列成表格，以供需要时选用的求参方法。渗透系数、弹性释水系数、越流系数、弥散系数、降水入渗系数、给水度和影响半径等都有经验数据表可供查找。在评估地下水资源时，水文地质参数常采用经验数据。

(2) 经验公式法，是指把某些基本规律用公式列出，并在经验基础上加以修正的求参方法。渗透系数、给水度等都可按经验公式计算，其值比选用经验数据的精确度要高。

(3) 室内实验法，是指在野外采取试样，利用实验室的仪器和设备求取参数的方法。渗透系数、给水度、降水入渗系数等水文地质参数，均可通过室内实验法求得。

(4) 现场实验法，是指现场利用抽水实验取得有关数据后再代入公式计算水文地质参数的方法。其计算公式分稳定流公式和非稳定流公式。计算时根据含水层的状态(潜水或承压水)、井的完整性(完整井或非完整井)、边界条件(傍河或其他边界)、抽水孔状态(单孔抽水或带观测孔抽水)等条件选择。渗透系数、导水系数、弹性释水系数、越流系数、给水度和影响半径等，都可用现场抽水实验法求得较精确的数据。现场确定降水入渗系数还可采用地下水均衡实验场的实测数据，一般精度较高。因为现场实验法求得的参数精确度较高，所以煤矿水文地质勘察中主要采用现场实验法。

二、给水度和弹性释水系数

释(贮)水系数,可分为给水度和弹性释水系数。它们都是表征含水层释水或贮水能力的物理量,在地下水资源评价、动态预报、矿井水文地质计算等研究中具有十分重要的地位。

给水度(μ),是指在饱和含水层中,当潜水面下降一个单位深度时,在重力作用下从底面积为一个单位、高度等于含水层厚度的柱体中所释放出的水量(图9.1)。给水度实际上等于岩土的饱和含水量与最大持水量之差。数值上采用饱水岩土在重力作用下释出水的体积与岩土体积之比进行计算,即

$$\mu = \frac{V_w}{V} \tag{9.1}$$

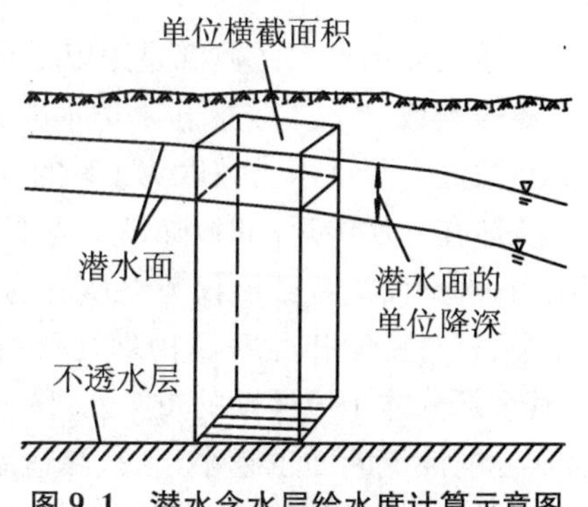

图 9.1　潜水含水层给水度计算示意图

式中,μ:给水度;

V:释出水的饱水岩土总体积,m^3;

V_w:在重力作用下排出水的体积,m^3。

给水度大小与含水层岩石的矿物成分、颗粒大小、颗粒级配和分选程度等有关。当组成含水层的岩石颗粒较粗、空隙较大且大小均一时,重力释水时以结合水和毛细水的形式滞留于岩石空隙中的水较少,其给水度可接近于孔隙率(裂隙率)。反之,含水层岩土颗粒细密(如黏性土)、空隙较小且大小不均时,重力释水时大部分水以结合水和毛细水形式滞留于空隙中,给水度往往很小。给水度的大小还与潜水面的埋藏深度有关,潜水面埋藏深度越浅、受毛细作用影响越大,给水度就越小;只有当潜水面较深时,给水度才是一个常数。此外,给水度还受地下水位下降速度和时间因素的影响。

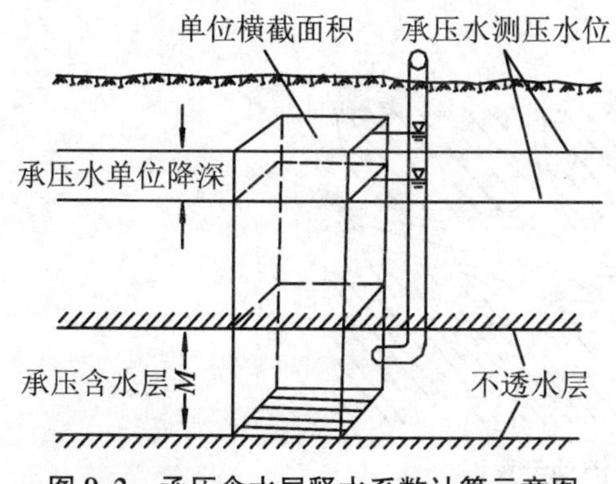

图 9.2　承压含水层释水系数计算示意图

弹性释水系数(μ^*),又称贮水系数,是指在承压含水层中,测压水头下降(或上升)一个单位时,从底面积为一个单位、高度等于含水层厚度的柱体中因水的膨胀(压缩)和岩层的压缩(扩张)所释放(或贮存)的水量(图9.2)。它是表征承压含水层(或弱透水层)全部厚度释水(贮水)能力的参数。其值等于含水层厚度 M 与释水率(减贮水率)μ_s^*(量纲为 L^{-1})的乘积。即

$$\mu^* = \mu_s^* M \tag{9.2}$$

从定义上看,承压含水层的弹性释水系数同潜水含水层的给水度很相似,但两者的释水(或贮水)机理是不同的。水位下降时,潜水含水层的释水来自部分空隙的重力排水,其值取决于含水层的孔隙率。但由于水分子的吸附作用其值总是小于孔隙率,孔隙越小,水的吸附作用越大,两者的差亦越大。而承压含水层释放出的水量则来自含水层中水的弹性膨胀和含水介质的压缩,即是说,由于承压含水层水头降低,将原来由该水头承担的上覆地层自重压力转嫁给含水层,从而使具一定弹性的含水层受到挤压,其孔隙或裂隙相应减少而释放出一部分水。与此同时,因水本身也属弹性体,水头降低亦促成水膨胀而增加一部分水体积,两者遂提供了

弹性释水系数的物质基础。显然,以这种形式释出的水较潜水含水层因水位下降释出的水要少得多。这就不难理解为何开采承压含水层时往往会造成水位大幅度下降。由于含水层和水的弹性模量都是极小的数,故弹性释水系数只有给水度的千分之一或万分之一。给水度和弹性释水系数都是无量纲数。

二、渗透系数 k 和导水系数 T

渗透系数和导水系数都是用以衡量含水层传输地下水能力的定量指标。

渗透系数(k),是表征岩土透水能力的参数。根据达西定律(线性渗流定律)$v = kJ$,渗透系数在数值上等于水力坡度为1时的渗透速度,常用单位为 m/d 或 cm/s。

流体在介质中运动时,除需要克服与介质间的摩擦阻力外,还要克服水质点间直接的摩擦阻力,因此渗透系数不仅与介质的物理特性(空隙的大小、形状和连通性)有关,还与水的黏滞系数、相对密度和温度等物理性质有关。在含水介质的空隙壁上往往会附着一部分结合水,其余部分才是可运动的重力水(图 9.3),因此空隙直径越小,结合水占据的空隙空间就越大,实际的渗流断面也越小,于是渗透系数就越小。当空隙直径小于两倍结合水层厚度时,在通常条件下介质就成不透水的了(如一般的黏土层)。可见岩石透水性的好坏很大程度上取决于孔隙大小,而孔隙的大小与介质的大小、形状、均匀度和排列情况等是有关系的(图 9.4)。一般强透水的粗沙砾石层渗透系数大于 10 m/d;弱透水的亚沙土渗透系数为 1~0.01 m/d。

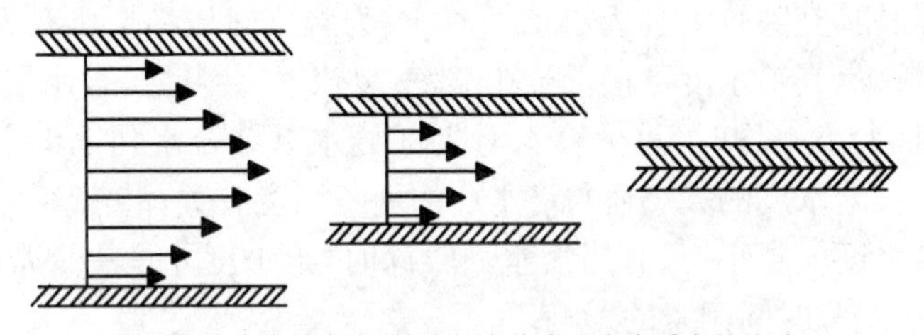

阴影部分代表结合水,箭头长度代表重力水质点的流速。

图 9.3 孔隙中水流动示意图

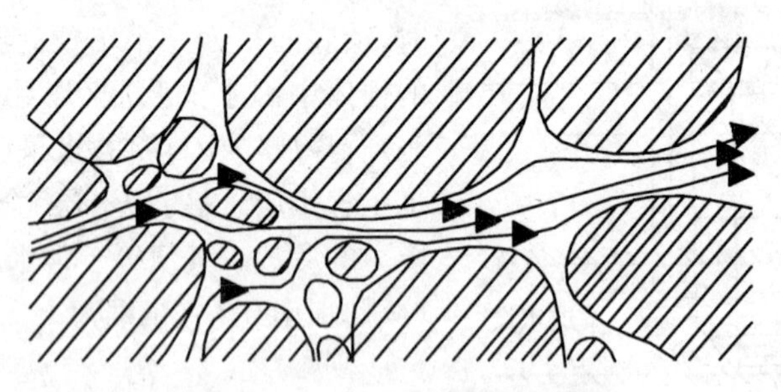

图 9.4 岩层空隙中水流动示意图

不透水的黏土渗透系数小于 0.001 m/d。对流体本身而言,黏滞性大的流体(如石油)渗透系数小于黏滞性小的流体,即渗透系数与黏滞系数成反比,其表达式如下:

$$K = \frac{k\rho g}{\eta} \tag{9.3}$$

式中,K:孔隙介质的渗透率,它只与固体骨架的性质有关;

ρ:流体密度;

g:重力加速度;

η:液体的动力黏滞性系数。

其中,黏滞性系数可是随温度升高而减小的,一般地下水的水温比较恒定,水的密度和黏滞度变化极微,故流体的因素可以忽略。但在研究盐水、卤水和热水的渗流和地下水污染问题时,则必须考虑流体质量的变化。

可以看出,渗透系数是一个兼及地层特征和流体特性的综合性参数。在均质含水层中不同地点具有相同的渗透系数,而在非均质含水层中不同地点渗透系数则不同。在各向异性介质中渗透系数以张量形式表示。一般而言,同一性质的地下水饱和带中一定地点的渗透系数是一个常数;而非饱和带的渗透系数随岩土含水量而变,含水量减少时渗透系数急剧减小。此外,渗透系数还有线性和非线性之分。在水力坡度变化情况下,一定地层的渗透系数始终保持为常数者,称为线性渗透系数;若渗透系数值随水力坡度的增大而变小,则称之为非线性渗透系数。一般在空隙率小的地层中渗透系数常保持为线性,而在空隙率大的地层中渗透系数则常为水力坡度的函数。

渗透系数是含水层的一个重要参数,其测定方法可以归纳为野外测定和室内测定两类。室内测定法主要是指对从现场取来的试样进行渗透实验;野外测定法则是依据稳定流和非稳定流理论通过抽水实验等方法求得渗透系数。

导水系数(T),是表征含水层全部厚度导水能力的参数。对某一垂直于地下水流向的断面而言,它相当于水力坡度等于1时流经单位宽度含水层的地下水流量,在数值上等于含水层渗透系数(k)与含水层厚度(M)的乘积,量纲为L^2/T,常用单位为m^2/d。

导水系数越大,通过断面的地下水量越多。因此,导水系数常作为衡量地下水富水性的指标。在平面二维流问题的地下水量计算中,导水系数是一项重要参数;而对三维流动问题它则没有太大意义,但可以将三维问题分解和简化成二维问题进行处理。此外,在非承压情况下,含水层中每一点的厚度既与含水层的底板高程有关又与地下水位高程和埋深有关,所以潜水含水层水平方向上的导水性在每一点上的强弱程度不可能完全相同,即导水系数的大小在空间上的分布呈现出不规律性,即随机性。然而,在利用数值法对区域地下水流状态进行模拟计算时,多采用参数分区方式来反映含水层导水性能的非均质性和各向异性。

三、越流系数和越流因素

在承压含水层系统中,若含水层之间存在天然垂向水头差,或因抽水(或往水)导致上、下含水层之间产生水头差,当含水层的顶板或底板为弱透水层时,相邻含水层中的水就会流入取水含水层(或者相反,由注水含水层流出),这一现象称为越流。在这种情况下,由抽水(或注水)含水层、弱透水层和相邻含水层组成的系统,称为越流系统。天然条件下只要越流系统中存在垂向水头差,就可以发生越流。

越流系数(K_e),是表征弱透水层垂直方向上传输越流水量能力的参数,它是指弱透水层上下含水层之间水头差变化一个单位时,通过单位面积弱透水层界面的水量。其值等于弱透水层的垂直渗透系数(k)与其厚度(M)的比值,即

$$K_e = \frac{k'}{M'}$$

其量纲为T^{-1}。

从越流系数的定义看,含水层的直接越流补给与弱透水层的性质和含水层之间的水头差有关。相邻含水层之间的水头差越大,弱透水层的厚度越小、其垂向透水性越好,则单位面积

的越流量越大。如果弱透水层内的释水量可忽略不计，则越流系数在数值上相当于抽水(或注水)含水层与相邻含水层的水头差为1时的越流强度，即单位时间通过抽水(或注水)含水层顶面和底面单位面积的水量。

越流因素(B)，又称隔水系数，量纲为L。它在越流系统中是一个表征弱透水层相对隔水性能的综合性参数。其定义为

$$B=\sqrt{\frac{T}{\frac{k'}{m'}+\frac{k''}{m''}}} \tag{9.4}$$

式中，T：抽水含水层导水系数，m^2/d；

k，k''：顶、底板弱透水层的垂直渗透系数，m/d；

M，M''：顶、底板弱透水层的厚度，m。

此时，越流系数和越流因素之间的关系如下：

$$K_e=\frac{T}{B^2} \tag{9.5}$$

B 值越大，表明越流补给量越小。当 $B\to\infty$ 时，越流补给量趋于零。

以上各参数的求取将在第三节详细叙述。

第二节 水文地质实验

水文地质实验是进行地下水定量研究，获取评价所需水文地质参数的不可缺少的手段。水文地质实验包括抽水实验、井下放水实验、注水实验、压水实验、连通实验及渗水实验等。其中，最主要的是抽水实验；井下放水实验和连通实验在矿井建设和生产阶段有着特别重要的作用，已成为大水矿区(井)矿井水文地质勘探的必不可少的实验手段。

一、抽水实验

(一) 抽水实验的目的和任务

抽水实验是水文地质勘察中的重要环节，随着勘察阶段的深入，其在整个勘察中所占的比重与地位也随之突出。

1. 抽水实验的主要目的

目的是测定含水层的水文地质参数，为资源评价与取水构筑物设计提供依据。同时，利用抽水实验对勘察区局部或整体渗流场的人工激发，达到揭示水文地质条件的目的。

2. 抽水实验的主要任务

(1) 测定含水层的钻孔涌水量 Q 及其与水位下降的关系。确定单位降深涌水量 q。

(2) 确定含水层的水文地质参数，如渗透系数 k、导水系数 T、贮水系数 μ^*、给水度 μ 等。

(3) 确定影响半径 R 的大小，降落漏斗的形状及其扩展情况。

(4) 了解地下水与地表水之间，各含水层之间的水力联系。

(二) 抽水实验的基本原理

抽水实验是利用空气压缩机或水泵等抽水设备，把流向垂直井(孔)中的地下水导引或汲

取到井(孔)外,使井(孔)内的水位下降,而井(孔)壁外含水层中的地下水在降落漏斗范围内,由于水头差的作用,连续不断地流入井(孔)内,逐渐的在井(孔)壁周围形成一个以井(孔)轴为中心的由小到大以至稳定的降落漏斗(或降压漏斗)。初期降落(压)漏斗范围很小,因地下水流向井(孔)的坡度较大,使流速和流量也较大。但是随着时间的推移,影响范围会不断扩大,水力坡度逐渐变小。所以在抽水设备及井(管)的出水能力很大的情况下,如果控制水位降深不变,井孔出水量必将逐渐减小;或保持出水量不变,则井孔内水位将会不断下降。如果这个过程是发生在无限边界的含水层中,那么就会越来越缓慢地无限发展下去。但是,在实际工作中,抽水设备及井(管) 的出水能力都是有限的,在满足控制出水量的情况下,水位降深也会逐渐达到相对稳定。实践证明,当含水层中径流补给量大或有定水头补给边界以及有越流补给的情况下,经过一段较长时间的抽水,可使井(孔)的水位、流量和降落漏斗出现相对的稳定状态。此刻,地下水从周边进入降落漏斗内的补给量和井孔中抽出的水量达到相对的平衡。

（三）抽水实验的类型

抽水实验的类型很多。根据抽水孔的数目、配置方式、是否有观测孔及阶段不同,抽水实验可分为单孔抽水、多孔抽水、群孔干扰抽水与实验性开采抽水4类。根据抽水孔的结构分为完整井抽水和非完整井抽水;根据地下水流向抽水孔的运动性质分为稳定流抽水和非稳定流抽水;用于多层含水层的分层抽水;在厚层含水层中的分段抽水以及用于揭露区域性含水层或蓄水构造的区域性大型抽水实验等。生产时,根据不同目的,采用不同类型的抽水实验。现将生产中常见的抽水实验基本类型简述如下:

1. 单孔抽水实验

即只在一个孔内进行抽水,做1～3次水位下降,可求得钻孔的出水量与水位下降的关系以及含水层的富水性与渗透性。单孔抽水实验多在初步勘探阶段进行,用于对水文地质条件起控制作用的地段;或者是用于含水层埋藏深度较大以及在基岩地区进行勘探时施工困难地段。

2. 多孔抽水实验

即在一个钻孔内进行抽水,而抽水孔的周围又布置有一个或若干个观测孔。多孔抽水除测定含水层的水文地质参数外,还可了解影响范围、下降漏斗形态与变化,确定合理的井距及地下水与地表水之间的水力联系等。该类型抽水实验多用于详勘阶段,在有供水意义的主要含水层地段进行。

观测孔的布置应以抽水孔为中心,分别垂直和平行地下水流向排列。根据含水层的均匀性和生产的具体要求,观测孔的排数可有一排至四排,如图9.5所示。每一排上各观测孔之

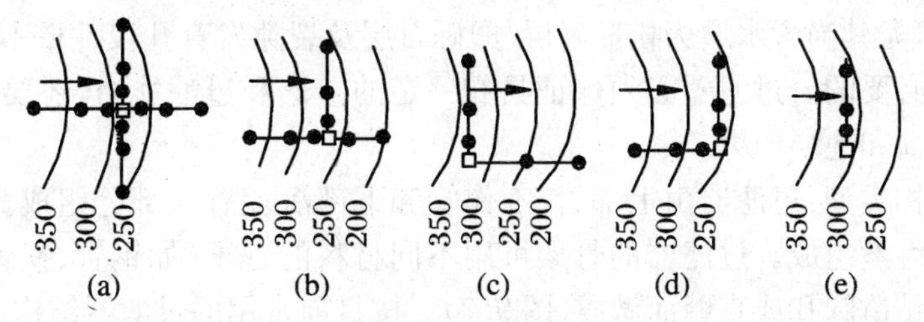

(a) 四排观测孔;(b) 三排观测孔;(c) 二排观测孔(为供水目的);(d) 二排观测孔(为排水目的);(e) 一排观测孔。图中小圆圈为抽水孔;小黑点为观测孔。

图9.5　多孔抽水实验时观测孔的布置示意图

间的距离应当是距抽水孔愈近距离愈小,以便控制下降漏斗的形状变化。

3. 群孔干扰抽水实验

群孔干扰抽水实验是在两个或两个以上的井孔中同时抽水,用来了解区域水位下降与总开采量的关系,进而评价地下水的允许开采量及确定合理的开采方案等。由于该类型实验比较复杂,成本高,故多用于详勘和开采阶段。

(四) 实验性开采抽水

实验性开采抽水是一种时间延续很长的抽水实验,一般不少于一个月;多用在地下水资源不丰富或补给条件不清以及缺少地下水长期观测资料的地区。特别是对开采中的地下水补给量与开采量还不能作为准确评价时,常常通过实验开采抽水,取得钻孔实际出水量,作为评价地下水开采资源的依据。

实验开采抽水一般要求在枯水期进行,以便以最小井(孔)出水量,作为给水工程设计的依据。

(五) 抽水井的基本构造和过滤器

1. 抽水井的基本构造

抽水实验工作大多数是通过钻孔进行的。抽水实验孔的构造及设计和生产用取水管井基本相同,这里只从抽水实验的角度,简单地介绍一下抽水孔的基本构造及其作用。

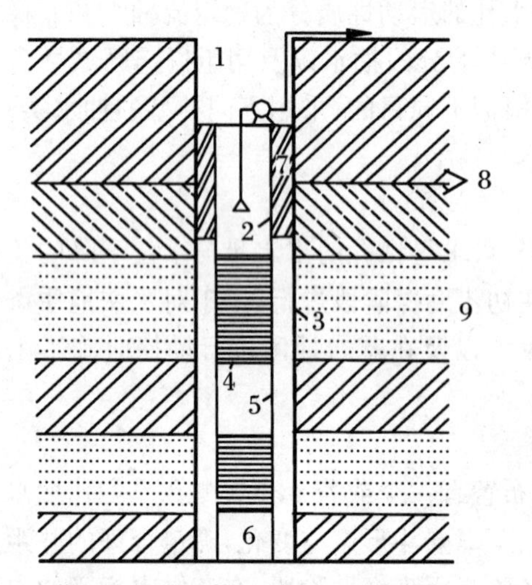

1.井室图;2.井壁管;3.井壁;4.过滤器;5.人工填砾;6.沉砂管;7.人工封闭物;8.隔水层;9.含水层。

图 9.6 抽水孔的构造

抽水孔的构造如图 9.6 所示。孔室位于最上部,用以保护孔口和安装抽水设备等;井管是为了保护井壁不受冲刷,防止不稳固孔壁的塌落、吊块坎和隔绝不良水质的含水层;过滤器与井管直接连接,它可看作是井管的进水部分,同时可防止含水层中的颗粒大量涌入孔内;人工填砾是为了保护井孔、扩大进水面积和减少水流阻力;沉砂管位于井管最下端,用以沉积进入井内的砂粒,一般长度为 2~4 m 或更长一些;人工封闭物是为了防止地表污水污染地下水或隔离不同含水层而进行的回填,一般用黏土或水泥。

2. 过滤器

为了防止井壁坍塌与井内淤塞以及增大井径与井壁进水断面,在抽水实验或长期抽取地下水使用的钻孔中,尤其当含水层为松散砂层、卵砾石层及裂隙发育孔段井壁不稳固条件下,使用过滤器是非常必要的。过滤器必须保证具有一定的渗透和过滤能力,还要有足够的强度,能承受下管的负荷和地层压力。

过滤器的结构类型:过滤器由上部管、工作管和下部沉淀管三部分组成。工作管一般由骨架、垫条、网和缠丝组成。过滤器的骨架可用不同材料的管子(如钢管、铁管、塑料管、水泥管、陶瓷管等)经钻凿圆孔或直缝而做成(图 9.7)。按目前常用的过滤器结构形态可分为骨架式过滤器、缠丝过滤器、网状过滤器和砾石过滤器等多种类型。

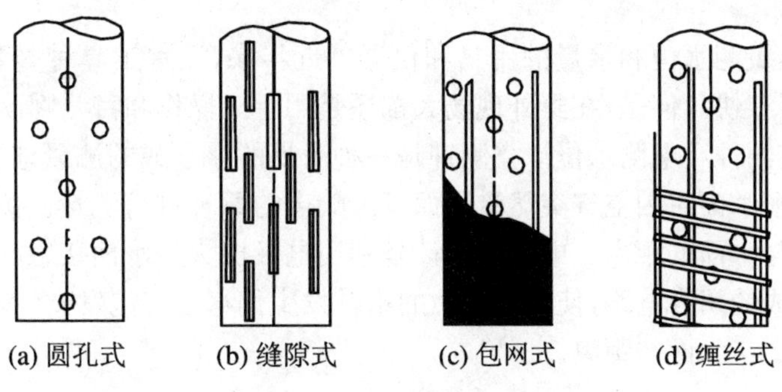

图 9.7　过滤器结构类型

（六）抽水设备

1. 抽水设备及量测工具

(1) 抽水设备

应当根据抽水井的出水量、地下水位埋深、井径以及设计水位下降值来选用合理的抽水设备。一般在水文地质勘察中常用的抽水设备有提捅、卧式离心泵、立式深井泵和空气压缩机。

由于空气压缩机(空压机)有设备简单、安装及拆卸方便、不受地下水位埋深限制、可以抽取含泥沙地下水等优点，所以在水文地质勘察中被广泛使用，不仅用于抽水实验，而且还用于洗井冲砂。空压机抽水的缺点是：工作效率低、动力费用高、出水不够均匀、动水位变化幅度较大。

空压机抽水的原理是将压缩的空气沿进气管送入井内并压入水中，使出水管下端充满气水混合物，由于气水混合物的比重小于水的比重，所以出水管中的水面可以上升到一定高度而流出管外，如图 9.8 所示。当抽水的高度愈大时，气水混合物的比重愈小，则空气消耗亦愈大。

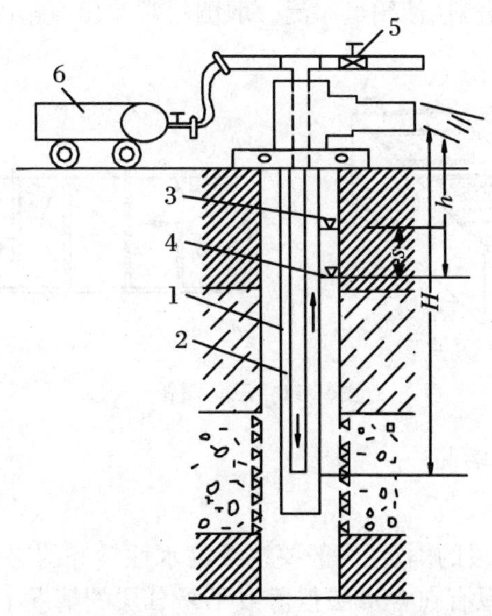

1. 出水管；2. 空气管；3. 自然水位；4. 动水位；5. 放气阀门；6. 空气压缩机。

图 9.8　空压机抽水(同心式安装)

（2）量测工具

测水工具包括量测水位和水量的用具和仪器。近年来，测水工具种类繁多，向仪表化和自动化方向发展得很快。但是，在野外现场大都还是用手工操作和目测判读。

常用水位计有测钟和电测水位计。测钟是一种简易的浮子式的测量地下水位的工具（图9.9），利用测钟接触水面时因空气突然受压而发出响声的原理进行测量。读出发出响声时测绳的长度，就得出与水面的距离。电测水位计是利用电极探头与水面接触时，通过地下水（或经井管）与导线构成的闭合电路，使电流表上的指针发生偏移或灯泡发光（图9.10），读出该时导线的长度，就得出与水面的距离。

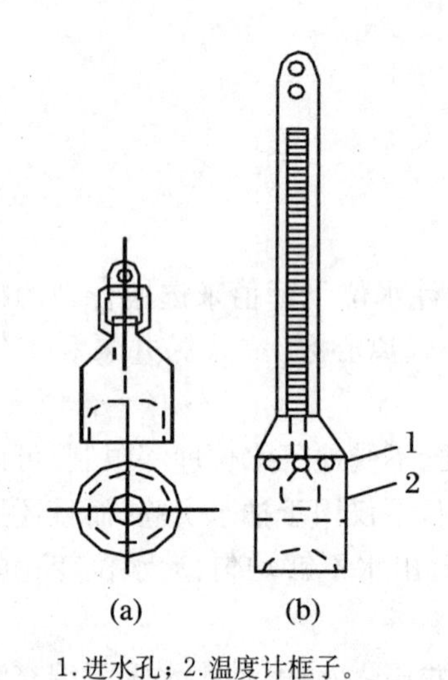

1. 进水孔；2. 温度计框子。

图9.9　测钟（右为带温度计的）

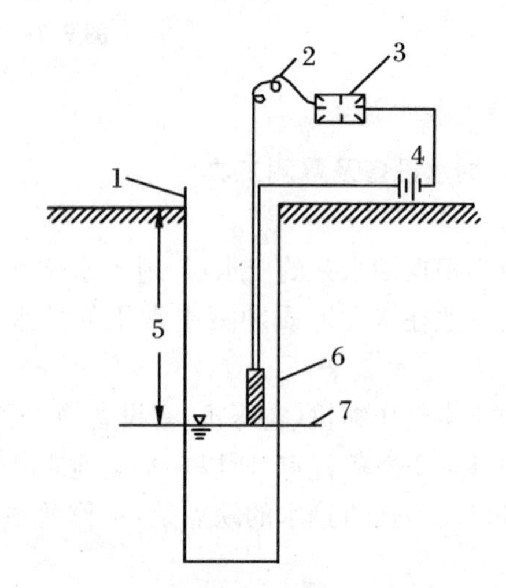

1. 套管；2. 导线；3. 电流计（毫安表）；4. 电池；5. 水位埋深；6. 电极；7. 水位。

图9.10　电测水位计工作示意图

目前适用于水文地质勘察工作的测流工具为数不多，有量水桶、水表、堰箱和孔板流量计等。从野外工作条件来看堰测法使用最广泛。堰测法常使用堰箱（图9.11）进行水量测定。

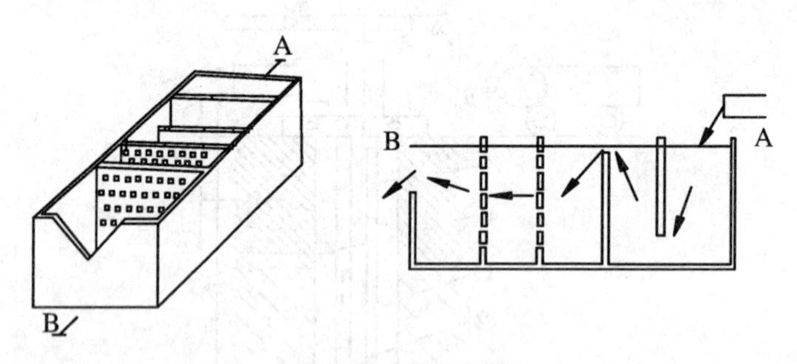

图9.11　三角堰箱

（六）抽水实验的技术要求

1. 稳定流抽水实验

（1）抽水实验层及实验段的确定：一般要选择富水性最好的层或段做抽水实验。多含水层地区应做分层抽水实验，只有在含水层很薄或不易分层的情况下，才可做几个层在一起的混合抽水实验。但在水质差别较大的沿海或岛屿地区，无论如何也得进行分层或分段抽水实验。

(2) 水位降深和降深次数的确定：水文地质勘察中的抽水实验一般都应进行3次水位降深，只有当水位下降很大而出水量很小，或是水位下降很小而出水量很大，或者进行开采抽水实验时，才可只做1～2次的最大水位下降。三次水位降深(落程)之间应均匀分配，如最大降探为 S_0，则三次降深应分别为：$S_1=\frac{1}{3}S_0$，$S_2=\frac{2}{3}S_0$ 和 $S_3=S_0$。

(3) 抽水稳定标准的确定：抽水过程必须保持均匀性和连续性。在稳定流抽水的延续时间内，抽水井中的动水位、出水量和时间的关系曲线只能在一定的范围内波动，不能有水位持续上升或下降、水量持续增多或减少的现象。在稳定阶段，主孔水位误差不得超过水位降低平均值的1%，当降深小于5 m时，稳定水位幅度不得超过3～5 cm(压风机抽水波动大，但也不允许超过10～15 cm)，观测孔水位波动不超过2～3 cm，流量误差不超过平均稳定流量的3%，当井(孔)流量很小时，可适当放宽。水位、流量误差按下式计算：

$$误差值=\frac{最大(或最小)值与平均值之差}{平均值}$$

当主孔和观测孔的水位与区域地下水位变化趋势及幅度基本一致时，可以视为稳定。

(4) 稳定延续时间的确定：在抽水井中的动水位、出水量都稳定后的抽水阶段，叫稳定延续时间。抽水实验有一段稳定延续时间，是保证抽水实验质量的重要因素，因当抽水井中的动水位、出水量稳定之后，还需要等待下降漏斗曲面亦完全稳定。在地下水量丰富、渗透条件良好的卵砾石及粗砂含水层分布地区，漏斗曲面稳定的快，可稳定延续8 h；在地下水量不大、补给条件较差的中细、粉砂地区，漏斗曲面稳定的较慢，稳定延续时间一般要求16 h；在基岩裂隙水分布区则应稳定延续24 h。

(5) 抽水实验中的测量要求：自然水位的取得必须是在抽水实验之前，当连续观测三次数字相同或4 h内水位相差不超过2 cm时，才可认为是自然水位。动水位和出水量的观测时间间隔应当是：在抽水实验开始时每5 min，10 min，15 min，20 min，25 min，30 min各观测一次，以后则每隔30 min或1 h观测一次，直到抽水实验结束。抽水实验结束后，恢复水位的观测时间间隔应当是：1 min，2 min，3 min，4 min，6 min，8 min，10 min，15 min，20 min，25 min，30 min各观测一次，以后每隔30 min观测一次。

2. 非稳定流抽水实验

(1) 抽水延续时间的确定：非稳定流抽水延续时间，常按 $s-\lg t$ 曲线来判断。当曲线出现拐点后趋近于稳定水平状态时，则可结束抽水实验工作，如图9.12所示。当 $s-\lg t$ 曲线不出现拐点而呈直线下降、动水位不稳定时，则抽水延续时间应根据实验目的适当延长。不

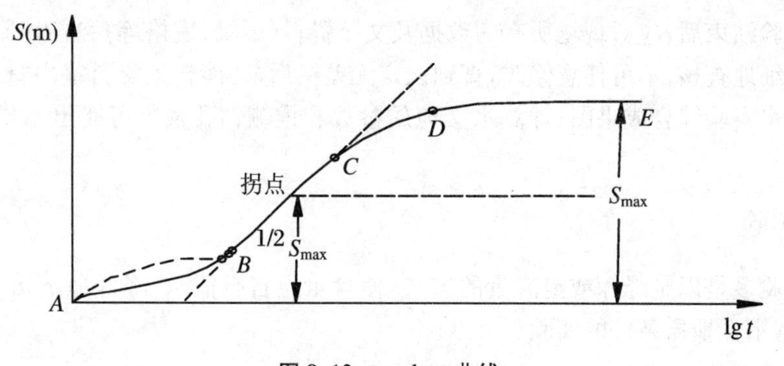

图9.12　$s-\lg t$ 曲线

过根据实践经验，非稳定流抽水延续时间不需要太长，卵石含水层中抽水需要2～3 h；砾石需4～6 h；含砾粗砂及粗砂需8～15 h；中细沙需10～24 h；粉细砂需15～32 h。

(2) 抽水实验中的测量要求：为了绘制 $s-\lg t$ 曲线，抽水实验初应加密观测，即按1 min，2 min，3 min，4 min，6 min，8 min，10 min，15 min，20 min，25 min，30 min 各观测一次，以后每隔30 min观测一次。在非稳定流抽水的过程中，抽水井的出水量必须保持不变。

（七）抽水实验资料的整理

抽水实验资料的整理可分为现场整理和室内整理两个阶段。稳定流抽水实验现场绘制出水量、动水位与时间关系的过程曲线图（$Q,s-t$ 曲线图）（图9.13）、出水量与水位降深关系的曲线图（$Q=f(s)$曲线图）和单位出水量与水位降深的关系曲线图（$Q=f(s)$曲线图）（图9.14）。非稳定流抽水实验现场主要绘制水位降深与时间对数的过程曲线（$s-\lg t$）。

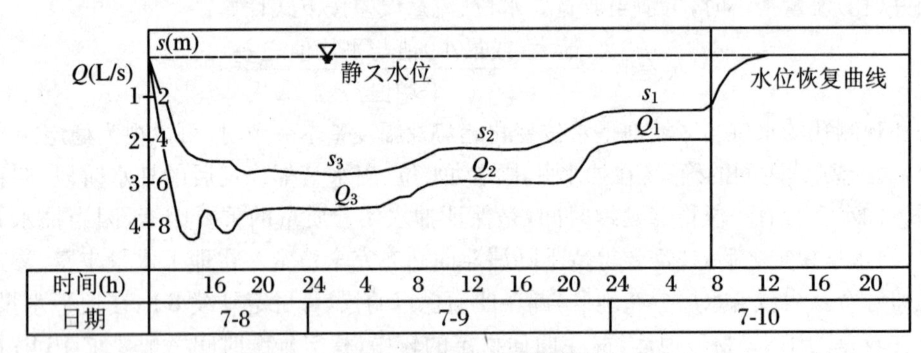

图9.13　$Q,s-t$ 曲线图

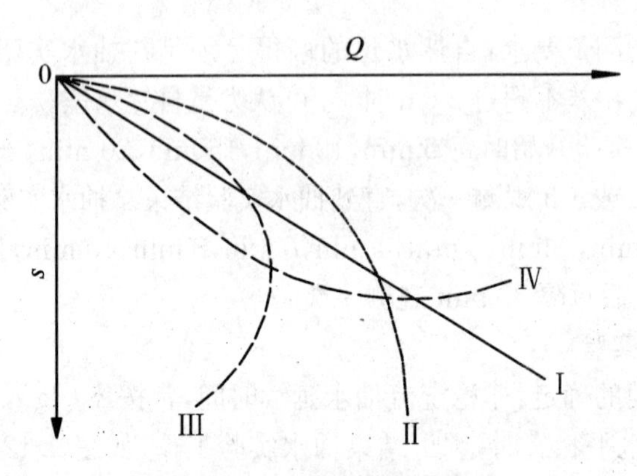

图9.14　$Q=f(s)$关系曲线图

抽水实验结束后，应对现场所有的数据及文字资料（记录、表格等）和各种原始曲线、草图进行认真详细地查核，不可任意修改，直到认定无差错后，才能转入资料室内整理。室内整理主要绘制抽水实验综合成果图；计算水文地质参数和推测钻孔最大可能出水量；完成实验的文字报告。

二、放水实验

放水实验多是以定降深或定流量的方式，使含水层自行泄水，降低地下水水位以获得有关参数，查清水文地质条件的实验。

（一）放水孔、观测孔的结构设计

(1) 放水孔和观测孔结构的设计取决于目的任务和实际的地质条件。

(2) 井下放水孔和观测孔孔口管结构设计。为保证安全和便于收集放水资料，需要安装专门的孔口管。孔口管的安装必须固定在岩石坚硬完整的地段，以免揭露含水层后孔口管跑水，或水压使孔口管崩落而失去控制水量的作用。图9.15所示为某放水孔孔口装置示意图。

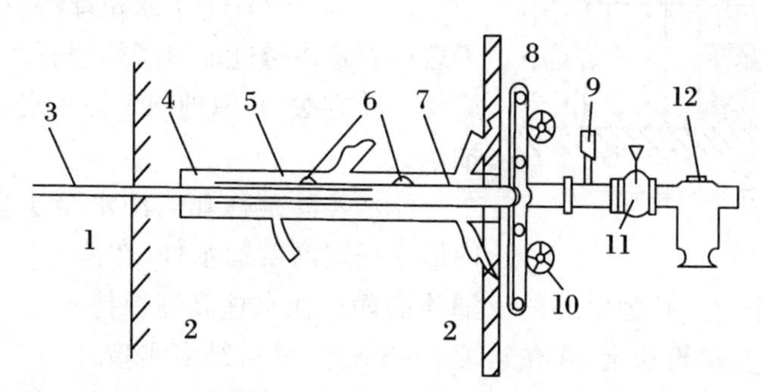

1. 某含水层；2. 某隔水层；3. 钻杆；4. 钻孔；5. 水泥；6. 肋条；7. 钢管；8. 铁卡；9. 水压表；10. 木柱；11. 水阀门；12. 流量表。

图9.15　放水孔孔口示意图

对于井下放水孔和观测孔，孔口管必须要有足够的长度，需要满足《煤矿防治水规定》的相关要求。同时，必须注意孔口管安装的质量。

由于含水层水压高，所以进行井下放水实验时必须安装防喷装置。一般有钻具卡紧逆止装置、防喷板、反拉锚索等。

（二）放水实验过程及数据处理

1. 放水实验过程

(1) 放水量。井下放水实验应从矿井排水能力和矿井生产安全角度考虑。对于带压开采计算的情形，为了查明含水层的特征，放水量应尽可能大一些，以使形成的降落漏斗能够达到矿井边界。因此，一般要求放水孔要多一些，并且配合一定数量的井下和地面观测孔。

(2) 试放水工作。在进行正式放水实验前，需进行实验放水，通过试放可以进一步洗孔，同时还可以全面检查放水实验和各项准备工作。试放的观测资料可以预测放水时最大降深和相应的涌水量，以分配各次的降深值。对非稳定流放水的试放资料，可以用于推测正式放水时可能获得的曲线类型以及确定正式放水时的涌水量。

(3)正式放水实验。按相关的技术要求进行。

2. 放水实验的资料处理

(1) 现场资料的处理。现场资料的处理包括非稳定流放水实验现场资料处理和稳定流放水实验现场资料处理。其中非稳定流放水实验的现场资料处理有绘制 $s-\lg t$ 曲线，绘制 $s-\lg r$ 曲线，绘制 $s'-\lg(1+t_p/t_r)$ 曲线；稳定流放水实验的现场资料处理有绘制水位及流量历时曲线图，绘制 $Q-s$ 曲线图。

(2) 室内资料的处理。放水实验结束后，应进行室内资料整理工作。其主要内容有：整理、检验、校核原始实验观测数据，计算水文地质参数；编制钻孔放水实验成果表、放水实验技术资料表以及水质分析成果表等；绘制相关图件包括钻孔布置图、水文地质综合柱状图、放水实验成果图、各种关系曲线图等；编写放水实验工作总结，主要内容包括实验的目的任务、方

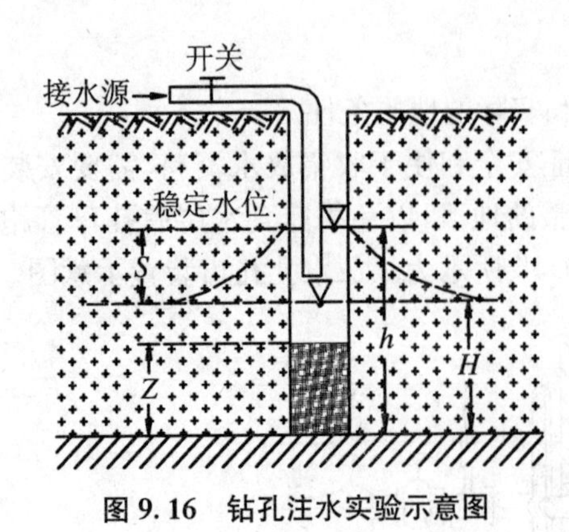

图 9.16　钻孔注水实验示意图

法、过程、主要成果、质量及存在的问题等。

由于放水实验没有专门的规程规范，其工作技术要求可参考抽水实验进行。

三、注水实验

注水实验是在地下水位埋深较大或者是对无水的干岩层测定渗透性能以了解岩石空隙发育程度的一种简便实验方法，其原理同于抽水实验，只是以注水代替抽水。

注水实验是往孔内注水至实验段（图 9.16）使孔内形成一定高度的水柱，在静止压力作用下水向孔外渗透，逐渐成为一个以钻孔为中心的反漏斗曲面。在水柱高度保持不变的情况下，当连续注入的单位时间注水量接近稳定，并在延续 4～8 h 后，就可结束实验。

用注水井公式计算岩层的渗透系数其过程与抽水井的裘布依公式的原理相似，其不同点是注水时的水足沿井壁向外流的，故水力坡度为负值，即

$$I = -\frac{\mathrm{d}I}{\mathrm{d}r} \tag{9.6}$$

四、压水实验

（一）钻孔压水实验的目的和任务

在岩体上或岩体内修建水工建筑物时，必须研究建筑物区及其影响范围内岩体的透水性。测定岩体渗透性的方法有压水实验、注水实验、抽水实验等，其中压水实验是最常用的在钻孔内进行的岩体原位渗透实验。

钻孔压水实验的目的：测定岩体的透水性，为评价岩体的渗透特性和设计渗控措施提供基本资料。

钻孔压水实验主要任务：测定裂隙岩体的单位吸水量，并以其换算求出渗透系数，用以说明裂隙岩体的透水性和裂隙性及其随深度的变化情况，为论证水工建筑物基础和地基岩体的完整性与透水程度以及制定防渗措施和处理方案等提供重要依据。

（二）钻孔压水实验的方法和试段长度

具体做法是在钻进过程中或钻孔结束后，用栓塞将某一长度的孔段与其余孔段隔离开，通过输水设备（水泵）用不同的压力向实验段内送水（图 9.17），使之从孔壁的裂隙向周围的岩体内渗透，经过一段时间后，其渗透水量最终趋向于一个稳定位，测定其相应的流量值，并据此计算岩体的透水率。可按下式计算试段透水率：

$$q = \frac{Q_3}{Lp_3} \tag{9.7}$$

式中，q：试段的透水率，Lu；

Q_3：计算流量，L/min；

p_3：试段压力，MPa；

L：试段的长度，m，试段长度宜为 5 m。

试段是编制渗透剖面图的基本单位。目前的压水实验求得的透水率是试段的平均值，如试段过长，势必影响成果的精度；如试段过短又会增加压水实验的次数和费用。国外相关规程中规定的试段长度在3～6 m之间，多数为5 m，与我国规定基本上一致。在实际操作时由于诸多因素的影响，试段长度通常不是整数。对于地质构造条件特殊（如断层、裂隙密集带、岩溶洞穴等）的孔段，应根据具体情况确定试段的位置和长度，同时还应考虑下一试段栓塞止水的可靠性。

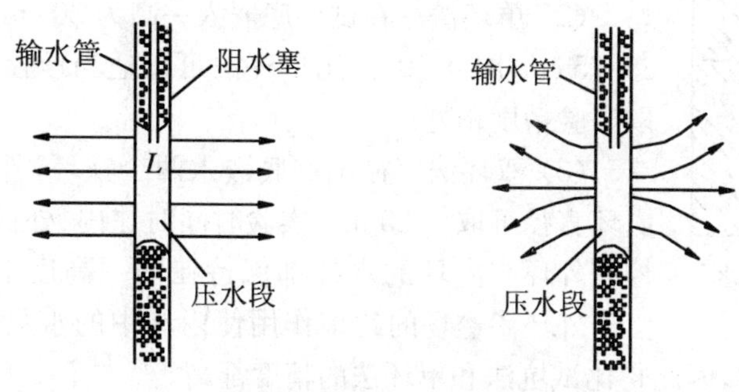

图9.17 压水实验示意图

（三）仪器与主要设备

钻孔压水实验设备主要由压水系统、量测系统和止水系统三部分组成。压水系统包括水箱、水位计和水泵；量测系统包括压力表和流量计；止水系统包括止水栓塞或气泵等。

（四）实验技术要求

必须采用清水钻进，压水前要用高压水将钻孔冲洗干净。钻孔要垂直，孔壁应呈规整的圆柱状，平直光滑。覆盖层与基岩之间要使用套管止水。

按相关规范规定，采用自上而下分段压水，每钻一段，停钻做一段压水实验，实验段长度一般为5 m，但对于构造破碎带、节理密集带、岩溶洞穴等透水性较强的地段，可按具体情况适当减小实验段的长度，单独进行压水实验。同一实验段不宜跨越透水性相差悬殊的两种岩体。

根据《水利水电工程钻孔压水实验规程》规定，一般要求总压力值为30 m水头，若达不到此要求时，应尽量采用其中较大的压力值。在同一建筑场地中，各段所采用的压力值应一致，以便对实验成果进行分析和对比。

每次安装压水栓塞之前必须测定地下水稳定水位，以便确定实验段的计算压力零线。然后，把压力调到规定数值并保持稳定后，每10 min测读一次压入流量。当记录流量达到稳定流量时，则以最终流量作为计算流量。

（五）资料整理

实验资料整理应包括校核原始记录，绘制 $P-Q$ 曲线确定 $P-Q$ 曲线类型和计算试段透水率等。

五、渗水实验

试坑渗水实验是野外测定包气带非饱和松散岩层的渗透系数的一种简易方法。利用这个实验资料研究区域性水均衡以及水库、灌区、渠道渗漏量等都是十分重要的。最常用的是试坑法、单环法和双环法。

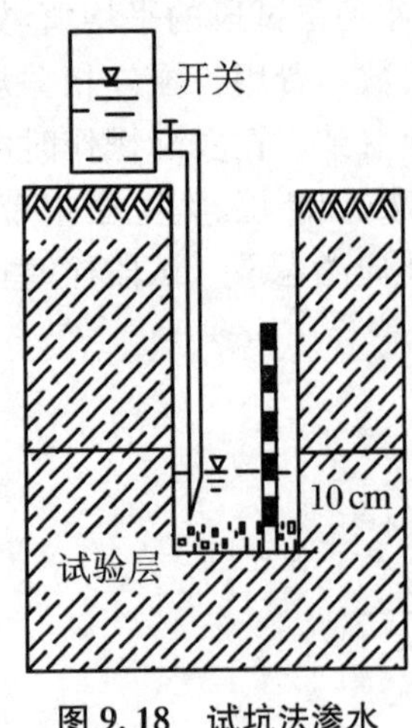

图 9.18 试坑法渗水

(1) 试坑法。在松散表层土中挖一圆形试坑，为便于计算坑底的直径可取 35.75 cm。坑底水平并铺上约 2 cm 厚的沙砾石层作为缓冲层，坑内插上一个小标尺（图 9.18），用其控制水层的厚度。实验开始后先往坑内注水，要控制流量连续均衡，并保持坑内水层厚度为一常值。一般不要大于 10 cm。当注水达到稳定并延续稳定 2 h，即可结束实验。

(2) 单环法。在试坑底嵌入一高为 20 cm 的铁环，其直径可取 35.75 cm（图 9.19）。用单环法可以适当地控制水的侧向扩散，所以实验精度稍好。

(3) 双环法。在试坑底嵌入两个铁环，外环直径可取 0.5 m，内环直径可取 0.25 m。实验时同时往内、外铁环内注水（图 9.20）控制外环与内环的水柱都保持在同一高度上，并以 0.1 m 为宜。由于外环渗透场的约束作用使内环中的水只能垂向渗入，因而排除了侧向渗流的误差，因此它比试坑法和单环法的精度都高。

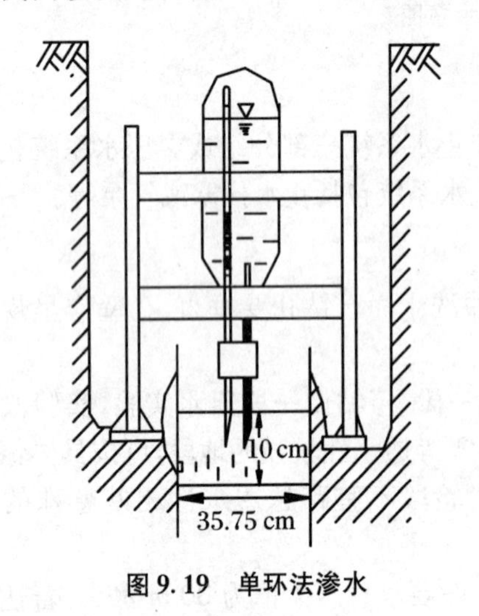

图 9.19 单环法渗水

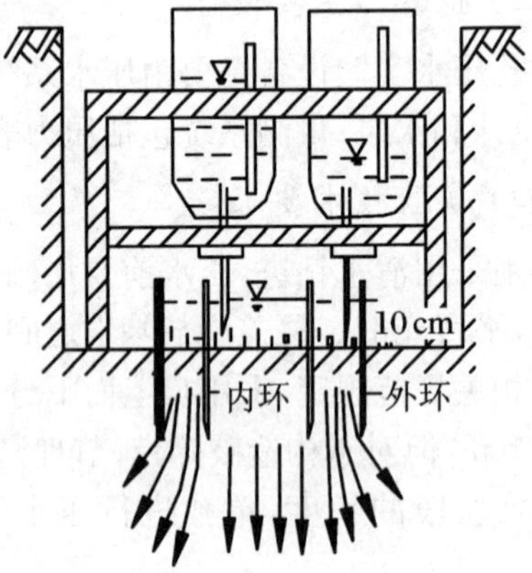

图 9.20 双环法渗水

六、连通实验

连通实验是一种利用溶洞、裂隙等天然通道，研究地下水的流向、补给范围、补给速度、补给量以及与相邻地区地下水、地表水关系等的方法。

（一）水位传递法

水位传递法是通过堵、闸、放水或注水之后，观察上、下游水点（包括钻孔）的水位、流量及水质的变化，从而判断天然的岩溶通道连通性的方法。

方法有闸水实验、放水实验、堵水实验、抽水实验等。

（二）指示剂投放法

指示剂投放法可以了解地下水连通情况及流域特征，实测地下水流向、流速、流量，查明地下水与地表水的转化补排关系等。指示剂投放法一般包括浮标法、比色法、指示剂示踪法、放射性同位素示踪法等。

目前我国常用的示踪剂主要有：① 化学试剂：$NaCl$，$CaCl_2$，NH_4Cl，$NaNO_2$，$NaNO_3$ 等（表 9.1）；② 染料试剂见表 9.2；③ 同位素：稳定同位素有 ^{2}H，^{13}C，^{15}N 等，但以 ^{2}H 为优，常用的放射性同位素有 ^{3}H，^{60}Co，^{198}Au 等，但毒性问题未解决，其中 ^{3}H 组成水分子，与水一起运动，则较为理想。

表 9.1　化学示踪剂用量表

单位(g)

原　理	示　踪　剂			检查方法	备　注
	名　称	投放孔与观测孔检具(m)	投放重量		
通过化学分析确定盐分在观测孔出现的时间及其浓度变化	$NaCl$	>5	1 000～1 500 kg	滴定法和电化学法	硝酸盐示踪剂灵敏度高，具有一定毒性。NH_4Cl 要防止吸附。$NaCl$ 只用于低矿化水。
	NH_4Cl	<3	3～5 kg	比色法和电化学法	
	$NaNO_2$	>5	使水中含 $NO_2<1$ mg/L	比色法	
	$NaNO_3$	>5	使水中含 $NO_3<50$ mg/L	比色法	

表 9.2　染色示踪剂用量表

单位(g)

示踪剂名称	适用条件	每流 10 m 路径需投放的干颜料				投放方法	检测方法及仪器
		黏土岩	砂质岩	裂隙岩	岩溶化岩石		
荧光红	碱性水，防治混浊	5～20	2～10	2～20	2～10	投放方式有两种：(1) 将装有示踪剂溶液的圆桶放入预定深度，松开桶底活门注入；(2) 将带有两个孔的圆桶（圆桶上部小孔接胶管至地面）放到预定深度沿胶管注入。	用荧光比色计或荧光分光光度计比色，确定染料的存在及其浓度或自配不同浓度的溶液装入比色管，进行比测定。
荧光黄		5～20	2～10	2～20	2～10		
伊红		5～20	2～10	2～20	2～10		
原藻色红	弱酸性水，防治混浊	10～40	10～30	10～40	10～40		
刚果红		20～80	20～60	20～80	20～80		
亚甲基蓝		20～80	20～60	20～80	20～80		
苯胺蓝		20～80	20～60	20～80	20～80		
猩猩红		10～40	10～30	10～40	10～40		

（三）利用示踪实验探查灰岩含水层突水通道

以淮南新庄孜煤矿 63301 工作面为例，探查 1 组煤层底板灰岩含水层的突水通道。63301 工作面是新庄孜矿六三采区三阶段 A_1 煤层的一个回采工作面。区内太原组 C_3 Ⅰ组灰岩距离煤层底板 17 m，该组灰岩厚约 38 m，溶裂隙不发育，富水性弱。C_3 Ⅰ组灰岩向下依次为太原组 C_3 Ⅱ组、C_3 Ⅲ组灰岩。其中，C_3 Ⅲ组灰岩岩溶裂隙相对发育，富水性相对较强，常接受底部奥灰水的补给。

示踪实验主要采用与地下水化学成分背景值差异较大、稳定较好且易溶性强的盐类离子作为示踪剂，通过地面钻孔将其注入与突水点相关的含水层，然后进行注水加压，使得示踪剂中的特征离子随地下水流不断地迁移、扩散，并在地下水流的下端排泄点定期进行取样监测，然后分析特征离子浓度随时间的变化规律（图 9.21、图 9.22），以此分析在突水过程中补给含水层地下水运动规律，进而间接获得投放与接收点间的岩溶地下水运动的各种相关信息。

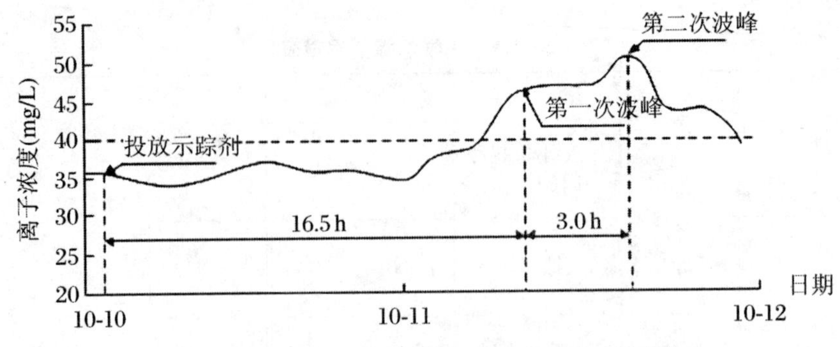

图 9.21　Ⅷ-ⅨC_3-Ⅲ孔示踪实验氯离子随时间变化

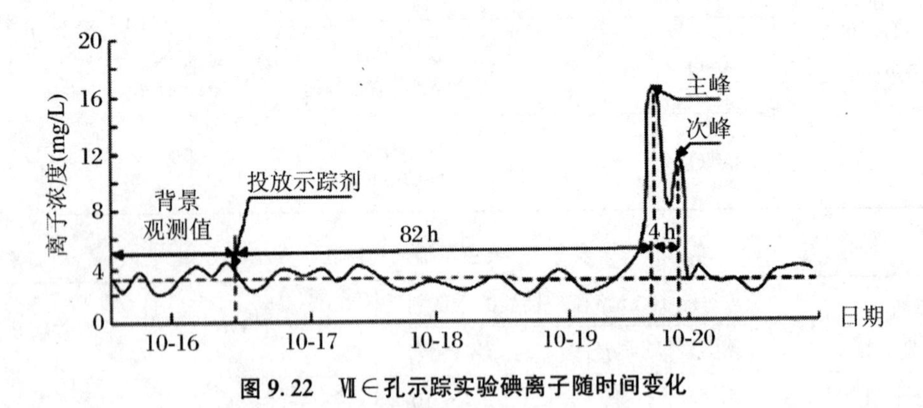

图 9.22　Ⅶ∈孔示踪实验碘离子随时间变化

分别从太原组灰岩、奥陶系灰岩含水层投放 NaCl 示踪剂，从寒武系灰岩含水层观测孔投放 KI 示踪剂，在工作面突水点间隔采集样品。分析示踪剂浓度随时间变化关系曲线发现：底板太原组灰岩含水层中存在多条小通道和一条大通道，奥陶系灰岩含水层中存在多条小通道，而寒武系灰岩含水层存在 2 条通道，在不同灰岩含水层通道中，水流速度存在较大差异性，反映了其岩溶裂隙发育非均匀性特点。

第三节　水文地质参数求解

在煤矿水文地质工作中，一般采取地面抽（注）水或井下放水实验的方式来求取含水层的水文地质参数。以下将依据稳定流和非稳定流井流理论来介绍含水层水文地质参数的求解。

一、稳定流求参

在实际工作中，建议使用的抽水设计方法是：采用较小的降深抽水；观测孔距主井适宜的范围是 $1.6M \leqslant r \leqslant 0.178R$，$R$ 为引用半径，M 为含水层厚度；每个抽水实验一般要做 3 次降深，抽水实验最好安排在地下水非开采期，并将抽出的水引出实验区外，以免干扰水位下降。稳定流常用的计算公式如下：

（1）承压含水层完整井单孔

$$k = \frac{0.366Q(\lg R - \lg r_w)}{Ms_w} \tag{9.8}$$

式中，k：渗透系数，m/d；r_w：井半径，mm；Q：抽水孔抽水量，m^3/d；s_w：抽水孔水位降深，m。

（2）承压含水层完整井有一个观测孔

$$k = \frac{0.366Q(\lg r_1 - \lg r_w)}{M(s_w - s_1)} \tag{9.9}$$

式中，r_1：观测孔1与抽水孔距离，m；s_1：观测孔1水位降深，m。

（3）承压含水层完整井有两个观测孔

$$k = \frac{0.366Q(\lg r_2 - \lg r_1)}{M(s_1 - s_2)} \tag{9.10}$$

式中，r_2：观测孔2与抽水孔距离，m；s_2：观测孔2水位降深，m。

（4）承压含水层非完整井（单孔，井壁进水）

$$k = \frac{0.366Q}{ls_w}\lg\frac{1.6l}{r_w} \tag{9.11}$$

式中，l：观测孔底至含水层顶板距离，m。

（5）承压含水层非完整井（一个观测孔）

$$k = \frac{0.16Q}{l(s_w - s_1)}\left(23\lg\frac{1.6l}{r_w} - \operatorname{arsh}\frac{1}{r_1}\right) \tag{9.12}$$

式中，l：观测孔底至含水层顶板距离，等于过滤管有效进水长度，m。

（6）承压含水层非完整井（单孔，井壁井底进水）

$$k = \frac{Q}{4r_w s_w}\quad（平井底） \tag{9.13}$$

$$k = \frac{q}{2\pi r_w s_w}\quad（半球状井底） \tag{9.14}$$

$$k = \frac{Q}{4}\cdot\frac{\frac{1}{r_w} - \frac{1}{r_1}}{h_1 - h}\quad（平井底一个观测孔） \tag{9.15}$$

$$k = \frac{Q}{4}\cdot\frac{\frac{1}{r_1} - \frac{1}{r_2}}{h_2 - h_1}\quad（平井底两个观测孔） \tag{9.16}$$

式中，h_1：观测孔1水位，m；h：抽水孔水位，m；h_2：观测孔2水位，m。

（7）潜水—承压水完整井（单井）

$$k = \frac{0.733(\lg R - \lg r_w)}{(2H - M)M - h^2} \tag{9.17}$$

（8）潜水完整井（单井）

$$k = \frac{0.733(\lg R - \lg r_w)}{(2H - s_w)s_w} \tag{9.18}$$

式中，H：含水层厚度，m。

(9) 潜水完整井(一个观测孔)

$$k = \frac{0.733(\lg r_1 - \lg r_w)}{(2H - s_w - s_1)(s_w - s_1)} \tag{9.19}$$

(10) 潜水非完整井(单井)

$$k = \frac{0.733(\lg R - \lg r_w)}{(H^2 - h^2)}\sqrt{\frac{h}{L + 0.5r_w}}\sqrt[4]{\frac{h}{2h - L}} \tag{9.20}$$

二、非稳定流求参

(一) 非稳定流理论简介

非稳定流抽水实验设计须考虑的主要方面有:

(1) 抽水前要进行试抽,了解抽水孔的出水量、水位降深和观测孔水位降深情况,选择一个较小的适当流量,以免抽水时掉泵和形成大降深。在 $1.6M \leqslant r \leqslant 0.178R$ 处设置观测孔,以避免三维流、紊流和远处计算 k 值偏大等问题的干扰。

(2) 观测孔设置在垂直于地下水流动的方向上。

(3) 抽水实验选择时间段内周边地区无地下水开采,抽水井抽出水量引出区外,避免引起水位降深的干扰。

(4) 抽水流量必须保持基本稳定,最大流量与最小流量之比应大于 1.05。

(5) 抽水时间的长短,要根据抽水过程中所绘制的水位降深 s 与时间 t 的双对数曲线所显示的抽水阶段来决定。当空线平稳的第二阶段末期出现曲线上翘,显示到达第三节段后,再延长一段时间抽水实验就可结束。所需抽水时间的长短与含水层岩性有关。

在两个隔水层之间的承压含水层中抽水,水量一方面来自侧向补给,另一方面,来自降落漏斗内由于压力降低弹性释放的水体。弹性释水系数 u^* 是一个反映含水层释水能力的指标,即水压每降低 1 m,1 m^2 含水层柱释放出水体的体积。由于弹性释放现象的存在,下地水的运动要素将随时间而变化,从而变成非稳定流。

泰斯公式是所有非稳定井流公式的基础,它的重要程度相当于稳定井流裘布衣公式。泰斯公式的基本形式是:

$$\begin{cases} s = \dfrac{Q}{4\pi T}W(u) \\ W(u) = \displaystyle\int_u^{\infty} \dfrac{e^{-u}}{u}du \\ u = \dfrac{r^2 u^*}{4Tt} \end{cases} \tag{9.21}$$

式中,$W(u)$:Theis 井函数;u:井函数自变量;t:时间,s;r:距抽水孔距离,m;T:导水系数,m^2/d。

这个公式看似简单,但使用起来却十分复杂。一是除 $Q, s, T = kM$ 外,多了两个参数 u^* 和 t。二是参数隐含在积分式中,不能直接解算参数。《矿井地质手册(下册)》介绍了求参方法,可参考使用。

(二) 承压非稳定流求参方法

1. 承压完成井非稳定流抽水求参

非稳定承压完整井计算公式:以固定流量 Q 抽水时,据抽水孔 r 处任一时间 t 的水位降深，可简化为：

$$s(r,t)=\frac{2.3Q}{4\pi T}\frac{2.25at}{r^2} \tag{9.22}$$

式中，$s(t,r)$：距抽水孔 r 处任一时间 t 的水位降深；a：压力传导系数，m^2/d。

(1) 试算法

已知压力传导系数 a，导数系数 T，渗透系数 k，弹性释水系数 u^*，t_1，t_2时刻测得抽水孔水位降深 s_2和观测孔水位降深 s_1，主要用下式求解。

$$\frac{s_1}{s_2}=\frac{\lg\frac{2.25at_1}{r^2}}{\lg\frac{2.25at_2}{r^2}} \tag{9.23}$$

设 $\beta=\frac{s_1}{s_2}$为纵坐标，a 为横坐标。用已知观测时间 t_1、t_2和任意给定的 a_1，a_2，…，a_n代入上式，求相应的 β_1，β_2，…，β_n值 t 绘制$\beta=f(a)$关系曲线。根据抽水孔、观测孔实际所获得的 s_1，s_2，得实测 $\beta_{实}=\frac{s_1}{s_2}$。在 $\beta=f(a)$关系曲线上得到实际 a 值。将所计算的 a 值代入上述s_1或 s_2计算公式中求得导水系数 T。渗透系数 $k=\frac{T}{M}$，弹性释水系数 $\mu^*=\frac{T}{a}$。

为避免作图的不方便，注意时间 t 采取抽水 2 h 后观测，且在 t_1和 t_2间隔不小于 4～5 h。

(2) 降深—时间双对数($\lg s-\lg t$)法

非稳定流计算公式：

$$s(r,t)=\frac{2.3Q}{4\pi T}W(u) \tag{9.24}$$

$$u=\frac{r^2}{4at} \tag{9.25}$$

$$t=\frac{r^2}{4a}\frac{1}{u} \tag{9.26}$$

配线的做法：

① 将观测孔不同时间测得的水位降深值，点绘在透明的双对数纸上，然后将双对数纸重登在理论标准曲线(量板)上，使实测点完全重合在理论标准曲线上(注意：对数纸与量板要采用同一模数，且纵横坐标必须平行)。

② 读出相应的 $W(u)$，s，$\frac{1}{u}$，t 值带入$s(r,t)=\frac{2.3Q}{4\pi T}W(u)$，$t=\frac{r^2}{4a}\frac{1}{u}$，求得 T，a 随之再求得 k，μ^*。此方法主要用于一个观测孔(图 9.23)。

(3) 降深—距离双对数($\lg s-\lg r^2$)法

与降深—时间曲线法一样，点绘同一时间各观测孔 $s-r^2$ 关系曲线，重叠在 $W(u)-u$ 理论曲线上(注意纵横坐标平行)，求 a，T，k 和s。此方法主要用于有数个观测孔的条件下。

(4) 直线解析法

绘制 $s-\lg t$ 曲线，设在 t_1时间测定降深 s_1，t_2时间测定降深 s_2，有 $s_2-s_1=\Delta s$，

$$T=\frac{0.183Q}{\Delta s} \tag{9.27}$$

当 $\Delta s=0$ 时，$t_1=t_0$ 有

$$a=\frac{r^2}{2.25t_0} \tag{9.28}$$

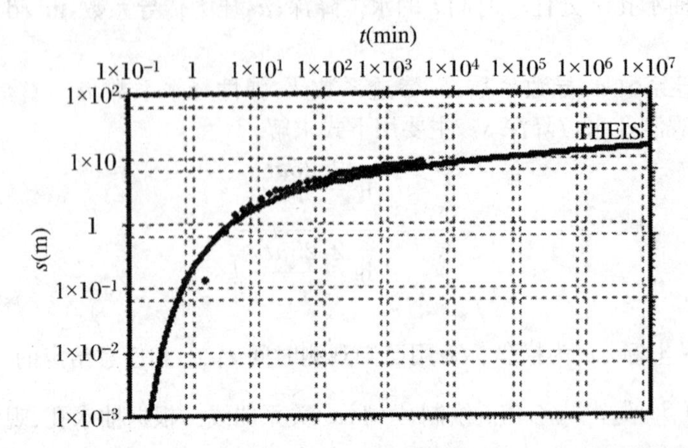

图 9.23　某抽水孔运用 Aquifertes 软件生成的 lg s - lg t 关系曲线图

同样，渗透系数 $k=\dfrac{T}{M}$，弹性释水系数 $\mu^*=\dfrac{T}{a}$。某抽水孔计算结果如图 9.24 所示。

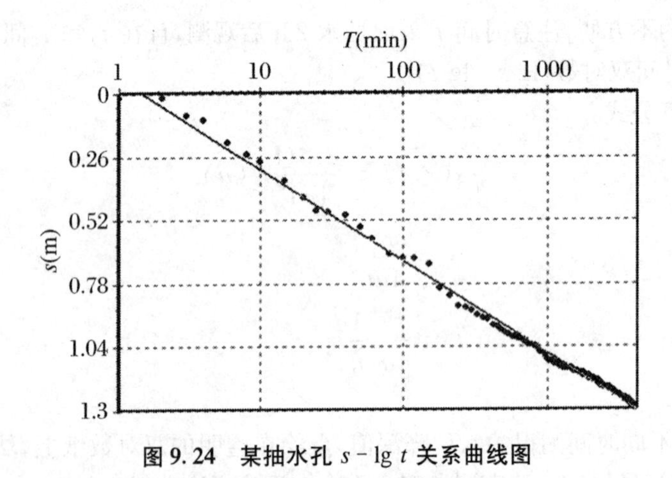

图 9.24　某抽水孔 s - lg t 关系曲线图

采用直线解析法常因人为误差导致直线斜率和截距的不准确，而影响计算结果。实际工作中可先用最小二乘法推求直线方程斜率和截距后，再用上述方法求参。

(5) 水位恢复法

① 计算原理

如不考虑水头惯性滞后动态，水井以流量 Q 持续抽水 t_p时间后停抽恢复水位，那么在时刻($t>t_p$)的剩余降深 s'(原始水位与抽停后某时刻水位之差)，可理解为流量 Q 继续抽水一直延续到 t 时刻的降深和从停抽时刻起以流量 Q 注水 $t-t_p$时间的水位抬升的叠加。两者均可用 Theis 公式计算。故有：

$$s'=\frac{Q}{4\pi T}\left[W\left(\frac{r^2u^*}{4Tt}\right)-W\left(\frac{r^2u^*}{4Tt'}\right)\right] \tag{9.24}$$

式中，$t' = t - t_p$。当$\frac{r^2 u^*}{4Tt'} \leqslant 0.01$时，式可简化为

$$s' = \frac{2.3Q}{4\pi T}\left(\lg\frac{2.25Tt}{r^2 u^*} - \lg\frac{2.25Tt'}{r^2 u^*}\right) = \frac{2.3Q}{4\pi T}\lg\frac{t}{t'} \tag{9.25}$$

式(9.25)表明，s'和$\lg\frac{t}{t'}$呈线性关系，$i = \frac{2.3Q}{4\pi T}$，为直线斜率。利用水位恢复实验资料绘出$s' - \lg\frac{t}{t'}$曲线，求得其直线段斜率i，由此可计算参数T：

$$T = 0.183\frac{Q}{i} \tag{9.26}$$

又根据

$$s_p = \frac{2.3Q}{4\pi T}\lg\frac{2.25at_p}{r^2}$$

将求出的T代入，可得：

$$s = aQ^b \tag{9.27}$$

利用式(9.27)可求出导压系数a和贮水系数u^*。

此方法优点是排除了抽水过程中的一些干扰因素，是常被采用的方法。

② 计算实例

为探查淮北煤田青东煤矿四含水在勘查阶段共进行7次稳定流抽水实验，如6-1孔抽水段和水位恢复段的时间—水位曲线如图9.24所示。该孔抽水是单孔单次降深抽水，抽水前观测81小时的自然静止水位，符合稳定标准后采用空压机进行单次降深稳定流抽水实验，抽水持续时间为40 h，流量为0.014 L/s，对应的水位降深分布为42.64 m，水位恢复时间91 h，水位恢复较慢，如图9.25所示。

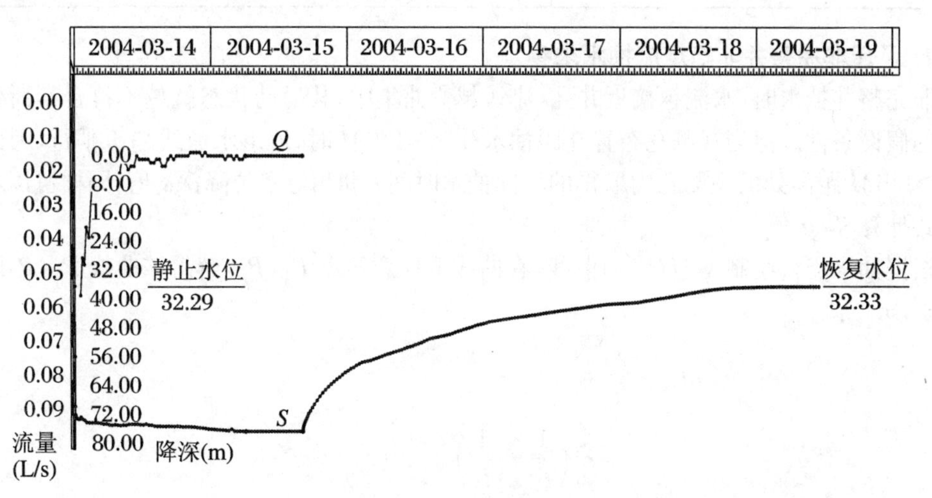

图9.25　6-1孔历时曲线

选用水位恢复阶段的数据，根据$s' - \lg(t/t')$曲线斜率方法，运用Aquifertest软件，计算得四含各钻孔所对应参数。利用Aquifertest软件进行曲线拟合，该钻孔拟合曲线如图9.26所示。

根据Aquifertest软件进行的曲线拟合，得出整个井田四含7个钻孔所对应含水层参数

如表9.3所示。

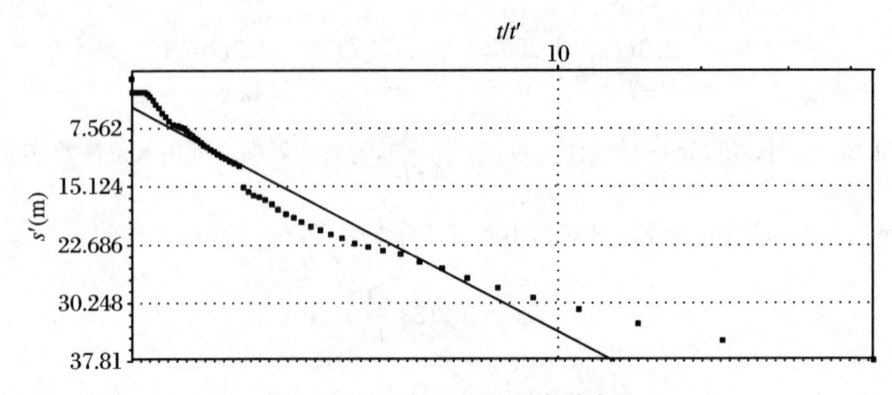

图9.26 6-1孔 Aquifertest 软件成图

表9.3 含水层参数计算结果

钻孔号	井半径 r_w(m)	含水层厚度 M(m)	渗透系数 k(m/d)	储水系数 u^*
9-10-2	0.0635	3.00	0.822	1.1×10^{-5}
5-5	0.0635	6.6	0.0312	1.01×10^{-6}
6-1	0.0635	3.3	0.00719	2.06×10^{-6}
09观1	0.065	1.05	0.0466	3.41×10^{-6}
09观2	0.065	3.24	0.41	2.06×10^{-6}
2013-水1	0.054	7.85	0.0011	1.2×10^{-6}
2013-水2	0.054	3.97	0.0019	1.28×10^{-6}

2. 承压非完整井非稳定流抽水求参

非完整井抽水时，水流越接近井孔，流线越弯曲集中，其运动状态就越不符合泰斯公式平面流的假设条件。但当观测孔布置在距抽水孔 $r\geqslant1.6M$ 时，地下水流线趋于平行，因此根据在 $r\geqslant1.6M$ 距离处的观测孔内取得的不同抽水时间 t 和相应水位降深 s 值，同样可以利用泰斯公式计算 T，a 值。

根据抽水资料绘制 $s-f(\lg t)$ 曲线，在曲线上任意两点 P_1，P_2，解得该曲线 P_1，P_2 两点斜率(m_1，m_2)：

$$m_1=\frac{s_1}{t_1},\quad m_2=\frac{s_2}{t_2}$$

$$a=\frac{r^2\left(\dfrac{1}{t_2}-\dfrac{1}{t_1}\right)}{9.2(\lg m_1-\lg m_2)} \tag{9.28}$$

$$T=\frac{2.3Q}{4\pi}\exp\left[\frac{2.3(t_1\lg m_1-t_2\lg m_2)}{t_1-t_2}\right] \tag{9.29}$$

式中，m_1，m_2：$s-f(\lg t)$ 曲线上相应 $\lg t_1$，$\lg t_2$ 点的斜率；

t_1，t_2：测得观测孔水位降深 s_1，s_2 时的时间，min。

（二）潜水完整井非稳定流抽水求参

1. 布尔顿公式

含水层均质、等厚、底板水平埋藏，考虑含水层滞后重力释水。计算公式为

$$s = \frac{Q}{4\pi T}W\left(u_{x,y}, \frac{r}{D}\right) \tag{9.30}$$

式中，$W(u_{x,y}, r/D)$：潜水完整井布尔顿井函数。

抽水前期：

$$u = u_a = \frac{r^2\mu^*}{4Tt} \tag{9.31}$$

抽水后期：

$$u = u_y = \frac{r^2\mu}{4Tt} \tag{9.32}$$

2. 纽曼公式

含水层不厚，各向异性，潜水面无垂向补给，水位降深远远小于含水层厚度，考虑了抽水时含水层内垂直方向水力梯度变化。计算公式为

$$s = \frac{Q}{4\pi T}s_{\mathrm{d}}(t_{s,y}, \beta) \tag{9.33}$$

$$t_{s,y} = t_s = \frac{Tt}{r^2 s_a} \tag{9.34}$$

$$t_{s,y} = t_y = \frac{Tt}{r^2 s_y} \tag{9.35}$$

$$\beta = \frac{r^2 k_z}{M^2 k_{\mathrm{r}}} \tag{9.36}$$

式中，$s_{\mathrm{d}}(t_{s,y}, \beta)$：潜水完整井纽曼模型井函数；

k_r：水平渗透系数，m/d；

k_z：垂向渗透系数，m/d；

r：观测孔与抽水孔距离，m；

s：观测孔水位降深，m；

Q：抽水孔抽水量，m^3/d。

3. 二元结构计算公式

潜水—微承压水含水层分为上下两个部分，上部分为弱透水层潜水，有自由水面，垂向渗透系数 k_z，水位变动带释水率 s_y，弱透水层厚度 M'，水位降深 s'；下部为微承压含水层，厚度为 M，弹性释水系数 μ^*，导水系数 T，水头略高于弱透水层自由水面。抽水时，下部微承压含水层有汇点径向流，水头迅速下降，与自由水面逐渐合成一体。上部弱透水层向下释水补给下部微承压含水层。下部微承压含水层的水位降深计算公式如下：

$$s = \frac{Q}{4\pi T}W\left(u_{\mathrm{e}}, \frac{r}{B}\right) \tag{9.37}$$

$$u_{\mathrm{e}} = \frac{\mu^* r^2}{4Tt} \tag{9.38}$$

$$s = \frac{Q}{4\pi T}W\left(u_{\mathrm{d}}, \frac{r}{B}\right) \tag{9.39}$$

$$u_{\mathrm{d}} = \frac{s_y r^2}{4Tt} \tag{9.40}$$

$$B = \sqrt{\frac{TM}{k_z}} \tag{9.41}$$

用 $s - \lg t$ 双对数量板法，采用布尔顿、纽曼和二元结构计算公式求参，都可以得到较满意的结果。以布尔顿公式为例，其主要步骤如下：

(1) 将抽水资料用双对数纸点绘 $\lg s = f(\lg t)$ 曲线，并绘在标准曲线 A 上，注意纵横生标保持平行，尽可能将初期曲线与标准曲线 A 重合。

(2) 记下重合曲线上$\frac{r}{D}$值，任选一点并在标准曲线上读出 $s, \frac{1}{u}, W\left(u, \frac{r}{D}\right)$及 t 坐标值，求出 T 和μ^* 。

(3) 将资料曲线水平方向移动，尽可能使资料后期曲线与标准曲线 Y 重合(注意曲线前段$\frac{r}{D}$值与后段$\frac{r}{D}$值一致)，同样读出 $s, \frac{1}{u_y}, W\left(u_y, \frac{r}{D}\right)$及 t 坐标值，求出 T 和s_y。

以上步骤同样可以应用到纽曼公式和二元结构公式中，只要采用相应的井函数/前期与后期水位降深公式、各自标准曲线特征值$\left(与\frac{r}{D}相对应的\beta, \frac{r}{B}\right)$即可。同时要注意前期曲线和后期曲线配线时要在同一特征值的标准曲线上。

(三) 越流含水层求参

(1) 承压含水层受上部弱透水层补给，弱透水层储水系数忽略不计，有一个抽水孔和一个观测孔(必须打入越流补给含水层中)。任一点水位降深的解为

$$s = \frac{Q}{4\pi T}W\left(u, \frac{r}{B}\right) = \frac{0.08Q}{T}W\left(u, \frac{r}{B}\right) \tag{9.42}$$

导水系数：

$$T = \frac{0.08Q}{s}W\left(u, \frac{r}{B}\right) \tag{9.43}$$

越流含水层释水系数：

$$\mu^* = \frac{4Tt}{r^2 u} \tag{9.44}$$

$$B = \frac{r}{\left(\frac{r}{B}\right)} \tag{9.45}$$

越流系数：

$$\frac{k'}{M'} = \frac{T}{B^2} \tag{9.46}$$

渗透系数：

$$k = \frac{T}{M} \tag{9.47}$$

压力传导系数：

$$a = \frac{T}{\mu^*} \tag{9.48}$$

(2) 考虑若透水层释水，越流供给层为弱透水层，可位于越流层之上或之下。任一点水位降深的解为：

$$s = \frac{Q}{4\pi T}W(u,\beta) = \frac{0.08Q}{T}W(u,\beta) \tag{9.49}$$

$$T = \frac{0.08Q}{S}W(u,\beta) \tag{9.50}$$

$$\mu^* = \frac{4Tt}{r^2 u'} \tag{9.51}$$

$$\frac{\mu^{*\prime} k'}{M'} = Ts\,\frac{16\beta^2}{r^2} \tag{9.52}$$

式中，u'：井函数自变量；

M'：弱透水层厚度，m；

k：越流含水层渗透系数，m/d；

k'：弱透水层渗透系数，m/d；

s：任一点水位降深，m；

M：越补层厚度，m；

T：导水系数，m^2/d；

r：计算点与抽水孔轴心的距离，m；

$\frac{k'}{M'}$：越流系数，d^{-1}。

第十章　其他技术方法在煤矿水文地质研究中的应用

第一节　遥感技术

随着计算机技术的发展，遥感技术已在许多领域得到广泛应用。在水文地质研究方面，自1961年起科学家利用热红外航空相片提取地形信息和简单水循环模型判断地下水存在，参照指示植被初步判断流出带和地下水补给以来，遥感技术在地下水研究中的应用已有40多年的历史。其后，多时相、多波段、多角度、高光谱和微波多极化等多源遥感数据也广泛用于对地下水源的地质条件的解译分析和提取，且取得了大量成果。近年来，随着计算机图像和计算机巨容运算速度等瓶颈技术问题的解决，地下水遥感监测技术研究快速发展，遥感数据源更加丰富，出现了RS，GIS，GPS的"3S"一体化应用研究方向。

一、应用途径

遥感技术在地下水研究中的应用主要包括以下几个方面。

（一）在水源探查方面的应用

由于遥感影像视域大、信息比较详尽，因此能完全显示整个贮水构造或整个水文地质单元的基本特征，从而能使岩土中构造规模、性质和应力集中部位较方便地被判读出来，据此就可以推断地下水的补给、径流、排泄特征和富水地段。通过遥感技术，可获得许多有用的地下水信息，可避免盲目找水，从而减少工作量。

（二）在地下水水质评价中的应用

地下水—潜水的分布与植被的生长状态有着密切关联，而植被的生长受气候、岩性、地貌、水文地质条件等因素控制，尤其是与区域浅层地表关系密切。在气候、土壤湿度变化不大的情况下，地下水的水文要素，诸如埋深、溶解性总固体、水化学类型等对植被生长有重要影响，可以通过遥感图像中植被种群、植被覆盖度的差异判读、研究地下水的排泄点（区）和地下水的埋深、溶解性总固体和水化学类型等。

国外学者利用植被生长状况判断埋深浅的地下潜水的含盐量，用以证明植被对阿根廷拉大草原的浅层潜水含盐量具有调整作用。也有学者利用植被信息了解地下水局部受烃类污染状况。

（三）在地下水径流系统研究中的应用

在地下水的补给、径流、排泄途径中，在排泄区很有可能出现出露地表现象，此处地下水位接近地表，而这种情形在一些冲积区遥感图像上可以被解译出来。在地下水研究中，通过遥感图像目视解译可获取自然地理类型，编制地物状况图，对研究计算地下水污染状况和估算地下水蒸发量及地下水补给量非常有用。

二、发展方向

目前，地下水资源的监测，主要靠对水文地质特征、地下水所处的环境因素和岩层构造条件的目视解译以及用常规的计算机数据统计方法来分析遥感数据。遥感最终目标是解决实际应用问题，但仅靠目视解译和常规数据统计方法分析遥感数据，其精度难以提高，应用效率相对较低。只有通过对遥感数据进行定量处理和分析，建立遥感信息模型，才能可靠和高效地解决地下水遥感监测信息快速处理、分析和提取问题。因此，遥感信息定量反演模型将在地下水反演工作中得到进一步发展和应用。

第二节　地理信息系统技术

一、GIS 概述

地理信息系统，简称 GIS(Geographical Information System)，它是 20 世纪 60 年代开始迅速发展起来的地理学研究技术，是多种学科交叉的产物。地理信息系统，是一种以地理空间数据库为基础，采用地理模型分析方法，适时提供多种空间的和动态的地理信息，为地理研究和地理决策服务的计算机技术系统。GIS 是计算机和空间数据分析方法作用于许多相关学科后发展起来的一门边缘学科。

地理信息系统是一种很重要的空间数据处理系统，其基本模块包括空间数据的组织、查询、可视化以及空间关系分析和决策支持。在计算机软件和硬件支持下，建立属性数据库，描述客观世界的各种属性数据，将其按地理坐标或空间位置输入计算机并在其中存储更新、查询检索、量测运算、综合分析和运用、可视化表达和输出，为各个领域的规划、管理、研究决策快速准确方便地提供信息，并能以数字、图形和多媒体等很多方式显示结果。

我国 GIS 的发展较晚，经历了 4 个阶段——起步阶段(1970～1980 年)、准备阶段(1980～1985 年)、发展阶段(1985～1995 年)、产业化阶段(1995 年以后)。20 世纪 90 年代以来，地理信息系统在全球得到空前迅速发展，广泛应用于资源调查、环境评估、区域发展规划、公共设施管理、交通安全等领域，成为一个跨学科、多方向的研究领域。

（一）基本概念

GIS 的定义有很多种不同的表述，站在不同的角度有不同的定义。有的从地学角度定义，有的从计算机技术角度定义，也有的从信息技术角度定义。而地理空间分析的三个基本要素——空间位置、属性和时间，一般在 GIS 概念描述中都会包括。

D.J. Maguire 把现有 GIS 定义归结为以下 4 类：

(1) 面向功能的定义——GIS 是采集、存储、检查、操作、分析和显示地理数据的系统。

(2) 面向应用的定义——根据应用领域不同，将 GIS 分为各类应用系统，例如土地信息系统、城市信息系统、规划信息系统、空间决策支持系统等。

(3) 工具箱定义方式——GIS是一组用来采集、存储、查询、变换和显示空间数据的工具集合。这种定义强调GIS是提供用于处理地理数据的工具。

(4) 基于数据库的定义——GIS是这样一类数据库系统,其数据有空间次序,且提供一个对数据进行操作的集合,用以回答对数据库中空间实体的查询。

(二) 基本特征

GIS具有以下三个方面的特征:

(1) 具有采集、管理、分析和输出多种地理空间信息的能力,具有空间性和动态性。

(2) 以地理研究和地理决策为目的,以地理模型方法为手段,具有区域空间分析、多要素综合分析和动态预测能力,可产生高层次地理信息。

(3) 由计算机系统支持进行空间地理数据管理,并由计算机程序模拟尝试的或专门的地理分析方法,作用于空间数据并产生有用信息,可完成人类难以完成的任务。地理信息系统从外部看表现为计算机软硬件系统,从内涵看是由计算机程序和地理数据组织而成的地理空间信息模型,是一个逻辑缩小的、高度信息化的信息管理系统。

(三) 基本功能

GIS的功能概括起来可分为以下几个方面:

(1) 数据采集、检验和编辑功能——这是GIS的基本功能之一,主要用于获取数据,保持其数据库中的数据在内容和空间上的完整性、逻辑一致性、无错等。一般而言,GIS数据库的建设占整个系统建设投资的70%以上,因此信息共享与数据自动化输入是GIS研究的重要内容。

(2) 数据操作功能——包括数据格式化、转换和概化。数据的格式化,是指不同数据结构的数据间的转换,这是一种耗时、易错,需进行大量计算的工作。数据转换包括数据格式转化、数据比例尺的变换等。数据概化,包括数据平滑、特征集结等。

(3) 数据的存储和组织功能——包括空间数据和属性数据的组织。栅格模型、矢量模型或栅格/矢量混合模型是一种常用的空间数据组织方法。目前,属性数据的组织方式有层次结构、网状结构和关系型数据库管理系统(RDBMS)等。其中,RDBMS是目前应用最为广泛的数据库管理系统。在地理数据的存储和组织中,最为关键的是如何将空间数据与属性数据融为一体。现行系统大多将二者分开存储,通过公共项(一般定义为地物标志)来连接,这种方式的缺点是无法有效地记录地物在时间域的变化属性,导致数据定义与数据操作相对分离。目前,时域GIS、面向对象DB的设计都在努力解决这方面的问题。

(4) 空间分析功能——这是GIS的核心功能,也是与其他系统的根本区别。GIS的空间分析功能有三个不同层次——第一是空间检索,包括从空间位置检索空间物体及其属性和从属性检索空间物体;第二是空间拓扑叠加分析,空间拓扑叠加实现了输入特征的属性合并和特征属性在空间上的连接,其本质是空间意义上的布尔运算;第三是空间模拟分析,该层次的应用和研究亦可分为三类:GIS外部空间模型分析、GIS内部空间模型分析和混合型空间模型分析。作为空间信息自动处理和分析系统,GIS的功能贯穿了“数据采集—分析—决策应用”的全过程。

(5) 分析、查询、检索、统计和计算功能——模型分析是在GIS支持下分析和解决问题的方法体现,是GIS应用深化的重要标志,如图形、图像叠合和分离功能、缓冲区功能、数据提炼功能和分析功能等。利用GIS可以方便地进行有用信息的检索和查询(通过菜单或命令),通过模型数据库可以方便地进行统计和计算。

(6) 空间显示功能——GIS 良好的用户界面、二维和三维的动态显示功能、直观和方便的显示方式对辅助决策极为有用，特别是政府对 GIS 的需求是多层次和全方位的，因此简便而具有鲜明特点的显示功能很有价值。

(7) 数据更新——数据更新是以新的数据项或记录替换数据文件或数据库中相应的数据项或记录，它是通过修改、删除和再插入等一系列操作实现的。数据更新是 GIS 建立地理数据时间序列，以满足动态分析前提。

二、在水文地质研究中的应用

GIS 在水文地质方面的应用是其应用的一个方面，在国外已经非常广泛，但在国内才刚刚起步。1993 年 3 月在美国亚拉巴马州莫比尔市举行了“地理信息系统和水资源专题讨论会”，讨论内容除 GIS 软硬件、遥感、扫描图像等技术方面的问题外，在地下水的应用方面还讨论涉及地下水模型、水质和水资源的利用等的问题。1993 年 4 月在奥地利维也纳召开了“地理信息系统在水文学和水资源管理中的应用”国际学术讨论会，在 8 个专题中涉及水文地质专业的有：决策系统和专家系统、遥感中 GIS 的方法学问题及其应用、GIS 在三维和四维问题中的应用、GIS 在水资源和环境管理中的应用以及 GIS 在地下水系统中的应用等 5 个专题。

根据目前已掌握的资料，GIS 在地下水方面的应用主要包括以下 7 方面的内容。

(一) 地下水管理决策

决策支持系统主要由 3 个部分组成——信息管理人员、分析工具和计算机用户界面。它利用数据库、模型库和方法库和很好的人机会话(用户界面)部件和图形部件，帮助决策者进行半结构化或非结构化决策的所有过程。GIS 对决策支持系统最主要和最有利的贡献是空间数据库的识别、空间数据的分析和图像显示。如 Sandia 环境决策系统(SEDSS)，按规定井网设计监测要求被设计成符合美国《资源保护和恢复法》(RCRA)中的地下水监测规则，至少要有 1 个上游井和 3 个下游井。

(二) 地下水定量模拟运算

多集中在单层和多层区域地下水流模型方面。模型定量地模拟地下水补给量、流量和地下水位，它们涉及 GIS 的信息交换、地下水模型的设计、模拟成果的可视化。如水量平衡模型在沙特阿拉伯西部的应用，它是在水文气象数据、地形图和遥感图像的基础上，用一维模型的数学积分研究沙特阿拉伯西部代表性干河谷的年水量平衡，修改了 Eagleson(1979)为沙特王国西南区域提出的模型，引入了非稳定流分量作为非饱和带的水量积累，考虑了统计暴雨参数和土坡特性，确定了地表水、散发量、持水量和充水量的功能参数，考虑了所有模型敏感性的输入参数，可以改善地表径流和地下水补给量的估算。

(三) 含水层识别

利用地理信息系统开发一个自动程序，用于识别阿肯色州东部向单井供水的基本含水层，利用 Arcinfo 软件生成阿肯色州东部密西西比河流域冲积含水层(浅层含水层)底板边界的空间图像，测定已知井点含水层底板深度，查明向各井供水的基本含水层是密西西比河流域冲积含水层还是深层含水层，得出了 23 500 眼井的取水目的层是冲积含水层。

(四) 地下水监测网设计

其基本目的是用地下水监测网设计分类法分析空间参考数据，使 GIS 性能一体化。GIS

能有效地完成许多与地下水监测网设计有关的任务,包括存贮位置数据和目标属性信息,由推导等高线内插水头值,计算主要距离变量值,编译和显示权重值,检验最优监测点。GIS生动的显示性能可用于迅速评价可替换权重方案的结果。

（五）空间数据有效管理

应用GIS可以快速和准确地进行数据设置、数据输入和对不同数据的特征进行比较。与人工方法比较,GIS在构成地下水流模型边界排列和基于岩石导水系数变化的排列方面更有效、更准确,尤其是在比较来自地质图、水井数据和区域表土厚度图三个方面的数据时十分有用。同时需指出的是,由GIS形成的一些数据也有可能是错误的,特别是地势起伏变化小的地区(包括宽阔的山谷、小山顶、高原区)的地表高度,因此对GIS形成的数据要仔细检查和校正。

（六）结合遥感数据识别径流带

将数据与地面实物相对照为识别干旱半干旱地区的地下水径流带提供了一个强有力的工具。在河床岩石地区由于主要孔隙少,开采时可用渗透率局部增大的特征直接发现断层带。如博茨瓦纳东南部半干旱地区的数据被用以解释SPOT卫星数据,在GIS内可结合野外数据和地理研究识别地下水开采的目标区。

（七）编制水文地质图

如南非共和国水利林业部(DWAF)是负责全国水资源管理的中央政府部门,其职责是在可以接受的风险程度和投资(随情况而变)的情况下,保证向所有的消费用户提供水量稳定、水质良好的水源。几十年来,南非已经历过最严重的干旱,许多地区已经不能根据地表水资源制订紧急供水方案,为扩大地下水供水量,DWAF利用GIS编制了1∶500 000的全国水文地质系列图。

第三节　同位素技术

自20世纪60年代以来,同位素技术在水文地质的各个领域已得到广泛应用,而且在解决某些问题上有着其他方法无可比拟的优越性,目前已形成一门新兴学科——同位素水文地质学。地下水研究中的同位素技术及其正确解释已是水文地质勘察技术和方法中的一个重要手段。可以预见,同位素技术作为研究地下水的一种有效手段有着广阔的发展前景。

在煤矿水文地质研究中,应用同位素可以研究地下水的起源与形成过程,判断地下水组分的来源,确定地下水的补给、径流、排泄条件,计算地下水在含水层中的停留时间,确定含水层之间以及含水层与大气降水、地表水之间的水力联系等多方面的水文地质学课题。本节主要介绍同位素在示踪地下水运动以及测定地下水年龄上的一些应用。关于同位素技术的基本原理这里不予赘述,只结合具体问题说明其应用。

一、示踪地下水运动

（一）研究地下水的补给来源

如果地下水有几种不同的补给来源,如不同地区的降水、几条河流或几层地下水的越流补给，由于不同的补给来源的水的蒸发、凝结条件各不相同，那么其 δD 和 $\delta^{18}O$ 值就会存在很大差异。据此，就可以判定出地下水的不同补给来源。

淮南煤田潘三矿位于淮河中游的冲积平原，地下水的补给、排泄等活动受矿区边界断层的影响，使矿区的水文地质条件相对独立。我国的大气降水线方程为

$$\delta D = 7.9\delta^{18}O + 8.2$$

根据潘三矿的3个地表水样中氢氧同位素含量的拟合曲线，得到潘三矿井及周边地区地表水的蒸发线方程

$$\delta D = 5.91\delta^{18}O - 7.78$$

在图10.1上，地表水的 $\delta D - \delta^{18}O$ 关系线处于大气降水线下方，反映出大气降水在地表上都要产生一定程度的蒸发效应。从各水样的分布位置看，除了太灰水和煤系水的少数水样点外，各含水层水样中的 $\delta D - \delta^{18}O$ 值大都位于国家大气降水线和矿区蒸发线的右下区，说明区内地下水的主要补给来源是大气降水。

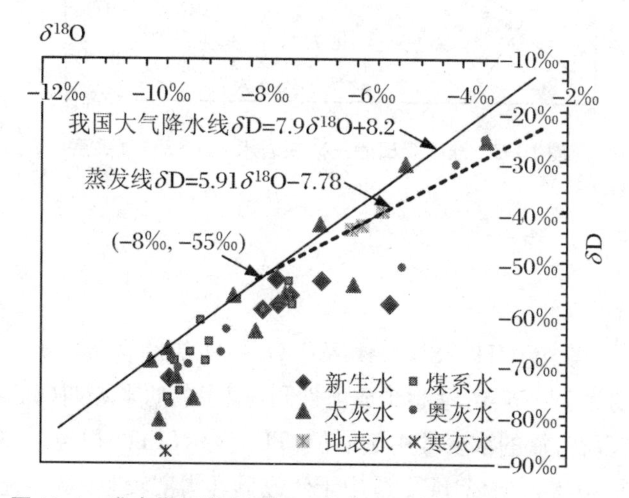

图10.1　淮南煤田淮南潘三矿各含水层水样 $\delta D - \delta^{18}O$ 关系

（二）确定不同水体之间的水力联系

不同水体中的水的同位素组成可能不同。比如：地表水水体由于在蒸发过程中富集重同位素，故使地表水的蒸发线均处于国家大气降水线下部，且可能高于地下水；不同含水层中地下水的同位素组成由于补给来源和循环环境的不同也可能存在差异。依据各个含水层的D和 ^{18}O 含量就可判定出它们之间的相互联系程度。

同样以淮南潘三矿为例，在潘三矿井附近地区，不同含水层中的（δD，$\delta^{18}O$）分布特征具有一定的相似性，个别水样点的分布相重合或相近，说明各含水层之间存在不同程度的水力联系。从图10.2上看，太灰水和奥灰水均表现为较大幅度的分布趋势，同时存在D漂移和 ^{18}O 漂移现象。用方框圈出的部分灰岩水样点D和 ^{18}O 漂移明显。这种 δD，$\delta^{18}O$ 的组成、分布特征，通常是由于含水层中深部古水和浅层水体发生混合作用造成的。水样点的 δD 和 $\delta^{18}O$ 组成的分布较为广泛，也说明区域内灰岩水的水文环境较为复杂。此外还可看出，相较于奥灰水，太灰水与地表水体的水力联系较为密切些。

太灰水和奥灰水的水样品，在图10.2中呈现出的 ^{18}O 漂移特征，是灰岩水与碳酸盐岩发生氧同位素交换反应的结果。而古冰期时大气降水中的 δD 和 $\delta^{18}O$ 含量比现在低，灰岩水

与深部古水混合后，则表现出同时具有 D，^{18}O 漂移的特征。由于冰期和全新世气候条件不同，从而导致降水的同位素组成发生变化，在合适的地质条件下保存在不同含水层中。整体上，奥灰水的 $\delta^{18}O$ 比太灰水要高些，说明在奥陶纪灰岩层中地表水和深部古水混合后滞留的时间较长，与组成碳酸盐岩的氧同位素交换反应更充分。

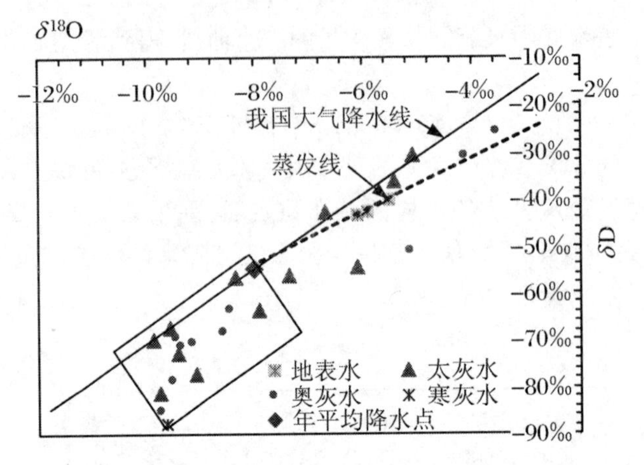

图 10.2 淮南煤田潘三矿灰岩水 $\delta D-\delta^{18}O$ 关系

二、测定地下水年龄

（一）原理概述

常用水体中的同位素^{14}C，^{3}H，^{32}Si，^{39}Ar 及$^{234}U/^{238}U$ 等的含量来测定水体的年龄。由于氚（T 或^{3}H）的半衰期为 12.26 年，远小于放射性同位素^{14}C 的半衰期（5 568～5 730 年），且在水中以 HTO 的形式存在，氚的浓度常用氚单位（TU）表示（1TU 相当于 10^{18} 个氢原子中含一个氚原子），即 $T/H=10^{-18}$。所以^{3}H 更适用于研究循环周期较短（50 年左右）的地下水，对于矿井水的定性或半定性研究效果良好。而^{14}C 更适用于研究循环周期较长的地下水。近年来，一些新的同位素示踪剂法，如 CFCs，SF_6，^{36}Cl，^{4}He 等方法也逐步应用到测定地下水年龄中来。

1. 利用氚确定地下水的年龄

氚（T 或^{3}H）是氢元素的一种放射性同位素，其原子量为 3.016 049，半衰期 $T_{1/2}$ 为 12.43 年。由于^{3}H 的半衰期比较短，因此利用^{3}H 的衰变进行测年一般适用于 50 年以内浅层的较年轻的地下水。1952 年以前，大气中^{3}H 浓度一般为 5～10 TU，但是从 1952 年之后，由于核爆原因，大量^{3}H 进入大气层，1962～1963 年北半球夏季观测到其最高浓度为 6 000 TU。核爆形成的^{3}H 进入到地下水系统中，可作为指示是否存在现代水补给的重要证据。由于目前大气中^{3}H 浓度明显低于核爆实验时的峰值，许多地区已接近核爆前的正常水平，使得^{3}H 输入函数难以确定，^{3}H 法确定地下水年龄的精确度明显下降。因此，目前不推荐使用该方法测年。

2. 利用^{14}C 确定地下水年龄

^{14}C 测年方法是确定地下水年龄的重要方法，是我国引入较早的年代学研究方法之一。^{14}C 的半衰期为 5 730 年，因此适用于研究年龄较老的地下水。估算地下水年龄的计算公式为

$$t = 1.443 \times T \times \ln \frac{A_0}{A} \tag{10.1}$$

式中，t：地下水的年龄，年；

T：^{14}C 的半衰期，取值 5 730 ± 40 年；

A_0：^{14}C 的初始浓度，以百分比表示；

A：^{14}C 在 t 时的浓度或实测的 ^{14}C 的浓度，以百分比表示。

地下水主要是由大气降水补给的，在形成过程中溶入了含一定量的 ^{14}C 的 CO_2，同时，它也进入了与大气相对隔绝的非交换库。地下水中 ^{14}C 含量因衰变而降低，使得 ^{14}C 成为一种时钟。^{14}C 测年是比较传统的方法，在地下水资源研究和评价中发挥着重要作用，但随着研究的深入，发现该方法也存在一些问题需要解决。水中含碳物质的形成和地下水的运动成为影响利用 ^{14}C 测定地下水年龄的两大问题。

3. CFC 测年

CFC 是 Chlorofluorocarbons（氯氟烃俗称氟利昂）的缩写，是一类人工合成的有机物，20 世纪 30 年代开始大量生产，用作制冷剂、发泡剂、清洁剂和生产橡胶塑料等。早期市场上以 CFC-11 和 CFC-12 为主，20 世纪 70 年代后 CFC-113 用量逐渐增加。由于其特有的挥发性，世界上生产的 90%以上的氟利昂都最终进入到大气圈和水圈中。地下水 CFC 测年技术是近十年发展起来的一种新方法。通过测定地下水中溶解的碳氯氟化合物来确定地下水的补给年龄，揭示地下水的运动规律。它是研究地表水与地下水相互作用的有效工具，也是对氚测年方法的重要补充。CFC 方法测年主要是通过测试地下水中的 CFC-11，CFC-12 及 CFC-113 三种化合物来确定地下水的表观年龄。1945 年以后的地下水中，都可以检测出来 CFC，因此该方法适用于确定近 50 年以来补给的地下水的年龄。地下水中存在 CFC 可以说明：一是存在 1945 年以来补给的地下水，二是老水与 50 年代以来的地下水发生了混合。

（二）应用实例

临涣矿区地处淮北平原，跨宿州、濉溪、蒙城、涡阳等市县，矿区整体水文地质工程条件很复杂。该区主要矿井充水地层有：厚层新生代冲洪积物底部孔隙含水层、煤系砂岩裂隙含水层以及煤系下伏的太原组及奥陶纪灰岩岩溶含水层。利用地下水放射性环境同位素 ^{14}C 检测，可测定临涣矿区地下水年龄。

采用合成苯测定法测定 5 个有效水样中 ^{14}C 的年代，测定结果见表 10.1。从 ^{14}C 测定结果可见，该矿区深部各含水层中地下水年龄一般在 2 万年左右。尽管因条件所限，未对测定年龄值做进一步的修正，但结合 D 与 ^{18}O 的低含量特性，足以确信，矿井各充水地层中地下水的主体为冰期形成的古溶滤—渗入水。这也更充分表明了深部各含水层地下水体循环流动性差，缺乏近期降水补给的特点。

表 10.1　^{14}C 年龄分布（葛晓光，1999）

地点	临涣	临涣	海孜	海孜	童亭
层位	底含	太灰	太灰	砂岩	砂岩
^{14}C 年龄（千年）	19.8 ± 0.31	19.3 ± 0.25	20.4 ± 0.66	20.7 ± 0.63	22.3 ± 0.58

第四节 数值模拟技术

由于可以较好地反映复杂条件下的地下水流状态且具有较高的仿真度，数值模拟法已成为当前地下水资源评价中的重要方法。传统的数值模拟过程复杂繁琐，随着科学技术的发展，在人机交互、计算机图形学等可视化技术推动下，国际上地下水模拟软件得到了巨大发展，出现了一批功能强大且应用广泛的数值模拟软件，主要有 MODFLOW，Visual MODFLOW，FEFLOW 和 GMS 等。这些模拟软件以其有效性、灵活性和相对廉价性的优点而在地下水数值模拟研究中发挥着越来越重要的作用，极大地提高了地下水数值模拟效率。

一、MODFLOW

MODFLOW（modular three-dimensional finite-difference groundwater flow model）是由美国地质调查局（U. S. Geological Survey）的 G. McDanald 和 W. Harbaugh 于 20 世纪 80 年代开发出的一套专门用于孔隙介质地下水二维有限差分法的数值模拟软件。

（一）应用范围

MODFLOW 除了模拟地下水在孔隙介质中流动外，也可以用以解决地下水在裂隙介质中流动的问题，经过合理的线性化处理后还可以用以解决空气在土壤中的运动问题以及溶质的运移问题。该软件自问世以来，在国内外有关领域得到广泛应用，已成为普及最广的地下水运动数值模拟的计算机程序。

（二）基本特点

1. 模块化结构设计

一方面将具相似功能的子程序组合成子程序包，主要包括水井、补给、河流、沟渠、蒸发蒸腾和通用水头边界等；另一方面使用户可按实际需要选用其中某些子程序包进行地下水运动的数值模拟。另外，这种模块化结构使程序易于理解、修改，并可为二次开发添加新的子程序包。自从 MODFLOW 问世以来，有许多新的子程序包被开发出来，例如 1993 年 P. A. Hsieh 开发了模拟水平流动障碍的子程序，1998 年 D. E. Prudic 开发了模拟河流与含水层之间水力联系的子程序，1998 年 S. A. Leake 开发了模拟抽水引起地面沉降的子程序，这些子程序包拓展了 MODFLOW 的应用范围。

2. 离散方法简单

在空间离散上，MODFLOW 对含水层采用等距或不等距正交的长方体剖分网格，这种剖分的优点在于使用户易于准备数据文件、便于输入文件的规范化。MODFLOW 模拟系统引入了应力期概念。整个模拟期可划分为若干个应力期，每个应力期内的外应力（如抽水量、蒸发量、补给量等）保持不变；每个应力期可再划分为若干时间段，各时间段既可按等步长，也可按一个规定的几何序列逐渐增长；通过对有限差分方程组的求解可得到每个时间段的水头值。因此每个模拟应包括三大循环：应力期循环、时间段循环和求解循环。

3. 求解方法多样

求解的方法可以分为直接求解方法和迭代求解方法。MODFLOW 原来含有两种迭代求解子程序包——SIP方法，又称为强隐式法；SOR方法，又称为逐次超松弛迭代法。由于MODFLOW的模块化结构，Mary Hill于1990年设计增加了一种新的迭代子程序包又称PCG子程序包，求解方法为预调共轭梯度迭代法。

因为MODFLOW具有多个求解子程序包，所以一方面用户可以根据问题的实际情况选用比较合适的求解方法；另一方面对于某一特定的实际问题，由于水文地质条件复杂，用户选择不同的求解子程序包可能都会收敛，也可能只收敛于一种(或几种)求解方法而不收敛于另一种(或几种)求解方法。国内外多项应用成果表明，SIP法和PCG法实用可靠，SOR法因其求解精度低而不宜采用。

4. 子程序包功能

MODFLOW包括一个主程序和一系列相对独立的子程序包，每个子程序包又包括多个模块和子程序(图10.3)。

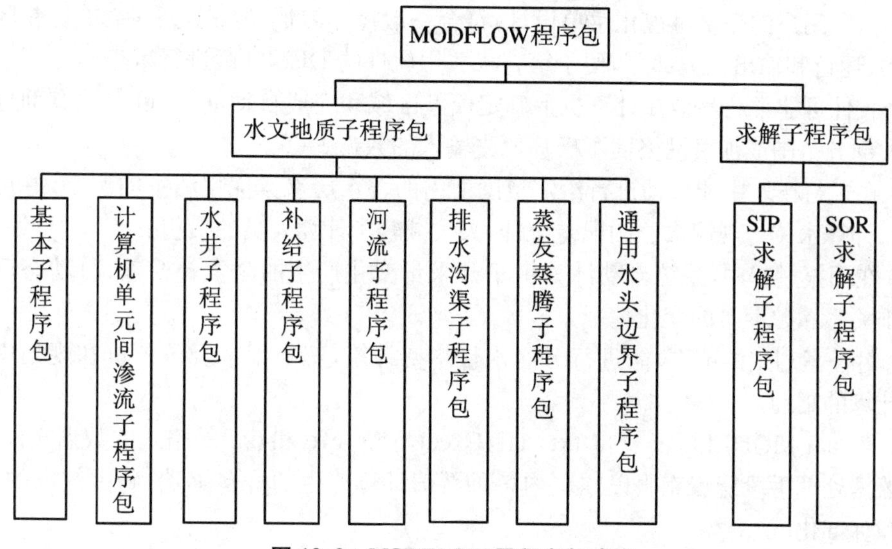

图10.3　MODFLOW子程序包功能

1988年版MODFLOW包括的子程序包分两大类：水文地质子程序包和求解子程序包。水文地质子程序包中包括一些与外应力有关的用于计算有限差分方程组系数矩阵的子程序包，如用于计算各单元间地下水渗流量的BCF子程序包(Block Centered Flow)和用于模拟不同外应力对地下水运动影响的子程序包(例如河流子程序包，可以用来计算地表水体与含水层之间的水力交换)。

二、Visual MODFLOW

Visual MODFLOW是目前国际上最新流行且被认可的三维地下水流和溶质运移模拟评价的标准可视化专业软件系统。该系统由加拿大Waterloo水文地质公司(Waterloo Hydrogeologic，Inc)在原MODFLOW软件基础上应用现代可视化技术开发而成，并于1994年8月首次在国际上公开发行。

(一) 结构特点

VMOD软件包由MODFLOW(水流评价)、MODPATH(平面和泡面流线示踪分析)和MT3D(溶质运移评价)三大部分组成，同时具有强大的图形可视界面功能。设计新颖的菜单结构允许用户非常容易地在计算机上直接圈定模型区域和计算单元的剖分，并可在计算机上方便地为各单元和边界条件赋值，从而真正地做到人机对话。如果剖分不太理想需要修改时，用户可选择有关菜单直接加密或删除局部网格以达到满意为止。同时，用户可选用不同的菜单单独或共同运行 MODFLOW、MODPATH 和 MT3D 三大部分。各部分均设计了模型识别和校正菜单。该软件包可方便地以平面和剖面两种方式，彩色立体显示计算模型的剖分网格、输入参数和输入结果。Visual MODFLOW 软件系统的最大特点是将数值模拟评价过程中的各个步骤有机地结合起来，从开始建模、输入和修改各类水文地质参数及几何参数、运行模型、反演校正参数，一直到显示输出结果。将整个过程从头至尾做到了系统化、规范化。

（二）优点

Visual MODFLOW 的界面为英语，其主要优点如下：

(1) 面向用户的完全可视化菜单设计，符合一般操作习惯，容易上手；菜单功能区简单划分为输入、运行和输出三大部分，便于审查机关用软件的 DEMO 版进行审查。

(2) 软件可非常容易地在计算机上确定模型区域和完成自动剖分，可在原有剖分基础上任意扩大剖分范围或加密网格而不破坏原先输入的数据。

(3) 在运行模块中能自动进行给定范围值内的含水层参数优化和垂向调整，并可自动进行观测孔计算水位与观测水位的误差统计，大大减轻了计算人员的负担。

(4) 在预报过程中，系统自动计算由于开采量变化产生的激发补给量，可动态反映地下水的补排关系和贮存量的变化情况。

(5) 对任意划定的范围，能进行分区水量均衡计算，解决了水资源评价和规划中水资源量分区计算的难题。

(6) Visual MODFLOW 支持 txt，dat，Excel，Mapinfo 和 dxf 等格式的数据文件，采用的可视化数据处理手段能够克服以往国内各种数值计算产生的许多弊端，确保数据的安全性、通用性和标准化。

(7) 输出模块可自动阅读每次模拟结果，可输出和打印等值线图、流速矢量图、水的渗流路径图、区段水均衡图，并可借助 Visual Groundwater 软件进行三维显示和输出，如三维等值面和三维路径。

（三）模块功能

Visual MODFLOW 界面设计的主要目的是增强模型数值模拟能力、简化三维建模的复杂性。界面设计包括三大彼此联系但又相当独立的模块，即输入（前处理）模块、运行（处理）模块和输出（后处理）模块。

1. 输入（前处理）模块

输入模块允许用户直接在计算机上对所有必要的输入参数进行赋值，以便自动生成一个新的三维渗流模型。当然，该模块也同时允许用户通过转化方式重新打开已经建立的 MODFLOW 或 FLOWPATH 模型。

2. 运行（处理）模块

运行模块允许用户修改 MODFLOW，MODPATH 和 MT3D 的各类参数和数值，包括初始估计值、各种计算方法的控制参数、激活疏放—饱水软件包和设计输出控制参数等，这些均已设计了缺省背景值。用户可根据自己模拟计算的需要，分别单独或共同执行水流模型

(MODFLOW)、流线示踪模型(MODPATH)和溶质运移模型(MT3D)。

3. 输出(后处理)模块

输出模块允许用户以三种不同方式展示其模拟结果。第一种方式就是在计算机屏幕上直接彩色立体显示所有的模拟结果;第二种方式就是直接在各类打印机上输出各种模拟评价的成果表格和成果图件;第三种方式就是将所有模拟结果以图形或文本文件格式输出。

（四）主要数据文件

Visual MODFLOW 从建模开始一直到模拟结束,以数据文件的形式保存了所有输入、输出信息。所有输入文件和一部分输出文件以 ASCII 格式储存,而另一部分输出文件为二进制格式。

主要的 MODFLOW 输入文件包括:*.VMB(边界条件和模拟区域文件)、*.VMG(网格坐标和每个方向的网格线数目以及单元标高文件)、*.VMO(水位观测孔的位置和编号文件)、*.VMP(各个含水层水文地质参数文件)和*.VMW(抽注水井空间位置和出水段标高以及水量文件)。

主要的 MODPATH 文件包括:*.VMA(示踪粒子有关信息的文件)。

主要的 MT3D 文件包括:*.MAD(溶质运移的对流数据文件)、*.MDS(溶质运移的弥散数据文件)、*.MCH(溶质运移化学反应的数据文件)和*.MSS(溶质源、汇项的数据文件)。

MODFLOW 的主要输出文件包括:*.HDS(等势线输出结果文件)、*.HVT(各个节点水头与时间关系的结果文件)、*.DDN(各个结点降深结果文件)和*.DVT(各个结点降深与时间关系结果文件)。

MODPATH 主要的输出文件包括:*.BGT(水均衡数据文件)、*.MPB(向后示踪信息文件)和*.MPF(向前示踪信息文件);

MT3D 的主要输出文件包括:*.UCN(浓度输出信息文件)和*.MAS(溶质质量平衡的输出文件)。

（五）应用前景

作为当代国际上最盛行的地下水资源评价的三维可视化标准专业软件系统包,Visual MODFLOW 具有系统化和可视化的优势。

该软件包使整个数值模拟过程系统化,从定义剖分建模开始到模拟计算运行,直到最后以图形、文字输出最终结果,具有一套完整的软件模块彼此紧密连接。可视化技术是展示分析数值模拟过程和最终结果的强有力工具,Visual MODFLOW 很好地体现了这项技术在地下水数值模拟评价过程中的应用效果。

Visual MODFLOW 在地下水模拟评价管理工作中具有以下几项重要且十分有效的功能:

(1) 水质点的向前、向后示踪流线模拟研究是其重要功能之一。MODPATH 是专门用于该项研究的模块。根据地下水稳定流数值模拟结果,MODPATH 可方便地计算出三维流线分布和任意时间水质点的移动位置。水质点示踪可分为向前和向后两种方式。所谓向前示踪,就是指将示踪水质点定义在地下水系统补给区,水质点由补给区示踪渗流至排泄区;而向后示踪,则是指将示踪水质点定义在地下水系统排泄区,水质点由排泄区示踪追溯返回到补给区,示踪流线图可在平面和剖面两种图上展示。Visual MODFLOW 的这个流线示踪功能对于我国地下水模拟评价工作具有非常重要的现实指导意义，它可以直接被运用于示踪确定一个水源地的地下水补给来源和补给通道等，并可计算出从地下水补给区渗流至研究区所经历的时间。

(2) 任意水均衡域的均衡研究是 Visual MODFLOW 在水资源评价工作中的另一个重要功能，是 Zone Budge 被用于计算任意水均衡域均衡结果的专门模块。用户根据自己的研究目的和需要，可在模拟区域任意选定水均衡计算的均衡区，通过执行 Zone Budge 模块可方便的得到所选定的均衡域和整个模型的所有水信息。这个功能可有力地帮助水资源评价用户直接确定研究区的侧向补给方式、补给量大小以及补给源的水质情况。此外，其另一个重要用途就是通过断裂构造所在均衡域的水均衡计算预测断裂导通量及其水质，这一点在矿区防治水工作中尤为重要。

(3) 直接允许用户接受地理信息系统(GIS)的输出数据文件和各种图形文件是 Visual MODFLOW 在水资源评价中的另一个特点。这个功能对于充分发挥具有强大空间信息处理和分析功能的 GIS 技术在数值模拟评价中的作用意义重大，也为开发研制地下水三维数值模拟和 GIS 耦合评价模型奠定了坚实基础。

(4) Visual MODFLOW 的另一个重要功能是可以自动识别和判断疏排含水层的疏放—饱水状态和其具体的分布范围，可直接应用判断确定大流量抽排含水层所处的水力状态和埋藏条件，这一功能对矿区长时间、大流量疏排强充水含水层具有重要的理论意义和实用价值。

(六) 注意事项

(1) 模型中没有为第二类边界条件赋值的菜单，可在第二类边界单元上通过 Wells 菜单加上注水井或开采井，以实现地下水的侧向补给或排泄。

(2) 在输入数据文件，如计算目的层的顶底板标高数据文件时，模型自动插值得到各单元的相应数据，则在一单元的各点上数据是相等的。因此，为了提高模拟的精度，剖分单元不能过大。

(3) 模型的计算步长依输入源汇项中最小的时间间隔确定。

三、Visual Groundwater

Visual Groundwater 是由加拿大 Waterloo 水文地质公司(Waterrloo HydrogeoIogic, Inc)开发的主要用于地下水模拟后处理的三维可视化和动画软件包，它把图形技术与专用工具有效结合起来用于处理、显示和动画等，可处理包括地层、土壤污染带、地下水高程、地下水浓度、地下水模拟结果在内的复杂的地下水表面数据。将 Visual Groundwater 与模拟软件集成使用，就可以构成可视化功能强大的地下水模拟平台环境。

Visual Groundwater 有一个钻孔数据管理系统，用于方便地输入和处理地形、地质、土壤化学、地下水高程和地下水化学数据等。数据可以采用直观的数据输入形式——人工输入，也可以由 ASCII 文件导入，然后采用 Natural Neighbour 插值法将钻孔数据插值成三维网格数据。三维差值子程序还可以用来计算土壤和地下水体积，VGw 转化器能够读入所有标准的 Visual Groundwater 类型的数据文件以及来自其他地下水模拟软件的网格化结果，软件还提供了将不规则分布的三维数据转换成网格数据的功能。

强大的可视化功能是 Visual Groundwater 的基本特征，它可以提供一个屏幕交互环境以显示、操纵、解译二维和三维图形对象数据，这些对象数据包括外形对象、线对象、变形切片、三维立体表面等。它可以提供一个专业的数据操纵系统，这种系统能够很容易地对带有异步时间步长的多重数据集进行同时旋转和动画。目前，绝大多数其他的三维可视化软件还无法实现这种实时动画。它还可以让使用者对每一个切片和三维立体对象选择颜色和透明级别。

四、FEFLOW

分散性水文模型(或流域水文动力学模型)是现代水文和环境学科发展中的一个热点。国际上已知的分散性水文模型多达十几种，但从理论性、通用性和软件使用的友好性上看，FEFLOW 是设计得比较好的一个。

20 世纪 70 年代末，联邦德国的 WASY 水资源规划和系统研究所开发了基于有限元法的 FEFLOW(Finite Element Subsurface Flow System)软件，它是迄今为止功能最为齐全的地下水模拟软件包。该软件包具有图形人机对话功能、地理信息系统数据接口、自动产生空间各种有限单元网格、空间参数区域化及快速精确的数值算法以及先进的图形视觉化技术等特点。在 FEFLOW 系统中，用户可以很方便迅速地产生空间有限单元网格、设置模型的参数、定义边界条件、运行数值模拟以及实时图形显示结果和成图。

从 FEFLOW 问世到现在，在理论研究和对实际问题的处理上，经过了不断发展、修改和提高的过程。其应用领域主要包括以下方面：

(1) 模拟地下水区域流场和地下水资源规划管理方案。

(2) 模拟矿区露天开采或地下开采对区域地下水的影响及其最优对策方案。

(3) 模拟由于近海岸地下水开采或者矿区抽排地下水引起的海水或深部咸水入侵问题。

(4) 模拟非饱和带和饱和带地下水流及其温度分布问题。

(5) 模拟污染物在地下水中的迁移过程及其时间空间分布规律(分析和评价工业污染物和城市废弃物堆放对地下水资源及生态和环境的影响。研究最优治理方案和对策)。

(6) 结合降水径流模型，联合动态模拟“降雨—地表水—地下水”水资源系统，分析水资源系统各组成部分之间的相互依赖关系，研究水资源合理利用以及生态和环境保护的影响方案等。

五、GMS 软件

GMS(groundwater modeling system)是美国 Brigham Young University 环境模型研究实验室和美国军队排水工程实验工作站，在综合 MODFLOW，FEMWATER，MT3DMS，RT3D，SEAM3D，MODPATH，SEEP2D，NUFT 以及 UTCHEM 等已有地下水模拟软件基础上开发的用于地下水模拟的综合性界面软件。其图形界面由下拉菜单、编辑条、常用模块、工具栏、快捷键和帮助条等部分组成，使用便捷。由于 GMS 软件具有良好的使用界面，强大的前处理、后处理功能及优良的三维可视效果，目前已成为国际上最受欢迎的地下水模拟软件。

GMS 软件几乎可以用于模拟所有与地下水相关的水流和溶质运移问题，相比其他同类软件(如 MODFLOW 和 Visual MODFLOW)具有较大的优势。它模块多、功能全、使用范围广，且可以采用概念化方式建立水文地质概念模型，使该过程更直观、操作更方便。

六、Visual MODFLOW 在煤矿地下水开采中应用实例

以潘北矿为例，介绍 Visual MODFLOW 在煤矿地下水研究中的应用。在对淮南煤田潘北矿区浅层地下水文地质条件系统分析的基础上，建立了水文地质概念模型和三维非稳定流数学模型。利用目前国际上最流行的可视化三维地下水流模拟软件——Visual MODF-

LOW,对地下水模型进行求解与识别,并利用识别后模型,预测了未来在井群开采条件下的地下水位变化趋势,为地下水合理开采提供依据。

(一) 研究区概况

潘北矿区位于淮河冲积平原,地形平坦,地面标高一般在+21～+23 m。淮河为邻近本区的主要河流,矿井南缘有泥河,自西北而东南流入淮河。该河两岸地势低洼,雨季淮河水位上涨,易成内涝;矿井北部黑河系人工挖掘的农灌目的之季节性水渠,河床宽2～10 m,自西北向东流入淮河。区内还遍布人工开挖的渠道,用以灌溉、防洪、排涝。

本次数值模拟区域为该区的第二含水层(简称二含),二含属第四系更新统中下部,为河床相—河漫滩相沉积,含水层类型为孔隙承压含水层。顶界面埋深为39.15～69.20 m,一般为53～58 m,底界面埋深为87.90～108.90 m,由东向西底板埋深逐渐加深。岩性为灰色、灰黄色、灰绿色中细砂及黏土质砂,砂层主要成分为石英、长石,含少量暗色矿物;砂层厚度19.30～45.80 m,一般厚度为30～40 m,平均厚度为35.69 m,厚度变化不明显,勘探区内北部偏厚,向南逐渐变薄。

二含主要通过一含的越流补给,其次为侧向径流补给。二含地下水的排泄方式主要为人工开采及侧向径流。

本次供水水文地质勘察在二含中设置P_6孔抽水实验。实验场位于潘北矿工广区附近,布置8个观测孔,分平行和垂直勘探线的两条观测线布置(图10.4),其中P_{6-5}孔为第三含水层观测孔。

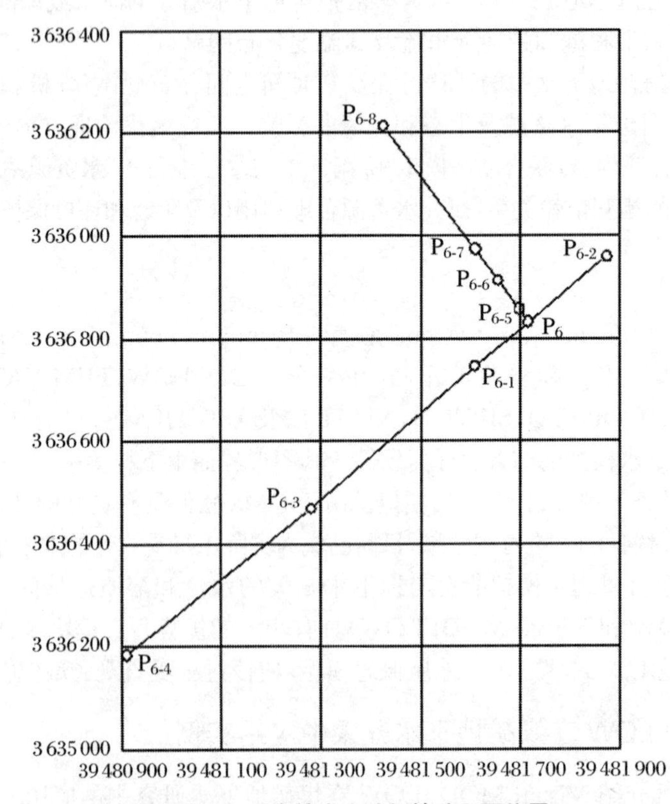

图10.4　二含抽水实验场钻孔平面位置

（二）水文地质概念模型

第一含水层为潜水，接受大气降水，其径流微弱，排泄方式主要为农业开采、地面蒸发及植物蒸腾以及垂直越流补给二含地下水。二含地下水的主要补给来源是一含的越流补给，其次为侧向径流补给，其径流方式以侧向径流为主。

根据研究区沉积条件以及二含的含水层结构特点，第一含水层与二含之间的隔水层厚度不大，隔水性能不好，因此，与二含之间易发生垂向上的水力联系；下部第二隔水层基本水平，隔水效果好，不考虑与第三含水层之间发生水力联系。根据选取的计算区范围，四周为侧向径流，可设为一类水头边界。通过分析，可以将潘北矿区二含概化为具有透水、隔水和一类水位边界的非均质、各向异性的三维承压非稳定流的模型。

（三）数学模型

通过对潘北矿区二含水文地质条件的分析，利用水均衡原理及达西定律，建立了与二含地下水系统的水文地质概念模型相对应的三维非稳定流数学模型如下：

$$\begin{cases}\dfrac{\partial}{\partial x}\left(k_{xx}\dfrac{\partial H}{\partial x}\right)+\dfrac{\partial}{\partial y}\left(k_{yy}\dfrac{\partial H}{\partial y}\right)+\dfrac{\partial}{\partial z}\left(k_{zz}\dfrac{\partial H}{\partial z}\right)-W=S_S\dfrac{\partial H}{\partial t} & (x,y,z)\in\Omega\\ H(x,y,z,0)=H_0(x,y,z) \quad (x,y,z)\in\Omega \\ H(x,y,z,t)|_{S_1}=H_0(x,y,z,t) \quad (x,y,z)\in S_1\end{cases} \tag{10.2}$$

式中，k_{xx}，k_{yy}，k_{zz}：x，y，z 坐标轴方向上的渗透系数，m/d；

H_0，H：地下水初始水位和模拟计算水位，m；

W：源汇项，1/d；

S_s：多孔介质的储水率，1/m；

t：时间，d；

S_1：第一类水位边界；

Ω：计算区域；

$\boldsymbol{n}_x$：边界 Γ_2 的外法线沿 x 轴方向单位矢量；

$\boldsymbol{n}_y$：边界 Γ_2 的外法线沿 y 轴方向单位矢量；

$\boldsymbol{n}_z$：边界 Γ_2 的外法线沿 z 轴方向单位矢量。

（四）模型求解

1. 模型单元剖分

依据二含的厚度变化特征以及含水层内部结构特点，并考虑其水位动态变化情况，对研究区域进行了三维剖分。研究区南北长约 400 m，东西宽约 260 m，本次用软件进行自动剖分，将其近似剖分为 40 行、40 列。但在观测孔分布密集的区域对网格加密。

根据二含的岩性结构、含、隔水层在空间的分布以及其埋藏深度、抽水实验参数的计算结果、水位动态变化关系，对研究区进行初始分区数为 6 个，将区内抽水实验所得到的参数作为初值代入相应的分区中。

2. 时间离散

根据研究区观测孔水位变化特征资料，选取 2004 年 6 月 3 日至 2004 年 6 月 9 日作为模型识别的时段，以每 900 min 为一个地下水应力期，共分 6 个应力期，每个应力期又分 10 个时间步长；选取 2004 年 6 月 9 号至 2004 年 6 月 12 号作为模型验证的时段，以 600 min 为一个地下水突水应力期，共分 5 个应力期，每个应力期又分 10 个时间步长。

3．模型识别阶段模拟

模拟识别阶段利用了5个观测孔资料，即6观3孔、6观4孔、6观6孔、6观7孔、6观8孔。

4．模型验证阶段模拟

通过模拟识别阶段后，要用验证时段对识别后的模型进行验证。验证的观测孔与模拟识别阶段相同。

5．参数分区

经以上识别与验证的多次反复，最后将研究范围参数分区为7个，分区如图10.5所示。

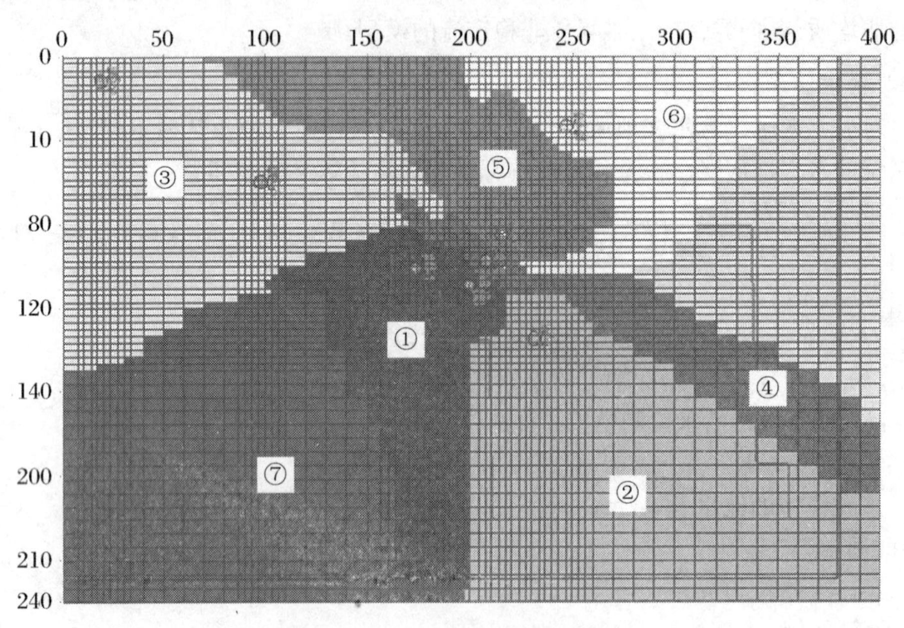

图10.5 研究区参数分区图

对应参数值如表10.2所示。

表10.2 研究区内分区参数值

分区号	K_{xx}(m/d)	K_{yy}(m/d)	K_{zz}(m/d)	贮水系数($\times10^{-4}$)
1	12.33	12.33	1.233	2.8
2	8.1	8.10	0.81	3.89
3	14.4	14.4	1.44	4.1
4	9.846	9.846	0.9846	2.77
5	8.78	8.78	0.878	2.9
6	9.45	9.45	0.945	5.08
7	8.56	8.56	0.856	1.9

通过对潘北矿区模型的识别验证可以看出，模拟时段选择合理，拟合效果较为理想，符合有关模拟计算的规定要求，拟合的分区参数反映了研究区内含水层水文地质特征。因此，模

拟的结果为以下的水资源评价奠定了基础。

(五) 地下水水位预报

潘北矿井设计总需水量约 10 000 m^3/d,单井水量不能满足需水要求,故布置井群开采。在二含供水层内布置井群,单井流量按 80 m^3/h 计,共布置 6 口水井,日开采水量为 11 520 m^3,满足矿井需水量。井群布置采用直线型和直角型两种方式布井,水源井井距皆为 500 m。依据识别的模型,以 2006 年为起始年,按照设计的井群开采量,预测 0.5 年、1 年、2 年、5 年、10 年等不同时段的各观测孔的水位下降情况,如表 10.3 所示。10 年后供水区内地下水等水位线如图 10.6 所示。

表 10.3　地下水水位下降预测

时间(年)	各观测孔水位下降情况(m)							
	1号	2号	3号	4号	5号	6号	7号	8号
0	14.85	12.74	14.89	14.02	14.9	14.88	14.9	15.05
0.5	14.08	11.2	14.14	12.4	14.15	14.15	14.16	14.38
1	13.8	10.64	13.86	11.85	13.88	13.86	13.9	14.11
2	13.57	10.1	13.6	11.38	13.63	13.6	14.65	13.89
5	13.47	9.9	13.52	11.25	13.5	13.5	13.55	13.75
10	13.37	9.74	13.44	11.02	13.43	13.44	13.4	13.75
累计降深(m)	1.48	3.00	1.45	3.00	1.47	1.44	1.50	1.30

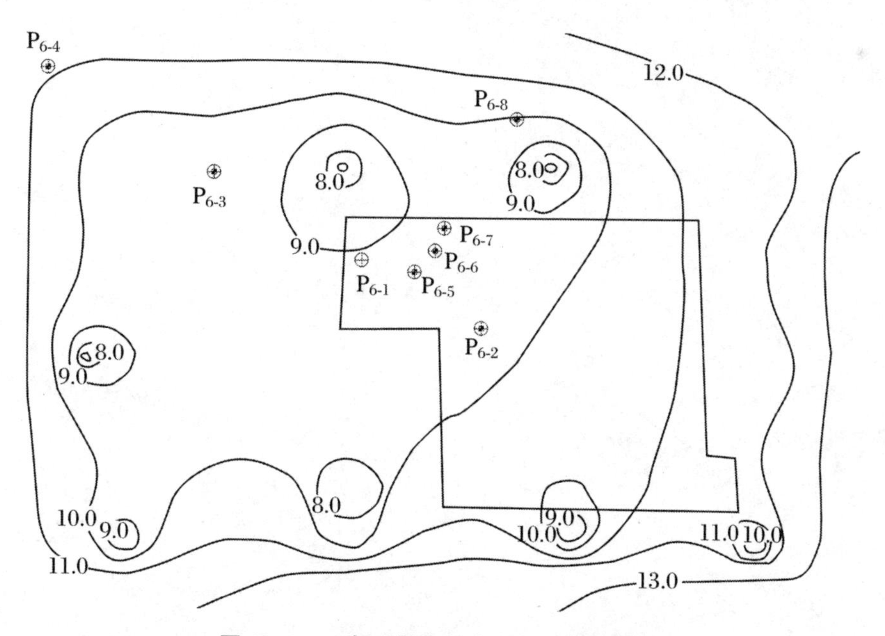

图 10.6　10 年后供水区地下水水位等值线

由以上分析可知,按照目前设计的井群开采量,未来水位降深不大,在允许降深(<5.0 m)范围之内,降落漏斗的范围较小。故按 10 000 m^3/d 的需水量抽水不会造成地面沉降。

（六）结语

（1）Visual MODFLOW 程序结构合理，离散方法简单化、求解方法多样化、易于理解和便于操作，是一种专门用于孔隙介质中地下水三维有限差分法数值模拟的较为权威的模拟软件，具有广泛的使用价值。

（2）建立了符合研究区实际地下水流模型，参数拟合、模型检验表明所确定的水文地质参数符合实际，因此，模型能较好地反映地下水系统的实际情况。

（3）根据所确定水文地质参数，设计了布井方案，预测了井群开采情况下的地下水流场变化趋势，为矿井供水提供了保障。

第四篇 安徽煤矿水文地质特征

第十一章　区 域 地 质

第一节　地　　层

根据《安徽省岩石地层》(安徽省地质矿产局,1997)的地层综合区划方案,同时参考《中国地层典:二叠系》对地层区划的划分结果,安徽省地层区划划分为华北和华南两个Ⅰ级地层大区,两个地层大区大致以金寨—肥西—郯庐断裂带为界。华北地层大区仅有一个黄淮地层区,以省界河南省一侧蒋集—安徽省霍邱龙潭寺一线为界,分徐淮和华北南缘两个地层分区。华南地层大区包括南秦岭—大别山及扬子两个地层区,前者仅有桐柏—大别山地层分区;后者以七都—泾县(江南深断裂)为界,分为下扬子及江南两个地层分区。

两淮煤田位于华北地层大区黄淮地层区的徐淮地层分区(图11.1),自下而上除缺失新元古界南华系至震旦系、古生界上奥陶统至下石炭统及中生界中、上三叠统地层外,其他各年代地层发育都比较完全,各地岩性和厚度虽存在一些差异,但均可对比(表11.1)。

(一) 太古宇—古元古界

太古宇—古元古界仅分布于黄淮地层区的徐淮地层分区,出露五河杂岩和霍邱杂岩。

(二) 中—新元古界

中元古代—新元古代地层仅分布于徐淮地层分区,大致分布于六安—合肥一线以北,嘉山—合肥一线以西地区。据岩性差异和层序的发育程度,大致以太和—五河一线(蚌埠隆起)为界,分为淮北和淮南两个地层小区,包括凤阳群(Pt_{2Fy})、八公山群(Qb_B)、淮南群(Qb_H)、宿县群($Qb-Nh_S$)、栏杆群(Z_l)。

(三) 早古生界

徐淮地层分区的早古生代发育寒武纪—奥陶纪地层,寒武纪地层出露较齐全,奥陶纪地层仅见中下部,均以碳酸盐岩类岩石为主,仅早寒武世见有少量碎屑岩。岩石地层单位自下而上为:凤台组、雨台山组、猴家山组、昌平组、馒头组、张夏组、崮山组、炒米店组、三山子组(含土坝段、韩家段)、贾汪组、马家沟组(含萧县段、青龙山段、老虎山段)。

1. 凤台组($\in_1 f$)

凤台组仅分布于淮南地区,与下伏地层平行不整合接触。该组地层厚度变化较大,区间为10~151 m。时代暂归于早寒武世。

2. 雨台山组($\in_1 y$)

雨台山组仅出露于霍邱雨台山、王八盖东山、王八盖西山、陈山一带,分别平行不整合于

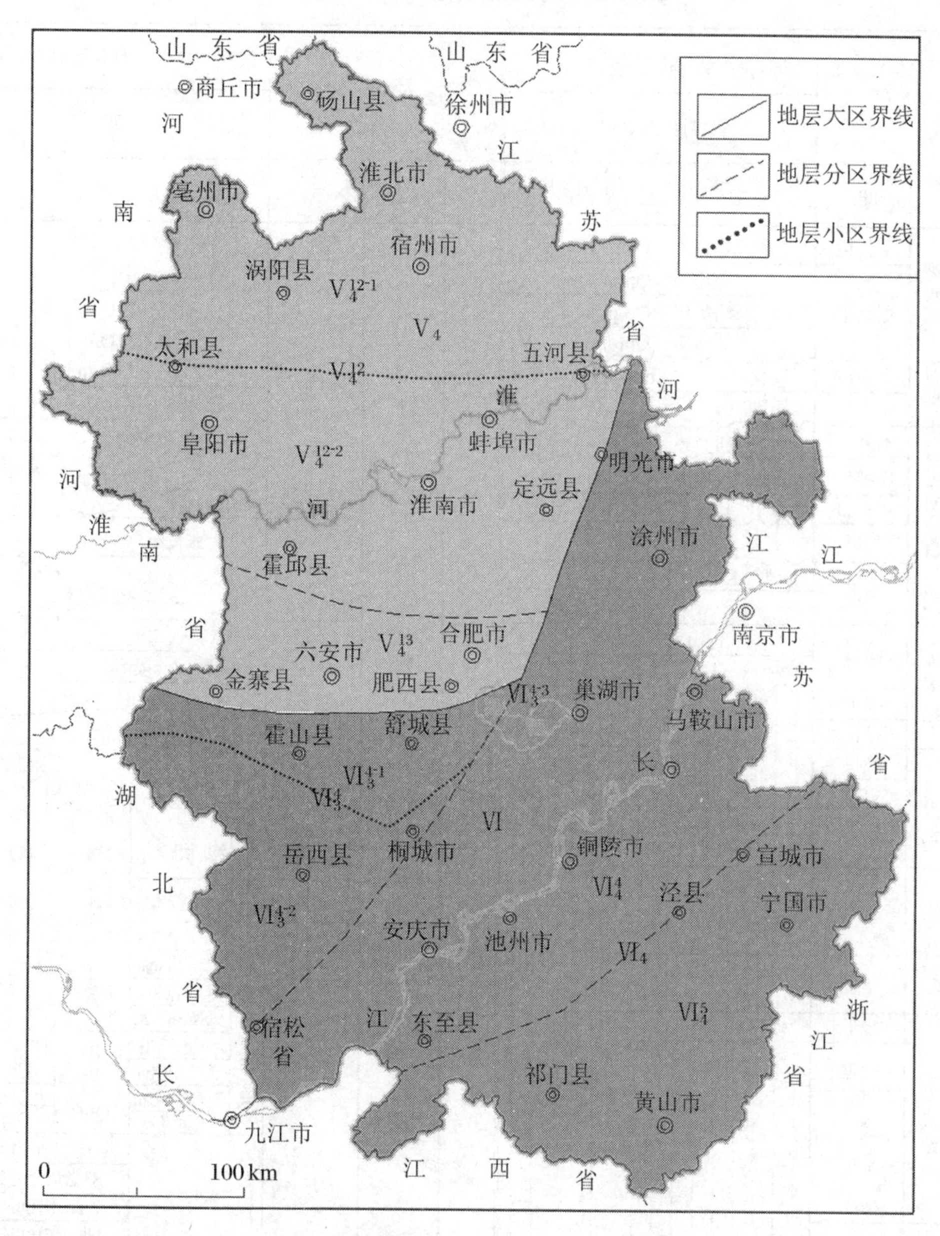

V_4. 华北地层大区黄淮地层区；V_4^{12}. 徐淮地层分区；V_4^{12-1}. 淮北地层小区；V_4^{12-2}. 淮南地层小区；V_4^{13}. 华北南缘地层分区；VI. 华南地层大区；VI_3^4. 南秦岭—大别山地层区桐柏—大别山地层分区；VI_3^{4-1}. 北淮阳地层小区；VI_3^{4-2}. 岳西地层小区；VI_3^{4-3}. 肥东地层小区；VI_4. 扬子地层区；VI_4^4. 下扬子地层分区；VI_4^5. 江南地层分区

图 11.1　安徽省综合地层区划图(《安徽省煤炭资源潜力评价》,2010)

表 11.1　研究区岩石地层单位序列表

地质年代			华北地层大区 晋鲁豫地层区	
代	纪	世	徐淮地层分区	华北南缘地层分区
新生代	第四纪	全新世	怀远组 Qhh	
		更新世	茆塘组 Qp_3m 潘集组 Qp_2p 蒙城组 Qp_1mc	
	新近纪	上新世	明化镇组 N_2m	石门山组 N_1s
		中新世	馆陶组 N_2g	
	古近纪	渐新世		明光组 E_3m
		始新世	界首组 E_2j	土金山组 E_2t
		古新世	双浮组 E_1s	定远组 E_1dy
中生代	白垩纪	晚世		张桥组 K_2z
		早世	王氏群 $K_{1\text{-}2}w$	邱庄组 $K_{1\text{-}2}q$ 新庄组 K_1x
	侏罗纪	晚世	青山群 J_3q 莱阳群 J_3z	周公山组 J_3z
		中世		圆筒山组 J_2y
		早世		防虎山组 J_3f
	三叠纪	晚世		
		中世		
		早世	和尚沟组 T_1h 刘家沟组 T_1l	
古生代	二叠纪	晚世	石千峰组 P_2sh 上石盒子组 P_2s	
		早世	下石盒子组 P_1x 山西组 P_1s	
	石炭纪	晚世	太原组 C_3t	梅山群 C_M
		中世		
		早世		
	泥盆纪	晚世		
	志留纪	晚世		
		中世		
		早世		

地质年代			华北地层大区 晋鲁豫地层区	
代	纪	世	徐淮地层分区	华北南缘地层分区
古生代	奥陶纪	晚世		
		中世	马家沟组 $O_{1\text{-}2}m$：老虎山段 O_2m^l	
		早世	马家沟组 $O_{1\text{-}2}m$：青龙山段 O_1m^q；萧县段 O_1m^x 贾汪组 O_1j	
	寒武纪	晚世	韩家段 土坝段 $\in_3\text{–}O_1s^t$ 炒米店组 $\in_3c$ 崮山组 $\in_3g$	三山子组 $\in_3\text{–}O_1s$
		中世	张夏组 $\in_3z$ 馒头组 $\in_{1\text{-}2}m$：四段；三段	?
		早世	馒头组 $\in_{1\text{-}2}m$：二段；一段 昌平组 $\in_1c$ 猴家山组 $\in_1hj$	? 凤台组 $\in_1f$ 雨台山组 $\in_1y$
新元古代	震旦纪	晚世	栏杆群 Z1：沟后组 Z_2g	
		早世	栏杆群 Z1：金山寨组 Z_{1j}	
	南华纪	晚世	宿县群 $Qb\text{-}Nh_s$：望山组 Nh_2w	
		早世	宿县群 $Qb\text{-}Nh_s$：史家组 Nh_1s	
	青白口纪		宿县群 $Qb\text{-}Nh_s$：魏集组 Obw；张渠组 Obzq；九顶山组 Objd；倪园组 Obn；赵圩组 Obzn；贾园组 Obj	淮南群 QbH：四顶山组 Qbsd；九里桥组 Qbjl
			八公山群 QbB：四十里长山组 Qbs；刘老碑组 Qbl；伍山组 Qbw；曹店组 QbC	
中元古代	蓟县纪		凤阳群 Pt_2FY：宋集组 Pt_2sj；青石山组 Pt_2q	
	长城纪		凤阳群 Pt_2FY：白云山组 Pt_2b	
古元古—新太古代			五河杂岩 $Ar_3\text{-}Pt_1wh$	霍邱杂岩 $Ar_3\text{-}Pt_1H$

四顶山组或凤台组之上与猴家山组之下，以碎屑岩为主。地层厚度一般大于 142 m，淮南地区仅见 15～25 cm 的黄绿色页岩。

3．猴家山组（$\in_1$hj）

猴家山组在淮北、淮南、霍邱地区均有分布。中、上部以灰质白云岩与白云质泥灰岩互层及粉砂质页岩、泥灰岩、含硅质灰质白云岩为主。岩性比较稳定，普遍具有蜂窝状硅质团块和石盐假晶。淮北地区厚度为 19～41 m，淮南地区厚度为 79～136 m，霍邱地区仅出露于雨台山一带，厚度大于 35 m。在区域上呈微角度不整合接触。

4．昌平组（$\in_1$c）

昌平组除在霍邱地区缺失沉积外，在淮北、淮南地区均有出露，岩性稳定，主要为白云质含藻微晶灰岩、泥质微晶灰岩、泥质条带灰岩、白云质细砂屑微晶灰岩、海绿石微晶生物屑灰岩。厚度较稳定，淮北地区为 6～56 m，淮南地区为 6～9 m。

5．馒头组（$\in_{1\text{-}2}$m）

馒头组地层全区岩性稳定，总厚度趋势为东、南厚，向西和北变薄，自下而上可分为 4 段。在淮北、淮南地区与下伏昌平组、上覆张夏组之间为整合接触。

6．张夏组（$\in_2$z）

张夏组是以厚层鲕粒灰岩和藻灰岩为主夹钙质页岩的一套岩石地层单位。底部以页岩或砂岩结束、巨厚鲕粒灰岩出现为界；顶部以厚层藻鲕粒灰岩结束、薄层砾屑灰岩夹页岩出现为界。地层厚度为淮北地区 267～297 m，淮南地区 146～358 m，霍邱雨台山一带仅有零星露头，未见底。

7．崮山组（$\in_3$g）

崮山组以较稳定的薄层灰岩为特征，主要为灰色中薄层亮晶白云质鲕粒灰岩、亮晶竹叶状砾屑灰岩、微晶鲕粒灰岩、微晶生物灰岩、豹皮状白云质生物屑微晶灰岩、泥质微晶灰岩，厚度为 4～110 m。

8．炒米店组（$\in_3$c）

炒米店组仅出现在淮南地层小区，岩性稳定，主要为大涡卷状叠层石微晶灰岩、含生物屑微晶灰岩、亮晶含海绿石鲕粒灰岩，厚度为 61～130 m。

9．三山子组（$\in_3$-O_{1s}）

三山子组在淮北、淮南、霍邱地区均有分布，岩性较稳定，为贾汪组底平行不整合面之下的一套白云岩。该组为一穿时的地层单位，其时代为晚寒武世崮山期至早奥陶世宁国期。

10．贾汪组（O_1j）

贾汪组仅出露于淮北、淮南地区，岩性为土黄/紫红/浅灰色页岩、钙质页岩、页片状泥质白云岩、泥质白云灰质岩及角砾岩。淮北厚度为 4～19 m，淮南厚度为 4～34 m，与下伏三山子组为平行不整合接触，与上覆马家沟组为整合接触。

11．马家沟组（$O_{1\text{-}2}$m）

马家沟组为灰色厚层—巨厚层灰岩夹白云岩、角砾状灰岩、角砾状白云岩的组合。与下伏地层为平行不整合接触。

（四）石炭系—三叠系

石炭系—三叠系在徐淮、华北南缘地层分区零星出露。徐淮地区石炭系—二叠系主要为夹碳酸盐岩的含煤碎屑岩沉积。二叠系为两淮地区重要的含煤地层，三叠系为红色碎屑岩沉积。参考安徽省煤田地质局研究成果，将徐淮地层区石炭系—二叠系岩石地层单位自下而上分为：本溪组、太原组、山西组、下石盒子组、上石盒子组和石千峰群的孙家沟组、刘家沟组以及和尚沟组。

1. 本溪组(C_2b)

本溪组平行不整合于奥陶纪马家沟组灰岩之上，为一套碎屑岩层。厚度一般为1.35～30.10 m，平均厚度为8.83 m，该组下部的铁铝层由北而南层位逐渐抬高。

2. 太原组(C_2-P_1t)

太原组是由海陆交互相的页岩夹砂岩、煤、石灰岩构成的旋回层，岩性主要为灰、深灰色结晶灰岩、生物碎屑灰岩与深灰色砂质泥岩、页岩互层、薄层砂岩、薄层煤，岩性稳定，厚度为88.34～160.19 m，平均厚度为126.88 m。时代为早二叠世。

3. 山西组(P_1s)

山西组分布于两淮地区，由海相泥岩、陆相砂岩、页岩、煤构成，含煤1～3层。岩性基本稳定。自北而南厚度变薄，淮北地区为63.98～147.34 m，平均厚度在115 m左右；淮南地区为52.72～103.97 m，平均厚度在72 m左右。含煤厚度：淮北地区平均厚度为2.23 m，淮南地区平均厚度为4.81 m。

4. 下石盒子组(P_2xs)

下石盒子组由深灰色泥岩、粉砂岩、紫花斑状铝质泥岩、长石石英砂岩、煤等组成，是两淮煤田主要含煤层段，厚度为210～280 m。

5. 上石盒子组($P_{2\text{-}3}ss$)

上石盒子组指整合于下部下石盒子组之上和上部石千峰群孙家沟组之下的一套以泥岩为主与细砂岩、中—粗粒长石石英砂岩、煤等组成的地层，夹薄层硅质岩，含煤6～41层。地层厚度一般为660～836 m，煤层厚度为4.47～38.06 m。该组顶部以石千峰群底部的一层中—粗粒石英砂岩(相当于平顶山砂岩)底面为界。其时代为中二叠世至晚二叠世。

6. 石千峰群(P_3-T_1s)

石千峰群指整合于下伏上石盒子组之上和上覆二马营组之下，以鲜红色为特征，由红色泥岩和红色长石砂岩组成的一套内陆干旱盆地河湖相沉积岩系。自下而上包括二叠纪孙家沟组、三叠纪刘家沟组、和尚沟组。

(五) 侏罗系—白垩系

侏罗系—白垩系自下而上分别为防虎山组、圆筒山组、周公山组、莱阳群、青山群、王氏群、新庄组、邱庄组、张桥组等，为夹火山碎屑岩的陆相地层。

(六) 新生界

古近系自下而上分别为双浮组/定远组、界首组/土金山组、明光组等。新近系包括中新统馆陶组、石门山组、下草湾组、上新统明化镇组和正阳关组。第四系分为下更新统蒙城组/豆冲组、中更新统潘集组/泊岗组、晚更新统茆塘组/戚咀组、全新统怀远组/大墩组/丰乐镇组。

第二节 煤　　层

两淮煤田主要含煤地层为二叠系的太原组、山西组、上石盒子组，二叠系下石盒子组和孙家沟组不含煤。由于太原组所含煤层大多薄而不稳定，仅少数在局部达到可采厚度，且煤质也差，不作为资源勘查对象。

一、煤层总数

(一) 山西组

山西组为第二含煤段，含1煤组，淮南煤田含煤0～4层，一般发育1、2、3煤层，其中以1煤层发育良好，3煤层次之，2煤层仅在淮河以南的老矿区见到。三层煤间距很近，局部地区合并为一层，煤组厚度为0～10.27 m，一般为4～8 m。淮北煤田含煤1～2层，一般发育0煤层(习惯称为11号煤)和1煤层(习惯称为10号煤)。1煤层一般为1～2层，其厚度为0～6.63 m，0煤层不稳定，厚度为0～2.27 m，平均厚度为0.55～0.72 m，仅在许疃、花沟、关帝庙等地区局部可采。

本组煤层厚度从北到南有逐渐变厚的趋势。淮北煤田北部后石台、沈庄、岱河及砀山一带煤层累厚小于2 m，而其他地区累厚多在2～4 m之间，仅许疃、任楼及孙疃井田有一变薄带，其厚度小于2 m。淮南煤田在口孜东、刘庄、杨村、张集、顾桥及潘集一带有一呈东西方向展布的富煤带，煤层累厚在6 m以上，在顾桥井田的东部及潘四井田东南部有一富煤中心，厚度大于8 m，个别钻孔厚度可达13.24 m。淮南矿区东南方向厚度渐薄，煤田西部刘庄井田以南厚度亦趋于变薄。

(二) 上石盒子组

两淮煤田最重要的含煤地层，含煤地层厚度大，包含第三、四、五、六、七、八含煤段，共含6～12个煤组，含煤6～41层，煤层总厚度为4.09～38.06 m，有由北向南、由西到东厚度增大之趋势。其中淮北煤田一般含6～9个煤组，含煤10～30层，可采2～13层，可采厚度平均累厚为7.89 m；淮南煤田一般含11～12个煤组，含煤11～40层，可采9～17层，可采厚度平均累厚为27.22 m。

1. 第三含煤段

第三含煤段含4,5,6,7,8,9煤组，煤层总厚度2.5～18.7 m，含煤系数淮北约8%，淮南可达12%。煤层厚度由北向南、由西到东有增大之趋势。淮北煤田之砀山及闸河向斜北部，含煤2～4层，可采2层，可采厚度平均为2.47 m；临涣矿区含煤10～13层，其中可采5层，可采厚度平均为8.2 m，宿县矿区含煤14层，其中可采或局部可采7～10层，可采厚度为7～15 m。淮南煤田含煤13～16层，其中可采或局部可采8～12层，可采总厚度平均约为17 m。

2. 第四含煤段

第四含煤段含1～2个煤组，即10,11煤组，含煤0～4层，其中以11-2煤发育较好。两淮煤田上石盒子组下部第三、四含煤段富煤带呈东西方向展布且不断南移，淮北煤田在宿北断裂以北累厚小于6 m，宿北断裂以南累厚一般为8～12 m，其中双堆和任楼井田局部较厚，如双堆67-10孔其厚度可达18.99 m。淮南煤田累厚达16 m以上，淮南矿区可超过20 m，向南有继续加厚的趋势。

3. 第五含煤段

第五含煤段含13,14,15煤组，淮南含煤1～6层，淮北含煤1～3层，其中以13-1煤层(即淮北的3-2煤层)较为稳定，但该煤层在淮北煤田仅发育在宿北断裂以南地层中，宿北断裂以北的濉萧矿区薄而不可采或无层位显示。

4. 第六含煤段

第六含煤段含16,17两个煤组,含煤2～6层,发育不稳定,仅局部可采。

5. 第七含煤段

第七含煤段含18,19,20,21煤组,含煤2～5层,发育很不稳定,一般均不可采。淮南煤田仅有少数达到可采厚度,且煤质差,灰分约在40%以上。淮北仅赵集、邵于庄、许疃等地出现可采点,其中赵集井田有16个钻孔穿过,其中可采点12个,厚度为0～4.04 m,平均厚度为1.45 m,但煤质差,平均灰分含量为46.07%。

6. 第八含煤段

第八含煤段含22,23,24,25,26煤组,淮南含煤3～5层,淮北仅在花沟、徐广楼等地个别钻孔见1～2层煤,煤层薄而不稳定,淮南仅23号煤、25号煤局部可采。

上石盒子组第五、六、七、八含煤段煤层富集趋势呈北薄南厚。淮北煤层发育很差,仅在宿北断裂以南的许疃、双堆、祁南及祁东一带稍厚,厚度可达7～8 m,北部的刘桥、后石台井田及其以北地区,厚度小于2 m,而萧县、砀山一带无煤沉积或仅为一些煤线。淮南煤田煤层较发育,累厚大于10 m且向南逐渐增厚,但向东有变薄的趋势。

综上所述,在两淮煤田二叠系山西组、上石盒子组含煤地层中,富煤带的展布为东西方向且富煤中心逐渐向南推移,形成北薄南厚的格局,富煤带移至淮南时,仍为东西向展布,在潘集和新谢一带各有富煤中心,此带向东煤层累厚则有变薄的趋势。两淮煤田各煤层(组)间距如表11.2所示。

表11.2　两淮煤田二叠系山西组—上石盒子组各煤层(组)间距(m)

地层组		煤层组	淮南煤田	淮北煤田
二叠系	上石盒子组	22		
			95～157 / 125	
		18		
			65～77 / 69	77～86 / 77
		16		
			87～90 / 80	83～125 / 110
		13		
			62～77 / 71	80～115 / 90
		11		
			60～85 / 70	60～130 / 72
		9		
			56～105 / 82	70～102 / 95
		4		
			74～90 / 84	90～140 / 107
	山西组	1		
			16～18 / 17	22～27 / 25
	太原组	一灰		

二、可采煤层

两淮煤田二叠系含煤地层自下而上发育的可采煤层有1,3,4-1,4-2,5-1,5-2,6-1,7-1,7-2,8,9,11-1,11-2,13-1,16-1,16-2,16-3,17-1等煤层。

其中1,13-1为两淮煤田普遍发育的主要可采煤层,5-1煤在淮北以宿北断裂以南为主要可采煤层,8,11-2煤在淮南煤田为主要可采煤层,其他均为次要可采或局部可采煤层。不同勘查区、井田，含可采煤层数不同，可采煤层厚度变化也不同，淮南煤田一般含煤 8～14 层，最大可采累厚度为 38.80 m，淮北煤田一般含煤 2～14 层，最大可采累厚度为 18.76 m(图 11.2、图 11.3)。

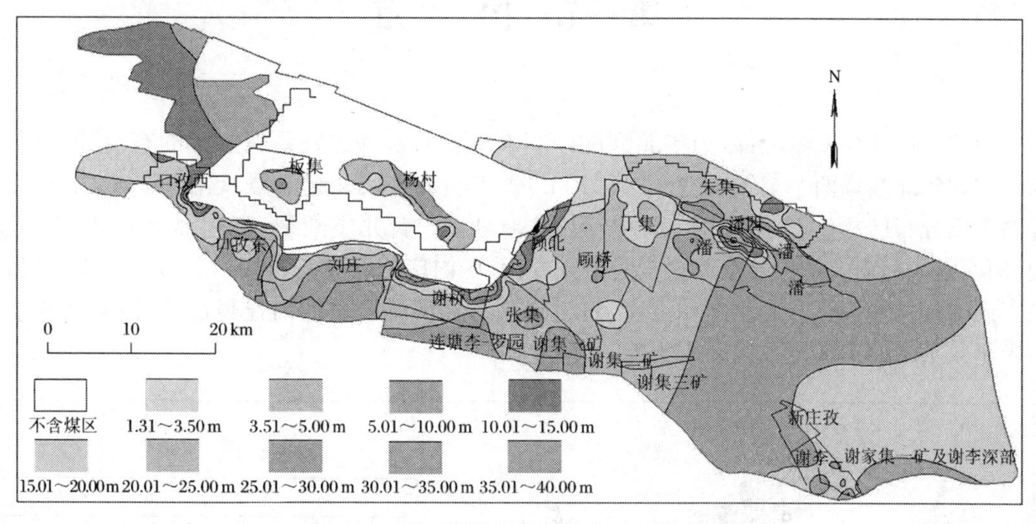

图 11.2　淮南煤田可采煤层累厚等值线图

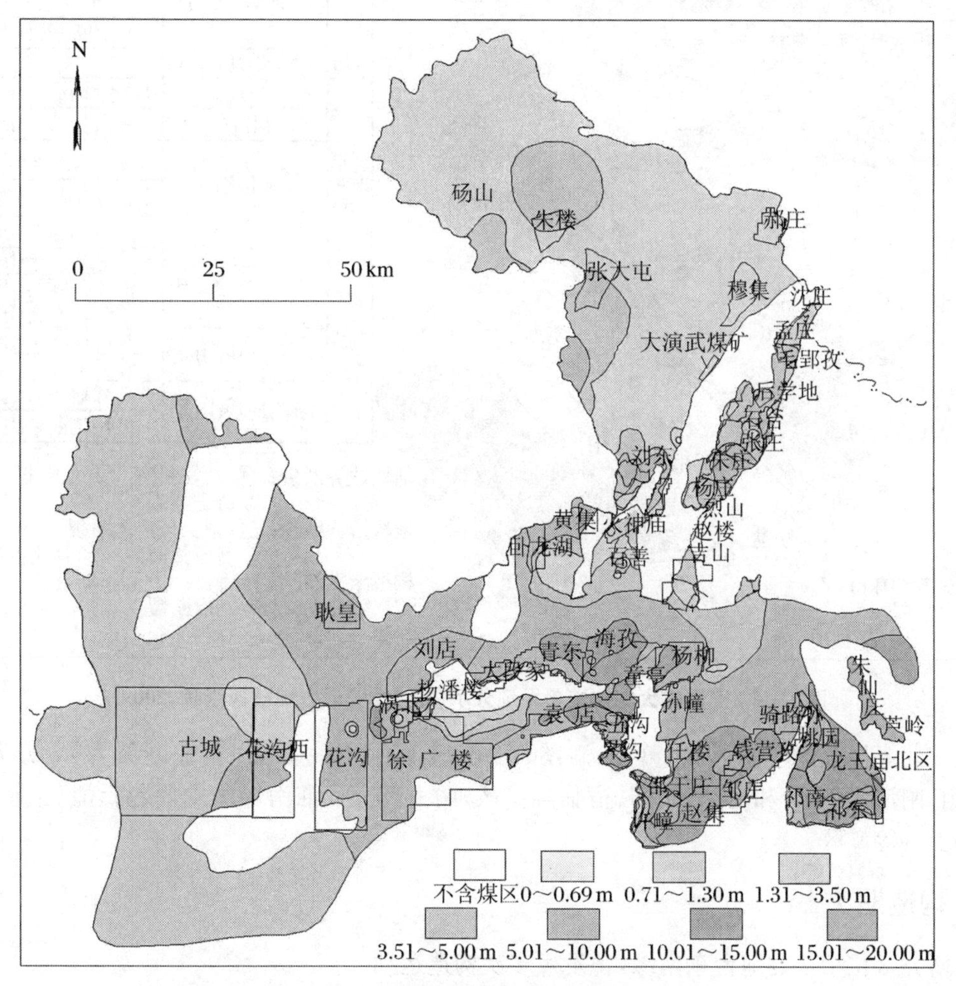

图 11.3　淮北煤田可采煤层累厚等值线图

第三节　构　　造

两淮煤田地处安徽北部，为华北型的中朝准地台石炭—二叠系聚煤区的东南部，位于鲁西断隆和华北断坳两个二级构造区内(图 11.4)，其分布范围北起萧县、砀山，并与江苏西北和鲁西煤田分布区相连；东界限于郯庐断裂，北至利国—台儿庄断裂，南达淮南寿县—定远断裂，向西延入河南省境内。全区为全隐蔽式煤田，区内广泛分布有石炭—二叠系含煤地层、煤炭资源丰富。地表除淮北北部和淮南、定远地区有局部基岩呈低山丘陵出露外，其余均被数十米至数千米的中新生界地层所覆盖。

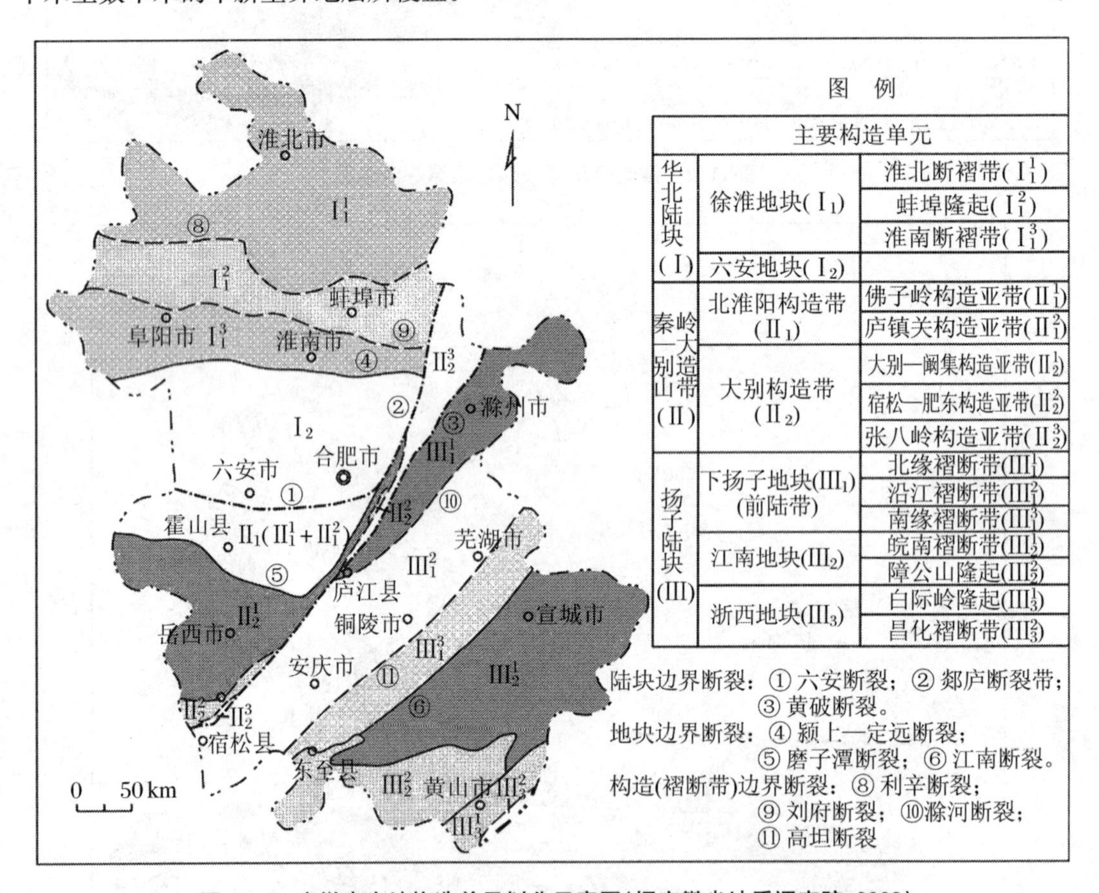

图 11.4　安徽省大地构造单元划分示意图(据安徽省地质调查院，2009)

淮北煤田范围包括砀山、萧县、濉溪、宿州、临涣、涡阳一带，以宿北断裂为界，分为北部(砀山、闸河等矿区)和南部(涡阳、宿临等矿区)两大部分。淮南煤田主要包括潘集、新集、淮南和上窑等矿区。

一、构造期次

研究区位于华北地台东南缘，曾发生多次构造运动。

太古代(五台期),发生基性、超基性岩浆侵入和混合岩化等变质作用,形成了古老的变质基底。

早元古代(吕梁期),发育了中晚元古代沉积层而逐渐转入地台发育阶段,在寒武—奥陶纪,本区逐渐缓慢下沉,古秦岭洋大面积海侵使得本区沉积了巨厚的碳酸盐岩与泥岩。

晚元古代(蓟县期),震旦系上统遭受剥蚀,与寒武系地层以假整合接触。

早古生代奥陶世(加里东期),华北陆块南缘由晚新元古代大洋扩张作用转化为板块俯冲作用(闫全人等,2009),本区整体上升为陆地,由于经历了长期的剥蚀,造成了上奥陶统、志留系、泥盆系及下石炭统的地层缺失。构造以整体隆升为特征,断裂、褶皱、岩浆活动基本不发育,层间接触关系为平行不整合接触。

早石炭世(海西期),本区结束陆地状态,地壳开始缓慢下沉,导致广泛的海侵,普遍发育了上石炭统和二叠系海陆交互相含煤沉积。早—中三叠世盆地基本继承了晚海西期以来的构造格局和沉积特点,接受陆源沉积,煤层埋深迅速增加。

中生代(印支期及燕山期),是中国东部大陆地质演化进程中的重要转折,受华北、华南板块碰撞、拼贴以及秦岭—大别山—苏鲁一线持续造山运动的影响,郯庐断裂带发生大规模左行平移,导致华北板块东南边缘发育了大量的逆掩构造。区内构造运动强烈,盖层剧烈褶皱,形成了一系列 NNE 向褶皱和区域性断裂,并伴随有规模较大的岩浆活动,三叠系至白垩系陆相沉积普遍缺失,仅在部分褶皱向斜和断陷盆地内有保留。

新生代(喜马拉雅期),近 NS 向的伸展应力场影响下,本区仍表现为断块差异运动,形成了一系列走向近 EW 的正断层。上新世末期,区内地壳活动强烈,整个两淮地区隆起抬升。早更新世中期,区内下降。遭受风化剥蚀后的煤田上部普遍接受沉积,并以成分复杂、结构成熟度较低的冲积—洪积相沉积为主。

二、构造单元

中生代以前,两淮煤田主要构造方向为 EW 向构造,是控制煤沉积的原始构造,自北而南为丰沛隆起、淮北坳陷、蚌埠(古)隆起、淮南坳陷、合肥盆地。

早中生代(印支期至早燕山期),随着扬子板块向华北板块俯冲和大别—苏鲁造山带的形成,地处前陆褶皱冲断带的两淮煤田,发生强烈构造作用。淮北煤田形成了自东向西的徐—宿逆冲推覆构造(曹代勇,1990;徐树桐等,1993;金维浚等,1997;王桂梁等,1998;王桂梁等,1999;姜波等,2001;琚宜文等,2002),淮南向斜南翼形成了自南向北的淮南逆冲推覆构造(姜波等,1992;姜波,1993;张泓等,2003)。强烈的挤压作用在推覆体前缘形成了一系列 NNE,NE,NW 向的短轴宽缓的复式背、向斜褶皱(图 11.5)。

淮北煤田宿北断裂以北:由向 NW 推掩的逆冲断层及与之伴生的线性褶皱构成,主要构造线方向由 NEE-NNE 向变化,如:萧西向斜、萧县向斜、闸河向斜、支河向斜等。

淮北煤田宿北断裂以南:发育系列 NNW-NE 向宽缓复式向斜和背斜,主要包括有芦岭向斜、宿南向斜、宿南背斜、南坪向斜、童亭背斜、五沟向斜以及临涣向斜等。

淮南煤田:主体构造形态为轴向 NWW-EW,轴面略南倾的淮南复向斜,是夹持在南部叠瓦扇推覆体和北侧反冲断层之间的原地系统,其构造变形相对较微弱,发育数个轴向近 EW 的宽缓褶皱,轴面略向南倾。

中生代晚燕山期,随着造山作用的结束,整个华北东部构造体制由挤压体制转为伸展体制,两淮煤田随之进入伸展拆离状态,在区内原有的逆冲推覆体系基础上形成了一系列

NNW-NE 向断裂。至新生代喜马拉雅期，构造活动逐渐减弱，本区主要为断块差异运动和古构造改造。

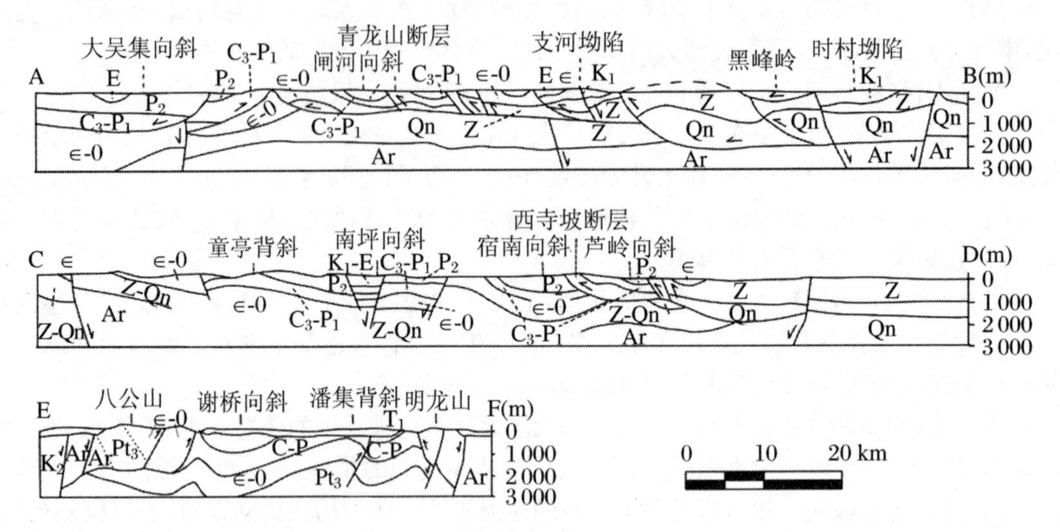

图 11.5 两淮煤田推覆构造剖面图

区内主要断裂构造如下：

EW 向断裂，由北至南依次为：利国—台儿庄断裂、宿北断裂、太和—五河断裂、阜凤断裂、寿县—定远断裂等。

NNE 向断裂，自西向东依次为：郯庐断裂带、固镇—长丰断裂、丰涡断裂等。

三、煤田构造分区特征

两淮煤田分布于固镇—长丰断裂与涡阳—阜阳断裂之间地区。隐伏于新生界下的古生界的分布及构造特征有较详细的钻孔和物探资料的控制。在这一北北东方向的块段内北西西向或近东西向的断裂起了重要的划分性的作用。由北而南有宿北断裂、板桥断裂、五河断裂、明龙山—上窑山断裂、阜阳—凤台—舜耕山断裂带及颍上—长丰断裂等，把区内划分出五个三级构造分区，由北而南，分别命名为：宿北褶隆区、宿南褶断区、蚌埠凸起区、淮南复向斜和颍上—长丰凸起区等。各构造单元中又发育了若干次一级的复向斜和复背斜及断陷（图 11.6）。现将本区主要构造分述如下。

（一）宿北褶隆区

宿北褶隆区位于徐蚌隆起的北部，北接丰沛凸起，南以宿北断裂为界，与宿南褶断区毗邻。区内主要由一系列北北东向紧密褶皱组成，自东向西有：皇藏峪复背斜、闸河复向斜、萧县背斜、萧西复向斜，龙山背斜等。而萧县背斜以东，褶皱紧密，并多为寒武、奥陶纪地层组成的背斜和复式背斜。如皇藏峪复背斜、萧县背斜等，仅闸河复向斜还保存了太原组、山西组和下石盒子组及部分上石盒子组。萧县背斜以西，褶皱开阔，如萧西复向斜，龙山背斜等。但仅萧西复向斜保存完整的二叠纪煤系，并被中、新生界地层所覆盖，有较好的油气圈闭构造。西部龙山背斜，核部出露寒武—奥陶纪地层，仅在北部背斜倾伏端的砀山地区保存二叠系（图 11.7）。这些褶皱之间均伴生有北北东向正、逆断层。

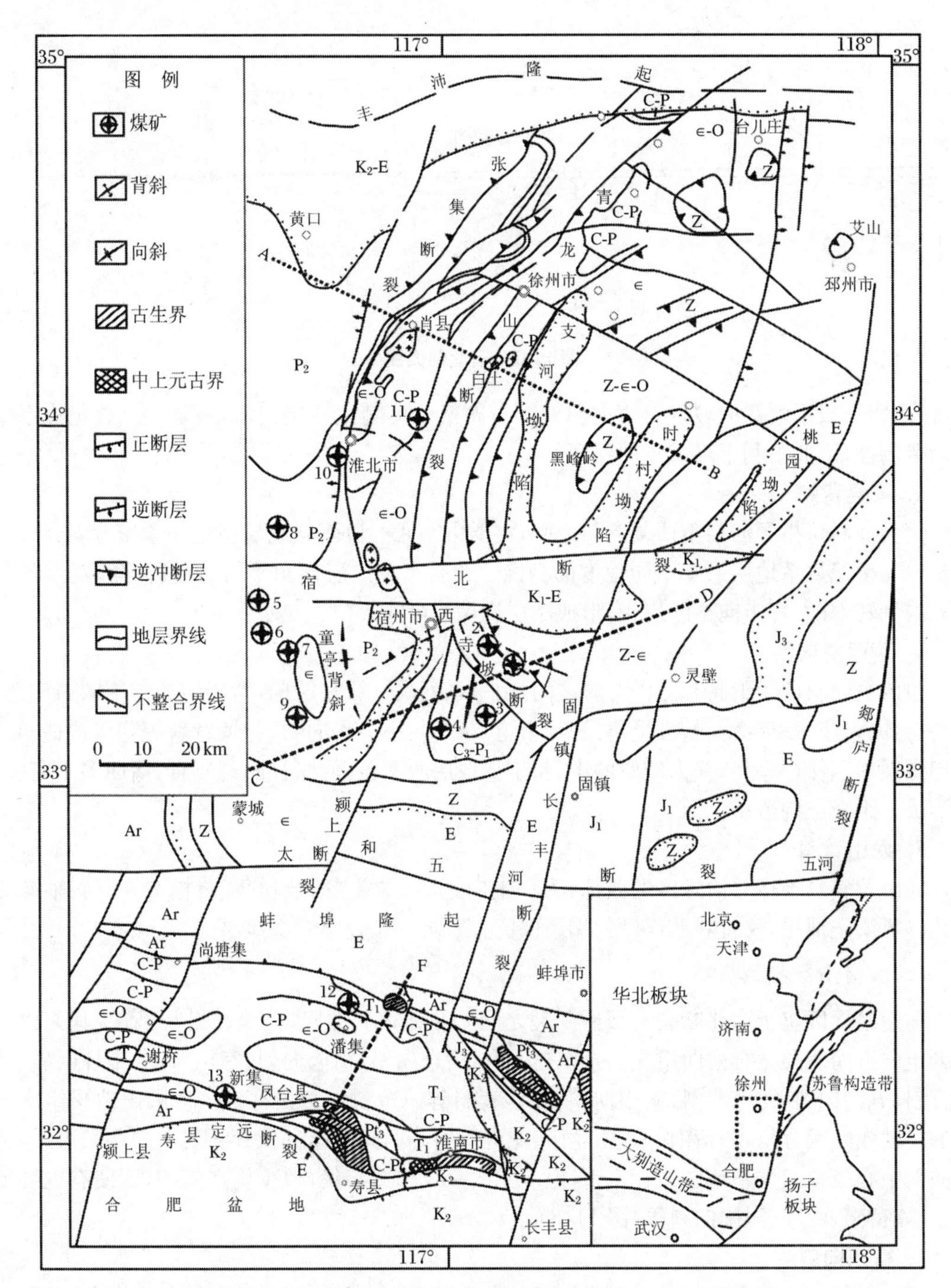

图 11.6　两淮煤田区域地质图

1. 皇藏峪复背斜

皇藏峪复背斜位于宿北褶隆区的东部，北起徐州，南至符离集，以宿北断裂为界，南北长约 60 km，东西宽约 40 km，是由震旦系、寒武系和奥陶系组成的一系列向、背斜构造。

2. 闸河复向斜

闸河复向斜位指皇藏峪复背斜与萧县背斜之间。轴向北北东至北东，向斜南北两端闭

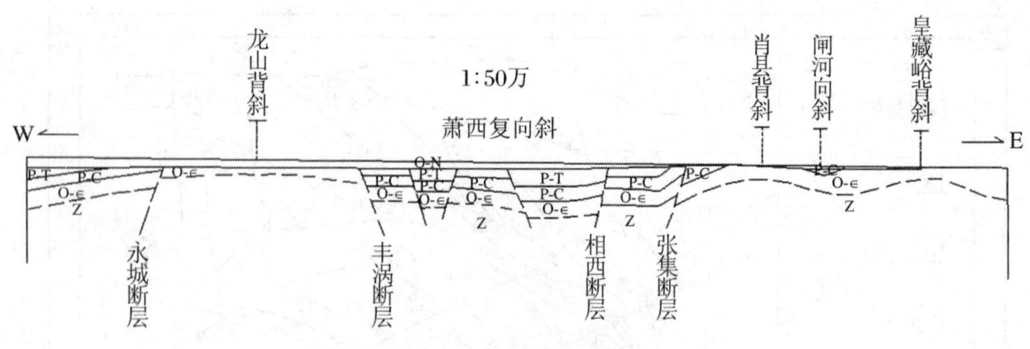

图 11.7　宿北剖面图

合,区内次一级平缓褶曲较发育。向斜两翼有寒武—奥陶纪地层出露,石炭—二叠纪煤系地层遭受剥蚀,因此不利于煤成气的保存。

3. 萧县背斜

萧县背斜位指闸河与萧西复向斜之间,主要由寒武—奥陶纪地层组成的紧密背斜。两翼石炭—二叠纪煤系地层遭受不同程度的剥蚀。背斜东翼地层倾角平缓,西翼倾角较陡,局部直立或倒转,并发育走向逆断层,有形成断层遮挡的可能。

4. 萧西复向斜

萧西复向斜位于萧县和龙山背斜之间,由一系列次一级宽缓向、背斜组成的复向斜构造。主要有:老朱庄—王寨背斜、大吴集向斜、韦道口背斜、小吴集向斜、赵塘背斜等隐伏构造。二叠纪煤系地层保存完整,并为较厚的中、新生界地层所覆盖,但张性断裂发育,褶曲多不完整,常形成一组断鼻构造。

5. 龙山背斜

龙山背斜位于宿北褶隆区的西部,为一走向近南北,并向北倾的背斜构造。背斜轴部为寒武—奥陶纪地层,仅背斜北部倾伏端还保留有石炭—二叠纪煤系地层。

(二) 宿南断褶区

宿南断褶区位于宿北断裂与板桥断裂之间。北邻宿北褶隆区,南接蚌埠凸起,其是由一系列走向近南北的宽缓褶曲组成。自东向西有:宿东向斜、宿南向斜、宿南背斜、南坪向斜、童亭背斜、五沟向斜、龙山背斜、涡阳向斜、花沟背斜等。背斜大部由寒武—奥陶纪地层组成轴部的短轴或倾伏背斜,如宿南、童亭、龙山、花沟背斜等。向斜核部保存石炭—二叠纪煤系,虽然向斜中心二叠纪煤系地层保存完整,但多无次一级构造起伏,缺少构造圈闭,即使有也规模甚小,如宿南、南坪、涡阳向斜等(图 11.8)。

1. 宿东向斜

宿东向斜为一轴向北 25°～50°西的不对称向斜盆地。向斜四周被奥陶纪地层所包围,东翼地层倾角较陡,并被东三铺走向逆断层所切割,形成断层遮挡。向斜西翼地层倾角平缓。在向斜南部平行轴向的宽缓褶曲发育,因此芦岭煤矿形成高瓦斯矿井与其构造有密切关系。

2. 宿南向斜

宿南向斜为一轴向近南北的向斜盆地。向斜南部闭合,东北部被北西向西寺坡逆断层所切,破坏了向斜盆地的完整性,使奥陶纪地层与煤层上覆红色地层相接。因此西寺坡逆断层的倾角大小,关系着断层下盘二叠纪煤系地层的保留程度。

3. 宿南背斜

宿南背斜为一轴向北20°～30°东的向北倾伏的破裂背斜。背斜西翼被一组走向正断层切割破坏，轴部煤系地层已遭受剥蚀，由寒武—奥陶纪地层组成。

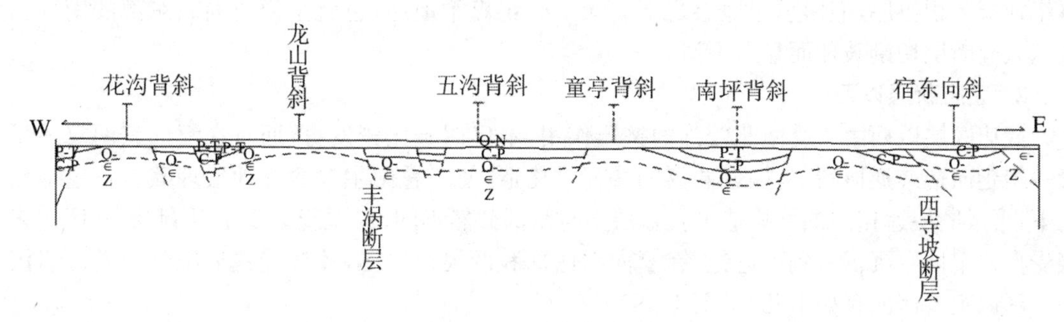

图11.8 宿南剖面图

4. 南坪向斜

南坪向斜为一轴向近南北，北部敞开的宽缓向斜。向斜内虽然二叠纪煤系地层保存完整，煤系地层之上有较厚的红色地层所覆盖，但无较大的次一级构造起伏。

5. 童亭背斜与五沟向斜

童亭背斜与五沟向斜为轴向近南北的向、背斜构造。背斜北缘平缓、南缘较陡。西部五沟向斜由于受南部蒙城穹窿背斜的影响和北东东向孟集断层的切割，使向斜在五沟以南极为狭窄，二叠纪煤系地层上部遭受剥蚀。从五沟往北，煤系地层走向转为近东西、倾向北的单斜构造，这实际应属蒙城穹窿背斜的北部倾伏端，同时孟集断层的切割不仅破坏了五沟向斜的完整性，而且还造成了石炭—二叠纪煤系地层重复。

6. 龙山背斜、涡阳向斜和花沟背斜

龙山背斜、涡阳向斜和花沟背斜位于宿南断褶区的西部。向、背斜均受北北东向和北东东向两组断裂相互切割破坏。背斜轴部为寒武—奥陶纪地层，向斜虽较完整地保存了二叠纪煤系地层，但已失去了圈闭条件。

（三）蚌埠凸起

蚌埠凸起北起板桥断裂，与宿南断褶区相邻；南至明龙山—上窑山断裂，与淮南复向斜相连，是由前寒武纪地层组成的凸隆构造。凸起的内部发育次一级中、新生代凹陷，如楚村凹陷和五河凹陷。凹陷中沉积有较厚的下第三系—白垩系和侏罗纪地层，但至今尚未发现有石炭—二叠纪煤系。因此进一步研究蚌埠凸起的形成时期及其形变特征，有着一定意义。

（四）淮南复向斜

淮南复向斜位于徐蚌隆起的南部，北邻蚌埠凸起，南接合肥凹陷，东起郯庐断裂带，西至周口凹陷。其是由一系列次一级宽缓褶曲组成的多近东西向展布的复向斜构造，以武店断层为界，东西两侧在建造和改造上都有明显差异。

1. 武店断层以东

武店断层以东由于受南北挤压力较弱，区内褶皱宽缓而不发育，并被一组向南倾伏的走向正断层所切，形成煤田东部的阶梯式构造，使石炭—二叠纪煤系地层遭受不同程度的剥蚀。如在凤阳山前靠山集断层与永康—定远断层之间的定远向斜内石炭—二叠纪煤系被强烈剥蚀，仅西三十里店—定远县城一带，还保留部分山西组与下石盒子组底部。在永康—定远断层和南部老人仓断层之间的永康背斜，虽然有较厚的下第三纪和白垩纪地层覆盖在二叠纪煤系地层之上，煤系地层埋藏在 2 300 m 以下，但据石油地震资料和合深$_4$井资料反映，背斜轴部为二叠纪煤系的第五含煤段组成，上部第六、七含煤段均被剥蚀。南部老人仓断层以南的白垩纪地层沉积更厚，但白垩纪地层之下有无二叠纪煤系地层，也就是说复向斜东部的南界已被老人仓断层切割破坏而显示不清。

2. 武店断层以西

武店断层以西由于受南北较强的挤压作用，不仅褶皱比较发育，而且在复向斜两翼还发育一组走向逆或逆掩断层，构成两翼的叠瓦式构造，使二叠纪主要含煤地层埋藏在古老地层之下，形成断层遮挡的油气构造。且盖层亦与东部截然不同，白垩纪处于上升剥蚀期(区内未接受白垩纪地层沉积)，到古近纪，在复向斜西部和两翼边缘区，才接受古近纪红色砂砾岩沉积。区内主要褶曲有如下几处(图 11.9)：

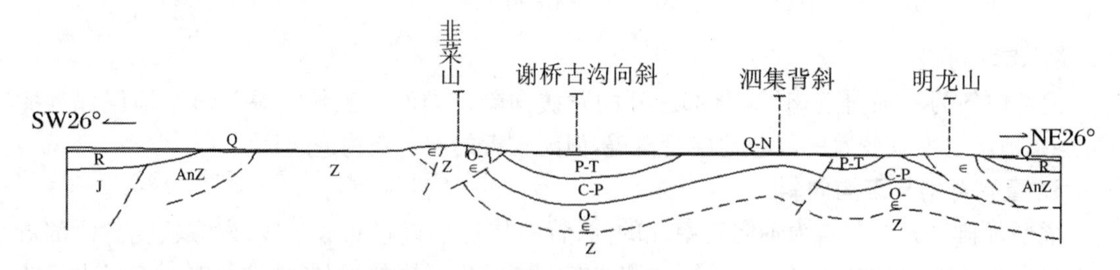

图 11.9 淮南复向斜中段剖面图

(1) 陆塘背斜

陆塘背斜位于淮南复向斜的南部，淮南弧形构造内侧，东抵陈家岗，西至石头铺，东西长约 6 km，南北宽约 2 km，面积约 12 km^2，为走向北 65°西的短轴背斜。区内逆断层比较发育，形成背斜南翼的叠瓦式构造。煤系地层均被上覆红层覆盖，是较好的油气圈闭构造。

(2) 谢桥—古沟向斜

谢桥—古沟向斜北连陈桥—潘集背斜，南以阜—凤断层为界，与八公山单斜和陆塘背斜相接。为走向近东西，并向东倾伏的向斜构造。在凤台以西，向斜南翼被阜—凤逆掩断层所切，断层面倾角平缓，仅 10°左右，二叠纪煤系地层，有较大面积在下古生界地层之下，有较大面积的煤系赋存区，形成断层遮挡。向斜东部二叠纪煤系地层约埋藏在三叠纪红色地层之下，红色地层自西向东逐渐增厚，最大厚度可达 1 500 m 以上，构成淮南复向斜核部。

(3) 陈桥—潘集背斜

陈桥—潘集背斜位于复向斜的中部，是淮南复背斜中隆起幅度较大的背斜构造。背斜枢纽自西向东由北西—近东西—北东—北西西向作"S"形扭曲。由于背斜沿走向隆起幅度的差异，形成了三个煤系地层遭受剥蚀程度不同的凸起地段：西部陈桥背斜，石炭—二叠纪煤系地层遭受较大面积的剥蚀，由寒武—奥陶纪地层组成背斜轴部；中部在潘集附近，二叠纪煤系地层剥蚀面积较小，由奥陶—石炭纪地层组成轴部；往东至李家瓦房附近，背斜轴部为下石盒子组煤系地层；东部 F_2 号断层以东，背斜向东倾伏，二叠纪煤系地层保存完整，具有断鼻的构造特征。

(4) 尚塘—耿村集向斜

尚塘—耿村集向斜位于复向斜的北部，为一宽缓的向斜构造。在向斜的西段，两翼分别被明龙山—上窑山和杨村集—朱集走向逆断层切割。东段界于潘集背斜和朱集—明龙山背斜之间。组成向斜的地层是二叠纪顶部杂色岩性段和煤系上覆红色地层，二叠纪煤系地层保存完整。

（5）朱集—明龙山背斜

朱集—明龙山背斜位于复向斜的北部，明龙山前。它为一两翼倾角平缓，并向东西两端倾伏的背斜构造。背斜北翼被上窑—明龙山断层所切，使背斜东西两端二叠纪煤系地层埋藏在古老地层之下。背斜沿走向也有起伏。西部被杨村集—朱集逆断层切割而下陷，轴部由二叠纪顶部杂色岩性段组成；中部朱集背斜附近，为上升幅度较高地段，轴部由上石盒子组第六、七含煤段组成；东部明龙山前和明龙山以东，背斜稍有凸起，轴部为杂色岩性段组成的两个高点，并向东被上窑—明龙山逆断层所切。煤系下部三个生储盖组保存得较好。

（6）颍上—长丰隆起

舜耕山—凤台—阜阳断裂带以南至颍上—老人仓断裂间，为下古生界及前寒武纪地层分布区，按两淮煤田岩性、岩相变化趋势推测，在盆地发育时期应是古生代沉积盆地的一部分，印支期以后褶皱上升受剥蚀，晚古生代地层已无保存。应是印支以来的上隆区，颍上—老人仓断裂以南，现在为合肥坳陷的北半部分，中、新生界下的变质岩系，是否是晚古生代盆地南翼，是今后应探索的课题。

（7）断裂构造

两淮煤田断裂构造十分发育，除前述两组区域性断裂以外还发育有北东向及北西向断裂，一般北东方向的断裂较密集，但延伸均不远，大多数仅几千米至十余千米，个别断裂延伸较远，如临涣矿区的五沟—杨柳断裂长达 50 km。断层性质以正断层为最常见。北西方向的断裂较少见，但延伸较远，如宿县矿区的西寺坡断裂，长在 20 km 以上。

北北东向断裂带切割北西西向或近东西向断裂，或对近东西向断裂追踪利用。这一点以涡阳—阜阳断裂与宿北断裂、板桥断裂、五沟断裂等交接点关系表现得最为明显。而北东向及北西向断裂均发育于前二组断裂切割的块断内部，发育情况受到它们的限制。

第四节　岩　浆　岩

两淮煤田自晚太古代五台期至新生代喜马拉雅期经历了多期的构造运动，并伴随了强弱程度不同的岩浆作用，其中以中生代燕山期岩浆活动最为强烈。丁里、三铺和王场等地的岩浆岩定年显示，岩浆岩的侵入时间在 101.5～146 Ma 之间（安徽省区调队，1977）。岩浆活动在淮南煤田不甚发育，而在淮北煤田分布较多。

淮北煤田除丁里、烈山、赵集等推覆体前缘带地区有岩体地表露头外，其他均为隐伏岩体。岩石类型以中性和酸性的花岗岩、花岗闪长岩分布最为广泛，主要受 NNE 向断裂控制，少数呈 EW 向和 NW 向分布。对煤田的破坏和煤的变质作用影响较大的是一些花岗斑岩、闪长玢岩和辉绿岩小岩体，呈岩床、岩株、岩墙、岩脉，直接侵入煤系和煤层中。

淮南煤田岩浆岩活动不甚发育，岩体分布较少，局限于上窑、潘集背斜和丁集等地，主要为细晶岩、煌斑岩、正长斑岩、正长煌斑岩、辉石正长岩等，绝对年龄是 1.1 亿年，一般呈岩脉层状侵入，属燕山期产物。对煤层有较大影响，其大多沿煤层分布，使局部煤层变质为天然焦、无烟煤甚至被岩体吞蚀。

第十二章　区域水文地质

第一节　两淮煤田在全国矿井水文地质区划中的位置及特点

根据全国煤矿矿井水文地质区划，全国总体上分为三个区：北方区、南方区和西部区，其详细划分信息见表12.1。两淮煤田在矿井水文地质区划上位于南方区与北方区的交界地带，湿润系数0.58～0.94，由全国三大区部分煤矿年降水量及湿润系数表（表12.2）可知，两淮区域的湿润系数大于北方区的代表徐州（0.512），小于南方区的南桐（1.165）。两淮煤田兼有北方和南方晚古生代聚煤期特点，聚煤地规模大，褶皱比较平缓，埋藏在大平原下，形成单斜和向斜贮水构造，煤田沉积建造属南型北相。

表12.1　中国煤矿矿井水文地质区划

分　区	北方区	南方区	西部区
主要标志	(1) 自然地理状况 (2) 煤田地质构造特征		
区划界线	秦岭—淮河以北，大兴安岭、六盘山以东	秦岭—淮河以南，青藏高原以东	北方区以南，南方区的西北广大地区
行政区	东北三省、河北、山东、河南、苏北、皖北、晋南、关中等地（以东北、华北平原为主体）	秦岭—淮河以南的南方诸省和滇、黔、川等省（以低山丘陵和平原为主）	西北诸省和西藏、内蒙古、晋北、陕北等区域（以黄土高原，内蒙古高原和山地为主）
地理位置及气候	居暖温带和温带，属温带大陆性季风气候，汛期短	居亚热带和热带，属亚热带季风性湿润气候及热带季风气候，雨量丰富，水系发育	居中温带和寒温带，属温带大陆性气候，干旱，蒸发强烈
年降水量（mm）	500～900	1 200～2 000	小于400(50～200)
湿润系数	0.3～0.6	大于1	小于0.2
地层	北相地层，石炭—二叠纪煤系，盆地规模大，多埋藏在大平原之下	南相地层，以龙潭煤系为主，盆地规模小煤田多布在高原山区低山丘陵	贺兰山以东与北方区相同，以西属中生代地槽型沉积，主要是侏罗纪煤系
贮水构造	形成一些大型的单斜和向斜贮水构造	形成一些较小的贮水构造	

表 12.2　三大区部分煤矿年降水量及湿润系数表

大　区	矿务局名	年降水量 X(mm)	年蒸发量 N(mm)	湿润系数 K_B
北方区	双鸭山	521.500	1 174.800	0.443
	舒兰	661.600	1 114.800	0.593
	蛟河	708.800	1 107.100	0.640
	南票	600.000	1 800.000	0.300
	北京	650.000	1 961.600	0.331
	峰峰	587.300	1 701.400	0.346
	焦作	790.000	2 039.000	0.387
	阳泉	689.800	1 828.800	0.333
	韩城	545.100	1 791.500	0.304
	铜川	610.100	1 671.800	0.365
	淄博	763.300	1 518.300	0.485
	徐州	878.400	1 716.700	0.512
	平顶山	735.300	1 194.400	0.616
	淮北	859.00	1 656.000	0.519
	淮南	941.400	1 613.200	0.580
南方区	南桐	1 413.100	1 213.200	1.165
	六枝	1 466.500	1 352.500	1.084
	涟邵	1 436.600	1 284.400	1.118
	萍乡	1 546.110	1 311.900	1.178
	丰城	1 702.900	1 514.000	1.125
西部区	窑街	330.000	1 691.500	0.195
	大同	400.000	1 880.000	0.212
	平庄	362.000	1 867.300	0.194
	扎赉诺尔	299.500	1 549.100	0.193

注：$K_B=X/N$；$K_B>1$，为湿润地区；$K_B=0.99\sim0.3$，为半湿润地区；$K_B<0.29$，为半干旱地区；$K_B<0.12$，为干旱地区。

另外成煤时代的差异是形成矿井水文地质条件分区的一个重要因素。煤层的生成时代不同，围岩的成岩程度也不同，其中含水层(组)的含水空间特征及其控制因素显示较大的差异，常具有不同的矿井水文地质特征。第三系煤田一般为孔隙充水矿井，侏罗系、三叠系煤田属裂隙充水矿井，北方石炭—二叠系上太原统煤田及许多南方二叠系煤田则属岩溶充水矿井。不同时代的煤层在区域分布上的特点见表 12.3。而两淮煤田位于北方石炭二叠系煤田范围内(南型北相)则属岩溶充水矿井。

表 12.3　不同时代的煤层在区域分布上的特点

煤系地层时代	C-P	P	T	J	N
主要分布区	山东、北京、河北、山西、陕西、河南、苏北、皖北、辽宁及吉林的部分地区：贵州、云南、宁夏、内蒙古、甘肃部分地区	四川、广西、广东、湖南、湖北、江西、福建、浙江、苏南、皖南	福建、江西、新疆、四川、云南、陕西	甘肃、新疆、青海、辽宁、吉林、黑龙江、北京、山东、山西、河北、陕西、内蒙古、宁夏、四川	广东、云南、黑龙江、吉林、辽宁、河北、广西、山东

第二节　主要含(隔)水层

一、淮南煤田

淮南煤田为石炭—二叠系煤田，上覆巨厚松散层，局部古近系"红层"发育，下伏太原组灰岩和奥陶系灰岩。自上而下淮南煤田发育新生界松散砂层孔隙含水层、二叠系砂岩裂隙含水层、石炭系太原组石灰岩岩溶裂隙含水层、奥陶系石灰岩岩溶裂隙含水层。按矿井开采进水方式可分为顶板间接充水含水层、(顶、底板)直接充水含水层和底板间接充水含水层。同时煤田南部由于阜凤逆冲断层的作用，将下元古界、寒武系以及部分奥陶系、石炭、二叠系(夹片)推覆于煤系地层之上，推覆体区存在下元古界片麻岩裂隙承压含水组、寒武系灰岩岩溶裂隙承压含水组、夹片裂隙岩溶含水带等。

(一) 新生界松散层类孔隙含水层(组)

按照沉积物的组合特征及其含、隔水情况，可将新生界松散层自上而下大致分为上含上段、上段隔、上含下段、上隔、中含、中隔和下含共 4 个含水层(组)和 3 个隔水层(组)。阜东矿区及潘谢矿区西北部除部分古地形隆起区外，上含上段至下含发育完全；潘谢矿区南部和东部区域发育不完全，至淮南矿区只发育上部含隔水层。各含隔水层沉积分布特征和富水性如下：

1. 上含上段(一含)

上含上段底板埋深 1.10～68.45 m，平均埋深 26.32 m，层厚 1.10～68.45 m，平均层厚 26.32 m，其中潘谢矿区层厚 1.10～45.0 m，平均层厚 27.11 m；潘谢矿区南部新集区域层厚 10.07～68.45 m，平均层厚 31.18 m；淮南矿区层厚 0～36.0 m，平均层厚 25.3 m。全区发育完全，本组以土黄—灰黄色粉、细砂为主，夹薄层黏土和砂质黏土。砂层颗粒较细、松散，接受大气降水和地表水补给，水位随季节变化，属潜水—弱承压水。据抽水实验资料，单位涌水量 $q=0.781\sim1.429$ L/(s·m)，渗透系数 $k=0.341\sim4.63$ m/d，矿化度为 0.207～1.0 g/L，水质类型为 HCO_3-Na+K，$HCO_3-Na+K\cdot Mg$，$HCO_3-Mg\cdot Ca\cdot Na+K$，$HCO_3-Ca\cdot Mg$ 等，按照《煤矿防治水规定》含水层富水性的等级标准，该含水层富水性中等—强，是农业灌溉和居民生活用水源。

2. 上段隔水层(一隔)

上段隔水层底板埋深 1.30～51.65 m，平均埋深 44 m，层厚 0～34.5 m，平均层厚 15.66 m，

全区发育，部分块段沉积缺失。潘谢矿区和阜东矿区发育完全，淮南矿区在灰岩裸露区附近沉积缺失。其中潘谢矿区层厚 0～34.5 m，平均层厚 14.83 m，淮南矿区层厚 0～28.5 m，平均层厚 13.5 m。以灰黄—褐黄色砂质黏土为主，局部地段夹薄层粉细砂，分布不稳定，能起一定隔水作用。

3．上含下段（二含）

上含下段底板埋深 1.30～112.80 m，平均埋深 56.31 m，层厚 1.30～78.3 m，平均层厚 40.65 m，据抽水实验资料，$q=0.177\sim5.79$ L/(s·m)，$k=1.13\sim39.03$ m/d，矿化度为 0.25～0.989 g/L，水质类型为 HCO_3-Na+K，$HCO_3\cdot SO_4-Na+K$，$HCO_3-Na+K\cdot Ca$，$HCO_3-Ca\cdot Mg$ 等，按照《煤矿防治水规定》含水层富水性的等级标准，该含水层富水性中等—强，局部富水性极强。

潘谢矿区层厚 1.30～78.3 m，平均层厚 49.64 m。潘谢矿区南部新集区域底板埋深 59.38～123.95 m，平均层厚 69.21 m。$q=0.177\sim5.79$ L/(s·m)（新集二矿抽水资料），富水性中等—极强。新集一矿 L1、L42、822、707、503 和 102 钻孔所圈围出来的地带，二含直接覆盖在推覆体寒武系灰岩含水层和奥陶、石炭—二迭系夹片含水带之上。

阜东矿区底板埋深 52.45～123.9 m，平均埋深 89.11 m，层厚 2.80～81 m，平均层厚 39.46 m，在刘庄矿南部古地形隆起区发育较薄。且在刘庄矿 1101 孔和 1901 孔附近直接与古近系地层接触。$q=0.279\sim1.25$ L/(s·m)，$k=2.32\sim28.86$ m/d，富水性中等—强。

淮南矿区层厚 0～56.6 m，平均层厚 35.6 m。由灰黄色松散中细砂、黏土质砂、砂质黏土组成，砂层厚度变化大，分布不稳定，在淮南矿区部分块段，上含下段含水层直接覆盖在基岩上。

4．上隔（二隔）

上隔底板埋深 52.45～132.62 m，平均埋深 82.08 m，层厚 0～39.20 m，平均层厚 10.11 m，其中潘谢矿区层厚 0～39.20 m，平均层厚 8.51 m。潘谢矿区南部新集区域底板埋深 83.72～139.85 m，平均埋深 69.21 m。层厚 0～39.20 m，平均层厚 7.22 m。阜东矿区底板埋深 78.90～132.62 m，平均埋深 101.39 m，层厚 0～32.50 m，平均层厚 11.4 m。淮南矿区层厚 0～26.5 m，平均层厚 10.5 m。

淮南矿区及潘谢矿区南部、东南部受古地形影响，上隔沉积缺失，上含下段含水层直接覆盖于基岩之上；刘庄矿、新集一矿、二矿、三矿部分区域，在古地形隆起处，上含下段含水层直接与古近系地层接触。该组以灰绿—灰黄色黏土，砂质黏土组成，局部夹薄层粉细砂，黏土质砂，黏土分布较稳定，能起隔水作用。

5．中含（三含）

中含底板埋深 90.0～484.5 m，平均埋深 294.53 m，层厚 0～396.1 m，平均层厚 170.37 m，煤田内整体自西向东增厚，淮南矿区及潘谢矿区东南部缺失。该层（组）主要以灰绿—杂色中厚—厚层中砂、细砂及黏土质砂组成，局部胶结成岩（俗称砂岩盘）。据区抽水实验资料，$q=0.00008\sim2.285$ L/(s·m)，$k=0.341\sim15.97$ m/d，矿化度为 0.7215～2.439 g/L，水质类型为 $Cl-Na+K$，$Cl\cdot HCO_3-Na+K$，$SO_4\cdot Cl-Na+K$ 等，按照《煤矿防治水规定》含水层富水性的等级标准，该含水层富水性弱—中等，局部强富水。

潘谢矿区层厚 0～331.76 m，平均层厚 76.68 m。$q=0.00185\sim1.866$ L/(s·m)，富水性弱—中等，局部强富水，$k=0.341\sim12.14$ m/d，矿化度为 1.07～2.439 g/L，水质类型为 $Cl-Na+K$，$Cl\cdot HCO_3-Na+K$，$SO_4\cdot Cl-Na+K$ 等。潘谢矿区南部新集区域底板平均埋深 132.72 m，平均层厚 30.23 m。$q=0.00185\sim0.14$ L/(s·m)，富水性弱—中等。在潘谢矿区

东南部潘集外围及罗园矿 31-37 线南部、新集一矿中部和东北部、新集二矿、新集三矿等区该含水层直接覆盖在基岩上。

阜东矿区底板埋深 119.60～484.50 m，平均埋深 363.08 m，层厚 0～396.1 m，平均层厚 285.49 m，阜阳东矿区为区内沉积厚度最大区域。据区抽水实验资料，$q = 0.587 \sim 2.285$ L/(s·m)，富水性中等—强。

6. 中隔(三隔)

中隔底板埋深 127.45～719.40 m，平均埋深 411.76 m，层厚 0～269.00 m，平均层厚 88.06 m，煤田内整体自西向东增厚，淮南矿区及潘谢矿区东南部缺失。由灰绿色厚层黏土、砂质黏土和多层细、粉砂组成。黏土质细、纯，可塑性较强，具有膨胀性，黏土厚度大，分布稳定，隔水性能好，是区内重要的隔水层(组)。潘谢矿区层厚 0～128.6 m，平均层厚 65.18 m。张集矿南部及潘集外围，中隔不发育。潘谢矿区南部新集区域只在罗园—连塘李勘查区、新集一矿部分区域发育，新集二矿、新集三矿区域基本不发育三隔。阜东矿区底板埋深 250.55～719.40 m，平均埋深 513.45 m，层厚 0～269 m，平均层厚 151.63 m。在刘庄矿南部古地形隆起区缺失。

7. 下含(四含)

下含底板埋深 176.60～800.90 m，平均埋深 469.92 m，层厚 0～228.75 m，平均层厚 35.80 m，煤田内整体自西向东增厚，东南部缺失。含水层(组)由上部灰白、灰黄色中、细砂层(西部)和下部棕红色沙砾层、砾石层、黏土砾石构成，砾石层间有棕红色黏土，砂质黏土分布。据区抽水实验资料，$q = 0.000\,101 \sim 2.4$ L/(s·m)，$k = 0.000\,14 \sim 12.08$ m/d，矿化度为 0.522～2.81 g/L，水质类型 $Cl - Na + K$，$HCO_3 - Na + K$，$Cl \cdot SO_4 - Na + K$，$HCO_3 \cdot Cl - Ca$，$HCO_3 - Ca$ 等，按照《煤矿防治水规定》含水层富水性的等级标准，该含水层富水性弱—中等，富水性不均，局部强富水。

潘谢矿区层厚 0～148.90 m，平均层厚 32.31 m。含水层单位涌水量 $q = 0.003\,24 \sim 1.935$ L/(s·m)，富水性弱—中等，局部强富水，渗透系数 $k = 0.002\,8 \sim 12.08$ m/d，矿化度为 1.81～2.81 g/L，水质类型为 $Cl - Na + K$，$Cl \cdot SO_4 - Na + K$ 等。潘谢矿区南部新集区域只在罗园—连塘李勘查发育下含，且在 39 线以西全区分布，以东则局部缺失。井田内抽水 2 次，$q = 0.025 \sim 0.025$ L/(s·m)，$k = 0.097 \sim 0.145$ m/d，富水性弱。阜东矿区底板埋深 250.55～719.40 m，平均埋深 513.45 m，层厚 0～228.75 m，平均层厚 39.52 m，在刘庄矿南部古地形隆起区缺失，$q = 0.001\,01 \sim 0.655$ L/(s·m)，富水性弱—中等。

(二) 古近系红层

淮南煤田新生界底部不稳定沉积“红层”，主要由紫红色/灰白色大小不等石英砂岩、长石石英砂岩的岩块及砂、砾(局部见有灰岩砾)和黏土混杂组成，该层在丁集、顾北、谢桥、张集、刘庄、口孜东、板集、杨村等矿均有分布。煤田内沉积厚度不均，钻探揭露最大厚度 631.50 m(口孜集 40-9 孔)。

关于其水文地质条件，张集、谢桥、刘庄等矿均做了大量工作，现总结如下：

丁集矿二十四 kz1、849 孔抽水实验资料，$q = 0.000\,65 \sim 0.019\,6$ L/(s·m)(表 12.4)，富水性弱，“红层”可作为隔水层。

顾北矿水文孔抽水实验资料，$q = 0.026\,9 \sim 1.612$ L/(s·m)(表 12.4)，富水性不均，局部富水性强。

张集矿七东补 1、补Ⅰ东 1、C 线补 2、三补 2 等 4 孔红层段进行了盐化扩散测井，无释水现象即无水；据RⅡ2、七东—七补2孔抽水资料，$q=0.000\,1\sim0.000\,28$ L/(s·m)（表12.4），富水性弱即贫水。因此，“红层”可作为隔水层。

表12.4　潘谢矿区红层抽水实验成果

矿井	钻孔	X	Y	水位	单位涌水量（L/(s·m)）	渗透系数（m/d）
丁集	849	4 671.792 9	36 411.355 4	21.4	0.019 6	0.033 84
丁集	二十四 kz1	4 680.882 4	36 413.268 4	14.04	0.000 65	0.001 2
顾北	三～四 kz1	4 576.488 0	36 367.287 6	10.720	0.026 90	0.713
顾北	十三～十四 kz1	4 565.397 5	36 290.778 5	－13.840	1.612 10	0.015
顾北	八－九 kz4	4 570.501 1	36 332.951 4	－111.20	0.140 00	2.350
张集	七东—七补2	4 487.294 3	36 288.558 2	28.75	0.000 1	0.000 13

谢桥矿“红层”段钻进无耗漏水现象。据水3、ⅨX-X红层1、补Ⅵ红层1、补Ⅴ红层3，Ⅷ东红层1、D8红层1等孔基本无水；又经水5、水6孔流量测井结果证明无水；抽水实验无水或$q=0.000\,165$ L/(s·m)。因此，“红层”可作隔水层。

刘庄矿共进行了6次抽水实验，其中，西三抽水1孔抽水几分钟后不再出水；抽水1、抽水2、覆岩2、西三覆岩1及西三覆岩2等5孔进行抽水实验，$q=0.000\,101\sim0.510$ L/(s·m)（表12.5），其中，覆岩2孔为0.29 L/(s·m)，抽水2孔为0.510 L/(s·m)。后经核对发现，覆岩2孔、抽水2孔抽水段上部为灰绿色松散细砂、褐色棕黄色松散细砂，不属于“红层”段，该抽水结果不能代表“红层”的水文地质特征，因此，刘庄抽水1、西三抽水1、西三覆岩1和西三覆岩2等4孔抽水段岩性基本为“红层”，抽水几分钟后无水或$q=0.000\,101\sim0.000\,33$ L/(s·m)，含水微弱即基本无水。因此，“红层”可作为隔水层。

表12.5　刘庄矿红层抽水实验成果

孔号		抽水段(m)		抽水段自上而下岩性	单位涌水量（L/(s·m)）
		起止深度	长度		
矿井东区	抽水1	407.65～416.65	9.00	9 m棕红色块状砾石	0.000 21
矿井东区	抽水2	381.50～399.55	18.05	7.35 m灰绿色松散细砂、3.30 m固结黏土、7.40 m棕红色砾石	平均0.510
矿井东区	覆岩2	382.15～413.30	31.15	褐色棕黄色5.60 m松散细砂，2.10 m黏土、23.45 m紫红色砾石	0.29
矿井西区	西三抽水1	457.95～479.25	21.30	21.30 m红褐色固结砾石	抽水几分钟后无水
矿井西区	西三覆岩1	461.35～482.15	20.80	1.7 m紫红色固结细砂、4.8 m紫红色黏土砾石、1.5 m红色细砂、12.80 m紫红色黏土砾石、局部固结	0.000 33
矿井西区	西三覆岩2	438.65～461.25	22.60	5.85 m红褐色固结细砂、1.5 m红褐色黏土、3.35 m红褐色固结细砂、1.15 m红褐色黏土、10.75 m红褐色砾石	0.000 101

（三）二叠系煤系砂岩裂隙含（隔）水层

淮南主要煤层分布在山西组与上、下石盒子组，山西组一般发育1至3煤层，上石盒子组发育4至9煤，下石盒子组发育10至26煤，为两淮地区最重要的含煤地层。煤系砂岩分布于煤层、粉砂岩和泥岩之间，岩性、厚度变化均较大，是煤层开采的直接充水含水层，一般裂隙不发育。各主要可采煤层顶、底板砂岩含水层之间均有泥岩、砂质泥岩、粉砂岩和煤层等隔水层，阻隔砂岩含水层之间的水力联系。依照与主要可采煤层之间的关系和对矿坑充水影响程度的大小，可划分为基岩风化带、14～13-1、11-2、9～4、3～1煤层顶底等主要含水层（段）。各层段的砂、泥岩含量如表12.6所示，据区域抽水实验资料，$q=0.0000085\sim0.086$ L/(s·m)，$k=0.00000196\sim0.67$ m/d，矿化度为0.711～3.723 g/L，水质类型：HCO_3-Na，HCO_3-Ca，$Cl\cdot HCO_3-Na+K$，$Cl\cdot SO_4-Na+K$，$HCO_3-Na+K\cdot Mg$等，按照《煤矿防治水规定》含水层富水性的等级标准，煤系砂岩含水层富水性弱，一般具有储存量消耗型特征。

表12.6　淮南煤田主要煤系含水层组砂、泥岩含量

煤段	淮南煤田				阜东矿区			
	总厚(m) 平均厚(m)	泥岩厚度(m) 平均厚(m)	砂岩厚度(m) 平均厚(m)	砂岩百分比	总厚(m) 平均厚(m)	泥岩厚度(m) 平均厚(m)	砂岩厚度(m) 平均厚(m)	砂岩百分比
11至13煤	34.79～356.64 146.20	10.43～268.52 92.49	0～153.74 53.71	0.37	64.49～356.64 148.77	10.43～268.52 90.95	2.58～153.74 57.81	0.39
8至4煤	35.16～283.56 137.39	0～175.74 79.63	0～175.81 57.65	0.42	54.66～209.76 125.48	11.25～110.29 68.61	9.51～175.81 56.88	0.45
3至1煤顶	33.75～113.02 56.99	0～105.94 25.48	0～89.81 31.51	0.56	33.75～98.49 55.60	0～58.14 18.28	6.06～89.81 37.32	0.67
1煤底	3.64～69.62 17.13	0～36.09 7.92	0～45.40 9.21	0.53	5.68～69.62 16.84	0～36.09 8.16	0～45.40 8.68	0.5

煤段	潘谢矿区				淮南矿区			
	总厚(m) 平均厚(m)	泥岩厚度(m) 平均厚(m)	砂岩厚度(m) 平均厚(m)	砂岩百分比	总厚(m) 平均厚(m)	泥岩厚度(m) 平均厚(m)	砂岩厚度(m) 平均厚(m)	砂岩百分比
11至13煤	34.79～324.23 145.30	16.29～212.81 92.29	0～141.32 52.99	0.36	108.81～238.89 151.24	50.20～144.54 101.25	14.6～133.02 49.99	0.33
8至4煤	35.16～283.56 142.39	0～175.74 84.35	0～157.54 57.90	0.41	88.33～134.95 115.37	27.08～88.55 57.63	31.99～86.97 57.74	0.5
3至1煤顶	34.52～113.02 57.43	0～105.94 27.90	0～67.13 29.53	0.52	44.16～74.13 56.81	3.81～57.70 22.07	4.86～53.77 34.74	0.62
1煤底	3.64～57.38 17.53	0～30.83 7.91	0～37.48 9.62	0.55	6.72～27.28 14.13	0～16.55 4.99	1.66～25.25 9.13	0.63

注：表中统计时未区分粉砂岩与砂岩，导致砂岩百分比偏高。

（四）石炭系太原组灰岩溶裂隙水含水层（段）

淮南煤田太原组整合或假整合于本溪组之上，整合于山西组之下的一套由海陆交互相的页岩夹砂岩、煤、石灰岩构成的旋回层。岩性主要为灰、深灰色结晶灰岩、生物碎屑灰岩与深灰色砂质泥岩、页岩互层、薄层砂岩、薄层煤，岩性稳定，厚度为88.34～160.19 m，平均厚度为126.88 m。太原组石灰岩层数一般在11～13层，局部可达15层，厚度为50～70 m，含量为35%～55%，灰岩层数多，厚度大，比例高，位居华北地台之首。砂岩一般为10%～20%，局部可达40%以上。本组的C_3^1灰岩、C_3^2灰岩、$C_3^{3上}$灰岩、$C_3^{3下}$及C_3^{11}灰岩，在空间分布上基本连续，层位稳定，特别是$C_3^{3上}$、$C_3^{3下}$及C_3^{11}灰岩，在淮南煤田不仅层位稳定（图12.1），且厚度也较大，一般在10～20 m之间。

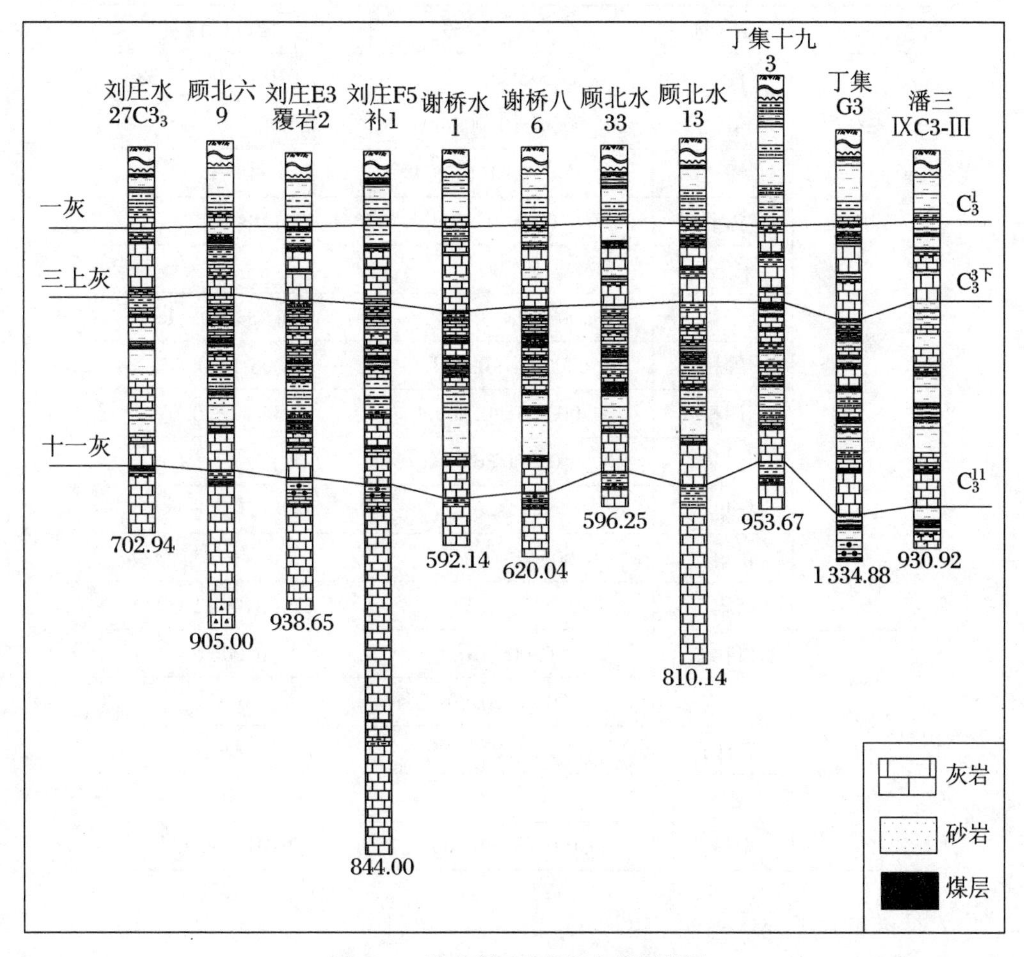

图12.1　淮南煤田太原组灰岩对比图

其中C_3^1至$C_3^{3下}$（太原组第Ⅰ组灰岩）为淮南煤田1煤开采直接充水含水层，故为本区重要含水层。钻孔揭露资料显示，淮南煤田太原组Ⅰ组灰岩厚度为13.52～31.87 m，平均厚度为22.58 m。据区域抽水实验资料，C_3Ⅰ组 $q = 0.000\,009 \sim 0.469$ L/(s·m)，$k = 0.000\,04 \sim 5.216\,4$ m/d，矿化度为0.379～2.987 g/L，水质类型为Cl－Na＋K，Cl·HCO_3－Na＋K，HCO_3－Na，HCO_3－Ca等，按照《煤矿防治水规定》含水层富水性的等级标准，富水性弱至中等。

（五）奥陶系灰岩溶裂隙水含水层（段）

据区域地层资料，平均厚约270 m，以灰色隐晶质及细晶、厚层状白云质灰岩为主，局部夹角砾状灰岩或夹紫红色、灰绿色泥质条带。岩溶裂隙发育极不均一，且在中下部比较发育，具水蚀现象，以网状裂隙为主，局部岩溶裂隙发育，具方解石脉充填，富水性一般弱—中等，其水文地质参数：$q=0.000\ 119\sim13.732$ L/(s·m)，$k=0.000\ 14\sim9.233$ m/d，水质类型为 Cl－Na＋K，Cl·SO_4－Na＋K 等，富水性弱—极强，具有不均一性特点。煤田南部和北部出露地区接受大气降水补给，煤田西部地区接受松散层底部含水层补给，是太原组灰岩岩溶裂隙含水层的直接补给水源。煤田奥灰部分矿井抽水实验结果如表 12.7 所示。

表 12.7 淮南煤田部分矿井奥灰抽水实验结果表

矿 区	矿 名	q(L/(s·m))	k(m/d)
潘谢	潘一	0.008 6～0.2	0.010 7～0.052 62
	潘二	0.005 5～0.005 509	0.002 4～0.004 2
	潘三	0.034～1.571	—
	潘北	0.585～0.903	6.48×10^{-7}
	朱集西	0.200	—
	丁集	0.003 69～0.034 8	0.034～0.11
	顾桥	0.002 1～0.013	0.003 4～0.035
	谢桥	0.003 05～0.003 8	0.004 1～0.01
	张集	0.000 369	—
	新集一	0.022 9	0.031 8
	新集二	0.001 7～0.040 9	—
	新集三	0.023～4.127	0.168 3～11.003
阜东	口孜东	0.000 13	0.006 5
	刘庄	0.000 27～0.009 5	—
淮南	新庄孜	1.167	—
	谢一	3.22	—
	李嘴孜	0.001 183～4.009	0.016～9.233

（六）推覆体含水层区

1. 下元古界片麻岩裂隙承压含水组

下元古界片麻岩裂隙承压含水组最大厚度在 700 m 以上，主要由灰—灰绿色片麻岩，角闪片岩，角闪斜长石片麻岩及肉红色—浅紫色混合岩，花岗片麻岩等组成。据抽水资料，$q=0.005\ 87\sim0.104\ 1$ L/(s·m)，$k=0.102\sim0.242$ m/d，水质类型以 Cl－Na＋K 为主，富水性弱至中等富水。

2. 寒武系灰岩岩溶裂隙承压含水组

寒武系灰岩岩溶裂隙承压含水组揭露最大厚度 853.00 m(01102 孔)，据抽水资料，单位涌水量 $q=2.60\times10^{-5}\sim1.463$ L/(s·m)，$k=0.000\ 44\sim0.177$ m/d，水质类型为 Cl－Na＋K，Cl－Na＋K·Mg，Cl·HCO_3－Na＋K，富水性弱—强；淮南矿区 $q=0.000\ 89\sim0.548$ L/(s·m)，$k=0.000\ 85\sim0.029\ 5$ m/d，水质类型为 Cl－Na＋K，Cl－Na＋K·Mg，Cl·HCO_3－Na＋K，富水性弱—中等。寒武灰岩富水规律具有明显的垂直分带性，其顶部受风化作用影响，岩

溶裂隙较发育,水蚀现象明显,富水性较强;中部裂隙相对较少、富水性弱;底部由于受阜凤逆冲断层影响,岩溶裂隙发育,水蚀现象亦较明显,富水性较上部稍强。

3. 夹片裂隙岩溶含水带

夹片裂隙岩溶含水带其岩性由砂岩、泥岩、砂质泥岩、灰岩和煤组成。$q=0.00593\sim0.06491$ L/(s·m),富水性较弱但不均一,夹片奥灰富水性强,原新集五矿副井1#探水孔突水量达594 m^3/h。

二、淮北煤田

淮北煤田为石炭—二叠系煤田,上覆巨厚松散层,下伏太原组灰岩和奥陶系灰岩。根据淮北煤田区域地层岩性及含水层赋存空间的分布情况,该煤田内含水层(组、段)可分为以下几类,见表12.8。

表12.8　淮北煤田含水层(组、段)主要水文地质特征表(安徽省煤田第三勘探队)

含水层(组、段)名称	厚度(m)	q(L/(s·m))	k(m/d)	富水性	水质类型
新生界一含	15～30	0.1～5.35	1.03～8.67	中—强	$HCO_3-Na\cdot Mg$
新生界二含	10～60	0.1～3	0.92～10.95	中—强	$HCO_3\cdot SO_4-Na\cdot Ca$, $HCO_3-Na\cdot Ca$
新生界三含	20～80	0.143～1.21	0.513～5.47	中等	$SO_4\cdot HCO_3-Na\cdot Ca$, $HCO_3\cdot SO_4-Na\cdot Ca$
新生界四含	0～57	0.000 24～2.635	0.001 1～5.8	弱—中	$SO_4\cdot HCO_3-Na\cdot Ca$, $HCO_3\cdot Cl-Na\cdot Ca$
侏罗系五含	44～102	0.293 15～4.377 7	0.326～6.842	中—强	$SO_4\cdot Cl-Na\cdot Ca$
3煤砂岩(K_3)含水层	20～60	0.02～0.87	0.023～2.65	弱	$HCO_3\cdot Cl-Na\cdot Ca$, $SO_4-Ca\cdot Na$
7-8煤砂岩含水层	20～40	0.002 2～0.12	0.006 6～1.45	弱	$HCO_3\cdot Cl-Na\cdot Ca$, $SO_4-Ca\cdot Na$
10煤上下砂岩含水层	25～40	0.003～0.13	0.009～0.67	弱	$HCO_3\cdot Cl-Na$, HCO_3-Na
太原组灰岩含水层	47～93	0.000 264～5.26	0.000 605～97.16	弱—强	$HCO_3\cdot SO_4-Ca\cdot Mg$, $SO_4\cdot Cl-Na\cdot Ca$
奥陶系灰岩含水层	约500	0.006 5～45.56	0.007 2～60.24	强	$HCO_3-Ca\cdot Mg$, $SO_4\cdot HCO_3-Ca\cdot Mg$

(一) 含水层

1. 新生界松散层类孔隙含水层(组)

淮北煤田由于受老构造及新构造叠加作用与影响,新生界松散层的沉积厚度变化大,除少数基岩裸露外,厚度为40～700 m,其变化规律是自北向南、自东向西逐渐增厚。该煤田内的构造格局具有南北分异的特征,以宿北断层为界,断层南北松散层沉积厚度及含隔水层分布特征差别较明显。

北区为濉萧矿区。北区的新生界松散层厚度为1.88～225.8 m,具有东薄西厚的趋势。濉萧矿区东部的闸河煤田可划分为上部全新统松散层孔隙含水层(组),下部更新统松散层隔水层(段)。上部全新统松散层孔隙含水层(组),$q=0.0000177\sim2.75$ L/(s·m),$k=$

0.000 32～29.553 m/d，富水性弱—强，为矿区主要含水层之一。濉萧矿区其余地段发育三含三隔，仅在局部地区发育四含。

南区包括宿县矿区、临涣矿区和涡阳矿区。新生界覆盖于二叠系煤系地层之上，其中新生界松散层厚度为 39.8～866.7 m，可划分为四个含水层(组)和三个隔水层(组)。

2．侏罗系五含

侏罗系五含全淮北煤田仅朱仙庄矿井东北部发育，面积 2.8 km^2，压占矿井煤炭资源 1.6×10^7 t，与四含及煤系地层均为不整合接触，属山麓洪积相沉积，砾石成分以灰岩为主，主要为灰岩碎块，砾径 0.2～7 cm，分选差，胶结物为紫红色泥岩。厚度受古地形控制，浅部和西部大，向深部和东部逐渐变薄和尖灭，剥蚀面大致与 8 煤层平行。倾向东北，倾角 15°～25°，厚度 44～102 m，平均厚度 50～65 m。

五含岩溶极为发育，但不均匀，钻探时见 12～16 m 的洞穴，一般为 0.2～1.0 m，充填有泥质、方解石和石膏等物。－300 m 以上岩溶发育率为 8.82%，－350 m 以上为 13.2%，－400 m 以上为 0.83%，所以岩溶主要发育带位于－350 m 以上，深部较弱。

五含的富水性决定于岩溶的发育程度，由于岩溶发育很不均匀，因此不同区段的富水性强弱不等。据 84-20、84-19 孔抽水实验资料，$q_{91}=0.293\,15\sim4.377\,7$ L/(s·m)，$k=0.326\sim6.842$ m/d，水质类型为 $SO_4\cdot Cl-Na\cdot Ca$。富水性随着砾岩厚度由南向北增加，富水性增强。

根据 90-放 2 和 84-18 两“五含”水文观测孔资料，开采初期 1988 年 4 月份 84-18 孔五含水位为＋6.50 m，至 2013 年 10 月 8 日五含水位已降至－127.0 m；1995 年 1 月份 90-放 2 孔五含水位为＋6.38 m，至 2013 年 10 月 8 日五含水位已降至－17.95 m。这说明五含水也部分地进入矿坑，成为矿井排水的一部分。由此看五含水位已有明显下降。分析原因为：随着 86 采区的开采面积加大，五含顺砂岩裂隙进入矿井，随着多年的开采，五含水位有明显下降。

3．煤系砂岩和局部地区分布的岩浆岩类裂隙含水层(段)

煤系砂岩和局部地区分布的岩浆岩类裂隙含水层(段)主要由二叠系沉积岩、燕山期火成岩组成，一般富水性较弱，对应各主采煤层，可分为 3 煤(K_3)、7-8 煤、10 煤上下三个砂岩裂隙含水层(段)。

4．碳酸盐岩类裂隙深隙含水层(段)

根据碳酸盐岩含量的多少可划分为三个类型。

(1) 碎屑岩夹碳酸盐岩含水层(段)

碳酸盐岩厚度占 40%左右，由中上石炭统地层组成，即太原组石灰岩岩溶裂隙含水层(段)，一般有 12～14 层石灰岩，该含水层距 10 煤层较近，在隔水层薄弱地带，开采 10 煤层底板突水的可能性较大，是威胁矿井安全生产的主要含水层。

(2) 碳酸盐岩含水层(段)

碳酸盐岩占总厚度的 90%以上，由寒武系上统和奥陶系中统组成，淮北煤田一般以奥陶系石灰岩为主，该含水层一般含水丰富，在正常情况下距主采煤层较远，对煤矿无直接充水影响，但若与太灰、断层或导水陷落柱存在水力联系，会给矿井造成极大危害。

(3) 碳酸盐岩夹碎屑岩含水层(段)

碳酸盐岩占总厚度的 60%～90%，主要由寒武系中下统组成，淮北煤田只有小范围分布。

以上所叙述的各含水层(组、段)，其主要水文地质特征如表 12.8 所示，奥陶系灰岩抽水实验结果如表 12.9 所示。

表 12.9　淮北煤田奥灰抽水实验结果表

矿　区	矿　名	q(L/(s·m))	k(m/d)
濉萧	袁店	0.758 3～19.445 1	1.54～70.47
	朱庄	0.000 98～1.952 1	0.002 3～18.33
	岱河	—	—
	杨庄	0.056～0.244	2.52～1 028.79
	石台	0.000 98～3.411	0.002 3～18.33
	朔里	—	—
	刘桥一	2.83	2.36
	百善	—	—
	前岭	—	—
	卧龙湖	0.057～12.53	—
	恒源	0.704～3.15	1.77
宿县	芦岭	0.003 6	0.03
	朱仙庄	0.074 6	0.163
	桃园	0.718～3.61	—
	祁南	1.281～1.59	0.001 47～1.92
	祁东	—	—
	钱营孜	0.019～45.56	3.1675
临涣	临涣	0.131	1.07
	海孜	0.131～11.29	1.07～17.92
	童亭	0.010 708～0.229 79	0.005 8～1.64
	许疃	0.044～0.165	0.064 3～0.064 6
	孙疃	11.29	17.92
	青东	—	—
	杨柳	11.29	17.92
	袁一	0.050 7～12.53	0.099 1～18.66
	袁二	0.157～12.53	0.162～18.66
	任楼	3.503	6.22
	五沟	0.000 8～0.050 7	0.001 8～0.099 1

（二）隔水层

1．新生界松散层隔水层(组)

除四含直接覆盖在煤系之上外，新生界一、二、三含之下分别对应有一、二、三隔分布。它们主要由黏土、砂质黏土及钙质黏土组成，厚度为 13～158 m，分布稳定，黏土塑性指数为 19～38，隔水性能较好，尤其是第三隔水层(组)，以灰绿色黏土为主，单层厚度大，可塑性强，塑性指数为 21～38,膨胀量近 13.7%,隔水性能良好,是区域内重要的隔水层(组)。

2. 二叠系隔水层(段)

主要由泥岩及粉砂岩夹少量砂岩组成。对应各主采煤层砂岩裂隙含水层(段),划分为如下四个隔水层(段):1～2 煤层隔水层(段)、4～6 煤隔水层(段)、8 煤下铝质泥岩隔水层(段)和 10 煤下海相泥岩隔水层(段),其隔水性能一般较好。

第三节 地下水流场

一、淮南煤田

(一) 松散层底部第四含水层

淮南煤田四含分布在阜东矿区的大部和潘谢矿区的西北部,淮南矿区没有底含分布。淮南煤田松散层底部第四含水层地下水流场,整体上由北向南流动,局部受到含水层沉积缺失影响,地下水流向发生变化(图 12.2)。

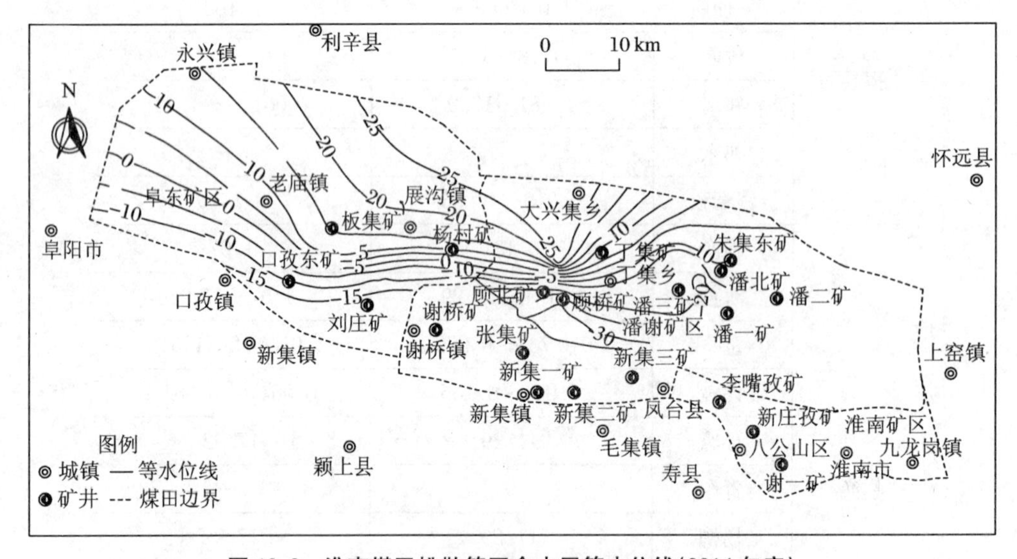

图 12.2 淮南煤田松散第四含水层等水位线(2014 年底)

(二) 太原组灰岩含水层

淮南煤田太原组地层分为原地系统和推覆系统。

阜凤断层以北、明龙山断层以南的太原组地层为原地系统,原地系统太原组含水层受矿井疏放灰岩水影响,形成以潘北矿—潘二矿、谢桥矿—张集矿为中心的两个降落漏斗。由于阜东矿区太原组灰岩含水层水位基本保持初始水位或稍有下降,对潘谢矿区进行补给;阜凤断层以南的太原组地层为推覆系统,包括淮南矿区及潘谢矿区的新集三矿。受矿井疏放灰岩水影响,推覆系统形成自西向东的地下水流场(图 12.3)。

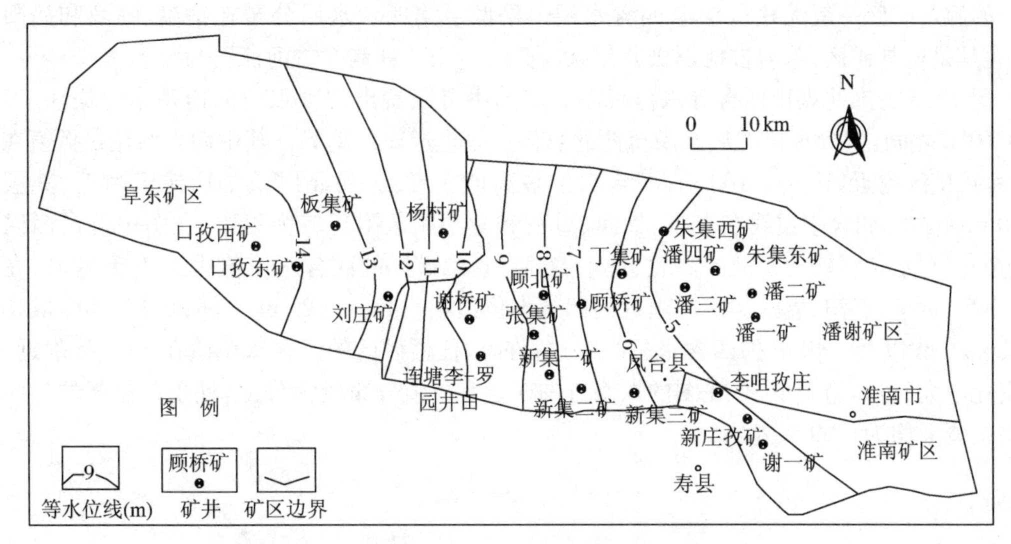

图 12.3　淮南煤田太原组灰岩等水位线(2014 年底)

(三) 奥陶系灰岩含水层

淮南煤田奥陶系地层亦分为原地系统和推覆系统。

原地系统奥陶系灰岩含水层与推覆系统奥陶系灰岩含水层,形成类似太原组灰岩含水层的自西向东的地下水流场(图 12.4)。阜东矿区基本保持初始水位,对潘谢矿区西部进行补给。

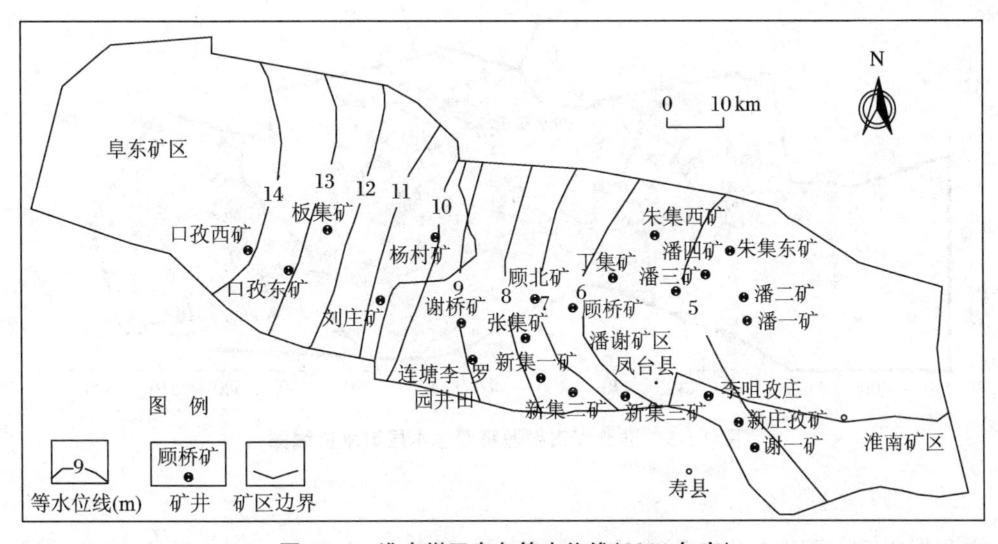

图 12.4　淮南煤田奥灰等水位线(2014 年底)

二、淮北煤田

淮北煤田煤层开采主要受到的含水层水害为松散层底部第四含水层和位于下组煤下方的太原组灰岩含水层,故本次主要介绍这两个含水层的等水位线分布规律。

(一) 松散层底部第四含水层

以宿北断层为界分为松散层沉积厚度及含隔水层分布特征差别较明显。位于宿北断裂以北的濉萧矿区一般无松散层第四含水层。松散层第四含水层分布在宿南、临涣和涡阳矿区，尤其是宿县矿区，基岩古地形极其复杂，存在“潜山”“冲沟”“古河流”。

图 12.5 为淮北煤田四含等水位线图。从图中可以看出四含水位的值基本上均在 - 160 ～ + 10 m 之间，四含水位的从西南至西北总体上呈现递减的趋势。其中四含水位最低值在临涣、海孜矿区附近，达到 - 160 m；四含水位最高值在袁二、涡北以及刘店矿区附近，其值为 + 10 m 左右。四含水位线在青东、临涣、海孜和童亭矿区附近较为集中，在图中的最西以及东边的四含水位线较为疏散。涡北、青东、刘店、袁二矿区的四含水位值为 + 10 m 左右；在海孜、临涣、童亭、五沟、袁一等矿区附近的四含水位值在 - 40 ～ - 20 m 之间；杨柳、孙疃煤矿分别被 - 20 m 以及 - 40 m 的四含水位线穿过；许疃、任楼矿区的四含水位值在 - 60 m 附近，其值变化不大，整体趋于平稳；在图的东南方的四含水位值分布较为分散，处于该位置的矿区四含水位值平均为 - 60 m 左右。

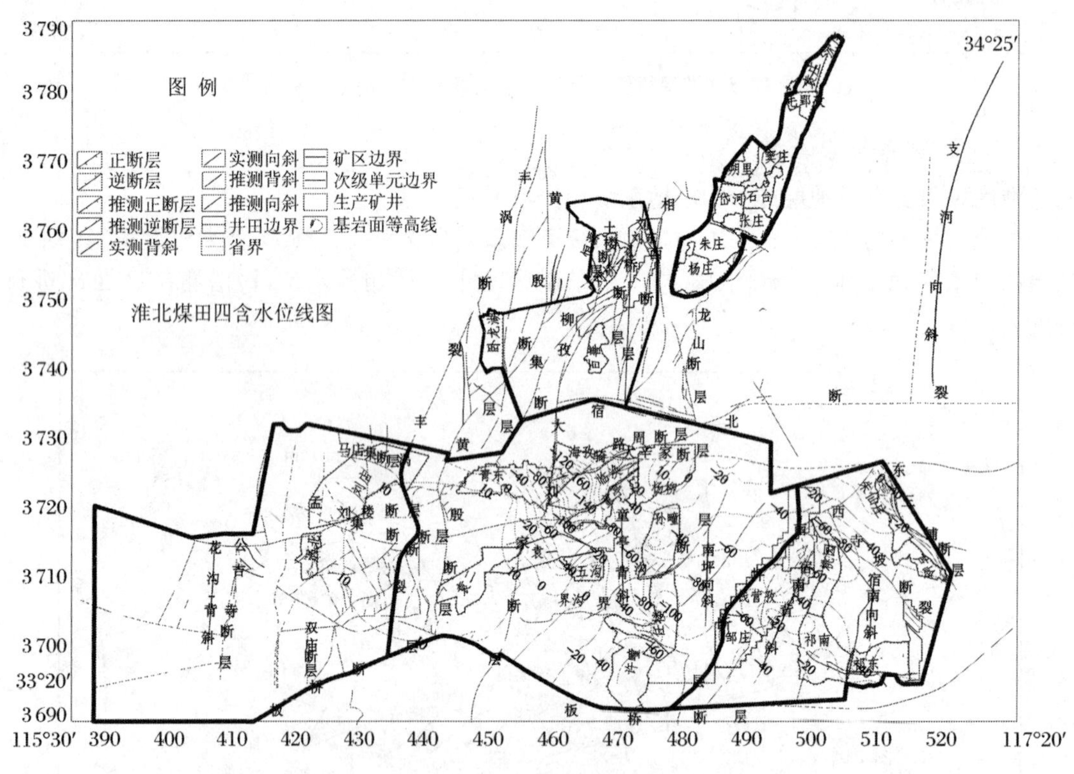

图 12.5　淮北煤田松散第四含水层等水位线图

（二）太原组灰岩含水层

淮北煤田受太原组灰岩水影响的矿井较多，主要有袁庄、朱庄、杨庄、朔里、临涣、海孜、童亭、芦岭、朱仙庄、祁南、桃园、孙疃、杨柳、青东、袁一、袁二、五沟、卧龙湖等。根据矿区内太灰长观孔水位，可做出整个淮北煤田的太灰水等水位线图，如图 12.6 所示。

由淮北煤田太灰水等水位线图知，由于受煤矿采掘的影响，煤田内的太灰水位已经发生了较大的变化。在没有采掘下组煤的区域，灰岩水位一般较高。淮北煤田太灰水位最高位 60 m，位于祁南矿区；最低水位为 - 240 m，位于临涣矿区。整个淮北矿区太灰水位整体上呈现从西南方的祁南矿区向东北方向的临涣矿区递减的趋势。在整个淮北矿区，祁南矿区、杨柳矿区、临涣矿区、孙疃矿区、五沟矿区等水位线分布较为密集；而在任楼煤矿、青东煤矿、刘店煤矿等水位线分布较为稀疏；其中 - 120 m 等水位线穿过五沟煤矿、孙疃煤矿；0 m 等水位线穿过刘店煤矿、袁一煤矿、袁二煤矿。

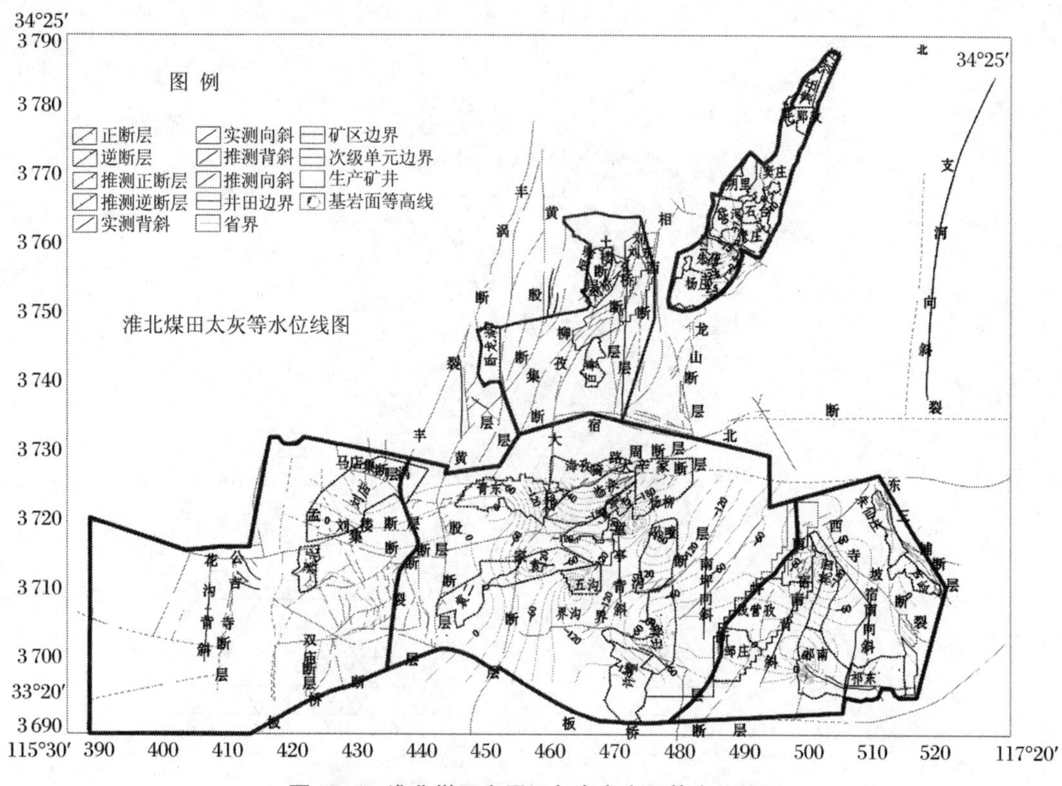

图 12.6　淮北煤田太原组灰岩含水层等水位线图

第四节　水化学特征

一、淮南煤田

以下将以分矿区的形式对煤田内各主要含水层的水化学特征进行叙述。

（一）淮南矿区

1. 新生界含水层

淮南矿区存在灰岩出露区，部分地区新生界松散层较薄并直接覆盖在灰岩上，二者水力联系一般较好。淮南矿区新生界含水层接受大气降水补给，补给条件较好，共收集到淮南老矿区李嘴孜矿、新庄孜矿和谢一矿 3 个矿井水化学数据，但仅有李嘴孜矿含有新生界水样数据。淮南矿区新生界含水层水质类型以 HCO_3 - Ca 型为主，大部分水样 Ca^{2+} 毫克当量大于 60%，HCO_3^- 毫克当量一般大于 50%，矿化度平均值为 456 mg/L，受太灰水影响硬度较大，全硬度平均值为 17.29 °dH。图 12.7 为淮南老矿区新生界孔隙水 Piper 三线图。

从图 12.7 中可知,淮南老矿区新生界孔隙水离子成分以 HCO_3^-、Ca^{2+} 为主,水质类型以 $HCO_3 \cdot Cl - Ca \cdot Na + K$ 和 $HCO_3 \cdot Cl - Ca$ 为主。HCO_3^- 的毫克当量百分比大于 40%,Ca^{2+} 的毫克当量百分比大部分处于 40%~70% 之间,SO_4^{2-} 毫克当量百分比基本上低于 10%。

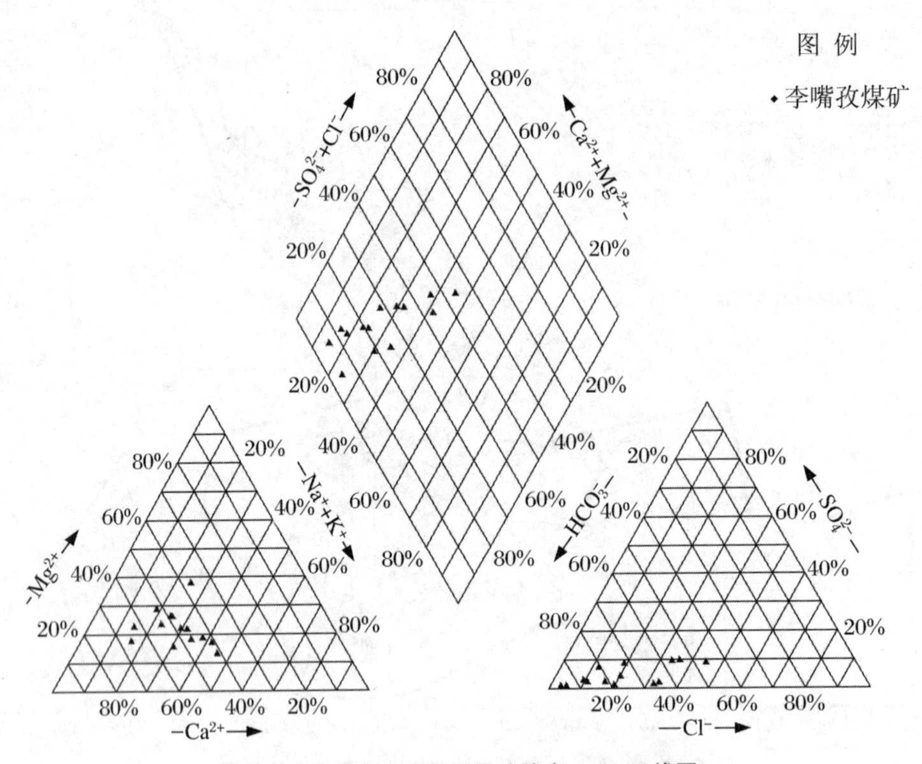

图 12.7 淮南矿区新生界孔隙水 Piper 三线图

2. 煤系砂岩水

淮南矿区煤系砂岩水补给条件较好,水质类型以 $HCO_3 - Na$ 型和 $HCO_3 - Ca$ 型为主。根据收集到的李嘴孜煤矿、新庄孜煤矿和谢一煤矿的水化学资料,李嘴孜煤矿矿化度均值最小,为 711 mg/L,全硬度较大达到了 24.56 °dH;新庄孜矿的矿化度均值为 1 284.81 mg/L,全硬度为 2.2 °dH;谢一煤矿取样深度较大,以典型煤系砂岩水为主,矿化度均值为 1 242.49 mg/L,全硬度为 0.95 °dH。从垂向上看,随着埋深增大,煤系砂岩水 pH、碱度增加,硬度减小,符合煤系砂岩水径流过程中水化学特征演化规律。图 12.8 为淮南矿区煤系砂岩水 Piper 三线图。

由图 12.8 可知,淮南矿区煤系砂岩水水质类型以 $HCO_3 - Na$ 型为主,少部分水样水质类型为 $HCO_3 - Ca$ 型,离子成分以 HCO_3^- 和 Na^+ 为主,大部分水样的 HCO_3^- 和 Na^+ 毫克当量百分比均高于 80%,其他离子的含量均较低。

3. 太灰水

淮南矿区太灰水接受大气降水补给条件良好,补给煤系砂岩水,遇隔水断层则出露成泉。淮南矿区太灰水水化学类型以 $HCO_3 - Ca$ 和 $HCO_3 - Ca \cdot Na$ 以及 $HCO_3 - Ca \cdot Mg$ 型为主,矿化度较小,一般小于 600 mg/L,李嘴孜煤矿和新庄孜煤矿太灰水 Ca^{2+} 毫克当量一般大于 50%,大部分水样 Cl^- 毫克当量均小于 20%,谢一煤矿 Mg^{2+} 毫克当量百分比相对较高,一般可达30%以上。

图12.9为淮南老矿区太灰水Piper三线图。从图12.9中可知,淮南矿区太原组灰岩水

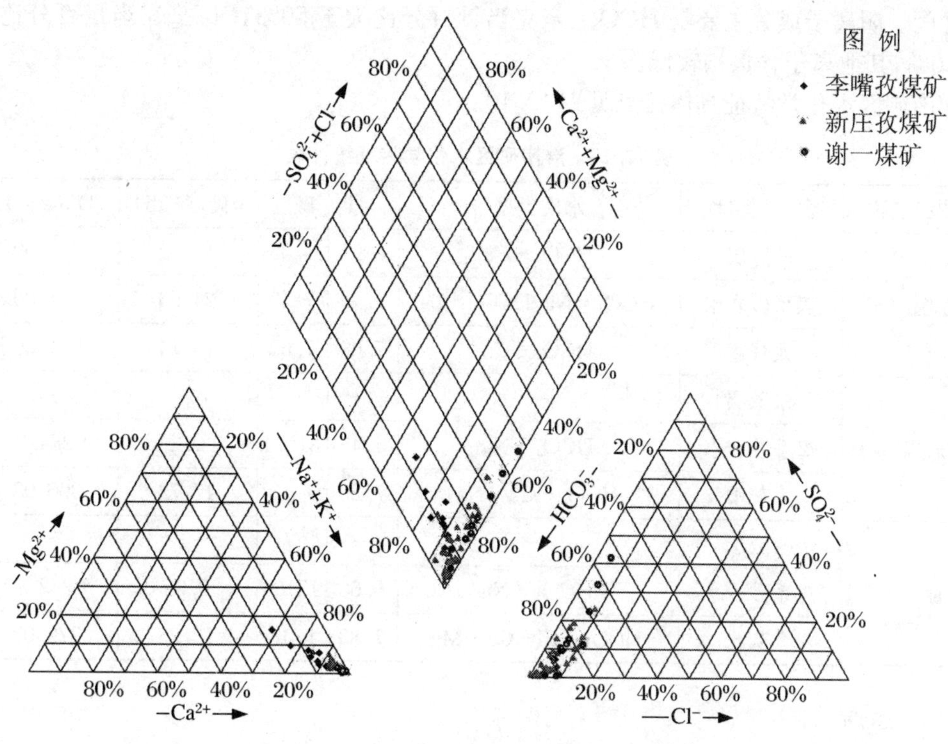

图12.8　淮南矿区煤系砂岩水Piper三线图

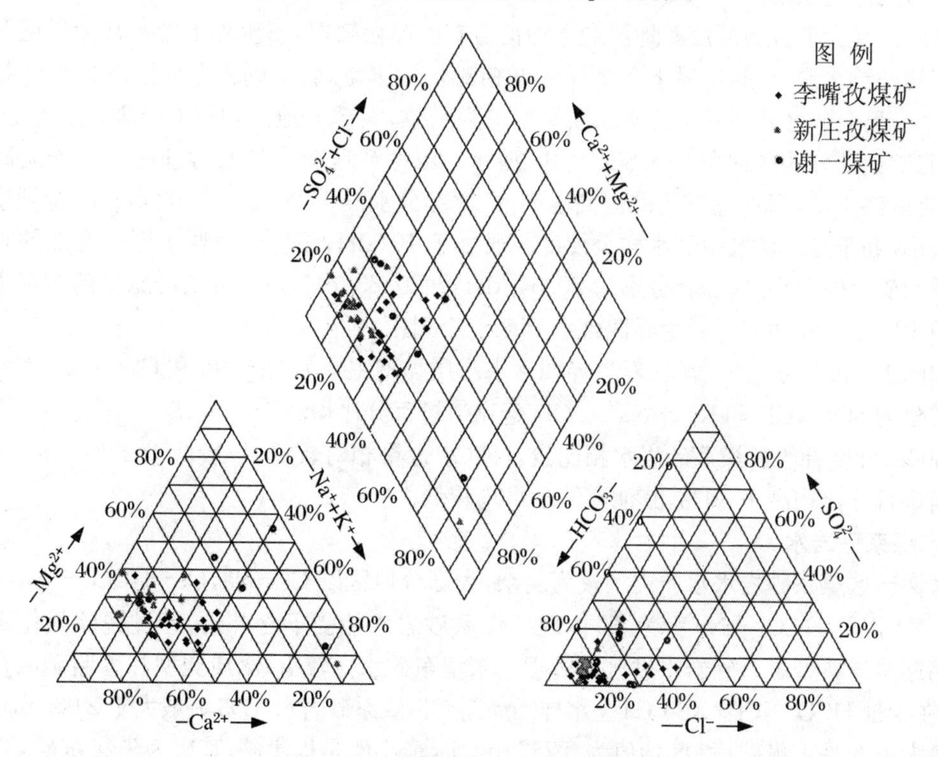

图12.9　淮南老矿区太原组灰岩水

样水质类型以$HCO_3-Ca·Na$或$HCO_3-Ca·Mg$型为主。离子成分以Ca^{2+}、HCO_3^-和Cl^-为主，Ca^{2+}毫克当量百分比大部分处于40%～60%，Na^+毫克当量百分比大部分处于15%～40%之间。阴离子成分主要是HCO_3^-，毫克当量百分比大于50%，Cl^-毫克当量百分比一般低于20%，其他离子含量均较低。

淮南矿区水化学特征具体信息见表12.10。

表12.10　淮南矿区水化学特征统计表

煤矿名称	含水层名称	水质类型	pH	碱度	全硬度(°dH)	TDS(mg/L)
李嘴孜矿	松散层	HCO_3-Ca	6.91	6.35	17.29	456.00
	煤系砂岩水	HCO_3-Na，HCO_3-Ca	7.49	7.46	24.56	711.00
	太灰水	HCO_3-Ca	7.00	7.63	19.74	561.00
新庄孜矿	松散层	—	—	—	—	—
	煤系砂岩水	HCO_3-Na	8.45	21.74	2.2	1 284.81
	太灰水	$HCO_3-Ca·Na$	7.25	7.13	17.72	396.03
谢一矿	松散层	—	—	—	—	—
	煤系砂岩水	HCO_3-Na	8.68	17.58	0.95	1 242.49
	太灰水	$HCO_3·Cl-Ca·Mg$	7.83	5.16	13.25	379.02

（二）潘谢矿区

1．新生界含水层

潘谢矿区大部分地区煤系地层之上均覆盖有巨厚松散层，新生界下含水常为煤层开采间接或直接补给水源，故新生界下含水样数据相对较为丰富，收集到潘谢矿区下含水样数据共计37个。潘谢矿区新生界下含水水质类型较为一致，大部分地区均以$Cl-Na$型为主，顾桥矿、潘北矿少部分地区存在$Cl·SO_4-Na$型水。潘谢矿区新生界底含埋深北区普遍高于南区，径流条件不良，TDS总体上北区高于南区，大部分水样TDS大于2 000 mg/L；全硬度相对南区较小，处于潘谢矿区中部水样全硬度一般小于10 °dH，而位于潘谢矿区东北部的朱集东矿和潘二矿全硬度相对较高，分别为20.54 °dH和20.63 °dH，该地区则可能受到太灰水的影响。图12.10为潘谢矿区新生界四含水Piper三线图。

如图12.10所示，潘谢矿区新生界四含水水质类型主要为$Cl-Na$和$Cl·SO_4-Na$，主要离子成分为SO_4^{2-}，Cl^-和K^++Na^+。Cl^-毫克当量百分比均高于50%，SO_4^{2-}毫克当量百分比低于50%，和受补给的煤系砂岩水相比较，HCO_3^-含量相对较低，一般低于20%。K^++Na^+毫克当量百分比均高于80%，其他离子含量均较低。

2．煤系砂岩水

潘谢矿区煤系砂岩水水质类型较为复杂，大部分地区以$Cl-Na$，$Cl·HCO_3-Na$，$HCO_3·Cl-Na$以及HCO_3-Na型为主，体现了煤系砂岩水接受下含补给，经过脱硫酸作用等化学作用逐步向典型煤系砂岩水过渡的过程。朱集东矿水样较少，水质类型和潘谢矿区存在差异，存在少量$HCO_3·Cl-Na·Ca$型水样。潘谢矿区煤系砂岩水TDS一般大于2 000 mg/L，平均值最大值的是丁集矿，TDS均值为3 723 mg/L，最小值是板集矿，其次为朱集东矿，TDS均值分别为1 542 mg/L和1 586.22 mg/L。全硬度方面来说，潘谢矿区煤系砂岩水较为接近，一般在 7 °dH 以下。总体来说，潘谢矿区煤系砂岩水平面上差异较小，在垂向上的差异主要体现在由下含水的补给水，逐步过渡为典型煤系砂岩水的过程，局部地区深部可能受到灰岩影响，存在异常。

图 12.11 为潘谢矿区煤系砂岩水 Piper 三线图。如图 12.11 所示，潘谢矿区煤系砂岩水

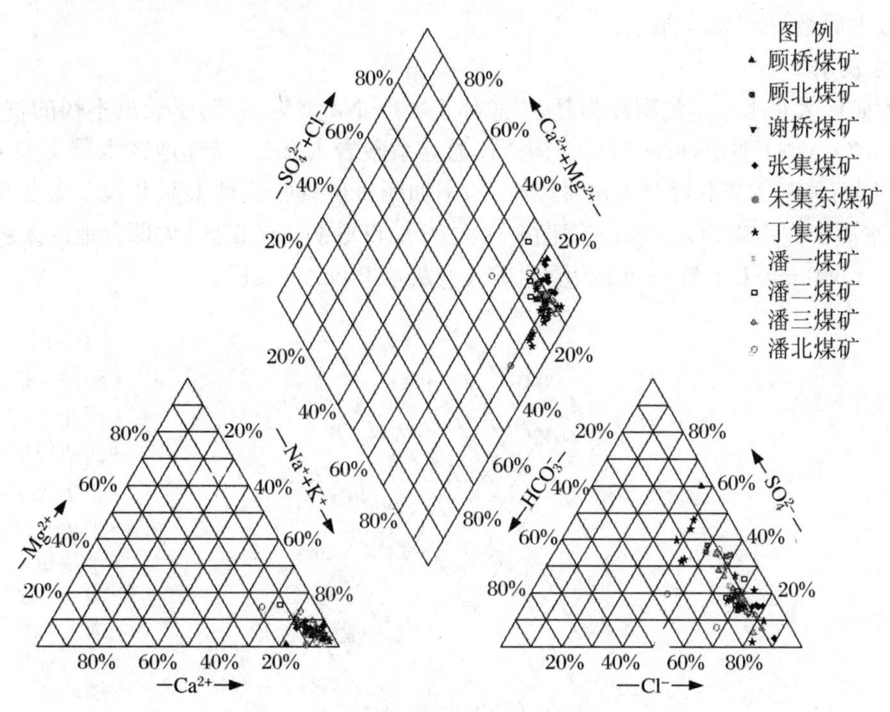

图 12.10　潘谢矿区新生界四含水 Piper 三线图

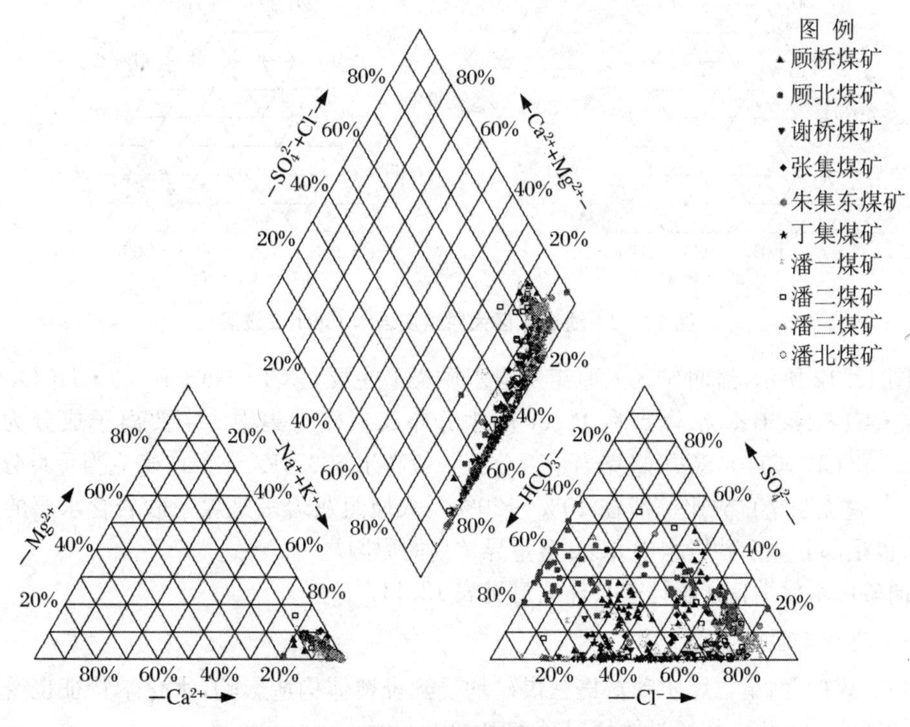

图 12.11　潘谢矿区煤系砂岩水 Piper 三线图

水质类型以 HCO_3 - Na，Cl - Na，Cl · HCO_3 - Na 和 Cl - Na - Ca 型为主，离子成分主要为 HCO_3^-，K^+ + Na^+ 和 SO_4^{2-}，部分水样 SO_4^{2-} 含量较高，可达 30%以上。大部分水样 Cl^- 和 HCO_3^- 毫克当量百分比高于 60%，是煤系砂岩水的典型特征之一，K^+ + Na^+ 毫克当量百分比均高于 80%，其他离子成分含量相对较低。煤系砂岩水中 SO_4^{2-} 含量较高的水样可能受采空区积水或太原组灰岩水影响。

3．太灰水

潘谢矿区太灰水水质类型较为复杂，总体上 Cl - Na 型为主，属于径流不畅的古水，其次是 Cl · HCO_3 - Na 型水，可能与局部构造连通煤系砂岩水有关，局部地区水质类型为 SO_4 · Cl - Na，则可能与太灰Ⅱ段及太灰Ⅲ段有关，例如顾桥矿仅收集到太灰Ⅱ段及太灰Ⅲ段水样各一个，水质类型均为 SO_4 - Na。潘谢矿区太灰水 TDS 高于老矿区，大部分地区太灰水 TDS 均值高于 1 500 mg/L。图 12.12 为潘谢矿区太灰水 Piper 三线图。

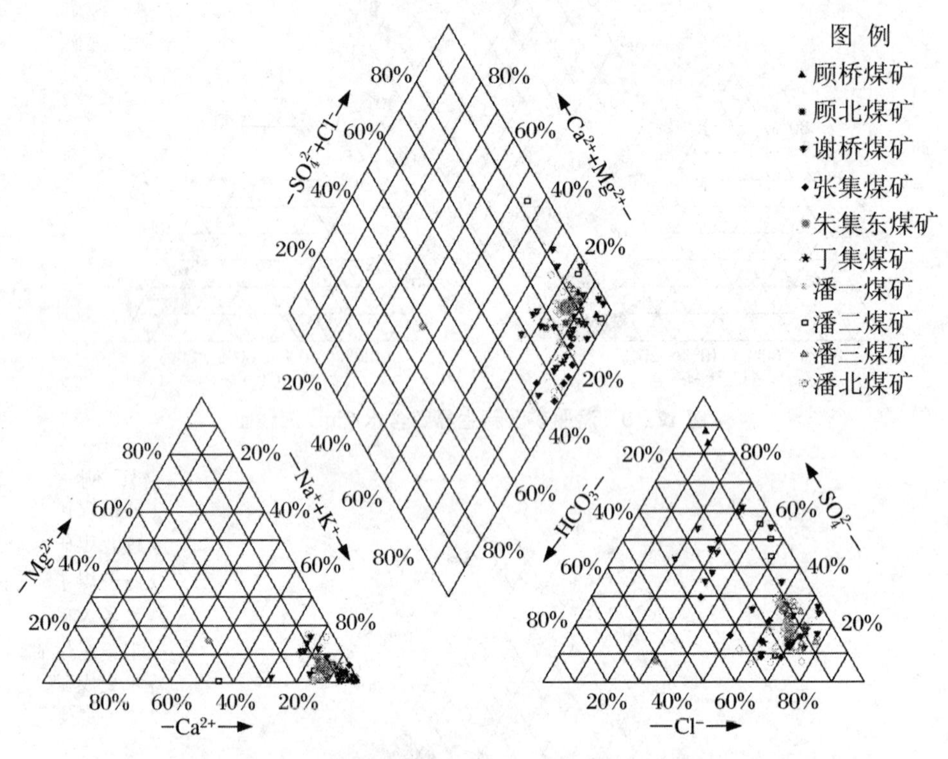

图 12.12 潘谢矿区太原组灰岩水 Piper 三线图

如图 12.12 所示，潘谢矿区太原组灰岩水质类型主要是 Cl - Na + K，Cl · HCO_3 - Na + K + SO_4 · Cl - Na + K，水样点在 Piper 图中分布相对较为集中。主要离子成分为 SO_4^{2-}，K^+ + Na^+ 和 Cl^-，Cl^- + SO_4^{2-} 毫克当量百分比一般高于 60%，K^+ + Na^+ 毫克当量百分比大于 70%，Ca^{2+} 毫克当量百分比一般在 10%～20%。太原组灰岩水是煤系砂岩含水层的重要补给水源，也是部分煤系砂岩水中 SO_4^{2-} 含量异常高的原因之一。

潘谢矿区水化学特征统计表具体信息见表 12.11。

（三）潘谢矿区新集区域

新集一煤矿、新集二煤矿和新集三煤矿均受到推覆体构造影响，水化学特征也受到了一定程度的影响。水化学特征具体情况见表 12.12。

表 12.11　潘谢矿区水化学特征统计表

煤矿名称	含水层名称	水质类型	pH	碱度	全硬度(°dH)	TDS(mg/L)
潘集一矿	四含水	Cl－Na	8.79	4.92	7.50	2 262.00
	煤系砂岩水	Cl－Na，Cl·HCO_3－Na	8.25	10.96	6.16	2 416.00
	太灰水	Cl－Na	8.57	6.61	9.65	1 824.00
潘集二矿	四含水	Cl－Na	8.46	5.41	20.63	2 429.36
	煤系砂岩水	Cl·HCO_3－Na，Cl－Na	8.40	16.24	6.26	2 414.93
	太灰水	SO_4·Cl－Na	8.60	2.69	12.43	1 586.41
潘集三矿	四含水	Cl－Na，Cl·SO_4－Na	8.45	6.54	9.46	2 162.44
	煤系砂岩水	Cl－Na，HCO_3·Cl－Na	8.56	16.21	6.41	2 564.60
	太灰水	Cl－Na	8.94	3.94	7.30	2 755.42
潘北矿	四含水	Cl·SO_4－Na	9.38	5.98	13.75	1 566.00
	煤系砂岩水	Cl－Na，Cl·HCO_3－Na	8.00	19.59	4.83	3 043.35
	太灰水	Cl－Na	7.90	7.37	18.15	2 727.00
顾桥矿	四含水	SO_4·Cl－Na	8.23	3.13	13.25	1 556.00
	煤系砂岩水	HCO_3·Cl－Na，Cl·HCO_3－Na	8.76	20.84	4.03	3 128.00
	太灰水	SO_4－Na	11.10	7.11	1.98	1 456.00
顾北矿	四含水	Cl－Na	8.29	4.99	11.28	2 324.56
	煤系砂岩水	HCO_3·Cl－Na	8.57	15.90	5.53	2 235.37
	太灰水	Cl－Na	8.29	5.39	10.89	1 844.00
谢桥矿	四含水	Cl－Na	7.90	4.73	12.69	2 318.67
	煤系砂岩水	Cl·HCO_3－Na，Cl－Na	8.55	12.93	6.11	2 030.28
	太灰水	SO_4·Cl－Na，Cl－Na	8.64	3.94	7.48	2 348
张集矿	四含水	Cl－Na	8.67	2.79	14.07	2 138.60
	煤系砂岩水	HCO_3·Cl－Na，Cl·HCO_3－Na	8.66	21.39	4.26	2 743.60
	太灰水	Cl－Na，Cl·HCO_3－Na	8.32	13.91	4.74	2 987.10
朱集东矿	四含水	Cl－Na	8.16	6.85	20.54	2 349.00
	煤系砂岩水	Cl－Na，HCO_3·Cl－Na·Ca	8.60	7.84	12.99	1 586.22
	太灰水	HCO_3·Cl－Na·Ca	7.91	5.50	13.56	509.00
丁集矿	四含水	Cl－Na	8.17	7.06	9.77	2 380.00
	煤系砂岩水	HCO_3·Cl－Na	8.55	32.12	2.30	3 723.00
	太灰水	HCO_3－Na·Ca	8.51	7.87	10.24	1 166.00

1. 新生界含水层

潘谢矿区新集区域四含仅罗园—连塘李部分区域发育，从表 12.12 中可以看出新生界四含水样资料较少，水化学类型均为 Cl－Na 型，矿化度均值为 1 709 mg/L，径流环境较差。

表 12.12 潘谢矿区新集区域水化学特征统计表

煤矿名称	含水层名称	水质类型	pH	碱度	全硬度(°dH)	TDS(mg/L)
新集一矿	四含水	—	—	—	—	—
	煤系砂岩水	$Cl-Na, Cl\cdot HCO_3-Na$	7.95	8.42	9.37	2 264.81
	太灰水	$Cl\cdot HCO_3-Na$	8.34	9.62	7.01	2 221.50
新集二矿	松散层	—	—	—	—	—
	煤系砂岩水	$Cl\cdot HCO_3-Na\ Cl-Na$	8.05	13.89	11.80	2 013.35
	太灰水	$Cl\cdot HCO_3-Na$	8.15	11.49	11.50	2 302.73
新集三矿	四含水	—	—	—	—	—
	煤系砂岩水	$Cl\cdot HCO_3-Na, Cl-Na$	7.96	5.72	20.23	1 211.27
	太灰水	$Cl-Na$	8.28	5.65	17.46	996.81
罗园煤矿	四含水	$Cl-Na$	8.25	15.32	20.19	1 709
	煤系砂岩水	$Cl\cdot HCO_3-Na$	8.98	18.81	3.47	1 075
	太灰水	$Cl-Na$	8.18	14.44	17.72	1 466.5

2. 煤系砂岩含水层

煤系砂岩水水样较为丰富，水质类型以 $Cl-Na$ 和 $Cl\cdot HCO_3-Na$ 型为主，新集一煤矿和新集二煤矿矿化度较为接近，均值分别为 2 264.81 mg/L 和 2 013.35 mg/L，新集三矿矿化度明显低于新集一煤矿和新集二煤矿，均值为 1 211.27mg/L。全硬度方面，新集三煤矿最高，新集二煤矿和新集一煤矿稍低，分别为 20.23 °dH、11.80 °dH 和 9.37 °dH。考虑到各矿水文地质条件，新集三煤矿煤系砂岩含水层可能受到太灰水或新生界含水层影响较大，而新集一煤矿和新集二煤矿受推覆体构造影响大于新集三煤矿，煤系砂岩水全硬度受到推覆体含水层影响，出现部分煤系砂岩含水层 Ca^{2+} 含量异常偏高的情况，例如新集一煤矿 9 煤顶板砂岩含水层。

图 12.13 为新集矿区煤系砂岩水 Piper 三线图。如图 12.13 所示，新集矿区煤系砂岩水水质类型以 $Cl\cdot HCO_3-Na+K$ 型为主，主要离子成分为 Cl^- 和 $K^+ + Na^+$，大部分水样二者的毫克当量百分比高于 50%，可能受推覆体片麻岩水和推覆体寒灰水影响，煤系砂岩水中 Ca^{2+} 毫克当量百分比高于以新生界下含含水层为主要补给水源的矿井，部分煤系砂岩水水样 Ca^{2+} 毫克当量百分比可达 40%，其中新集三煤矿煤系砂岩水钙离子较高。

3. 太灰含水层

太灰水情况和煤系砂岩水较为类似，新集三煤矿太灰水补给条件明显优于新集一煤矿和新集二煤矿，矿化度较低，均值为 996.81 mg/L，而新集一煤矿和新集二煤矿分别为 2 221.50 mg/L 和 2 302.73 mg/L。新集矿区太灰水质类型以 $Cl\cdot HCO_3-Na$ 和 $Cl-Na$ 型为主，大部分区域径流条件较差。全硬度方面，和煤系砂岩水类似从东向西依次递减，分别为 17.46 °dH、11.50 °dH 和 7.01 °dH。

图 12.14 为新集矿区太灰水 Piper 三线图。如图 12.14 所示，太原组灰岩水水质类型以 $Cl-Na$ 和 $Cl-Na\cdot Ca$ 型为主，主要离子成分 Cl^- 和 $K^+ + Na^+$ 毫克当量百分比一般高于 60%，和下含水成分类似，与二者的赋存环境均封闭较好以及径流条件均较差有关。

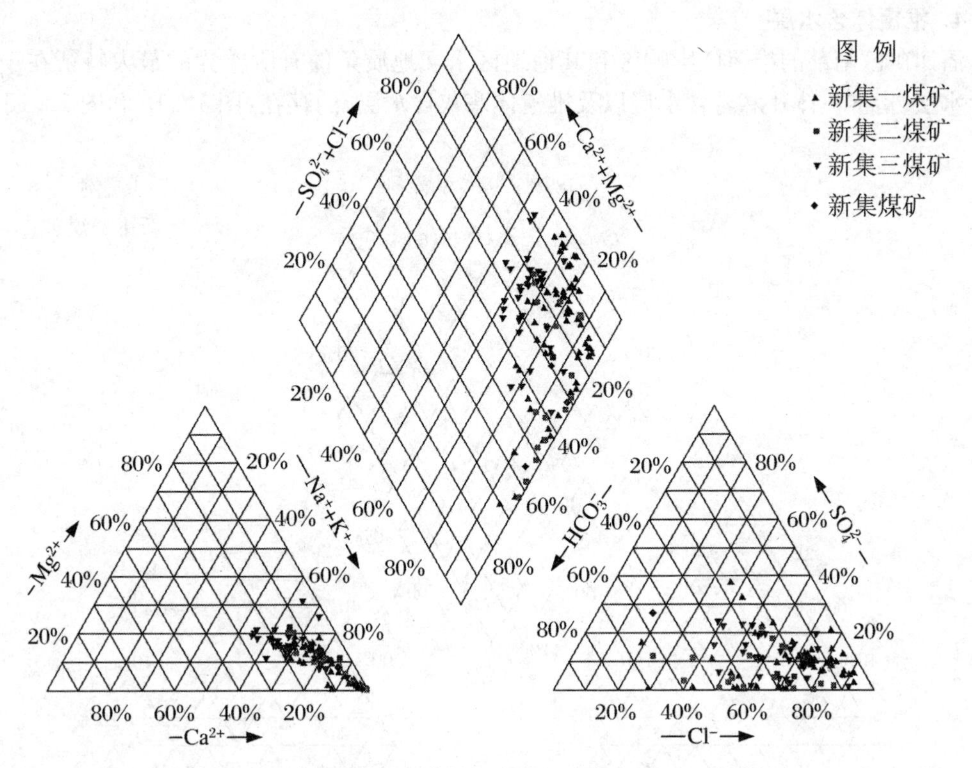

图 12.13　潘谢矿区新集区域煤系砂岩水 Piper 三线图

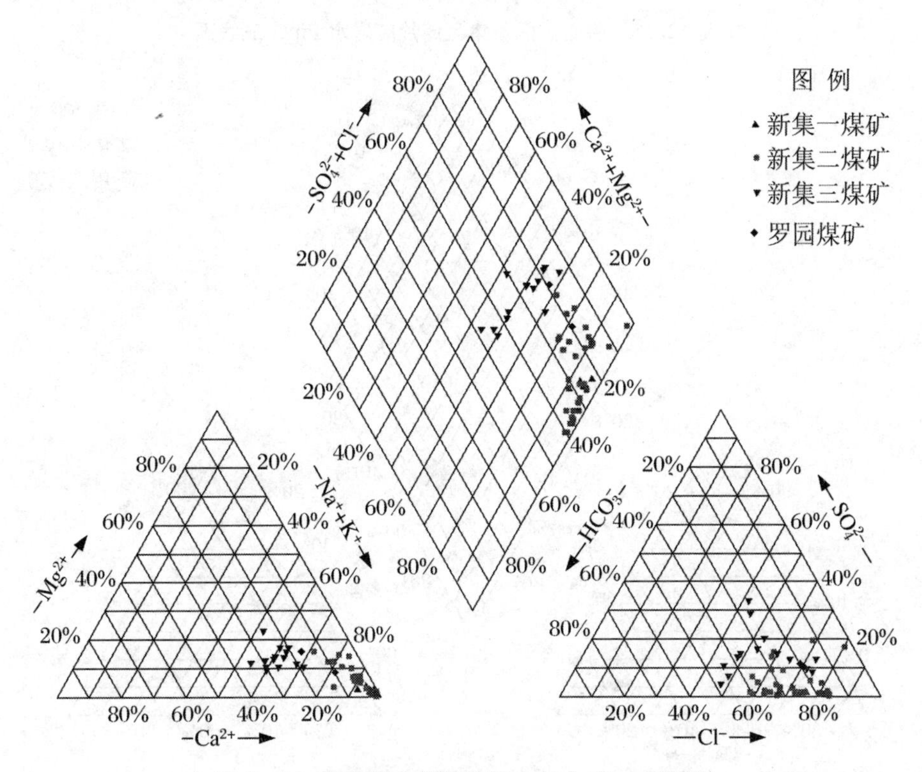

图 12.14　潘谢矿区新集区域太灰水 Piper 三线图

4．推覆体含水层

潘谢矿区南部的推覆体影响区和其他地区水文地质条件有所差异的最大特征在于推覆体含水层(指推覆体片麻岩含水层以及推覆体寒灰含水层)的存在:图 12.15 和图 12.16 分别

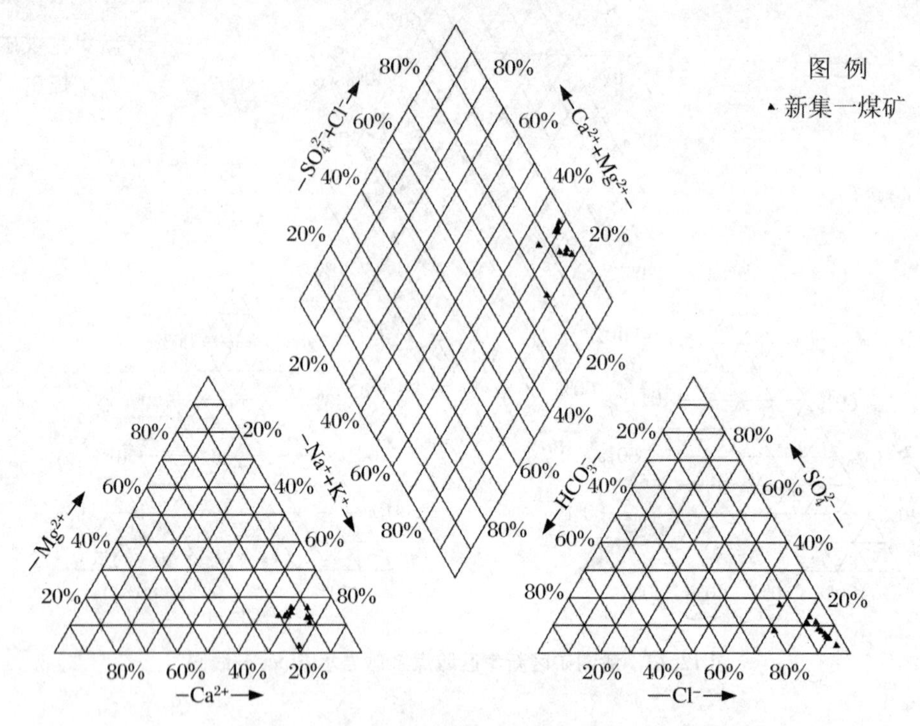

图 12.15　潘谢矿区新集区域片麻岩水 Piper 三线图

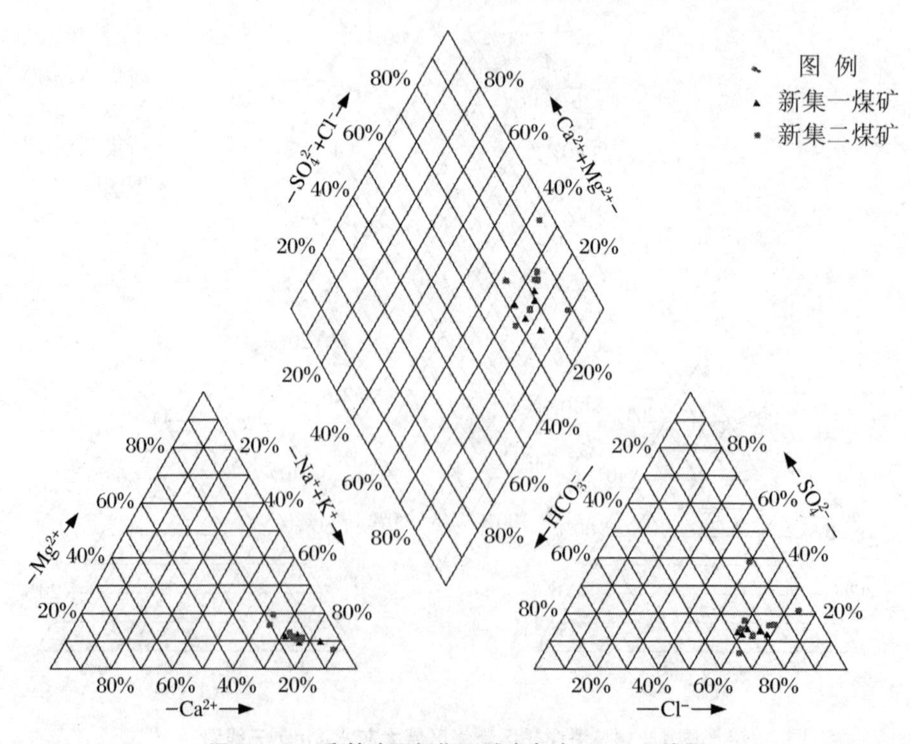

图 12.16　潘谢矿区新集区域寒灰水 Piper 三线图

为新集矿区推覆体片麻岩水和推覆体寒灰水 Piper 三线图。

如图 12.15 所示，新集矿区推覆体片麻岩水水质类型以 Cl－Na＋K 型为主，主要离子成分为 Cl^- 和 $K^+ + Na^+$，二者的毫克当量百分比分别可达 80% 和 70% 以上，Ca^{2+} 毫克当量百分比一般处于 20%～40%之间。推覆体片麻岩和推覆体寒灰与煤系砂岩水之间水力联系较为密切。

如图 12.16 所示，新集矿区推覆体寒灰水水质类型 Cl－Na＋K 和 Cl・HCO_3－Ca 型为主，主要离子成分 Cl^- 和 HCO_3^- 毫克当量百分数分别位于 60%～80% 和 30%～40%之间，Ca^{2+} 毫克当量百分比一般处于 20%～40%之间。

（四）阜东矿区

阜东矿区开采历史较短，相应的水化学数据较少，收集到阜东矿区板集矿、刘庄矿和口孜东矿等生产矿井的水化学数据资料，水化学统计情况见表 12.13。

表 12.13 阜东矿区水化学特征统计表

煤矿名称	含水层名称	水质类型	pH	碱度	全硬度(°dH)	TDS(mg/L)
板集矿	四含水	Cl－Na	8.72	5.23	6.01	2 393.00
	煤系砂岩水	Cl－Na，Cl・HCO_3－Na	8.60	5.72	5.43	1 542.00
	太灰水	Cl・HCO_3－Na	8.58	6.58	4.90	1 077.00
刘庄矿	四含水	Cl－Na	8.34	5.47	7.53	1 516.43
	煤系砂岩水	Cl・HCO_3－Na	8.16	16.06	6.59	2 188.46
	太灰水	Cl・HCO_3－Na	8.43	7.08	4.91	699.40
口孜东矿	四含水	Cl－Na	8.47	5.42	4.63	1 778
	煤系砂岩水	Cl－Na	9.09	7.28	2.79	1 534
	太灰水	Cl－Na	8.62	4.87	4.99	2 348
杨村矿	四含	Cl－Na	8.35	5.56	7.89	2 383
	煤系砂岩水	Cl・HCO_3－Na	8.15	4.96	3.97	895
	太灰	Cl－Na	8.57	6.20	5.72	965

阜东矿区新生界四含水水质类型以 Cl－Na 型为主，矿化度一般大于 1 500 mg/L，全硬度一般大于 6 °dH，径流条件较差。

图 12.16 为阜东矿区新生界四含水 Piper 三线图。如图 12.17 所示新生界四含水水质类型为 Cl－Na 型，水样点分布集中，水质特征明显，主要离子成分 Cl^- 和 Na^+ 毫克当量百分比均高于 70%。

阜东矿区煤系砂岩水水质类型以 Cl－Na 和 Cl・HCO_3－Na 型为主，板集矿和刘庄矿矿化度均值分别为 1 542.00 mg/L 和 2 188.46 mg/L，全硬度均值分别为 5.43 °dH 和 6.59 °dH。

图 12.18 为阜东矿区煤系砂岩水 Piper 三线图。如图 12.18 所示，阜东矿区煤系砂岩水水质类型以 Cl－Na 和 Cl・HCO_3－Na 型为主，Cl^- 毫克当量百分比处于 50%～90%之间，HCO_3^- 毫克当量百分比处于 0～50%。Piper 三线图表现出了煤系砂岩水接受高 Cl^- 含量的新生界四含水补给以及向典型煤系砂岩水过渡的趋势。

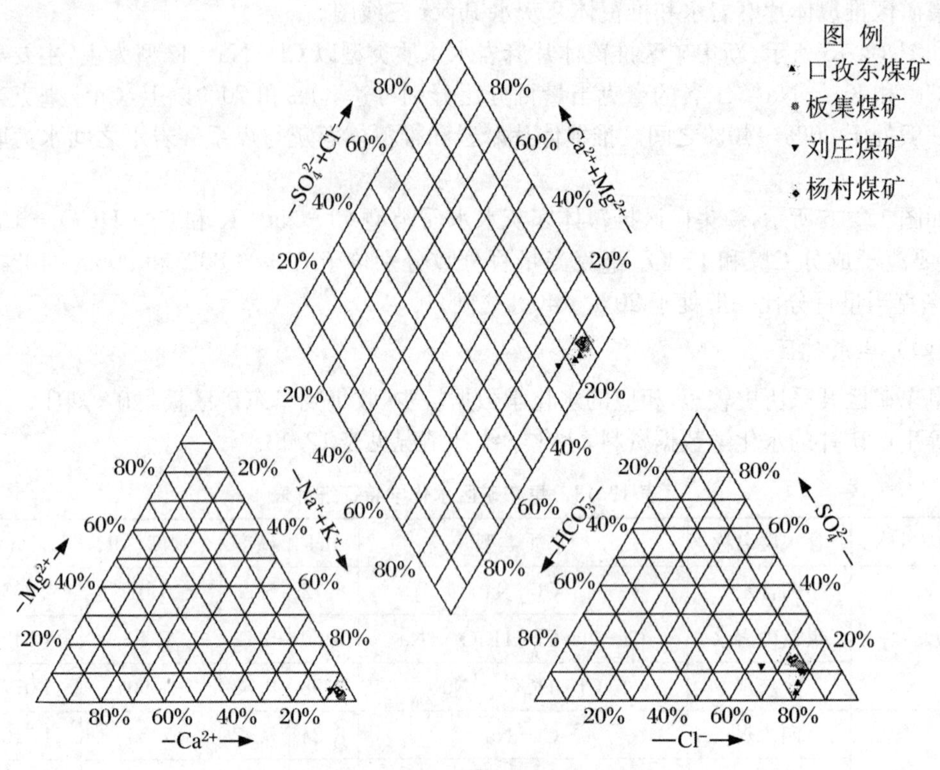

图 12.17　阜东矿区新生界四含水 Piper 三线图

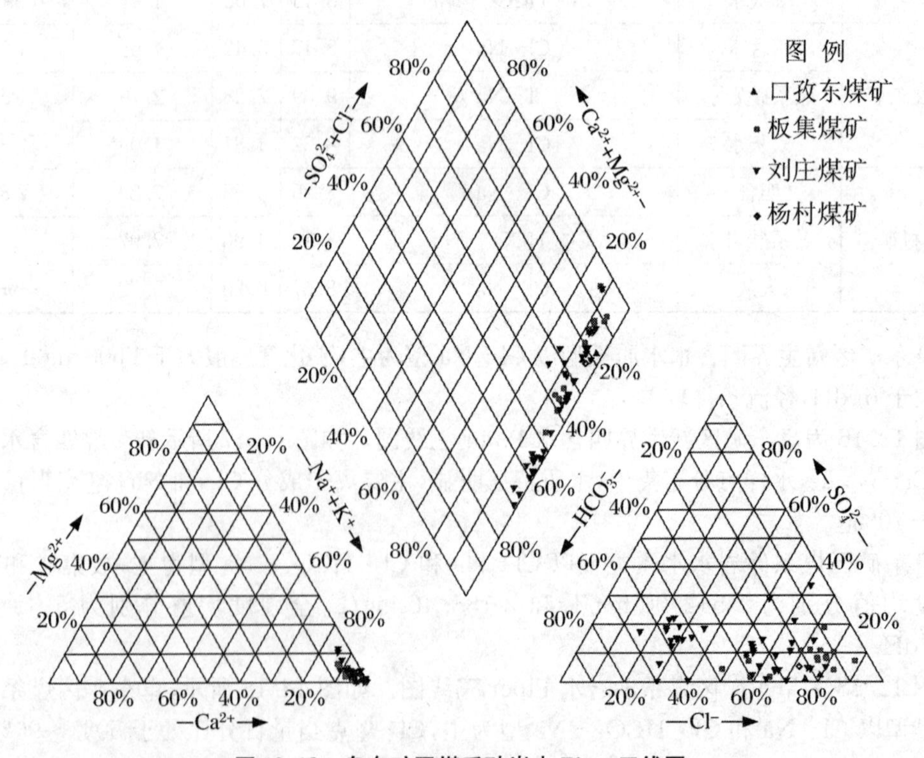

图 12.18　阜东矿区煤系砂岩水 Piper 三线图

阜东矿区太灰水水质类型以 $Cl \cdot HCO_3 - Na$，$Cl - Na$ 型为主，矿化度较小，板集矿和刘庄矿矿化度均值分别为 699.40 mg/L 和 1 077.00 mg/L，全硬度较小，一般小于 5 °dH，阜东矿区开采历史较短，收集到的太灰水样数据以勘察时期地面钻孔为主，且数量较少，存在混有其他含水层水样的可能。

图 12.19 为阜东矿区太灰水 Piper 三线图。如图 12.19 所示，阜东矿区太原组灰岩水水质类型以 $Cl - Na$ 和 $Cl \cdot HCO_3 - Na$ 为主，和煤系砂岩水有部分重叠，考虑到采样主要为地表钻孔取样，可能存在水样混合的情况。

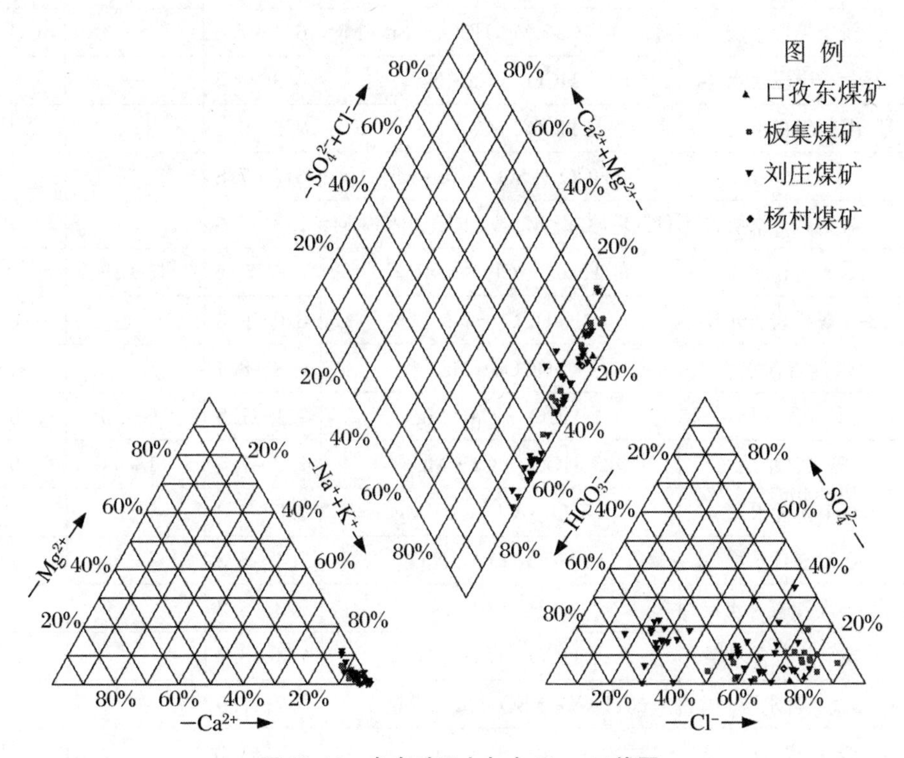

图 12.19　阜东矿区太灰水 Piper 三线图

二、淮北煤田

（一）濉萧矿区

根据淮北濉萧矿区各生产矿井的水化学资料，水化学统计情况如表 12.14 所示。从表 12.14 可以看出，濉萧矿区新生界含水层的水质类型主要为 $HCO_3 - Ca \cdot Mg$ 或 $HCO_3 - Na \cdot Mg$，各矿的新生界含水层的全硬度的平均值为 30 °dH 左右，本次收集到的资料中矿化度一般为 0.1～4 g/L 不等。煤系砂岩水的水质类型主要为 $SO_4 - K + Na$ 或 $HCO_3 - Ca \cdot Na$，$HCO_3 \cdot Cl - Na$，煤系砂岩水的全硬度分布在 2～33 °dH 不等，矿化度平均值在 2.0 g/L 左右。太灰含水层的水质类型主要为 $HCO_3 - Na$ 或 $SO_4 - Ca \cdot Na$，全硬度分布在 11～57.22 °dH 之间，本次收集到的资料中矿化度分布在 0.35～3.6 g/L 之间。

表 12.14　淮北煤田濉萧矿区水化学特征表

煤矿	含水层名称	水质类型	pH	全硬度(°dH)	矿化度(g/L)
袁店	新生界含水层(四含)	$HCO_3 \cdot Cl - Mg + Ca$	7.0～7.3	30.62	0.49～1.00
	煤系砂岩含水层	$Cl \cdot HCO_3 - Na + Ca$	7.5	18.2	1.24
	太灰含水层	$HCO_3 \cdot Cl - Na + Ca$	7.2～7.7	11.8～26.2	1.16～1.23
	奥灰含水层	—	—	—	—
双龙	新生界含水层	$HCO_3 - Ca \cdot Mg$，$HCO_3 - Na \cdot Mg$	6.4～7.6	—	0.4～1.0
	石盒子中段含水层	$HCO_3 - Ca \cdot Na$	6.9～8.5	—	—
	山西组含水层	$HCO_3 - Ca \cdot Na$	7.5～9.5	—	—
	太灰含水层	$HCO_3 \cdot SO_4 - Ca \cdot Mg$	6.7～7.8	—	—
朱庄	新生界含水层	$HCO_3 - Ca \cdot Mg$ 或 $HCO_3 - Na \cdot Mg$	7.3～7.5	—	0.4
	K_3砂岩含水层	$HCO_3 \cdot Cl - Na \cdot Ca$	7.7	15～18	—
	3～5 煤砂岩含水层	$HCO_3 - Na$	8.0～9.3	—	0.63
	6 煤砂岩含水层	HCO3－Na	7.8～8.4	—	0.44～0.58
	太灰含水层	$HCO_3 - Ca \cdot Mg$	7.1～7.5	16～20	0.35～0.40
	奥灰含水层	$HCO_3 - Ca \cdot Mg$	7.3～7.5	18.4	0.34
岱河	新生界含水层	$HCO_3 \cdot Cl - Ca \cdot Mg$	7.0～7.3	—	—
	K_3砂岩含水层	$HCO_3 \cdot Cl - Na$	7.4～8.3	—	—
	2～5 煤砂岩含水层	$HCO_3 \cdot Cl - Na$	6.3～8.2	—	—
	6_1煤组砂岩含水层	HCO3－Na·Ca	7.4～8.2	—	—
	太灰含水层	$HCO_3 \cdot SO_4 - Ca \cdot Mg$	6.7～7.6	—	—
	奥灰含水层	—	—	—	—
杨庄	新生界含水层	$HCO_3 - Ca \cdot Mg$ 或 $HCO_3 - Na \cdot Mg$	—	—	4
	K_3砂岩含水层	$HCO_3 \cdot Cl - Na \cdot Ca$	—	—	—
	3～5 煤砂岩含水层	$HCO_3 - Na$	—	—	2.88
	6 煤砂岩含水层	$HCO_3 - Na \cdot Mg$，$Cl \cdot SO_4 - Na \cdot Ca$	—	—	—
	太灰含水层	$HCO_3 - Ca \cdot Mg$	—	—	—
	奥灰含水层	—	—	—	—
石台	新生界含水层	$HCO_3 \cdot Cl - Na \cdot Mg$，$HCO_3 \cdot SO_4 - Na$	—	—	—
	K_3砂岩含水层	$HCO_3 \cdot Cl - Na$	7.4～8.3	—	—
	3～5 煤砂岩含水层	$Cl - Na$，$Cl \cdot HCO_3 - Na \cdot Ca$	—	—	1.03～2.88
	6 煤砂岩含水层	$HCO_3 \cdot SO_4 - Na \cdot Mg$	—		
	太灰含水层	$Cl - Na$，$Cl \cdot HCO_3 - Na \cdot Ca$		—	1.03～2.88
	奥灰含水层	—	—	—	—

续表

煤矿	含水层名称	水质类型	pH	全硬度（°dH）	矿化度（g/L）
朔里	新生界含水层	$HCO_3 \cdot Cl-Na \cdot Mg$ 和 $HCO_3 \cdot SO_4-Na$	—	—	—
	K_3砂岩水	—	—	—	—
	2～5煤组含水组	HCO_3-Na 或 $HCO_3 \cdot Cl-Na$		—	—
	6煤含水组	HCO_3-Na 或 $HCO_3 \cdot SO_4-Na$	—	—	—
	太灰含水层	$HCO_3 \cdot Cl-Na$，$HCO_3 \cdot SO_4-Ca \cdot Na$	—	—	—
刘桥一	新生界含水层（三含）	$SO_4 \cdot HCO_3-Na \cdot Mg$	—	33.85	1.55
	上石盒子组砂岩含水层	SO_4-K+Na SO_4-K+Na	—	33.58～16.00	2.342～2.3
	山西组砂岩含水层	SO_4-K+Na	—	18.73～2.09	3.5～2.7
	太灰含水层	$SO_4-Ca \cdot Na$	—	—	1.5～3.6
	奥灰含水层	$SO_4-Na \cdot Ca$	—	—	0.80～3.814
百善	新生界含水层（四含）	—	—	—	—
	5_2煤砂岩含水层	—	—	—	—
	6煤砂岩含水层	—	—	—	—
	太灰含水层	$SO_4-K+Na \cdot Mg \cdot Ca$	—	57.22	2.393
前岭	新生界含水层	$HCO_3 \cdot Cl \cdot SO_4-Na \cdot Ca \cdot Mg$	—	—	0.56～0.0962
	4煤砂岩含水层		—	—	—
	6煤含水层	HCO_3-Na	—	—	—
	太灰含水层	—	—	—	—
	奥灰含水层	—	—	—	—
卧龙湖	新生界含水层（三含）	$HCO_3 \cdot SO_4-Na$	8.3	13.7	0.1009
	K_3砂岩含水层	$HCO_3-Mg \cdot Na$	—	—	0.286
	6－8煤砂岩含水层	$HCO_3 \cdot SO_4-Na \cdot Ca \cdot Mg$	—	—	1.347～0.846
	10煤砂岩含水层				
	太灰含水层	HCO_3-Na	—	—	0.672
	奥灰含水层	—	—	—	—
恒源	新生界含水层	$SO_4 \cdot Cl \cdot HCO_3-Na \cdot Mg$ 或 $SO_4 \cdot HCO_3-Na \cdot Mg$	7.8	32.08～32.69	1.646～1.647
	K_3砂岩含水层	$SO_4 \cdot Cl-Na \cdot Ca$	—	—	1.97
	5煤砂岩含水层	$SO_4-K+Na \cdot Ca$	—	—	2.178～2.242
	4煤砂岩含水层	SO_4-K+Na	—	2.317～3.412	—
	6煤砂岩含水层	SO_4-K+Na	—	—	3.693
	太灰含水层	—	—	—	—
	奥灰含水层	$SO_4-Na \cdot Ca$	—	—	3.50

依据濉萧矿区水化学数据，绘制出濉萧矿区的 Piper 三线图(图 12.20)。由图可看出各含水层水质特点：上部全新统松散层孔隙含水层(组)水样点分布在菱形中 $SO_4^{2-}+Cl^-$ 为 50%毫克当量左右；煤系水样点主要分布在 $Ca^{2+}+Mg^{2+}$ 毫克当量百分数较低，K^++Na^+ 毫克当量百分数较高的范围内，说明目前地下水径流条件较差；太灰水样点绝大部分 $CO_3^{2-}+HCO_3^-$ 大于 50%毫克当量，SO_4^{2-}、Cl^- 绝大部分小于 40%毫克当量，说明地下水封存较差，流动性较好。

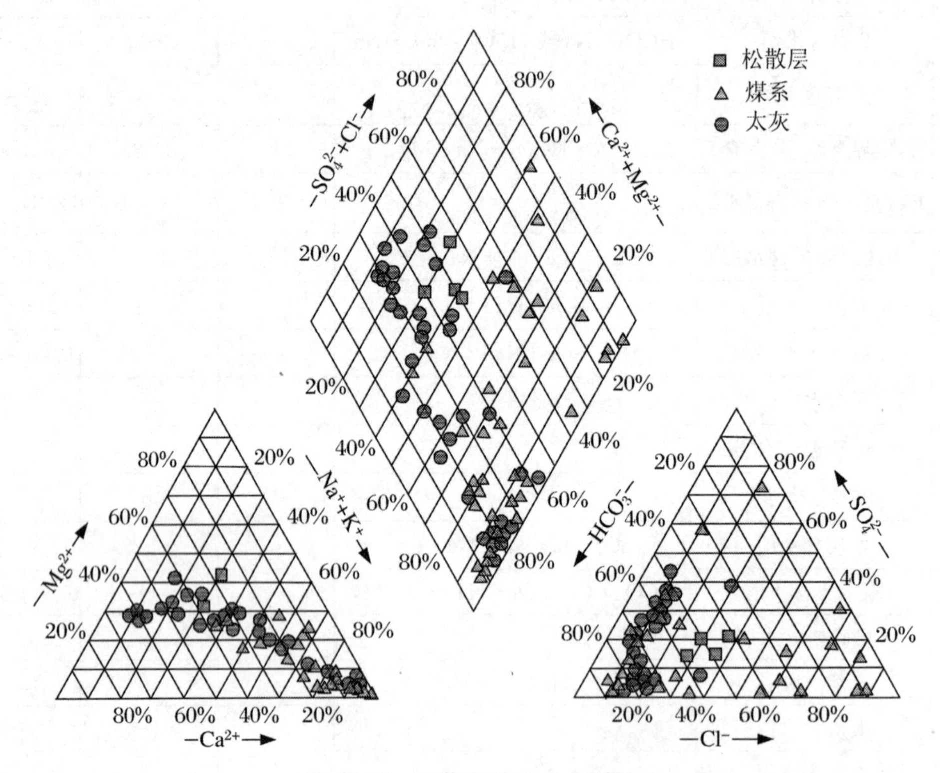

图 12.20 濉萧矿区 Piper 三线图

由濉萧矿区水样点 Piper 图可做进一步分析：上部全新统松散层孔隙含水层(组)水样与部分太灰水落在菱形相同的区域，再次证明濉萧矿区在山区裸露，岩溶裂隙发育，接受大气降水补给，松散层水与灰岩水有一定的水力联系，太灰径流条件好。从图中也可以看出煤系水与太灰水有一定的水力联系，太灰是矿井进入深部水平开采的主要充水水源。

(二) 濉萧矿区东部

濉萧矿区东部的闸河煤田常规水化学数据仅有煤系和太灰两个含水层组的数据，绘制出濉萧矿区 Piper 三线图，如图 12.21 所示。

由闸河煤田水样点 Piper 图可以看出这两个含水层(组)的水质特点：煤系水样点主要分布在两个区，一是 $Ca^{2+}+Mg^{2+}$ 大于 40%毫克当量；另外一个是 $Ca^{2+}+Mg^{2+}$ 小于 20%毫克当量，K^++Na^+ 毫克当量百分数很高的范围内，说明目前地下水径流条件较差。灰岩水样点多分布在 $CO_3^{2-}+HCO_3^-$ 小于 40%毫克当量的区域，SO_4^{2-}、Cl^- 当量高，说明与太灰水径流较差。

(三) 宿县矿区

收集到淮北宿县矿区各生产矿井的水化学数据资料，水化学统计情况如表 12.15 所示。

从表 12.15 可以看出，矿区新生界第四含水层的水质类型主要为 SO_4 · HCO_3 − Na · Ca 或 HCO_3 · Cl − Na · Ca，全硬度值分布在 31.52～44.15 °dH，矿化度值分布在 0.366～2.42 g/L，矿化度最小值 0.366 g/L 分布在钱营孜煤矿新生界含水层中，最大值 2.42 g/L 分布在桃园煤矿的新生界含水层中。煤系砂岩水的水质类型主要为 HCO_3 · Cl − K + Na；本次收集到的矿化度一般分布在 0.542～3.528 g/L 之间，平均矿化度约为 1.5 g/L。太灰含水层的水质类型主要为 HCO_3 · SO_4 − Na + K · Ca 或 SO_4 · Cl − Na · Ca，全硬度收集到的数据较少，祁东的全硬度为 29.12～44.88 °dH。

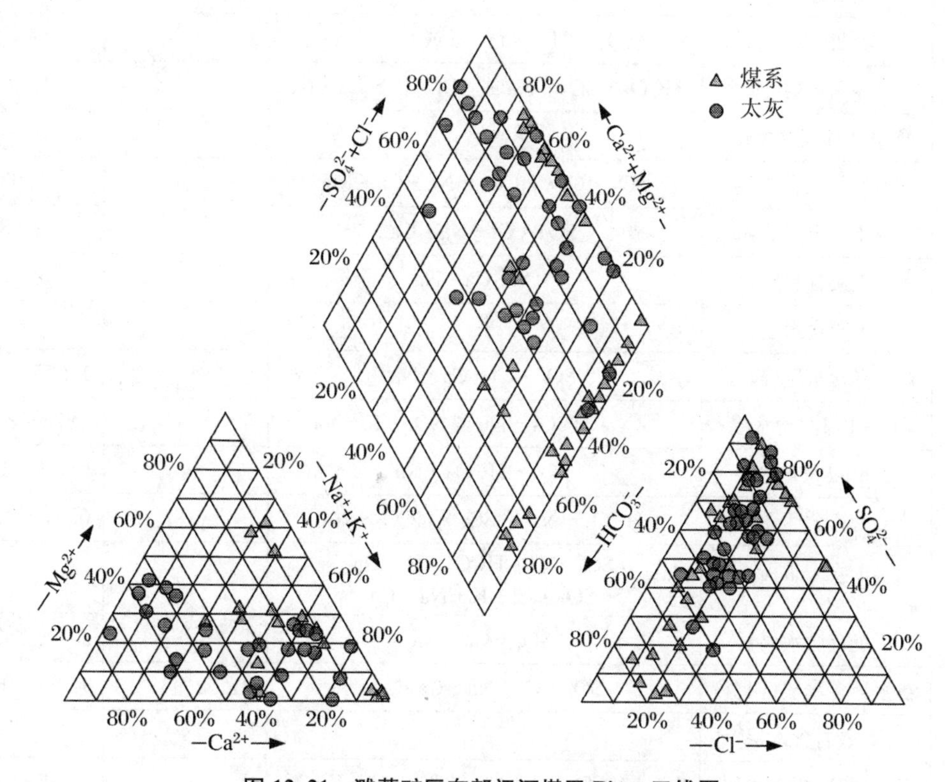

图 12.21　濉萧矿区东部闸河煤田 Piper 三线图

表 12.15　淮北煤田宿县矿区水化学特征表

煤矿名称	含水层名称	水质类型	全硬度(°dH)	矿化度(g/L)
芦岭煤矿	新生界含水层(四含)	HCO_3 · SO_4 · Cl − Na · Mg	—	—
	上石盒子组含水层	HCO_3 · Cl − Na · Mg	—	—
	下石盒子组含水层	HCO_3 · Cl − Na · Mg	—	—
	山西组上部含水层	HCO_3 − Na · Mg	—	—
	太灰含水层	HCO_3 · SO_4 − Na · Mg	—	—
	奥灰含水层	HCO_3 − Na · Ca · Mg	—	—

续表

煤矿名称	含水层名称	水质类型	全硬度(°dH)	矿化度(g/L)
朱仙庄煤矿	新生界含水层(四含)	SO_4·HCO_3·Cl- Na·Ca	—	1.1～1.7
	下石盒子组第六含水层	HCO_3-Cl-Na	—	—
	下二叠系第七含水层	HCO_3·Cl-Na	—	—
	太灰含水层	HCO_3·SO_4-Na·Ca	—	1.04～1.79
	奥灰含水层	SO_4-Cl-Na-Ca或Ca-Mg	—	—
桃园煤矿	新生界含水层(四含)	HCO_3·SO_4-Na或SO_4·Cl-Ca·Na	—	1.015～2.42
	3_2～4煤间含水层		—	—
	6～9煤间含水层	SO_4·Cl·HCO_3-Na·Ca·Mg	—	2.03
	10煤上下砂岩含水层	SO4·Cl-Na·Ca	—	2.08
	太灰含水层	SO_4-Ca·Na		2.45
	奥灰含水层	—	—	—
祁南煤矿	新生界含水层(四含)	SO_4·Cl-Ca·Na	—	1.955～1.841
	3_2～4煤间含水层	SO_4·HCO_3-Na或SO_4-K+Na	—	0.876～2.8275
	6～9煤间含水层	SO4·HCO_3-Na	—	0.759～1.721
	10煤砂岩含水层	HCO_3-Na或SO_4·HCO_3-Na	—	0.542～2.272
	太灰含水层	SO_4·Cl·HCO_3-K+Na SO_4·Cl-K+Na·Ca	—	—
	奥灰含水层	SO_4-Ca·Na	—	1.282
祁东煤矿	新生界含水层(四含)	SO_4·Cl-Na·Ca·Mg	31.52～44.15	1.458～1.582
	K_3砂岩含水层	—	—	—
	7～9煤砂岩含水层	SO_4·HCO_3-K+Na,HCO_3·Cl-K+Na	—	1.525～0.851
	10煤砂岩含水层	HCO_3·Cl-K+Na	—	—
	太灰含水层	SO_4·Cl-K+Na SO_4·HCO_3-Na·Ca·Mg	29.12～44.88	1.28～1.578
	奥灰含水层	—	—	—
钱营孜煤矿	新生界含水层(四含)	HCO_3·SO_4-K+Na	—	0.366～1.462
	3_2煤煤系砂岩水	SO_4^{2-}-K+Na	—	0.949～3.528
	7～8煤煤系砂岩	HCO_3·Cl-Na,Cl·HCO_3-Na	—	1.55～1.388
	10煤煤系砂岩水	HCO_3·Cl-Na	—	—
	太灰含水层	HCO_3·SO_4-Na,HCO_3-K·Na	—	2.597～1.462
	奥灰含水层	—	—	—

依据宿县矿区的常规水化学数据，包括一(二)含、三含、四含、煤系和太灰等5组含水层组的数据，并绘制了相应含水层的水化学Piper三线图，如图12.22所示。

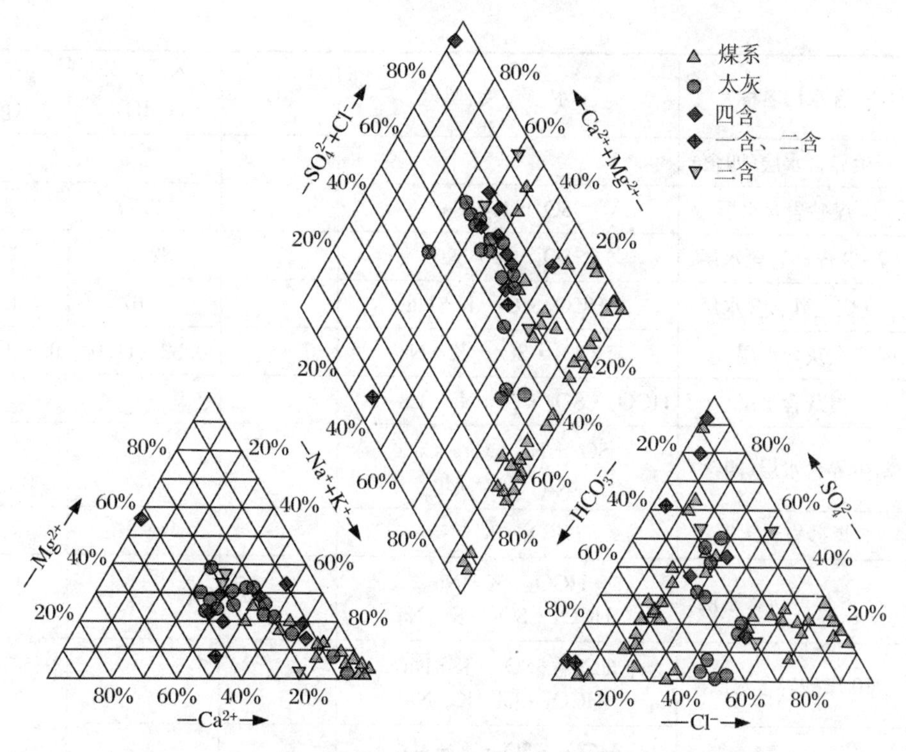

图 12.22　宿县矿区地下水 Piper 图

（四）临涣矿区

收集到淮北临涣矿区各生产矿井的水化学数据资料，水化学统计情况如表 12.16 所示。从表 12.16 可以看出，矿区新生界第四含水层的水质类型多样，主要为 $SO_4-Ca\cdot Na$，$HCO_3\cdot SO_4-Na\cdot Mg$ 全硬度值在 2.45～53.60 °dH 之间，矿化度值在 0.528～4.59 g/L，矿化度最大值出现在青东煤矿，值为 4.59 g/L，最小值出现在孙疃煤矿，值为 0.528 g/L；煤系砂岩水的水质类型 $HCO_3\cdot SO_4\cdot Cl-K+Na$，$Cl\cdot HCO_3-Na\cdot Ca$，全硬度主要分布在 0.82～41.90 °dH 之间，矿化度值在 0.327～2.284 g/L，最大值在临涣煤矿，最小值在五沟煤矿。太灰含水层的主要水质类型为 $SO_4-K\cdot Na$，全硬度范围在 0.82～106.55 °dH 之间，本次收集到的矿化度最大值为 3.156 g/L，出现在杨柳煤矿太灰含水层中，最小值为 0.831 g/L，出现在海孜煤矿。

表 12.16　淮北煤田临涣矿区水化学特征

煤矿名称	含水层名称	水质类型	pH	全硬度(°dH)	矿化度(g/L)
临涣煤矿	新生界含水层(四含)	—	—	—	—
	3～5 煤间含水层	$SO_4\cdot HCO_3\cdot Cl-K+Na\cdot Mg$	—	23.24	1.404
	5～9 煤间含水层	$HCO_3\cdot Cl\cdot CO_3-K+Na$	—	41.90	2.284
	10 煤上、下砂岩含水层	$HCO_3\cdot SO_4\cdot Cl-K+Na$ $SO_4\cdot HCO_3-K+Na\cdot Mg$	—	5.69～14.69	1.228～1.268
	太灰含水层	—	—	—	—
	奥灰含水层	—	—	—	—

续表

煤矿名称	含水层名称	水质类型	pH	全硬度(°dH)	矿化度(g/L)
海孜煤矿	新生界含水层(四含)	—	—	—	—
	3 煤砂岩含水层	SO_4-K+Na	—	33.77	2.41
	7~9 煤砂岩含水层	SO_4-K+Na	—	32.63	1.842
	10 煤上砂岩含水层	$HCO_3\cdot Cl-K+Na$	—	1.67	1.702
	太灰含水层	$HCO_3\cdot SO_4-K+Na$	—	0.82~11.04	0.831~2.172
	奥灰含水层	$HCO_3\cdot SO_4\cdot Cl-Na\cdot Ca\cdot Mg$	—	—	—
童亭煤矿	新生界含水层(四含)	$SO_4-Na\cdot Mg\cdot Ca$, $SO_4-Ca\cdot Mg$	—	—	—
	3 煤砂岩含水层	HCO_3-K+Na	—	—	—
	7~8 煤砂岩含水层	HCO_3-K+Na, $HCO_3\cdot SO_4-K+Na$	—	—	—
	10 煤砂岩含水层	$HCO_3\cdot SO_4-K+Na$, $HCO_3\cdot Cl-K+Na$	—	—	—
	太灰含水层	$HCO_3\cdot SO_4-K+Na$, $HCO_3-K+Na\cdot Ca\cdot Mg$	—	—	—
	奥灰含水层	$SO_4\cdot Cl-Ca\cdot Mg\cdot Na$	—	—	—
许疃煤矿	新生界含水层(四含)	$SO_4\cdot HCO_3-Na$	—	11.63	0.915
	3~4 煤砂岩含水层	$HCO_3\cdot SO_4-Na$ $Cl\cdot HCO_3-Na$	—	6.51~7.42	0.855~0.995
	5~8 煤砂岩含水层	$HCO_3\cdot Cl-Na\cdot Mg$, $Cl\cdot HCO_3-Na$, $HCO_3-Na\cdot Mg$	—	0.82~13.46	0.796~0.993
	10 煤砂岩含水层	$Cl\cdot HCO_3-Na$	—	5.54	0.51
	太灰含水层	$Cl\cdot HCO_3-Na$, $Cl\cdot HCO_3-Na\cdot Ca$	—	14.66~20.83	0.896~0.953
	奥灰含水层	$CL\cdot HCO_3-Na\cdot Ca$, $HCO_3\cdot Cl-Na$	—	—	—
孙疃煤矿	新生界含水层(四含)	$HCO_3\cdot SO_4-Na\cdot Mg$	—	53.60	0.528
	3~4 煤砂岩含水层	$SO_4\cdot HCO_3-Na\cdot Mg$	—	23.24	1.404
	7~8 煤砂岩含水层	HCO_3-Na,$HCO_3\cdot Cl-Na$	—		1.248~1.04
	10 煤砂岩含水层	$HCO_3\cdot Cl-Na$	—	2.5	0.969
	太灰含水层	$HCO_3\cdot Cl-Na\cdot Mg$, $HCO_3\cdot Cl\cdot SO_4-Na\cdot Mg$	—	—	0.948~1.028
	奥灰含水层	$SO_4\cdot HCO_3\cdot Cl-Na\cdot Ca$	—	—	1.303

续表

煤矿名称	含水层名称	水质类型	pH	全硬度(°dH)	矿化度(g/L)
青东煤矿	新生界含水层(四含)	$SO_4-Mg\cdot Ca\cdot Na$ $SO_4-Na\cdot Ca$	—	—	2.155～4.59
	3煤砂岩含水层	—	—	—	—
	7～8煤砂岩含水层	$SO_4\cdot HCO_3-Na$	—	—	1.85～2.492
	10煤砂岩含水层	HCO_3-Na	—	—	0.428
	太灰含水层	$SO_4-Na\cdot Ca$	—	—	2.555～2.811
	奥灰含水层	—	—	—	—
杨柳煤矿	新生界含水层(四含)	$HCO_3\cdot SO_4-Na\cdot Mg$	—	—	1.185
	3～4煤间含水层	—	—	—	—
	7～8煤上下含水层	HCO_3-Na	—	—	1.056
	10煤上下砂岩含水层	$HCO_3-Na\cdot Mg$	—	—	0.357
	太灰含水层	$SO_4-Ca\cdot Mg$ SO_4-Na	—	106.55～33.52	3.156～1.960
	奥灰含水层	—	—	—	—
袁一煤矿	新生界含水层(四含)	$HCO_3\cdot Cl-Na+K$	—	4.71	0.679
	K_3砂岩含水层	—	—	—	—
	7～8煤砂岩含水层	$HCO_3\cdot Cl-Na$, $Cl\cdot HCO_3-Na+K$	8.55～8.3	2.19～4.84	0.751～0.953
	10煤砂岩含水层	$HCO_3\cdot Cl-Na$, HCO_3-Na	7.7～8.5	5.63～5.1	0.712～0.794
	太灰含水层	HCO_3-Na, $HCO_3\cdot Cl\cdot SO_4-Na$	—	16.89	1.273～1.182
	奥灰含水层	$HCO_3\cdot Cl\cdot SO_4-K+Na\cdot Ca$, $SO_4\cdot HCO_3\cdot Cl-Na\cdot Ca$	7.5	24.30	0.968
袁二煤矿	新生界含水层(四含)	$HCO_3\cdot Cl\cdot SO_4-K+Na$	—	2.45	1.219
	K_3砂岩含水层	—	—	—	—
	7～8煤砂岩含水层	$Cl\cdot HCO_3-Na$	—		
	10煤砂岩含水层	$HCO_3\cdot Cl-Na$	7.7	5.1	0.712
	太灰含水层	$Cl\cdot HCO_3-Na$, $HCO_3\cdot Cl-Na\cdot Ca$	—	11.37～11.58	0.814～1.182
	奥灰含水层	$HCO_3\cdot Cl\cdot SO_4-K+Na\cdot Ca$, $SO_4\cdot HCO_3\cdot Cl-Na\cdot Ca$	7.5	24.30	0.968
任楼煤矿	新生界含水层(四含)	$Cl\cdot SO_4-Ca\cdot Na$	—	—	1.847～2.474
	3～4煤含水层	—	—	—	
	5～8煤含水层	$HCO_3\cdot Cl-Na$	—	—	1.145
	太灰含水层	$Cl\cdot HCO_3-Na\cdot Ca$	—	—	1.662～1.263
	奥灰含水层	$Cl\cdot SO_4-Na\cdot Ca$	—	—	2.362

续表

煤矿名称	含水层名称	水质类型	pH	全硬度(°dH)	矿化度(g/L)
五沟煤矿	新生界含水层(四含)	$SO_4 \cdot HCO_3-Na$, HCO_3-Na	—	14.32	0.982
	K_3砂岩含水层	—	—	—	—
	7~8煤砂岩含水层	HCO_3K+Na, $HCO_3 \cdot SO_4-K+Na \cdot Mg$	7.7~7.8	17.59~8.92	1.155~0.327
	10煤砂岩含水层	$HCO_3-K+Na \cdot Mg \cdot Ca$, HCO_3-K+Na	7.7~8.6	11.58~10.16	0.428~0.496
	太灰含水层	SO_4-Na		41.86	1.698
	奥灰含水层	$HCO_3 \cdot Cl \cdot SO_4-K+Na \cdot Ca$	7.5	24.30	0.968

依据临涣矿区的常规水化学数据,包括一(二)含、三含、四含、煤系和太灰等5组含水层组的数据,并绘制了相应含水层的水化学Piper三线图,如图12.23所示。从图12.23可以看出:两矿区煤系水水化学类型相似程度高;一(二)含、太灰水水化学类型具有一定相似性。

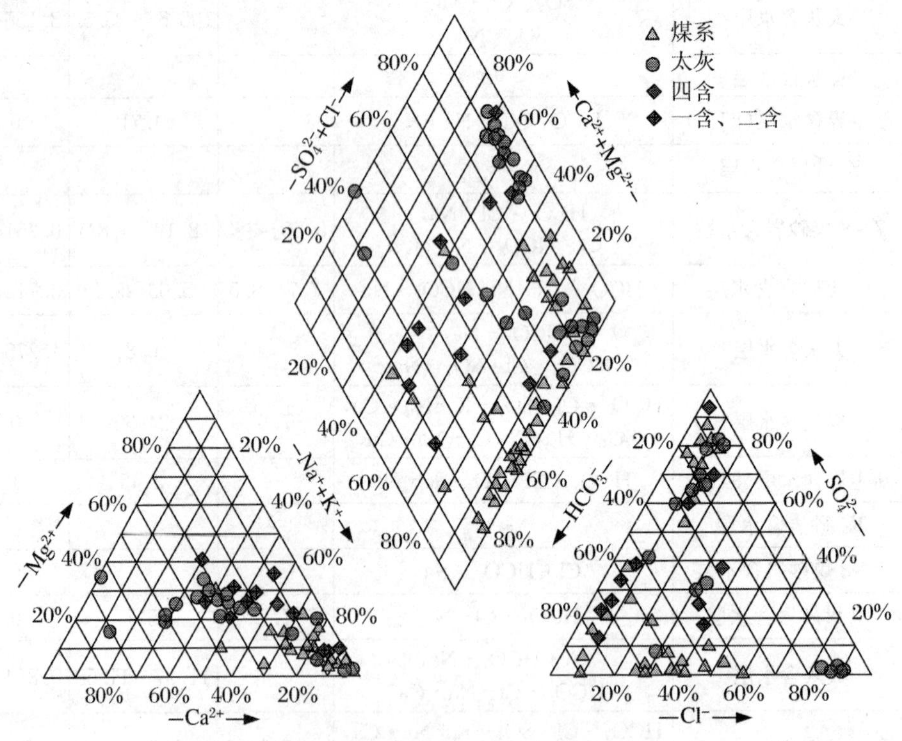

图12.23 临涣矿区地下水Piper图

(五)涡阳矿区

收集到淮北涡阳矿区各生产矿井的水化学数据资料,水化学统计情况如表12.17所示。从表12.17可以看出,矿区新生界含水层的水质类型主要为$Cl \cdot SO_4-K+Na$,新生界含水层全硬度值为18.43°dH,矿化度值在3.16 g/L左右。煤系砂岩水的水质类型主要为$SO_4 \cdot HCO_3-K+Na \cdot Mg$,全硬度范围在9.96~17.17°dH之间,全硬度平均值为15°dH;矿化度在 0.537～3.365 g/L 之间。太灰含水层的水质类型主要为 $Cl+SO_4-K+Na$；矿化度在 1.941～3.42 g/L 之间。

表 12.17　淮北煤田涡阳矿区水化学特征

煤矿名称	含水层名称	水 质 类 型	全 硬 度	矿 化 度
涡北煤矿	新生界含水层(四含)	$Cl \cdot SO_4-K+Na$	18.43	3.16
	3 煤砂岩含水层	—	—	—
	6～8 煤砂岩含水层	$HCO_3-K+Na \cdot Ca \cdot Mg$, $Cl \cdot SO_4-K+Na$	9.96～17.17	0.537～3.365
	10～11 煤砂岩含水层	—	—	—
	太灰含水层	$Cl \cdot SO_4-K+Na$, $SO_4 \cdot HCO_3-K+Na \cdot Mg$	20.72～33.28	1.941～3.42
	奥灰含水层	—	—	—
刘店煤矿	新生界含水层(三含)	—	—	—
	上统上石盒子组含水层	—	—	—
	7 煤层砂岩含水层	$HCO_3 \cdot SO_4-Na$	—	—
	10 煤层砂岩含水层	$SO_4 \cdot HCO_3-Na$	—	—
	太灰含水层	$SO_4 \cdot Cl \cdot HCO_3-Na$	—	—

依据涡阳矿区的常规水化学数据，包括煤系和太灰等两组含水层组的数据，并绘制了相应含水层的水化学 Piper 三线图，如图 12.24 所示。

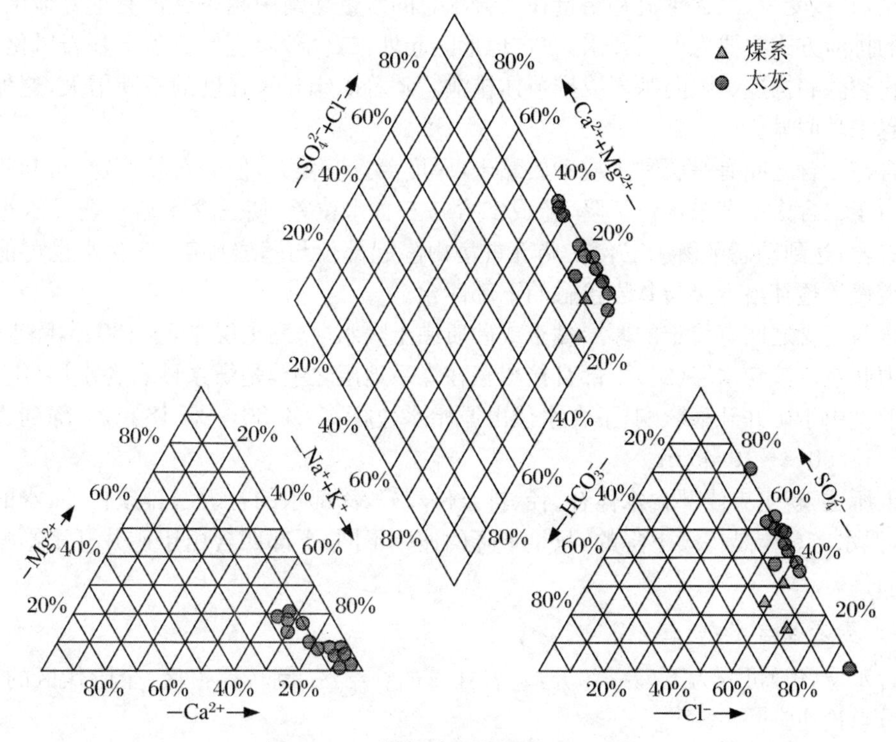

图 12.24　涡阳矿区地下水 Piper 图

涡阳矿区目前仅有涡北、刘店等矿在开采，部分地区还处于勘查阶段，水化学数据仅有煤系和太灰两个含水层(组)，且煤系水与灰岩水较为相似，但与Ⅱ$_1$亚区水化学有明显差别，故把涡阳矿区单独划分为一个亚区。由于涡阳矿区的水化学数据较少，这里的分析仅供参考。

第五节　地下水的补给、径流和排泄

一、淮南煤田

淮南煤田地下水运动，因受沉积条件和控水构造的控制，形成了由浅层潜水过渡到深层承压自流水类型，具有明显的垂直分带。其特点表现为以水平运动为主，垂直循环为辅，浅部补给水源充沛，深部补给水源贫乏。

(一) 新生界各含水层(组)

浅层潜水(一含)主要接受大气降水和地表水的垂直下渗补给，主要排泄方式为人工开采、地面蒸发、植物蒸腾以及对二含的垂直渗透，同时与农田排灌联系密切，循环交替条件良好，动态变化大。从总体上来看，除雨季外，一含水的径流多以垂向为主，而水平径流微弱。

深层承压水(二含)由于受上部隔水层(一隔)的阻隔，其动态变化受大气降水的影响程度随埋深的增加而相应减弱。二含为孔隙承压含水组，砂层多以中粒为主，结构松散，渗透性能良好，其径流方式为水平、垂直运动兼而有之，随开采后水位的持续下降，二含水垂向运动也随之加剧，其接受一、三含越流补给量在二含水总的水量均衡中越来越占有重要地位。目前，二含水的排泄方式主要为人工开采，在古地形隆起处，二含砂层直接覆盖于基岩风化带上，可通过风化裂隙和构造裂隙向基岩或推覆体排泄。随着矿床开采强度的不断增大，这种排泄方式将会越来越明显。

三含与二含之间有一层黏土或砂质黏土，厚度薄且变化大，但分布较稳定，可起相对隔水作用。由于二含人工开采水位下降，造成二含与三含水位差，使三含水通过弱隔水组越流补给上部二含，达到动态平衡。三含在局部古潜山隆起部位与基岩接触，三含水也可能通过砂岩裂隙缓慢渗透补给直接与基岩接触的下部四含。

四含与三含之间有稳定的厚层黏土或砂质黏土隔水层，黏土层厚5--130 m，隔水性好，两者无水力联系。该含水层(组)下部直接覆盖在煤系地层之上，是煤系砂岩含水层(组)的直接补给水源。由于矿井开采影响，下含水位由原始水位标高24.36～25.18 m，下降到目前的水位标高-13.90～-19.45 m。

综上所述，新生界浅部含水体补、径、排条件较好，深部水的补、径、排条件差，水的交替循环缓慢，但水位总体是持续下降的，只是下降的速率不同，下部四含由于矿井开采影响水位下降较大而已。

(二) 基岩各含水层(组)

该含水层(组)可分为下列三部分：基岩裸露的补给区、倒转推覆区、全隐伏区的三部分，以下将重点论述。

1. 基岩裸露的补给区：淮河以南老生产矿区(谢一矿、新庄孜矿)

补给：矿区西南侧由裸露的寒武、震旦灰岩组成的八公山山脉为大气降水补给区，每年5

月初开始灰岩水位普遍回升，10 月下旬灰岩水位普遍下降，同时存在侧向补给，即寒灰补给奥灰，再补给太灰，补给充沛。隐伏于第四系黏土之下的奥灰、太灰及煤系接受大气降水的入渗补给，此外煤系砂岩含水层(组)还受到邻区同一层位的走向弱渗透补给。

径流：灰岩地下水沿着岩层层间溶蚀空间走向流动，流向主要平行于断层走向产生径流，补给奥灰、太灰。在断层不发育或局部阻水断层地段，地下水沿着断层走向流动。

排泄：岩溶地下水主要通过突水点或灰岩疏(放)水钻孔向矿井排泄。在 1977 年 10 月以前，以灰岩突水方式向矿井排泄，现在主要以井下疏放水孔和供水孔排泄；煤系砂岩水则以巷道或采、掘工作面淋水及少量出水排泄，有极少数为采煤工作面突水。

2. 倒转及推覆体区(新集一、二、三煤矿)

(1) 推覆体含水层

推覆体中的夹片、片麻岩、寒灰水位均受开采影响已较大幅度下降，与井田最早初测水位相比降低了数十米。寒灰每年枯水期后期水位开始下降、丰水期后期水位开始回升，但回升幅度小于下降幅度，总趋势为下降。在古地形隆起地段，新生界深度较浅，受新生界二含补给，使得水位较高、变幅较小。

(2) 倒转奥陶系岩溶裂隙含水层(段)

奥灰含水层以区域层间径流、补给为主，在浅部露头带接新生界松散层水的补给。奥灰水对太灰水进行补给，奥灰水与太灰水互动关系特别明显。具有自太灰到奥灰水位下降的降幅减小和距出水点近降幅大的特征。亦呈现奥灰地下水沿地层走向，倾向径流条件均好。

(3) 倒转太原组石灰岩岩溶裂隙含水层(段)

太灰含水层以区域层间径流、补给为主，区域范围内若出现大的水位差，则补给径流、排泄明显。在浅部露头地段或局部古地形隆起形成“天窗”地段，太灰与三含或二含有一定水力联系。亦受岩溶及裂隙发育程度和连通程度影响，太灰水主要通过井下疏放水进入矿井被排泄出来。

(4) 原地系统二叠系主采煤层间砂岩裂隙含水层(段)

二叠系主采煤层间砂岩裂隙含水层(段)主要为区域层间补给、径流、排泄。同时在浅部露头通过风化裂隙接受四含水缓慢渗入补给，这种补给量十分微弱。煤系砂岩裂隙含水层(段)之间有相应的隔水层分布，在正常条件下能起到隔水作用，相互之间水力联系不密切。如井下所见出水点的水量只有同层位出现互相干扰现象，而无不同层位之间的影响。在煤层开采条件下二叠系煤系地层砂岩裂隙水以突水、涌水、淋水、滴水的形式向矿井排泄。

3. 全隐伏区(潘谢矿区、阜东矿区)

二叠系煤系砂岩裂隙含水层(组)与松散层孔隙含水层(组)之间，因有厚层黏土层覆盖煤系，相互间无水力联系，但在古地形隆起砂层直接覆盖区内，在自然条件下，限制了松散层砂层水对基岩含水层(组)的补给作用，而由于矿井开采影响，可以通过风化带煤系砂岩露头局部裂隙发育带直接渗透补给。

太原组灰岩含水层距 1 煤底板平均间距 20 m 左右，正常状态下无水力联系，但是煤层与灰岩对口的断层破碎带，就有可能成为灰岩水与煤系水的直接补给通道。

奥陶系灰岩岩溶裂隙含水层(组)岩溶裂隙发育不均，在潘集背斜轴部露头附近，岩溶裂隙较发育，富水性强。通过新生界砂砾层与太灰产生水力联系，在矿井开采煤层时，以底砾层为导水介质，渗透补给煤系砂岩裂隙含水层(组)，造成近年水位连续下降。

二、淮北煤田

淮北煤田四周大的断裂构造控制了该区地下水的补给、径流、排泄条件,使其基本上形成一个封闭—半封闭的网格状水文地质单元。淮北煤田中部还有宿北断层,其间又受徐宿弧形推覆构造、次一级构造的制约。淮北煤田地下水,与淮南煤田类似,同样形成了由浅层潜水过渡到深层承压自流水类型,具明显垂直分带。其特点表现在以水平运动为主,垂直循环为辅,浅部补给水源充沛,深部补给水源贫乏。

以宿北断层为界将淮北煤田划分为两个水文地质分区。各分区的地下水的补径排条件详述如下。

(一) Ⅰ区(南区)

Ⅰ区(南区)包括宿县矿区、临涣矿区和涡阳矿区。

该区内部没有岩石出露,皆为第四系沉积物所覆盖。新生界松散层覆盖于二叠系煤系地层之上,厚度39.8~866.70 m,一般为350 m左右。新生界松散层划分四个含水层(组)和三个隔水层(组)。三隔厚度大,分布稳定,隔水性好,是区内重要的隔水层(组)。四含厚度0~59.10 m,$q=0.000\,24\sim0.404$ L/(s·m),$k=0.001\,1\sim5.8$ m/d。在朱仙庄矿东北部,祁南矿西北部,许疃矿、徐广楼井田有第三系下部砾岩含水层。砾岩厚度0~111.40 m,一般20~50 m,$q=0.568\sim3.406$ L/(s·m),$k=0.23\sim29.53$ m/d,富水性弱—强。四含水平径流、补给微弱,开采条件下通过浅部裂隙带和采空冒裂带渗入矿井排泄。

四含直接覆盖在二叠系煤系地层之上,是矿井充水的主要补给水源之一。

二叠系煤系地层可划分为三个含水层(段)和四个隔水层(段),即:3煤上隔水层(组)、3~4煤层间砂岩裂隙含水层(段)、4~6煤层间隔水层(段)、7~8煤层上下砂岩裂隙含水层(段)、8煤下铝质泥岩隔水层(段)、10煤层上、下砂岩裂隙含水层(段)、10煤层~太原组一灰顶隔水层(段)。可采煤层顶板砂岩裂隙含水层是矿井充水的直接充水水源。

地下水储存和运移在以构造裂隙为主的裂隙网络之中,处于封闭—半封闭的水文地质环境,地下水补给微弱,层间径流缓慢,基本上处于停滞状态,显示出补给量不足、以静储量为主的特征,一般富水性弱。开采条件下以突水、淋水和涌水的形式向矿井排泄。据抽水实验资料,$q=0.002\,2\sim0.87$ L/(s·m),$k=0.006\,6\sim2.65$ m/d。矿井涌水量为80~625 m^3/h。井下出现的出水点大多为滴水、淋水,个别出水点涌水量较大,一般是开始水量较大,短期内水量很快减少,甚至疏干。

石炭系划分太原组石灰岩岩溶裂隙含水层(段)和本溪组铝质泥岩隔水层(段),另外还有奥陶系石灰岩岩溶裂隙含水层(段)。

太灰和奥灰均隐伏于新生界松散层之下,灰岩埋藏较深,径流和补给条件较差,富水层弱—强,差异较大。开采条件下以10煤底板突水或井下疏放水的形式向矿井排泄。由于多年的矿井排水,太灰水位已大幅度下降,这除了说明太灰水涌入矿井以外,还说明其补给源较弱。

(二) Ⅱ区(北区)

Ⅱ区(北区)位于宿北断层与丰沛断层之间,主要是濉萧矿区。

新生界松散层厚度20.30~500.00 m,濉萧矿区东部新生界松散层厚度较薄,厚度20.30~118.70 m,可划分为上部全新统松散层孔隙含水层(组),下部更新统松散层隔水层(组)。

上部全新统砂层孔隙含水层(组)，$q=0.0043\sim1.379$ L/(s·m)，$k=0.03\sim12.8$ m/d，富水性弱—强，为矿区主要含水层之一。其余地区新生界松散层含隔水层的划分与南区(Ⅰ区)基本相似。

二叠系煤系地层划分有 2 个含水层(段)和 3 个隔水层(段)，即 3 煤上隔水层(段)、3～5 煤层砂岩裂隙含水层(段)、5 煤下隔水层(段)、6 煤顶底板砂岩裂隙含水层(段)、6 煤下—太原组一灰顶隔水层(段)。可采煤层顶底板砂岩裂隙含水层(段)是矿井充水的直接充水含水层。二叠系可采煤层顶底板砂岩裂隙含水层(段)富水性弱，具有补给量不足，以静储量为主的特征。据钻孔抽水实验资料，$q=0.00194\sim0.7563$ L/(s·m)，$k=0.00171\sim1.289$ m/d，生产矿井涌水量为 20.0～878.70 m^3/h，具有衰减疏干特征。

濉萧矿区东部的闸河煤田石灰岩埋藏较浅，寒武系、奥陶系石灰岩在山区裸露，岩溶裂隙发育，接受大气降水补给，补给水源充沛，径流条件好，富水性较强，构成了淮北岩溶水系统的主要补给区。在相山的南延部分为隐伏于冲积层之下的濉溪西的古潜山、烈山南延的蔡山古潜山和童亭古潜山奥灰含水层、太灰含水层和砂岩含水层接受大气降水的间接补给，使得这些山丘或古潜山边缘的刘桥一煤矿、恒源公司矿井涌水量较大。但是古潜山的补给远较基岩露头区的补给强度弱，因而濉萧矿区的涌水量与靠近露头补给区的朱庄煤矿和杨庄煤矿相比仍然要小得多。由于多年的矿井排水，濉萧矿区太灰水位已大幅度下降，这除了说明太灰水涌入矿井以外，还说明其补给源较弱。

第十三章　构造控水及水文地质单元划分

淮南煤田东以郯庐断层为界，西接中、新生代周口坳陷，南以寿县—老人仓断层为界与中生代合肥盆地相接，北以蚌埠、蒙城一带太古界变质岩系（蚌埠隆起）为界。淮北煤田大地构造环境为处于华北板块东南缘、豫淮坳陷带的东部、徐宿弧形推覆构造的中南部，东有固镇—长丰断层，南有光武—固镇断层隔蚌埠隆起与淮南煤田相望，西以夏邑—固始断层与太康隆起和周口坳陷为邻，北以丰沛断裂为界与丰沛隆起相接。两淮煤田在区域地质构造单元上属华北板块东南缘、徐淮坳陷中南部，淮南煤田其次一级构造单元为淮南复向斜。淮北煤田中间为宿北断层，其间又受徐宿弧形推覆构造的次一级构造制约。

两淮煤田四周大的断裂构造控制了该区地下水的补给、径流、排泄条件，大的格局上使其基本上形成一个封闭—半封闭的网格状水文地质单元。通过多年来对各矿区水文地质条件的调查与矿井水害防治工作的成果，认为本区水文地质条件主要受区域构造和新构造运动所控制，区内对煤层开采影响较大的控水构造类型主要为断层与岩溶陷落柱。本章在对区内构造控水分析的基础上，依据相关研究成果，论述了两淮煤田的水文地质单元划分方案，并对主要水文地质单元的水位地质特征进行了叙述。

第一节　断裂构造控水

断层控水型式是指断层控制地下水活动的方式和类型。根据断层控制地下水活动的作用方式，断层控水型式可分为：断层导水型式、断层阻水型式和断层含水型式（表 13.1）。断层控水型式一般受断层的性质及断层带充填、胶结程度所决定，其控水机理比较复杂，与原始形成背景、水压、断层规模、开采扰动、地层压力相对平衡的破坏等多种因素有关。以下将对两淮煤田的主要断层控水性进行详细分析。

一、淮南煤田

淮南煤田北部受刘府断层、尚塘—明龙山逆断层影响，南部受阜凤逆冲推覆断层和颍上—定远断层影响，西部受口孜集—南照集正断层影响，东部有固镇—长丰断层，大致形成了东南西北四面均为控水断层的隔水边界，这些煤田边界断层基本控制了煤田整体的地下水补给、径流、排泄条件，使其成为一个封闭—半封闭的网格状水文地质单元，其间又受次一级构造的制约。根据区域构造对基岩水文地质特征的控制作用，可以将淮南煤田分为南缘逆冲推覆构造带、中部复式向斜带和北缘反冲推覆构造带三个独立的水文地质单元分区，三个分区的断层控水性特征分述如下。

表 13.1　两淮煤田断裂构造的控水模式(彭涛,2015)

	剖面示意图	水文地质特征	研究区实例
阻水模式	隔水层 含水层 水流方向 阻水断层	构造岩或充填的岩脉透水性差,使两盘含水层无水力联系;是划分水文地质单元的主要依据之一	区内一级、二级断裂:如淮南煤田内,颍上—定远断层、阜李断层、阜凤断层、尚塘—明龙山断层、刘府断层等区域性边界断层
导水模式	隔水层 含水层 水流方向 阻水断层	断层带透水性强,能使不同含水层发生水里联系	淮北桃园 F_2 断层底部;淮南煤田的山王集断层等
贮水模式	断层 富水区域	断裂带或断裂影响带内岩层透水性较好	普遍存在,淮北的钱营孜 F_2、F_7、刘店 F_6;卧龙湖 F_5、F_6 等

(一) 南缘逆冲推覆构造带断层控水性

南缘逆冲推覆区主要包括淮南老矿区、潘谢矿区南部(新集矿区)及阜东矿区的南部,该区主要位于阜凤逆冲断层与颍上—定远断层之间,属于淮南复式向斜南翼逆冲推覆构造的前缘。受逆冲断层活动影响,寒武系、奥陶系灰岩、砂泥岩覆盖于石炭—二叠系煤系之上,并被第四系松散层覆盖。该区东南是以石灰岩为主的岩溶裂隙含水层裸露区,并接受大气降水补给,构成补给区。该区中大型的断层闭合性较好,小型断层多具有张性和张扭性特征,导水性较好。钻井揭示的该区大型断层带大多为泥质充填,富水性弱、导水性差,在自然状态下断层带一般具有一定的阻水特征,而小型断层多是多期构造运动后张性或张扭性活动的产物,导水性较好,其发育地区多成为富水带或矿井内部的突水区,并为地下水径流、排放提供了良好的通道。煤系地层分布及水文地质分区受阜凤逆冲断层、阜李逆冲断层、舜耕山逆冲断层、山王集断层及其分支断层所控制。因断层的阻水作用,在东南八公山、舜耕山地区灰岩水沿着断层复合的有利部位以泉的形式出现,主要有珍珠泉、瞿家洼泉、泉山口泉等。

(二) 中部复式向斜区断层控水性

中区是淮南复式向斜的主体,包括东自潘集外围、潘集一、二、三煤矿,西至丁集、谢桥、顾桥、张集、刘庄、杨村等矿井,因南北两翼逆冲推覆断层的阻水作用,切断了裸露区的水源补给,加之斜切断层的分割,该区域构成了封闭型的水文地质单元。地下水以静储存量为主,除局部因松散层中下部含水层直接覆盖而存在补给关系外，其余大都具存储量消耗特征。根据断层的力学性质和成因机制及其对水文地质条件的控制作用，可以将区内主要控水断层分为平行主导构造线的走向断层和斜切主导构造线的斜切断层。

走向断层以近东西向和北西西向为主，延伸长度一般较大，是与复式向斜轴部平行的挤压或拉张性断层。其中大型者多向南倾，主要为区域性或次级构造单元的边界断层，多为印支期南北向挤压应力作用下的产物；小型者多是大型走向断层的伴生断层，平行于大型走向断层发育，南倾和北倾断层皆有，断层性质复杂多变。据各矿井钻孔及水文地质资料揭示，大型的走向断层一般多以泥质岩类为组成的挤压破碎带，富水性较弱，导水性较差，多是矿区内重要的隔水、阻水边界，同时对井田整体的补给、径流和排泄控制作用大，由于该组断层一般切割基底灰岩层，对奥灰、太灰发生水力联系及对灰岩含水层的分区也起到很大的控制作用。但是，当大断层切割坚硬脆性岩层地段时，一般会造成围岩裂隙的发育，便可构成地下水的汇集带，如果是灰岩与煤层对口部位可能会形成突水事故。

斜切正断层主要沿着复式向斜的轴部方向发育，大多属于中小型断层，有北东、北北东和北西三组方位的断层，主要为正断层或张扭性断层，它们斜切地层的走向，单独发育或与走向断层斜交，其规模和落差均小于走向断层，主要形成于燕山期和喜山期压扭或张扭性环境中，成为地下水良好的径流途径，并对局部水文地质环境造成影响。据井下巷道和物探资料显示，这类断层断层面有时光滑平直，具断层泥或无充填物；有时粗糙弯曲，为泥质、煤岩屑所充填，或为泥岩砂岩的角砾。总体上看，斜切断层充填性比走向断层差，导水性较好。值得注意的是，无论是走向断层还是斜切断层，由于断层两盘的岩性和岩层富水性的不同，同一条断层不同部分其导、阻水性差异大，对不同层段的导水性也具有明显的差异。较为常见的断层导水现象是当地层因断层发生错位造成断层不同层位的含水层对口相接，断层带又无泥质和岩屑充填时，可形成统一的含水层，断层带起导水作用。反之，若断层两侧含水层与隔水层对口相接，则起相对隔水作用，尤其在太原组薄层灰岩与泥岩地层中的断层带更为明显。

（三）北部反冲推覆构造带断层控水性

北部反冲逆冲推覆断层带主要位于潘谢矿区以北地区，构造位置上处于淮南煤田北缘反冲推覆构造带，与煤田南缘逆冲推覆构造同期形成，北缘推覆构造主要是因煤田南翼由南向北挤压推移受阻于蚌埠隆起的反向逆冲而形成，其南北两侧的分界断层为尚塘—明龙山断层和刘府断层。受资料限制，北部反冲推覆构造带的水文地质特征尚不十分清楚，受尚塘—明龙山断层和刘府断层两条区域性逆冲推覆断层的制约，北区构造控水条件可能与南区近似。据有限的地质及钻孔资料揭示，无论是断层活动强度还是断层切割深度，北区构造带都小于南区逆冲推覆构造带，其断层控水性可能也弱于南区断层。北区中东部大部分地带的寒武、奥陶系石灰岩在地表裸露，组成低山或残丘，构成了寒武和奥陶系石灰岩含水层的补给区。

二、淮北煤田

淮北煤田大地构造单元处于华北板块东南缘、豫淮坳陷带的东部、徐宿弧形推覆构造的中南部，东有固镇—长丰断层及支河断层，南隔光武—固镇断层隔蚌埠隆起与淮南煤田相望，西以夏邑—固始断层及丰涡断层与太康隆起和周口坳陷为邻，北以丰沛断裂为界与丰沛隆起相接。四周大的断裂构造控制了该区地下水的补给、径流、排泄条件，使其基本上形成一个封闭—半封闭的网格状水文地质单元。

淮北煤田中部发育有宿北断裂，可将整个煤田划分为南北两个独立的水文地质单元，宿北断裂为区内规模最大的一条东西向断裂带，由龙山—孟集和宿县蒿沟断陷带组成，长度大于 200 km，断面南倾，倾角 70°，断距大于 1 000 m，早期具右行走滑性质，生成于中生代，横贯于徐宿弧形构造中段与南段之间，南北两侧构造与地貌截然不同，是地貌单元的分界线，也是本区地表水与浅层地下水的天然分水岭。沿宿北断裂延伸的断裂使南北地区地质上的差异非常明显，对深部基岩地下水富集起着控制作用。

宿北断裂南区中的南坪断层和丰涡断层阻水明显，将南区分为东段的宿县矿区、中段的临涣矿区和西段的涡阳矿区三个独立的水文地质单元。多年的勘探、采掘资料已证实，整体上说淮北地区断层的富水性较差和导水性较弱，极少有原岩状态下断层突水的现象。根据彭涛(2015)的研究，淮北煤田的不富水断层走向以 NE－NNE 向为主；相反，富水断层则以 NEE 或近东西向为主，近南北向断层不存在富水现象(图 13.1、图 13.2)。

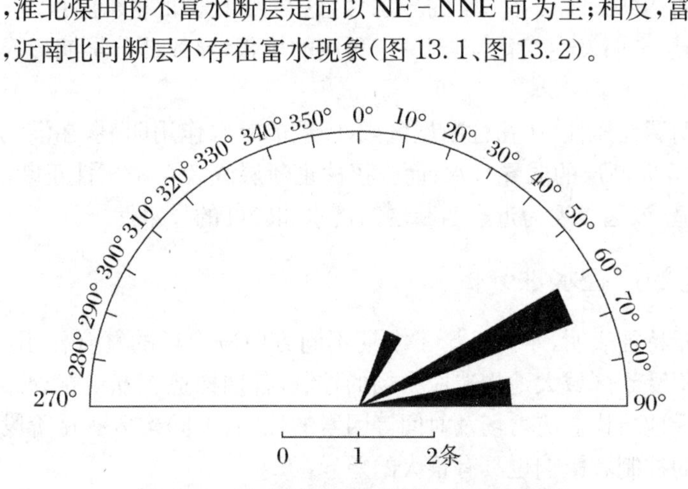

图 13.1　淮北煤田富水断层走向玫瑰花图

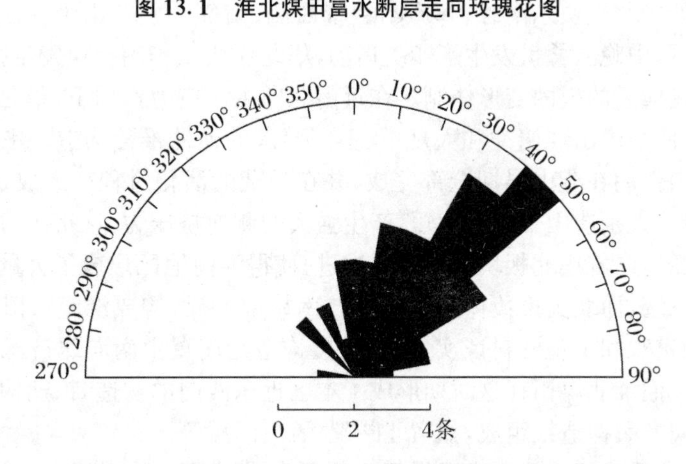

图 13.2　淮北煤田不富水、弱富水断层走向玫瑰花图

受现今构造应力作用的影响，淮北煤田内 NNE 向断裂构造应处于压性状态，NE 向断裂构造应处于压性或压剪性状态，这两组走向的断裂紧闭，常构成隔水边界，一般少水或无水。各矿区的边界或断裂，虽然破碎带较宽，但因硅化胶结呈封闭状态，所以多未见地下水显示。如袁店一矿 04-82 孔对五沟—杨柳正断层破碎带进行抽水实验，结果显示单位涌水量，$q=0.003\,013$ L/(s·m)，渗透系数 $k=0.011\,39$ m/d；童亭矿构 1 孔对赵口正断层的抽水实验资料显示，$q=0.000\,72\sim0.000\,218$ L/(s·m)，$k=0.000\,538\sim0.001\,42$ m/d；许疃矿 65-663 孔对 F 许疃逆断层的抽水实验资料显示，$q=0.000\,1\sim0.004\,9$ L/(s·m)，$k=0.000\,1\sim0.017$ m/d；

刘桥矿9-2孔、补6孔、水6、Ⅱ$_1$孔对刘桥断层抽水时，$q=0.000\,815\sim0.003\,15$ L/(s·m)，$k=0.000\,259\sim0.015\,4$ m/d，等等；显然，这些均属于不富水和不透水断层。而走向EW的断裂现今多处于张性或张扭性状态，其断裂带相对破碎，通常情况下富水和导水性较好。如桃园矿F_2断层、祁东矿魏庙断层，均为走向近东西且落差大于100 m的拉张性正断层，且经查明局部具有较好的导水性。

对于受多期构造影响的断层，其不同走向的区段导水性也不相同。以刘桥矿吕楼断层为例，井下放水实验表明，吕楼断层的南部导水性很弱，越往北部导水性越强，也说明吕楼断层由于走向的变化，其不同位置导水性不同。吕楼断层南部为NWW向，断层表现为不导水，而北部断层走向转向NNE，而具有一定的导水性，这与四川期北北东向挤压，使断层南部受挤压，而北部由于断层走向发生变化，出现一定程度的拉张，导致部分早期形成的北段断层有一定的活化。

以上现象说明了在压性、压扭性断层区域，断层的阻水作用明显，在淮北煤田主要表现为NE、NNE和近南北向断层的弱导含水；而张扭性正断层或者在张扭性正断层切割的区域，断层的导水作用明显，该区表现为近东西断层的富水和较好的导水性。

三、构造演化与断层控水性分析

煤田构造展布特征表明，本区经历了多期不同方向应力场的复合作用，而矿井内部局部应力场方向又无不受到区域大地构造应力场的控制，各期构造相互干扰、叠加，而形成现今矿井的构造格局。受地质构造应力场及时间等因素的控制，不同构造演化阶段形成的断层对矿井水文地质条件的控制和影响也具有很大的差异。

两淮煤田地处华北板块东南缘、郯庐断裂带西侧、南邻大别造山带。在经过石炭—二叠系含煤岩系成岩后，中晚三叠世发生了印支运动，华北板块与华南板块发生强烈碰撞，秦岭—大别造山带进入碰撞后的板内变形体制。在近南北向主压应力作用下，华北板块南缘发生了强烈的前陆变形，使板内出现俯冲和大规模、不同层次的逆冲推覆构造。华北与华南板块大陆地壳之间的造山作用在燕山早期全部完成，并在长期的演化过程中形成了北淮阳褶皱带。在此过程中，秦岭—大别造山带逐渐缩短，产生强大的侧向挤压力，该挤压力使得造山带北侧的逆冲断层系不断地向着华北板块淮南地区推进，使得淮南地区形成了大量的近东西向褶皱和逆冲推覆断层系统，而北翼推覆体运动方向与南翼部相反，构成淮南煤田复向斜两翼对冲形式，通过大量的宏观和微观资料证实，北翼推覆构造是南翼由南向北挤压推移受阻于蚌埠隆起的反向逆冲。而淮北煤田在这时期形成了本区近东西向的构造，该期构造体系由一系列近乎平行的东西向断裂构造线组成，如宿北断裂、孟集断层等。

总之，这一时期形成的构造构成了煤田主体形态，该期形成的断层主要控制着井田水文地质分区，并具有很强的阻水作用。

燕山早期，受南北向板块汇聚产生的持续作用力以及太平洋板块北北西向俯冲作用，华北东部地区主要处于近东西向挤压应力作用下，并形成了大量北北东向的压扭性断层（郯庐走滑断层系），这期形成的断层在淮南煤田井下观测其断层带充填物基本已胶结，在未受后期改造的情况下，断层基本不导水，并与早期形成的近东西向逆冲断层系相互叠加形成棋盘式的断层网格，共同构成煤田水文地质的边界，将基岩切割成一个个独立的水文地质块段，导致各块段之间含水层仅能够通过应力释放带渗透相互补给。这一时期在淮北煤田先后形成了NNE向逆断裂和褶皱束、徐宿弧逆冲推覆构造、NNE向走滑断裂三类构造样式，同时还伴随着大规模的岩浆岩活动。

燕山中晚期至喜山期，区域应力环境转变为伸展，由于阜阳深断裂强烈的断陷活动，淮南地区西部沉积幅度较大，并形成了南高北低、东高西低的古地形。受此古地形地貌的控制，使区域地下水总体上向西北方向径流，但受到复向斜中部陈桥—潘集背斜的影响，其地势相对较高，地下水由背斜处向南或向北，流向地势较低的谢桥—古沟向斜和尚塘—耿村向斜轴部，再由其轴部向更低地势径流。这一时期应力作用对煤田导水构造网络最终形成具有重要意义，一方面该期形成的断层规模较小，张性较好，断层带充填物胶结相对松散，导水性较好，在矿井井下很容易导致突水和涌水现象发生。另一方面，早期形成的一些大型压性和压扭性断层会被利用而活化转变为张性或张扭性，局部可能由早期的阻水变为导水，并为基岩含水层的运移创造了良好条件。

新构造运动以来形成的断层一般具有时代新、连通性好、充填物少和导水性强的特点，主要对松散层水文地质环境以及基岩地下水的沟通造成了一定的影响。

第二节　岩溶陷落柱控水

岩溶陷落柱作为一种特殊构造，是局部地层中的岩溶塌陷现象；是下伏易溶岩层经地下水强烈溶蚀以后形成的大溶洞，由于上覆岩层失稳，向岩溶空洞冒落、塌陷所形成的筒状不规则柱状体；是强导水通道，极易沟通地下含水层。它不仅破坏了煤层的完整性，而且也是煤矿安全生产的水患之一。如 2013 年 2 月 3 日桃园矿 1035 工作面切眼隐伏陷落柱突水，29 000 m^3/h 突水量使得这个大型现代化矿井在数小时内被淹没；1996 年 3 月，皖北煤电集团的任楼煤矿发生陷落柱突水，最大水量达 34 570 m^3/h，造成井田被淹。故查明井田内陷落柱的发育规律，分析出陷落柱的控水规律，对煤矿水害防治具有重要的现实意义。

一、两淮煤田岩溶陷落柱发育特征

（一）淮南煤田岩溶陷落柱

淮南煤田在新中国成立之后 50 多年的勘探与开采过程中，从未遇到过陷落柱构造。1996 年 3 月 4 日，在距淮南煤田约 70 km 的皖北任楼矿发生岩溶陷落柱出水淹井后，经调研在两淮矿区发现了近 30 个陷落柱。2002 年，安徽省煤田地质局物探测量队和中国矿业大学(北京校区)对谢桥煤矿东二采区进行三维地震勘探，在矿井东北部发现了两(1# 和 2#)个疑似陷落柱的隐伏构造体，后经钻探验证和巷道揭露，确认两个隐伏构造体均为陷落柱。自此以后，分别于 2006 年、2007 年又在淮南煤田通过物探及井巷揭露发现陷落柱 11 处之多。

平面上，陷落柱或地震异常体平面形态及延展方向受煤田构造及地下水流动方向控制，总体上趋于一致多为长条状延展，走向上宽窄不一。阜东矿区的口孜东、刘庄井田揭示的此类构造主要以北北东向展布为主，而在潘谢矿区和淮南矿区主要呈现北西—北西西向，显示其与局部的构造方向基本一致，这可能与其旁侧北(北)东向和北西(西)向两组张性断裂活动密切相关(表 13.2 和图 13.3)。通过矿井中物探及井下巷道揭露，这两类断层在煤田内部分布广、发育密度较高，且多为高角度的中小型张性或张扭性断层，主要于燕山期—喜山期伸展背景下形成。在岩溶发育地带这两类断层主要为灰岩的张性破裂，为地下水径流提供了良好的通道，加速水岩反应，促使后期岩溶陷落柱的发育。因此，北西(西)北(北)东张性和张扭性断层是淮南煤田岩溶陷落柱的发育的重要构造条件。

表 13.2 淮南煤田岩溶陷落柱统计表

矿 井		分布情况	出水情况
淮南煤田	潘三矿	实见 1 个，疑似 3 个	12318 工作面实际揭露，未出水
	潘北矿	疑似陷落柱	尚未揭露
	顾北矿	疑似陷落柱 4 个，顾北异常体 1 个	尚未揭露
	顾桥矿	实见/疑似 2 个	顾桥已进入，未出水
	谢桥矿	实见 2 个	实际揭露一个，未出水
	孔集矿	实见 1 个(原孔集大坑)	对西八线 A 组煤开采有影响
	张集矿	探测 3 个	尚未揭露
	朱集矿	疑似 4 个	尚未揭露
	新集三矿	71.86 m 溶洞(水 14 孔)	—
	口孜东矿	疑似 7 个	尚未揭露
	刘庄矿	实见 1 个	—

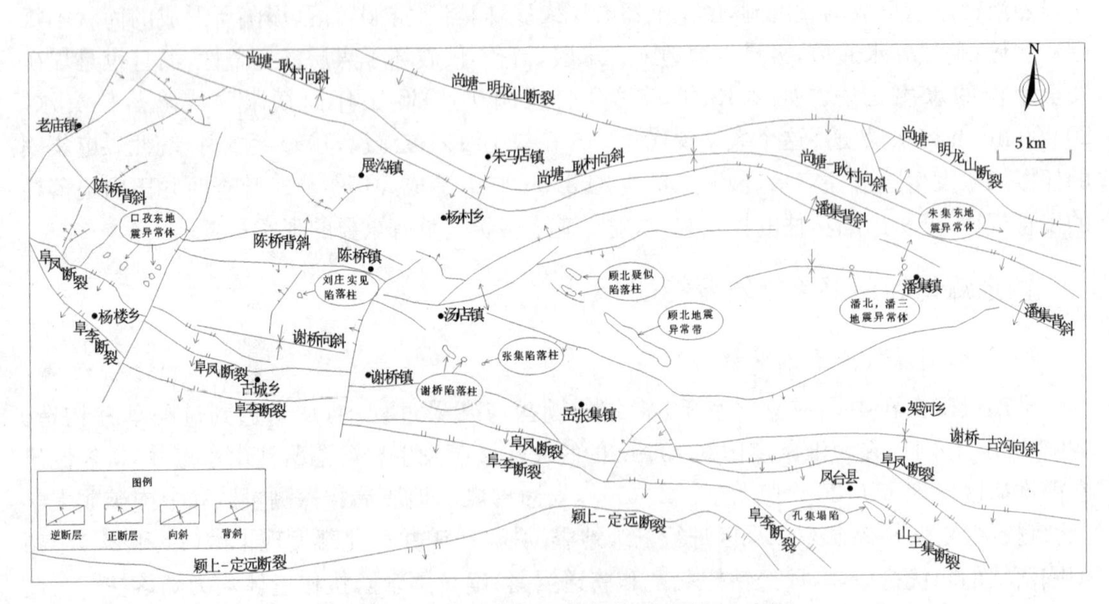

图 13.3 淮南煤田岩溶陷落柱(带)平面分布图

(二) 淮北煤田岩溶陷落柱

淮北煤田的皖北煤田集团任楼矿共发现陷落柱 2 个；刘桥一矿已经揭露了 9 个陷落柱，其中一水平 7 个，二水平 2 个。一水平的陷落柱全部不导水，二水平的陷落柱为防止高压水和因采矿的扰动发生活化而注浆封堵；恒源煤矿目前已揭露了 2 个陷落柱，其中一个局部含导水。的确，陷落柱的导水性是会因水文地质条件的改变而发生变化的，同样的陷落柱充填物，在水压低的条件下表现出隔水性，而在水压高的条件下则表现出导水性。这是因为当陷落柱内的水力梯度大于其起始水力梯度时，充填物颗粒的连接性被破坏（俗称“击穿”），流态发生了变化而造成突水。因此，刘桥一矿和恒源煤矿属于陷落柱突水型的矿井（表 13.3）。

表 13.3　刘桥一矿岩溶陷落柱统计表

编号	轴长(m)		面积(m^2)	塌陷角(°)	见柱点层位标高(m)	水文情况
	长轴	短轴				
A_1	140	75	7 400	75	4 煤底 30 m(－330.0)	潮湿
A_2	48	20	760	79	4 煤(－330.0)	潮湿
A_3	350	105	29 600	80	6 煤(－320.0)	外滴水、内淋水、水量 1 m^3/h
A_4	80	40	2 400	75	4 煤(－323.0)	少量渗水
A_5	110	55	4 750	77	6 煤(－330.0)	无水
A_6	35	15	500	75	6 煤(－198.0)	无水
A_7	150	100	11 770	65	6 煤(－483.0)	淋水、水量 0.5 m^3/h
A_8	95	40	2 825	75	6 煤底 10 m(－516.0)	淋出水、水量 5 m^3/h，为太灰水
A_9	80	65		60～80	6 煤	0.1～0.2 m^3/h，砂岩水

在淮北煤田的淮北矿业集团，袁庄、朱庄、桃园、祁南、许疃、邹庄、芦岭、临涣等煤矿已发现陷落柱，具体如表 13.4 所示。陷落柱的存在使得矿井安全生产受到严重威胁。

从区域看，淮北煤田陷落柱的密度很低，仅在个别井田零星发育。在淮北煤田，陷落柱发育的密度符合从北往南降低的规律，在北部面积不足 50 km^2 的刘桥矿区，揭露有 11 个陷落柱，而在面积为 1 750 km^2 的临涣矿区，仅在任楼煤矿揭露有 2 个陷落柱。但综合国内外对其成因的研究成果总结出，在地温梯度较高区域，褶曲断裂较为发育，有利于岩溶陷落柱的形成，在背、向斜的轴部也有存在岩溶陷落柱的可能性。

二、岩溶陷落柱发育区对岩层的影响

陷落柱（带）影响区内对上部岩层和深部岩溶发育特征也具有较大影响，进而对地下水分布和流场产生重要影响。

根据两淮煤田大量井下揭露及三维地震资料可知，在陷落柱影响区内，一般断裂极为发育，分布杂乱，裂隙发育规模越大，裂隙数量也越多，裂隙宽度多数为下宽上窄，延伸方向上以顺陷落柱（带）方向及垂直陷落柱方向为主，大部分断裂延伸较短，被其他断裂所截断。且在影响区内断裂以高角度发育为主，如淮南煤田的谢桥东风井 13118 工作面，无论从钻探取芯还是巷道揭露，均证实区内是高角度断裂，倾角一般在 75°～85°之间。

在淮南煤田陷落柱（带）影响区内，岩溶发育都较深，不仅使灰岩岩层相互沟通，深部寒武纪灰岩水、奥陶系灰岩水与浅部的太原组Ⅰ组灰岩水之间产生密切的水力联系，而且使得深部岩溶洞穴发育且规模巨大。据资料显示，在谢桥陷落柱探查钻孔中，有 5 个钻孔深入灰岩岩层，并且全部漏水，漏水率 100%。其中有 3 个钻孔见岩溶洞穴，见溶洞率 60%，且溶洞发育高度最大的可达 21 m 之巨，详见表 13.5。

表 13.4 淮北矿业集团揭露陷落柱情况表

序号	编号	位置	探查方法	时间	验证情况	揭露陷落柱发育情况				处理措施
						长短轴直径及轴向	充填胶结情况	小断层发育特点	水、瓦斯变化情况	
1	袁庄1	Ⅲ$3_1$26 风巷，Ⅳ62 回风上山	生产揭露	2002-3	—	近圆形陷落柱，3_1煤中直径 17 m，6 煤中直径 21 m，该陷落柱在剖面上为一斜塔形陷落柱	3_1煤：柱体内多为灰白色块状中—粗粒砂岩，有棱角，夹有灰黑色泥岩，风化严重，含少量方解石及黄铁矿。6 煤：柱体内为杂乱的灰色—灰白色砂岩，含少量方解石及黄铁矿	陷落柱周围无小断层发育	无水及瓦斯	掘进巷道穿过
2	袁庄2	Ⅳ 3_1 212、Ⅳ4212 机巷	生产揭露	2006-10-25	—	长轴 54 m，轴向 NE；短轴 35 m	3_1煤、4212 机巷：胶结良好，柱体内多为青灰色块状中—粗粒石英砂岩，有棱角，见松散层黄泥，未见方解石充填，见少量黄铁矿	3_1煤、4212 机巷柱体周围无小断层发育，6 煤陷落柱周围揭露 3 条 $H=1.5\sim2.0$ m 的正断层，走向与长轴轴向大致相同	无水及瓦斯	3_1煤：留设煤柱； 4212：掘进巷道穿过； 6 煤：留设煤柱
3	袁庄3	Ⅳ622 风巷	生产揭露	2010-11	—	长轴 40 m，轴向 NWW；短轴 30 m	柱体内多为杂乱的灰—灰白色砂岩，青灰色石英砂岩，具有棱角，含有少量方解石及黄铁矿	柱体周围无小断层发育	无水及瓦斯	掘进巷道穿过
4	袁庄4	Ⅳ6210 工作面	生产揭露	2013-9-10	—	长轴 43 m，轴向 NS；短轴 23 m	柱体内见铝土及杂斑泥岩、灰白色块状粗粒砂岩，具有棱角，陷落角 70°～80°，陷落柱附近局部煤层受牵引	柱体周围 $H=3\sim0.5$ m 小断层发育，断层倾向与长轴轴向垂直	无水及瓦斯	工作面回采通过
5	朱庄1	Ⅱ5611 工作面Ⅱ4613 风巷	生产揭露	2004-3	—	长轴 125 m，轴向 NS；短轴 75 m	多为砂质泥岩，岩层混乱，见黄铁矿	—	无水及瓦斯	—

续表

序号	编号	位　置	探查方法	时　间	验证情况	揭露陷落柱发育情况				处理措施
						长短轴直径及轴向	充填胶结情况	小断层发育特点	水、瓦斯变化情况	
6	朱庄2	Ⅲ628 工作面	井下钻探	2009-3	—	0.6 m 溶洞,形状未用钻探确定	灰岩内有顶板泥岩碎片、岩石破碎	—	突水 600 m^3/h	注浆封堵
7	朱庄3	Ⅲ631 工作面外侧 90 m	井下钻探地面钻探	2013-4	圈定陷落柱范围,发育至一灰顶板	—	—	—	井下探查孔最大涌水量 300 m^3/h	地面注浆封堵
16	朔里1	南二 528 工作面	生产揭露	2003-12	—	长轴 80 轴向 NS;短轴 40 m,短轴揭露 20 m 后收作	充填物多为碎块状泥岩,见 4 煤层	周边 $H=1.0\sim2.0$ m 高角度小断层发育	无水及瓦斯	推进 20 m 后收作
17	桃园1	1041 工作面	生产揭露	2000-10-8	—	直径 57 m,不规则圆形。揭露陷落柱标高 −385 m,冒落顶界 −381.2 m,8 煤下	大块砂岩、泥岩堆积,棱角明显,含有大量黄铁矿	小断层发育	无水及瓦斯	—
18	桃园2	1035 切眼	地面钻探	2013-3	—	隐伏于 1035 切眼 10 煤层底板以下 20 m 处,长轴 70 m,轴向 NE,短轴 50 m	—	周边断层不发育	突水 29 000 m^3/h,淹井	地面注浆封堵加固
23	祁南2	1022 工作面	生产揭露	2000-3	—	长轴 25 m,轴向 NE;短轴 20	岩石破碎,岩性以块状泥岩为主,见砂岩及铝质泥岩	—	无水及瓦斯	工作面收作跳采
24	祁南1	1015 工作面	生产揭露	2010-10-23	工作面内揭露标高为 −387～−396 m	形状不规则,长轴 73 m,短轴 44 m	充填物为煤系地层陷落的岩块,以泥岩为主,局部有少量细砂岩、中粒砂岩以及泥岩砂岩包裹体	陷落柱边缘局部有层理,周边小断层不发育	陷落柱内充填物较为紧密,回采期间基本无水,仅有局部地点有少量滴水,无瓦斯异常现象	回采通过

表 13.5 谢桥矿陷落柱探测钻孔揭露溶洞高度表

孔　号	溶洞发育层位	埋　深		溶 洞 高 度	漏 水 情 况
		自(m)	至(m)		
XLZ3	奥灰下部	982.8	985.05	2.25	漏水
XLZ4	寒武张夏组	901.96	910	8.04	漏水
	奥灰中上部	456.49	467.49	11	漏水
XLZ5	上寒武上部	559.5	581	21.5	漏水

由巷道揭露情况和钻探资料表明，淮北煤田刘桥一矿揭露的陷落柱，皆是浅部发育的陷落柱，柱内压实程度高于深部所见的陷落柱。这显示了古岩溶比较发育，可能有导水陷落柱的存在。陷落柱在空间上呈倒漏斗状，上小、下大，塌陷角一般为 65°～80°，平均为 75°(图 13.4)。

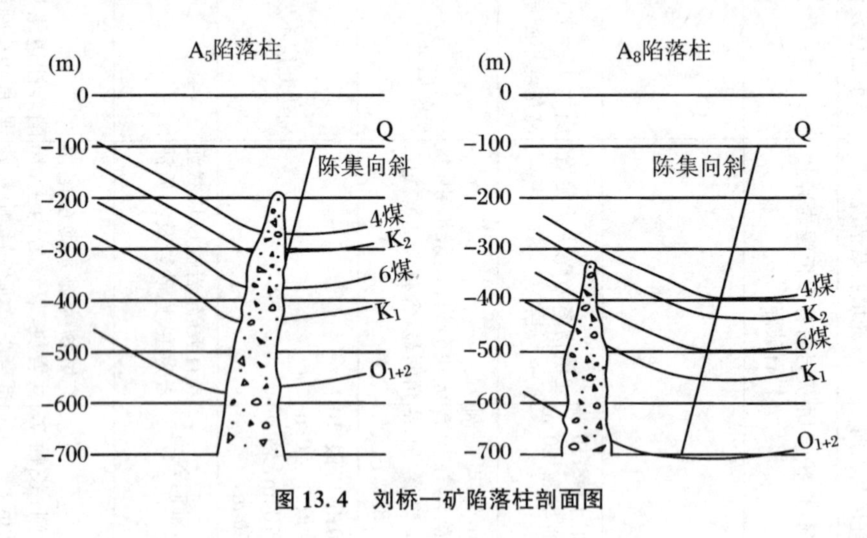

图 13.4 刘桥一矿陷落柱剖面图

三、岩溶陷落柱含、导水性

岩溶陷落柱含、导水主要取决于内部裂隙和空洞的发育情况，充填物的压实、胶结、风化程度以及受后期构造运动的影响程度等。同一陷落柱的不同部位裂隙和空洞的发育也不一样。两淮煤田内岩溶陷落柱发育层位深，裂隙与空洞发育，内部充填物多样，后期构造运动频繁，因此其含、导水性尤为复杂。

在淮北煤田中，淮北—永城煤田以宿北大断裂为界分为南北两部分。南部矿区水文地质条件简单，煤层的变质程度低，为肥煤－1/3 焦煤类，局部地温异常，在地温异常的矿区发育有零星导水陷落柱，目前所揭露的两个陷落柱都导水，任楼煤矿 1996 年曾因陷落柱突水而被淹没。刘桥一、二矿以及卧龙湖矿所在的北区水文地质条件较复杂，煤层变质程度高，陷落柱较发育，但实际揭露的陷落柱都不导水。刘桥一矿揭露陷落柱 9 个，恒源煤矿揭露 2 个陷落柱，河南永城车集煤矿揭露陷落柱 4 个，都不导水。根据王经明陷落柱内外循环的形成机理，淮北—永城煤田的陷落柱主要为地热引起的地下水内循环所致，煤层的变质就是地热的标志。据此理论，淮北—永城煤田北区的其他煤矿(如卧龙湖矿)或刘桥一、二矿的其他区段还将发现新的陷落柱。

淮南煤田中，根据实际揭露的陷落柱情况可得出，在太原组灰岩以上至基岩层位，岩溶陷落柱虽然裂隙极为发育，但充填胶结程度低，含水性较低，而导水性强，且同一陷落柱不同煤层表现出不同的导水性。在淮南有陷落柱煤田开采过程中，目前通过井下揭露发育在13煤、11煤、8煤中的陷落柱并不含水也不导水，而发育在4煤的陷落柱与灰岩联系密切，导水性较强。谢桥矿东风井-440 m总回风道4#道岔的水源是深部奥、寒灰水通过陷落柱影响区内的高角度裂隙充入4煤地板的巷道内。

在太原组灰岩内，由于充填物胶结程度较高，裂隙间以方解石及泥质砂岩充填，因此含水性、导水性都较差。但由于后期构造运动，方解石极易被碾碎溶解，或在人为采掘扰动下，使得裂隙活化，都使陷落柱重新导水，成为安全隐患。

在寒武纪灰岩及奥陶系灰岩岩层中，溶洞发育，且高水压及高水温下地下水溶解搬运能力增强，溶洞填充型较差，陷落柱富含水。在谢桥矿2#陷落柱东北向的XLZ25钻孔进行寒武纪灰岩水抽水实验，使得陷落柱南部XLZ3孔寒武纪灰岩水位下降，也证明下部灰岩岩层的导水性良好。

综上所述，两淮煤田中的陷落柱并不是都有充水威胁的，但是针对两淮煤田以煤层群开采方式的采掘，若在煤系地层发现有陷落柱，就将预示着底部煤层存在安全开采问题，因此只要遇到一个就是100%的危害。

在影响范围上，淮南煤田岩溶陷落柱(带)通过三维地震解释及井下实际揭露，确定其发育于寒武纪、奥陶纪灰岩，由于淮南寒灰、奥灰沉积厚、沉积面积广，后期NW-NWW向和NE-NEE向张性或张扭性构造破裂发育，并接受长期地下水溶蚀，形成的溶洞空洞大，造成岩溶陷落柱塌陷面积宽，煤系地层整体下沉。因此，淮南煤田岩溶陷落柱所造成的影响区域较华北煤田陷落柱范围更大，往往影响长度达数百到数千米。谢桥矿二B组轨道石门，自1994年11月20日，8煤层顶板砂岩含水层，出水较为集中，淋水持续时间较长，证实其出水是受岩溶陷落柱影响。该出水点距2#陷落柱在8煤层的南边缘最近平面距离为550 m，距离1#陷落柱在8煤层南边缘最近平面距离为685 m(图13.5)。潘三矿12318工作面在2006年11月1日工作面上顺槽退尺4.0时，位于上顺槽老塘开始出水，初始水量为125 m^3/h。直到2008年5月2日该面收作时出水量仍为10～30 m^3/h，出水历时长达1.5年，总出水量约为2.26×10^5 m^3。证实其出水是受潘三矿1#陷落柱。

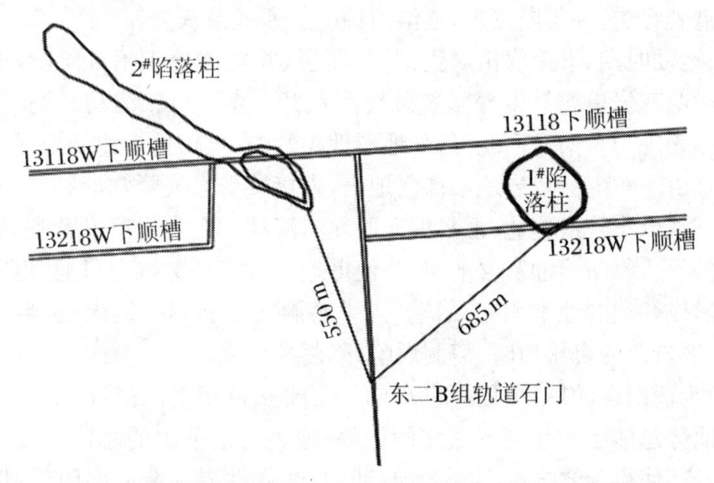

图13.5　谢桥矿东二B组轨道石门出水点平面示意图

岩溶陷落柱的富水性及导水性还取决于其后期风化程度及后期构造构造运动的影响程

度。由于此类岩溶塌陷体的岩块间主要以方解石晶体充填裂隙空间，而较大的岩溶管道内则主要以泥砂质及砾石等充填胶结，在后期地下水及构造影响较弱部位，其含水性和及导水性相对较差或不导水。但在后期构造应力集中部位，方解石晶体的破坏程度较高，由于方解石晶体的岩石物理力学性质，受到挤压后呈白色粉末状，极易被地下水溶解和运移带走，使得裂隙空间成为地下水的赋存与运移场所和通道，其导水性及含水性较强。在风化严重部位，由于地下水的冲刷作用，岩体中孔洞较多，岩体也相对松软，为导水地带。被第四系松软红土充填的裂隙，由于压实程度低，在地下水的长期作用下，大部分可活化导水，如在柱体裂隙所充填的松散红色泥土中，有呈放射状分布的裂隙。

四、岩溶水岩演化及其控水性分析

从区域构造演化的角度看，本区岩溶发育规律有其特殊的构造条件和背景，与地下水相互作用也经历了不同的演化阶段。

淮南煤田在寒武纪由于加里东运动的发生，本区上抬为陆地促使大量岩溶裸露地表遭受风化剥蚀，且在寒武系灰岩沉积期间，淮南地区属于低纬度、气候温暖、潮湿、雨水较多地区，更有利于岩溶发育，为寒武纪岩溶的后期发育奠定基础。

早加里东运动期，华北板块大部分地区上升成陆，使淮南地区缺失早奥陶世早期的沉积，早奥陶世晚期海水加深，向南扩大到淮南地区。中奥陶世早期主要以镁钙质碳酸盐岩为主的局限台地相沉积为主，致使奥灰厚度相对较薄，且可溶性相对较差，中奥陶世以后的加里东运动，使华北上升为陆地，海水又撤出本区。历经志留、泥盆纪及早期中石炭世，由于风化剥蚀，致使本区奥陶纪灰岩厚度大大减薄。在长期的风化剥蚀下，形成准平原化岩溶地貌，并使岩溶发育到寒武纪灰岩地层。

印支运动前期，石炭—二叠纪煤系在成岩压实过程中不断沉积释水，而这种沉积释水主要是以垂直方向运移为主的，奥陶系灰岩顶部的良好渗透性为这种释水的进入提供了方便之门，沉积释水的进入，一方面与奥陶系灰岩水混合后产生混合溶蚀作用；另一方面随着煤系中的有机质增温成熟，在成烃热解过程中因分解作用产生大量 CO_2，在水的作用下不断溶蚀灰岩岩层，使灰岩下部空隙发育。因此，淮南奥陶系灰岩因岩层较薄，并且在长时间酸水和溶蚀水的作用下，易遭到穿透，并不断发展，逐渐溶蚀下层寒武系灰岩。

印支—燕山运动时期，淮南煤田产生褶皱、断层，并整体处于抬升阶段，地下水水平基准面不断下降，寒武纪灰岩更容易沿着张裂破裂面发育。喜马拉雅运动时期，受阜阳深断层活动影响，淮南整体表现为东南升西北降，受地形地貌影响，煤田地表水及地下水总体由东南向西北方向流动，且由于东南侧灰岩地层裸露地表，直接接受大气降水的补给，使地下水含量丰富，灰岩地区地下水以小管道连通、汇集后向西北向流动。在古岩溶发育基础上，地下水会随着一些张性断层径流，不断溶蚀灰岩地层，并使得地下岩溶裂隙融会贯通，地下溶洞系统不断发展壮大，最终形成初期的地下洞穴系统。当岩溶洞穴发展到一定规模，当溶洞所形成的自然拱不能承受上部岩体的自重力时，溶洞塌陷，陷落柱形成。

经过喜马拉雅造山运动后，中更新世阜阳—宿州一带相对沉降，晚更新世的上升幅度较小，煤田东南部地势总体已明显高于西北侧地势，地表与地下水的总体径流方向由东南部不断地向西北部径流，使得灰岩岩组不断溶蚀、冲蚀，在岩性界面分界面附近，地表水集中径流区，形成较大的溶蚀和冲蚀洼地。随着煤田整体的相继沉降，地下水侵蚀基准面不断地上升，岩溶洞穴的发展也逐渐减缓而停止发育。

第三节　水文地质单元划分

《煤矿防治水规定》中第八条要求，煤矿企业对矿井井田范围内及周边区域水文地质条件不清楚的，应当采取有效措施，查明水害情况，在水害情况查明前，严禁进行采掘活动；第十条要求，煤矿企业对矿井应当加强防治水技术研究和科技攻关；第十二条也指出，矿井应当对本单位的水文地质情况进行研究。特别是“第十章附录一：矿井水文地质主要图件内容及要求”中要求编制区域水文地质图系并划分水文地质单元。《矿区水文地质工程地质勘探规范》要求研究区域水文地质条件，确定矿区所处水文地质单元的位置，详细查明矿区地下水的补给、径流、排泄条件，区域地下水对矿区的补给关系，主要进水通道及其渗透性。还应阐明矿区最低侵蚀基准面标高和矿坑水自然排泄面标高，首采地段或第一期开拓水平和储量计算底界的标高及矿区的水文地质边界等。

综上所述，准确划分矿区水文地质单元对煤矿的安全开采具有重要意义。本节将依据前人的研究成果，将两淮煤田的水文地质单元具体划分成果叙述如下。

一、淮南煤田水文地质单元

（一）划分结果

淮南煤田在地域上分为三大区块：淮南矿区、潘谢矿区和阜东矿区，区内构造条件复杂。其构造单元上属于华北板块东南缘、豫淮坳陷南部；次一级构造单元为淮南复向斜，区内水文地质条件受控的主要因素为构造条件。南北对冲推覆，南翼的舜耕山断层、阜凤断层组成了舜耕山、八公山、口孜集由南向北的推覆体；北翼的上窑—明龙山—尚塘断层组成了上窑、明龙山由北向南的推覆体。东西向分别以新城口—长丰断裂、口孜集—南照集断裂为东西边界，以复式向斜为主体。淮南煤田自勘探开发建设以来，通过对前期大量的地质、水文地质勘探和生产矿井补勘资料分析与研究，相关专家和学者将该煤田的水文地质单元划分为：南区、中区、北区3个一级水文地质单元，其中南区分为4个二级分区，中区分为3个二级分区，具体情况如表13.6与图13.6所示。以下将对各一级水文地质单元的水位地质特征详述如下。

表13.6　淮南煤田水文地质单元分区表(安徽省煤田地质局勘查研究院)

<table>
<tr><td rowspan="2">一级水文地质单元</td><td>名　称</td><td colspan="4">南　区</td><td colspan="3">中　区</td><td>北　区</td></tr>
<tr><td>边界断层</td><td colspan="4">南起阜李断层北至阜凤断层，东以新城口—长丰断层为界</td><td colspan="3">南起阜凤断层，北至明龙山断层；东起新城口—长丰断层，西至阜阳深断裂</td><td rowspan="3">南起明龙山断层，北至刘府断层；东起新城口—长丰断层，西至阜阳深断裂</td></tr>
<tr><td rowspan="2">二级水文地质单元</td><td>名　称</td><td>南-1</td><td>南-2</td><td>南-3</td><td>南-4</td><td>中-1</td><td>中-2</td><td>中-3</td></tr>
<tr><td>边界断层</td><td>陈桥、阜凤、阜李</td><td>Fn73、陈桥、阜凤、阜李</td><td>舜耕山、Fn73、阜凤、阜李</td><td>舜耕山、阜李</td><td>新城口长丰、明龙山、阜凤、陈桥</td><td>口孜集南照集、陈桥、阜凤、明龙山</td><td>口孜集、阜凤、阜阳断层、明龙山</td></tr>
</table>

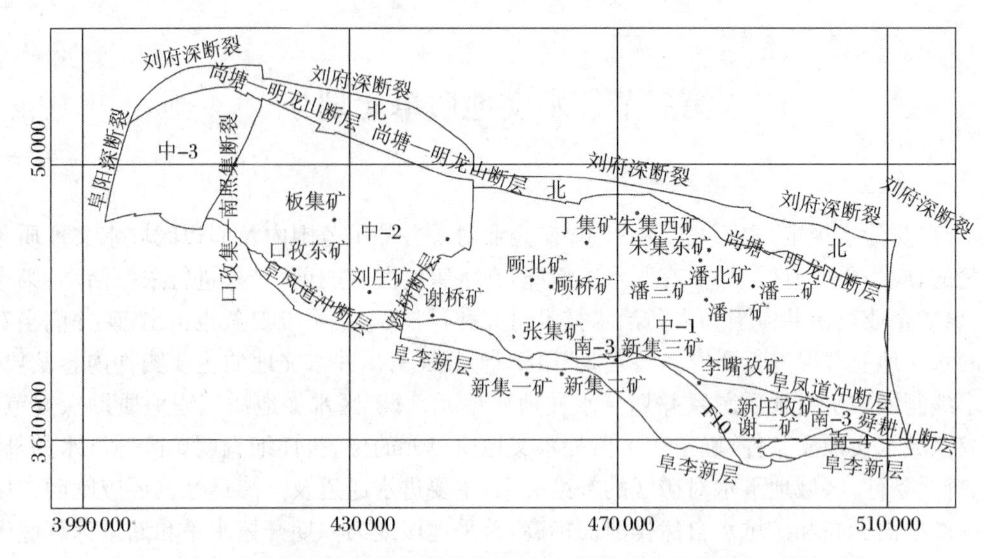

图 13.6　淮南煤田水文地质单元分区图(安徽省煤田地质局勘查研究院)

(二) 南区一级水文地质单元

南区位于阜李断层和阜凤逆冲断层之间,东以新城口长丰断层为界,自西而东包括新集一、新集二、新集三、李嘴孜、新庄孜、谢一等多对矿井。

南区属于淮南复式向斜南翼逆冲推覆构造的前缘,受逆冲断层活动影响,寒武系、奥陶系灰岩、砂泥岩覆盖于石炭—二叠系煤系之上,并被第四系松散层覆盖。该区中大型的断层闭合性较好,小型断层多具有张性和张扭性特征,导水性较好。钻井揭示的该区大型断层带大多为泥质充填,富水性弱,导水性差,自然状态下断层带一般具有一定的阻水特征,而小型断层多是多期构造运动后张性或张扭性活动的产物,导水性较好,其发育地区多成为富水带或矿井内部的突水区,并为地下水径流、排放提供了良好的通道。煤系地层分布及水文地质分区受阜凤逆冲断层、阜李逆冲断层、舜耕山逆冲断层、山王集断层及其分支断层所控制。因断层的阻水作用,在东南八公山、舜耕山地区灰岩水沿着断层复合的有利部位以泉的形式出现,主要有珍珠泉、瞿家洼泉、泉山口泉等。

南区自上而下发育新生界松散砂层孔隙含水层、二叠系砂岩裂隙含水层、石炭系太原组石灰岩岩溶裂隙含水层、奥陶系石灰岩岩溶裂隙含水层。由于阜凤逆冲断层的作用,将下元古界、寒武系以及部分奥陶系、石炭、二叠系(夹片)推覆于煤系地层之上,推覆体区存在下元古界片麻岩裂隙承压含水组、寒武系灰岩岩溶裂隙承压含水组、夹片裂隙岩溶含水带等。

1. 松散层含隔水层

南区松散层揭露厚度介于 0~800 m,总体变化趋势为由东向西增厚,东部八公山至舜耕山一带基岩出露,西部刘庄矿附近因古地形隆起松散层变薄,。

按照沉积物的组合特征及其含、隔水情况,可将新生界松散层自上而下大致分为上含上段、上段隔、上含下段、上隔、中含、中隔和下含共 4 个含水层(组)和 3 个隔水层(组)。上含上段至上含下段在除在基岩裸露区附近缺失外均发育,上隔在南区东部基本不发育,南区西部在刘庄矿、新集一矿、二矿、三矿部分区域缺失。中含至中隔在南区东部不发育,下含仅在南区西部发育。含水层富水性与区域类似。

2. 古近系“红层”层(组)

在南区的西部发育,东部不发育。目前在南区尚缺少“红层”水文地质钻孔,参照区域红层水文地质特征,南部红层富水性不均,局部可做相对隔水层考虑。

3. 二叠系煤系砂岩裂隙含(隔)水层

煤系砂岩分布于煤层、粉砂岩和泥岩之间,岩性、厚度变化均较大,是煤层开采的直接充水含水层,一般裂隙不发育。各主要可采煤层顶、底板砂岩含水层之间均有泥岩、砂质泥岩、粉砂岩和煤层等隔水层,阻隔砂岩含水层之间的水力联系。据区域抽水实验资料,煤系砂岩含水层富水性弱,一般具有储存量消耗型特征。

4. 石炭系太原组灰岩溶裂隙水含水层(段)

石炭系太原组灰岩溶裂隙水含水层(段)平均厚度在126 m左右。石灰岩层数一般11~13层,其中C_3^1至$C_3^{3下}$(太原组第Ⅰ组灰岩)为1煤开采直接充水含水层,富水性弱—中等。

5. 奥陶系灰岩溶裂隙水含水层(段)

奥陶系灰岩溶裂隙水含水层(段)平均厚度约为270 m。以灰色隐晶质及细晶、厚层状白云质灰岩为主,局部夹角砾状灰岩或夹紫红色、灰绿色泥质条带。岩溶裂隙发育极不均一,且在中下部比较发育,具水蚀现象,以网状裂隙为主,局部岩溶裂隙发育,具方解石脉充填,富水性一般弱—中等。

南区淮南矿区西南部和东南部为寒武系和奥陶系灰岩裸露区。该区灰岩地层与上覆的新生界地层的水力联系较好,新生界含水层水质类型以HCO_3-Ca型为主,大部分水样Ca^{2+}毫克当量大于60%,HCO_3^-毫克当量一般大于50%,矿化度平均值为456 mg/L,受太灰水影响硬度较大,全硬度平均值为17.29 °dH。

6. 推覆体含水层区

(1) 推覆体片麻岩区

推覆体片麻岩区主要分布于南区西部,沿淮南煤田南边边界展布,淮南老矿区局部可见,该区与煤系地层对接的含水层为推覆体系的下元古界片麻岩裂隙承压含水体。岩性主要为片麻岩,上部为风化带,裂隙较发育,中部为完整带,裂隙较小且多为钙质充填,下部受构造应力作用形成的破碎带。新集一矿该含水层水位标高+18.63 m,单位涌水量$q=0.005\,87\sim0.104$ L/(s·m),渗透系数$k=0.097\sim0.242$ m/d,二矿井筒揭露时涌水量为2.5~26.5 m^3/h,富水性弱—中等。

(2) 推覆体灰岩区

推覆体灰岩区分布于南区中部,沿阜凤逆冲断层展布,该区与煤系地层对接的含水层为推覆体下的寒武系灰岩岩溶裂隙承压含水体。平面上近东西呈条带状分布,岩性主要有灰岩、白云质灰岩、鲕状灰岩,夹泥岩、砂。寒武系灰岩垂厚受界面及边界断层控制。

该区域富水性差异性大,由弱富水至强富水。寒武系灰岩水富水性不均匀,天然条件下寒灰地下水位西北高,东南低。在上含下段接触段,寒武系灰岩水水位变化与上含下段相近,季节性变化明显。新生界底部有隔水层时,水位季节性变化不明显。寒武系灰岩在新集一矿井田北部与第四系砂岩直接接触,富水性较强。

(3) 推覆体煤系地层区

推覆体煤系地层区在淮南老矿区广泛分布,该区松散层下覆的含水层为夹片裂隙岩溶含水体,地理位置处淮南市区北郊,在望峰岗、安成铺、大通区等区域展布。夹片由奥陶系至石炭、二叠系、三叠系的灰岩、砂岩、泥岩、砂质泥岩及煤层组成,灰岩主要由石炭系太原组薄层灰岩组成。

(三) 中区一级水文地质单元

中区是豫淮复向斜构造带的主体,南北夹挟于尚塘—明龙山断层和阜凤逆冲断层之间,东以新城口长丰断层,西以阜阳深断裂为界。自西而东包括潘集一、潘二、潘三、潘北、朱集东、朱集西、张集、顾桥、顾北、谢桥、刘庄、杨村、板集、口孜东等多对矿井。区内为松散层全覆盖。

中区自上而下发育新生界松散砂层孔隙含水层、二叠系砂岩裂隙含水层、石炭系太原组石灰岩岩溶裂隙含水层、奥陶系石灰岩岩溶裂隙含水层。

1. 松散层含隔水层

中区松散层揭露厚度介于30～860 m之间,总体变化趋势为由东向西增厚,古地形与松散层沉积厚度相对应,局部有古潜山。

按照沉积物的组合特征及其含、隔水情况,可将新生界松散层自上而下大致分为上含上段、上段隔、上含下段、上隔、中含、中隔和下含共4个含水层(组)和3个隔水层(组)。

(1) 上含上段

上含上段全区发育完全,平均厚度为26 m左右,岩性与全区类似,接受大气降水和地表水补给,水位随季节变化,属潜水—弱承压水。据抽水实验资料,含水层富水性中等—强,是农业灌溉和居民生活用水源。

(2) 上段隔

上段隔全区发育,部分块段沉积缺失,平均厚度为14 m左右,以灰黄—褐黄色砂质黏土为主,局部地段夹薄层粉细砂,分布不稳定,能起一定隔水作用。

(3) 上含下段

上含下段平均厚度为40 m左右,由灰黄色松散中细砂、黏土质砂、砂质黏土组成,砂层厚度变化大,分布不稳定,在淮南矿区部分块段,中区东部区域上含下段含水层直接覆盖在基岩上。据区抽水实验资料,该含水层富水性中等—强,局部富水性极强。

(4) 上隔

上隔平均厚度为10 m左右,中区的潘谢矿区南部及东部、阜东矿区西南部、受古地形影响,上隔沉积缺失,上含下段含水层直接覆盖于基岩之上。该组以灰绿—灰黄色黏土,砂质黏土组成,局部夹薄层粉细砂,黏土质砂,黏土分布较稳定,能起隔水作用。

(5) 中含

中含平均厚度为170 m左右,整体自西向东增厚,中区潘谢矿区东南部潘集外围及南部新集各矿中含直接覆盖在基岩上。该层(组)主要由灰绿—杂色中厚—厚层中砂、细砂及黏土质砂组成,局部胶结成岩(俗称砂岩盘)。据区抽水实验资料,该含水层富水性弱—中等,局部强富水。

(6) 中隔

中隔平均厚度为88 m左右,整体自西向东增厚,潘谢矿区东南部缺失。由灰绿色厚层黏土、砂质黏土和多层细、粉砂组成。黏土质细、纯、可塑性较强,具有膨胀性,黏土厚度大,分布稳定,隔水性能好,是区内重要的隔水层(组)。

(7) 下含

下含平均厚度36 m左右,厚度变化较大,在0～228.75 m之间,整体自西向东增厚,东南部缺失。含水层(组)由上部灰白、灰黄色中、细砂层(西部)和下部棕红色砂砾层、砾石层、黏土砾石构成，砾石层间有棕红色黏土、砂质黏土分布。据区抽水实验资料，该含水层富水性弱—中等，富水性不均，局部强富水。

2. 古近系“红层”层(组)

主要由紫红色、灰白色大小不等石英砂岩、长石石英砂岩的岩块及砂、砾(局部见有灰岩砾)和黏土混杂组成，该层在中区丁集、顾北、谢桥、张集、刘庄、口孜东、板集、杨村等矿均有分布。据区内抽水实验资料分析，该层富水性不均。局部富水，局部可做隔水层。其中据抽水实验资料显示，丁集、张集、谢桥、刘庄等矿可做相对隔水层考虑，而顾北矿水文孔抽水实验资料显示局部富水性强。

3. 二叠系煤系砂岩裂隙含(隔)水层

煤系砂岩分布于煤层、粉砂岩和泥岩之间，岩性、厚度变化均较大，是煤层开采的直接充水含水层，一般裂隙不发育。各主要可采煤层顶、底板砂岩含水层之间均有泥岩、砂质泥岩、粉砂岩和煤层等隔水层，阻隔砂岩含水层之间的水力联系。据区域抽水实验资料，煤系砂岩含水层富水性弱，一般具有储存量消耗型特征。

4. 石炭系太原组灰岩溶裂隙水含水层(段)

石炭系太原组灰岩溶裂隙水含水层(段)平均厚度为126 m左右。石灰岩层数一般为11～13层，其中C_3^1至$C_3^{3下}$(太原组第Ⅰ组灰岩)为1煤开采直接充水含水层，富水性弱—中等。

5. 奥陶系灰岩溶裂隙水含水层(段)

奥陶系灰岩溶裂隙水含水层(段)平均厚度约为270 m。以灰色隐晶质及细晶、厚层状白云质灰岩为主，局部夹角砾状灰岩或夹紫红色、灰绿色泥质条带。岩溶裂隙发育极不均一，且在中下部比较发育，具水蚀现象，以网状裂隙为主，局部岩溶裂隙发育，具方解石脉充填，富水性一般弱—中等。

(四) 北区一级水文地质单元

北部反冲逆冲推覆断裂带主要位于潘谢矿区以北地区，构造位置上处于淮南煤田北缘反冲推覆构造带，与煤田南缘逆冲推覆构造同期形成。北缘推覆构造主要是由于煤田南翼由南向北挤压推移受阻于蚌埠隆起的反向逆冲而形成，其南北两侧的分界断裂为尚塘—明龙山断裂和刘府断裂。受这两条断裂的制约，北区构造控水条件与南区近似，依据地质及钻孔资料揭示，无论是断裂活动强度还是断裂切割深度，北区构造带远小于南区构造带，其断裂控水性可能也弱于南区断裂。北区中东部部分区域基岩为寒武、奥陶系石灰岩，组成低山或残丘，构成寒武和奥陶系石灰岩含水层的补给区。上窑区泉井涌水量为5～60 m^3/h，水温17 ℃，为低矿化度重碳酸盐淡水。

北区的地质资料较少，大体划分为推覆体片麻岩区和灰岩裸露区，新生界松散层厚度变化与南区类似，都呈现为西部厚东部浅，各个子单元水文地质特征与南区同类型水文地质单元特征类似。

二、淮北煤田水文地质单元

相关专家和学者将淮北煤田的水文地质单元以宿北断裂为界，分为南北2个一级水文地质单元，其中北区为濉萧矿区，南区又以南坪断层和丰涡断层为界分为东段的宿县矿区、中段的临涣矿区和西段的涡阳矿区3个二级水文地质单元，故整个淮北煤田共划分为4个水文地质条件不同的分矿区，如图13.7所示。其划分依据主要为区内的地质构造条件，特别是断裂构造控制作用。各种不同的水文地质单元其水文地质条件如下所述。

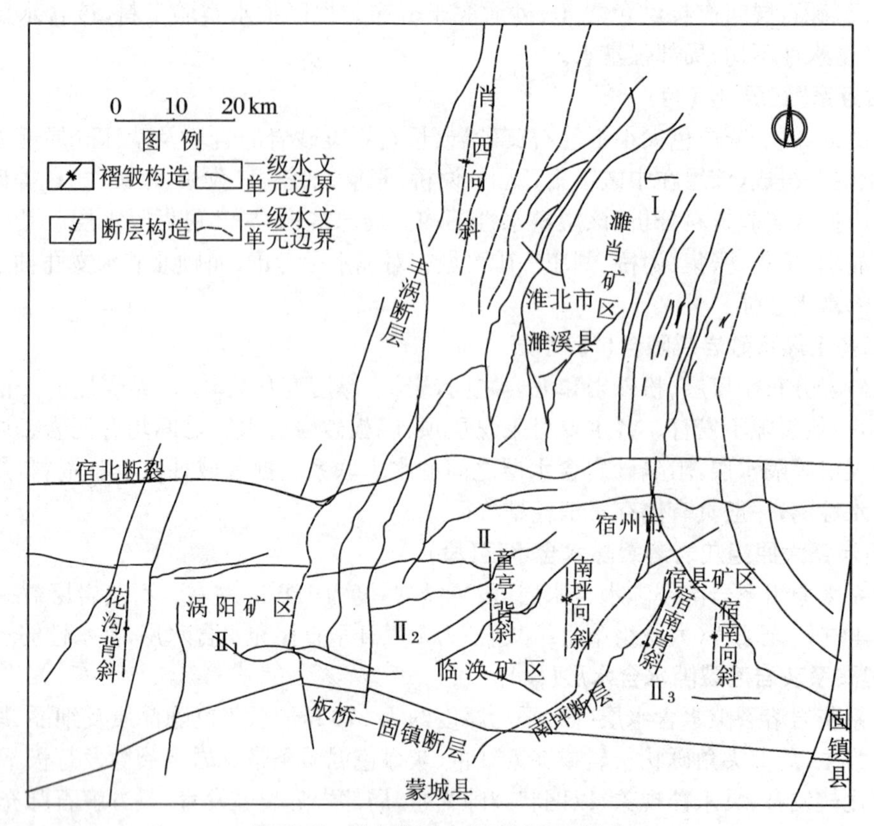

图 13.7 淮北煤田水文地质单元划分

(一) 濉萧矿区水文地质单元

濉萧矿区地处淮北平原中部，矿区内地势较为平坦，自然标高为 30.50～32.30 m。矿区属淮河流域，区内有王引河、直河、丁沟、任李沟、曹沟、大庙沟等小型沟渠，均自西北流向东南经矿区汇入沱河后注入淮河。矿区的主要含水层系有 4 个，自上而下分别为第四系孔隙含水层组、煤系砂岩裂隙水含水层组、太灰岩溶水含水层组、奥灰岩溶水含水层组。第四系松散层地下水对矿井开采无直接影响。但太灰及奥灰岩溶水丰富，补给强度大，含水层可疏性差，对矿井安全威胁大。朱庄、杨庄矿位于同一向斜储水构造带，奥灰水除沿朱庄矿向斜补给外，另有来自东部山区的侧向补给，因此太灰及奥灰含水层富水性强，岩溶较为发育，矿井多次发生灰岩突水。

1. 第四系孔隙水含水层组

矿区的东部的闸河煤田，松散层厚度发育较薄，仅发育一个含水层（组）和一个隔水层（组）即上部全新统松散层孔隙含水层（组），下部更新统松散层隔水层（段）。上部全新统砂层孔隙含水层（组），$q=0.0043\sim2.131$ L/(s·m)，$k=0.003\sim12.953$ m/d，pH＝6.4～7.6，水化学类型为 $HCO_3-Ca\cdot Mg$ 或 $HCO_3-Na\cdot Mg$。富水性弱—中等—强，为本矿区主要含水层之一。

矿区西部松散自上而下分一、二、三、四 4 个含水层（含水层间为 3 个隔水层），仅四含对浅部的生产有一定的影响，绝大部分地区对生产没有影响。

2. 二叠系砂岩裂隙水含水层组

从上到下分为五、六、七、八含水层。其中位于下石河子组的七含位于 4 煤顶、底板，厚 15

~36.5 m，裂隙发育，含水比较丰富，单孔水量 55~94 m^3/h，恒源公司井下曾发生过 324 m^3/h 的涌水。该含水层对生产的影响较大。

3. 太灰岩溶水含水层组

本区太灰地层厚为 130~146.9 m，含灰岩 13 层。其中上部的 L_1~L_4 灰岩对生产有较大的影响，此组单孔涌水量 $q=0.992$~0.815 L/(s·m)，渗透系数 $k=2.857$~0.045 m/d，矿化度为 0.35~3.6 g/L，水质类型为 HCO_3-Na 或 $SO_4-Na\cdot Ca$ 型，为中等富水的含水层组。

4. 奥灰岩溶水含水层组

本组主要由韩家组(O_{1h})的硅质条带白云岩、白云岩，贾汪组(O_{1j})的钙质页岩、薄层角砾状灰岩、钙质页岩，萧县组(O_{1x})的白云灰岩、泥岩、中厚层灰岩、角砾状灰岩，马家沟组(O_{2m})的角砾状豹皮状白云质灰岩，老虎组(O_{2l})灰岩、白云质白云岩组成。奥陶系灰岩仅在相山—濉溪背斜以残丘或古潜山形式出露接受大气降水的补给，在本井田内部隐伏于 C-P 地层之下，岩溶裂隙发育，连通性强，水量丰富。该含水层钻孔单位涌水量 $q=2.83$ L/(s·m)，渗透系数 $k=2.36$ m/d，矿化度为 0.80~3.814 g/L，水质类型为 $SO_4-Na\cdot Ca$ 型。

矿区含水层之间存在着一定的联系。尽管矿井的主要排水量来自砂岩水，但多年的排水已经造成冲积层、太灰和奥灰水位的水位的显著下降。刘桥一矿的太灰水位已经降至 -367.23 m(2010 年 5 月)，但是矿区太灰水的下降很不均一，在刘桥一矿还存在着高水位区，刘桥一矿原水 13—水 14 孔之间的水位较其他观测孔的水位高出 81 m，在高水位区的Ⅱ623、Ⅱ626 工作面发生过 3 次出水灾害。恒源煤矿在 2009 年 11 月在矿井二水平对太原组 1~4 层灰岩含水层进行了放水实验，历时 9 天，放水量为 182 m^3/h，放水实验结果认为二水平没有出现不可疏降的高水位区，并且太灰与奥灰之间的水力联系微弱。

濉萧矿区还发育着岩溶陷落柱，但陷落柱都分布在刘桥一矿的陈集向斜轴部。到目前为止，井下掘进生产过程中共揭露 11 个不导水的岩溶陷落柱。

矿区内部分断层导水，含水层之间存在着一定的水力联系。据井下观测资料，断层两盘岩性致密完整时，呈潮湿或干燥状，但岩性破碎和裂隙发育时常会滴水、淋水甚至发生突水事故。例如杨庄矿局部断层导水性较强，特别是当断层沟通 6 煤下太灰含水层时易发生突水现象。一些较大的断裂带本身虽不含水，导水性也差，但是在其两侧派生的一些次级小断层及裂隙带往往含水丰富，导水性也较强。杨庄矿有的落差较大的断层实际在揭露时并没有发生出水现象，但是在采掘过程中揭露的其两侧裂隙较发育的一些小断层多数有淋水、滴水或渗水现象，甚至少数断层有滞后突水现象。比如 1988 年 10 月 24 日，Ⅱ617 工作面因断层沟通太灰发生突水，突水量最大达 3 153 m^3/h，造成二水平被淹，恢复治理工作长达两年以上，经济损失巨大。刘桥一矿的陈集逆断层水 13 钻孔揭露时漏水严重，水位最高，位于断层附近的Ⅱ623、Ⅱ626 工作面发生过 3 次出水。恒源公司巷道穿过孟口逆断层时也发生过 80 m^3/h 的突水。

总之，濉萧矿区的受到下伏太灰水的威胁和危害，个别区域存在高水位区，部分断层导水，含水层之间具有一定的水力联系等问题，开采水文地质条件较为复杂，另外在“十二五”开采期间受老空水的威胁逐渐明显。

(二) 宿县矿区水文地质单元

宿县矿区位于宿南短轴宽缓向斜和宿东向斜内，两个向斜之间被逆断层分割。矿区的东部为宿东背斜，西部为宿南背斜(图 13.8)。

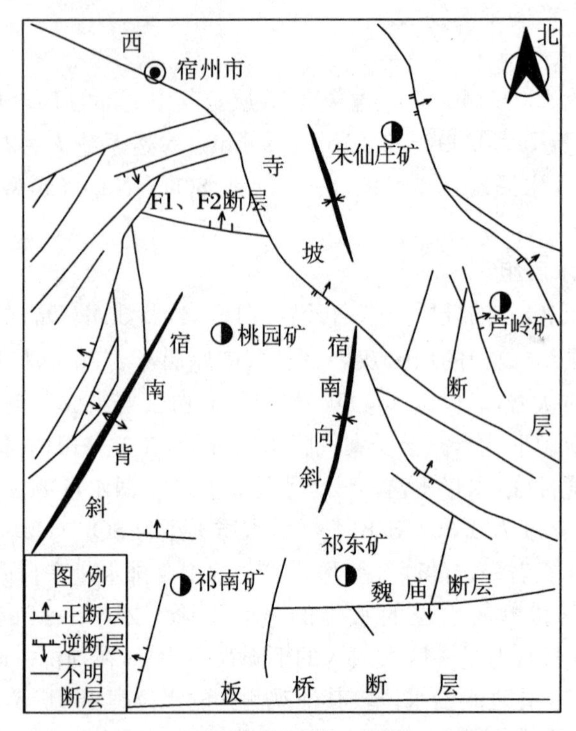

图 13.8　宿县矿区构造纲要和井田分布图

宿县矿区的主要含水层组有 4 个，自上而下分别为松散层孔隙含水层组、煤系砂岩裂隙含水层组、太灰岩溶含水层组以及奥灰岩溶含水层组。对生产有影响和威胁的含水层为松散层孔隙含水层、砂岩裂隙含水层和太灰含水层。

1. 孔隙含水层

孔隙含水层组由 5 个含水层和 4 个隔水层组成，对生产有直接影响的是第五和第四含水层。第五含水层是侏罗系含水层，是本矿区特有的含水层，该含水层主要分布于朱仙庄煤矿的北部，为山麓洪积相的砾石层。孔隙含水层水文地质特征，如表 13.7 所示。

表 13.7　宿县矿区孔隙含水层水文地质特征表

含水层(组、段)名称	厚　度(m)	单位涌水量 q (L/(s·m))	渗透系数 k (m/d)	富 水 性	水 质 类 型
新生界一含	15~30	0.1~5.35	1.03~8.67	中—极强	$HCO_3-Na\cdot Mg$
新生界二含	10~60	0.1~3.00	0.92~10.95	中—强	$HCO_3\cdot SO_4-Na\cdot Ca$，$HCO_3-Na\cdot Ca$
新生界三含	20~80	0.143~1.21	0.513~5.47	中等—强	$SO_4\cdot HCO_3-Na\cdot Ca$，$HCO_3\cdot SO_4-Na\cdot Ca$
新生界四含	0~57	0.000 24~2.635	0.001 1~5.8	弱—强	$SO_4\cdot HCO_3-Na\cdot Ca$，$HCO_3\cdot Cl-Na\cdot Ca$
侏罗纪五含	44~102	0.029~4.377 1	0.326~6.84	中等—强	$SO_4\cdot Cl-Na\cdot Ca$

由于煤层的赋存状态不同，4 含对矿井的危害方式也不同。朱仙庄煤矿和芦岭煤矿因 F_4 逆断层的影响，地层倾角较平缓，因此防水煤柱压煤量很大。

2. 煤系地层砂岩含水层

煤系地层含水层主要由 3 个含水层组成，由于都位于煤层的顶底板，对生产的影响最大，该含水层的水是矿井涌水量的主要组成部分，约占 60%，含水层的性质如表 13.8 所示。

表 13.8　宿县矿区煤系地层砂岩含水层水文地质特征表

含水层（组、段）名称	厚　度（m）	单位涌水量 q（L/(s·m)）	渗透系数 k（m/d）	富 水 性	水 质 类 型
3 煤砂岩（K_3）含水层	20～60	0.02～0.87	0.023～2.65	弱—中等	$HCO_3 \cdot Cl - Na \cdot Ca$，$SO_4 - Ca \cdot Na$
6-9 煤砂岩含水层	20～40	0.002 2～0.12	0.006 6～1.45	弱—中等	$HCO_3 \cdot Cl - Na \cdot Ca$，$SO_4 - Ca \cdot Na$
10 煤砂岩含水层	25～40	0.003～0.13	0.009～0.67	弱—中等	$HCO_3 \cdot Cl - Na$，$HCO_3 - Na$

3. 太原组灰岩含水层

该含水层是威胁宿县矿区各矿 10 煤层开采的主要含水层，桃园煤矿发生过多次太灰突水灾害，对生产的影响较大，含水层的主要特征如表 13.9 所示。

表 13.9　宿县矿区太灰和奥灰含水层水文地质特征表

含水层（组、段）名称	厚　度（m）	单位涌水量 q（L/(s·m)）	渗透系数 k（m/d）	富 水 性	水 质 类 型
太原组灰岩含水层	47～135	0.003 4～11.4	0.015～36.4	弱—极强	$HCO_3 \cdot SO_4 - Ca \cdot Mg$，$SO_4 \cdot Cl - Na \cdot Ca$
奥陶系灰岩含水层	约 500	0.006 5～45.56	0.007 2～60.24	极强	$HCO_3 - Ca \cdot Mg$，$SO_4 \cdot HCO_3 - Ca \cdot Mg$

4. 奥陶系灰岩含水层

奥陶系灰岩含水层是矿区富水性较强的含水层之一，其水文地质特征如表 13.9 所示。

宿县矿区各含水层存在着一定的水力联系，其中砂岩含水层和第四系含水层之间，太灰含水层和奥灰含水层侧向之间存在着水力联系。

（三）临涣矿区水文地质单元

临涣、海孜、童亭、许疃、孙疃、杨柳煤矿分别位于临涣区童亭短轴背斜东西两翼（图 13.9）。本区属于隐伏型矿区，地面标高 20.78～28.58 m。本矿区发育孔隙含水层组、煤系地层砂岩裂隙含水层、太原组灰岩含水层和奥陶系灰岩含水层。

松散层厚度为 159.65～368.10 m，总体上其厚度自北向南逐渐增大。整个松散层，自上而下划分为 4 个含水层和 3 个隔水层组，其中厚度为 0～56.62 m 的第四含水层对煤矿的浅部开采有一定的影响。静止水位标高 35.79～26.23 m，单位涌水量 $q = 0.020\,6 \sim 0.353$ L/(s·m)，渗透系数 $k = 0.112\,7 \sim 0.27$ m/d，水质为 $SO_4 - Ca \cdot Mg$。

煤系砂岩含水层组由 4 个含水层组成，但各含水层多不富水。尽管矿井涌水量主要为该含水层组构成，但由于砂岩裂隙发育不均一，一般富水性弱，以储存量为主，补给不足，对生产影响小。由于没有稳定的补给源，矿井排水会造成砂岩含水层水位显著下降。

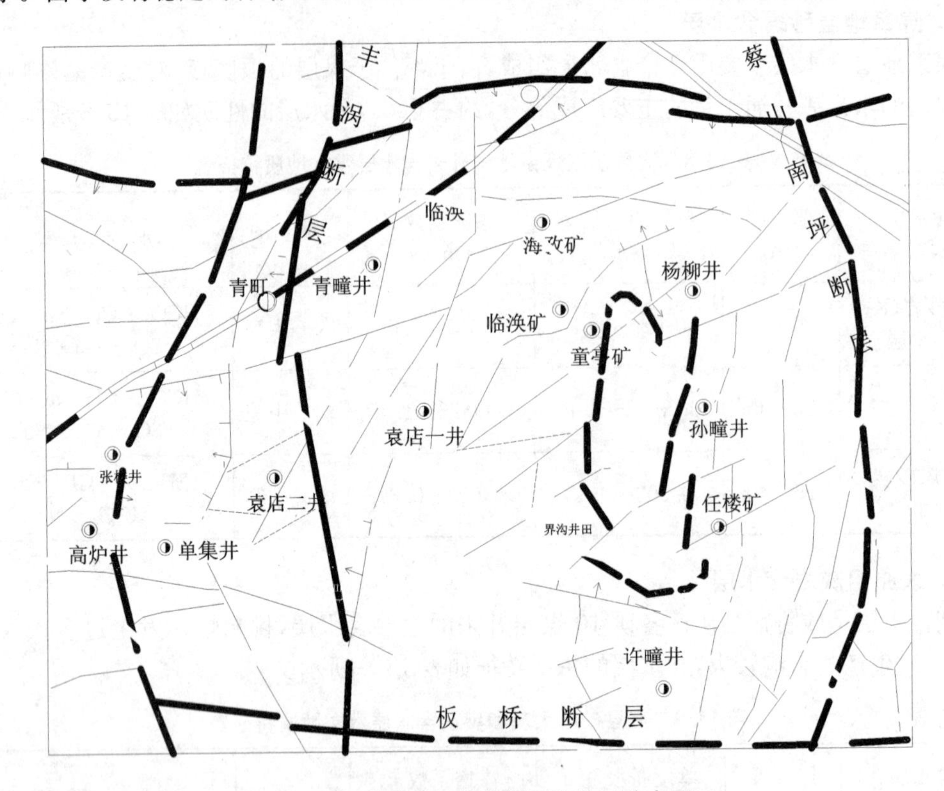

图 13.9 临涣矿区构造纲要和井田分布图

太原组地层总厚度为 131.81～144.01 m，共含灰岩 9～15 层（临涣矿水 8 孔和童亭 059 孔），灰岩总厚度为 49.70～66.68 m，占地层总厚度的 48%～60%。灰岩的厚度也有南厚北薄的趋势，在许疃煤矿，L_1～L_4 灰岩的厚度为 33～35 m。单位涌水量 $q=0.000\,030\,8$～0.285 L/(s·m)，渗透系数 $k=0.000\,060\,5$～0.78 m/d，矿化度为 0.22～2.172 g/L，水质类型 SO_4－K·Na。灰岩距 10 煤层 51.69～68.31 m（孙疃煤矿），灰岩距 8 煤层 140 m 左右（许疃煤矿）。

奥陶系灰岩含水层厚度大于 500 m，2004～2005 年淮北矿业集团公司委托安徽煤田地质局水文勘探队对童亭背斜的奥陶系隐伏出露区进行了详细的水文地质勘探，勘探面积 340 km^2。勘探期间共进行了 7 次抽水实验，勘探结果是：以杨柳断层为界童亭背斜分为南北两个水文地质区，北区奥陶系灰岩的富水性较弱，矿化度较高为 3.51～3.63 g/L，水质为 Cl·HCO_3－Na；南区奥陶系富水性较强，矿化度较低，为 1.058～1.321 g/L，水质为 Cl·HCO_3·SO_4－K·Na·Ca。

临涣矿区地下水主要补给源为童亭背斜核部的古潜山，接受大气降水的间接补给，整个童亭背斜的补给量为 359.58 m^3/h。由于矿区周边分别被蔡山—南坪断层、板桥断层、丰涡断层和宿北断层所包围，形成了一个较为封闭的地块，地下水与外界的交换较弱，造成地下水的居留年龄较长，有 13 528～15 189 年，为最后一次冰期残留的水。由于矿区的地下水补给源弱，矿区内的孙疃井田太灰水位已经较开采初期下降了 450 m 之多。

由于临涣矿区在煤层顶板上方发育有较厚的火成岩床，在回采的过程中难以垮落、沉降，造成火成岩和下伏地层形成离层，产生“次生水”，该水源曾对生产造成危害，所以“次生水”是生产中不可忽视的特殊水文地质问题。

（四）涡阳矿区水文地质单元

涡阳矿区东自丰涡断裂，西至亳州断裂，南起板桥断裂，北止宿北断裂（图 13.10）。东西长约 70 km，南北宽 30～80 km，面积约 3 850 km²，该区包括大曹集、刘店等 10 个井田，涡阳、刘店为生产矿井，信湖为在建矿井，其余均为规划矿井。

本区为隐伏型矿区，地面标高 +20～+50 m，区内冲积层厚度为 40～500 m，自北向南、自东向西逐渐增厚。其中四含的单位涌水量为 0.002～2.6 L/(s·m)，富水性弱—强。四含仅对浅部煤层开采有一定影响。

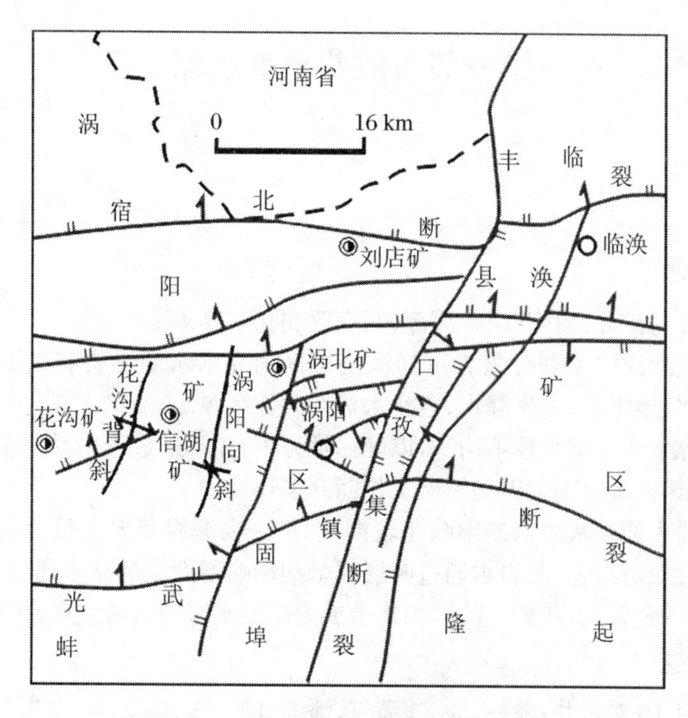

图 13.10　涡阳区构造纲要图和井田分布图

二叠系砂岩含水层分为 3～4 煤间、7～8 煤间、10 煤上下，单位涌水量一般为 0.002～0.87 L/(s·m)，富水性弱—中等。

石炭系灰岩共有 11～13 层，灰岩累计厚度 40 m 左右，其中 L_3、L_4，L_9、L_{12} 灰岩厚度较大，渗透系数为 0.036 9～0.163 3 m/d，单位涌水量一般为 0.005 4～0.023 9 L/(s·m)（刘店矿），富水性变化大。太灰距离煤层的厚度变化较大，其中涡北煤矿 11 煤底板隔水层的厚度 7.63～20.52 m，平均间距 14.40 m，刘店煤矿 10 底板隔水层的厚度正常地段为 16.11～58.98 m，断层错动地段为 6.17～24.5 m。太灰水水位原始标高为 +20.41 m，目前太灰水位 −65 m（刘店矿），太灰富水性总体较弱，但具不均一性，局部地点富水。

矿区内揭露奥陶系地层钻孔较少。据区域地层资料，本区仅发育奥陶系下统和中统，厚度为 347～377 m，岩性为灰岩及白云质灰岩互层，矿区东南部边界外为其隐伏露头区。

寒武系地层矿区东北部宿北断裂的北侧为其隐伏露头区。矿区内钻孔未揭露。据区域地层资料，寒武系厚度大于 600 m，岩性为灰色鲕状灰岩、白云岩、灰质白云岩及白云质灰岩，裂隙岩溶发育。

第十四章　安徽煤矿水害概述

第一节　矿井充水水源

一、淮南煤田

（一）淮南矿区

淮南矿区共4对矿井：谢李、谢李深部、新庄孜和孔李煤矿。

根据各矿水文地质类型划分报告可知淮南矿区的充水水源主要有以下几类：煤系砂岩水、灰岩水、地表水、地下水、大气降水、老空水等6大类水源。

煤系砂岩裂隙水本身富水性不均一，以静储量为主，在开采过程中易于疏降，平时构成矿井正常涌水量，对矿井威胁不大但是影响工作面开采环境。

淮南矿区处受太原组灰岩水的影响比较严重，矿区太原组灰岩水接受奥灰水补给，水力联系密切。富水性较前组强，灰岩水通过断层或采动影响下产生的导水通道涌入矿井巷道或工作面内，对矿井的危害大，灰岩水的影响将会成为矿区水害防治的重点。

（二）潘谢矿区

潘谢矿区共有16对矿井：潘一、潘二、潘三、潘北、潘一东、朱集西、朱集东、丁集、顾桥、顾北、谢桥、张集、新集一矿、新集二矿、新集三矿、花家湖。

根据各矿水文地质类型划分报告可知潘谢矿区的充水水源主要有以下几类：新生界下部含水层水、砂岩裂隙水、灰岩水、老空水、采空区积水、地表水和新生界松散砂层水、断层水、采动离层或局部裂隙水、岩溶水等多种充水水源的综合，其中新生界下部含水层水、砂岩裂隙水、灰岩水、老空水这四类是潘谢矿区主要的充水水源，基本上每个煤矿的充水水源均包含这四类；采空区积水、地表水和新生界松散砂层水、断层水、采动离层或局部裂隙水、岩溶水这几类充水水源只在部分煤矿有所体现。

松散层水由于三隔的存在，使得一含、二含、三含以及地表水和大气降水对矿井的影响很小，只有百善煤矿北部存在三含水威胁，四含水对潘一、潘二、潘三以及潘北、丁集煤矿的影响尤为明显。

煤系砂岩水在不与其他富水性强的含水层（组）发生水力联系时，一般水量不大，易于疏干，对矿井生产不会构成大的水患威胁，所以煤系砂岩水对煤矿安全生产的影响较小。

灰岩水以及老空水对各个煤矿的影响均比较明显，因此针对这两种水害的治理尤为重要。

（三）阜东矿区

阜东矿区共4对矿井：口孜东、刘庄、板集、杨村。

根据各矿水文地质类型划分报告可知阜东矿区的充水水源主要有以下几类：新生界底部松散层水、砂岩裂隙水、灰岩水、采空区水四类水源类型。

新生界底部松散层水由于该层水源具有弱富水性、渗透性差的特点，所以，在上限开采过程中，不会造成威胁。

砂岩裂隙水作为阜东矿区的各个煤矿的直接充水水源，其富水性受裂隙发育程度控制，一般富水性弱，地下水处于封闭或半封闭环境，补给条件差，以储存量为主，涌水量不大，易于疏干，对矿井生产不会构成威胁，但是会因矿区的局部地段因构造影响，使其富水性增强，具有储存量瞬时突出的危害。

灰岩水主要包含太灰水和奥灰水，作为矿井安全生产的重要隐患之一，在生产过程中应注意针对该种充水水源采取相应的措施。

二、淮北煤田

（一）濉萧矿区

濉萧矿区共13对矿井，分别为：袁庄、双龙、朱庄、岱河、杨庄、石台、朔里、孟庄、刘桥一矿、恒源、前岭、百善、卧龙湖。

根据各矿水文地质类型划分报告可知濉萧矿区矿井的主要充水水源有：松散层水、煤系砂岩裂隙水、太原组灰岩水、老空水、钻孔突水。

松散层水由于三隔的存在，使得一含、二含、三含以及地表水和大气降水对矿井的影响很小，只有百善煤矿北部存在三含水威胁。

煤系砂岩裂隙水本身富水性不均一，以静储量为主，在开采过程中易于疏降，平时构成矿井正常涌水量，对矿井威胁不大但是影响工作面开采环境。

太原组灰岩水一般情况下受采动破坏影响，构成煤层底板涌水，也是正常涌水量的组成部分，在存在大的断裂构造或者陷落柱一同将奥灰水导入矿井时，对矿井影响较大。奥灰含水层与太灰存在水力联系时，将会对太灰形成补给。

上部煤层的采空区积水对下伏煤层的开采构成充水水源，对于开采历时较长的矿井，老空水的影响较为明显。

钻孔突水均为封闭不良造成出水，特别是施工至太灰层位的钻孔，若封闭不好，是灰岩水进入矿井的良好通道。

（二）宿县矿区

宿县矿区现有7对矿井：芦岭、朱仙庄、桃园、祁南、邹庄、祁东、钱营孜。

根据各矿水文地质类型划分报告可知宿县矿区的充水水源有：松散层水、煤系砂岩裂隙水、太原组灰岩水、断层水和老空水。

松散层水由于三隔的存在，使得一含、二含、三含以及地表水和大气降水对矿井的影响很小，四含水对祁东煤矿的影响尤为明显。

煤系砂岩裂隙水本身富水性不均一，以静储量为主，在开采过程中易于疏降，平时构成矿井正常涌水量，对矿井威胁不大但是影响工作面开采环境。

在自然状态下断层一般富水性弱，导水性差，但在断层的两侧派生的一些次一级小断层或裂隙带往往富水性较强。

上部煤层的采空区积水对下方煤层的开采构成充水水源，对于开采历时较长的矿井，老空水的影响较为明显。

（三）临涣矿区

临涣矿区 11 对矿井：临涣、海孜、童亭、许疃、孙疃、青东、杨柳、袁一、袁二、任楼和五沟。

根据各矿水文地质类型划分报告可知临涣矿区矿井主要的充水水源有：松散层水、煤系砂岩裂隙水、太原组灰岩水和老空水。

松散层水由于三隔的存在，使得一含、二含、三含以及地表水和大气降水对矿井的影响很小。

煤系砂岩裂隙水本身富水性不均一，以静储量为主，在开采过程中易于疏降，平时构成矿井正常涌水量，对矿井威胁不大但是影响工作面开采环境。

太原组灰岩水一般情况下受采动破坏影响，构成煤层底板涌水，也是正常涌水量的组成部分，在存在大的断裂构造或者陷落柱，一同将奥灰水导入矿井时，对矿井影响较大。太灰水害防治是今后防治水工作的重点，奥灰含水层与太灰存在水力联系时，将会对太灰形成补给。

上部煤层的采空区积水对下伏煤层的开采构成充水水源，对于开采历时较长的矿井，老空水的影响较为明显。

（四）涡阳矿区

涡阳矿区 3 对矿井：涡北、刘店和信湖。

根据各矿水文地质类型划分报告可知涡阳矿区的充水水源主要有四含水、太灰水、奥灰水、断层水、岩溶陷落柱水、地下水以及老空水 7 大水源。松散层水由于三隔的存在，是的一含、二含、三含以及地下水对矿井的影响很小，其中涡北煤矿受四含水的影响较大，其余几个煤矿几乎不受四含水的影响。

老空水对于那些开采历时较长的煤矿影响较大，比如该矿区的涡北煤矿。

三、总结

综合上述分析可知，两淮煤田各矿的充水水源主要有：松散层水、煤系砂岩裂隙水、灰岩水、老空水、断层水、岩溶陷落柱水、地表水等。

松散层水由于三隔的存在，使得一含、二含、三含以及地表水和大气降水对矿井的影响很小，只有百善煤矿北部存在三含水威胁，四含水对潘谢矿区、宿县矿区的影响尤为明显。

煤系砂岩裂隙水本身富水性不均一，以静储量为主，在开采过程中易于疏降，平时构成矿井正常涌水量，对矿井威胁不大但是影响工作面开采环境。

上部煤层的采空区积水对下伏煤层的开采构成充水水源，对于开采历时较长的矿井，老空水的影响较为明显。

两淮矿区的断层情况较为复杂，断层带多为砂岩、泥岩、煤屑等受挤压破碎，并由泥质胶结而成，在自然状态下富水性极弱，且导水性差，具有一定的阻水作用，受采动影响，压力平衡遭到破坏，断层破碎带可能会导通所切割的含水层。在煤矿生产前应查清矿井周围的断层发育情况。

岩溶陷落柱水在两淮矿区的发育不明显，但是在后期生产中应加强对岩溶陷落柱的探测，若发现岩溶陷落柱，应探明其位置和含水、导水性，及时采取措施，以防止它对矿井造成威胁。

第二节　矿井充水通道

一、淮南煤田

（一）淮南矿区

根据各矿水文地质类型划分报告可知淮南矿区的充水通道主要有顶板冒裂裂隙、断裂构造、地面小井这3大类。

1. 顶板冒裂裂隙

煤矿开采过程中，由于煤层大面积的开采，引起大量的采煤冒落裂隙和导水裂隙出现，这些采煤裂隙也是沟通含水层与煤层的良好通道，裂隙是淮南矿区的主要充水通道，裂隙通道在淮南矿区所有充水通道所占的百分比相对其他充水通道较大。

2. 断裂构造

本矿井大部分断层不导水，只有少部分断层导水，断层作为充水通道的百分比较低。

3. 地面小井

由于在生产及在建的小井均在大井的监督管理下，且现存小井露头和浅部煤已采完，开采逐渐往深部延深，冒落带及导水裂隙带发育不到地表，逐渐远离了地表水体，所以地面小井对水害的发生起到一定的作用。

（二）潘谢矿区

根据各矿水文地质类型划分报告可知潘谢矿区的充水通道主要包括断裂构造、顶板冒裂裂隙、岩溶陷落柱、未封及封闭不良的钻孔4类通道，其中断层以及未封及封闭不良的钻孔在本矿区的各个矿井处都可见到，岩溶陷落柱以及原生节理只在部分矿井中有所发育。

断层是矿井充水最主要的导水通道。由于断层的性质、规模、两盘岩性、后期改造等因素不同，其导水性能不同。断层的充水通道作用主要表现在：① 断层本身导水，造成充水岩层与其他含水层间的水力联系；② 造成充水岩层与其他含水层对接，形成直接水力联系；③ 断层带及其附近节理、裂隙发育，或受采动影响局部“活化”，裂隙的延伸性和连通性扩大了地下水的赋存空间，含、导水性增强；④ 同一条断层，由于两盘岩性及力学性质的变化，不同部位的导水性不同，原生导水的断层带可因后期的胶结作用而降低导水性，或可由于后期的溶滤作用而增强导水性。矿井多数断层富水性弱，导水性差。但随着采掘强度的不断增加，断层的导水能力可能会有所增强；同时也不排除某些断层或断层的某些部位存在富水性较强，导水性较好的可能性。

顶板冒裂裂隙是矿井常见的充水通道。未封及封闭不良是煤系砂岩裂隙含水层与新生界松散层含水层及灰岩含水层沟通的通道。

（三）阜东矿区

根据各矿水文地质类型划分报告可知阜东矿区的充水通道主要有断裂构造、顶板冒裂裂隙、岩溶陷落柱、封闭不良钻孔4大类通道。在阜东矿区的各个煤矿中均可见这四种通道类型，断层是矿井充水最主要的导水通道。由于断层的性质、规模、两盘岩性、后期改造等因素不同，其导水性能不同，因此需针对具体的煤矿进行具体的分析。顶板冒裂裂隙作为最常见的充水通道。岩溶陷落柱作为严重充水威胁的通道，在矿山安全生产过程中，应注意此类充水通道的发育情况。封闭不良钻孔是可能导入新生界松散砂层水或底板灰岩水的通道之一，针对此类充水通道，在安全生产前应该进行逐一排查。

二、淮北煤田

根据各矿水文地质类型划分报告可知，濉萧矿区、宿县矿区、临涣矿区、涡阳矿区各矿井主要的充水通道有：

1. 断裂构造

断裂构造主要有断层、陷落柱等，并且由断层和陷落柱引发的突水案例也较多，断层的存在一方面拉近了煤层与含水层的距离，另一方面破坏了岩层的完整性，改变了岩层的储水和导水性能。

2. 顶板冒裂带

煤层开采之后的顶板冒裂带是主要的导水通道，也是顶板砂岩裂隙水以及四含水进入矿井的主要方式。

3. 底板破坏

受采动破坏影响，煤层开采之后底板受到破坏，隔水层厚度变薄，使得突水的可能性变大，原本安全的区域就有发生突水的可能。

4. 封闭不良的钻孔

封闭不良的钻孔也会成为沟通其他富水性强的含水层的通道，在开采过程中若遇到或接近这些钻孔时就会引起突水，甚至淹井事故。在生产过程中应高度重视。

第三节　矿井充水程度

按照矿井涌水量值将两淮煤田各矿井的充水强度进行了评价，如表 14.1 所示。从表中可以看出，淮北煤田共分为濉萧矿区、宿县矿区、临涣矿区、涡阳矿区 4 个矿区。濉萧矿区 7 个煤矿，矿井充水程度以小为主，约占 57%，仅有杨庄矿矿井充水程度为极大型、朔里矿矿井充水程度为中等型，其余矿井充水程度均为小；宿县矿区 5 个煤矿，矿井充水程度为中等—大型，充水程度中等 3 个煤矿分别是朱仙庄矿、祁南矿、邹庄矿，其余两个煤矿充水程度为小；临涣矿区 9 个煤矿，矿井充水程度总体上看为中等—大型，只有袁店二井的充水程度为小，临涣矿、海孜矿、许疃矿的矿井充水程度为大，剩余煤矿的充水程度均为中等型，临涣矿区的矿井充水程度以中等为主；涡阳矿区矿井较少，其中涡北矿充水程度为小，刘店矿的充水程度为中等。由上述可知，淮北煤田的充水程度以中等型为主，充水程度中等的煤矿约占 42%，充水程度为小和大的煤矿均占 25%，只有极少数矿的充水程度为极大型。

淮南煤田共分为淮南矿区、阜东矿区、潘谢矿区 3 个矿区。淮南矿区的 3 个煤矿的充水程度均不同，谢李矿充水程度为小，谢李深部充水程度为极大型，新庄孜矿的充水程度为大；阜东矿区的口孜东矿充水程度为小、刘庄矿充水程度为中等；潘谢矿区内部矿井较多，共有 13

表 14.1　两淮煤田各矿井充水程度一览表

煤　田	矿　区	矿　井	核定能力 $\times10^4$(t/a)	涌 水 量(m^3/h)		突 水 量 (m^3/h)	矿井充水程度 (按矿井涌水量计算)	
				正常	最大		正常	最大
淮北煤田	濉萧矿区	袁庄矿	69	115	280	150	小	中等
		双龙公司	66	86	103	350	小	小
		朱庄矿	220	365	544	600	大	大
		岱河矿	120	115	141	300	小	中等
		杨庄矿	210	908	1 064	3 153	极大	极大
		朔里矿	165	131	158	125	中等	中等
		石台矿	150	108	166	100	小	中等
	宿县矿区	芦岭矿	230	315	359	294	大	大
		朱仙庄矿	245	284	388	162	中等	大
		桃园矿	185	740	843	29 000	大	大
		祁南矿	300	231	313	200	中等	大
		邹庄矿	240	145	165		中等	中等
	临涣矿区	临涣矿	240	408	462	290.4	大	大
		海孜矿	159	381	395	395.6	大	大
		童亭矿	180	234	278	85.3	中等	中等
		许疃矿	350	390	432	194	大	大
		孙疃矿	300	168	233	100	中等	中等
		杨柳矿	180	226	252	46	中等	中等
		青东矿	180	182	244	80	中等	中等
		袁店一井	180	154	203	28	中等	中等
		袁店二井	90	65	79	45	小	小
	涡阳矿区	涡北矿	180	72	87	80	小	小
		刘店矿	150	203	270	18.1	中等	中等
淮南煤田	淮南矿区	谢李矿	300	20	30	200	小	小
		谢李深部	300	986.4	1157	100	极大	极大
		新庄孜矿	400	501	713.97	130	大	大
	阜东矿区	口孜东矿	500	92	120	0.5	小	中等
		刘庄矿矿	1 140	245.02	286.47	280	中等	中等

续表

煤田	矿区	矿井	核定能力 ×10⁴(t/a)	涌水量(m^3/h)		突水量(m^3/h)	矿井充水程度(按矿井涌水量计算)	
				正常	最大		正常	最大
淮南煤田	潘谢矿区	潘一矿		190.7	242.1	60	中等	中等
		潘二矿	330	126	181.34	409.46	中等	中等
		潘三矿	300	251.39	482.6	330	中等	大
		潘北矿	240	193.94	299.04	无	中等	中等
		潘一东矿		13.5～21.1	27.2	无	小	小
		朱集西矿		35.35	63.92	无	小	小
		丁集矿	500	71.60	130.10	160	小	中等
		顾桥矿	900	150.08	248.40	200	中等	中等
		谢桥矿	400	422.47	584.30	68	大	大
		张集矿	500	129.68	252.60	40.5	中等	中等
		新集一矿	390	327.2	404.9	642	大	大
		新集二矿	290			594	—	—
		新集三矿	75	116～148	187	500	小～中等	中等

个煤矿，矿区的充水程度以中等为主，约占总数的54%，充水程度小的煤矿仅有3个，分别是潘一东矿、朱集西矿、丁集矿，充水程度大的煤矿有谢桥矿、新集一矿。由上述可知，淮南煤田的充水程度以中等为主，约占44%，充数程度大—极大的煤矿数量较少。

综上所述，两淮矿区的充水程度主要以中等为主，充水程度为小的煤矿数量次之，大—极大的煤矿数量较少。

第四节　水害类型划分

根据各矿水文地质类型划分报告可知，两淮煤田各矿水害类型划分如表14.2所示。从表中可以看出，两淮煤田绝大部分矿井的水害类型为松散含水层水(一般为四含水)、煤系砂岩裂隙水、灰岩水(太灰水)、断层水以及老空水。淮南矿区(老区)部分矿井还收到地表水的威胁，部分矿井还受到岩溶陷落柱以及封闭不良钻孔水害等。

表 14.2　两淮煤田各矿水害类型一览表

煤　田	矿　区	矿　名	水 害 类 型
淮北煤田	濉萧矿区	袁庄	第四系水、煤层顶底板砂岩裂隙及岩浆岩水、石灰岩岩溶裂隙水、断层及裂隙带导水、老空水害及封闭不良钻孔水害、岩溶陷落柱水害
		双龙	采掘工程一般不受水害影响
		朱庄	上石盒子组底部(K_3)砂岩水，下石盒子组 3～5 煤层间砂岩裂隙水，山西组 6 煤层顶、底板砂岩裂隙水，石炭系水害
		岱河	本矿受采掘破坏或影响的含水层主要有主采煤层砂岩裂隙水和太灰岩溶溶隙水害
		杨庄	本矿煤层开采主要水害有 5、6 煤层顶底板砂岩裂隙水、6 煤层下太灰岩溶裂隙水断层及裂隙带导水、老空水及封闭不良钻孔水害
		石台	本矿主要开采 3 煤层，矿井开采时受采动破坏或影响的含水层及水体主要是 3～5 煤顶底板砂岩裂隙含水层(段)、断层裂隙带水、老空区水水害
		朔里	裂隙水、岩溶水、断裂构造水、钻孔水及老空水等，其中岩溶水、老空水对本矿生产影响较大
		刘桥一	刘桥一矿上组煤主要开采 4 煤层，影响其开采的主要水害类型为地表水体水害、顶底板含水层水害、断层水害、陷落柱水害、老空水害和封闭不良钻孔水害
		恒源	恒源煤矿 4 煤影响其开采的主要水害类型为地表水体水害、松散层水害、顶底板含水层水害、老空水水害、断层水害、封闭不良钻孔水害。恒源煤矿 6 煤层其影响其安全开采的主要水害类型有顶底板砂岩水害、底板太灰、奥灰水害、老塘水水害、陷落柱水害、封闭不良钻孔水害和断层水害
		前岭	矿井主要开采 4、6 煤层，影响其开采的主要水害类型为地表水水害、顶、底板含水层水害、断层水害、岩浆岩裂隙水害
		百善	地表水水害、新生界水害、6 煤顶底板砂岩裂隙水害、太灰水水害、老空水水害、断层水害、封闭不良钻孔水害
		卧龙湖	6、7、8 煤影响其开采的主要水害类型为顶板砂岩水害、老空区水害。影响 10 煤开采的主要水害类型为 10 煤顶底板砂岩岩浆岩水害、太灰水水害
	宿县矿区	芦岭	新生界松散层第四含水层(组)、上石盒子组含水层段(五含)、下石盒子组含水层段(六含)、山西组上部含水层段(七含)、太原组石灰岩岩溶裂隙含水层(段)(八含)、断层及裂隙带水，老空区积水
		朱仙庄	矿井主要水害威胁有：底板太灰水害、老空水害、松散层孔隙水害
		桃园	矿井 7、8、10 煤层开采主要水害有第四系松散层水，7、8、10 煤层顶底板砂岩裂隙水，10 煤层底板太灰及奥灰岩溶裂隙水，断层及裂隙带导水、老塘水及封闭不良钻孔水害
		祁南	矿井 10 煤开采时受底板太原组灰岩水、四含水、老空水害及断层等水害
		祁东	影响主采煤层开采的主要水害类型为新生界第四含水层水害、煤系砂岩裂隙水水害、灰岩岩溶裂隙水水害、断层水害等
		钱营孜	地表水体水害、松散层水害、封闭不良钻孔水害、煤系砂岩裂隙水水害、太灰组灰岩水、奥陶系灰岩水水害、老空水

续表

煤田	矿区	矿名	水害类型
淮北煤田	临涣矿区	临涣	四含水、主采煤层顶底板砂岩裂隙，太原组及奥陶系石灰岩岩溶裂隙水、断层及裂隙带导水、老空水害及封闭不良钻孔水害
		海孜	太原组灰岩水害、断层水害、离层水害、顶板砂岩水害、落柱水害、四含水害、老空水害
		童亭	老空水水害、四含水水害、断层水水害、太灰水水害、奥灰水水害
		许疃	新生界松散层四含水、7～8煤顶底板砂岩裂隙水、断层及裂隙带水、老空区积水
		孙疃	四含水水害、煤层顶底板砂岩裂隙水水害、断层水害、老空积水水害、灰岩水水害、封闭不良钻孔水害
		青东	本矿主要水害有：新生界松散层四含水、主采煤层顶底板砂岩裂隙水、断层及裂隙带导水、老空区积水、封闭不良钻孔水等
		杨柳	地表水、主采煤层顶底板砂岩裂隙，太原组及奥陶系石灰岩岩溶裂隙水、断层及裂隙带导水、老空水害及封闭不良钻孔水害
		袁一	3_2煤层开采时主要水害有四含水、主采煤层顶底板砂岩裂隙、断层及裂隙带导水及封闭不良钻孔；7～8煤层开采时主要水害有主采煤层顶底板砂岩裂隙、断层及裂隙带导水及封闭不良钻孔水；10煤层开采时主要水害有主采煤层顶底板砂岩裂隙，太原组及奥陶系石灰岩岩溶裂隙水、断层、裂隙带导水及封闭不良钻孔水
		袁二	主采煤层顶底板砂岩裂隙水、太原组及奥陶系石灰岩岩溶溶隙水、断层及裂隙带导水、老空水害及封闭不良钻孔水害等
		任楼	松散层四含水害、煤系顶底砂岩裂隙水害、陷落柱水害、老空水害和封闭不良钻孔水害等
		五沟	松散层四含水水害、老空水水害、封闭不良钻孔水害、顶底板砂岩水水害、底板太灰水水害、断层水害
	涡阳矿区	涡北	新生界松散层四含水、主采煤层顶底板砂岩裂隙水、断层及裂隙带导水、老空区积水、封闭不良钻孔水等
		刘店	三含水水害、灰岩水水害、砂岩裂隙水水害、断层水水害、封闭不良钻孔水害
淮南煤田	淮南矿区	谢李	煤系水、大气降水、地面小井及老空积水、地表水和塌陷塘积水等类型水害
		谢李深部	谢李深部煤矿浅部主要存在煤系水、灰岩水、大气降水、地面小井及老空积水、地表水和塌陷塘积水，但这些水害对矿井安全生产无影响
		新庄孜	煤系砂岩水、老空水水害
	潘谢矿区	潘一	以煤系砂岩裂隙水为主，新生界下含水以及老空水也是矿井的重要水害
		潘二	矿井水害主要为新生界下含水、煤系砂岩裂隙水、太灰水以及老空水等水害
		潘三	新生界下含水害、煤系砂岩水水害、陷落柱水水害、老空水水害
		潘北	新生界下含水、煤系砂岩裂隙水、太灰水以及老空水等水害

续表

煤田	矿区	矿名	水害类型
淮南煤田	潘谢矿区	潘一东	以煤系砂岩裂隙水为主，新生界下含水也是矿井的重要水害
		朱集西	顶底板砂岩水害、断层水害、封闭不良、钻孔水害、井筒涌水水害、老空区积水水害
		丁集	新生界下含水水害、煤系砂岩裂隙水水害和太灰水水害
		顾桥	新生界下含水水害、煤系水水害、老空水水害、封闭不良钻孔水害
		谢桥	矿井东翼采区开采主要受到煤系水、老空水以及岩溶陷落柱的影响；西翼采区主要受煤系水和老空水害影响
		张集	新生界松散层水水害、煤系砂岩裂隙水水害、采空区积水水害
		新集一	煤层顶、底板砂岩水害、断层水害、推覆体含水层水害、地表水体水害、松散层水害、老空水害及封闭不良钻孔水害
		新集二	地表水害、新生界松散层水害、推覆体含水层水害、二叠系砂岩裂隙水害、原地系统灰岩岩溶裂隙水害、采空区积水害、封闭不良钻孔水害
		新集三	地表水体水害、松散层水害、顶底板含水层水害、断层水害、老空水害和封闭不良钻孔水害
	阜东矿区	口孜东	大气降水和地表水水害、新生界松散层水水害、煤系砂岩水水害、岩溶陷落柱水害、采空区积水水害、封闭不良钻孔水害
		刘庄	大气降水和地表水水害、新生界松散层水水害、煤系砂岩水水害、底板灰岩水水害、岩溶陷落柱水害、采空区积水水害、封闭不良钻孔水害

第十五章　松散含水层下浅部煤层开采水文工程地质条件

由前所述，新生界松散层底部含水层是淮南煤田的潘谢、阜东矿区以及淮北煤田的临涣、涡阳和宿县矿区浅部煤层开采时的主要水患之一。其中，淮南煤田底含水害对潘谢矿区影响甚大，而淮北煤田的松散层底含水害则是在宿县矿区较为严重。该矿区基岩古地形极其复杂，存在"潜山""冲沟"以及"古河流"。因此，确切查明松散层底部含、隔水层的沉积结构特征与含隔水性，分析研究松散层下部含、隔水层的分布状况、厚度、结构、性质、含/隔水性及其对井下开采的影响程度，是正确评价厚松散含水层下浅部煤层安全开采的首要条件。

第一节　两淮煤田松散层沉积特征

一、松散层厚度分布特征

（一）淮南煤田

淮南煤田新生界（Q+N）松散层揭露厚度介于0～860 m之间，目前煤田内矿井及勘查区内钻孔揭露松散层厚度介于52.45～800.90 m之间，平均厚度为378.20 m，揭露最大厚度钻孔为孜西勘查区45-1孔（800.90 m），总体变化趋势为由东向西、由南向北逐渐增厚，沉积厚度阜东矿区＞潘谢矿区＞淮南矿区，除煤田南部八公山至舜耕山一带及煤田北部唐集镇和上窑镇附近基岩出露外，全区均被松散层覆盖。古地形与松散层沉积厚度相对应，总体上南高北低，东高西低，局部有所起伏；南部八公山、八里塘、张集、谢桥、刘庄一带，与北部上窑山、明龙山以南，即潘集背斜、丁集、尚塘一带之间有沿东西方向展布的隆起，称古潜山（图15.1）。

潘谢矿区钻孔揭露数据显示，新生界松散层厚79.6（新集二矿1104孔）～560.92（顾桥矿66-04孔）m，平均厚度为330.90 m。松散层沉积厚度，总体由东南向西北逐渐增厚，在丁集矿松散层沉积厚度达到500 m左右。

淮南矿区南部为八公山、舜耕山，基岩出露，松散层未沉积，向北松散层沉积厚度逐渐增厚，钻孔揭露数据显示，新生界松散层厚度为4.7（淮南矿区东部淮4孔）～99.3 m（九龙岗Ⅳ1孔），平均厚度为32.96 m。

按照沉积物的组合特征及其含、隔水情况，可将新生界松散层自上而下大致分为上含上段、上段隔、上含下段、上隔、中含、中隔（三隔）和下含（四含）共4个含水层（组）和3个隔水层（组）。阜东矿区及潘谢矿区西北部除部分古地形隆起区外，上含上段至下含发育完全；潘谢矿区南部和东部区域发育不完全，至淮南矿区只发育上部含隔水层。

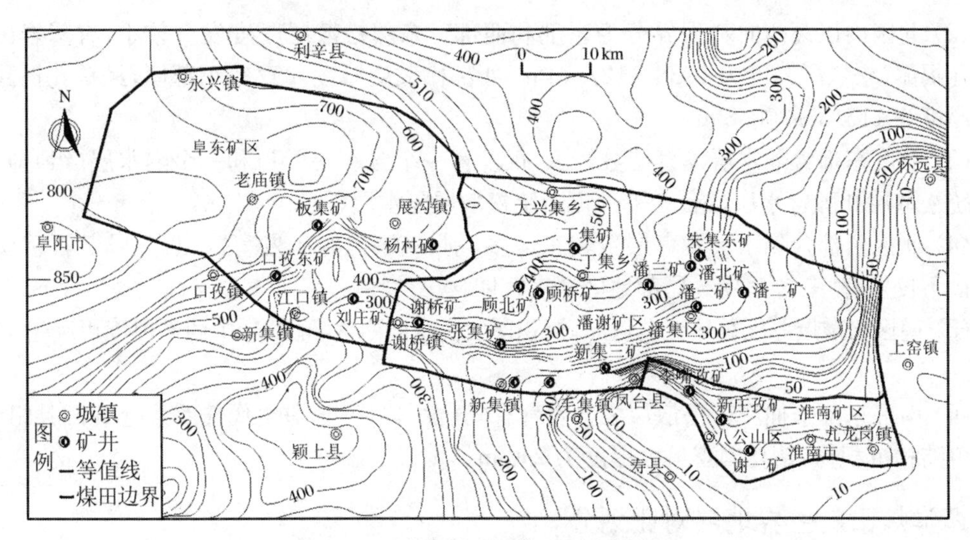

图 15.1　淮南煤田松散层厚度等值线

（二）淮北煤田

根据对新近系的沉积、基岩面起伏特征、现代地貌水系特征及近代地形变测量等方面资料的综合分析，淮北煤田在新构造时期处于沉降过程之中，但沉降幅度和方式有一定的区域性差异。淮北煤田新生界松散层厚度分布如图 15.2 所示。依据淮北矿区水文地质单元划分资料以及从图 15.2 总结出的淮北煤田松散层沉积特征可知有如下规律：

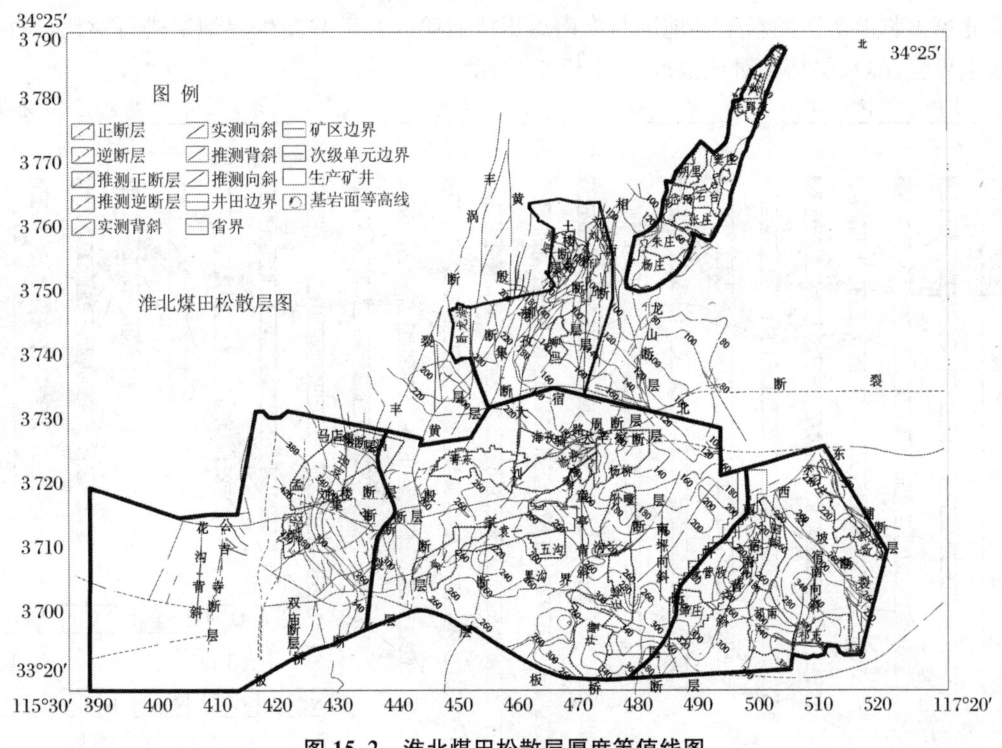

图 15.2　淮北煤田松散层厚度等值线图

(1) 以宿北断层为界，由于断层两盘相对升降运动，导致南北两分区的松散层发育厚度具有明显差异，呈南厚北薄的状态。

(2) 北区内以萧西向斜为界分为东部和西部。东部松散层厚度发育较小，有基岩出露，经钻孔揭露，松散层厚度为 1.88～127.14 m；西部松散层厚度发育较东部厚，经钻孔揭露，松散层厚度为 115.8～255.8 m。

(3) 北区东部含隔水层发育层数较少，仅发育一个含水层(组)和一个隔水层(组)即上部全新统松散层孔隙含水层(组)和下部更新统松散层隔水层(段)。

(4) 北区西部含隔水层发育层数较东区多，刘一矿、恒源矿发育“三含三隔”，百善矿、卧龙湖矿不仅发育“三含三隔”，局部地区还发育四含。

(5) 南区松散层厚度总体比北区厚，沉积厚度由东向西逐渐增厚，中西部厚度可高达 700 m 以上。

(6) 南区东部朱仙庄矿松散层之下发育有“五含”，为一套中生代侏罗系上统泗县组地层紫红色陆相沉积物，钻孔揭露最大厚度为 240 m。

二、两淮煤田新生界地层对比划分

两淮煤田新生界第四系同属华北地层区(Ⅰ)淮河地层分区(I_1)的宿县—阜阳地层小区(I_1^1)，第三系同属华北地层区(Ⅰ)淮河地层分区(I_1)的宿县—六安地层小区(I_1^2)。据原安徽省地质矿产局第一水文地质队所编《安徽淮北平原第四系》：上新统固镇组“顶部广泛发育一层 5 m 左右的绿色黏土(或黏土岩)，层位稳定，是本区上第三系与第四系分界的直接标志层，称下标志层”。两淮煤田第三系、第四系的分界标志十分清晰且相对稳定：在淮北作为一隔，淮南则定为上隔。因此，两淮煤田新生界地层具有可对比性，结合淮北平原冲积层年代划分成果，选择淮北煤田临涣矿区的新生界地层与淮南煤田潘谢矿区各矿井新生界地层进行对比，两淮煤田新生界含、隔水层结构对比情况如图 15.3 所示。

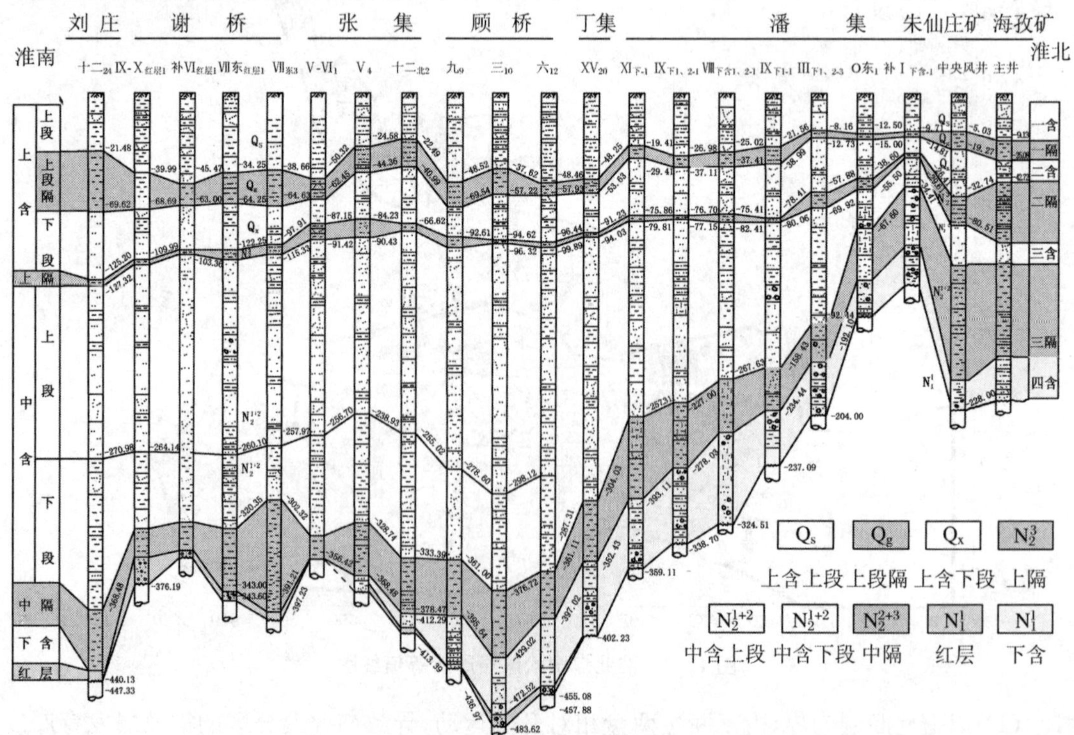

图 15.3 两淮煤田新生界含、隔水层(组)划分对比图(李文平,2009)

根据对比划分，淮南和淮北自中隔（淮北称三隔）以上层位一致，可以对比；中隔以下，由于两淮古沉积环境差异较大，下含$_{1+2}$只有在淮南的潘一和潘三发育，红层只有在淮南的陈桥背斜区发育，两者在淮北地区没有发育；而下含$_3$在潘集背斜以北地区广泛发育，与淮北区的底含层位相当。中隔层位在两淮地区发育稳定，可作为对比的标志层。

第二节　松散层下部隔水层特征

由前所述可知，巨厚松散含水层水害主要集中在淮南煤田的潘谢、阜东矿区和淮北闸河、临涣以及宿县矿区，其中濉萧矿区主要是百善煤矿。从图 15.3 可以看出，由于三隔（淮南称中隔）的稳定分布，使得松散层一含、二含和三含与四含之间基本不存在水力联系，即对矿井形成威胁的含水层主要为四含（淮南称下含），其中百善煤矿部分还受到三含的威胁。故分析三隔的沉积特征以及其物理力学性质对正确评价研究区内的水文地质特征具有重要意义，是一项非常必要的工作。

一、松散第三隔水层厚度特征

根据各矿水文地质类型划分报告，两淮煤田中的第三隔水层厚度分布如表 15.1 以及图 15.4 和图 15.5 所示。

表 15.1　两淮煤田松散层三隔(中隔)水文地质特征表

矿区	矿井	三隔（中隔）厚 平均值(m)	三隔（中隔）岩性	塑性指数 Ip
潘谢矿区	潘一	14.8～78.7 43.4	砂质、钙质黏土为主，含细粉砂与砂质黏土互层，少量泥质沙砾	13～22
	潘二	15.2～54.3 32.7	固结黏土及砂质黏土	14～20
	潘三	0～92.0 52.3	黏土及砂质黏土为主，含少量沙砾夹层	19～35
	潘北	0～64.90 32.13	固结黏土及砂质黏土，局部多含钙质，夹中细砂、砂砾薄层	14～26
	潘一东	14.8～7.8 43.4	黏土和砂质黏土、钙质黏土为主	13～27
	丁集	20.2～138 95.48	黏土和砂质黏土为主	19～32
	顾桥	30.2～160 5.54	钙质黏土，夹细砂砂质黏土，局部为泥灰岩夹薄粉细砂	15～19
	谢桥	0～89.2 44.5	黏土为主，局部夹砂层透镜体	18～27
	张集	0～71.6 32.11	厚层状黏土、砂质黏土为主 夹粉细砂、黏土质砂的薄层或透镜体	16～24.2

续表

矿区	矿井	三隔(中隔)厚平均值(m)	三隔(中隔)岩性	塑性指数 Ip
阜东矿区	口孜东	61.9～200 170	厚层黏土、砂质黏土和多层细、粉砂	13～25
	刘庄	0～249 91.1	以黏土、砂质黏土、钙质黏土为主，局部夹细砂，少见粉砂、黏土质砂	13～19
临涣矿区	临涣	26.8～61.7 40.2	砂质黏土、泥灰岩钙质黏土为主	15～36
	海孜	13.2～55.0 37.5	黏土砂质黏土间夹薄砂层及黏土质砂层	21.50～37.45
	童亭	19.5～159 56.2	黏土、砂质黏土和少量钙质黏土	21.5～37.5
	许疃	10～180	黏土、砂质黏土及钙质黏土	21～38
	孙疃	0～70 34.80	黏土及砂质黏土夹薄砂层，泥灰岩及钙质黏土	17.1～32.9
	青东	19.8～91.4 48.6	黏土、砂质黏土和钙质黏土、泥灰岩为主为主，夹薄层或透镜状砂层或黏土质砂	17～35
	杨柳	2.40～39.0	黏土、钙质黏土及砂质黏土夹薄砂层	15
	袁一	10.3～98.1 49.7	砂质黏土、黏土及灰白色钙质黏土、泥灰岩含砂层或黏土质砂夹层	25～36
	袁二	23.2～84.4 57.2	砂质黏土、黏土及钙质黏土、泥灰岩为主，夹砂层或黏土质砂	23～34
	任楼	0～50	黏土及砂质黏土	15～21
	五沟	42.0～98.2 67.2	砂质黏土、黏土及灰白色钙质黏土、泥灰岩砂层或黏土质砂	11.3～27.8
宿县矿区	芦岭	30～75	砂质黏土、黏土及钙质黏土为主，少量泥灰岩	17.5～37.1
	朱仙庄	58～107 80	砂质黏土、黏土和钙质黏土、泥灰岩	20～35
	桃园	61.5～121 94	黏土和砂质黏土，夹多层砂	17.7～37.8
	祁南	17.81～193 100	黏土和砂质黏土，夹薄层或透镜状砂层	13～20
	祁东	22.9～158	钙质黏土、砂质黏土，夹砂层或黏土质砂	16.9～35.9
	钱营孜	0～88.6 45.15	黏土和砂质黏土组成，下部为砂质黏土、钙质黏土和少量泥灰岩	12～19
涡阳矿区	涡北	59.9～127 94.0	砂质黏土、黏土及灰白色钙质黏土、泥灰岩，夹薄层或透镜状砂层或黏土质砂	18.2～35.5
	刘店	10～110	黏土、亚黏土为主，局部夹薄层细—中砂，底部含较多砾石钙质黏土或亚黏土	15～26
濉萧矿区	百善	0～16.9 5.67	黏土、砂质黏土夹砾石	12.2～23.9

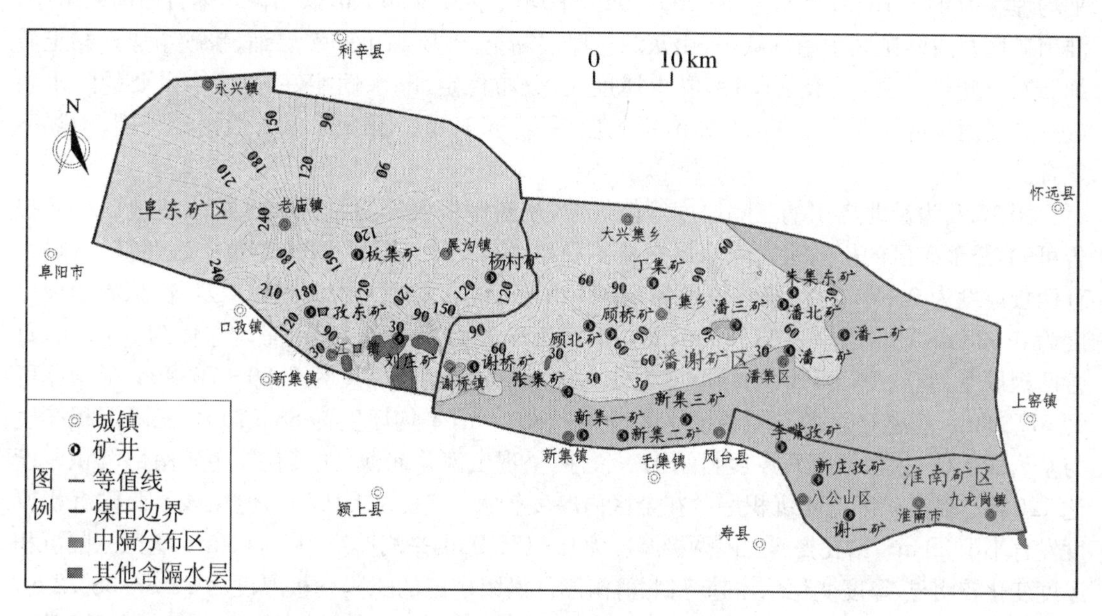

图 15.4　淮南煤田三隔(中隔)厚度等值线图

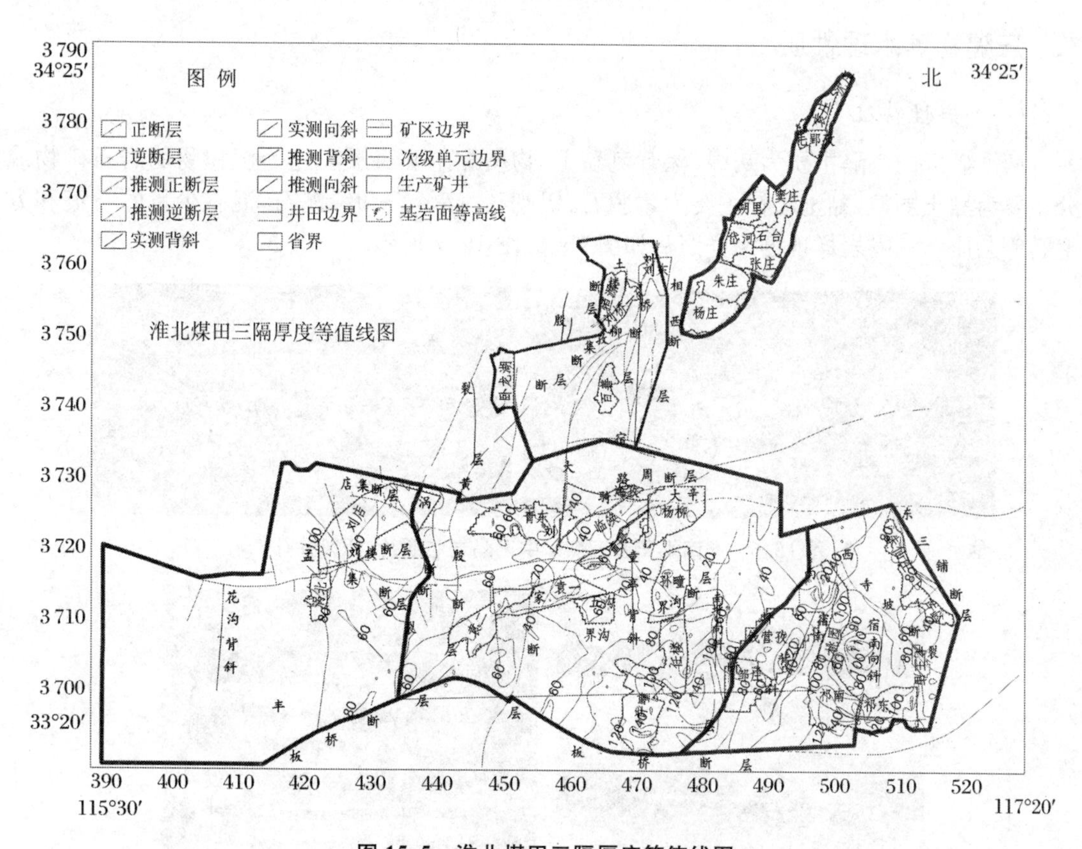

图 15.5　淮北煤田三隔厚度等值线图

从表 15.1 以及图 15.5 中可以看出，淮南煤田三隔(中隔)底板埋深为 127.45～719.40 m，平均埋深为 411.76 m；层厚为 0～269.00 m，平均层厚为 88.06 m，煤田内整体自西向东增厚，淮南矿区及潘谢矿区东南部缺失，由灰绿色厚层黏土、砂质黏土和多层细、粉砂组成。黏土质细、纯、可塑性较强，具有膨胀性，黏土厚度大，分布稳定，隔水性能好，是区内重要的隔水层(组)。潘谢矿区层厚为 0～128.6 m，平均层厚为 65.18 m。张集矿南部及潘集外围，中隔不发育。

图 15.5 为淮北煤田的三隔厚度等值线图，从图中以及结合淮北矿区的水位地质单元报告可知，濉萧矿区的松散层含隔水层发育不稳定，东部无三隔沉积，在濉萧矿区西部，三隔发育两极厚度为 0～76.2 m，平均厚度为 26.81 m。三隔在各矿井中沉积较稳定，恒源矿两极厚度为 0～37 m，平均层厚为 11.80 m；刘一矿两极厚度为 0～33.18 m，平均厚度为 8.41 m；百善两极厚度为 0～16.85 m，平均厚度为 5.67 m；卧龙湖两极厚度为 6.00～76.2 m，平均厚度为 57.30 m。宿县矿区的三隔两极厚度为 0～188.2 m，平均厚度为 88.57 m。三隔沉积厚度与基岩面起伏、松散层沉积厚度显示出一致性，呈现出南厚北薄，尤其在祁南矿南部沉积厚度达 120 m。临涣矿区三隔沉积厚度在全区内厚度较大，一般为 ± 100 m，但在该区西侧沉积厚度发育小于 20 m。钻孔揭露三隔两极厚度为 0～176.9 m，平均厚度为 53.65 m。全区三隔沉积厚度变化较明显，厚度变化总体趋势：北薄南厚。涡阳矿区的三隔两极厚度为 27.3～386.2 m，平均厚度为 202.20 m。三隔沉积厚度与松散层沉积厚度同样变化相一致，表现为东薄西厚。但该区三隔沉积厚度普遍较大，矿区西侧沉积厚度大于 360 m。

二、三隔物理水理性质

(一) 岩性特征

两淮矿区的三隔主要为灰绿、棕黄色黏土、物质黏土和砂质黏土。沉积物的岩石矿物成分主要为黏土颗粒，黏土颗粒主要为蒙脱石、伊利石、高岭石和绿泥石，混有少量的石英和方解石等杂质。三隔岩样现场采样照片如图 15.6、图 15.7 所示。

图 15.6 淮南煤田潘三煤矿中三隔岩芯照片(西风井孔)

图 15.7 淮北煤田孙疃煤矿 09 水 2 钻孔三隔岩芯照片

（二）三隔的可塑性

由表 15.1 可知，淮北矿区三隔整体可塑性基本良好，岩性上部以黏土为主含有砂质黏土夹薄层砂，中下部钙质增多，还含有少量泥灰岩，部分地区呈半固结状态，厚层状为主，塑性指数普遍在 15 以上，甚至可高达 38。淮南矿区三隔层位除黏土、粉质黏土和钙质黏土主要成分外，局部有细粉砂和钙质黏土互层，固结形态较为完全，其塑性指数基本处于均在 15～38 之间，可塑性良好。

可见，两淮矿区的三隔岩性总体相近，以黏土、砂质黏土、钙质黏土为主，含有少量细粉砂等薄层，因为均以黏土为主要成分，两者的可塑性良好。

另外，根据淮南煤田潘三煤矿的西翼补勘、西三采区上提工作面勘探以及西风井钻孔取芯，对三隔（中隔）进行土工实验，测试结果表明，三隔中的黏土与粉质黏土，土粒比重均在 2.77 g/cm^3左右，液限 28.6～79.3，塑限 15.4～40.1，塑性指数为 11.4～28.2，液性指数大部分小于 0，自由膨胀率为 31%～118.5%。膨胀性通常是超固结黏土的主要属性之一，根据测试，按膨胀岩的分类标准划分，新生界松散层中部隔水层的厚层黏土属于典型的膨胀土。说明中隔中的黏土层易变形，具有良好的隔水能力。基本阻隔了下部含水层与上部含水层之间的水力联系，对矿井的安全生产无直接影响。

第三节　松散第四含水层特征及水体类型

一、四含厚度及岩性特征

根据各矿水文地质类型划分报告，两淮煤田中的四含（下含）厚度分布如表 15.2 以及图 15.8、图 15.9 所示。淮南煤田四含底板埋深为 176.60～800.90 m，平均埋深为 469.92 m，层厚为 0～228.75 m，平均层厚为 35.80 m，煤田内整体自西向东增厚，东南部缺失（图 15.8）。含水层（组）由上部灰白、灰黄色中、细砂层（西部）和下部棕红色砂砾层、砾石层、黏土砾石构成，砾石层间有棕红色黏土，砂质黏土分布。据区抽水实验资料，含水层单位涌水量 $q=0.000\,101\sim1.935$ L/(s·m)，渗透系数 $k=0.000\,14\sim12.08$ m/d，矿化度 0.522～2.81 g/L，水质类型为 Cl－Na＋K，HCO_3－Na＋K，Cl·SO_4－Na＋K，HCO_3－Ca，HCO_3·Cl－Ca 等，按照《煤矿防治水规定》含水层富水性的等级标准，该含水层富水性弱—中等，富水性不均，局部强富水。

潘谢矿区层厚为 0～148.90 m，平均层厚为 32.31 m。$q=0.003\,24\sim1.935$ L/(s·m)，富水性弱—中等，局部强富水，$k=0.002\,8\sim12.08$ m/d，矿化度 1.81～2.81 g/L，水质类型为 Cl－Na＋K，Cl·SO_4－Na＋K 等。

图 15.9 所示为淮北煤田四含沉积厚度分布图。从图中以及结合淮北矿区的水位地质单元报告可知，濉萧矿区的松散层含隔水层发育不稳定，东部无四含沉积，在濉萧矿区西部，刘桥一矿、恒源煤矿松散层发育有“三含三隔”，缺失四含；百善煤矿、卧龙湖煤矿松散层发育有“四含三隔”，但四含仅限于各矿井局部范围内。宿县矿区揭露四含两极厚度为 0～110.3 m，平均厚度为 23.35 m。从该矿区中部向两侧，沉积厚度由厚变薄。尤其在钱营孜矿、邹庄矿附近，沉积厚度仅发育约 5 m。

表 15.2 两淮煤田松散层四含(下含)水文地质特征统计表

矿区	矿 井	四含厚度 平均值(m)	四含(下含)岩性	单位涌水量 q (L/(s·m))	渗透系数 k (m/d)
潘谢矿区	潘一	0～79.5 46.7	砂砾层、泥质中粗砂、泥质砂砾为主,夹少量固结砂质黏土、及含砾黏土	0.49～2.4	0.2～6.0
	潘二	0～84.1 54.3	浅棕红、棕黄泥质砾砂层含少量黏土,黏质砂土	0.018～0.432	0.005 08～6.402
	潘三	0～99.1 57.7	以含泥砂砾层为主,其次粉细砂,砾石为石英岩、石英砂岩及岩浆岩	0.831～1.255	2.828
	潘北	0～91.7 58.3	含泥砂砾层为主,夹各级砂粒和黏土	0.016 7～0.432	—
	潘一东	0～55.0 18.7	棕黄色、黄褐色砂砾层、砂层,灰绿—灰褐色黏土	0.18	0.79
	丁集	0～113 77.2	泥质及粉砂质胶结的石英岩砾、各级石英砂岩砾	0.118～0.402	—
	顾桥	0～36.9 30.0	浅灰色粉细砂层为主,夹紫红色砂砾层、砾石层,少量褐黄色黏土、砂质黏土	0.000 3～0.21	1.434～1.61
	谢桥	无下含	中隔与红层组成复合隔水层	—	—
	张集	无下含	中隔与红层组成复合隔水层	—	—
阜东矿区	口孜东	2.90～87.1 32.1	上部中、细砂层和下部砾层、砾石层、黏土砾石,夹有棕红色黏土,砂质黏土	0.000 47～0.002 36	0.001 53～0.003 78
	刘庄	无下含	新地质报告将下含划分为红层,视为隔水层	—	—
临涣矿区	临涣	0～28.9	砂砾、中砂细砂、粉砂、黏土质砂夹砂质黏土	0.032～0.681	0.169～4.75
	海孜	0～32.7	砂砾、中砂细砂、粉砂、黏土质砂及砂质黏土,分布不均	0.000 643～2.75	0.003 8～2.747
	童亭	0～23.0 8.26	砂砾、粗砂、细砂、粉砂、黏土质砂及砂质黏土、钙质黏土	0.019 4～0.336 7	0.112 7～3.01
	许疃	0～57.2 10.2	砾石、黏土砾石、黏土、砂质黏土、钙质黏土和各级砂岩	0.000 24～2.635	0.001 1～5.8
	孙疃	0～12.0 3.50	黏土质砂、中细砂、砂砾和少量砾石	0.000 78～0.028 3	0.005 1～0.278
	青东	0～26.90 4.20	细砂、粉砂、砂砾、黏土砾石、粗砂及黏土质砂,夹有薄层状黏土夹砾石、黏土、砂质黏土	0.000 908～0.034	0.008 8～0.849 1
	杨柳	0～16.1	砾石、砂砾、黏土砾石、砂层及黏土质砂	0.000 24～0.404	0.001 1～5.8
	袁一	0～26.0 8.59	砾石、砂砾、黏土砾石、粗砂及黏土质砂夹薄层状黏土、砂质黏土、钙质黏土	0.003 46～0.017 6	0.305～1.178
	袁二	0～19.9 7.50	砾石、砂砾、黏土砾石、粗砂及黏土质砂夹薄层状黏土、砂质和钙质黏土	0.002 1～0.007 29	0.029～0.373
	任楼	5～15	含泥砂砾及中细砂、砂土	0.001 0～0.147 8	0.009 1～0.537 5
	五沟	3.25～41.5 18.18	砾石、砂砾、黏土砾石、粗砂、中砂及黏土质砂夹薄层状黏土砾石和砂质、钙质黏土	0.001 7～0.135 2	0.011 299～0.435 720

续表

矿区	矿 井	四含厚度 平均值(m)	四含(下含)岩性	单位涌水量 q (L/(s·m))	渗透系数 k (m/d)
宿县矿区	芦岭	0～50.8	砂、砂砾层、黏土夹砾石多为角砾,残坡积物质	0.000 61～ 0.004 11	0.002 4～ 0.033
	朱仙庄	0～30	砾石、黏土、砂土、砂质黏土含黏土与砂夹层	0.000 017 7～ 0.056 8	0.000 32～ 0.638
	桃园	0～47.3	砾石、砂砾、半胶结砾岩、黏土质砾石、砂层及黏土质砂,薄层状黏土、黏土、砂质黏土	0.001 074～ 0.206 8	0.009～0.54
	祁南	0～36.1 10.1	砾石、黏土质砾石,黏土夹砾石及黏土质砂	0.000 44～ 2.389	0.011～ 29.553
	祁东	0～59.1	砾石、砂砾、黏土砾石、砂、黏土质砂,夹多层薄层黏土、砂质黏土	0.025～ 0.431 8	0.079～3.28
	钱营孜	0～17.2 6.69	含泥质中细砂、砂砾、砾石、黏土砾石	0.000 033 5～ 0.058 362	0.000 43～ 0.162
涡阳矿区	涡北	0～11.4 3.40	砾石、砂砾、黏土砾石及黏土质砂	0.061 64	0.001 1～ 5.8
	刘店	无四含	—	—	—
濉萧矿区	百善	0～15.3	黏土质砾石、黏土夹砾石、砂及黏土	0.017 6～ 0.064 559	1.972～3.73

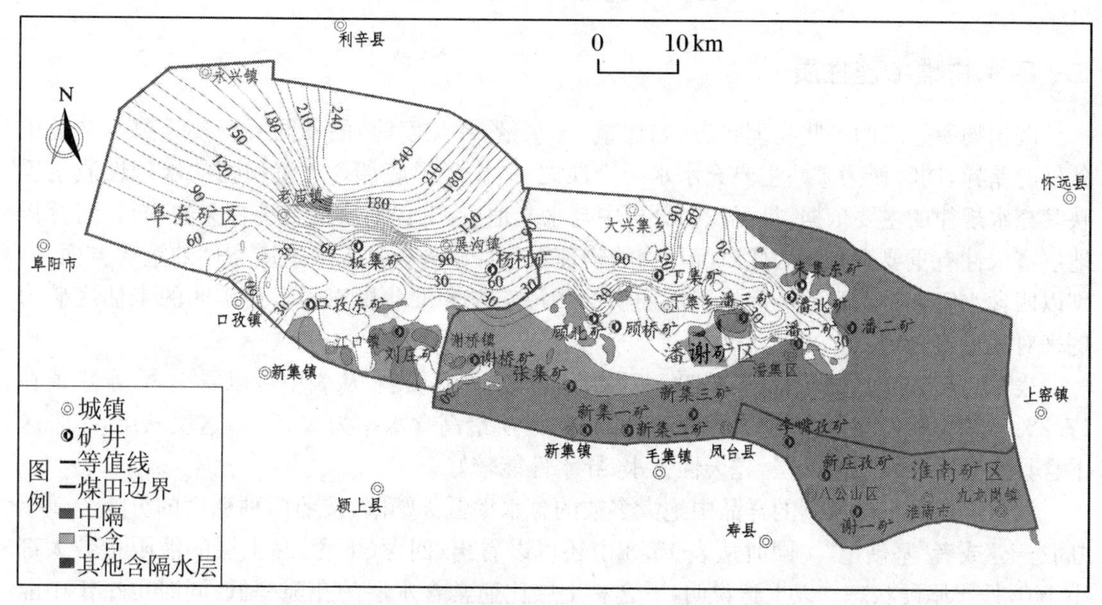

图 15.8　淮南煤田四含(下含)沉积厚度分布

临涣矿区四含两极厚度为 0～59.5 m,平均厚度为 9.59 m,其总体发育趋势为中部厚、四周薄。涡阳矿区四含两极厚度为 0～52.55 m,平均厚度为 2.82 m。沉积厚度变化较稳定,沉积厚度不大,一般直接覆盖在煤系地层之上,其沉积厚度受到古地形控制,局部地区“缺失”四含,三隔与基岩直接接触。

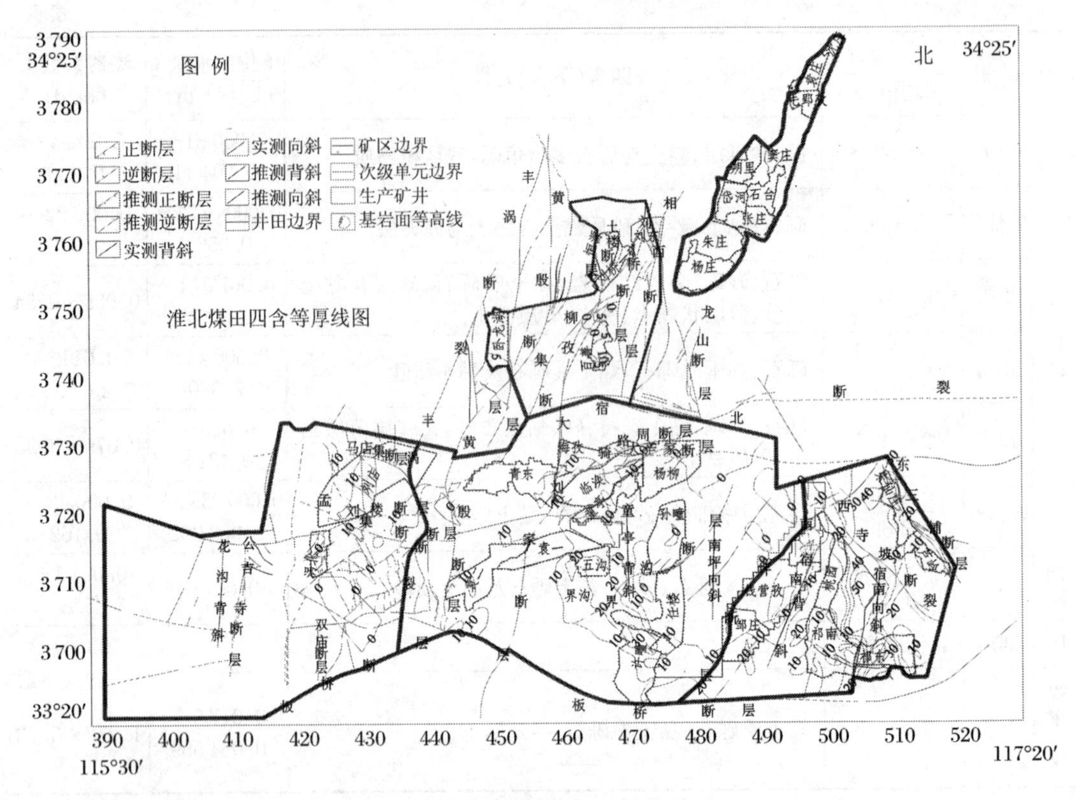

图 15.9 淮北煤田四含沉积厚度分布

二、四含物理水理性质

沉积物所呈现的一些物理状态(如比重、含水量、孔隙度等)的不同可直接导致水文地质条件的差异,同时作为矿井主要充水水源介质之一,新生界底部含水沉积物的水理性质是反映其充水规律的主要依据,是沉积物分析中与水文地质、工程地质最直接相关的项目,对分析地层富水性有重要意义。因此对沉积物的物理水理性质分析是水文地质条件的重要方面,分别以四含水害较为严重的淮南煤田潘谢矿区的潘三矿和淮北煤田的宿县矿区的朱仙庄矿为例来对其进行分析。

表 15.3 是淮南煤田潘三煤矿四含(下含)物理水理性质表,从表中可以看出,含水量值在 17.2%～29.3%之间,其中绝大部分超过 20%,砂层最高含水率为 29.3%,这反映出,本采区下含具有富水性较强的砂层,先天性含水、导水性能较好。

淮南煤田潘三矿所测的样品中绝大多数的含水率低于塑限,按照两种稠度的分类分属于"固态土"或者"坚硬土"。同时从表 15.3 中还可以看出,四含(下含)黏土层的液限指数大都小于 0,处于坚硬状态。以上这说明,下含黏土层比通常含水层的孔隙率低,同时也小于中隔黏土层含水率,含水率少,较为"板结"。其原因是地层被长期强烈压实的结果。

黏性土的膨胀性常用的指标有:膨胀率(原状土样膨胀后体积的增量与原体积之比)、膨胀力(土样膨胀时产生的最大压力)、膨胀含水率(土样膨胀稳定后的含水率)与自由膨胀率(在无荷载作用情况下,黏性土吸水膨胀后,体积之增量与原体积之比)。实验中测得样品的

表 15.3　淮南煤田潘三煤矿四含(下含)物理水理性质

取样钻孔	取样深度 (m)	含水率 w	密度 ρ	干密度 ρ_d	比重 G_s	孔隙比 e_0	饱和度 S_r	液限 w_L	塑限 w_p	塑性指数 I_p	液性指数 I_L	自由膨胀率 δef	土名
XV东水 1-7-1/2	400.00～401.80	17.0%	2.00	1.71	2.67	0.562	81.0%	—	—	—	—	—	粉砂
XV东水 1-8-1/2	446.80～448.30	17.7%	1.76	1.50	2.66	0.779	60.0%	—	—	—	—	—	中砂
XIV西下含 2-8-1/2	390.00～391.80	12.8%	2.00	1.77	2.74	0.545	64.0%	35.4%	18.8%	16.6	−0.36	48.5%	粉质黏土
XIV西下含 2-9-1/2	396.20～397.20	18.2%	—	—	2.67	—	—	—	—	—	—	—	粉砂
XIV西下含 2-10-1/2	398.20～402.95	14.2%	2.07	1.81	2.68	0.479	80.0%	—	—	—	—	—	粉砂
XIV西下含 2-11-1/2	410.20～414.00	17.8%	2.04	1.73	2.73	0.576	84.0%	32.2%	16.4%	15.8	0.09	60.0%	粉质黏土
XIV西下含 2-12-1/2	419.20～421.40	14.8%	1.98	1.72	2.69	0.560	71.0%	—	—	—	—	30.0%	粉质黏土
XIV西下含 2-13-1/2	435.40～436.85	15.0%	2.01	1.75	2.71	0.550	74.0%	29.9%	18.3%	11.6	−0.28	31.0%	粉质黏土
XIII东水 1-7-1/2	350.10～353.60	16.6%	2.13	1.83	2.74	0.500	91.0%	36.6%	20.1%	16.5	−0.21	50.0%	粉质黏土
XIII东水 1-8-1/2	356.10～359.30	19.6%	1.97	1.65	2.68	0.627	84.0%	—	—	—	—	—	粉砂
XIII东水 1-9-1/2	363.10～366.60	15.3%	2.04	1.77	2.74	0.549	76.0%	37.8%	20.1%	17.7	−0.27	59.5%	黏土
XIII东水 1-10-1/2	376.00～379.30	22.1%	1.89	1.55	2.75	0.777	78.0%	40.9%	21.3%	19.6	0.04	70.0%	黏土
XIII东水 1-11-1/2	383.10～384.85	13.4%	2.10	1.85	2.72	0.469	78.0%	29.3%	16.5%	12.8	−0.24	40.0%	粉质黏土
XIII东水 1-12-1/2	387.10～391.15	17.0%	2.04	1.74	2.73	0.566	82.0%	33.5%	18.0%	15.5	−0.066	50.0%	粉质黏土
XIII东水 1-13-1/2	401.40～409.30	16.6%	2.03	1.74	2.74	0.574	79.0%	36.0%	19.0%	17.0	−0.14	59.0%	粉质黏土
XIII东水 1-14-1/2	412.40～412.90	15.6%	1.94	1.68	2.73	0.627	68.0%	31.7%	17.3%	14.4	−0.122	40.5%	粉质黏土
XIII东水 1-15-1/2	413.80～421.20	20.8%	1.93	1.60	2.73	0.709	80.0%	31.9%	16.3%	15.6	0.29	49.5%	粉质黏土

续表

取样钻孔	取样深度(m)	含水率 w	密度 ρ	干密度 ρ_d	比重 G_s	孔隙比 e_0	饱和度 S_r	液限 w_L	塑限 w_p	塑性指数 I_p	液性指数 I_L	自由膨胀率 δef	土名
XIII东水 1-16-1/2	422.80～423.40	10.6%	1.86	1.68	2.68	0.594	48.0%	—	—	—	—	—	黏土
XIV东水 1-7-1/2	380.40～382.46	17.6%	—	—	2.66	—	—	—	—	—	—	—	中砂
XIV东水 1-8-1/2	386.10～392.00	18.4%	2.06	1.74	2.74	0.575	88.0%	35.7%	18.4%	17.3	0.00	40.0%	黏土
XIV东水 1-9-1/2	392.00～398.70	17.7%	—	2.66	—	—	—	—	—	—	—	—	粗砂
XIV东水 1-10-1/2	405.50～411.70	18.2%	2.02	1.71	2.70	0.580	85.0%	29.0%	18.3%	10.7	−0.01		粉质黏土
XIV东水 1-11-1/2	413.20～429.15	13.3%	—	—	2.66	—	—	—	—	—	—	—	粉砂
XII西水 1-8-4/5	348.40～358.05	6.4%	—	—	2.66	—	—	—	—	—	—	—	中砂
XII西水 1-9-3/7	358.05～375.05	15.4%	1.94	1.68	2.74	0.630	67.0%	37.2%	20.0%	17.2	−0.27	69.0%	黏土
XII西水 1-9-3/4	358.05～375.05	16.2%	1.99	1.71	2.75	0.606	74.0%	39.2%	20.5%	18.7	−0.23	80.0%	黏土
XII西水 1-10-1/2	375.05～382.55	5.0%	—	—	2.66	—	—	—	—	—	—	—	中砂
XII西水 1-11-1/2	382.55～387.80	9.9%	1.99	1.81	2.74	0.513	53.0%	37.0%	20.3%	16.7	−0.62	59.0%	粉质黏土
XII西水 1-12-4/6	387.80～393.20	10.3%	1.98	1.80	2.73	0.521	54.0%	33.4%	18.1%	15.3	−0.51	59.5%	粉质黏土
XII西水 1-12-2/8	387.80～393.20	8.8%	2.02	1.86	2.73	0.470	51.0%	29.9%	15.0%	14.9	−0.42	48.5%	粉质黏土
XII西水 1-13-2/3	393.20～397.90	15.3%	2.03	1.76	2.75	0.562	75.0%	39.4%	20.5%	18.9	−0.28	68.0%	黏土
XII西水 1-14-2/4	397.90～400.60	2.4%	—	—	2.66	—	—	—	—	—	—	—	粗砂
XII西水 1-15-1/3	406.15～407.55	5.9%	—	—	2.72	—	—	29.3%	17.1%	12.2	−0.92	60.0%	粉质黏土

自由膨胀率绝大多数在 30%～60%之间，个别等于 80%，膨胀力也较高。实验数据表明，在下含黏粒成分中伊利石、蒙脱石等具有膨胀性的黏土矿物占有相当比例，又长期处于超固结状态，这是导致潘三煤矿下含土呈现出自由膨胀性的直接原因。

淮北煤田的朱仙庄矿的砂性土的塑性指数可达 9.9，黏性土类的轻亚黏土塑性指数为 7.5～15.9，平均值为 11.24，液性指数小于零；重亚黏土塑性指数为 10.1～16.9，平均值为 14.01，液性指数为 -0.13～0.1；轻黏土塑性指数为 14.6～24.1，平均值为 19.71，液性指数为 -0.12～0.19。由此可以判定四含沉积物大多处于硬塑至较硬状态（表 15.4）。

表 15.4　朱仙庄煤矿四含物理水理性质

土样名称		湿容重	干容重	土粒比重	含水量	饱和度	孔隙比 (*e*)	液限	塑限	塑性指数	液性指数
砂性土类	微含粉砂粒砾砂土	2.07	1.86	2.73	11.1%	64%	0.47	—	—	—	—
	微含砾粗砂土	2.08	1.85	2.73	12.6%	72%	0.48	—	—	—	—
	微含黏粒粉砂土	2.03	1.75	2.73	16.2%	79%	0.56	24.3	14.4	9.9	0.18
黏性土类	砾砂质轻亚黏土	2.03	1.85	2.69	13.2%	75%	0.50	—	—	—	—
	砂质轻亚黏土	2.11	—	2.72	16.3%	89%	0.50	28.1	20.6	7.5	-1.36
	砂质轻亚黏土	—	—	2.70	—	—	0.41	31.8	22.3	9.5	-0.63
	砂质重亚黏土	2.17	1.90	2.71	14.0%	90%	0.42	24.6	14.1	10.5	
	砂质重亚黏土	2.16	1.85	2.69	16.6%	98%	0.46	26.5	15.5	11.0	0.10
	含砾砂重亚黏土	2.06	1.77	2.70	16.2%	84%	0.52	28.4	15.6	12.8	-0.13
	含砂重亚黏土	2.17	1.90	2.71	14.4%	93%	0.42	27.3	13.5	13.8	
	砂质轻黏土	2.23	1.95	2.72	14.5%	100%	0.39	38	15.4	22.6	0.19
	微含砂粉质轻黏土	2.11	1.76	2.72	19.6%	97%	0.55	37.4	18.8	18.6	0.09
	微含砂粉质轻黏土	2.29	2.00	—	4.6%	100%	0.36	31.9	15.8	16.1	-0.07

四含沉积物中的砂性土孔隙度为 32%～44.9%，黏性土的孔隙度为 26.5%～43.8%，一般认为以黏性土为主的松散沉积孔隙度多在 45%～50%，而四含沉积物的平均孔隙度只有 37%左右，这是因为四含沉积物已进入压实成岩阶段（野外可见坚硬的砂质透镜体和硬塑状的黏性土）。另外，四含中的砂性土含水量一般为 11.1%～16.2%，黏性土的含水量一般为 14%～19.6%。根据以上数据可以得出：四含水层是一个密实而孔隙度较小的饱和状态含水层。

四、四含富水性

从表 15.3 可以看出，两淮煤田四含富水性不均一，在淮南煤田中潘谢矿区中，除潘一、潘三矿井属于中等到强富水性外，多数矿井在弱—中等富水性；阜东矿区的口孜东属弱富水性矿井；淮北煤田临涣矿区的临涣、童亭、杨柳、任楼和五沟矿属于弱—中等富水性，青东、孙疃、袁一及袁二矿属弱富水性矿井，海孜、许疃矿则属弱—强富水性的大范围活动矿井；宿县矿区的芦岭、朱仙庄、钱营孜矿为弱富水性，桃园、祁东矿为中等富水性，祁南属弱—强富水性；涡阳矿区的涡北矿和濉萧矿区的百善矿井则属与弱富水性矿井。

两淮煤田中，淮北煤田矿井的四含富水性相对比淮南煤田要弱，从统计的资料可以看出，淮北煤田四含的单位涌水量绝大部分在强富水以下水平。

第四节　浅部煤层覆岩类型及隔水性

安全煤岩柱性能主要是指煤岩柱的含水性、隔水性及抵抗采动裂缝生成的能力，它取决于所开采煤层上覆岩层的岩性及其结构特征。安全煤岩柱性能的好坏是决定水体下采煤成败及合理确定回采上限的关键因素。故进一步查明煤层露头至垂高 80 m 煤柱段基岩岩性组合及含隔水性、物理力学性质，可为科学评价留设的煤柱合理性提供基础资料。

一、覆岩类型划分

（一）覆岩类型

浅部煤层开采造成覆岩破坏的高度与其岩性结构关系密切，通常将覆岩分为极软弱、软弱、中等和坚硬 4 类。划分的依据主要是软岩与硬岩的比例和强度。一般情况下，可将煤系岩石主要分为砂类岩为硬岩，包括细、中、粗砂岩，砂砾岩和石灰岩；泥类岩一般为软岩，包括泥岩、页岩、砂质泥岩、粉粒岩和煤层。

地层中泥类岩的强度一般比砂类岩要低，但隔水性比砂类岩高，属隔水性软岩。采动条件下，泥类岩易破断，但破断后形成的裂缝一般联通性差（图 15.10(a)）。当上覆岩层中有相当比例的泥岩存在时，可对采动裂隙的向上发展具有较强的抑制作用，同时该类基岩具有较强的隔水能力，可有效阻止松散含水层向工作面涌水溃砂；而砂类岩的情况与泥类岩差异较大，岩体强度高，一旦发生破裂，易形成大的裂缝，联通性好，属于导水性硬岩（图 15.10(b)）。

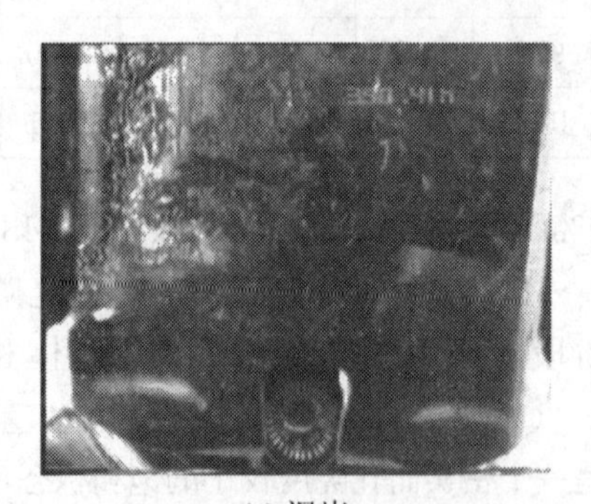

(a) 泥岩

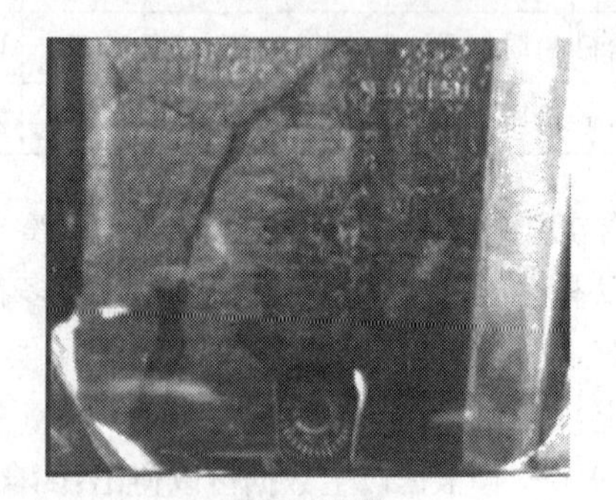

(b) 细砂岩

图 15.10　祁东矿不同岩性采动裂缝特征

（二）覆岩中砂类岩与泥类岩比例

在两淮煤田，煤层覆岩分类一般按泥类岩的比例进行划分，当泥类岩的比例大于 70%时为软弱覆岩，泥类岩比例在 30%～70%时，为中硬覆岩，泥类岩比例小于 30%的为坚硬覆岩。如根据勘探资料，统计出淮南煤田潘谢矿区的张集、丁集等矿各主采煤层覆岩岩性厚度如表 15.5、表 15.6 和表 15.7 所示。从表中可以看出，张集矿井井田内主采煤层顶板以泥岩、砂质泥岩为主，其次为粉砂岩和细砂岩。底板以泥岩、砂质泥岩为主，局部有粉细砂岩、细砂岩。丁集矿井井田主采煤层顶板以泥岩、砂质泥岩为主，其次以粉砂岩、炭质泥岩，局部细、中砂岩。底板以泥岩为主，其次为粉砂岩和砂质泥岩，个别煤层细砂岩。潘三煤矿13-1煤顶板岩性的分布特点为软弱到中硬的泥岩与粉砂岩占绝对多数。

表15.5　淮南煤田张集矿主要煤层顶板岩性、厚度统计表

煤层	泥　岩	砂质泥岩	粉砂岩	细砂岩	中砂岩	石英砂岩	统计点数
	最小—最大 平均(点数)	最小—最大 平均(点数)	最小—最大 平均(点数)	最小—最大 平均(点数)	最小—最大 平均(点数)	最小—最大 平均(点数)	
13-1	0.35～13.98 1.73(83)	0.5～6.47 2.30(25)	0.36～7.68 4.17(5)	1.50～10.71 5.09(7)	0.51～21.26 7.51(4)	14.23 14.23(1)	125
11-2	0.23～15.34 2.73(65)	0.25～9.78 3.22(58)	3.05～30.98 10.65(5)	8.00～9.10 8.41(3)	—	9.90 9.90(1)	132
8	0.41～5.98 1.85(47)	0.4～8.84 2.88(42)	2.36～7.08 3.72(4)	7.65～12.55 9.62(3)	2.95～13.27 6.77(4)	3.30～8.30 5.80(2)	102
1	0.27～5.31 1.66(26)	0.35～18.97 3.39(28)	0.7～16.06 4.96(6)	0.62～29.99 12.00(21)	1.45～23.49 9.77(23)	25.40 25.40(1)	105

表15.6　淮南煤田丁集矿主采煤层顶板岩性、厚度统计表

煤　层	炭质页岩	黏土岩	砂质黏土岩	砂泥岩互层	粉砂岩	细中砂岩	统计点数
	最小—最大(m)						
13-1	0.15～1.78	0.57～11.31	0.68～6.04	—	0.95～4.60	1.17～12.58	55
11-2	0.31～0.50	0.27～4.79	1.21～6.37	—	0.93～4.72	—	52
8	0.52	0.70～6.64	0.99～12.49	—	4.77	—	32
1	—	0.83～2.59	1.09～7.98	—	2.59	3.40～13.33	13

表15.7　淮南煤田潘三煤矿西三采区13-1煤层－550 m以浅基岩面岩性构成情况统计表

序号	孔　号	基岩面到13-1煤层厚度(m)	砂岩厚度(m)	泥岩+粉砂岩厚(m)	砂岩比例	泥岩+粉砂岩比例	砂泥比	顶覆岩性	顶覆岩层厚度(m)
1	XV13	71.61	16.70	52.57	0.24%	0.76%	0.32	粉砂岩	1.58
2	XV9	100.75	0.00	80.36	0.00%	1.00%	0.00	砂泥岩互层	4.60
3	XV14-3	104.17	29.75	61.50	0.33%	0.67%	0.48	泥岩	2.17
4	XV东水1	138.47	14.75	94.05	0.14%	0.86%	0.16	粉砂岩	5.42
5	XV东13	48.47	2.85	44.84	0.06%	0.94%	0.06	粉砂岩	4.67
6	XV东19	83.04	9.36	60.40	0.13%	0.87%	0.15	泥岩	4.98
7	XIV-XV5	52.94	34.75	18.19	0.66%	0.34%	1.91	粉砂岩	4.19
8	XIV-XV15	97.88	23.40	73.38	0.24%	0.76%	0.32	泥岩	4.92
9	XIV西3	128.81	4.80	90.63	0.05%	0.95%	0.05	砂质泥岩	2.60

续表

序号	孔　号	基岩面到13-1煤层厚度(m)	砂岩厚度(m)	泥岩+粉砂岩厚(m)	砂岩比例	泥岩+粉砂岩比例	砂泥比	顶覆岩性	顶覆岩层厚度(m)
10	XIV西1	79.70	7.05	72.95	0.09%	0.91%	0.10	泥岩	2.10
11	XIV西下含2	59.52	11.30	47.36	0.19%	0.81%	0.24	粉砂岩	2.62
12	XIV15	20.70	1.80	18.71	0.09%	0.91%	0.10	砂质泥岩	3.40
13	XIV水三1	40.68	6.60	34.08	0.16%	0.84%	0.19	黏土岩	1.20
14	XIV11	71.71	16.82	48.65	0.26%	0.74%	0.35	粉砂岩	2.38
	平均值	78.46	12.85	56.98	0.19%	0.81%	0.32		
	最小值	20.70	0.00	12.51	0.00%	0.34%	0.00		
	最大值	138.47	34.75	83.29	0.66%	1.00%	1.91		

综合上述可认为：潘谢矿区这三对矿井内近松散层主要可采煤层顶板以泥岩、砂质泥岩为主，其次为粉砂岩和细砂岩。底板以泥岩、砂质泥岩为主，局部有粉细砂岩、细砂岩。

淮北煤田中，受四含水害影响较大的宿县矿区的祁东、祁南以及桃园等矿，根据宏观统计及分析等结果，宿南矿区已开采煤层以上的煤系基岩主要由砂岩和泥岩两大类岩石组成。砂岩类岩石可分为石英砂岩和长石砂岩等。泥岩类岩石分为黏土岩、泥岩及砂质黏土岩、砂质泥岩等。根据胶结物的不同，砂岩类岩石又有硅、钙质胶结和泥质胶结。

根据祁东、祁南、桃园煤矿典型工作面开采范围内及其附近有关钻孔的钻探资料，统计出煤层浅部覆岩的岩性构成情况，如表15.8、表15.9和表15.10所示。从表中可以看出，宿县矿区祁东煤矿、祁南煤矿及桃园煤矿浅部煤层的覆岩以泥岩为主，宏观分析认为应属软弱—中硬类型。

表15.8　桃园煤矿北六及其周围采区 5_2 煤层顶板岩性构成情况统计表

采　区	孔　号	基岩柱厚度(m)	泥岩类岩层		砂岩类岩层	
			厚度(m)	所占比例	厚度(m)	所占比例
北六采区	采前对比孔	66.01	40.61	61.5%	25.4	38.5%
	2001-1	96.76	68.26	70.5%	28.5	29.5%
	4-5-7	238.7	118.97	49.8%	119.73	50.2%
	4-5-1	23.08	21.26	92.1%	1.82	7.9%

表15.9　祁东煤矿二采区 3_2 煤层顶板岩性构成情况统计表

孔　号	深 度 范 围(m)	泥岩类岩层		砂岩类岩层		直 接 顶	
		厚度(m)	所占比例	厚度(m)	所占比例	岩性	厚度(m)
26_{11}	434.25～494.25	32.04	53.4%	27.96	46.6%	泥岩	0.34
补 30_{10}	470.83～530.83	39.12	65.2%	20.88	34.8%	泥岩	1.89

续表

孔　号	深度范围(m)	泥岩类岩层		砂岩类岩层		直接顶	
		厚度(m)	所占比例	厚度(m)	所占比例	岩性	厚度(m)
补 30_9	495.7～555.7	28.16	46.9%	31.84	53.1%	细砂岩	5.51
26_{14}	345.19～405.19	39.58	66.0%	20.42	34.0%	泥岩	10.38
26_5	370.53～430.53	24.63	41.0%	35.37	59.0%	粉砂岩	2.57
25_{11}	507.69～567.69	50.38	84.0%	9.62	16.0%	泥岩	3.63
25_8	457.86～517.86	50.05	83.4%	9.95	16.6%	泥岩	3.34
$25\text{-}26_{10}$	584.36～644.36	40.92	68.2%	19.08	31.8%	泥岩	0.6
$25\text{-}26_9$	517.37～577.37	48.76	81.3%	11.24	18.7%	泥岩	4.08
$25\text{-}26_8$	419.29～479.29	34.19	57.0%	25.81	43.0%	泥岩	2.41
$25\text{-}26_7$	338.77～398.27	23.24	38.7%	36.76	61.3%	泥岩	2.22

表 15.10　祁南煤矿二采区 1022 工作面 10 煤层顶板岩性构成情况统计表

孔　号	基岩柱厚度(m)	泥岩类岩层		砂岩类岩层	
		厚度(m)	所占百分比	厚度(m)	所占百分比
14-151	94.2	20.25	21.5%	73.95	78.5%
14-14	59.65	29.15	48.9%	48.9	51.1%
补 18-1	35.24	35.24	100%	0	0%

（三）覆岩强度

覆岩类型与岩石强度相关，岩石强度的大小直接影响着煤层顶板的采动破坏高度，对水体下采煤的安全与否至关重要。一般情况下两淮煤田内的煤系岩层大多胶结良好，砂岩抗压强度较高，抗风化能力强，工程地质条件良好，粉砂岩次之，泥岩、砂质泥岩的力学强度相对较低。断层面附近构造带及风化带均属软弱带，工程地质条件不良。根据岩石单轴抗压强度(R_C)，可以把岩石简单划分为硬质岩石、中硬岩石、软质岩石 3 种类型(表 15.11)。

表 15.11　煤层顶板岩石力学强度类型表

岩石力学性质	单轴抗压强度 R_C(MPa)	岩性和岩相
坚硬岩石	40～80	主要为分流河道、河口砂堤相石英砂岩、石灰岩、砂质页岩、砾岩
中硬岩石	20～40	主要为分流间湾、泛滥平原和天然堤相的粉砂岩、砂质泥岩、泥质灰岩、页岩
软质岩石	＜20	主要为泛滥平原、沼泽及泥炭沼泽相泥岩和煤层，构造破碎岩、风化岩石、薄煤泥岩

淮南煤田中，以潘谢矿区部分矿井为例，对收集到各个矿井基岩面以下 60 m 以内岩石力学参数资料结合研究中测试的成果，按照潘集和陈桥背斜区进行岩层工程力学指标的分析对

比，各个岩层的抗压强度和抗拉强度对比见表 15.12。从表 15.12 中可以看出陈桥背斜区内的矿井基岩面以下 60 m 的岩层的抗压强度和抗拉强度值普遍呈现出明显强于潘集背斜区内的抗压强度和抗拉强值的特点。同时，在分析过程中发现无论是潘集区还是陈桥区 20 m 以内的岩样的抗压、抗拉强度普遍地要远低于 20～60 m 岩样的抗压、抗拉强度值。分析其原因，主要是 20 m 以内带岩层为主，其强度比未风化岩层要低。

表 15.12　淮南潘谢矿区部分矿不同岩性抗压强度对比表

	矿　别	抗压强度(MPa)	抗拉强度(MPa)
潘集背斜区	潘一	2.47～89.82	0.67～2.68
	潘北	0.65～69.20	0.35～6.70
陈桥背斜区	谢桥	9.07～166.10	0.80～6.00
	张集	12.09～175.96	1.65～8.43

二、覆岩隔水性评价

(一) 干燥饱和吸水率和崩解性

干燥饱和吸水率反映了岩石矿物成分的亲水特征：将岩块在 105 ℃条件下烘干至恒重后再浸泡 24 h，测得其含水量占岩块质量的比例即为岩块的干燥饱和吸水率。当岩石的干燥饱和吸水率 W_g 大于 15%时，表明该岩层有良好的隔水性和再生隔水性，同时其值越大，代表着隔水性能越好。

岩石的崩解性一般是指岩石浸水后发生的解体现象，主要是松软岩石所表现出来的特征，尤其是含有大量黏土矿物的软岩，遇水后更易产生膨胀和崩解。对岩石的崩解性进行标准实验，得到岩石崩解类型有 4 种：Ⅰ：混合；Ⅱ：碎裂；Ⅲ：开裂；Ⅳ：整体未变形。其中Ⅰ、Ⅱ类崩解的岩石具有隔水性；Ⅰ类崩解的岩石隔水性最好。

(二) 应用实例

以淮北煤田中临涣矿区的五沟煤矿浅部覆岩的干燥饱和吸水率和崩解实验为例，实验结果如表 15.13 和表 15.14 所示。

表 15.13　岩石干燥饱和吸水率

岩石名称	个　数	新　鲜		微风化		风　化		强风化	
		$W_{g\text{-}b}$	个数	$W_{g\text{-}b}$	个数	$W_{g\text{-}b}$	个数	$W_{g\text{-}b}$	个数
泥岩	46	6%～8%	10	5%～10%	11	9%～23%	12	40%～52%	13
砂质泥岩	18	5%～7%	5	10%	3	24%	5	25%～32%	5
粉砂岩	16	1%～6%	4	6%～10%	4		9～12	25%	4
细砂岩	20	1%～6%	5	6%	5	9%～11%	6	23%	4
中砂岩	14	3%～4%	4	7%	3	9%～11%	5	18%	2
合计	114	1%～8%	28		26		32	23%～52%	28
主要崩裂类型		不变		开裂		碎裂		泥化	

表 15.14　五沟煤矿 10 煤层上覆岩层水理性质实验成果表

岩　性	自然抗压确定(MPa) 最小—最大 平均值	自然抗拉强度(MPa) 最小—最大 平均值	浸水变化特征
风化泥岩	0.88～3.40 2.34	0.4～1.10 0.77	先开裂崩解，强烈崩解
风化砂岩	0.69～1.7 1.2	0.75～0.86 0.81	冒气泡，崩解
褐红色泥岩	0.31～7.26 3.97	0.56～1.03 1.08	沿层出现裂隙，有气泡，出现大量不规则裂隙，开裂、崩解
泥岩	9.87～17.03 12.85	1.24～2.23 1.84	出现裂隙，轻微崩解
砂岩	13.0～13.9 13.44	1.16～1.66 1.41	变化不明显，偶见小裂纹
泥岩	11.8～20.8 16.8	2.18～2.54 2.36	沿层出现裂隙，有气泡，出现大量不规则裂隙，开裂
中砂岩	42.8～87.5 63.8	0.52～0.87 0.70	无变化
泥岩	15.5～22.0 17.7	1.10～1.15 1.13	开始沿层裂开，裂隙逐渐增多，出现竖向裂隙并裂解
顶板砂岩	32.3～53.3 37.7	0.92～1.45 1.19	变化不明显
顶板泥岩	14.8～27.6 21.2	1.17～2.41 1.79	变化不明显，偶见小裂纹

从表 15.12 和表 15.13 可以看出：

(1) 无论岩性如何，未风化的岩石干燥饱和吸水率小于 12%，其崩解类型为不变性及微开裂型，并且随着岩石的含泥量减小，干燥饱和吸水率也减小。

(2) 随着风化程度的加深，岩石的干燥饱和吸水率逐渐增大，这说明岩石风化后吸水量增大，膨胀性能增强。

(3) 风化岩石的干燥样品浸水后主要呈碎裂型，严重风化的泥岩及泥质胶结的砂岩浸水后呈泥化型，即处于风化带内岩石具有较好的隔水性及再生隔水性。

三、基岩风化带的影响

岩石风化后，根据风化程度的不同，岩性变化差异很大。其中泥岩强风化后强度大、幅度降低，有时接近松散层，因此有较好的隔水性，泥岩还可以填充裂缝、阻碍溃砂，但易于形成陷落式不连续变形，称为畅通的溃砂通道；风化砂岩，一般块度减小、强度降低、裂缝增多、富水性增大，溃砂的危险性增大。故研究两淮煤田的基岩风化带特征，对于巨厚松散含水层下开采具有重要的实际意义。

(一) 基岩风化带判别标志

在松散层沉积之前，由于太阳的辐射热、大气、水和生物活动等因素，地壳表层岩体经历长期的物理、化学及生物作用（“风化作用”），削弱、破坏了岩石中矿物颗粒之间的联结，形成、扩大了岩体裂隙,降低了断裂面的粗糙程度,分解了岩石原有矿物而产生次生黏土矿物,降低了岩体的强度和稳定性。风化作用对岩体的破坏,从地表面开始,逐渐加深。在正常情况下,愈近地表的岩石,风化作用愈剧烈,向深处便逐渐减弱,直至过渡到不受风化作用影响的新鲜岩石,在地壳表面形成风化岩石的一个层状风化带(层)。本次研究中,可以根据钻孔岩芯的以下标志或特征,来确定风化带厚度(表15.15),具体如下:

(1) 根据岩芯的颜色,判断岩石的不同风化程度。

(2) 根据岩芯结构、构造不同,造成其抵抗风化的能力也不同,来判断岩石的风化程度。

(3) 根据岩芯风化裂隙的多少、开裂程度及填充情况,判断岩石的风化程度。

(4) 根据岩芯的碎裂程度,通过分析、观察岩石在碎裂发育情况和碎块大小上的表面特征,判断岩石的风化程度。

(5) 根据岩石的透水性判断:岩石的风化裂隙发育以及由于部分矿物的溶滤作用而使裂隙扩展,岩石的透水性就加大;同时,风化剧烈而产生次生矿物充填,反过来又会导致裂隙、孔隙变小,透水性相应降低,所以岩石的透水性被定为风化软弱带的工程地质直接标志,把岩石透水性的变化作为风化带的分带标志。

(6) 风化岩石的物理力学性质,对某一种岩石具有一定指标数值,但是由于风化程度不同则表现有明显的变化,这也是反映岩石风化程度的直接工程地质标志。

表15.15 基岩风化带划分依据及基本特征

类 别	颜 色	矿物成分	结 构	物理力学性质	渗流特征
强风化带	砂岩为土黄、褐黄色、棕色等,泥岩为土色、黄褐、灰绿色等	砂岩、泥岩中均含有大量的高岭石、蒙脱石、伊利石,砂岩中有石英	破碎、裂隙发育,但多为铁锰质及其他次生黏土矿物充填,具有相对隔水性	强度很低,浸水能崩解,压缩性能增大,手中可捏碎	层理不清,常有铁锈浸染,冲洗液消耗少,植物碎片发育
弱风化带	砂岩为灰色,灰白色等,泥岩为深灰、黄绿色等	砂岩以石英为主,含少量长石伊利石等,泥岩以黏土为主	较破碎,风化裂隙充填物少,保存较好	力学性质较原岩低,单轴抗压强度为原岩的1/3～2/3	层理常显现,铁锈零星浸染,冲洗液消耗较大,偶见植物碎片
微风化带	灰、灰白色等,与原岩基本相同	基本保持原岩矿物成分,暗色矿物较多	岩石完整,基本保持早先裂隙,略有侵蚀	与原岩相差无几	层理清晰,少见铁锈等浸染物,砂岩中冲洗液消耗量大

(二) 基岩风化带厚度分布规律

基岩风化带的厚度主要受古地形、岩性、地质构造等多种因素控制。根据众多学者对两淮煤田的基岩风化带发育厚度的研究成果可知,两淮煤田的基岩风化带分布与其基岩古地形基本一致,一般是地势由高到低,风化带厚度略有递减;同时由于岩石的抗风化能力与岩性关系密切,抗风化能力的大小主要取决于岩石的矿物成分。泥岩主要由黏土矿物组成,其抗风化能力最差。故一般情况下,在风化带中的泥岩厚度越大,风化带厚度也越大,两者呈正相关关系;另外在断层带内,基岩风化带厚度一般也略有增大,这主要是断层带岩石结构受到破坏,遇水易风化的原因。

淮南煤田潘谢矿区勘探钻孔揭露风氧化带的资料进行统计分析认为:潘集背斜区基岩风

氧化带深度在 22.25～27.04 m 之间，而陈桥背斜区风氧化带深度在 3.50～36.4 m 之间。

淮北煤田祁东煤矿基岩风化带厚度一般为 5～15 m，最厚达 38 m。在总体上呈北厚南薄，由西南至东北有增厚的趋势，但局部也有增厚变薄现象。但在断层带附近一般厚 20 m；五沟煤矿井田内各区域基岩风化程度存在较大差异。五沟煤矿北部基岩风化深度为 4.5～45.6 m，一般风化深度为 15～25 m，平均深度约为 22 m，煤层露头风化深度较深，盆地中心地段则风化深度较浅；井田南部基岩风化深度多为 5～20 m，平均深度约为 18 m，部分地段的基岩强风化带深度为 7～15 m。百善煤矿在井田北部基岩风化深度为 4.5～45.6 m，一般深度为 15～25 m，平均深度为 22 m 左右，强风化带深度为 0.41～37 m，一般深度为 15 m 左右，通常在煤层露头附近较深，盆地中心较浅；井田南部风化深度为 5～20 m，平均深度为 18 m 左右，强风化带深度为 7～15 m。

（三）基岩风化带的岩性及矿物组成

1. 岩性特征

两淮煤田的基岩风化带主要岩石有砂岩、粉砂岩、泥岩、煤及灰岩等。各种岩性风化过后的特点如下：

(1) 砂岩：细中粒结构，呈橘黄、土黄色，结构松散，成分以石英、长石为主，含云母胶结(图 15.11)。

(2) 粉砂岩：棕黄、土黄色，有的含少量云母和植物化石，断面粗糙，原生结构遭到破坏，性脆易碎。

(3) 泥岩：风化带中分布广泛的一种岩石，厚度较大且大多位于风化带上部，钻孔揭露的泥岩与砂岩常相间出现，但泥岩所占的比例较大；泥岩颜色多样，有灰黄、棕褐、土黄、灰绿、暗紫、灰白等颜色，松散易碎(图 15.12)。

图 15.11　淮南煤田潘三矿基岩风化带岩芯照片

图 15.12　淮北煤田孙疃煤矿基岩风化带岩芯照片

2. 矿物成分

为了分析风化岩石的矿物成分，以淮北煤田的朱仙庄矿、五沟矿以及淮南煤田的潘三、丁集等矿为例，给出了采用X光衍射及扫描电子显微镜对岩石的组分及微组构的分析结果（表15.16～表15.19）。

表 15.16　淮北煤田朱仙庄矿风化岩石矿物组分与微组构特征

编　号	岩石类型（距底含距离）（m）	矿物组分与含量			
		碎屑矿物		黏土种类	
		矿物种类	含量	矿物种类	含量
1	泥岩(1.6)	石英	12%	高岭石　伊利石	88%
2	泥岩(3.6)	石英	22%	高岭石　伊利石	78%
3	泥岩(4.5)	石英	21%	高岭石　伊利石	79%
4	泥岩(13.0)	石英	6%	高岭石　伊利石	94%
5	细砂岩(15.2)	石英	26%	高岭石　伊利石	74%
6	泥岩(17.5)	石英	35%	高岭石　伊利石	65%

表 15.17　淮北煤田五沟煤矿风化带岩石矿物组分与微组构特征

编　号	岩石类型（距底含距离）（m）	矿物组分与含量			
		碎屑矿物		黏土种类	
		矿物种类	含量	矿物种类	含量
1	砂岩(2.0)	石英	54.2%	高岭石	45.8%
2	泥岩(11.6)	石英、钾长石等	20%	高岭石	80%
3	粉砂岩(15.5)	石英、钾长石等	24.8%	高岭石	52.7%
4	粉砂岩(26.0)	石英、钾长石等	21.8%	高岭石	71.9%
5	粉砂岩(33.2)	石英、菱铁矿等	7.9%+68.6%	高岭石	21.2%
6	中砂岩(45.4)	石英、钾长石等	27.2%	高岭石	72.8%
7	泥岩	石英、钾长石等	21.9%	高岭石	78.1%
8	细砂岩	石英、方解石等	9.3%+72%	高岭石	18.7%

表 15.18　淮南煤田潘三矿风化带样品 XRD 定性分析结果表

孔　号	岩性	取样深度（m）	矿物成分					
			蒙脱石	高岭石	石英	云母	绿泥石	其他
西风井	泥岩	450.1～451.0	中多		中			少
	泥岩	452.3～453.4	中	中多	中			中少
	粉砂岩	456.2～457.8	中	中多			中少	少
	粉砂岩	458.5～459.4m	中多		中		中少	少

表 15.19　淮南煤田丁集矿风化泥岩黏土矿物相对定量分析结果

样品号	原采编号	蒙脱石	伊蒙混合物	伊利石	高岭石	其他黏土
1	补Ⅳkz1-1-3	4%	21%	18%	55%	2%
2	补Ⅲkz1-B-1	3%	21%	22%	53%	1%
3	补Ⅲkz2-4-3	4%	31%	9%	54%	2%
4	补Ⅲkz2-2-2	3%	18%	16%	61%	2%
5	补Ⅲkz2-2-1	5%	18%	11%	63%	3%
6	补Ⅴkz1-15-2	2%	36%	33%	27%	2%
7	补Ⅱkz2-1-3	4%	25%	18%	51%	2%
8	补Ⅴkz1-14-1	2%	5%	2%	90%	1%
9	补Ⅰkz2-15-1	2%	28%	27%	40%	3%
10	补Ⅰkz2-17-1	3%	26%	21%	48%	2%
11	补ⅩⅣkz1-16-3	4%	25%	23%	46%	2%
12	补Ⅲkz1-C-1	3%	11%	9%	75%	2%
13	补Ⅰkz2-15-2	3%	27%	17%	50%	3%
14	ⅩⅤkz1-15-2	2%	30%	11%	55%	2%
15	ⅩⅤkz1-17-2	5%	40%	16%	36%	3%

从表15.16～表15.19可以看出，两淮煤田风化岩石的含碎屑物比一般砂岩小，黏土矿物含量大（一般可超过50%）。岩石中的碎屑矿物主要为石英、长石。岩石中的矿物碎屑间充填有较多的黏土矿物，碎屑间互不接触，形成了岩石的基底式黏土胶结形式。岩石中黏土矿物主要为蒙脱石、高岭石等，这些矿物颗粒极细，多为细鳞片晶体集合体。这些黏土矿物具有吸水性强，吸水后体积膨胀的特性，说明风氧化带具有良好的隔水性能。

（四）基岩风化带的物理力学及水理性质

根据众多学者的研究成果，可总结出两淮矿区内基岩风化带具有以下物理力学及水理性质如下：

（1）风化带中砂岩孔隙率一般要小于10%，泥岩孔隙率均大于10%，说明风化带的泥岩压缩性大于砂岩。总的来说风化带内岩石容重较小、孔隙率较大、密度变化大，说明岩石风化后孔隙增加。

（2）实验的部分泥岩样浸水泥化程度较高，而且具有一定的塑性和隔水性，塑性指数Ip为9.2～12.4。

（3）潘三、百善、五沟、任楼、朱仙庄矿风化岩石的力学性质测试结果发现，基岩风化带岩石抗压强度降幅较大，强风氧化岩石强度仅为未风氧化岩石强度的6%～50%，黏结力和内摩擦角变小，塑变能力增强。

（4）实验研究结果（表15.20）表明，风化岩层在开采扰动下，其膨胀崩解性能进一步增强，再生隔水性能较好。

表 15.20　淮南煤田潘三煤矿风化岩石物理力学性质测试成果表

岩　性	V_p 波速(m/s)	单轴抗拉强度(MPa)	单轴抗压强度(MPa)	弹性模量 E (10^3 MPa)	泊松比	抗剪强度	
	最小—最大 平均值	最小—最大 平均值	最小—最大 平均值	最小—最大 平均值	最小—最大 平均值	内聚力(MPa) 最小—最大 平均值	内摩擦角 最小—最大 平均值
风化泥岩	692～905 810	0.06～0.69 0.50	0.24～9.83 5.62	0.42～2.93 1.68	0.26～0.73 0.41	2.52～2.73 2.51	32°48′～37° 34°55′
风化砂质泥岩	883～981 932	0.64～0.48 0.56	1.95～2.55 2.25	0.44～0.45 0.45	0.41～0.44 0.43	2.66～2.71 2.69	32°58′～33°06′ 32°59′
风化粉砂岩	2 026～2 331 2177	0.47～0.42	8.48～12.72	2.62～4.69	0.24～0.25	1.35～2.7	23～38
风化细砂岩	2 358～4 720 4037	1.46～1.91 1.70	35.67～50.24 45.97	15.42～23.23 21.36	0.19～0.21 0.20	8.2～12.3 10.4	24°8′～36°30′ 36°18′

(5) 失水后，强度逐渐增高。百善煤矿 6813 和朱仙庄矿 873、874 和 1071 工作面上覆强风化岩体的测试结果如表 15.21～表 15.24 所示。由此可以看出：风化岩体的失水，降低了孔隙率，其强度逐渐提高。因此，在厚含水松散层下采用先防水、后防砂、再防塌的煤岩柱留设新方法，减少和降低风化软岩的失稳机理，更科学、更合理。

表 15.21　淮北煤田百善井田同层砂岩不同风化程度的物理力学参数

测试项目	风化程度		
	强风化	弱风化	微风化
干燥饱和吸水率	37%～48%	8%～25%	1%～9%
单向抗压强度(MPa)	1.5～15.2	11.5～19.8	17.6～36.5
密度(kn/m^3)	21.5～28.0	24.5～26.1	25.4～27.9
含水量	2.08%～7.6%	2.01%～4.2%	1.03%～1.84%
内摩擦角	20°～24°	25°～30°	30°～34°
孔隙率	14.08%～21.42%	11.61%～15.27%	7.48%～10.67%

表 15.22　淮北煤田百善矿试采区强风化带泥岩崩解速率实验结果

取样钻孔	基岩深度(m)	岩石崩解速率		
		60 s	120 s	180 s
采后钻孔 06-3	0.5	11.02%	23.5%	32.1%
	1.0	10.7%	21.85%	31.28%
	2.0	11.2%	24.39%	37.26%
	3.0	16.34%	30.96%	39.86%
	4.0	18.1%	28.2%	41.3%

续表

取样钻孔	基岩深度(m)	岩石崩解速率		
		60 s	120 s	180 s
采前钻孔 06-1	0.9	3.45%	7.86%	10.7%
	1.8	4.05%	8.63%	14.34%
	3.6	3.86%	7.32%	3.56%
	5.0	1.89%	3.1%	3.85%
	7.8	2.65%	5.45%	7.9%

表 15.23　淮北煤田祁东矿试采区强风氧化带泥岩崩解速率实验表

取样钻孔	基岩深度(m)	岩石崩解速率		
		60 s	120 s	180 s
采后钻孔	0.5	11.8%	22.5%	33.1%
	1.0	10.7%	21.8%	30.2%
	2.0	11.0%	24.9%	37.2%
	3.0	16.5%	30.9%	39.8%
	4.0	17.1%	28.2%	41.3%
采前钻孔	0.9	4.1%	7.6%	11.7%
	1.8	3.9%	8.6%	14.3%
	3.6	3.7%	6.3%	3.5%
	5.0	1.8%	3.1%	3.8%
	7.8	2.5%	5.4%	6.9%

表 15.24　淮北煤田百善煤矿风化岩体强度随时间、含水量变化特征

时间(d)		1	2	3	4	5	6	7	15	28
含水量		23%	21%	18%	13%	12%	11%	10%	9%	7.4%
抗压强度(MPa)	泥岩	3.8	4.2	6.3	7.4	8.3	8.9	9.4	14.9	16.8
	粉砂岩	3.6	3.9	4.7	6.5	8.6	9.2	10.1	15.3	18.7
	砂岩	2.2	3.9	4.9	6.6	8.9	9.8	10.6	16.8	21.4

综上所述，风化带岩石强度低、浸水泥化程度高、易崩解，属遇水易崩解、水稳定性较差的类型，具有一定的流变特性。由此说明，基岩风化带若遭遇第三、第四含水层向下渗透，风化基岩会迅速泥化，在一定程度上能够阻碍含水层水的渗流，使采动围岩破坏过程中产生的导水裂隙弥合，减弱基岩裂隙的储水、导水能力，可以有限地形成阻碍松散层四含水向下渗透的良好再生隔水屏障。

第十六章　承压灰岩水上采煤水文工程地质条件

两淮煤田的下组煤(淮南为A组煤,淮北为10(6)煤)距石炭系太原组灰岩较近。从各矿的抽放水实验结果可知,太原组灰岩具有水压大、富水性强的不均一等特点,对两淮煤田的下组煤的安全开采构成强烈的威胁,是两淮煤田中大部分矿井的主要水害类型之一。故查明太原组灰岩的水文地质条件对下组煤的安全回采具有重要的现实意义。

第一节　太原组灰岩厚度及赋存特征

一、淮南煤田

根据淮南煤田各矿地质报告资料,本次统计出各矿太原组总厚(灰岩厚)、太灰水文地质特征、下组煤(A)距太灰顶距离以及太原组岩性如表16.1所示。以下分矿区对其进行详细论述。

表16.1　淮南煤田太灰地质及水文地质特征表

矿区	矿井	太原组(灰岩)厚度(m) 平均厚度	单位涌水量 q(L/(s·m))	渗透系数 k (m/d)	下组煤距太灰顶距离(m) 平均距离	太原组岩性
潘谢矿区	潘一	41～54 140	0.12～0.19	0.009～0.30	11.18～25.40 15.68	上、中部灰岩薄,夹砂岩、泥岩及多层薄煤
	潘二	89.90～140.79 44.19	0.011 9～0.013 3	0.009 35～0.296 4	16.17	薄层灰岩、泥岩及砂质泥岩
	潘三	135.72 51.45	0.074 7	0.307	9～21.18 16.66	泥岩和砂泥岩互层,局部夹细砂岩薄层
	潘北	112.05～114.24 113.15 49.50	0.012 3～0.021 1	—	17	含灰岩、黏土岩、砂页岩互层及砂质黏土岩
	丁集	100～110	0.000 23～0.000 952	0.000 567～0.005 78	30.11	发育部分方解石充填裂隙的厚薄夹层灰岩
	顾桥	99.99～112.15 102.9	0.000 05～0.347	0.000 2～3.929	—	灰岩、泥岩、粉砂岩以及薄煤
	谢桥	102.84～108.25 104.84 56.84	0.017 4～2.571 8	—	12.08～21.37 16.44	灰岩与泥岩、细砂岩,含薄煤,局部具有燧石、黄铁矿结核、铝质泥岩、铁质及黄铁矿

续表

矿区	矿井	太原组(灰岩)厚度(m) 平均厚度	单位涌水量 q(L/(s·m))	渗透系数 k (m/d)	下组煤距太灰顶距离(m) 平均距离	太原组岩性
潘谢矿区	新集1	86.37～140.51 112.87	0.017 4～ 1.764	0.018 2～ 8.77	7.94～27.82 16.4	灰岩为主,泥岩、砂岩、细砂岩和薄煤相间
	新集2	98.34～144.98 111.09 63.39	0.001 16～ 0.002 31	—	11.99～22.12 18.40	石灰岩与泥岩、砂岩和薄煤组合相间
	新集3	84.08～110.99 60	0.335～ 1.436 5	0.459～ 8.240	10.07～20.90 18.36	海相泥岩、砂质泥岩及薄层菱铁层,夹细砂岩薄层
	张集	108.55～122.95 114.42 65.19	0.000 045～ 0.009 732	0.000 138～ 2.935	16.6	石灰岩,方解石充填裂隙
淮南矿区	新庄孜	122.07 90.22	0.05～0.07	—	17	碎屑—粉晶质石灰岩或含生物微晶质石灰岩
	李嘴孜	101.43～127.01 51.86	0.015 7～ 0.133 7	0.076 377～ 1.360 6	14.94～23.51 19.78	石灰岩及含白云质灰岩泥岩、粉砂岩、砂岩、互层及薄煤层
阜东矿区	口孜东	104.39 55.55	0.001 7	0.006 5	8.50～29.00 15.60	厚层状灰岩为主,间夹砂质泥岩、粉砂岩,部分发育方解石脉和泥质充填裂隙
	刘庄	97.65～102.25 100.19 54.84	0.000 248～ 0.097	—	13.30～23.89 18.45	深灰色灰岩、泥岩、砂质泥岩、粉砂岩、中细砂岩夹薄煤层

(一) 淮南矿区

淮南矿区是淮南煤田的老矿区,目前主要开采 A_1、C_{13}、B_{11}、B_8 等煤层,主要采用综采和炮采相结合的开采方式。随着开采深度的增加,目前新庄孜煤矿和谢李煤矿已经进入深部开采,底板灰岩水是重要的充水水源,其中太灰 C_3-Ⅰ含水组为直接充水水源,C_3-Ⅱ含水组、C_3-Ⅲ含水组、奥灰含水层(组)通过对 C_3-Ⅰ补给而间接对矿井充水。

从表 16.1 中以及查阅相关文献可知,淮南矿区太原组地层总厚度为 114.91 m。在中部李郢孜至毕家岗范围内为 5～30 m 的第四系亚黏土所覆盖,仅在赖山集、土坝孜、山王集有零星出露,在孔集、李咀孜井田隐伏于 18～136 m 的第四系冲积层之下。太原组含灰岩 10～14 层,延用习惯名称,自上而下命名为 C_3^1,C_3^2,$C_3^{3上}$,$C_3^{3下}$,C_3^4,…,C_3^{12}。其岩性为:薄至厚层状石灰岩(10～14 层)夹分布不稳定的薄煤层、泥岩、砂质泥岩、泥岩、铝土泥岩。其中灰岩的化学成分为含 $CaCO_3$ 占 80%～93%。矿区中部太灰原始水位 +25 m(1950 年),20 世纪 80 年代以来,C_3-Ⅰ灰直接受矿井突水及疏水影响(李二—毕家岗井田灰岩总疏水量为 1 200～1 426 m^3/h),水位逐年下降。至 2009 年底由于 C_3-Ⅰ疏水,水位最大已下降至 −110 m 左右(据李一煤矿ⅧC3-1 孔)。按各层灰岩间距习惯上自上而下分为三组:

(1) C_3-Ⅰ组厚度为 38.50 m,含灰岩 3～4 层,其中 C_3^3层富水性强。由于第一组灰岩与二叠系煤系地层有厚 12～18 m 的隔水层,故太灰水与煤系地层砂岩水自然条件下无水力联系。

但在采掘过程中A组煤层底板受到破坏时，太灰水通过导水断层或裂隙出水，成为影响A组煤开采的直接充水含水层。

(2) C_3-Ⅱ组厚度为44.52 m，含薄层灰岩6层，其中C_3^4,C_3^9灰岩较稳定，C_3^7,C_3^8在部分区域有合并或缺生现象，此组灰岩富水性中等偏弱。

(3) C_3-Ⅲ组厚度为33.70 m，含灰岩3～4层，其中C_3^{11}层裂隙和溶洞比较发育，水量也较大，富水性强。此组灰岩与奥灰水力联系密切。

(二) 潘谢矿区

潘谢矿区各矿目前主要开采B,C组煤，新集三矿、潘二、潘北、潘三等矿相继开采或准备开采A组煤。底部灰岩水已成为影响矿井开采的重要水害之一。潘谢矿区灰岩水与淮南矿区灰岩水相比，有其独特的特点。该区灰岩含水层普遍埋深大、水压高，且灰岩水之间有水力联系。因此，灰岩水害也势必会成为影响新区各矿采掘工程甚至威胁矿井安全的一大水害。

石炭系太原群薄层灰岩岩溶裂隙含水层(组)隐伏于巨厚新生界松散层下，位于煤系地层1、3煤底板，从表16.1可以看出，淮南煤田的潘谢矿区太原层总厚度为84～145 m，其中灰岩总厚在14～74 m之间，岩性以灰岩为主，部分含有泥岩和砂泥岩互层，局部夹细砂岩薄层，偶尔还含有菱铁薄层或结核。太原组埋深以沿潘集背斜轴露头为最浅，由东向西和向背斜两翼埋深增大，在潘一井田内最小埋深约350 m。

(三) 阜东矿区

从表16.1中可得出，阜东矿区太灰层厚度在97～122 m间，其中灰岩累厚在40～90 m间，岩性除厚层状灰岩，夹砂质泥岩、粉砂岩外，发育部分和泥质充填的裂隙。

综上分析可得，淮南煤田太原组总厚范围为84～145 m，灰岩累厚在30～90 m之间，岩性以石灰岩为主，泥岩、砂岩和薄煤组合相间，发育有多被方解石充填的裂隙，偶尔含有燧石、黄铁矿结核、铝质泥岩、铁质及黄铁矿等。

二、淮北煤田

根据淮北煤田各矿水文地质类型划分报告，本次统计出各矿太原组总厚(灰岩厚)、太灰水文地质特征、下组煤(10或6煤)距太灰顶距离以及太原组岩性如表16.2所示。以下分矿区对其进行详细论述。

表16.2 淮北煤田太灰地质及水文地质特征表

矿区	矿井	太原组厚度(m) 灰岩厚度	单位涌水量 q (L/(s·m))	渗透系数 k (m/d)	下组煤距太灰距离(m) 平均距离	太原组岩性
临涣矿区	临涣	133.81～144.01 49.70～66.68	0.009～0.056 578	0.042～0.043 8	34.4～73.5 54.30	灰岩为主，中夹有少量泥岩粉砂岩细砂
	海孜	131.83～140.12 49.70～66.68	0.000 33～0.247 7	0.001 05～0.747	45～74 55	石灰岩、泥岩、粉砂岩及薄煤层
	童亭	128.18～134.47 65.22～77.75	0.000 026 4～0.377 14	0.000 060 544～0.78	35.0～93.50 6.15	灰岩、粉砂岩、泥岩及薄煤层

续表

矿区	矿井	太原组厚度(m)/灰岩厚度	单位涌水量 q (L/(s·m))	渗透系数 k (m/d)	下组煤距太灰距离(m)/平均距离	太原组岩性
临涣矿区	许疃	99.63～124.65/54.43～61.77	0.048 27～0.191 6	0.098 8～0.574	24.32～72.61/56.00	石灰岩、泥岩、粉砂岩及薄煤层
	孙疃	131.52/69.53	0.008 2～0.773	0.207 3～0.025 724	40.49～80.42/59.20	灰岩为主，方解石晶体粗大，富含动物化石夹多层薄煤
	青东	47～135/27.83	0.053 79～0.340 3	0.160～1.489	0～85.36/＜50.20	灰—深灰色泥晶生物碎屑灰岩夹深灰色泥岩及薄层细砂岩含大量动物化石
	杨柳	133.88/71.10	0.009 797～0.085 5	0.037 11～0.351 2	15.25～68.83/＜59.62	浅灰色石灰岩为主，深灰色泥岩、粉砂岩和少量砂岩
	袁一	132.40/75	0.002 83～0.150 91	0.004～0.188	25.29～65.05/44.23	多层富含动物化石的稳定灰岩，夹多层薄煤
	袁二	100.9	0.007 7～0.363	0.047 56～4.18	30.61～62.31/43.21	石灰岩为主，泥岩、粉砂岩及薄煤层
	任楼	128.87～130.46/48～71	0.001 1～0.389 5	0.076～1.57	16.4～43.53	灰、灰黑色灰岩、泥岩、粉砂岩及薄层煤
	五沟	133.18/47.31	0.003～0.15	0.006 6～0.52	0～67.22/48.9	石灰岩为主，泥岩、粉砂岩，少量细砂岩
宿县矿区	芦岭	160/64	0.011 99～2.57	0.001 4～13.97	55～65	石灰岩为主，含粉砂岩、砂岩互层，夹薄煤层，富含动物化石
	朱仙庄	140/62	0.015 5～0.293	0.021～1.16	50～60	石灰岩为主，含泥岩、粉砂岩夹有薄煤层，富含燧石
	桃园	190/76	1.351 1～1.924	1.74～1.18	32.62～72.36/＜61.43	灰岩为主，发育方解石充填裂隙
	祁南	192.81/82.66	0.069 19～0.423 3	0.185 3～1.875 5	16～77/60.05	以石灰岩为主，灰色砂岩、深灰色粉砂岩、泥岩和薄煤层
	祁东	192.81/82.66	0.379 8	3.422 3	51.35～77.57/64.34	以石灰岩为主，少量砂岩、粉砂岩、泥岩和薄煤层
	钱营孜	133/50	0.003 38～0.001 56	0.008 06～0.004 9	29.68～92.85/53.26	以灰岩为主，含砂岩、碎屑岩和薄煤层
涡阳矿区	涡北	127.70/52.60	0.059 94	0.150 7	0～20.52/＜4.40	生物碎屑泥晶灰岩，粒石英砂岩、泥岩夹薄煤层，砂层，动物化石
	刘店	115/50	0.000 11～0.029 4	0.000 04～0.163 3	10～20/16.93	生物碎屑灰岩夹薄层细粒砂岩、粉砂岩和泥岩

续表

矿区	矿井	太原组厚度(m) 灰岩厚度	单位涌水量 q (L/(s·m))	渗透系数 k (m/d)	下组煤距太灰距离(m) 平均距离	太原组岩性
濉萧矿区	百善	— >52.26	0.012 8~ 0.512 8	0.058~ 0.053	>50 —	石灰岩及过渡相灰色砂岩、粉砂岩和泥岩
	袁庄	164 63.54	0.002~ 0.056 6	0.008~ 0.196 6	39.65~77.52 50	灰白色细—粗粒结晶状灰岩与泥岩及砂质泥岩互层
	双龙	134.82~160 32	0.80~ 5.26	5.75~ 15.77	0.4~33.57 —	薄层灰岩与泥岩互层为主，夹砂岩、细砂岩及薄煤层
	朱庄	151~181 69	0.015 7~ 2.338	0.128~ 97.16	41.75~63.60 53.30	薄层灰岩与煤层、泥岩互层，偶夹砂质泥岩及细砂岩，并局部见有岩浆岩
	岱河	134.82~147.46 59.5	0.046 45~ 0.838 519	0.079 3~ 3.760	39.60~55.10 48.00	石灰岩、砂岩、泥岩和薄煤层
	杨庄	127.13~154.60 58.69	0.003 2~ 6.24	0.015~ 116.78	34.97~63.06 52.30	灰岩与煤、泥岩互层夹粉砂岩和砂岩
	石台	123.37~154.68 64.4	2.093 4	6.848 5	8.10~78.00 53.71	石灰岩、泥岩、细砂岩、粉砂岩及薄煤层
	朔里	150 108.5	0.000 039 9~ 0.838 5	0.000 5~ 4.061	48.26~72.23 55.20	石灰岩、砂岩及泥岩
	刘桥一	115.55 53.87	0.185~ 1.153	0.033 7~ 2.39	5.67~63.33 52.03	灰岩、泥岩、粉砂岩夹少量的薄煤层，含大量动植物化石
	恒源	115.55 53.87	0.09~ 0.30	0.55~ 11.64	25.1~69.82 53.7	石灰岩、泥岩、粉砂岩及灰色砂岩，夹少量的薄煤层
	前岭	>132 —	—	—	46.47~114.90 61.60	石灰岩、碎屑岩和薄煤层，有闪长岩和闪长玢岩等
	卧龙湖	115.55 53.87	0.008 917	0.049 68	38.94~64.10 51.90	以石灰岩为主，泥岩、粉砂岩及薄煤层

(一) 濉萧矿区

濉萧矿区太原组地层为海陆交互相沉积，岩性中灰岩除灰岩煤层与泥岩互层和砂质泥岩及细砂岩外，局部偶见岩浆岩，其总组厚在52~181 m范围，灰岩累厚为30~110 m，基本多在30~70 m(表16.2)，该含水组分上、中、下3个含水段，上段一至四灰，是威胁6煤开采主要充水极强含水层组；中段五至八灰、下段九至十四灰，中、下段距6煤间距较大，对6煤开采影响不大。各层灰岩沉积厚度变化大。这种局部变薄区成为6煤开采中可能引起突水的隐患。

(二) 宿县矿区

宿县矿区太原组上段一灰至四灰，是10煤开采直接充水含水层组。本矿区太原组厚度在130~200 m范围内，其中灰岩厚为50~90 m，岩性中除灰岩外，还包含方解石脉充填裂隙，砂岩粉砂岩，夹有薄煤层，富含动物化石，部分含燧石(表16.2)。根据桃园祁南矿抽水孔和长观孔柱状资料知，太原组上段一灰层厚度为1.08～3.58 m，平均厚度为2.33 m左右；二灰层厚度为2.69～4.83 m，平均厚度为4 m左右；三灰层厚度3.00～21.30 m，平均厚度为13 m左右；四灰层厚度为12.36～30.82 m，平均厚度为15～20 m。桃园矿太原组上段地层中一灰、二灰、三灰、四灰等4层灰岩总厚度为35.52～42.30 m，平均厚度为38.91 m，4层灰岩总厚度占太原组地层总厚的68.3%～72.8%。在祁南矿太原组上段地层中一灰、二灰、三灰、四灰等4层灰岩总厚度为41.00～55.96 m，平均厚度为48.48 m，4层灰岩总厚度占太原组上段地层总厚的49.3%～59.1%，平均厚度为54.2%。

（三）临涣矿区

临涣矿区太原组地层岩性以灰岩为主，晶体粗大，夹少量细砂岩和多层薄煤，富含动物化石夹薄层煤。本矿区太原组总厚度在130 m左右，含石灰岩10～13层，其中灰岩成分多数在40%，又1～4层太原组灰岩总厚多在20～40 m(表16.2)，其中太灰上段一、二层石灰岩厚度小，厚度为0～5.63 m，平均厚度为2.22 m左右，部分区域一灰、二灰缺失，不能构成连续的含水层；第三、四层石灰岩厚度为4.19～25.26 m，平均厚度为8.20 m左右；五灰至十三灰含水层距下组煤间距较大，影响小。

（四）涡阳矿区

从表16.1可以看出，涡阳矿区太原组岩性为生物碎屑泥晶灰岩、粒石英砂岩、泥岩夹薄煤层、砂层、动物化石，本矿区太原组总厚度在120 m左右，含石灰岩10～13层。

由上述分析可知，淮北煤田的太原组总组厚在50～200 m，灰岩累厚度为30～110 m。相比淮南煤田，淮北煤田的太原组总厚范围大于淮南，灰岩累厚度相似，为30～110 m，且主要集中在40～80 m间。

第二节　太灰上段富水性特征

一、淮南煤田

（一）淮南矿区

从表16.1可以看出，淮南矿区新庄孜和李嘴孜矿的太灰单位涌水量显示其富水性为弱到中等。另外，根据钱家忠(2009)对淮南老区的灰岩水富水分区研究成果，老区灰岩富水性将分东部李二矿至毕家岗和西部孔集井田两个部分进行分区。

1. 东部李二矿至毕家岗井田

东部李二矿至毕家岗矿区灰岩地下水接受西南部山区寒武系灰岩水补给量的大小，径流畅通程度，奥灰、C_3-Ⅲ、C_3-Ⅰ各含水层的水力联系密切程度等均取决于导水断层存在与否，因此将导水断层的存在与否及其分布范围和深度作为划分水文地质分区边界的依据。在同一水文地质分区内，由于岩溶发育的非均一性，导致同一区内水文地质参数存在差异，故又按水文地质参数(指钻孔单位涌水量和导水系数)的不同在同一分区内再划分亚区。

东部李二矿至毕家岗矿区灰岩富水性(以太灰C_3-Ⅰ组为主，并结合奥灰)可划分为强和弱两大区,同一大区再细分为强、较强和较弱、弱四个亚区(图16.1)。由于图幅面积有限,所以图16.1中的弱弱合并为一区,即弱富水性区。为了提供划分水文地质分区的依据,下面首先对矿区灰岩富水性强弱的水平分区和垂向分带加以说明。

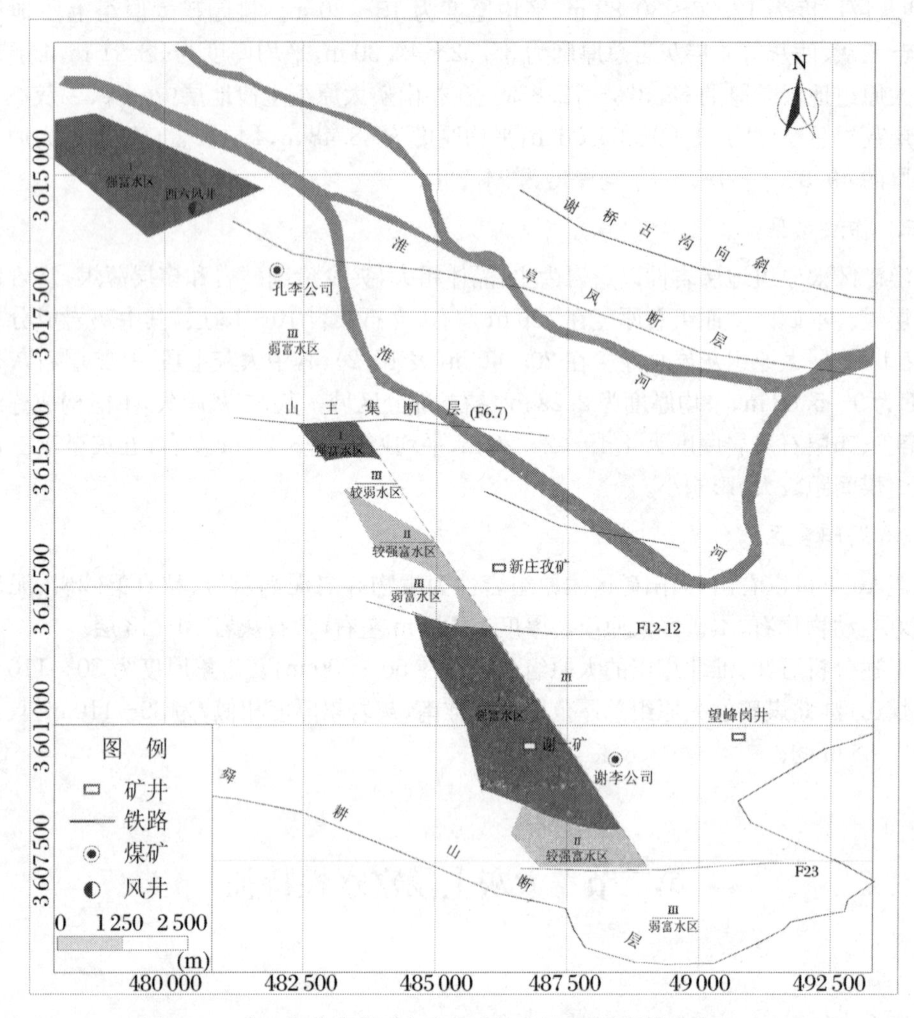

图16.1　李二至毕家岗矿灰岩富水性分区示意图(钱家忠,2009)

(1) 灰岩富水性强弱的变化呈现出明显的水平分区和垂直分带的规律,但也显示出富水性较中深部弱的另一少见特点(局部地段)。水平方向分区规律受断层影响和控制,垂直方向上分带规律为:浅部富水性弱于中深部,中深部灰岩水的富水性随深度增加而逐渐减弱,水质类型发生变化,矿化度逐渐增加,径流条件变差,如谢一矿南翼单位涌水量由-250～-320 m水平的0.93～1.38 L/(s·m)变为深部-480 m水平的0.19 L/(s·m)。

(2) 强导水断层附近灰岩富水性一般是普遍强,但仍不均一。如沿F_{17}断层与$F_{13\text{-}8}$断层灰岩富水性一般普遍强,但沿F_{17}断层钻孔单位涌水量(0.93～1.38 L/(s·m))还大于$F_{13\text{-}8}$断层。

(3) 在倒转急倾斜单斜岩层的李二矿区,太灰1,2,3各层打钻普遍无水。在倾斜单斜岩层的李一矿区,太灰1、2两层打钻也普遍无水,8层灰岩即使有水,水量也甚小。

(4) 由谢一矿至毕家岗矿,太灰强含水的为3上、3下、11三层灰岩,5,6,7,9,10五层灰岩一般弱含水，1，2，4，8 这四层灰岩含水程度更弱。

2. 西部孔集井田

在西部孔集井田，根据勘探实验工程控制的密度，选择垂向上控制奥灰部位基本相同（中、上部），对奥灰含水层在平面上按其单位涌水量 q 的大小进行富水性分区。

根据 F_3，$F_{3\text{-}2}$，$F_{2\text{-}2}$ 断层把 C_3-Ⅰ组灰岩切割形成的单元（小块段）及其疏水降压效果和在不同块段内放水实验获得的 q，对 C_3-Ⅰ在 －530 m 以上的剖面进行分区。

（1）奥灰

在Ⅱ线—构Ⅰ线走向长 3.75 km 范围内，对奥灰进行的 10 次抽水实验所获得的 q 资料表明，奥灰在平面上可划分为三个不同富水块段，如表 16.3 所示。

表 16.3　孔集井田奥灰含水层平面富水性分区

块　段	1	2	3
范围	Ⅱ线以东 （西二以东）	Ⅱ～Ⅲ线～Ⅵ线 （西二～西六）	Ⅴ线以西 （西八以西）
抽水点起止标高(m)	－237～－184.91	－41.04～－382.22	－41.01～－280.08
单位涌水量 q(L/(s·m))	0.001 183～0.206 8	0.248～0.589	0.919～4.009
富水性	弱到中等	中等	中等到强
控制层位位置	中部及中上部	中部及上部	中部及上部

(2)太灰Ⅰ组

根据历次在 －140～－250 m 水平及 1991 年的 －530 m 水平 25 次太灰放水疏干实验资料及 F_3，$F_{3\text{-}1}$，$F_{2\text{-}2}$ 断层所切割的水文地质单元或块段，可将太灰Ⅰ组划分为 2 大单元 7 个块段，如表 16.4 所示。

在表 16.4 中，7 块段是因构造复杂而单独划出的一个块段。即当 －250 m 水平的Ⅰ、Ⅱ、Ⅲ灰岩放水孔揭露 F_3，$F_{3\text{-}1}$，F_3，$F_{3\text{-}1(1)}$ 断层时，Ⅰ组灰岩测压孔实际反映的是Ⅱ、Ⅲ灰岩水压，单位涌水量是Ⅱ、Ⅲ灰岩的单位涌水量。

表 16.4　孔集井田太灰Ⅰ组含水层平面富水性分区

单　元	Ⅰ单元 F_2 断层上盘			
块　段	1	2	3	4
范　围	井～Ⅲ线 W	Ⅲ～Ⅵ～Ⅵ	Ⅵ～Ⅴ	Ⅴ～Ⅵ
单位涌水量 q(L/(s·m))	0.079～0.093	0.018～0.061 2	0.129～0.134	0.311
富 水 性	弱	弱	中等	中等

单　元	Ⅱ单元 F_2 断层下盘		
块　段	5	6	7
范　围	井线以东	井～Ⅲ～Ⅵ	Ⅲ～Ⅵ～Ⅵ
单位涌水量 q(L/(s·m))	0.014～0.104	0.045 7～0.162	1.256（Ⅱ、Ⅲ灰岩）
富 水 性	弱到中等	弱到中等	中等

（二）潘谢和阜东矿区

根据表 16.1 可知，潘谢矿区的新集一矿和谢桥矿太灰上段富水性为由弱到强，富水性差异较大，反映了煤田内岩溶发育的不均一性，新集三矿属中等到强富水性矿井外，该矿区其余矿井和阜东矿区的口孜东，刘庄矿均属弱富水。

二、淮北煤田

（一）濉萧矿区

由表 16.2 可看出，濉萧矿区的杨庄矿、双龙公司太灰上段富水性分别由弱、中等到极强，石台、刘桥一矿太灰上段富水性为中等到强富水性矿井，濉萧矿区其他矿井为弱到中等富水性不等。

从以上分析并结合相关研究成果可总结出，本矿区太原组一灰至四灰含水组为强富水性含水层，抽水成果中各单层灰岩 q 值差异悬殊，表明一灰至四灰富水性有非均一的特征，一灰至四灰混合抽水的 q 值有随抽水段埋深增加而有减少的趋势，反映岩溶随垂深而减弱的趋势。

（二）宿县矿区

从表 16.2 可以看出，宿县矿区芦岭、桃园太灰上段为强富水级，矿区内其他矿井太灰上段为弱—中等富水性。结合相关科研研究，本矿区桃园等矿太灰富水性强的原因为，桃园矿 F_1 断层组成桃园矿北部边界。F_1 断层落差 650 m 以上，造成桃园井田区下伏太灰上段与对盘煤系对接，故视为阻水边界。南部隔水边界，桃园矿 F_2 断层组成桃园矿南部边界，F_2 断层落差 420 m 以上，造成桃园井田区下伏太灰上段与对盘煤系对接，故视为阻水边界。祁南矿南部 F_9 断层与其他含水层水力联系不密切，补给边界，以层间径流、补给为主，在浅部露头带接受四含水的补给，雨季太灰水位的上升可为佐证。区域范围内，若出现大的水位差，则径流、排泄、补给明显。此边界条件，决定了太灰、奥灰含水组成为矿井直接充水的太灰之强大补给源。

（三）临涣和涡阳矿区

临涣、涡阳矿区分别受丰口—夏邑—固始断裂控制，南北分别受孟集断裂和宿北断裂等具有隔水能力断层的制约，失去了与外围发生水力联系的能力；孙疃矿、杨柳煤矿受到宿北、丰口、板桥和南坪隔水断层的制约，使得矿区被形成了一个孤立的、较为封闭的断块；袁店一井水文地质边界条件与临涣矿区水文地质边界条件一致，四周被大的断层切割，东西分别受固镇—长丰断层和丰沛断层控制，南北分别受光武—固镇断裂和宿北断裂制约。这些大的断裂均具有一定的隔水能力，井田内次一级构造展布形迹主要受控于四周边界断层，由于断层的阻隔与外围失去了水力联系。

根据表 16.2 以及据刘店井田对 G_{31} 孔在岩溶裂隙不甚发育的 1～4 层灰岩抽水实验，$q=0.000\,138$ L/(s·m)；而 04-16 和 04-1 孔 1～4 层灰岩抽水实验，$k=0.036\,9$～$0.163\,3$ m/d，q 值为 0.005 4～0.023 9 L/(s·m)；孙疃井田 22-23_1 和 27_1 孔对太原组 1～4 灰抽水实验 $q=0.058$～$0.055\,4$ L/(s·m)，$k=0.207\,3$～$0.167\,7$ m/d；杨柳井田对两个孔的太原组一至四灰抽水实验，$q=0.009\,797$～$0.085\,5$ L/(s·m)，$k=0.037\,11$～$0.351\,2$ m/d；袁店井田 06-26、04-46 孔对太原组一至四灰抽水实验：$q=0.009\,792$～$0.045\,21$ L/(s·m)，$k=0.037\,67$～$0.153\,7$ m/d，富水性弱—中等，综上说明该区域太灰上段富水性较弱。另外依据该区域钻孔岩芯统计分析得出井田太原组一至四灰岩溶都不甚发育。

第三节　下组煤底板至太原组一灰岩层结构及厚度特征

一、隔水底板厚度特征

从表 16.1 可以总结出，淮南煤田的潘谢矿区的下组煤(A)与太灰层隔距离在 10～30 m 之间；阜东和淮南矿区的下组煤与太灰层隔距离在 10～30 m 之间，太灰层厚度在 97～122 m 之间；淮南煤田的下组煤与太灰层隔距离在 8～30 m 之间，总体比较稳定，均值为 20 m。

从表 16.2 可以总结出，淮北煤田的临涣矿区的底煤与太原组间隔范围为 0～100 m，主要集中在 30～70 m 范围内；宿县矿区的间隔距离为 16～90 m，主要集中在 30～70 m 内，涡阳、濉萧矿区的太原组距上部底煤一般范围值为 20～80 m，前岭矿最高可达 114 m。淮北煤田下组煤与太灰层的间隔普遍在 30～90 m 内，部分矿区因受到断层发育的影响，在局部区域间隔被缩小，其中可以小到 10～20 m，甚至在涡北、青东矿等发生直接接触。

从以上分析可以总结出，淮北煤田的下组煤到太原组顶的距离要大于淮南，且下组煤与太原组间距值不如淮南煤田稳定多由于断层的影响，淮北煤田多处矿井存在着下组煤与太原组岩层直接接触。

二、隔水底板岩层组合结构

底板岩层是由不同岩性的岩层组成的，不同岩性的岩层其岩体结构与力学性质不同，泥岩、砂岩和灰岩的物质组成和胶结物有差异，其水理力学性质等有差异，阻水性能就不同，不同的岩层组合对底板岩层的阻水性能的影响不同。以淮北煤田为例，重点论述其下组煤隔水底板的岩层组合结构特征。

淮北煤田二叠纪 10(6)煤层底板岩层均形成于下三角洲平原环境，包括分流河道、分流间湾、泛滥平原和泥炭沼泽等各种亚环境。顶底板岩性主要由泥岩、粉砂质泥岩、粉砂岩和中细砂岩构成。顶板岩体中的砂岩在整个研究区为顶板的骨架沉积。平面上砂岩多呈带状、枝状分布，剖面上则多呈透镜状，且当砂体变薄时，往往被泥岩和砂质泥岩代替，反映了三角洲平原砂体形态特征。由于受沉积环境控制，沉积岩性、岩相及其组合特征各异(表 16.5)，在垂向上岩性、岩相旋回变化，在侧向上发生增厚、变薄甚至尖灭，从而决定了顶板岩体力学性质在空间上表现出明显的差异，在井下采动过程中将直接影响到煤层底板的稳定性及阻隔水能力。

表 16.5　淮北煤田下组煤层(10 煤)顶底板沉积岩石岩性(相)组合特征

地　层	煤　层	沉积环境	砂体成因	砂体形态	岩性岩相
山西组	10(6)煤	以河流作用为主的水下三角洲平原环境	分流河道沉积、河口砂坝沉积	条带状、朵状	分流河道相；分流间湾相；河口砂坝相；泥炭沼泽相

根据研究区实际，对于三角洲平原沉积的含煤岩系，底板岩层的沉积层序主要可概化为向上变细层序、向上变粗层序和粗细相间层序；对应的底板岩体沉积组合结构亦可分为下硬

上软型、下软上硬型和复合型三类。

(一) 向上变粗层序——下软上硬型底板

主要形成于三角洲沉积环境,如河口坝沉积和大型决口扇中部的沉积。发育较好的三角洲沉积从下向上多为海退层序,因而沉积物的岩性及结构,在垂直层序上与河流沉积不同,一般具下细上粗的特征;而河流相则下粗且不含海相化石。如研究区10煤形成于下三角洲平原环境(表16.5)。煤层顶板沉积层序下部为沼泽相、泛滥平原及分流间湾相,上部为分流河道相,整体为向上变粗的沉积层序。岩体力学强度由下往上迅速增高。

由于沼泽沉积中有大量的植物根茎,炭质含量高,破坏了沉积物的原始结构。定向排列的植物碎片、碎屑化石及镜煤条带,形成大量的沉积软弱结构面,使岩体力学强度大大降低。沼泽相之上为泥岩、粉砂岩,均形成于较弱的水动力条件,一般为低能静水环境,以悬浮载荷的沉积作用为主,发育水平层理或沙纹层理,因此岩体力学强度亦低;向上主要为分流河道相砂岩,岩体力学强度迅速增高(图16.2(b)、图16.2(c))。

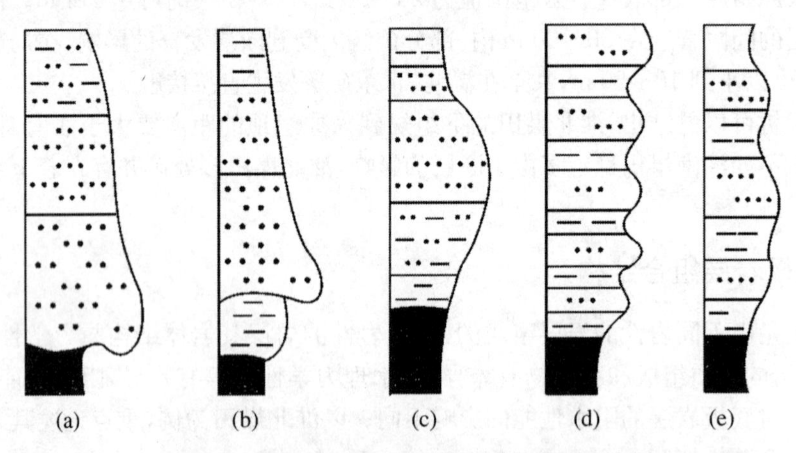

图16.2 研究区煤层顶板岩体沉积层序组合类型

底板的此种模式沉积层序,也即底板岩层的组合形式在研究区最为常见(图16.3)。如刘桥矿区的刘桥一、二矿以及涡阳矿区的刘店矿、临涣矿区的杨柳矿等10煤层底板大都为此种沉积层序。

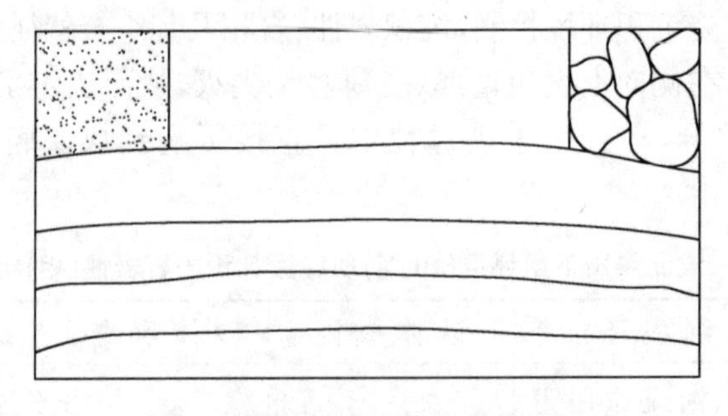

图16.3 底板自上而下硬度增大

假定直接底板岩层每层的厚度相等,并且层间的黏结力很小,可以忽略不计。由弹性理论可知,在其他条件相同时,板的挠度与弹性模量成反比,即岩层越坚硬,强度越高,其弯曲挠度越小。反之,其弯曲挠度大。直接底板岩层自上而下由硬逐渐变软,则由于上部较硬岩层的挠度小，则下部的直接底板自上而下硬度逐渐减小，岩层将静止在上部较硬的岩层上，其作用是整个岩层相当于一层岩层，层间不产生离层裂隙。如图 16.4 所示，这种岩性组合对承压水上采煤最有利。

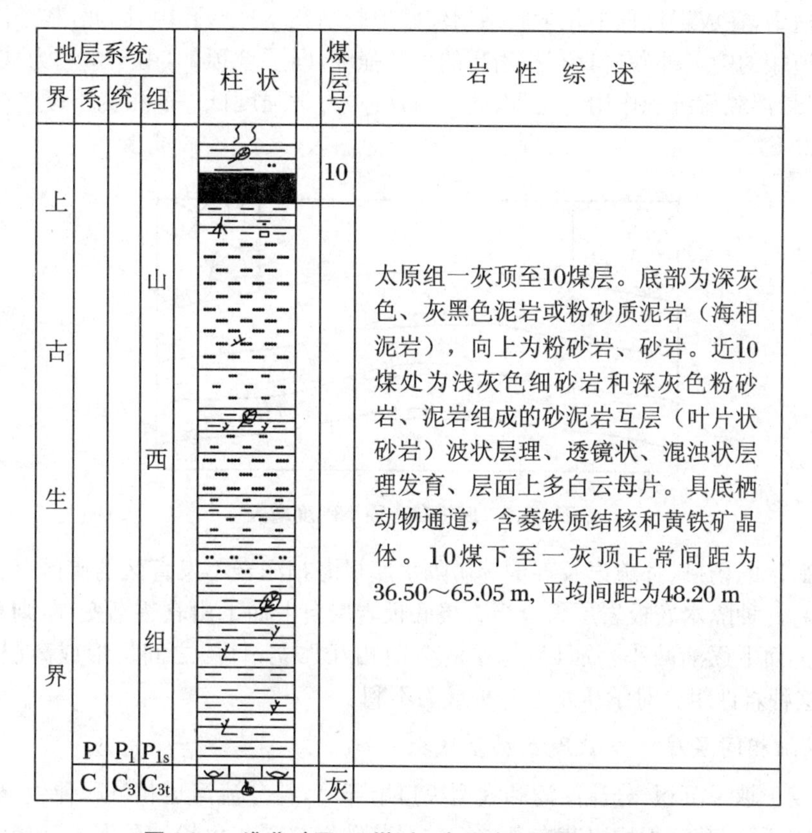

图 16.4　淮北矿区 10 煤到一灰隔水层段综合柱状图

（二）向上变细层序——下硬上软型底板

在主要以河流作用为主的三角洲平原环境下形成的沉积层序。从下向上，这种层序由砂岩—粉砂岩—砂、泥岩互层—泥岩组成。底板岩体力学强度由下往上迅速降低，中间存在明显的沉积弱面。由于河道砂岩体在横向上呈透镜状，在砂体下两侧大都为泥岩，并随砂岩的变薄、尖灭，泥岩的厚度逐渐加厚。砂岩与泥岩交界面常常由于在成岩后生作用过程中的差异压实作用而产生滑面和纵向节理，从而使岩体强度降低，降低岩层的阻隔水能力。如研究区的 10 煤底板（表 16.5）由下往上主要包括分流流河道、天然堤、决口扇、分流间湾及泛滥平原沉积组合，具有明显的向上变细的半韵律粒度结构，岩石相变快，砂体常呈透镜体产生，层理发育，类型丰富。下部有板状交错层理与大型槽状交错层理，上部为水平层理或砂纹层理。整个层序的底部具明显的冲刷面，冲刷面常为块状含泥砾（或煤屑）中粗砂岩，向上为中细砂岩、粉砂岩和泥岩，层理构造规模及层厚均有向上递减现象。

岩体力学性质的变化是由沉积环境所决定的，下部分流河道细砂岩体形成于较高能量的沉积环境，因此，总体上其岩石的黏土含量较少，粒度以砂级为主，经成岩胶结后具有相当高的力学强度。同时在分流河道沉积环境中不同的河道深度上，水动力条件也有差异，即由下向上水动力条件逐渐减弱，底部堆积了含泥质包体、植物茎干和粒度较粗的沉积物，黏土质较少，原生孔隙较为发育，在成岩过程中化学胶结物往往难以完全充填胶结这些原生孔隙，成岩后尚存在较大的孔隙度。因此，在分流河道层序中相对上部的砂岩而言，底部砂岩力学强度有所降低；而在分流河道的中上部，水动力条件较强，黏土杂质较少，并且具有较好的分选性，原生孔隙度适中，在成岩过程中化学胶结物较好地胶结充填这些孔隙，因此，整个沉积层序下部即分流河道相的中上部砂岩具有相当高的力学强度，向上至顶部，由于水动力减弱，水位变化等影响，以悬浮载荷沉积作用为主，因此，岩石（体）力学强度低。底板为下硬上软型沉积组合结构（图 16.5）。

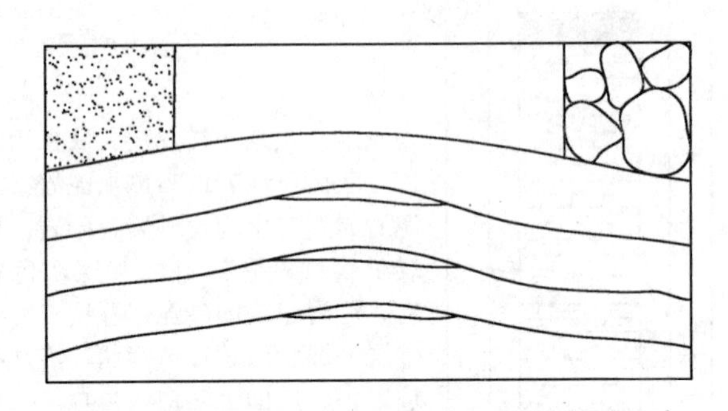

图 16.5　底板自上而下硬度增大

在淮北矿区的杨柳、孙疃以及五沟等矿隔水底板海相泥岩不发育区的矿区存在着此种底板沉积层序。此种隔水底板岩层组合当直接底板岩层自上而下由软逐渐变硬，则直接底板的弯曲挠度自上而下逐渐减小。所以，每层的弯曲相互独立，每层之间均形成离层裂隙，如图 16.5 所示，这种岩性组合对承压水上开采最为不利。

（三）*粗细相间层序——软硬互层型底板*

主要形成于越岸沉积、分流间湾和大型决口扇环境，与分流河道相沉积伴生，分布于分流河道的一侧或两侧，其沉积均以灰白色中细粒石英砂岩与深灰色粉砂质泥岩互层为特征。砂岩中见小型交错层理或砂纹层理，其厚度约 10 cm，泥岩厚度为 5～10 cm，块状，其中植物根系发育。在后期的成岩后生作用过程中，砂、泥岩互层层面上常常出现滑面或擦痕，极易剥落。这是由其沉积时水动力条件所决定的，砂泥岩互层形成于水动力强弱交替变化频繁且剧烈的环境中，使得沉积物在成分和结构上产生不均一性和交互性，沉积软弱结构面发育，如图 16.2(d)、图 16.2(e)所示。

此种沉积层序在淮北矿区各矿 10 煤底板隔水层都有出现，对应的底板岩性组合特征一般是软硬互层型的底板。此种隔水底板根据其不同的组合方式将产生不同形式的离层裂隙。图 16.6 所示为三种不同岩性组合产生的离层裂隙。

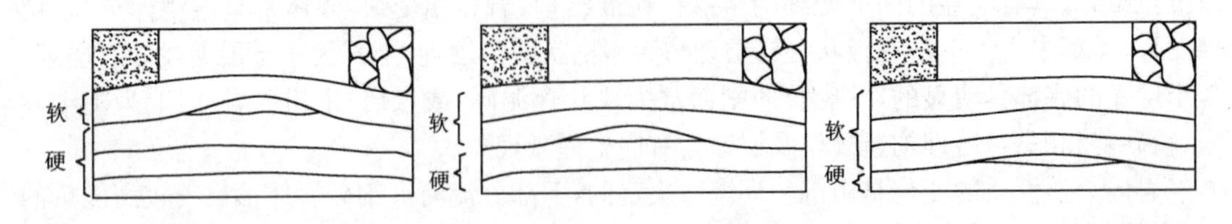

图 16.6　底板岩层软硬相间的三种情况

从以上的分析可知，底板岩层的层序及岩性的不同组合产生不同的离层裂隙（或不产生离层裂隙），因此，在评价底板岩层在矿压作用下的破坏程度及隔水性能时，有必要首先查清底板岩层的力学性质及层与层之间的组合关系。当然实际的底板岩层不像上述假设的那样理想，而是由岩性各异、厚度不同的岩层组合而成的，所以，对于具体问题要经过力学计算或数值分析进行具体研究。很明显，当底板最上部一层岩层很厚而且强度很大时，将抑制住下部岩层的上鼓，从而底板的上鼓量及离层裂隙将会是最少的，这对承压水上的安全开采十分有利。

第四节　隔水底板岩石物理力学参数测试

煤层底板岩石的物理力学性质是重要的工程地质条件之一，是关系到底板采动变形破坏、阻抗底板突水发生的重要因素。岩石的物理性质包括比重、密度、天然含水量、孔隙比或孔隙率及水理性质等。不同的岩石，其物理性质指标也不同。室内力学实验包括岩石单轴抗压、抗拉强度及抗剪实验、弹模测试等。本次以淮北濉萧矿区的恒源煤矿、临涣矿区的五沟煤矿为例进行说明。

一、恒源煤矿

从表16.6可得细砂岩容重为25.03～26.43 kn/m³，平均值为25.78 kn/m³；弹性模量E为(1.98～6.21)×10⁴ MPa，平均值为3.6×10⁴ MPa；泊松比0.05～0.52，平均值为0.20；内聚力c为18.45～18.72 MPa，平均值为18.59 MPa；摩擦角40.2°～46.8°，平均值为43.5°。泥岩容重为24.88～26.33 kn/m³，平均值为25.61 kn/m³；弹性模量E为2.19×10⁴ MPa；泊松比为0.25；内聚力c为4.78～5.28 MPa，平均值为5.0 MPa；摩擦角34.5°～35.2°，平均值为34.85°。

表16.6　I_8及II_2采区主采煤层顶底板岩石容重、变形参数及抗剪参数测试结果

孔　号	层　位	岩　性	容重(kn/m³)	E(×10⁴MPa)	泊松比	c(MPa)	φ
02-2	6煤老顶	细砂岩	26.43	3.56	0.12	—	—
02-2	6煤老底	细砂岩	26.20	6.21	0.52	—	—
02-2	6煤直底	泥岩	24.88	—	—	—	—
02-4	6煤老底	细砂岩	25.45	2.65	0.05	18.45	46.8°
02-4	6煤直底	泥岩	26.33	2.19	0.25	4.78	35.2°
02-4	6煤直顶	泥岩	—	—	—	5.28	34.5°
02-4	6煤老顶	细砂岩	25.03	1.98	0.09	18.72	40.2°

从表16.7可得，细砂岩抗压强度为22～108.48 MPa，平均值为62.76 MPa；抗拉强度为3.039～8.918 MPa，平均值为5.229 MPa。泥质砂岩抗压强度为24.75～32.41 MPa，平均值为28.58 MPa；抗拉强度为1.792～3.165 MPa，平均值为2.479 MPa。粉砂岩抗压强度为22.58 MPa，抗拉强度为1.591 MPa。泥岩抗压强度为33.85～48.45 MPa，平均值为41.87

MPa;抗拉强度为1.193～4.245 MPa,平均值为2.664 MPa。中细砂岩抗压强度为74.56 MPa,抗拉强度为6.036 MPa。

表16.7 顶底板岩石单轴抗压、抗拉强度实验成果表

孔 号	层 位	深 度(m)	岩 性	抗压强度(MPa)	抗拉强度(MPa)
02-1	6煤老顶	736～741	细砂岩	68.90	3.452
	6煤直顶	748～750	泥质砂岩	32.41	1.792
	6煤直底	752～755	粉砂岩	22.58	1.591
	6煤老底	755～780	细砂岩	67.34	3.319
02-2	6煤老顶	610～615	细砂岩	22.00	5.578
	6煤老底	622～635	细砂岩	57.60	8.918
	6煤老底	622～635	细砂岩	32.78	8.891
	6煤直底	618～622	泥岩	33.85	1.193
02-4	6煤老底	640～645	细砂岩	45.41	—
	6煤老底	640～645	细砂岩	108.48	—
	6煤直底	635～640	泥岩	44.02	—
	6煤直底	635～640	泥岩	41.15	—
	6煤老顶	715～721	细砂岩	92.41	3.624
	6煤老底	730～746	细砂岩	—	3.039
	6煤老底	760～746	细砂岩	—	4.225
	6煤直底	729～730	泥岩	—	2.879
	6煤直顶	724～727	泥岩	—	2.34
	6煤老顶	595～600	细砂岩	78.91	6.176
	6煤直顶	601～602	泥岩	48.45	4.245
	6煤老底	608～611	细砂岩	57.83	5.023
03-3	6煤老顶	571～579	中细砂岩	74.56	6.036
	6煤直底	581～583	泥质砂岩	24.75	3.165
	6煤老底	583～586	细砂岩	58.69	5.269

二、五沟矿

《五沟矿首采面水患分析和开采安全性综合评价及防治对策研究报告》中对10煤底板岩石的测试结果如表16.8、表16.9和表16.10所示。岩石的力学性质测试结果有一定的波动性,其中同类岩性中以粉砂岩的力学性质波动性较大。在不同岩石力学性质中,砂岩强度大于粉砂岩,粉砂岩强度大于泥岩,各种岩石抗压强度值变化范围较大,且由于采动的破坏和宏观裂隙的存在,差别会更大。

表 16.8　岩石抗压强度变形变量测定结果表

实验编号	岩石名称	含水状态	试块编号	试块尺寸		破坏载荷(kn)	抗压强度(MPa)	平均强度(MPa)	变形模量(Gpa)	平均形模量(Gpa)	泊松比	平均泊松比
				直径(mm)	高度(mm)							
56	细砂岩	自然	1	50	95	70.0	35.7	35.7	3.92	3.92	0.213	0.213
58	粉砂岩	自然	1	50	94	53.7	39.5	39.5	2.47	2.97	0.257	0.257
60	细砂岩	自然	1 2	50 50	92 93	137 144	69.9 73.4	71.7	4.62 4.89	4.76	0.228 0.234	0.231

表 16.9　岩石剪切实验测定结果表

实验编号	岩石名称	试块编号	试块尺寸		破坏载荷(kn)	最大剪应力(MPa)	最大正应力(MPa)	平均剪应力(MPa)	平均正应力(MPa)	凝聚力(MPa)	内摩擦角
			直径(mm)	高度(mm)							
58	粉砂岩	1 2	50 50	41 40	32.5 29.3	23.0 22.0	19.10 18.40	22.5	18.75	19.6	32.0°
60	细砂岩	1 2	50 50	40 38	64.5 49.4	26.4 22.4	18.5 12.7	24.4	15.6	23.7	34.5°
65	灰岩	1 2	50 50	38 40	48.2 45.4	20.8 18.6	14.6 13.0	19.7	13.8	16.6	34.5°

表 16.10　岩石抗拉强度变形变量测定结果表

实验编号	岩石名称	含水状态	试块编号	试块尺寸		破坏载荷(kn)	抗拉强度(MPa)	平均抗拉强度(MPa)
				直径(mm)	高度(mm)			
56	细砂岩	自然	1 2	50 50	24 25	3.03 2.45	3.61 3.25	3.43
58	粉砂岩	自然	1 2 3	50 50 50	24 23 2	2.15 2.38 2.43	1.14 1.32 1.35	1.27
59	泥岩	自然	1 2 3	50 50 50	22 24 23	1.64 2.13 1.50	0.95 1.13 0.83	0.97
60	细砂岩	自然	1 2 3	50 50 50	24 23 24	20.5 21.8 22.8	3.24 3.43 3.14	3.27
65	灰岩	自然	1 2 3	50 50 50	21 22 20	3.34 3.92 3.93	3.89 4.03 4.09	4.00

《五沟 F_{14} 断层煤柱研究》报告对 F_{14} 断层带附近及远离断层带的岩石样进行了单轴抗压强度、抗拉强度与三轴强度测定，具体结果见表 16.11。这次还系统收集了五沟煤矿顶底板岩石力学数据(表 16.12)，尽管这些数据并不全是 10 煤底板岩石样，但可根据同一矿井与同一层位相同岩性具有相同岩石力学性质进行综合分析对比，结果表明：

1．断层带附近岩石的力学参数值

相同层位的岩石力学参数值与正常煤层顶底板岩层相比要低许多，属于软弱岩石，如粉砂岩，是断层带内岩石内部微小裂隙发育导致其强度下降。泥岩强度本身就不高，遇水后强度又降低。

2．远离断层带岩石的力学参数值

远离断层带岩石力学参数值，对于 10 煤顶粉砂岩，比较集中；对于 10 煤底细砂岩，其抗拉强度基本相同，而抗压强度则分散；对于 10 煤底泥岩，其抗拉强度与抗压强度都分散。10 煤顶底板不同岩石力学参数值一般是 10 煤底细砂岩＞10 煤顶粉砂岩＞10 煤底泥岩。

表 16.11　断层带岩石力学性质实验成果表

钻场	孔号	与断层带大致距离(m)	层　位	岩石名称	单轴抗压强度(MPa)		抗拉强度(MPa)	
					平　均	范　围	平　均	范　围
一号	3#	20	10 煤底	泥岩	10.8	11.5～10.1	1.29	1.19～1.39
		20	10 煤底	泥岩			1.18	1.15～1.21
		20	10 煤底	泥岩			1.30	1.29～1.31
		16	10 煤下一灰	灰岩	86.6		8.35	
		16	10 煤下一灰	灰岩	79.3		8.12	
	2#	70	10 煤底	细砂岩	31.62		3.18	
		70	10 煤底	细砂岩	31.59		3.56	
		70	10 煤底	细砂岩	31.34		3.98	
		70	10 煤底	细砂岩	32.56		4.12	
		70	10 煤底	细砂岩	32.16		4.23	
		70	10 煤底	细砂岩	32.11		3.25	
五号	3#	10	10 煤顶	粉砂岩	18.64		1.59	
		10	10 煤顶	粉砂岩	19.32		1.98	
		10	10 煤顶	粉砂岩	16.22		1.83	
		10	10 煤顶	粉砂岩	22.15		2.01	
		带内	10 煤顶	粉砂岩	12.37		1.19	
		带内	10 煤顶	粉砂岩	11.88		1.13	

表 16.12　五沟煤矿煤顶底板力学实验成果

层位	岩石名称	抗压强度 (MPa) 最小—最大 平均值	抗拉强度 (MPa) 最小—最大 平均值	弹性模量 ($\times10^4$ MPa) 最小—最大 平均值	泊松比 μ 最小—最大 平均值	内摩擦角 φ 最小—最大 平均值	凝聚力 c(MPa) 最小—最大 平均值
10煤层顶板	泥岩	8.94～12.09 10.43	1.09～1.72 1.39	1.32～1.54 1.44	0.24～0.28 0.26	26°15′～31°51′ 29°14′	1.65～2.34 2.03
	粉砂岩	12.51～23.08 18.64	1.51～2.06 1.86	1.88～2.7 2.35	0.14～0.2 0.16	31°47′～34°33′ 33°11′	1.73～3.0 2.48
	细砂岩	25.27	2.53	3.33～3.42 3.38	0.12～0.13 0.12	34°39′～35°58′ 35°19′	4.16～5.42 4.79
10煤层底板	粗砂岩	102.7	5.71	5.78～6.34 6.06	0.10～0.12 0.11	35°23′～36°14′ 35°49′	13.86～16.01 14.94
	泥岩	15.37	1.35	1.73	0.23		
	粉砂岩	17.67～28.44 20.72	1.91～3.22 2.32	1.78～2.72 2.29	0.14～0.2 0.17	29°36′～35°52′ 32°43′	2.6～3.38 2.93
	细砂岩	31.10～32.76 31.93	3.45～4.57 3.99	2.98～3.74 3.37	0.11～0.15 0.13	35°09′～36°22′ 35°45′	4.21～4.91 4.48

第十七章　新集推覆体下开采水文工程地质条件

淮南煤田新集区域主要构造为推覆构造，受其影响将外来下元古界片麻岩、寒武系、下夹片地层（奥陶系、石炭系、二叠系）推覆于煤系地层之上，属推覆体下、阜凤逆冲断层带下煤层开采，开采水文工程地质条件复杂，在国内尚无先例。故查明推覆体水文工程地质条件，对推覆体下安全采煤具有重要的现实意义。

第一节　推覆体片麻岩水文工程地质条件

新集、花家湖井田同处于推覆体下缓倾斜单斜构造单元，井田南部13-1、11-2煤层部分埋藏于推覆体片麻岩之下，构成了特殊的含水层下采煤环境。对于推覆体片麻岩的地质和水文地质条件的认识，在勘探阶段做了一些工作，但由于其不是主要勘探目的层，水文地质条件、推覆体底界面及其与13-1煤层顶板的垂距控制不足，不能满足安全开采的需要。

针对上述问题，结合地质补勘及三维物探验证，综合采用了分析原有勘探资料、地面及井下钻探及水文地质实验等方法，对片麻岩地层及水文工程地质特征进行了研究，为新集区域片麻岩下煤层群提供了经验参数。

一、概况

潘谢矿区新集区域（老区新集矿井、花家湖矿井、八里塘矿井）位于淮河北岸，行政区划属安徽省凤台、颍上两县管辖。东以淮河与孔集井田毗邻，西至陈桥、颍上断层（F_5），走向长40 km；北以谢桥向斜轴与张集、谢桥相连，南至寿县老人仓正断层，倾向宽5.7 km；面积约228 km^2。

由于八里塘、连塘李、罗园等井田属另一构造单元，连塘李、罗园井田尚未开发，本次研究区范围为花家湖、新集井田。

花家湖、新集井田东以013线与八里塘井田相邻，西以14线与连塘李、罗园井田为界，走向长约13.6 km；南起一煤隐伏露头线，北至谢桥向斜轴，倾向宽约4.5 km；面积约60 km^2。

二、区域地质

（一）区域构造

新集区域构造位置处于华北板块东南缘，豫淮坳陷南部，淮南复向斜谢桥向斜南翼，阜凤推覆构造中段，主体构造线是北西西向展布。淮南坳陷南缘逆冲推覆构造东至淮南东侧灵璧—武店断层，西至阜阳城东夏邑—固始断层，长约 120 km。隐伏构造是由一个推覆体（外来系统）、推覆构造面（滑脱断层）和原地系统等单元组成的完整的逆冲推覆体系。外来系统是由太古界霍邱群至二叠系组成，被分支逆冲断层分割为 2～4 个逆冲岩席，依次向北逆冲的叠瓦状断夹块的组合体，主要分支逆冲断层由北向南为阜（阳）凤（台）断层、舜耕山断层、阜（阳）李（郢孜）断层。原地系统构造变形相对较弱，发育数个轴向近东西向的宽缓褶曲，轴面略向南倾。

区域资料证明，淮南坳陷南缘逆冲推覆构造是大别山碰撞造山带北侧淮阳巨型推覆构造的前缘地带，为大别山以北逐次推覆系列逆冲断裂的前锋。卷入淮南南缘推覆构造的最新地层为下三叠统，覆于其上的最老地层为上白垩统。因此，可大致判定推覆构造形成于印支—燕山早期。淮南坳陷南缘逆冲推覆构造属于中浅层次的基底推覆断裂，具有强烈的变形。构造应力总体上由南向北，不同位置应力方向和应力大小有所变化。根据野外小构造测定，淮南八公山西侧为 NE10°，东侧转为 NE50°～NE60°，根据对新集一矿、新集二矿井筒内片麻岩的共轭裂隙观测，最大主应力方向为 NE30°。应力大小根据平均位错密度计算，阜李断裂西段为 170. 2 MPa，舜耕山断裂为 150. 54 MPa，表现出西强东弱。根据构造割面图估算，推覆距离最大数十千米，向前锋断裂逐渐减小为数千米。

（二）井田构造

新集区域位于淮南复向斜南翼，寿县老人仓正断层东西向横贯全区，落差大于 1 000 m，为南部地质边界和基岩隔水边界；陈桥—颍上（F_5）横切下断层落差 750 m，为矿区西部地质边界。

受由南而北的构造挤压应力作用影响，阜凤逆冲断层及其分支 F_{02}、F_{03} 逆冲断层和下夹片断层组成推覆于煤系之上的叠瓦式推覆构造，使前震旦系片麻岩及寒武系和部分奥陶、石炭系地层推覆到二叠系煤系之上（图 17. 1）。新集井田中部局部地段推覆体遭受严重剥蚀，形成约 1. 5 km^2 原地系统出露的“构造窗”。

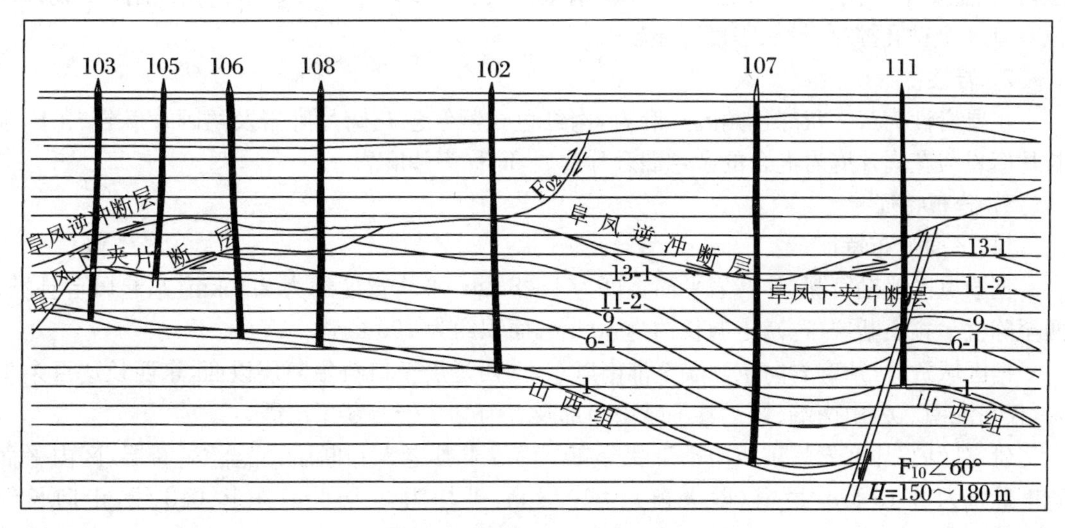

图 17. 1　推覆构造剖面示意图

原地系统由二叠系及其以下老地层组成，基本构造形态为一单斜构造，以次一级宽缓褶主，断层次之，落差大于 50 m 的主要为 F_{10}、F_{11} 走向正断层和 F_1 走向逆断层（表 17. 1）。地层走向近东西向，倾向北—北东，倾角 5°～25°，北部增大至 25°～50°，风氧化带在基岩面下垂深 30 m。

表 17.1 研究区主要断层一览表

断层名称及性质	产状			落差(m)	位置	延伸长度
	走向	倾向	倾角			
F_{10}走向正断层	EW	S	70°～73°	40～400	本区北部	013 线以外，西至 11 线西侧尖灭
F_{11}走向正断层	EW	S	70°～73°	40～95	本区北部	东在 03 线与 F_{10}合并，西至 11 线尖灭
F_{16}走向正断层	EW	N	70°	25～50	新集中部	3 950 m
F_{12}走向正断层	EW	SW	70°	110	新集西部北沿	1 150 m
F_{20}走向正断层	EW	N	70°	30～110	花家湖北沿	5 500 m
F_1 走向正断层	EW	N	57°～65°	120～140	本区中部北沿	6 000 m
F_{214}走向正断层	EW	NNW	55°	80～110	本区中部北沿	2 400 m

(三) 煤层

二叠系可采煤层 11～14 层，可采煤层总厚度为 28.13～35.37 m。

三、推覆体片麻岩地质及水文地质条件

(一) 地质条件

1. 勘探程度度评价

本区共有 59 个钻孔控制片麻岩，其中揭露全层钻孔 56 个，1403，1401，01101 三孔未揭全层，钻孔主要集中在 11～07 之间范围，共有 50 个。07 线以东只有 3 个钻孔控制，11 线以西也只有 3 个钻孔控制，勘探程度明显较低。

2. 岩性

主要岩性为灰—灰绿色角闪片麻岩，肉红色—紫红色花岗片麻岩及角闪片麻岩、角闪余长片麻岩与花岗片麻岩混合的杂色混合片麻岩，简称为片麻岩。

3. 分布特征

(1)平面分布特征

据颍凤区普勘资料，片麻岩平面宽度为 1～8 km，平均宽度约为 2.5 km，东起风台县城，西至陈桥—颍上断层(F_5)，走向长约为 40 km，面积约为 100 km^2。

据区域资料，片麻岩向东延展至淮南以东，向西延展至口孜集断层以西，东西长达百余千米，仅在淮南八公山南端、怀远县平峨山南部及五河县一带有零星出露。

研究区内，片麻岩呈东西向条带状分布。南界寿县老人仓断层，北至 F_{02}断层，区内平面宽度最宽为 3.15 km，最窄(除天窗)为 1.33 m，平均为 2.16 km；东起 013 线，走向长约 13.6 km，面积约为 30 km^2。

(2) 片麻岩垂向(埋深)分布特点

片麻岩顶界面受新生界底界面控制，而新生界底界面则在 − 82.26～172.78 m 之间变化，变化不大，又推覆体片麻岩底界面主要受主推覆面(即阜凤逆冲断层面)控制，而推覆面呈波

状起伏，则推覆体片麻岩在走向上和倾向上呈波状变化状态。

在走向上：8线以西片麻岩底界深度逐渐加深；8～2线底界深底变化呈平缓；2线向东逐渐加深，至03线后向东又逐渐抬高，到08线抬至最高；08线以东片麻岩底界埋深逐渐加深。

在倾向上：片麻岩底界埋深总体上呈从南向北逐渐抬高趋势。在12～08线之间，由于阜凤逆冲断层面凸起，造成片麻岩北部及中北部底界埋深呈宽缓状。

片麻岩钻孔控制底界埋深最浅的为5线501孔（标高为－137.92 m），最深则为14线1403孔（未揭露全层，标高为－680.39 m），平均埋深则为－299.63 m。

(3) 厚度分布特征

由于阜凤逆冲断层面呈波状起伏变化，片麻岩厚度在倾向与走向上也随之变化。

在倾向上：在寿县老人仓与F_{02}断层之间，从南向北片麻岩厚度逐渐变薄，总体上呈南厚北薄的“楔形”状。

在走向上：7线以西片麻岩厚度逐渐增度；7线至03线片麻岩厚度也逐渐增厚；03线至07线片麻岩厚度逐渐变薄，07线至09线厚度呈平缓状态；09线以西片麻岩厚度逐渐增厚。

在本区范围内，除“天窗”区被剥蚀以外，钻孔控制片麻岩厚度最大为14线，1403孔为714.48 m。最小厚度为5线501孔4.1 m，平均厚度为161.36 m。

（二）水文地质条件

新集区域位于淮南煤田西部南缘，松散层下有厚120～800 m的阜凤逆冲断层，上盘的下元古界片麻岩和寒武系灰岩、泥岩覆盖于含煤地层及其下伏各老地层之上，基本阻隔了新生界松散层与含煤地层及其下各含水层（组）间水力联系，形成了新集区域的独特的水文地质类型（图17.2）。

1. 井田水文地质条件

新集井田位于谢桥向斜南翼，含煤地层总体为近东西走向的单斜构造，倾向北，其下伏地层为太原组，含灰岩12～13层，基底为奥陶系石灰岩。

按含水介质特征、地下水埋藏及水动力条件等，井田内含水层可划分为孔隙潜水—承压水含水层、裂隙承压水含水层和岩溶裂隙承压水含水层三种类型，具体又可分为如下类型：

(1) 新生界松散层孔隙潜水—承压水含（隔）水层组

自下往上由古近系、新近系、第四系松散沉积物组成，属湖泊、河流相交替沉积，厚度变化在64.20～300 m之间，平均厚度为161.28 m。井田中部沿1311，Z_7，702，水111，0106一带分别向南北两侧增厚，厚度受古地形控制变化较大，具有中部较薄、南北两翼较厚的特征。由表17.2可见，由上至下，砂层和黏土层相间沉积，由细砂、中砂、粉砂、黏土质砂、黏土、钙质黏土、砂质黏土等组成，夹粗砂。将新生界地层分为三个含水组和两个隔水组。

① 表土：岩性以黏土及砂质黏土为主，所夹粉砂厚度为3.40～21.04 m，平均厚度为8 m。

② 一含：岩性主要为粉砂及黏土质砂岩为主，夹细砂、砂质黏土及黏土，含潜—承压孔隙水。据一含一号抽水资料表明，水位标高为23.892 m，$q=0.48$～0.75 L/(s·m)，含水中等，受大气降水影响，水质为HCO_3－Ca·Mg型。

③ 一隔：岩性以黏土、砂质黏土组成；局部地段缺失，厚度为0～22.55 m。

④ 二含：埋深为80～123.95 m，岩性主要由中砂、细砂及少量粗砂粉砂组成，间夹黏土及砂质黏土。局部地段中部含一稳定黏土层，将二含分为上、下两段。含承压孔隙水。据抽水资料表明，水位标高为21.04～22.08 m；$q=0.177$～2.037 L/(s·m)。含水中等—丰富，受一含越流补给，一隔缺失区与一含有直接水力联系，水质类型为HCO_3－Ca·Mg型。

⑤ 二隔:岩性为黏土及砂质黏土含钙质,厚度为 0～28.90 m,平均厚度为 7.97～11.0 m。

⑥ 三含:岩性以杂色厚层黏土为主,间夹中、细砂及黏土质砂,砂层多分布在本段上部含承压孔隙水,据 Q3-2 及 Q4-3 抽水资料表明,水位标高 17.20～18.36 m,q = 0.086～0.1 L/(s·m),含水弱—中等,水质为 Cl－Na 型。

⑦ 三隔:厚度为 0～200 m,分布不稳定,由杂色黏土及砂质黏土组成,缺失区导致三含与片麻岩接触,对片麻岩有直接补给作用。另外,07-5 线之间由于受地形隆起影响,使二隔及其以下松散层缺失,即"天窗区"使二含直接覆盖于基岩之上,但分布在本区之外,二含不与推覆体片麻岩直接接触,不构成二含对片麻岩的补给作用。

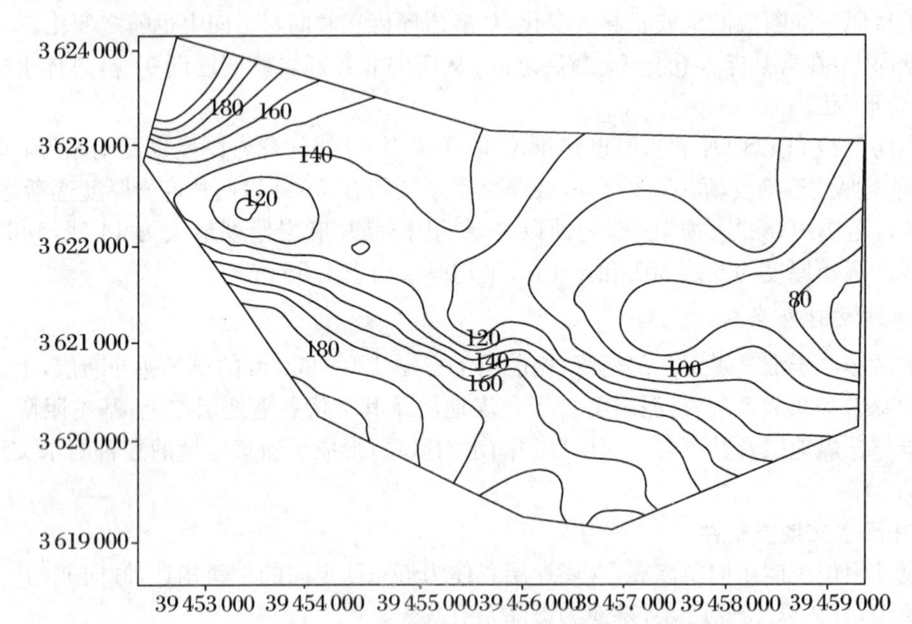

图 17.2 新集一矿第四系地层等厚线图(m)

表 17.2 新生界地层具体水文地质特征表

含隔水层	岩 性	平均厚度(m)	含水层类型	水位标高(m)	单位涌水量(L/(s·m))	渗透系数(m/d)	导水系数($m^2 \cdot d^{-1}$)	贮水系数(或给水度)	水质类型	其 他
一含	中砂	10	潜水、局部承压	23.842～25.51	0.48～0.75	0.341～4.033	58.32	1.5×10^{-2}	重碳酸盐类	
一隔	砂质黏土及黏土	7.20								
二含	浅黄色中细砂、粗砂	70.83	孔隙承压含水层	16.129～18.154	0.177～2.037	2.13～25.59	253.18～490.8	$(2.73\sim7.09)\times10^{-4}$	重碳酸盐类	富水性中等—较强
二隔	杂色黏性土	8.51								
三含	中细砂及粉砂或粗砂	50	承压含水层	1.23～18.36	0.086～0.14	0.341～0.906			氯化钠类	富水性中等—较弱

第四系含水层组岩性多为浅黄—灰黄色、灰白色,中、细砂、粗砂,富水性中等—较强,其中二含赋存稳定水量丰富、水质较好,为矿区主要供水地层。三含受古地形控制厚度变化很

大，岩性变化也较大，由灰黄、中、细砂或粉砂、粗砂等杂色厚层状含砾黏土或钙质黏土相间组成，下部以黏性土为主，呈半固结状，含、透水性较弱。三含全层富水性差异较大。第四系底部隔水层组在井田北部9线至3线尖灭及1201，1202和L34钻孔之间存在“天窗”，使得第四系含水层组与下部寒武系地层直接接触，从定性分析来看，存在互补关系。见第四系底隔等厚线图（图17.3）与寒武系地层等厚线图（图17.4）。

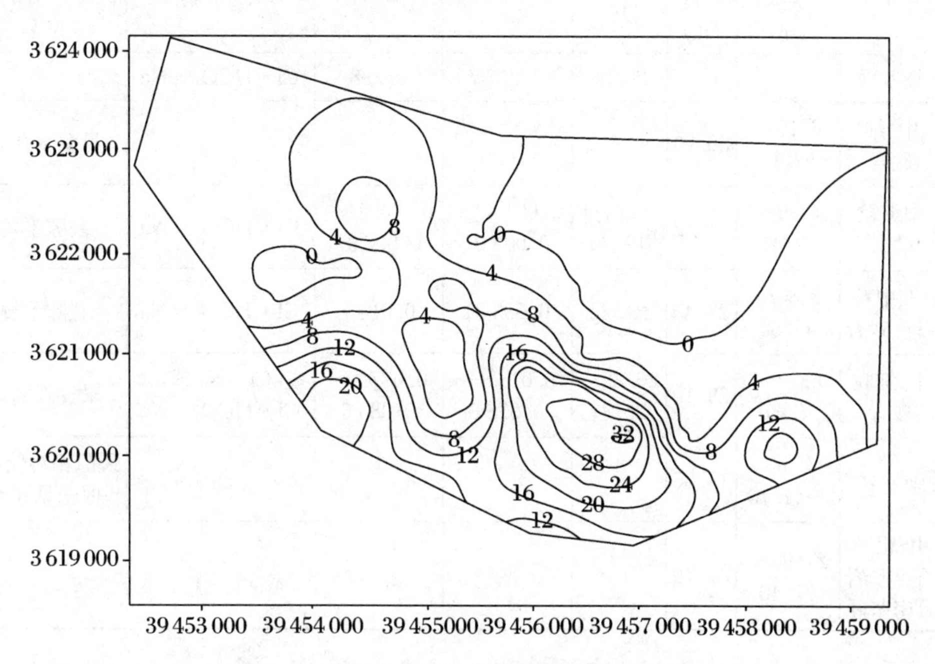

图17.3　新集一矿第四系地层底隔等厚线图（m）

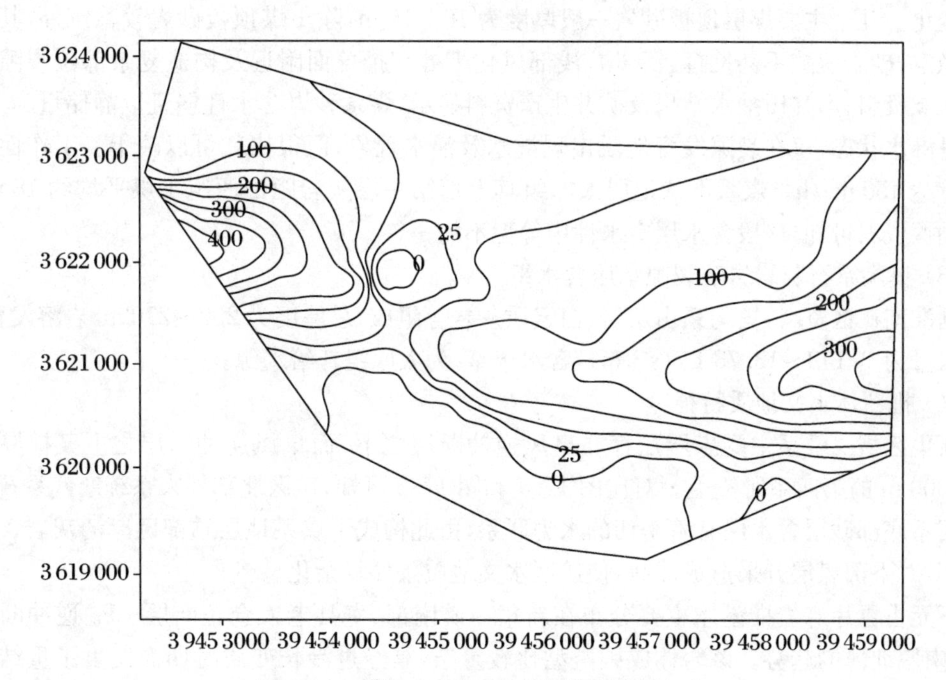

图17.4　新集一矿寒武系地层等厚线图（m）

（2）基岩（原地系统）主要煤层顶板含水层水文地质特征（表 17.3）

表 17.3 各主要煤层顶板砂岩含水层特征

煤层	顶板含水层岩性	砂岩厚度		水位标高（m）	单位涌水量（L/（s·m））	渗透系数 k（m/d）	水质类型	备注
		变化范围（m）	平均厚度（m）					
20	细砂岩			26.08	0.0177	0.238	Cl·HCO_3－Na	
17-1	中、细砂岩	6.15～62.10	30.20					见漏水孔 3 个
13-1	中细粒砂岩	4.80～67.41	29.52	19.07～19.79	0.00143～0.00201	0.00584～0.00637	Cl·HCO_3－Na	裂隙不发育
11	细、中粒石英砂岩	3.80～49.80	23.45	21.23	0.00331	0.0147	Cl·HCO_3－Na	裂隙不发育
8	中、细粒砂岩	6.73～42.30	23.10	26.82～26.87	0.0138～0.0186	0.0277～0.0836	Cl－Na 或 Cl·HCO_3－Na	未发现漏水孔
6	细砂岩	2.50～41.70	18.56					裂隙相对较发育，但未见漏水点
1	中、粗粒石英砂岩致密坚硬	24.90～77.40	47.49					

本区含煤段岩性主要为砂岩、砂质泥岩、泥岩及煤层组成，其岩性在平面上及剖面上有一定的变化。几个主要煤层顶板砂岩一般厚度为 10～15 m，除 1 煤顶板砂岩较稳定外，其余均为不稳定，砂岩裂隙不甚发育且不均，浅部风化带处和推覆面附近及构造复杂部位裂隙稍发育。区域资料、本井田抽水结果及矿井生产资料显示，煤系砂岩含水性弱且以静储量为主，井下多呈淋水状态，仅在裂隙发育地段出现淋水及涌水现象，但很快就可以疏干。工作面最大涌水量达 450 m^3/h。煤系下伏地层太原组其上部第一层灰岩距山西组 1 煤平均约 18 m，由区域勘探资料可知，该段含水层富水性中等但不均一。

（3）奥陶系石灰岩岩溶裂隙承压含水组

据淮南矿区资料，奥陶系由灰岩、白云质灰岩等组成，总厚度为 250～270 m，岩溶发育，单位涌水量为 0.143～13.73 L/（s·m），含水丰富，为太原组补给水源。

（4）推覆体水文地质特征

新集区域二叠系主要煤层赋存在阜凤逆冲断层之下，而阜凤逆冲断层之上又被厚度为 100～300 m 的第四系所覆盖。对比图 17.4 和图 17.5 可知，矿区北部外来系统寒武系石灰岩与第四系底部砂层含水层有着密切的水力联系，由此构成了煤系地层顶部巨厚的灰岩含水层“盖帽”，对下部煤层开采造成威胁，使矿区水文地质条件复杂化。

下元古界片麻岩推覆体主要分布在新集一矿南部、寿县老人仓正断层—F_{02}逆冲断层之间，呈南厚北薄的趋势。该岩体成因类型比较复杂，是经过漫长变质时期而发生了重结晶作用的产物。岩体结构紧密，孔隙较少，透水性弱。由于构造运动的作用，高角度纵向裂隙较发育，斜交裂隙较少，横向裂隙发育较差。顶部为风化带裂隙发育，岩体硬度变小，中部为完整带，裂隙发育相对较少且多为钙质充填，下部受推覆作用的影响，沿断裂带附近形成了各种构造岩，裂隙较发育，透水性增强。总的来说，由目前的资料显示，片麻岩富水性在垂向和横向上不均一，总体含水性较弱，矿井开采时一般不会造成危害。

寒武系推覆体组地层主要呈带状近东西分布于井田中部至北部，岩性主要以灰岩、白云质灰岩、鲕状灰岩为主，夹泥岩、砂质泥岩、粉砂岩等组成。其中灰岩分布表现为东西向展布、中部较厚、北部较薄的趋势。由岩性组成上可知，寒武系岩体软硬不均，加之后期受推覆构造的作用，岩体内裂隙、褶曲、断裂等极其发育，再者上部长期受风化溶蚀作用而产生一系列岩溶现象，使灰岩的透水性大为增加。根据勘探资料，浅部风化带岩溶极为发育，溶洞多呈串珠状排列，多充填或半充填。该层灰岩由于岩溶、裂隙发育漏失率达60%以上，漏失部位多集中在井田北部阜凤逆冲断层及风化带附近，而底部或中下部裂隙、岩溶不甚发育。对比寒武系灰岩等厚线图和第四系底隔分布图可知，灰岩在井田北部与第四系砂层有大面积的直接接触，可直接接受第四系砂层水的补给，间接接受大气降水或地表水的补给，故该层为富水性较强的岩体。

(5) 断层带富、导水性

新集一矿断层较发育，主要断层22条，其中正断层10条、逆断层12条，断层走向多数近东西向，其中寿县—老人仓断层为井田的南部边界断层，断层带一般为泥质胶结，钻孔穿过时泥浆消耗量很小或近于零，其富水性弱且导水性能较差。阜凤下夹片断层位于井田中部，断层宽度为1～14.31 m，断层岩性主要由泥岩、砂岩和煤组成。勘探资料表明，该断层富水性较弱且导水差。阜凤逆冲断层是淮南推覆构造的主导断层，其推覆面的形态由井田内许多钻孔控制，证实推覆面不论在走向上还是倾向上均呈波状起伏。F_{02}逆冲断层到深部与阜凤逆冲断层会合构成主推覆面。

在阜凤逆冲断层主推覆面附近，属于构造带的范围内，岩石多受挤压破碎严重。通过钻孔证实在推覆断层带有大量泥质物充填，钻孔漏孔率为14%。总体来看，阜凤断层带在天然状态下局部富水且导水，局部可起到阻滞地下水的作用。但是将来在煤层开采时，相对静止状态被破坏，断层带的阻水作用被减弱，有缓慢形成充水通道的可能性。同时阜凤逆冲断层为区域性断层，上盘岩层为元古界片麻岩、寒武纪石灰岩，这些岩体较厚且坚硬。原地含煤岩系相对来说，属于软弱岩体，在侧向推力和重力的作用下软弱岩体破碎严重。通过钻孔取芯观察，一般形成三个破碎带，即断层破碎带、岩层劈理带和节理带。上盘内破碎垂直方向50～70 m以内节理、裂隙、层间滑动极为发育。岩体裂隙或劈理的形成为地下水的渗透提供了通道，软弱岩体的泥化作用正是地下水沿裂隙和错动的光滑面渗入的结果。井田内其余断层带宽度为0～20.01 m，大多为泥质充填或胶结，富水性弱，自然状态下导水性差。

2. 地下水动态变化和补、排条件

第四系浅层潜水主要接受大气降水和地表水的垂直下渗补给，主要排泄方式为人工开采、地面蒸发等，动态变化大，从总体上来看，一含水的径流多以垂向为主，而水平径流微弱。深层承压水由于受上部隔水层的阻滞，其动态变化受大气降水的影响程度随埋深的增加而减弱。由于隔水层的局部变薄或沉积缺失，二含、三含之间以及它们和下部推覆体风化带之间存在一定的水力联系。地下水长观孔资料表明：

(1) 二含水、三含水和寒灰水都具有明显的季节性变化规律，一般水位高峰期均出现在降雨集中期，具有滞后现象，而低峰期均出现在干旱期。

(2) 二含、三含和寒武灰岩水位变化的总趋势是随着二含水的不断开采而降低。目前，二含水的排泄方式主要为人工开采。在古地形隆起处，二含砂层直接覆盖于基岩风化带上，可通过风化裂隙和构造裂隙向基岩或推覆体排泄。随着矿床开采强度的不断增大，这种排泄方式将会显得越来越重要。三含水的补、径、排特征与二含近似，但相对较弱。

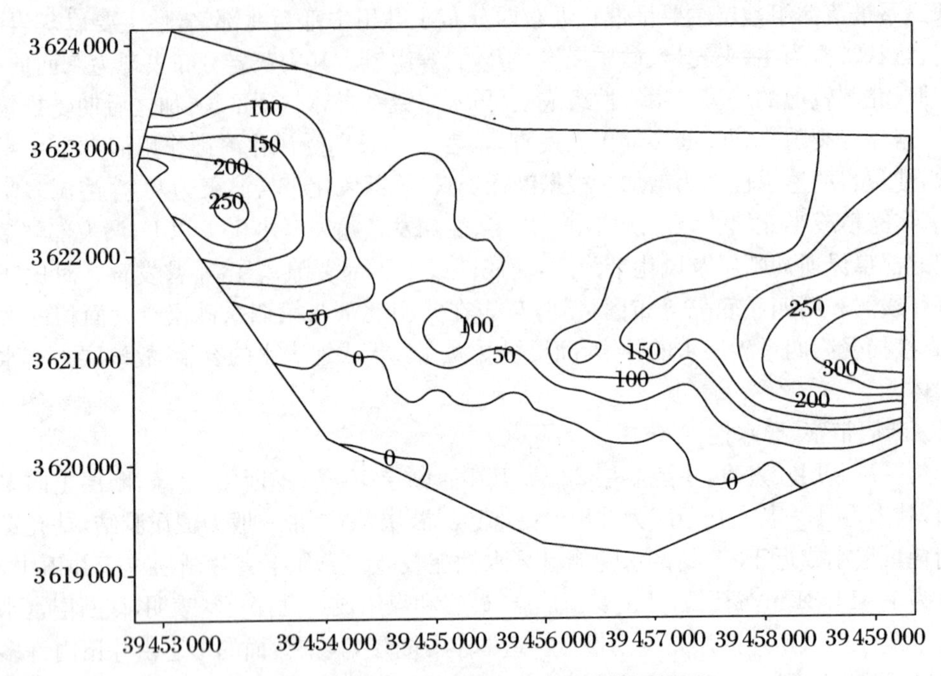

图 17.5 新集一矿寒武系灰岩分布等厚线图

寒武灰水的补、径、排条件受其岩溶裂隙发育程度及边界条件所控制，地下水流向平行于走向方向，沿走向径流条件较好；在垂向上，浅部径流条件好，中下部径流不畅，其上部与新生界松散砂层接触部位，既是补给区又是主要排泄区。随着其下浮含煤层的开采，寒武系地层将会成为排泄通道。

片麻岩弱含水体补、径、排条件较差，动态变化不大，特别是其中下部水的交替循环缓慢。

夹片含水带直接覆盖于煤系之上，与煤系风化带砂岩水有着密切的联系，是煤系浅部砂岩含水层直接补给水源。在自然状态下，夹片本身补、径、排条件较差，其上部受阜凤断层及其上盘含水体的补给。在南缘局部地段，其接受断层上盘太原组灰岩水的补给，在煤层采动后向矿床充水将成为其主要排泄方式。

煤层顶板砂岩含水层间有泥岩、粉砂岩相隔，相互间一般情况下无直接水力联系。

井田内所见断层除阜凤逆冲断层局部富水导水外，其余断层带富水性和导水性较弱，自然状态下不会成为各含水层间水力联系通道。

综上所述，井田内浅部含水体动态变化较大，补、径、排条件较好，深部水的补、径、排条件差，水的交替循环缓慢，地下水化学类型在垂向上变化规律明显，矿化度由浅至深渐高。

3. 矿井充水因素分析

从目前已有的勘探及生产资料分析，在自然状态下，各含水层之间无密切水力联系。但在煤层间砂岩裂隙水被坑道疏干过程中，三含水层和煤系含水层间的水力联系将逐渐增大。矿井的主要充水因素如下：

(1) 二叠系煤层顶板砂岩裂隙水是矿井直接充水水源

研究区目前的主采煤层为13煤、11-2煤及8煤，由现场裂高孔的观测结果可知，顶板岩体的最大裂高为83.94 m，裂高、采厚比为10.82。矿井涌水量构成主要为13煤顶板砂岩水和11-2煤顶板砂岩水。由目前揭露的情况可知，13-1煤、11-2煤、8煤和6-1煤顶板砂岩水绝大部分为静储量消耗的疏干型，涌水量一般不大于60 m^3/h，局部地段遇断层时涌水量可达450 m^3/h(1311综放工作面)。

(2) C-P夹片裂隙岩溶含水带

在新集井田内分布有三块，其中北部两块夹片隐伏于寒武灰岩之下，覆盖在17煤及其以上煤层之上，对13煤及其以下煤层开采无影响。F_{02}断层以南的一块呈近东西向条带状隐伏于片麻岩下，直接覆盖于13煤及其以下主要可采煤层"露头"之上，在这些煤层开采时将以顶板进水方式或直接向矿床充水。在井田南缘，夹片断层切割较深，夹片地层与下伏原地系统的奥陶系和石炭系石灰岩广泛接触，从而获得补给水源。

(3) 推覆体片麻岩含水体

片麻岩弱含水体裂隙不发育，中下部富水性相对更弱，对浅部11-2煤层和13煤层开采不会造成危害，其中段完整岩体甚至能够起到一定的隔水作用。

(4) 寒武灰岩含水体

寒武灰岩富水性较强，但不均一，其中下部岩溶裂隙相对不甚发育，富水性也相对弱于上部。在5线～11线间，寒灰底界距13煤90 m以上，对矿床开采不会造成严重影响。但在11线以西和5线以东，寒灰底界与13煤及其下部煤层间距变小，甚至直接覆盖在煤层露头上，煤层采动后，将以顶板进水方式向矿井充水。

(5) 太原组灰岩含水组富水性中等

在1煤开采时其将成为底板进水的直接充水含水组。近年来两淮矿区底板灰岩突水情况时有发生。从地下水动态观测资料分析，本井田和谢桥井田太原组灰岩地下水具有一定的水力联系。

(6) 断层

断层带多为泥质充填、富水性弱、导水性差，自然状态下断层带一般具有一定的阻水作用，矿床采动后，其压力均衡遭到破坏，某些断展可能会发生导水。如：① 阜凤断层带的局部富水地段；② 局部灰岩与煤系对口或间距变小的薄弱地段；③ 切割并连接富水较强含水岩体并且构造发育密集部位，亦可能形成局部导水通道。

(7) 新生界松散砂层水

井田内二含、三含和基岩风化带虽有不同程度的水力联系，但大部分地段松散层与主要可采煤层相距较远，其间又有推覆体片麻岩、寒武系和夹片地层相隔，因此地表水和新生界松散砂层水不会对井下生产构成威胁。但在井田中北部天窗及附近地段，13煤和新生界松散层间距较小(约50 m)，当煤层采动其冒落裂隙带波及基岩顶界时，三含局部砂层水可能会通过裂隙带下渗，而增加矿井涌水量。

(8) 古近系

主要分布在研究区南部，为寿县老人仓断层上盘，主要为紫红色砾岩、砂砾、紫红—砖红色细砂岩、粉砂岩、泥岩互层，间夹砂砾岩、粉砂岩及砂质泥岩，胶结疏松。

4. 片麻岩下伏地层水文地质条件

(1) 寒武系

分布在F_{02}与阜凤断层之间，垂厚为4.88(905孔)～840 m(01102孔)。寒武系上覆新生界总厚为41.40(97-1孔)～201.95 m(L10孔)，多为90～120 m。花家湖井田西部、新集井田东部，寒武系地层沿510、水111、0106、0304、97-1、0503孔连线隆起，新地层沉积较薄，总厚仅为41.40～77.80 m(510孔)，二隔及其以下松散层缺失，形成二含直接与寒武系接触的"天窗"。分布在阜凤断层与阜凤逆冲断层分支断层 F_{02} 之间，厚度为48.4～840.0 m。岩性以灰岩、白云质灰岩为主，夹泥岩及砂岩类；地层相当于中、下统，受推覆构造影响，其倾角、岩性、分层厚度无明显规律，其中灰岩裂隙较发育，研究区共有53个钻孔控制，流水孔23个，漏水孔率44%，且漏水点多分布在-200 m之上，含承压岩溶裂隙水。据抽水资料表明：水位标高19.77～22.25 m，$q=0.000\,26$～0.974 L/(s·m)，富水性不均一，水质多属Cl-Na型；少数为 $Cl\cdot HCO_3-Na$ 或 $HCO_3\cdot Cl-Na$ 型。

(2) 夹片

平面上呈不规则长条带状分布在寿县老人仓断层与下夹片断层之间，宽为300～1 800 m，平均为845 m；剖面上呈"楔形"或"口形"分布在片麻岩及阜凤断层的下部，顶面标高为-214.71～-498.04 m，底面标高为-263.86～-740.87 m，垂厚为6.00～33 170 m由奥南系至石炭二叠系的砂岩、泥岩、砂质泥岩、灰岩和煤组成，其中灰岩约占20%；夹片灰岩主要为石炭系太原组薄层灰岩，仅在1,01线见奥灰，01线至09线以及3线、9线，太原组灰岩分布在夹片地层的上部或顶板，仅8线夹片底部分布有薄层灰岩；但1线及5线，夹片中的二叠系缺失，由太原组(1线含奥陶系)地层组成，局部与原地系统的灰岩地层相接触。

夹片灰岩含承压岩溶裂隙水。据313孔抽水资料，水位标高+19.35 m，单位涌水量 $q=0.005\,931$ L/(s·m)；花家湖矿主井探水注浆孔揭露时单孔最大涌水量为20.6 m^3/h，含水小且不均一，但夹片奥灰富水性强，五矿副井1#探水孔突水量达594 m^3/h。

(3) 阜凤断层带

为主推覆构造面，走向和倾向上均呈波状起伏，厚为0～15 m，偶为26.75 m。由破碎角砾状灰岩、泥岩和炭质泥岩混合而成，易松散破碎，局部胶结较好形成构造岩。

两井田共有88孔揭露，仅0108孔漏水，漏水孔率1.1%。据0108孔抽水资料：水位标高+17.34 m，$q=0.31$ L/(s·m)，抽水时涌水量明显衰减，恢复水位较慢，具有静储量消耗的特征；新集矿西风井探水孔揭露时单孔涌水量为28.8 m^3/h；五矿副井探水孔揭露时单孔涌水量120 m^3/h(受夹片奥灰水补给)，双孔放水实验 $Q=43.06$ L/s，$S=102$ m，单位涌水量 $q=0.422$ L/(s·m)。总体看来，该断层带局部含水，其控制因素则取决于断层带的厚度、该带及其上下接触层的岩性以及破碎和裂隙发育程度。

(4) 煤系砂岩

分布在13-1,11-2,8,6,1煤层顶板，以中细料砂岩为主，裂隙不大发育且非均一。含承压裂隙水，水位标高19.07～19.79 m，$q<0.025$ L/(s·m)，单层砂岩漏水孔率最大为7.5%，含水小且非均一。

据井下揭露，13-1煤层顶板砂岩涌水量较小，一般为3～10 m^3/h，且以静储量为主，但新集矿1311综放工作面受 F_{038} 等断层影响，短时最大涌水量达350 m^3/h；11-2、8煤顶板砂岩涌水量较大，花家湖矿1106、1109工作面最大涌水量达98～148.5 m^3/h；1103、1107面涌水量亦较大，衰减幅度较小；新集矿1801面最大涌水量达50 m^3/h。

(5) 1煤底板灰岩

① 太原组：地层平均总厚度为125.62 m，含薄层灰岩13层，灰岩平均总厚度为56.61 m，占组厚度的45.1%，各层灰岩中，以 C_3^3,C_3^4,C_3^{12} 为最厚，距1煤底板平均距离为18.40 m。区

内有14个钻孔揭露C_3^4，其中4个孔漏水，漏水孔率28.6%，5个钻孔揭露，1个孔C_3^{12}漏水，漏水孔率20%。

含承压岩溶裂隙水，据507，0401孔及花家湖矿副检孔等3孔$C_3^{1\text{-}4}$层灰岩简易抽水实验：水位标高21.34～21.63 m，$q=0.000\,168$～$0.000\,014\,7$ L/(s·m)。区内勘探程度低，据淮南矿区资料，含水中等，富水性不均一。

② 奥陶系：本区仅6个孔揭露，钻探垂厚9.07～62.80 m，其中1个孔漏水，漏水孔率16.7%，无抽水资料。

据淮南矿区资料，总厚大于250 m，含水中等—丰富，为太灰水补给水源。由于推覆体片麻岩范围控制条件的特殊性，导致推覆体片麻岩围岩条件与正常不同。

(6) 推覆体奥陶系太原组

分布在07～013线F_{02}与F_{03}断层之间，为推覆体前锋。平面宽度95～430 m，以灰岩为主，013线B_9孔见溶洞垂高0.7～14.48 m并严重漏水。

5. 控制片麻岩构造的水文地质条件

推覆体片麻岩分布本区主要受寿县老人仓断层、阜凤逆断展及其分支断层F_{02}断层控制，断层带水文地质条件分别如下：

(1) 阜凤逆冲断层带

为推覆构造面，在走向和倾向上呈波状起伏。厚度为0～26.75 m，平均为15 m左右，由破碎角砾状灰岩、泥岩和炭质泥岩混合而成，易松散破碎，局部胶结较好形成构造岩。共有88个钻揭露，漏水孔率7%；据0108孔抽水资料表明：水位标高＋17.34 m，$q=0.31$ L/(s·m)；水质为Cl－Na型，抽水时涌水量明显衰减，水位恢复缓慢，具有静储量消耗特点，局部含水、导水。

(2) 寿县老人仓断层带

矿区共有6个钻孔控制寿县老人仓断层，分别为711，505，0301，0707，0901，01104，其中0301，0901，01104漏水，但漏失量均小于0.02 m^3/h，且为泥质胶结，含水及导水性能较差为阻水断层。

(3) F_{02}断层带

矿区共有5个钻孔控制F_{02}断层，分别为905，414，0403，0901，01001；钻孔耗浆均较小，小于0.34 m^3/h。断层带岩性为破碎灰岩及片麻岩，为泥岩胶结。由于断层倾角较大，且为阜凤逆冲断层分支断层，视为含水及导水性能差的断层。

6. 片麻岩水文地质特征

(1) 裂隙发育特征

钻探资料表明，片麻岩中高角度裂隙相对较为发育，斜交及横向裂隙发育较弱；裂隙多为方解石脉充填，局部为泥质充项。裂隙发育不均一。

① 垂向上，片麻岩大致可划分为三带：上部风化带，厚度为20～59 m；中部完整带；下部破碎带，厚度为0～21.52 m。区内片麻岩漏水孔共12个，漏水孔率20.34%，由表17.4可见，漏水多分布在上部，局部中、下部也有漏水。花家湖矿风井检查孔见片麻岩深度为124.79～291.6 m，漏水深度为199.9 m。流量测井揭示出水段在208 m以上，其下无流速反映；新集矿西风井检查孔见片麻岩深度为190.85～477.34 m，216.67 m漏水，225.9 m下管止水后，流量测井揭示其下出水段分布在342～348 m，476～478.5 m之间；两孔漏水及测井资料亦表明，片麻岩上部隙相对较发育，局部中、下部裂隙亦较发育(表17.4)。

表 17.4　片麻岩漏水钻孔统计表

孔　号	漏水段(点)(m)	漏失量(m^3/h)	漏水位置
1104	421.51～443.41	2.00	中部
1101	254.26～275.51 310.36	严重 中等	中上部 中部
507	156.32～165.74	3.00	上部
503	179.30	1.33	下部
0202	143.9～155.9 235.4	1.28～2.1 22.56	上部 下部
0402	143.0	4.00	上部
风检孔	199.9	大于泵量	中上部
0403	126.0	中等	上部
0702	214.0	4.00	中部
0703	149.00	3.88	上部
01001	119.6～169.4	大消耗	上部
西风检	216.67	大于泵量	上部

② 平面上，片麻岩裂隙发育亦不均一，漏水孔主要分布在 02,04,07,011,5,11 及 12 线。

(2) 富水性

片麻岩含承压裂隙水，区内两个钻孔抽水，单位涌水量 $q=0.007$～0.104 L/(s·m)，富水性弱。

片麻岩富水性受裂隙发育及充填程度所控制，同样具有非均一性的特征。

① 片麻岩平面上富水性不均一。据花家湖矿三个井筒片麻岩段探水注浆孔及井筒施工涌水量观测资料，风井、副井最大涌水量分别为 24.05 m^3/h 和 26.5 m^3/h，而主井最大涌水量仅为 10.59 m^3/h。新集矿 1309 面开采覆岩破坏波及片麻岩，最大涌水量达 52 m^3/h。

② 片麻岩垂向上富水性不均一，具有上部较强、向下减弱的特征，但局部底部裂隙发育地段，亦相对富水。由表 17.5 可见，片麻岩上部(花矿风检孔)抽水单位涌水量 $q=0.104$ L/(s·m)，而中、下部(新矿西风检)抽水单位涌水量 q 仅为 0.007 L/(s·m)。花家湖矿三个井筒片麻岩段探水注浆孔及井筒施工时，涌水点多分布在 222.17 m 以上即片麻岩的上部，单个出水点最大涌水量为 26.5 m^3/h；但下段亦有较大涌水，如风井井筒深度 277 m(距片麻岩底界面 16.6 m)，涌水量达 24.05 m^3/h，主井井筒和探水孔在底部(距片麻岩底界面分别为 0.8 m 和 2.49 m)涌水量达 7.6～10.59 m^3/h。

新集矿井西风井 −415 m 马头门揭露片麻岩时出水，最大涌水量为 43.5 m^3/h，单个出水点稳定涌水量为 10 m^3/h。

花家湖矿副井最大涌水量分别为 24.05 m^3/h 与 26.5 m^3/h，而主井仅为 2.5 m^3/h，从 04 线漏水孔分布说明富水性平面上不均一。新集矿 1309 面开采覆岩破坏波及片麻岩，最大涌水量达 52 m^3/h。

片麻岩上部(花矿风检孔)抽水单位涌水量 $q=0.104$ L/(s·m)，而中下部(新矿西风检抽水单位涌水量 q 仅为 0.007 L/(s·m)，花家湖矿三个井筒片麻岩段探水注浆孔及井筒施工时，涌水点多分布在 222.17 m 以上即片麻岩的上部，单个出水点最大涌水量为 26.5 m^3/h；但下段亦有较大涌水，如风井井筒深度 227 m(距片麻岩底界面 16.6 m)涌水量达 24.05 m^3/h，主井井筒和探水孔在底部(距片麻岩底界面分别为 0.8 m 和 2.49 m)涌水量达 7.7～10.59 m^3/h。新集矿西风井 -415 m 马头门揭露片麻岩时出水，最大涌水量为 43.5 m^3/h，单个出水点稳定水量为 10 m^3/h。

表 17.5　片麻岩抽水实验参数统计表

抽　水		片麻岩深度(m)	漏水深度(m)	抽水段深度(m)	水位标高(m)		单位涌水量 q (L/(s·m))	渗透系数 k(m·d)	说　明
时　间	孔　号				抽前	抽后			
1992-10	花矿风检孔	124.79～291.60	199.9	148～208	18.63	18.28	0.104	0.242	漏水段为抽水段
1996-05	新矿西风检孔	190.85～477.34	216.67	225.9～477.34	9.22	9.15	0.007	0.097	漏水段被隔离

(3) 水位动态

推覆体片麻岩无长期观测孔，只在花家湖风检孔和新集矿西风井检查孔进行抽水。花家湖风检孔抽水历时 53.5 h，累计抽水量 614.5 m^3，恢复水位 72 h，恢复水位较抽水前水位低 0.35 m，说明片麻岩抽水后水位恢复较慢，补给量较少，以静储量为主。

据分布在花家湖矿 03 线 0306 孔(观测段为片麻岩及夹片灰岩)两年水位观测资料，水位标高最高为 13.255 m，最低为 10.20 m；水位变化具有丰水期上升、枯水期下降的特征，年极差 3.055 m。

分布在新集矿 12 线的西风井检查孔 1996 年 8 月终孔，水位埋深为 7.2 m，该孔水位观测密度较小，总体上变化较平缓。1997 年 2 月 10 日～5 月 22 日，间距为 520 m 的 1309 面探水孔出水，平均涌水量为 7.5 m^3/h，至 1997 年 5 月 10 日该孔水深 21.82 m，累计水位降深为 4.62 m。

由于西风井探水注浆，该孔受堵。1997 年 6 月 10 日 1309 面涌水量增大为 36.5 m^3/h，一星期后达 52 m^3/h，遂对该孔进行透孔处理。至 1997 年 7 月 20 日，该孔水位降至 54.964 m，终孔稳定水位下降了 37.764 m，此后该孔又受井筒注浆影响而被堵。

1998 年 2 月 13 日西风井淹井后实测，井筒内水深 58.1 m，水位标高 -32.3 m。此处水位下降，显然受到了 1309 面开采出水的影响。

(4) 流量动态

新集矿 1309 面开采时，因初期来压覆岩破坏及片麻岩即于 1997 年 6 月 12 日出水，6 月 19 日最大涌水量达 52 m^3/h。该面涌水量变化大致可划分为 4 个时段：

1997 年 6 月 12 日～23 日，计 12 天，最大涌水量 52 m^3/h。

1997 年 6 月 24 日～10 月 25 日，计 125 天，涌水量在 35～40 m^3/h 之间变化。

1997 年 10 月 26 日～12 月 9 日，计 46 天，涌水量稳定在 30 m^3/h。

1997 年 12 月 10 日～1998 年 3 月 21 日，计 101 天，涌水量缓慢减小至 16 m^3/h。

目前，该面采空区仍有少量涌水。新集矿西风井一 415 m 水平马头于 1997 年 11 月 20 日开始出水，12 月 27 日涌水量增大至 43.5 m^3/h；此后缓慢减小，1999 年 3 月 10 日为 35 m^3/h。

由上述可见，虽经长期排水但仍未疏干，表明片麻岩有一定的静储量。

(5) 径流、补给、排泄条件

① 径流

据颍凤区普勘报告，区内无论松散层还是基岩，地下水流向自西北向东南，与地表水系区间一致。

据钻孔及花家湖矿井筒、新集矿西风井马头揭露资料，片麻岩多发育高角度垂向裂隙，横向裂隙发育较差；这种裂隙发育特征是片麻岩地下水的水平径流造成了影响。

但是：

a. 新集矿西风井井中距检查孔 15 m 左右，在西风井井筒片麻岩段注浆时，浆液通过裂隙进入钻孔，该孔被封堵。

b. 新集矿 1309 面 1997 年 6 月 12 日出水，最大涌水量 52 m^3/h，1998 年元月 5 日涌水量减小为 26 m^3/h 左右；该面切眼以西 520 的西风井水位降至 58.1 m。切眼以东 220 m 的 09-1 孔水位降至 200.70 mm，即降落漏斗已经形成，影响半径大于 540 m，表明片麻岩地下水仍以水平径流为主。

② 补给

a. 南部：以寿县老人仓断层与第三系相接触。第三系岩性主要为红色砾岩、砂砾岩以及紫红—砖红色细砂岩，夹粉砂岩、砂质泥岩薄层或互层，寿县老人仓断层属区域性高角度走向断层，为合肥凹陷北缘，区内 711，505，0301，0707，0901，01104 等 6 孔穿过，漏失量小于 0.02 m^3/h；划为隔水边界。

b. 北部：以 F_{02} 断层与推覆体寒武系相接触。推覆体寒武系地层较大，近 F_{02} 断层处分布为含水小的寒武系下统岩性。抽水资料表明，寒武垂向上径流条件差；F_{02} 为区域性断层，区内 905，414，0403，0901，01001 等 5 孔穿过，漏失量小于 0.34 m^3/h；自然条件下划为相对隔水边界。

在对推覆体地下水开采条件下，分析变为：由于水压差的作用，片麻岩与寒武系中的灰岩相接触，为与弱给水边界；若与寒武系中的泥岩等相接触，则为相对隔水边界。

c. 东部、西部：由于片麻岩分布超过矿区范围，区内东以 013 线、西以 14 线为界，均划为给水边界。

d. 顶部：片麻岩上覆第四系厚度为 112.22(0303 孔)～249.6 m(1403 孔)，据 56 个揭露第四系及片麻岩的钻孔资料统计，其中 39 个钻孔第四系底部分布有黏土隔水层，占 69.6%。黏土隔水层厚度为 0.2(0502 孔)～33.73 m(613 孔)。

0306 孔水位具有丰水期上升、枯水期下降的特点，表明片麻岩与第四系及大气降水间存在着水力联系，但该孔第四系底部无黏土隔水层；西风井水位与大气降水关系不明显，而该孔第四系底部隔水层厚达 12.3 m。

综上分析，第四系对片麻岩的补给仅能产生在其底部黏土隔水层很薄或缺失的局部地段；受第四系垂向渗透性及片麻岩风化裂隙发育不均一及垂向渗透性所限能造成的补给较弱。

e. 底部：片麻岩底部为阜凤断层及夹片，在阜凤断层存在着含(导)水带及夹片为灰岩的条件下，可以统划为一个含水体。据统计，阜凤断层带厚 0～26.75 m，一般为 15 m 左右，片麻岩及夹片间共有 24 孔穿过，其中 10 孔见阜凤断层带，占 41.7%；全区 88 个钻孔揭露，仅有 6 个漏水，漏水孔率 7%；其中片麻岩分布范围仅 0108 孔漏水，因此该断层应视为局部含(导)水。另外，夹片灰岩分布不稳定，01～09 线及 3 线、9 线，夹片灰岩分布在夹片地层中的上部，单孔钻见总厚度为 283.42～41.81 m。1 线夹片为奥灰及太灰，全层段分布。

综上分析，片麻岩底部分布有阜凤断层带及夹片灰岩地段（01～09线、1线、3线、9线）为给水边界，其他地段则为阻水边界；从1线分布有夹片奥灰及阜凤断层带的条件分析，其为主要补给中心。位于1线的新集五矿主、副井筒在片麻岩施工探水注浆孔及井筒施工时，涌水量不大，小于30 m^3/h；探水注浆进入阜凤断层带中，单孔最大涌水量为59～120 m^3/h；副井1号孔揭露夹片奥灰时，钻孔涌水量最大达594 m^3/h；表明该处阜凤断层带及夹片灰岩富水，但其对片麻岩的垂向补给受到了片麻岩底部裂隙发育程度所限制。

③ 排泄

在自然条件下，片麻岩地下水主要沿区域露头处排泄；在受煤层开采影响片麻岩地下水通过出水点向井下排泄，到目前为止，排泄中心分布在新集矿的11～12线。

(6) 水质

自1992年以来，新集区域针对片麻岩段先后采过5个水样，经地矿部安徽省中心实验室进行水质化验全分析，各项指标值大体相似，对照国家技术监督局1995年8月17日发布的《饮用天然矿泉水国家标准》（GB8537—1995）规定"锂、锶、锌、碘、溴、偏硅酸、硒、游离二氧化碳、矿化度有一项符合界限指标者即可成为饮用天然矿泉水"。其中新集矿西风井马头门同一地点（标高－415 m）两次取样，锂、锶、溴、碘、偏硅酸、矿化度均符合国家标准，属富锶、溴、碘，含锂、偏硅酸矿泉水，但矿化度偏高为4 458.68 mg/L，口感咸涩。且矿化度具有随深度的增加而增大的特点，二矿风检孔取样标高为－180 m，矿化度为1 854.49 mg/L。

四、技术成果

(1) 片麻岩为含水较弱的含水层。

(2) 片麻岩在垂向和横向上富水性不均一。

(3) 片麻岩含水段多分布在中、上段。

五、开采实践

在综合以往全部资料的基础上，较系统地分析了推覆体片麻岩的水文、工程地质特征，首次提出裂高可以进入片麻岩下部的结论，为片麻岩下缩小防水煤柱开采提供了依据。

首先，对新集一矿1303综放工作面覆岩破坏进行研究，实测裂高采厚比为10.59～10.82，局部破坏裂隙具有透水和贮水的性质，但其与导水裂隙带不连通，对开采一般无导水和充水威胁。尤其是发育在风化软弱覆岩中的弱导水段，不但导水性弱，而且具有压实、愈合的动态变化特性，可实验将该段作为防水煤柱保护层来利用，裂高可以进入片麻岩下部。

其次，对新集一矿1307面在片麻岩下开采覆岩破坏及水害防治进行研究，最小防水岩柱为80 m已试采成功。

再次，对新集一矿1309面在片麻岩下开采覆岩破坏、离层发育特征和水害防治进行研究，防水岩柱为40 m试采成功，已初步验证了上述结论，这为矿区在片麻岩下安全开采提供了依据。

第二节　推覆体夹片水文工程地质条件

新集区域花家湖、新集井田二叠系1～11-2煤层及部分13-1煤层露头隐伏于推覆体夹片含水带下，夹片由奥陶系至部分石炭二叠系地层组成，其顶面为阜凤逆冲断层，底面为下夹片断层。第四系松散层和推覆体下元古界片麻岩(09线为推覆体寒武系灰岩)掩覆于夹片之上。

花家湖、新集均为松散层推覆体下缓倾斜煤层开采矿井，这种特殊复杂覆岩条件下，探讨和选择有效的防治水途径，是保证矿区高速发展的重大技术措施之一。

区内夹片水文地质勘探程度较低，本着充分利用原有勘探资料、最大限度地减少新增勘探工程量的原则，本项工作的主要任务是:全面深入地研究原有夹片勘探资料，对夹片水文地质特征作出初步评价，在此基础上提出夹片资料勘探疏干实验方案设计。其最终目的是:查明夹片水文地质条件，定量评价夹片含水带的储存量和补给量，进而对疏干可行性作出评价并布置疏干工程，以缩小防水煤柱，解放受夹片水威胁的煤炭资源，切断煤系砂岩露头的补给水源，减少矿井涌水量。

一、夹片水文地质特征研究

(一) 勘探工程及其分布

区内09线至9线走向长9.15 km，范围内穿过夹片地层钻孔计24个，其中花家湖井田17个，新集井田5个，井田边界线(1线)2个;平均0.38孔/km^2;单孔抽水实验1次(3线);总体看来，夹片水文地质勘探程度较低。

01～09线，勘探线距450～550 m，01,03,06,07线各2孔，04,05线各3孔，02,08,09线各1孔，勘探程度相对较高;01～9线，勘探距850～1 300 m，1,9线各2孔，3,5,8线各1孔，勘探程度相对较低，09线以东、9线以西无钻孔控制。

(二) 夹片分布特征

夹片平面上呈不规则长条带状分布在寿县老人仓断层与下夹片断层之间的推覆体下部。东起011线西300 m，西止12线西350 m，走向长1 025 m;南起夹片底界面与寿县老人仓断层或阜凤逆冲断层的交线，北至夹片断层露头，倾向矿为300～1 800 m，平均为845 m，面积约9 km^2，02～06线宽度较大，为1 000～1 800 m，平均为1 210 m。

顶部深部受阜凤断层面的变化所控制，自北向南增大，标高为－214.71(0801孔)～－498.04 m(0901孔)，一般为－250～－300 m;09线及其以东，9线及其以西，深度增大，最低顶面标高降至－470 m以下(表17.6)。

垂厚6.00(主检孔)～331.70 m(505孔)，一般多为100～150 m，平均为99.2 m。

06线及其以东、2线至8线下夹片断层倾角较大，向南被寿县老人仓断层所切，剖面上呈楔形分布，南厚北薄，沿下夹片断层露头尖灭;05～1线，9线及其以西，下夹片断层倾角较小，南、北两端均被阜凤断层所切，剖面上呈口形分布，中间较厚，向南、北两侧变薄至尖灭。

表 17.6　夹片钻探资料统计表

线别	孔号	松散层		下元古界片麻岩		寒武系		阜凤逆冲断层		夹片		下夹片断层		耗漏水	
		厚度(m)	底面标高(m)	厚度(m)	底面标高(m)	厚度(m)	底面标高(m)	厚度(m)	底面标高(m)	厚度(m)	底面标高(m)	厚度(m)	底面标高(m)	标高(m)	耗漏水量(m^3/h)
09	0901	99.60	-79.24	71.81	-381					147.40	-845.44				
08	0801	120.30	-99.81	114.90	-214.71					183.00	-397.71				
07	0707	130.78	-106.53	14.80	-342.06					158.48	-498.51	2.8	-398.8		
	0701	133.99	-112.58	180.81	-293.37					100.60	-383.97				
06	0601	119.09	-97.33	189.92	-287.26					108.72	-395.97				
	0602	128.78	-106.11	140.90	-248.01					70.93	-318.94				
05	0504	117.50	-93.08	229.50	-322.58					78.32	-400.90				
	0501	109.40	-86.71	152.79	-239.50					24.38	-283.88				
	0502	114.40	-94.57	187.10	-261.67					86.79	-328.48				
04	0401	125.25	-100.86	174.38	-275.24			7.17	-282.41	35.50	-317.91	4.44	-283.7		
	副检	124.75	-100.82	181.41	-282.23			9.21	-271.44	8.78	-280.20				
	主检	122.50	-98.59	173.87	-272.28			1.00	-273.48	8.00	-279.28				
03	0303	107.10	-82.6	297.50	-379.78					100.87	-480.43			-134.2	0.4~0.98
	0306	127.28	-102.88	191.44	-294.32					130.06	-424.37			-144.6	0.24~0.8
02	0201	130.00	-106.98	158.00	-262.98					71.90	-334.88				
01	0103	129.00	-109.99	138.89	-248.88			28.75	-283.93	148.69	-397.57			-266.78	5.00
	0106	129.80	-110.18	147.02	-257.18					109.23	-393.16			-288.93	>15.00
1	103	142.10	-117.88	220.90	-338.78			15.78	-354.54	69.16	-423.70			-323.7	1.06~3.2
	106	140.40	-116.12	178.45	-292.57			13.95	-306.52	67.78	-374.30				
3	313	148.50	-124.67	131.07	-255.74					113.33	-368.07			抽水	0.005 93
5	505	287.70	-243.17	46.10	-383.77			15.4	-408.17	338.88	-746.06				
8	708	138.00	-114.32	162.90	-277.22			9.20	-286.42	87.40	-378.82	8.45	-382.3	-373.8	30.00
9	908	179.11	-154.01	320.88	-474.87			4.38	-338.50	148.63	0.90	0.90	-442.19		
	904	181.00	-155.70	178.42	-334.12					102.29					

底面深度受厚度及下夹片断层面的变化所控制，自北向南增大，标高－263.86(0501孔)～740.87 m(505孔)，一般为－350～－400 m；09线及其以东，9线及其以西，最低底面降至－620 m以下；中间局部地段(5线)深达－740.87 m。

（三）夹片灰岩分布特征

夹片岩性主要为石炭二叠系的砂岩、泥岩、砂质泥岩、灰岩和煤，其中灰岩约占20%。

夹片灰岩主要为石炭系太原组薄层灰岩，仅在1线见奥灰。04线主检孔、副检孔所见灰岩经磨片鉴定为寒武系灰岩，可能属阜凤断层带，从其分布位置考虑，此次划为夹片灰岩，709孔底部灰岩属下夹片断层带，904孔顶部灰岩属阜凤断层带，此次也划为夹片灰岩。单孔可见灰岩层数1～19层，单层灰岩厚度为0.54～49.97 m，单孔灰岩总厚度为0.54(0501孔)～154.15 m(505)，平均厚度为26.13 m。顶面标高－214.71(0801孔)～－502.54 m(0901孔)，一般为－250～－300 m，主要受夹片顶面所控制；底面标高－240.04(0504孔)～－745.05 m(505孔)，主要受灰岩厚度所控制(表17.7)。

表17.7 夹片灰岩钻探资料统计表 单位(m)

线别	孔号	夹片			层数	夹片灰岩					底部隔水层厚度	说明
		标高		厚度		单层厚度		标高		总厚		
		顶面	底面			最小	最大	顶面	底面			
09	0901	－498.04	－645.44	147.40	5	1.40	10.4	－502.54	－538.74	25.54	106.70	
08	0801	－214.71	－397.71	183.00	2	1.00	16.2	－214.71	－246.86	17.2	150.85	
07	0707	－342.05	－498.51	156.46	8	0.85	14.11	－342.05	－438.28	38.93	60.23	
	0701	－293.37	－393.97	100.60	1		1.01	－293.37	－294.38	1.01	99.59	
06	0601	－287.25	－395.97	108.72	1		1.93	－287.25	－289.18	1.93	106.79	
	0602	－246.01	－316.94	70.93	1		4.05	－249.16	－253.21	4.05	70.93	
05	0504	－400.90	－400.90	78.32						0	78.32	
	0501	－239.50	－263.86	24.36	1		0.54	－239.50	－240.04	0.54	23.82	
	0502	－261.67	－328.46	66.79	1		4.15	－261.67	－265.82	4.15	62.64	
04	0401	－282.41	－317.91	25.50						0	35.50	
	副检	－271.44	－280.20	8.76	1		8.76	－271.44	－280.20	8.76		
	主检	－273.26	－279.26	6.00	1		6.00	－273.26	－279.26	6.00		
03	0303	－379.76	－480.43	100.67	7	0.80	8.90	－379.76	－434.28	41.81	46.15	
	0306	－294.32	－424.37	130.05	3	1.50	15.87	－294.32	－339.70	33.17	84.67	
02	0201	－262.98	－334.88	71.90						0	71.90	
01	0103	－354.54	－423.70	69.16	6	0.72	40.24	－354.54	－423.70	57.65	0	
	0108	－283.93	－393.16	109.23						0	109.23	
1	103	－354.54	－423.70	69.16	6	0.72	40.24	－354.54	－423.70	57.65	0	
	106	－306.52	－374.30	67.78	5	1.45	33.97	－306.52	－374.30	55.33	0	

续表

线别	孔号	夹片			层数	夹片灰岩					底部隔水层厚度	说明
		标高		厚度		单层厚度		标高		总厚		
		顶面	底面			最小	最大	顶面	底面			
3	313	-255.74	-369.07	113.33	3	1.20	2.50	-255.74	-277.37	6.00	91.70	
5	505	-409.17	-746.05	336.88	19	1.65	49.97	-443.27	-745.05	158.33	1.00	
8	809	-286.42	-373.82	87.40	2	0.60	5.05	-373.82	-382.27	5.65		下夹片断层带灰岩
9	908	-474.87	-623.50	148.63	2	1.20	1.30	-475.27	-484.77	2.50	61.27	
	904	-338.50	-441.29	102.79	1		4.18	-334.12	-338.50	4.18	102.99	为阜凤断层带灰岩

厚度分布总的特征是：倾斜方向，南厚北薄；走向方向，中间地段即5线最厚，1线、03线次之，其他地段较薄，04线至06线以及8线至9线，厚度仅为0.54～8.76 m。灰岩厚度和埋深变化很大，因此既可能是连续分布，又可能是非连续分布。此次研究将夹片灰岩作为连续分布的含水岩体。

推覆体构造导致夹片地层绝大部分倒转，即老地层掩覆于新地层之上，01线至09线以及3线、9线太原组掩覆于二叠系之上，即灰岩分布在夹片地层的上部或顶部，灰岩厚度为0.54～41.81 m，底面标高-240.04～-538.74 m，灰岩底部隔水层即夹片灰岩底面至夹片底面的垂距为23.82(0501孔)～150.85 m(0801孔)(表17.8)。

表17.8　夹片上覆岩体情况统计

岩体	厚度(m)		主要涌、漏水范围
	最小(m)	最大(m)	
新生界	99.60(0901孔)	267.70(505孔)	
片麻岩	46.10(505孔)	320.86(908孔)	4线井筒涌水，花家湖0402、风检孔漏水
寒武灰岩		100.24(0901孔)	
阜凤断层带	0	26.75(0108孔)	1线106孔、01线0108孔漏水

1线奥陶系灰岩厚40.24～41.66 m，呈透镜状分布在夹片上部，掩覆于石炭系太原组之上，二叠系缺失；太原组灰岩呈多薄层分布；直至夹片底面。

5线夹片为太原组地层，灰岩层数异常增多达19层，灰岩总厚异常增大达158.33 m，直至夹片底面并与原地系统奥灰直接接触；8线夹片主要为二叠系地层，底部分布两层灰岩，总厚度为5.65 m；据此分析：5线、8线夹片地层未倒转，此种现象在区内堪称特殊，尚需进一步验证或对其成因进行深入研究。

(四) 夹片及夹片断层富水性特征

1. 夹片

夹片岩体为外来系统，由于受推覆构造的裹带推移，使得岩层混乱且倾角变化大，岩石以软岩为主,既易破碎,又经受了强烈的挤压和揉皱,形成了含水空隙发育的制约条件,因此砂岩裂隙系统和灰岩岩溶现象均不大发育。全区仅2个孔(0102,106孔)漏水(勘探报告将106孔漏水划为阜凤断层带漏水),其他孔泥浆消耗量很小或不耗;漏水孔率为8%,漏水层位均为灰岩,漏水点标高-266.78~-323.72 m,低于夹片顶面14.19~17.19 m,即分布在夹片上部。

灰岩为夹片中的主要含水体,含承压岩溶裂隙水。据313孔抽水资料:水位标高+19.35 m,$q=0.00593$ L/(s·m),$k=0.0034$ m/d;花家湖矿主井探水注浆孔揭露时单孔最大涌水量为20.6 m^3/h,副井筒揭露时最大涌水量8.5 m^3/h。

现有资料表明,夹片含水小且富水性不均一。

2. 夹片断层

下夹片断层带宽度0~8.45 m,断层带岩性主要为泥岩、砂岩和煤屑,仅709孔为灰岩并严重漏水,其他孔未见流水和明显耗水,漏水孔率为4%。

总体看来,夹片断层富水性微弱且导水性差。

(五) 夹片水文地质边界条件

1. 东、西边界

夹片在东、西两端尖灭,即东、西部被煤系地层和寿县老人仓断层所封闭,为隔水边界。

2. 顶部和南部边界

阜凤逆冲断层为夹片顶部以及南部局段(05~1线,9线及其以西)边界线;寿县老人仓断层为夹片南部局段(06线及其以东,2线至8线)边界线。

(1)顶部以及南部局段(即夹片部面上呈口形分布的05~1线、9线及其以西)范围,夹片与阜凤逆冲断层和片麻岩(09线为寒武系灰岩)相接触,根据阜凤断层带局部含水和井筒揭露片麻岩下段涌水的资料分析,划为弱给水边界,主要给水范围为1,01,04线。

(2)南部局段(即夹片剖面上呈楔形分布及其以东,2线至8线)范围,夹片与寿县老人仓断层上盘的第三系砾岩相接触,为隔水边界。

3. 北部和底部边界

下夹片断层为夹片北部和底部的边界线。

(1) 北部边界。将下夹片断层与6煤露头交线的北段划为北部边界线,该段范围内,夹片与原地系统的二叠系相接角度,为隔水边界。

(2) 底部边界。将下夹片断层与6煤露头交线的南段划为底部边界线,该段范围内:

① 07线及其以东,1煤被寿县老人仓断层所切;01~02线,1煤被阜凤断层所切;夹片与原地系统二叠系相接触,为隔水边界。

② 03~06线,1线及其以西,1煤被下夹片断层所切,夹片与原地系统1煤底板灰岩相接触。由表17.9可见与太原组接触宽度为10~310 m;4~5线,与奥陶系接触宽度为110~300 m;从这种条件来说,应划为给水边界,但由于01线及其以东夹片灰岩均分布在夹片的上部,夹片灰岩底界面距夹片底界面尚分布有垂厚达23.82~150.85 m的隔水岩柱,因此夹片底部边界作如下划分:01线及其以东,为隔水边界。1线及其以西,为给水边界。根据505孔夹片灰岩与原地系统奥灰相接触以及709孔在下夹片断层带灰岩中严重漏水的资料分析,给水中心为5线和8线。

① 水文地质条件相对简单块段——01线及其以东,其主要特征是:

a. 勘探程度相对较高。

表 17.9　夹片与原地系统灰岩接触宽度统计

线 别	与太灰组接触宽度(m)	与奥灰系接触宽度(m)	线 别	与太灰组接触宽度(m)	与奥灰系接触宽度(m)
06	85		4	250	110
05	280		5	110	300
04	250		6	280	
03	310		7	220	
02	0		8	110	
01	0		9	110	
1	30		10		
2	15		11	160	
3	150		12	70	

b. 灰岩厚度较小，为 0～41.81 m。

c. 灰岩均分布在夹片的上部。

d. 底部为隔水边界。

② 水文地质条件相对较复杂块段——1 线及其以西，其主要特征是：

a. 勘探控制程度低。

b. 灰岩厚度局部较大，5 线达 158.33 m。

c. 局部夹片灰岩的中、上段为奥灰。

d. 局部夹片灰岩分布至夹片底面。

e. 局部夹片灰岩与原地系统的太原组、奥陶系灰岩相接触；底部为给水边界。

(六) 初步结论

对现有资料的研究表明：

1. 夹片概况

区内穿过夹片地层钻孔计 24 个，勘探程度较低。比较而言，01 线及其以东勘探程度较高，其西勘探程度较低。

2. 夹片分布

夹片分布大致如下：

(1) 平面上呈不规则长条带状分布。东起 011 线西 300 m，西止 12 线西 350 m，走向长 10.25 km；南起夹片底界面与寿县老人仓断层或阜凤断层的交线；北至下夹片断层露头。倾向宽 0.3～1.8 km，平均为 0.845 km，面积约 9 km^2。

(2) 走向上亦呈带状分布并有起伏。顶面标高 −214.71～−498.04 m。一般为 −250～−300 m，东、西端最低；底面标高 −263.86～−740.87 m，一般为 −350～−400 m，以 5 线和东、西端最低。上覆新生界厚度 99.60～267.7 m，推覆体片麻岩厚度 46.10～320.86 m。

(3) 倾向上呈楔形或口形分布在 1～11-2 煤层及部分 13-1 煤层露头之上，垂厚 6～331.70 m，一般为 100～150 m，平均为 99.20 m，04 线最薄。06 线及其以东，2 线至 8 线，剖面上呈楔形分布，厚度自北向南增大；05～1 线，9 线及其以西，剖面上呈口形分布，中间厚度较大，向南北两侧变薄至尖灭。

3. 夹片灰岩及夹片断层富水性

(1) 夹片灰岩分布

① 夹片主要为石炭二叠系的砂岩、泥岩、砂质泥岩、灰岩和煤组成,其中灰岩约占20%,夹片灰岩主要为石炭系太原组薄层灰岩,仅在1线见奥灰。

② 灰岩垂厚为0.54～154.15 m,平均为26.13 m。其厚度和埋深变化较大,总的分布特征是:倾向方向向南厚北薄,走向方向5线最厚,1线、03线次之,其他地段较薄。

③ 01线及其以东,3线和9线灰岩分布在夹片地层的上部或顶部,灰岩厚度0.54～41.81 m,至夹片底界面的垂距为23.82～150.85 m;1线和5线灰岩自夹片顶面分布至底面;8线灰岩分布在夹片底部。

(2) 夹片灰岩富水性

灰岩为夹片中的主要含水岩体,含承压岩溶裂隙水,水位标高+19.35 m,岩溶现象不发育,全区仅0103、106孔漏水,漏水点均分布在夹片上部。313孔抽水 $q=0.00593$ L/(s·m),花家湖矿主井探水注浆孔揭露时单孔最大涌水量为20.6 m^3/h,含水小且富水性不均一。

(3) 夹片断层富水性

夹片断层宽度0～8.45 m,主要为隔水岩性所组成,仅709孔为灰岩并漏水,总体看来,富水性微弱且导水性差。

(4) 夹片水文地质边界条件及分区

① 夹片东、西两端被封闭,为隔水边界。

② 顶部以及南部局段(05～1线,9线及其以西),夹片与阜凤逆冲断层和片麻岩(09线为寒武系灰岩)相接触,根据阜凤逆冲断层和片麻岩的富水性特征分析,为弱给水边界,主要给水范围则为1,01,4线。06线及其以东、2线至8线的南部,夹片与寿县老人仓断层相接触,为隔水边界。

③ 北部与原地系统的二叠系相接触,为隔水边界。

④ 01线及其以东、夹片灰岩底面至夹片底面间分布有稳定的隔水岩层,而且局部与原地系统二叠系相接触,故底部为隔水边界;1线及其以西,夹片与原地系统1煤底板灰岩相接触,而且夹片灰岩底部隔水层不稳定,故底部为给水边界。根据夹片灰岩分布及漏水情况分析,给水中心为5线和8线。

⑤ 01线及其以东,为条件相对简单块段,1线及其以西,为条件相对复杂块段。

(5) 对夹片含水带疏干是可能的,因为:

① 夹片为推覆构造作用裹带的小片外矿,分布范围小,贮水空间有限。

② 夹片灰岩受推覆构造所影响,岩溶现象不发育,富水性弱,储存量有限。

③ 夹片灰岩近似处于封闭状态,以静储量为主。其顶部和局段南部为弱给水边界,受推覆体片麻岩和阜凤断层带富水性所限,垂向补给弱;局段底部为给水边界,但由于夹片灰岩以太原组薄层灰岩为主,夹片薄层灰岩间以及原地系统灰岩间尚分布有隔水岩层,以致这种自下而上地垂向补给受到了限制。

(6) 缩小防水煤柱安全开采下伏煤层是可能的,因为:

① 夹片下伏主要为中厚煤层,开采覆岩破坏高度有限。

② 01线及其以东,灰岩分布在夹片上部,夹片灰岩底部隔水岩层分布稳定,可以划为防水岩柱;夹片上部灰岩疏干后,加大了防水岩柱。1线及其以西,被疏干的夹片灰岩可作为防水岩柱来利用。

第三节　推覆体寒武系水文工程地质条件

新集、花家湖井田同处于推覆体下缓倾斜单斜构造单元，13-1煤层大部分埋藏于推覆体寒武系之下，构成了岩溶含水层下采煤的特殊条件。勘探阶段，虽然对推覆体寒武系做了一些工作，但由于其不是主要勘探目的层，而且受花家湖等地表水体所制约，因此寒武系勘探程度低，其层(组)未作划分，水文地质条件尤其是下段富水性、上下段之间水力联系未能查明，不能满足安全开采的需要。

一、推覆体寒武系地质条件

(一) 寒武系分布特征

地层产状：总体上，走向呈东西向，倾向北，倾角18°～88°，一般为45°以上，多为70°左右，局部地段有倒转现象，倾角变化：北边缓，南部陡；垂向上浅部陡，底部缓。

1. 平面分布

推覆体寒武系平面上呈东西向长条带状分布于本区中部；北起F_{02}断层露头(6～8线为构造窗北缘)，南至阜凤逆冲断层露头(09线以东为F03断层露头)，倾向宽650(11线)～2 090 m(01线)，平均约为1 500 m(07线以东，推覆体前锋为奥陶系—石炭系太原组，其露头宽度95～430 m，故寒武系平面宽度减小为670～1 650 m)；东起013线，西止14线，走向长13.6 km，面积约21 km^2。

14线以西，寒武系延展至颍上—陈桥断层；013线以东，寒武系延展至淮河以东；即在区域上大面积分布。

据原勘探剖面，12,4,2,08线F_{02}断层倾角很缓或位置偏南，其与阜凤断层的交线在平面上形成南伸幅度较大的几处凹面，1201,201孔钻探结果表明原剖面有误，414,0801孔所见薄层灰岩亦可划入夹片，即几处凹面并不存在。09线F_{02}断层倾角很缓并与寿县老人仓断层相交，此为区内之首见。经分析周边资料认为，0901孔所见灰岩应划入夹片，但尚待验证。

2. 垂向分布

(1) 界面分布

寒武系露头面起伏变化，标高－22.20(97-1孔)～－175.31 m(L_{10}孔)，多为－70～－100 m，最大高差153.11 m。变化特征是：沿0503,97-1,0106,107,510孔连线较高(－22.20～－51.89 m)，向东、西降低；倾向上，中段较高，向南、北降低；总体上看，与相邻岩层比较，寒武系露头隆起但幅度不大。

底界面起伏变化大，标高－106.31(L_9孔)～－916.43 m(01102孔)，高差达810.12 m，变化特征是：走向上呈波状起伏，形成两个隆起段，5～9线隆起较高(6线612孔为－213.60 m)，07线隆起较低(0706孔为－342.89 m)；隆起段向东向西底界面逐渐降低，东部最低为－916.43 m(01102孔)，西部最低为－704.97 m(1402孔)，两隆起段间最低为－693.13 m(0503孔)。倾向上，往北向阜凤逆冲断层露头抬高，向南降低。

(2) 厚度分布

寒武系钻探垂厚 4.88(905 孔)～840 m,厚度分布受界面分布及 F_{02}、阜凤断层所控制。走向上,底界面隆起段厚度较小,向两侧增大;倾向上,中段厚度大,向北沿阜凤断层露头、向南沿 F_{02} 与阜凤断层交线变薄尖灭。

(二) 寒武系灰岩分布特征

寒武系由灰岩、白云质灰岩、鲕状灰岩、硅质灰岩、砾屑灰岩、泥质灰岩、白云岩、泥岩、砂质泥岩、粉砂岩、砂岩等岩性组成,区内钻见寒武系总长为 13 089.26 m,其中灰岩长为 8 467.46 m,占 64.69%,即岩性以灰岩为主。

单孔可见灰岩 0(1106、0708 孔)～30 层(1202 孔),单层灰岩厚 0.35(902 孔)～525.76 m(01102 孔);单孔灰岩总厚为 2.00(811 孔)～669.77 m(01102 孔);灰岩顶面标高 -26.24(0304 孔)～-376.61 m(0203 孔),灰岩底面标高 -106.31(L 孔)～-916.43(01102 孔) m,54 个穿过寒武系底段的钻孔,47 个孔寒武系底界为灰岩,仅 5 个孔在寒武系底段见厚度不等的泥岩等,如表 17.10 所示。

表 17.10 推覆体寒武系底部见泥岩钻孔统计表

孔 号	1402	811	510	0101	97-1
寒武系底界标高(m)	-704.97	-207.98	-279.29	-329.08	-545.93
灰岩底界标高(m)	-663.07	-160.33	-277.59	-306.99	-534.86
泥岩垂厚(m)	41.90	47.65	1.70	22.09	11.07

0708、1106 孔全孔未见灰岩,为区内所独见。

97-1 孔在 -406.99～-409.49 m 见煤(距寒武系底界 136.44 m,其中灰岩 2 层,厚 56.86 m),亦为区内之独见,其原因尚待进一步分析。

如图 17.6 所示,灰岩分布总的特征如下:

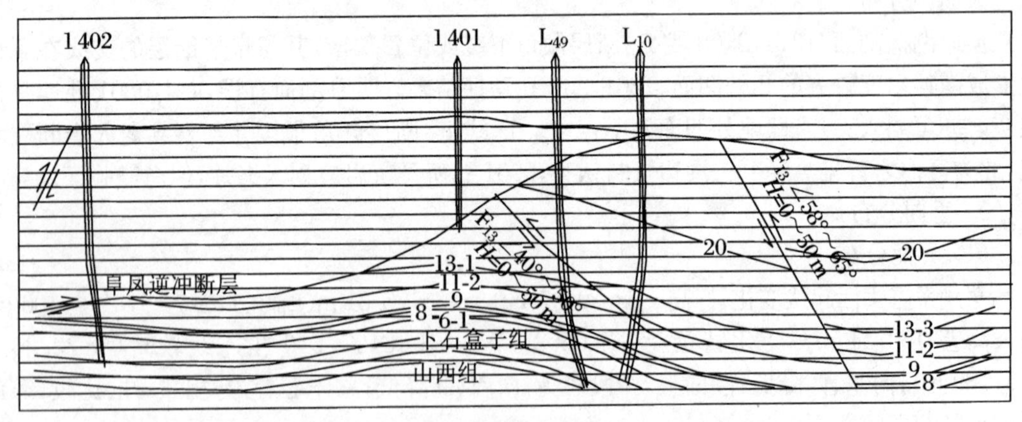

图 17.6 14 勘探线推覆体寒武系灰岩分布剖面图

(1) 寒武系南部灰岩含量小,灰岩多分布在寒武系上部及中下部,但局部灰岩含量出现异常。沿 1402,906,822,811,707,612,508,0101,0203,0308,01001 孔一线所控制的走向剖面,除 906 孔全孔灰岩以外,其他各孔分布 1～4 层的薄层及中厚层灰岩。

(2) 寒武系中部具有灰岩含量大、厚度大的特点。沿 1401,1311,L_{34},911,804,701,510,107,0102,0503,0706,01102 孔一线所控制的走向剖面,灰岩厚度为 82.06～669.76 m,灰岩

在其中所占比例为 19.3%～100%。

(3) 寒武系北部具有灰岩厚度相对较小，但含量大的特点。沿 L_{49}，Z_7，L_{47}，L5，301，111，0304 孔一线所控制的走向剖面，灰岩厚度为 15.56～474.96 m，灰岩在其中所占比例 38.7%～100%。

(4) 从灰岩等厚线图上可以看出，11 线以西、07 线以东灰岩厚度逐渐增大。5～07 线分别以 107，0503 孔为中心向南北两侧，灰岩厚度呈减小的趋势。

(5) 寒武系岩层倾角、岩性和分层厚度差异性较大。据勘探资料 510 孔与 502 孔仅相距约 50 m，502 孔仅含一层灰岩，灰岩厚度为 26.90 m，灰岩所占比例为 13.6%，而 510 孔含 4 层灰岩，单层灰岩厚度为 4.0～105.12 m，灰岩总厚为 119.41 m，灰岩所占比例为 88.4%。

二、推覆体寒武系水文工程地质条件

(一) 灰岩岩溶发育特征

推覆体寒武系灰岩岩溶现象主要为溶隙和溶孔，次为溶洞，灰岩钻孔漏水是岩溶现象和构造裂隙的主要表现特征之一。区内 57 个揭露寒灰孔，29 个孔漏水，漏水孔率 50.9%，漏失量近于或大于泵量的钻孔 23 个，占漏水钻孔的 79%；少数钻孔(L_{34}，306，L_1，0102)发生两次漏水。57 个钻孔中，11 个钻孔见溶洞，钻孔见溶洞率 19.3%；溶洞高度一般为 0.1～5 m，局部溶洞呈串珠状，累计高度达 8.7(603 孔)～31.3 m(Z_5 孔)，有的钻孔一孔 2～4 次见溶洞(1401，1311，911，902，L_5，水 111)；溶洞多为黏土充填或半充填。

1. 平面发育特征

(1) 井田比较。新集井田相对发育，如表 17.11 所列。

表 17.11　新集—花家湖井田寒武系钻孔漏水及见溶洞统计表

井田名称	见寒灰孔数	漏水		见溶洞	
		孔数	比例	孔数	比例
新集	38	22	57.9%	10	26.3%
花家湖	16	7	43.8%	0	
1线	3	0		1	33.3%
共计	57	29	50.9%	11	19.3%

(2) 勘探线比较。以 11，9，7，3，01 等线相对发育，如表 17.12 所列。

2. 垂向发育特征

(1) 岩溶现象 −50～−150 m 标高段即浅部发育，向下减弱，但并非随深度增加而递减。

(2) 溶洞发育标高 −57.99～−138.47 m，即均在浅部。

(3) 漏水点主要分布在 −50～−156.49 m 标高段，向下减少，−156.49～−233.59 m、−298.23～−363.66 m 段未见漏水，但 11 线 L_{34}孔、10 线 1003 孔、5 线 502 孔、01 线 0102 孔在寒灰下段漏水(表 17.13)，最深漏水点标高 −466.66 m。区内有 7 个孔(1402，0106，0304，97-1，0503，01001，011020)揭露寒灰深度在 −500 m 以下，最深达 −916.43 m，在 −500 m 以下未见漏水。

表 17.12 新集—花家湖井田推覆体寒武系各勘探线漏水及见溶洞统计表

线别	见寒灰孔数	漏水		见溶洞		线别	见寒灰孔数	漏水		见溶洞	
		孔数	比例	孔数	比例			孔数	比例	孔数	比例
14	4	1	25%	1	25%	1	3	0		1	33.3%
13	1	1	100%	1	100%	01	4	2	50%	0	
12	1	0		0		02	1	0		0	
辅 11	3	1	33.3%	1	33.3%	03	3	1	33.3%	0	
11	3	3	100%	2	67%	04	2	1	50%	0	
10	1	1	100%	0		05	1	1	100%	0	
9	6	5	83%	2	33.3%	06	0			0	
8-9	1	0		0		07	2	0		0	
8	2	0		1	50%	08	0			0	
7	6	4	67%	1	17%	09	1	0		0	
6	2	1	50%	1	50%	010	1	1	100%	0	
5	4	1	25%	0		011	1	1	100%	0	
4	0	0		0		013	0			0	
3	4	4	100%	0	0						
2	0	0		0		共计	57	29		11	

表 17.13 推覆体寒武系下段钻孔漏水统计表

孔号	L_{34}	1003	502	0102
寒武系底界标高(m)	−341.41	−324.82	−251.85	−476.67
漏水点标高(m)	−298.23	−280.64	−233.59	−466.66
漏水点至寒武系底界垂距(m)	43.18	44.18	18.26	10.01
层组	馒头组	猴家山组	馒头组	毛庄组

(3) 层组发育特征

推覆体寒武系各层(组)中,均有岩溶现象但以分布在中北部的毛庄组最为发育,主要表现在:

① 11 个见溶洞钻孔,全部分布在毛庄组中(表 17.14)。

② 全区 57 个钻孔,有 15 个钻孔在毛庄组中漏水,漏水孔率 26.3%;31 个漏水孔中毛庄组的漏水孔率达 48.4%。

③ 全区最深漏水点(0102 孔,−466.66 m),位于毛庄组中(图 17.7)。

(二) 富水性特征

推覆体寒武系灰岩含承压岩溶裂隙水,单位涌水量 $q = 0.000\,026$(0107 孔)～0.974(1401 孔)L/(s·m),含水小—中等,富水性不均一。

受岩石风化动力作用和推覆构造应力作用的影响,寒武系灰岩风(氧)化及其底部构造破碎带富水性相对较强，中下部整体上富水性弱。受寒武系沉积环境的影响，猴家山、馒头、徐庄等层组灰岩泥质成分含量大，其薄层灰岩与砂泥岩互层而致使富水性相对较弱。灰岩厚度大，纯度高的下统毛庄组及中统张夏组地层灰岩富水性相对较强，可由其平面富水性特征及垂向富水性特征来评述。

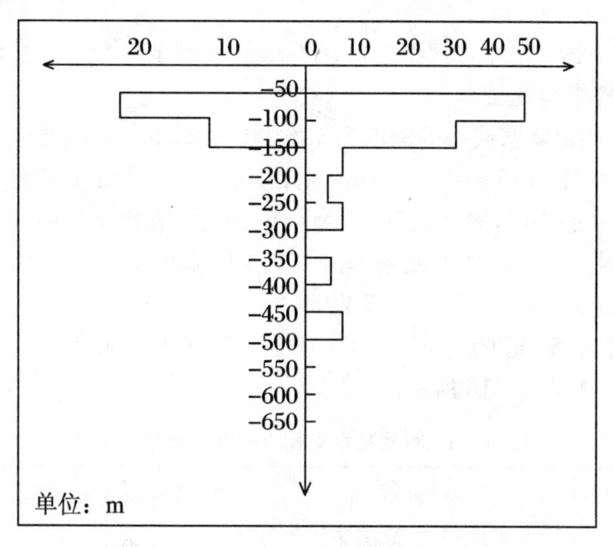

图 17.7　岩溶现象随深度变化曲线图

表 17.14　推覆体寒武系不同地层漏水及见溶洞钻孔统计表

层组	漏水			漏水		
	孔数	占总漏水孔数比例	孔号	孔数	占总见溶洞孔数比例	孔号
徐庄	6	19.4%	903，L_1，L2，0102，97-1，01102			
毛庄	15	48.4%	1401，1311，1103，L_{34}，Z_5，L_{47}，902，911，702，L_5，603，301，0106，0102，0503	11	100%	1401，1311，Z_5，1103，L_{34}，902，911，804，L_5，603，水 111
馒头	7	23.5%	L_{34}，1106，701，502，0308，01001			
猴家山	3	9.7%	1003，906，306			

1．平面富水性特征

平面富水性特征与寒武系平面岩溶裂隙发育程度相一致，即具有非均一性。

从整体上看，具有北部富水性相对较强（如 1401，911，水 111，0307，97-1 等孔，单位涌水量 $q=0.00077\sim0.974$ L/(s·m)），南部富水性相对较弱的特征。

2．垂向富水性特征

寒武系垂向富水性受岩性、风化营力、构造应力等多种因素所影响而差异很大，具有顶部风化带及上段富水性较强，下段富水性弱的特征。局部下段富水性亦相对较强，即富水性的强弱并非随深度的增加而递减，此与岩溶发育特征相一致。

由表 17.15 可见：

(1) 反映寒武系顶部及上段。漏水点埋深为 89.8～218 m 的 1401,911,∈水文孔,97-1 孔单位涌水量 q = 0.54～0.974 L/(s·m)。

(2) 0107,0307 孔均为寒灰下段抽水(工作段埋深 244.23～551 m),单位涌水量 q = 0.000 77～0.000 026 L/(s·m)。

(3) 反映寒武系下段。漏水点埋深为 307.22 m 的 1003 孔单位涌水量 q = 0.484 L/(s·m)。

① 顶部及上段富水性较强。

a. 911 孔。911 孔揭露寒武系的深度为 126.90～222.98 m,测井流量为 55.31 m^3/h,占钻孔出水量的 65%;深度为 150～175.04 m,测井流量 25.5 m^3/h,约占钻孔出水量的 30%;深度 175.04 m 至寒武系底界面,测井流量 4.3 m^3/h,约占钻孔出水量的 5%。

b. 寒武系水文孔。钻孔揭露寒武系埋深 107.45～209.37 m,在深度 113～121 m 段为出水带,其他段基本无反映,总流量为 0.113 L/s。

三次降深抽水时 S_1、S_2、S_3 的流量比例为:上段占 95.63%～96.12%,下段深度 256～260 m,仅占 4.3%～3.88%,如表 17.15 所示。

表 17.15 寒武系水文孔流速流量测井成果图

出水部位	流量(m^3/h)			单位涌水量(L/(s·m))		
113～121	15.975	12.6	6.844	0.92	1.04	1.39
256～260	0.731	0.469	0.131	0.04	0.04	0.03

由上证明,虽然抽水工作段较长,但实际出水位置均在顶部及上段。

② 下段富水性弱但不均一,局部相对较强。

a. 据 1003 孔资料,钻孔揭露寒武系埋深为 113.58～351 m,漏水点深度为 307.22 m。

流速流量测井结果表明:含水有两段,即 120～135 m 及 305～311 m;天然状态下,两段出水量分别为 0.168 75 L/s;抽水情况下,井口出水量 7.05 L/s,上段出水量为 1.725 L/s,占 24%,下段出水量 5.325 L/s,占 76%,即主要出水层位在下段,表明下段局部含水中等(表 17.16)。

b. 据花家湖矿 −450 m 皮带石门∈2# 孔资料,钻孔倾角 40°,孔深为 144.75 m;134.55～141.42 m 见阜凤断层带,141.42～144.75 m 见寒灰;初始涌水量为 0.92 m^3/h,最大涌水量为 1.3 m^3/h,稳定水量 0.85～0.94 m^3/h,水压 4.1 MPa;经简易放水实验,间距 693.98 m 的寒灰下段观测孔(0503 孔)水位标高自 16.04 m 下降至 13.17 m,降深 2.87 m;停放后水位对应回升至 16.13 m。间距 1 355.14 m 的寒灰全段观测孔(0706 孔)水位亦有所变化(表 17.17)。

该孔放水实验表明此处寒灰下段富水性微弱,但由于涌水量小,观测孔间距过大,其成果尚待进一步验证。

综合漏水及抽水实验资料,01 线(以 0102 孔为代表)、10 线(以 1003 孔为代表)、11 线(以 L_{34} 孔为代表)、5 线(以 502 孔为代表)为寒武系下段相对富水块段。必需指出:L_{34},1003,502 孔深漏水点标高均在 −300 m 以下,埋深 −350 m～−466.88 m 的漏水小,全区唯有 0102 一个孔,即寒武系埋藏深度较大的底部,相对富水块段仅产生在 01 线。

表 17.16　推覆体寒武系抽水资料统计表

阶段	井田	孔号	钻孔性质	抽水类型	寒武系			工作段			初始水位标高(m)	采用含水层厚度(m)	试验参数						
					深度(m)	漏水情况	孔径(m)	观测段		抽水反映的层段			s(m)	Q(m^3/h)	Q(L/(s·m))	Kcp(m/d)	Tcp(m^2/h)	S	R(m)
								深度(m)	层段										
勘探		1401	抽水兼长观	单孔正式	137.00～470.35	149.7全漏	108	137.29～390.17	上中段	$\in_{1m2}$	20.60	10.00	16.39	57.46	0.974	14.891	148.91		
		911	抽水	群孔正式	126.90～222.98	133.07全漏	127	133.87～221.00	全段	$\in_{1m2}$	20.83	17.82	26.21	85.10	0.901	5.3061	91.56	2.79×10^{-4}	>3 924
		712	抽水兼长观	简易	109.51～245.50	无	91	114.71～291.00	全段	$\in_{1h}$	20.71	131.36	66.09	0.94	3.93×10^{-3}	2.6×10^{-3}	0.34		
		510	抽水	简易	77.80～305.20	无	108	92.88～306.00	全段	$\in_{1m}$	21.33	112.45	52.48	0.109	5.75×10^{-4}	3.66×10^{-4}	0.041		
		水 111	抽水兼长观	单孔正式	64.20～365.80	无	108	69.23～373.50	全段	$\in_{1m2}$	20.80	36.17	37.67	9.79	0.072	0.242	8.75		
		0107		简易	114.23～389.88	无	127	244.23～392.28	下段	$\in_{1h}$	19.11	10.13	50.73	0.004 8	2.6×10^{-5}	1.6×10^{-4}	0.001 6		
		0307		简易	57.00～496.60	无	108	328.51～551.00	下段	$\in_{2x}$	16.04	55.85	51.83	0.144	7.7×10^{-4}	1.09×10^{-3}	0.061		
生产	新集	1003		群孔正式	113.58～351.40	307.22～370.46全漏	91	117.21～350.71	全段	$\in_{1h}$	8.96	21.00	17.23	30.12	0.481	2.165	45.46		1 185.1
		7线水文孔		群孔正式	107.45～>290.37	113.22全漏	108	112.66～207.10 240.22～290.37	上段 下段	$\in_{1m}$	15.70		17.33	60.06	0.963		133.2	4.06×10^{-4}	1 302
	花家湖	05线97-1		群孔正式	41.40～565.13	89.8全漏，178～218	146	64.00～515.82	全段	$\in_{2x}$	18.76	34.18	26.342	51.24	0.54	2.30	80.49	3.2×10^{-5}	3 400

表 17.17　新集二矿 −450 m 皮带石门∈ 2# 孔放水观测孔水位标高统计表　单位：m

孔号	观测层位	至放水孔平距	1997 年											
			11 月		12 月									
			20 日	30 日	11 日	13 日	15 日	17 日上午	17 日下午	18 日下午	20 日	24 日	28 日	30 日
0503	∈	692.98	15.98	16.04	15.11	14.67	14.88	15.20	15.22	14.97	14.56	13.86	13.17	13.40
0307	∈	977.13	14.10	14.21	14.09	14.10	14.06		14.04	14.04	13.98		14.0	13.96
0706	∈	1355.14	13.90	13.82	13.67			13.44	13.44		13.42		13.07	12.87

3. 不同层(组)富水性差异特征

据淮南矿区资料，下寒武系猴家山组及馒头组底部灰岩呈季节性间歇出露，水量为 0.01～4.03 m^3/h，下寒武系馒头组中上部、毛庄组、中寒武系徐庄组含水小；中寒武系张夏组在上窑缸厂、骑山集水井水量为 14～15 m^3/h，丁家山及老龙眼打井水量为 8～10 m^3/h，家洼水厂涌水量 150～200 m^3/h，孔集矿 6 线 014 孔单位涌水量 $q=0.408$ L/(s·m)，即张夏组为寒武系地层中相对富含水层。

区内 10 次抽水实验资料表明：

① 寒武系顶部及上段，各层(组) 富水性虽有差异，但差距不大，如毛庄组单位涌水量 $q=0.901$～0.974 L/(s·m)(1401、911 孔)，偶为 0.072 L/(s·m)(水 111 孔)；馒头组可达 0.963 L/(s·m)，徐庄组则为 0.54 L/(s·m)(97-1 孔)。

② 寒武系下段，徐庄组(0307 孔)、馒头组(510 孔)富水性弱，单位涌水量 $q=0.000\,575$～0.000 77 L/(s·m)；猴家山组富水性不均一，单位涌水量 $q=0.000\,026$ (0107 孔)～0.484 L/(s·m)。

③ 总体上看，中寒武系张夏组以下层毛庄组富水性相对较强，猴家山组次之，徐庄组、馒头组相对较弱。

(三) 水位动态

1. 观测孔布置及概况

新集—花家湖寒武系灰岩长观孔计 9 个，分布在 14，13，10，7，5，1，03，05 及 07 线。其中，寒灰全层观测孔 3 个(712、510、水 111)，寒灰上段观测孔 1 个(1311 孔)，寒灰下段观测孔 3 个(0307，0503，0706 孔)，寒灰上下段观测孔 2 个(∈水文孔，1003 孔)。

2. 水位动态特征

区内寒武系初测水位标高 21.33～22.25 m(510 孔，1401 孔于 1984 年 1 月、1986 年 9 月抽水时观测)，与二含原始水位相近。多年观测资料表明，寒灰地下水位波状变化，年变幅 0.177(1993 年水 111 孔)～6.685 m(2000 年 0706 孔)，其主要特征是：

(1) 天然条件下寒灰地下水水位具有西北高、东南低的特点。如 1401 孔 1984 年元月抽水水位标高 +22.25 m，大于此后所有的寒灰抽水及观测孔初始水位标高。1993 年开始的区域水位动态观测资料进一步证明了这种特点，这与区域地下水流向基本一致，如表 17.18 所示。

(2) 水位动态受降水所影响，亦受埋藏条件所制约，一般可分为两种类型：

① 寒武系隆起、新生界沉积较薄、二隔及其以下松散层缺失、二含与寒武系直接接触的

表 17.18　推覆体寒武系水文观测孔统计表

孔　号	孔深(m)	观测层位	含水层深度(m)	止水套管深度(m)	观测段深度(m)
712	473.68	∈全层	109.51～245.50	114.71	114.71～291.00
510	342.00	∈全层	77.80～303.50	92.88	92.88～305.00
水 111	408.65	∈全层	64.20～365.80	69.23	69.23～373.50
1311	161.53	∈上段	114.35～507.45	106.00	106.00～161.53
0307	811.34	∈下段	57.00～352.70	328.51	328.51～551.00
0503	912.13	∈下段	69.40～714.90	429.33	429.33～730.00
0706	841.50	∈下段	124.59～364.00	177.61	177.61～380.00
∈水文孔	290.37	∈上下段	107.45～290.37	112.66	112.66～207.10 240.22～290.37
1003		∈			

“天窗”区，寒灰水位具有季节性变化的规律：水位高峰期出现在降水集中期，多在 6～9 月；低峰期出现在枯水季节，多在 11 月至次年 2 月，年变幅相对较大。水位动态曲线与二含相似，但峰值稍有滞后(图 17.8)。

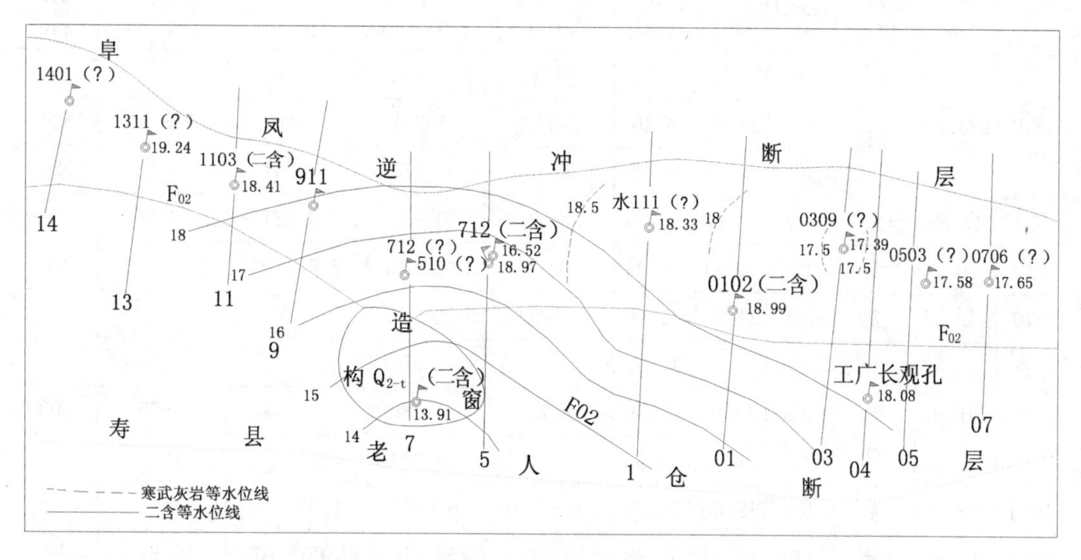

图 17.8　推覆体寒武系与二含等水位线图

② 寒武系顶界深度相对较大，新生界底部分布有黏土隔水层区段，寒灰水位虽有起伏，但年变幅相对较小，季节性变化不明显，峰值滞后于降水时间较长，如 1311 孔。

观测资料表明：二隔以下松散层缺失“天窗”区寒灰水位具有季节性变化规律，一般水位高峰期均出现在降雨集中期，具有滞后现象，而低峰期出现在干旱期。表明两含水层(组)之间水力联系较密切，并受到大气降水的补给。

(3) 不同观测段的钻孔水位观测资料表明，寒灰地下水位变化总趋势为下降。受地下水的开采影响，主要是受二含供水及矿井涌水影响，寒灰水位通过越流补给给二含及其他地下水，而形成水位逐年下降，其中以 0706 孔下降幅度最大，累计下降 6.29 m。

无论年最高水位还是最低水位，一般均呈逐年下降趋势，每年丰水期的最高峰值恢复不到此前的最高峰值，此与远离供水井群的二含观测孔（如 0107-1 孔）水位最高峰值大部分可恢复的特征不同。1993～2000 年，寒灰单孔水位累计降幅达 3.114(1311 孔)～18.49 m(0706 孔)。

区内二含地下水从 1989 年后开始作为供水水源进行开采，1993 年后开采规模增大；寒灰地下水从 1998 年后开始作为补充供水水源在 7 线进行单井开采。寒灰地下水位总趋势显然是开采地下水的结果。

0503 孔水位年变幅 1997 年为 4.175 m，2000 年为 6.015 m；0706 孔水位年变幅 1997 年为 3.46 m，1998 年为 4.565 m，2000 年为 6.685 m，年变幅较大，与其他孔相比异常。此现象是否与开采二含、寒灰地下水以外的原因有关，尚待进一步研究查明。

(4) 寒灰地下水开采后，其自然流场发生变化，形成以开采地为中心的降落漏斗。推覆体寒武系灰岩抽水实验结果如表 17.19 所示。

对以上 3 孔 5 次群孔抽水实验，结合 1401，712，510，水 111，0307，0101 等 6 个单孔次的抽水实验资料进行分析，说明寒武系地下水受岩性、厚度、岩溶裂隙发育程度等因素制约，富水性极不均一(表 17.19)。

表 17.19　推覆体、寒武系钻孔抽水实验成果表

孔号	寒武系灰岩		孔径(mm)	水位标高(m)	试验参数					
	厚度(m)	漏水情况			S (m)	Q (m^3/h)	q (L/(s·m))	k (m^3/d)	T (m^2/d)	R (mm)
1401	274.85	大于泵量	108	21.60	4.77	17.17	1.463	16.45		194
					8.40	30.24	1.391	15.82	148.91	334
					16.39	59.00	0.974	12.41		557
911	17.82	全泵量	127	20.83	26.24	85.1	0.901	0.221	94.56	>3 924
712	130.79	无	89	20.71	66.09	0.94	3.93×10^{-3}	2.6×10^{-3}		34
510	112.45	无	108	21.33	52.48	0.109	5.75×10^{-4}	3.66×10^{-3}		10
水 111	301.6	无	108	20.80	37.67	9.79	0.072			
					21.39	6.80	0.088	0.242	8.75	108
					29.85	8.89	0.083			
0101	148.05	无	130	19.05	50.73	1.322×10^{-4}	6×10^{-4}	1.6×10^{-4}	6	
0307	150.64	无	110	16.04	51.83	0.144	7.7×10^{-4}	1.09×10^{-4}	0.61	17
97-1	41.18	漏	146	18.76	26.342	51.24	0.54	2.355		3400
					8.23	22.08	0.746	2.228		122.8
					17.746	38.30	0.60	1.959		248.4
∈水文孔		漏	111～146	15.23	17.33	60.06	0.963			
					12.08	47.67	1.096		133.2	1 320
					4.91	25.14	1.422			
∈水源井			190		35.92	110.50	0.854		114.96	1 983

从实验成果来看，富水性相对较强的有 6 个孔，占实验钻孔的 54.5%，如 97-1，1003 孔等。单孔最大抽水量 120.7 m^3/h（∈水文孔），最小的也有 59 m^3/h（1401 孔），富水性相对较弱的抽水孔有 712，510，0107 等钻孔，钻孔出水量很小，最大单位涌水量 $q=0.088$ L/(s·m)，最小的 712 孔，为 $q=0.003\ 93$ L/(s·m)，整体上单位涌水量均小于 0.1 L/(s·m)。说明其富水性平面上极不均一，但与岩溶裂隙发育特征相一致。从区域资料来看，寒武系中下统张夏组富水性最强，其他层组相对较弱。

3. 垂向上富水性变化特征

寒武系空间上下段灰岩富水性差异较大，受推覆构造应力及风化应力的影响，具有明显的垂直分带性，中上段富水性整体上相对较强，中下段富水性相对较弱，局部地段其底部富水性中等（表 17.20）。

表 17.20　推覆体寒武系不同地段抽水实验成果表

孔号	寒武系灰岩		含水层层位	抽水段		水位标高(m)	试验参数				
	厚度(m)	涌水情况		深度(m)	孔径(mm)		S (m)	Q (m^3/h)	q (L/(s·m))	k (m/d)	T (m^2/d)
水111	288.5	无	∈中上段	69.23～114.00	110	20.80	37.67	35.24	7.22×10^{-2}	0.153	1.893
0107	48.19	无	∈中下段	244.23～392.28	130	19.11	50.73	0.0047	2.6×10^{-5}	1.6×10^{-4}	0.001 62
0307	271.30	无	∈中下段	345.96～496.60	110	16.04	51.83	0.144	7.7×10^{-3}	1.09×10^{-3}	0.661
911	88.55	全泵量	$\in_{1+2}$	126.90～221.00	127	20.83	26.24	85.1	0.901	5.31	94.6
510	119.11	无	$\in_{1+}$	127.89～303.50	110	21.33	52.48	0.109	5.75×10^{-4}	3.66×10^{-4}	0.041 2
1401	274.85	大于泵量	$\in_{1+2}$	142.0～152.0	110	22.25	16.39	57.46	0.974	12.406	124.06
712	135.99	无	$\in_{1+2}$	114.77～245.50	89	20.71	66.09	0.94	3.93×10^{-3}	2.6×10^{-3}	0.342

列举如下事例：

(1) 911 孔流速流量测井。911 孔揭露寒武系灰岩的抽水段深度为 126.90～221.00 m，寒武系厚度 88.55 m，从流速流量测井曲线上可以看出：

① 寒武系顶界面至 150 m 深，测井流量为 55.31 m^3/h，占钻孔出水量的 65%。

② 深度 150～175.04 m，测井流量 25.5 m^3/h，约占钻孔出水量的 30%。

③ 深度 175.04 m～寒武系底界面，测井流量 4.3 m^3/h，约占钻孔出水量的 5%。

(2) 寒武系水文孔流速流量测井。自然状态下的流速流量测井结果反映水流方向自上而下，在深度 113～121 m 段为出水带，其他地段基本无反映，总流量为 0.113 L/s。

三次降深的抽水 S_1，S_2，S_3 涌水量分配比率为：上段为 113～121 m，占 95.63%～96.12%，下段为 256～260 m 深度仅占 3.88%～4.3%，如表 17.21 所示。

表 17.21 寒武系水文孔流速流量测井成果表

出水部位(m)	涌水量(m^3/h)			单位涌水量(L/(s·m))			静止水位(m)	含水层厚度(m)	富水性
113～121	15.975	12.6	6.844	0.92	1.04	1.39	8.09	8	强
256～260	0.731	0.469	0.131	0.04	0.04	0.03	13.0	4	弱

总之,寒武系水文孔上下段灰岩富水性差异大。

(3) 钻孔耗漏水资料说明绝大部分漏水钻孔的漏水点标高在 −165 m 以上,下段仅个别钻孔漏水,如表 17.22 所示。

表 17.22 推覆体寒武系钻孔耗漏水情况统计表

线别	孔号	耗漏水			备注
		层位	标高(m)	耗漏量(m^3/h)	
14	1401	∈顶部	−123.35	大于泵量	岩性为灰岩,溶洞发育
13	1311	∈顶部	−87.75～−121.01	大于泵量	岩性为粉晶灰岩
11	1103	∈顶部	−88.37～−90.37	近泵量	
	L_{34}	∈顶部	−95.43～−104.83	7.44～47.04,大于泵量	白云质灰岩,溶洞裂隙发育
		∈上部	−171.13～−178.53	大于泵量	灰岩风化严重,见少量溶洞
		∈下部	−258.13～−260.73	2.24～5.60	灰岩,见少量溶洞
		∈下部	−298.23～−198.63	22.24～大于泵量	
9	906	∈中上部	−147.50～−149.60	2.0	白云质灰岩
	911	∈上部	−106.50～−148.39	全泵量	
	902	∈中上部	−117.83～−121.68	大于泵量	灰岩,溶洞漏水
	L_{47}	∈底部	−116.80～−121.88	2.40	
	903	∈上部	−122.10～−122.60	大于泵量	
7	701	∈顶部	−88.49～−105.49	近泵量	灰岩,局部溶洞发育
	702	∈上部	−74.68～−114.67	3.60	灰岩,柱状无反映
	L_5	∈中上部	−77.66～−131.49	12.60	灰岩
5	502	∈下部	−233.69～−251.85	−223.59 以下大于泵量	灰岩,柱状无反映
3	306	∈顶部	−83.50	严重	岩性为灰岩,柱状无反映
		∈上部	−146.02～−146.22	中等	岩性为灰岩,柱状无反映
	301	∈上部	−59.10～−166.43	1.00	岩性为灰岩
	L_1	∈顶部	−82.17～−83.07	中等	岩性为灰岩
		∈中下部	−121.97～−210.77	近泵量	岩性为灰岩
	L_2	∈上部	−96.41～−108.02	全泵量	岩性为灰岩

续表

线别	孔号	耗漏水			备注
		层位	标高(m)	耗漏量(m^3/h)	
01	0106	∈顶部	-50.08	38.40	风化灰岩
	0102	∈中部	-363.66	1.0	岩性为灰岩
		∈下部	-466.66	中等	
03	0308	∈上部	-124.30	1.20	岩性为砂岩
04	0403	∈顶部	-273.67	大于泵量	岩性为砂岩
	97-1	∈上部	-70.59～-198.79	大于泵量	
05	0503	∈顶部	-61.63	6.00	岩性为粉晶白云岩
		∈顶部	-64.33	18.00	岩性为粉晶白云岩
010	01001	∈顶部	-156.49	1.20	岩性为砂纸泥岩
011	01102	∈顶部	-76.83	大于泵量	岩性灰岩

分析以上各勘探线的所有寒武系漏水钻孔资料，其垂向上具有明显的垂直分带性，上、下段富水性差异大，与受风化及推覆构造应力的影响而致使其垂向富水性变化的结论是一致的。

对垂向富水性变化特征还需特别说明一点，花家湖-450 m皮带石门施工的寒武系探放水钻孔，该孔倾角40°，终孔深度为144.75 m，寒武系灰岩初始出水量为0.92 m^3/h，最大出水量为1.3 m^3/h，稳定水量为0.85～0.94 m^3/h，水压为4.1 MPa。经放水实验，水量减至0.18 m^3/h，距该孔以北692.98 m处的0503孔水位下降2.78 m，相距1 355.24 m的0706孔水位下降0.75 m。此现象初步说明寒武系灰岩下部富水性较弱，水力传导速度快，有利于对其底部水的疏放。此结论有待以后验证。

以上对寒武系富水性特征进行了充分的分析和论证，初步取得了一些重大发现。

从开采角度来考虑，大致是走向上沿F_{10}断层以南，即防水煤岩柱高度相对较低的块段，为寒武系下统($\in_{1h}$、$\in_{1m}$以及$\in_{2mz}$的上段)，而寒武系地层中相对富水的中统($\in_{2x}$)张夏组，则分布在F_{10}断层(或F_{11}断层)以北。对新集矿来说，F_{10}断层以北的防水煤柱高度相对较大的块段是开采有利块段，不致造成大的充水威胁；就花家湖矿而言，F_{10}或F_{11}断层以南矿井西翼的寒武系地层下，防水煤柱相对较小，但初步分析是由寒武系下统($\in_{1h}$、$\in_{1m}$)的层组组成，富水性弱，是开采有利块段；F_{10}或F_{11}断层以北与F_{20}断层之间的断夹块中，防水煤柱小，为寒武系富水性相对较强的张夏组等组成，是该矿寒武系下采煤的重点防范区域，而F_{20}断层以北的块段，防水煤柱相对较高，对开采充水威胁小，这是本次研究的重大地质发现和突破。

(四) 水质

推覆体寒武系水质类型主要为Cl-Na和Cl·HCO_3-Na型，偶为Cl·SO_4-Na型(0307孔)；总矿化度为1 093.5～1 676 mg/L，属弱矿化水；pH 7.7～9.2，偶为10.4(0706孔)，属中性—弱碱性水，总硬度6.39～20.21 °dH，属软—硬水；510孔水质为HCO_3·Cl-Na型，总矿化度658 mg/L，分析与该孔所处位置寒灰与二含水力联系较好有关。

水质分析结果取决于水样采集质量，如果不采用0307，510，712三个提筒抽水孔和0503，

0706 两个观测孔的水样资料，仅采用正式抽水实验的水质分析结果（表 17.23），可见如下特征：

(1) 水质属 Cl－Na 型和 $Cl \cdot HCO_3$－Na 型。

(2) 具有 Cl^-、$K^+ + Na^+ > HCO_3^-$、$Ca^{2+} > SO_4^{2-}$，Mg^{2+} 的特点。

(3) 总硬度 13.78～19.68 °dH，属微硬—硬水。

(4) 寒灰顶界或漏水点深度较大，总矿化度一般亦较大。

表 17.23 推覆体寒武系正式抽水实验水质分析成果表

孔　号	1401	911	∈水文孔	水 111	97-1	1003
总矿化度(mg/L)	1676	1518.73	1190	1248	1129.49	1450
总硬度(°dH)	19.68	14.81	15.42	18.42	17.3	13.78
pH	8	8.2	8.05	7.7	7.9	7.9
抽水量(m^3/h)	57.46	85.10	60.06	9.79	51.24	30.12
漏水深度(m)	－123.35	－106.5	－86.72		－70.59	－280.64
寒武系起止深度(m)	－110.65～－444.00	－100.54～－196.62	－80.95～－263.87	－44.49～－346.09	－22.2～－545.93	－87～－324.82

（五）补给、径流及排泄条件

1. 补给

区内推覆体寒武系埋藏于深度 41.4～201.95 m 的新生界地层之下，05 至 5 线间寒武系隆起段受二含渗透补给，区外凤台一带，寒武系出露或新生界沉积很薄地段受降雨入渗补给。

根据寒武系埋藏条件，边界条件作如下划分：

顶部：局部(05-5 线，0503，97-1，0106，107，510 孔连线)为给水边界。

底部及北部：寒武系与煤系地层相接触，为隔水边界。

南部：寒武系与下元古界片麻岩相接触，片麻岩含水小，为弱给水边界。

东部及西部：寒武系展部于 013 线以东、14 线以西，为给水边界。

2. 径流

寒灰径流条件总体来说具有平面及垂向上的非均一性特征。

(1) 走向

推覆体寒武系地层平面上呈多层条带状分布，地下水主要径流方向平行于地层走向，表现为走向径流条件好，沿顺层走向径流条件好，非走向径流条件差。

① 走向顺层径流条件好。97-1 孔的岩层特征、抽水实验、降落漏斗扩展范围所影响到的顺层长观孔水位变化特征为 510 水位变化，水 111 水位不变化。

② 走向非顺层径流条件差。

a. 911 孔抽水时，该孔以东 4 500 m 的水 111 孔水位受影响而下降，1311，712，510 孔均受到不同程度的影响，表现为走向顺层径流条件好。

b. ∈水源井连续供水，稳定流量 60～120 m^3/h，采用非稳定流水参数 s＝0.000 406，实测影响半径扩展到 510 孔以外，即大于 860.9 m，计算影响半径 1 320 m，即降落漏斗扩展不远，随时间的延长，供水量的增大，影响半径将不断向外扩展，表明寒灰储存量较丰富。

c. 97-1 孔群孔抽水实验时，该孔为寒武系徐庄组($\in_{2x}$)，西边的水 111 孔(F_{2z})不受影响，以东的0706孔($\in 2_{Mz}$)也不受影响;同一层组的0307孔($\in_{2x}$)受影响最大。S_1 抽水水位下降0.613 m,东南侧的0503孔($\in_{1M}$)不受影响,说明非顺层径流条件差。

(2) 倾向

寒灰倾向上径流条件差。

寒灰水源井抽水,712孔处于抽水主孔以南152.9 m,水位滞后3天仅下降0.045 m。下降幅度小,呈现极不明显,表明在出水条件下,712孔寒灰水对主孔水源井的补给小,渗透性差。但随着寒灰水的长期大量开采滞后下降现象明显,但幅度仍达不到顺层孔,孔水位下降值大。

97-1孔抽水,其东南方向的0503孔 S_1 抽水3天后仅下降0.66 m,较顺层方向的0307孔下降的值小得多,该孔水位下降0.613 m,几乎为其1/10。

(3) 垂向

寒灰垂向上径流不畅,以∈水源井抽水实验资料为例。

抽水主孔寒灰水源井出水部位主要为寒灰顶部风氧化带范围内岩溶裂隙水。寒灰水源井有上、下观测段。抽水过程中,内管下段水位初始随外管水位缓慢下降,随上段抽水水位降深的增大,水头差增加,下段水位下降速率增大;停抽后内管水位恢复速度极慢,仍然有6.54 m的水头高尚未恢复,表明寒灰上、下段之间的水力联系弱。

3. 补给、排泄条件

(1) 以01线及0307孔为中心的降落漏斗

① 一阶段:建矿前,即二含大量供水之前的近似原始状态情况下,根据勘探阶段的1989年寒灰水位资料,西边的1401孔水位最高21.60 m,二矿1线的水111孔水位20.80 m,即西高东低,地下水流向自西北流向东南,与区域地下水的流向基本一致。

② 二阶段:建矿后,在二含大量供水条件下,即在一矿区域内8口水源井再加上西风井2口水源井和张集火车站2口水源井供水的情况下,寒灰水位动态特征是13线受二含供水水位偏低,7线附近最低,二矿03线的0307孔水位偏低,均受供水影响。

③ 三阶段:在二含加大供水同时又有水源井供水条件下,表现在∈水源井附近的寒灰水文孔水位大幅下降,形成以寒灰水源井为中心的降落漏斗区。随∈水源井供水总量的增加,降落漏斗不断地向外扩展。

三个阶段连在一起,寒灰地下水水位是逐年降低的,每长观孔的观测资料反映其年内极值是逐年变小的,说明其储存量逐年被释放。

(2) 9个长观孔与二含之间水动态比较

① 在二隔以下松散层缺少的“天窗”区内,510,水111,0307孔与二含长观孔511相近,具有季节性变化规律。一般水位高峰期均出现在降雨集中期,滞后现象不明显,低峰期出现在干旱期,表明两含水层组水力联系密切,并接受二含的补给。

② 同步变化特征极不明显的直线变化趋势。一矿西部的1311孔水位则无对应变化,受新生界底部隔水层的制约,二含与寒灰无水力联系。

三、初步结论

(1) 推覆体寒武系平面上呈东西长条带状分布于本区中部;北起 F_{02} 断层露头(6～8线为构造窗北缘),南至阜凤逆冲断层露头(09线以东为 F_{03} 断层露头),倾向宽650～2 090 m,平均约1 500 m;东起013线,西止14线,走向长13.6 km;面积约21 km^2。

14 线以西，寒武系延展至颍上—陈桥断层；013 线以东，寒武系延展至淮河以东，即在区域上大面积分布。

露头面标高 - 22.20～ - 175.31 m。走向上，沿 0503，97-1，0106，107，510 孔连接较高，05 线向东、5 线向西降低；倾向上，中段较高，向南、北降低。底界面标高 - 106.31～ - 916.43 m。走向上，呈波状起伏，形成 07 线和 6～9 线两个隆起段，隆起段西侧，底界面逐渐降低；倾向上，底界面自北向南降低。

(2) 寒武系地层走向近东西，倾向北，倾角 18°～88°，多为 70°左右，局部倒转。钻探垂厚 4.88～840 m；走向上，底界面隆起段厚度较小，向两侧增大；倾向上，中段厚度大，向北沿阜凤断层露头、向南沿 F_{02} 与阜凤断层交线变薄尖灭。

岩性以灰岩为主，约占 64.69%，单孔可见灰岩层数最多 30 层，单层灰岩厚度 0.35～525.76 m，单孔可见灰岩总厚 0～669.77 m。

层组初步划分结果表明：寒武系地层以下、中统为主。F_{10} 断层以南，自南向北为下统的猴家山组、馒头组、毛庄组；据平面宽度分析，1～3 线和 13～14 线的南部，发育有下统猴家山组，以下地层相当于凤台组。F_{10} 断层以北，主要为中统的徐庄组，6 线以东发育有张夏组；2 线以东北部，发育有上统地层，因资料缺乏，此次未作层组划分；07 线以东，推覆体前锋为奥陶系—石炭系太原组，确认了寒武系上统的存在。

据区域资料，张夏组为寒武系地层中相对富水的层组，而其他层组尤其是馒头组、徐庄组富水性相对较弱；区内张夏组分布在 F_{10} 断层以北即防水煤性高度相对较大块段，对开采不致造成充水威胁，这是本次研究的重要成果之一。

(3) 寒武系岩溶现象多以溶隙为主，串珠状溶洞及溶孔次之。岩溶现象及构造裂隙发育不均一，以 - 50～ - 150 m 标高段即浅部最为发育，向下减弱但并非随深度增加而速减，局部地段(11、10、5、01 线)寒灰下段亦见漏水，最深漏水点标高 - 466.66 m。各层组中，以毛庄组岩溶现象及构造裂隙较为发育。

(4) 寒武系含承压岩溶裂隙水，初始水位标高 + 21.33～ + 22.25 m，单位涌水量 q = 0.000 026～0.974 L/(s·m)，含水小—中等，富水性不均一。水质主要为 Cl - Na 型，少量为 Cl·HCO_2 - Na 型，属中性—弱碱、微硬—硬、弱矿化水。

垂向上，顶部风化带及上段富水性较强，q = 0.54～0.974 L/(s·m)，偶为 0.072 L/(s·m)，下段富水性弱，q = 0.000 77～0.000 026 L/(s·m)；但富水性强弱并非随深度而递减，局部地段(01，5，10，11 线)下段相对富水，q = 0.484 L/(s·m)，含水中等。

平面上，具有北部富水性相对较强，南部富水性相对较弱的特征。

中统张夏组为区域寒武系地层中富水性相对较强的层组。与区内其他各层(组)相比，毛庄组富水性相对较强，猴家山组次之，徐庄组、馒头组相对较弱。

馒头组、猴家山组分布在寒武系地层的南部，即 13-1 煤层防水煤柱相对较小地段，总体上两层(组)富水性较弱，构成了 13-1 煤层安全开采的有利条件。

(5) 区内寒武系在 05～5 线间的寒武系隆起段受二含渗透补给，以在与二含接触的“天窗”区向二含反补给和在 7 线寒灰水源井供水这两种形式排泄。

走向沿顺层方向径流条件好，非顺层方向径流条件较差，倾向方向径流条件差。

现有资料表明，寒灰上、下段间水力联系较弱。

第五篇

安徽省煤矿水害防治技术

第十八章　矿井水害防治技术概述

在查明矿井地质、水文地质条件的基础上，因地制宜地采取措施加以防治地质水害；按照《煤矿防治水规定》的规定“在受水害威胁的地区，必须坚持‘有疑必探，先探后掘’的原则”以及2004年修订的《煤矿安全规程》规定“矿井必须作好水害分析预报，坚持有疑必探，先探后掘的探放水原则”。做到以预防为主，防、排、疏、堵相结合，既经济合理，又确保安全；坚持先易后难，先近后远，先地面后井下，先重点后一般，地面与井下、重点与一般相结合；注意矿井水综合利用，除弊兴利，实现排供结合，保护矿区地下水资源和环境。根据两淮煤田的水害类型，本章将矿井水害的防治技术方法进行概略性的介绍，具体的防治技术将在后续章节展开叙述。

第一节　地表水防治技术

地表防水就是防止大气降水或地表水渗入或灌入矿井。地表水的防治有多种措施，可根据具体情况选择使用。

一、井口及工业场地的选择

井口及工业场地（包括风井）是煤矿生产的咽喉与腹地，为保证在任何情况下均使井口和其他地面设施不至于被洪水淹没，井口和各种工业建筑物的基础标高，均应高于当地历年最高洪水位。

淮南煤田老区的李嘴孜矿对部分井口进行了改造，使得免于地表水的危害。该矿紧邻淮河，淮河常见洪水位+23 m左右，历史最高洪水位为+25.63 m，最大流量10 800 m^3/s。目前，孔井主井、副井和中央风井，已于2012年7月底全部回填完毕。西六风井为复合井壁，在含水砂层位置，矿井开采一直采取留设保护煤柱，故井筒基本稳定，现已改造为李嘴孜煤矿西部进风井，改造后井口标高为+28.10 m。目前立井只有西六风井（表18.1），其余已回填。地表水体对井口的威胁已消除。

二、挖截水沟、建水库与防洪堤

位于山麓或山前平原的矿区，雨季常有山洪或潜流等侵袭，可淹没露天矿坑、井口和工业广场，或沿采空塌陷区、含水层露头等大量渗漏造成矿井涌水。此类矿区防治水，一般是在矿区上方特别是严重渗漏地段的上方，垂直来水方向开挖大致沿地形等高线布置的排（截）水沟（图18.1）。排（截）水沟的作用就是拦截洪水和浅部地下水，并利用自然坡度将水引出矿区；

也可以采用防洪堤拦洪或修建水库进行蓄洪。

表 18.1　淮南矿区李嘴孜矿孔井立井井筒调查情况表

井筒名称	水　平	井筒水量(变化)	井壁质量	马头门压力显现	备　注
西六风井	-250 m	井壁无水，井筒内淋水	复合井壁，井壁完好	完好，无压力显现	非井壁出水，井口标高：+28.10 m；井底标高：-400.59 m
	-400 m	井筒内淋水，水量 3.0 m^3/h	复合井壁，井壁完好	完好，无压力显现	

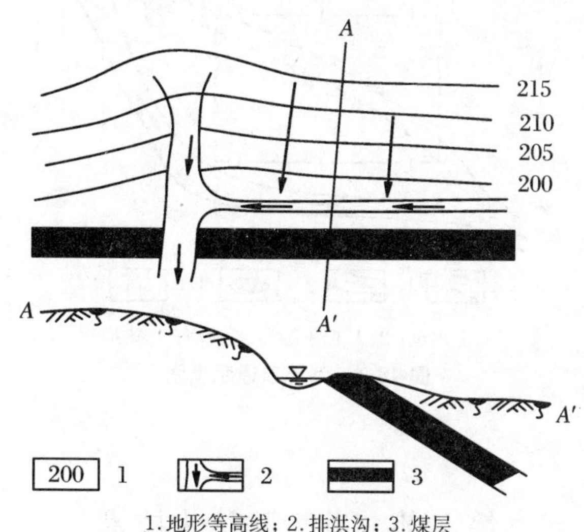

1.地形等高线；2.排洪沟；3.煤层

图 18.1　排(截)洪沟布置示意图

三、河床铺底

当河槽底下局部地段出露有透水很好的充水层或塌陷时，为了减少地表水及第四系潜水对矿井充水层的补给，可在漏水地段铺筑不透水的人工河床(图 18.2)。

四、填堵陷坑

矿区的岩溶洞穴、塌陷裂缝和废弃的小煤窑等，都可能在地面形成塌陷坑或较大的缝隙，极易成为雨水或地表水流入井下的通道。因此，必须采取防治措施，一方面要防止地面积水，另一方面对于面积不大的塌陷裂缝和塌陷坑要及时填堵(图 18.3)。

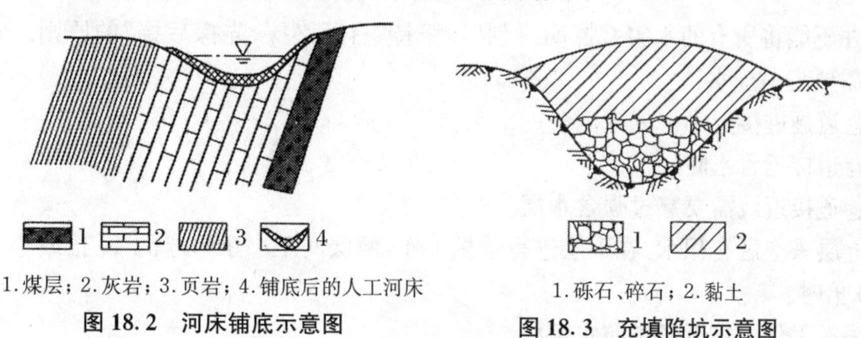

1.煤层；2.灰岩；3.页岩；4.铺底后的人工河床

图 18.2　河床铺底示意图

1.砾石、碎石；2.黏土

图 18.3　充填陷坑示意图

五、河流改道

当矿区地表河流渗漏范围很大，利用上述堵水方法难以奏效时，则可考虑将河流改道。可选择合适的地点（最好是在隔水层上），修筑水坝将原河道截断，用人工挖掘新河道（图18.4），将河水引出矿区。需要注意的是，新河道应选在隔水层上，河道坡度要合理，考虑整体规划。

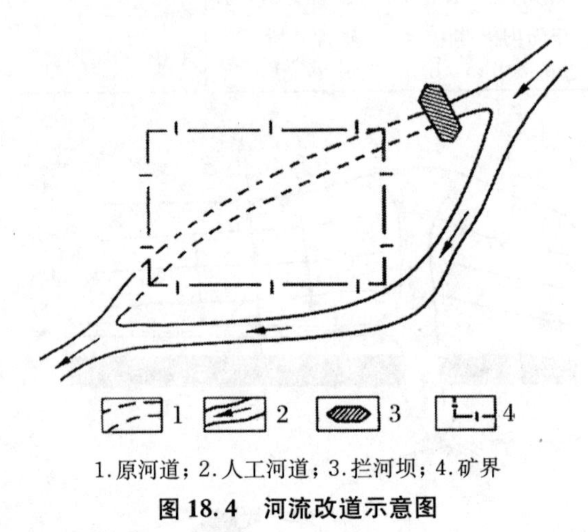

1.原河道；2.人工河道；3.拦河坝；4.矿界

图18.4 河流改道示意图

第二节 井下防治水技术

井下防治水的主要技术方法有探水、疏放水、留设防水煤（岩）柱、设置防水闸门和防水墙等。

一、探水

探水是指用超前勘探的方法，查明采掘工作面前方顶底板、侧帮和前方的含水构造（包括陷落柱、含水层、断层水、积水老窑等水体）的具体位置、产状、范围等，以有效地防治矿井水害。

（一）探水原则

尽管并不能将所有的水害都探明，但必须坚持"有疑必探，先探后掘"的原则。通常在下述情况下需要超前探水：

（1）巷道掘进接近小窑老空区。

（2）巷道接近含水断层。

（3）巷道接近或需要穿过强含水层。

（4）上层采空区有积水，在下层进行采掘工作，两层间距小于采厚的40倍或小于掘进巷道高度10倍时。

（5）采掘工作面接近各类防水煤柱。

(6) 采掘工作面有明显出水征兆时。

(二) 探水起点的确定

目前在井下探水工作中应用最多的是钻探。钻孔的布置以探查老空水为例。布置钻孔前，首先要确定探水起点，将调查和勘探(包括物探)所获得的小窑、老空、旧巷的分布资料，经过分析划出积水线、探水线和警戒线，称为“三防线”，如图 18.5 所示。

(1) 积水线：调查核定积水区的边界，也即小窑采空区的范围，其深部界线应根据小窑的最深下山划定。

(2) 探水线：沿积水线外推 60～150 m 画一条线(如上山掘进时则为顺层的斜距)，此数值大小视积水范围可靠程度、水头压力、煤的强度大小来确定。当掘进巷道达到此线就应开始探水。

(3) 警戒线：是从探水线再外报 50～150 m(在上山掘进时指倾斜距离)。当巷道进入此线，就应警惕积水的威胁，注意迎头的变化，当发现有透水征兆时就应提前探水。

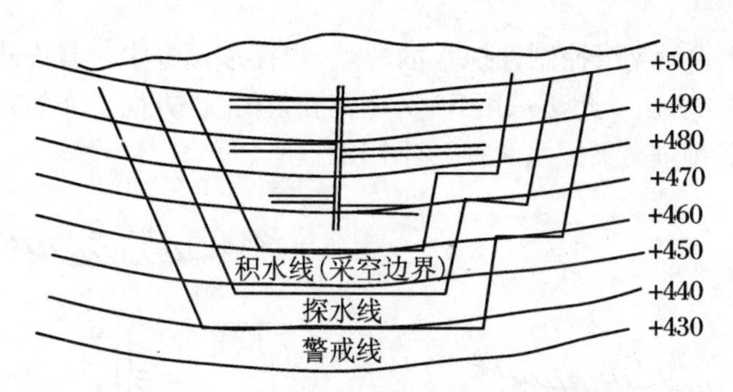

图 18.5　积水线、探水线和警戒线示意图

(三) 探放水钻孔的布置方法

探放水钻孔布置应以确保不漏老空、保证安全生产，而探水工作量又最小为原则。

1. 探水钻孔的超前距、允许掘进距离、帮距和密度(图 18.6)

(1) 超前距和允许掘进距离。探水时从探水线开始向前方打钻探水，一次打透积水的情况较少，所以常是探水—掘进—探水循环进行，而探水钻孔的终孔位置应始终保持超前掘进工作面一段距离，这段距离简称超前距。经探水后证明无水害威胁，可以安全掘进的长度，称

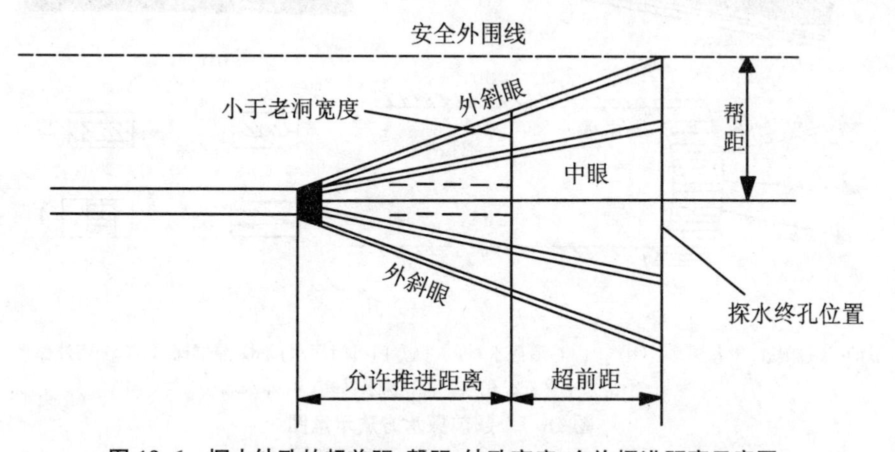

图 18.6　探水钻孔的超前距、帮距、钻孔密度、允许掘进距离示意图

为允许掘进距离。实际工作中超前距一般在煤层中采用 30 m，在岩层中为 20 m。

(2) 帮距。探水钻孔一般不少于 3 个，一个为中心眼，另两个为外斜眼。外斜眼与中线成一定角度，呈扇形布置。中心眼中点与外斜眼终点之间的距离称为帮距。帮距一般应等于超前距，有时可比超前距略小 1～2 m。

(3) 钻孔密度。钻孔密度是指允许掘进距离的终点，探水钻孔之间的间距。间距的大小视具体情况而定，一般不应大于古空老巷的尺寸。例如，古空老巷道宽为 3 m，则巷道允许掘进终点钻孔间距最大不得超过 3 m。

2. 探水钻孔布置方式

探水效果与钻孔的布置方式有很大关系，常用布置方式有以下几种：

(1) 控制性深水。当积水区距采掘工作面较远时，采用控制性探水。它是用一个钻孔向掘进方向探水，保持超前距 10～20 m。必要时打与轴向成一定角度的斜孔，控制一定的帮距。该法优点是钻孔少，能较快地解除怀疑；缺点是探水孔的密度不够，当资料有较大误差时易漏掉老巷。

(2) 搜索性探水。为克服控制性探水的缺点，当探水掘进中一旦发现透水预兆，需加密探水钻孔，即搜索性探水法。此法采用 5～7 个钻孔，在掘进方向上布置成扇形，又分为双巷掘进单巷探水和双巷掘进交叉探水两种，见图 18.7(a)。

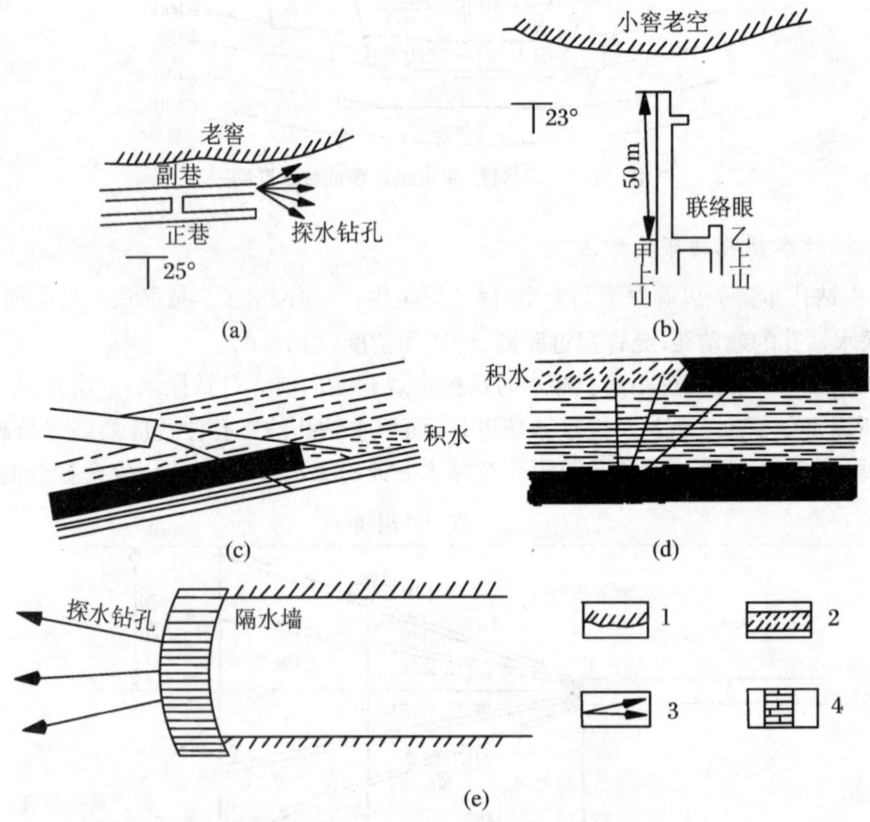

(a) 双巷掘进，单巷探水；(b) 上山巷道探水；(c) 掘专门石门探水；(d) 隔层探水；(e) 墙外探水。

1. 小窑采空区；2. 积水区；3. 探水钻孔；4. 隔水墙

图 18.7 超前探水方法示意图

(3) 深孔控制浅孔搜索探水。当积水量大、水压高，且近距离探水不安全时，可采用深孔控制浅孔搜索探水法。每次探水需要布置1～2个深孔，并尽量延深争取打到老空区，以便放出积水，降低水压。同时，布置浅孔搜索老空区，掩护巷道掘进，见图18.7(b)。

(4) 隔离式探水。在煤巷打深孔不安全时，可采用隔离式探水。如老窑区水量大、水压高，煤层松软，裂隙发育，在煤巷打钻时，积水可能沿节理裂隙泄出甚至冲溃工作面，很不安全，通常采用隔离式探水方式，其有三种形式：① 掘专门探水石门。在探水石门中布置钻孔，进行探水，见图18.7(c)，这种探水方式必须在探水孔安装孔口管。② 隔层探水。两煤层间距大于20 m，且邻近煤层又有探放条件时，可从此煤层探另一煤层的老巷水，见图18.7(d)。③ 砌筑隔水墙探水。在工作面前方构造裂隙发育或煤层松软、含水层中水压高的情况下，为防止煤(岩)壁突然鼓出，应砌筑隔水墙在墙外探水，见图18.7(e)。

3. 钻孔孔径的确定

放水孔孔径的大小，应根据煤层的坚实程度、水压大小和放水孔深度等因素确定。煤层的坚实度好、水压较小，钻孔较深可选用较大孔径；反之可选较小孔径。在生产中常用孔径为42 mm，54 mm，75 mm，89 mm等，一般以不超过89 mm为好，以防涌水量太大冲垮煤柱或巷道。

4. 探水作业时的注意事项

(1) 钻机各转动齿轮部分必须安装安全罩，电机要设合格的接地线和防水罩。探水人员要扎紧衣裤及袖口，穿绝缘胶靴。防止被机器转动部分缠住或触电。

(2) 打钻时要时刻注意孔内情况，出现煤岩显著变软和沿钻杆往外流水等征兆时，必须立即停止钻进。检查排水管和支架及帮顶情况，发现不安全则立即处理。

(3) 钻机前面、后面及给进把活动范围内不准站人，以防冲出钻杆或把手转动伤人。

(4) 钻眼中水压、水量突然增大以及出现顶钻异状时，不得移动或起拔钻杆，应设专人监视水情，并报告有关人员处理。

(5) 钻眼水压过高时，应设反压、防压和防喷装置。

(6) 在预透老空区前，应有瓦斯检查员在现场值班，及时检查，发现问题立即处理。

(7) 揭露水区必须把水放尽。放水时要经常观测水量、水压，突然断水时要扫孔3～5次，或补打检查孔，以证实水是否放净，严防假象误事。发现问题立即处理。突然断水时要扫孔。

(8) 终孔后应丈量钻具，核实孔深。撤钻时应在开始掘进地点的顶(或帮)打上明显记号，作为允许掘进距离丈量的依据。

(四) 探断层水及其他可疑水源

探断层水、强含水层水及其他可疑水源的方法与探老空水相同，但探水钻孔的孔数较探老空水的要少。断层水探查孔的布置方式根据断层性质、待掘巷道与断层之间的关系以及掘进头周边地质、水文地质条件确定。下面针对断层水探查的一般情况对探查治理方案进行设计。

1. 掘进头前方已知断层含导水性探查

当掘进头前方含(导)水性不清的已知断层，应该首先假设其导水，进行钻探探查，起探位置与断层间距应该不小于规程规定的含(导)水断层防水煤柱留设厚度。钻孔布置方式见图18.8(掘进头前方已知断层含导水性探查钻孔布置示意图)。

如图18.8所示，对于掘进头前方可能存在突水危险性的断层，应该至少布置3个钻孔沿巷道正前下方施工对其含导水性进行探查，3孔呈扇形布置，探测深度对于巷道一般不得小于

10 m,对于工作面不得小于 20 m。对于探测证实的含(导)水断层,巷道必须穿过时应该对顶底板及侧帮进行注浆加固。

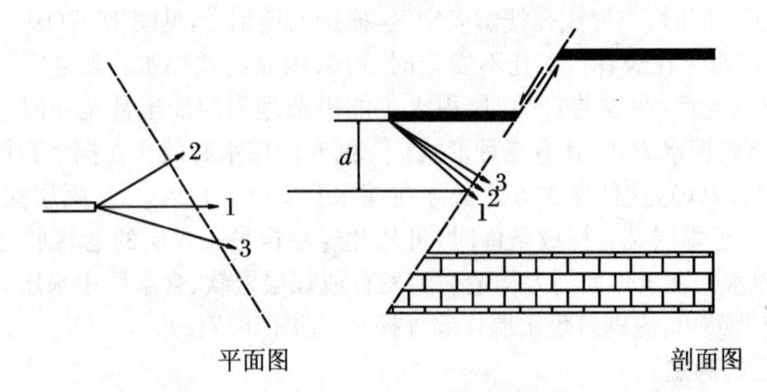

图 18.8　掘进头前方已知断层含导水性探查钻孔布置示意图

2. 对掘进头前方有无断层突水危险的探查

当掘进头前方可能存在断层及可能存在的断层有突水(包括直接突水和滞后突水)危险性时,除了采用直流电法超前、侧向、垂向探测技术进行探测外,还要采用钻探手段对其进行补充探查和验证,其钻孔布置方式见图 18.9(掘进头前方有无断层突水危险性探查孔布置示意图)。

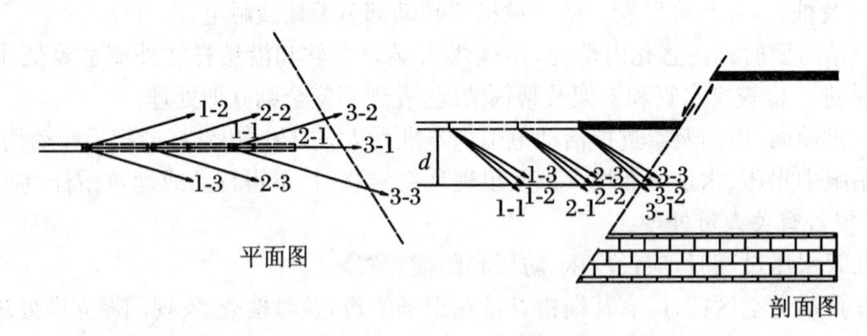

图 18.9　掘进头前方有无断层突水危险性探查孔布置示意图

对掘进头前方有无断层突水危险的探查应该严格遵守"有疑必探,先探后掘"的原则。一般沿巷道掘进方向打孔,至少布设 3 个钻孔,尽量打深,力争一次打透断层,否则必须留足超前距、帮距,边探边掘直至探明断层的确切状况,再制订具体的防治水方案。

3. 巷道实见断层突水危险性的探查

对于浅部巷道已经揭露的不含水也不导水的断层,在深部掘进时应该对其进行探测。此外,对于巷道已经揭露的不含(导)水断层,应该对巷道底板进行探查,防止滞后突水。探查孔布置方式见图 18.10(巷道实见断层突水危险性的探查孔布置示意图)。

一般应向下盘预计采动影响带内打一组孔,探明断层带的含(导)水性、水压、水量等情况,若有水,采动后很可能突水,若无水则还应该向预计采动带以下安全隔水层厚度以下打一组孔,然后根据具体条件分析突水的可能性。对于可能突水的断层应该对巷道周边进行注浆加固,直至满足相关规程后方可进行采掘工程。

4. 探放断层水的安全注意事项

(1) 选用钻探 200～300 m 的井下大、中型钻机,水泵应能单独启动,水泵压力至少应大于实际水压的 1.5 倍,以保证停钻时可以不停泵;一旦高压水大量喷出,须立即注浆封孔,确保安全。

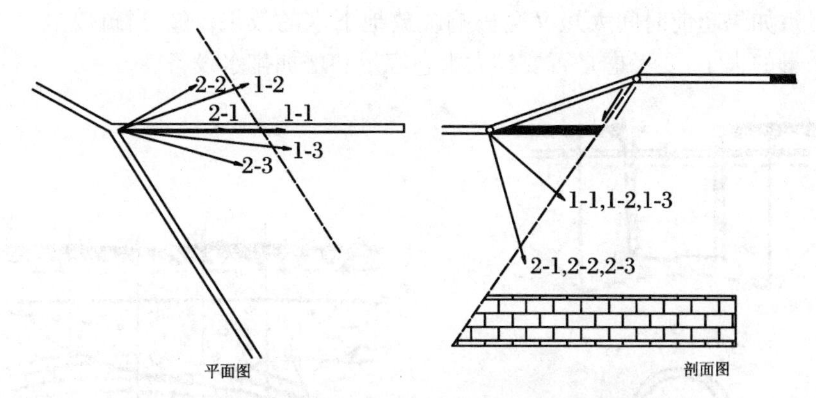

图 18.10　巷道实见断层突水危险性的探查孔布置示意图

(2) 揭露断层带或含水层时，孔径应小于 60 mm，同时采用肋骨钻头，以控制孔内涌水量和防止高压水使钻杆射出。

(3) 孔口要有安全装置。当发现水压、水量很大时，要用两套闸门，并更换外闸门。

(4) 在喷高压水的条件下继续钻进时，斜孔可使用孔口防喷逆止阀，倾角 50°～90°的钻孔可使用"孔口防喷帽"或"盘根密封防喷器"，钻具可使用"防喷接头"，上下钻可使用"孔口反压装置"。

(5) 严格执行交接班制度，力争做到交接班时不停钻，以防止发生孔内事故。

(6) 钻孔终孔后，孔内有水时应进行放水实验；而孔内无水时，应选择一个孔进行压水实验，以检验断层带的隔水性能，但压力一般应以略大于断层水的静水压力为宜。

(7) 钻孔完成各项探测任务后，应立即全孔注浆封闭。

最后，探强含水层及其他可疑水源的方法与探老空水的方法类似。

二、疏放水

放水是指在探明水源后，人为地、有计划地将水引出，消除隐患，为煤矿安全生产创造条件。

(一) 排除积水

对于即将开采的区域，如果同一煤层的相邻采区或同一煤层浅部被小煤窑采空积水，可在积水区的适当地点安泵排水；或利用疏水巷道或钻孔将水排至矿井水仓或排水硐室，再排到地面。

(二) 疏放含水层水

1. 地面打钻抽水

在地面打钻利用潜水泵或深井泵抽排，以降低地下水位。它适合于埋藏较浅、渗透性良好的含水层。抽水钻孔可采取环状孔群(图 18.11)和排状孔群两种布置方式(图 18.12)。

2. 巷道疏水

(1) 疏放顶板含水层

如果煤层直接顶板为水量和水压不大的含水层，常把采区巷道或回采工作面的准备巷道提前开拓出来(图 18.13)。

在利用采准巷道疏放顶板水时，应注意两点：① 采准巷道提前掘进的时间，应根据疏放的水量和速度而定，超前的时间过长会影响采掘计划平衡，造成巷道长期闲置，有时会增加巷道维修工作量；如果超前时间太短又会影响疏放地下水的效果。② 当疏放强含水层的顶板水时，应视水量的大小，要考虑是否要扩大水仓容量和增加排水设备。

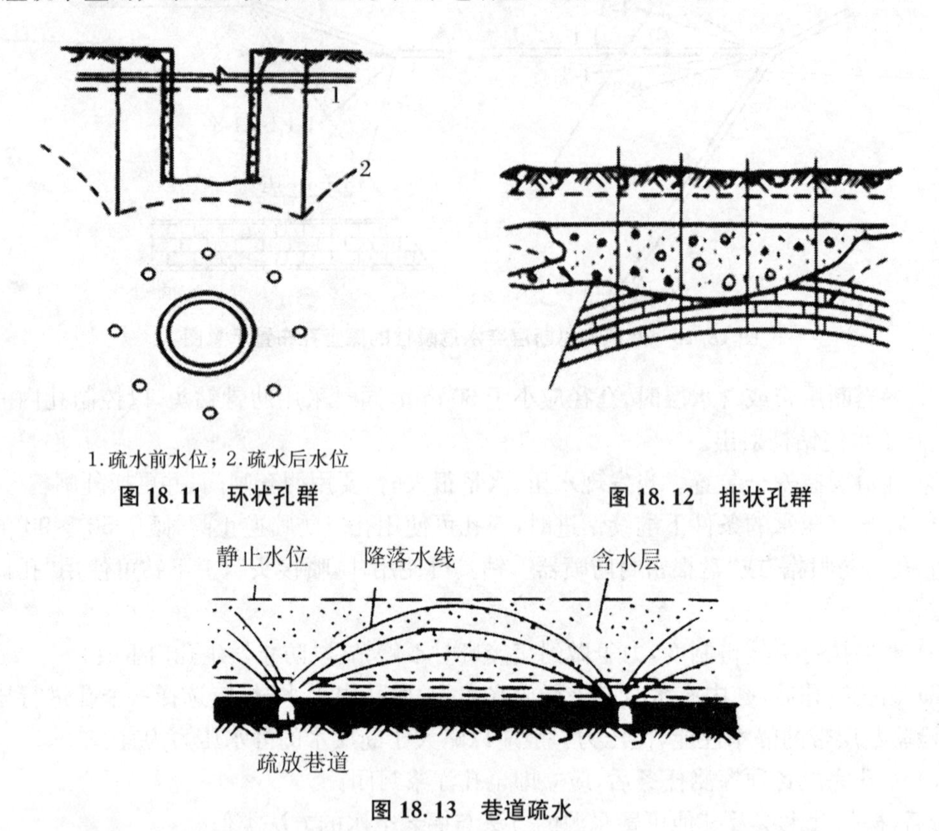

1. 疏水前水位；2. 疏水后水位

图 18.11　环状孔群

图 18.12　排状孔群

图 18.13　巷道疏水

(2) 疏放底板含水层

当煤层的直接底板是强充水含水层时，可考虑将巷道布置在底板中，利用巷道直接疏放底板水。如煤炭坝煤矿开采龙潭煤组下层煤，底板为茅口灰岩，隔水层很薄，原先将运输巷道布置于煤层中，水大压力也大。后来将运输巷道直接布置在底板茅口灰岩的岩溶发育带中（图 18.14），既收到很好的疏放水效果，也解决了巷道布置在煤层中经常被压垮的问题。但

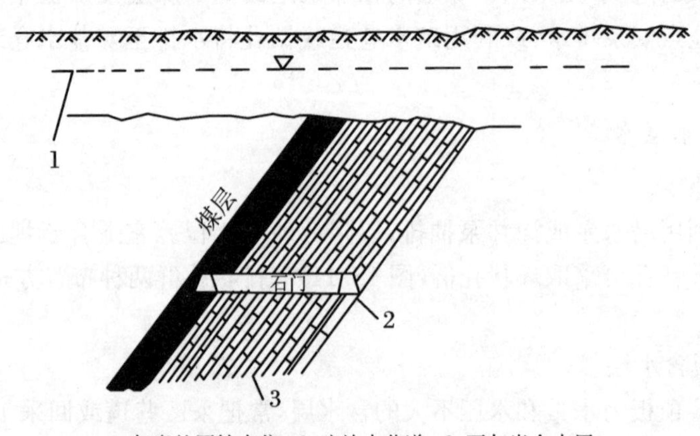

1. 灰岩的原始水位；2. 疏放水巷道；3. 石灰岩含水层

图 18.14　直接布置在含水层中的疏放水巷道

是，这种方法只有在矿井具有足够的排水能力时才能使用，否则在强含水层中掘进巷道将是不可能的。

3. 井下钻孔疏水

(1) 疏放煤层顶板水

在煤层上部含水层的水量与水压较大时，为了避免回采后顶板突水，其方式有两种：① 在巷道中每隔一定距离向顶板打钻孔，使顶板水逐渐泄入巷道，通过排水沟向外排出；② 在巷道中群孔放水，如图 18.15 所示。

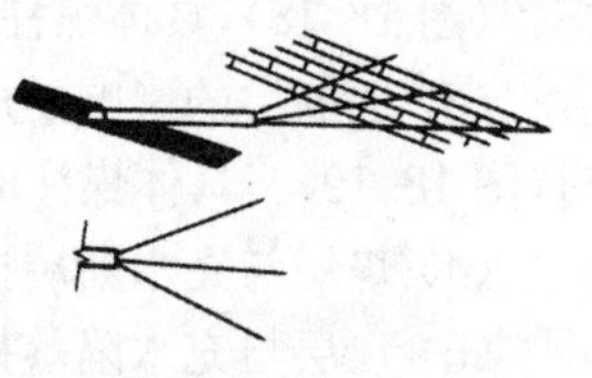

图 18.15　丛状布置钻孔

(2) 疏放煤层底板水

通过对底板突水原因的分析，不难设想预防底板突水可以从两个方面进行：一是增加隔水层的"抗破坏能力"，如用注浆增隔水层抗张强度及留设防水煤柱或保护煤皮以加大隔水层厚度；另一方面是降低或消除"破坏力"的影响，如疏水降压等。其措施是在底板布置钻孔疏水降压(图 18.16)。

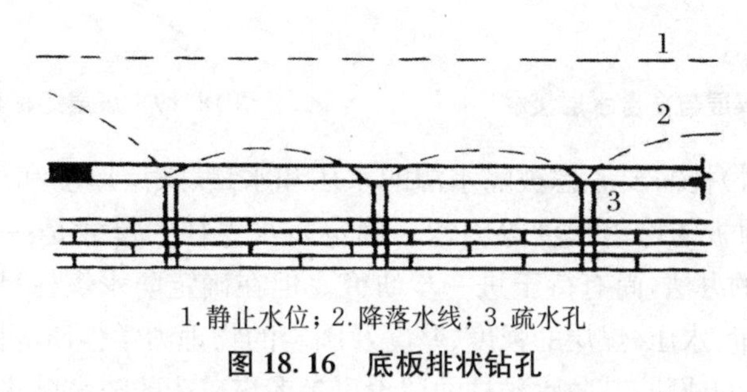

1. 静止水位；2. 降落水线；3. 疏水孔

图 18.16　底板排状钻孔

(三) 疏放水时的安全注意事项

(1) 探到水源后，在水量不大时，一般可用探水钻孔放水；水量很大时，需另打放水钻孔。

(2) 放水前应进行放水量、水压及煤层透水性实验，并根据排水设备能力及水仓容量，拟定放水顺序并控制水量，避免盲目性。

(3) 放水过程中随时注意水量变化、出水的清浊和杂质、有无有害气体涌出、有无特殊声响等。

(4) 事先定好人员撤退路线，沿途要有良好的照明，保证路线畅通。

(5) 防止高压水和碎石喷射或将钻具压出伤人。

(6) 排除井筒和下山的积水前，必须有矿山救护队检查水面上的空气成分，发现有害气体，要停止钻进。

三、防水安全煤(岩)柱

凡是煤层与含水层或含水带的接触地段，预留一定宽度的煤层不采，使工作面与地下水源或通道保持一定距离，以防止地下水流入工作面，留下不采的煤柱，称为防水隔离煤柱。

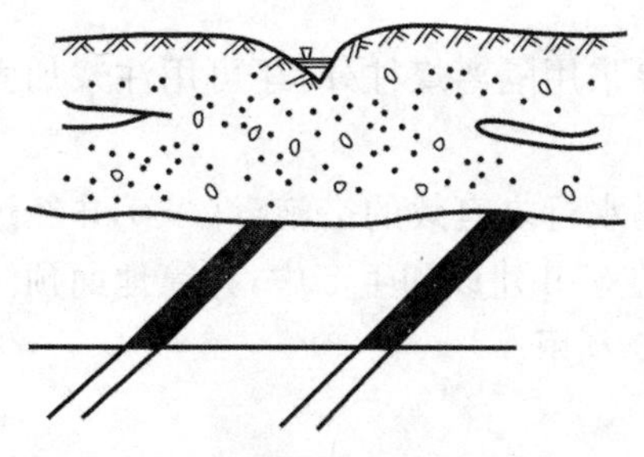

图 18.17　煤层露头直接为疏松含水层或地表水体所掩盖

一般当有下列情况之一时，应留设安全煤(岩)柱：

(1) 煤层露头直接为疏松含水层覆盖或位于地表水体以下(图 18.17)，该类煤柱的具体留设原则在下章将详细论述。

(2) 因断层的影响使煤层和富含水层接触,或者煤层与富含水层接触又被部分富含水层掩盖(图18.18),具体煤柱的留设将在后续章节详细论述。

(3) 因断层的影响使煤层和承压含水层接近,且当煤层采空后承压水有突破底板的危险时(图18.19)。具体煤柱的留设将在后续章节详细论述。

(4) 煤层与充水断层接触。

(5) 煤层与充水陷落柱接触。

(6) 巷道或工作面接近被淹井巷和积水小窑老空区等。

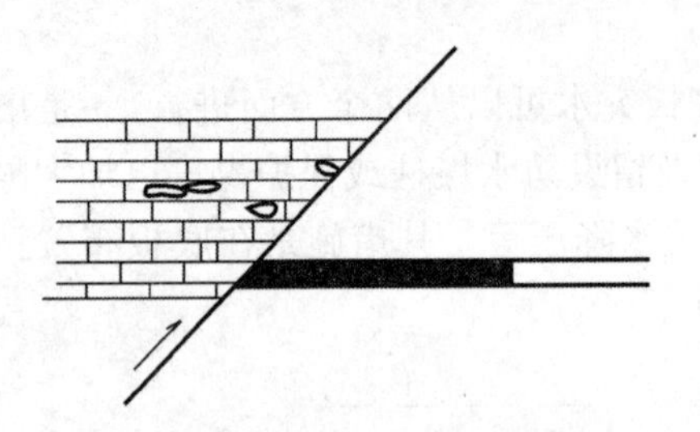

图18.18 煤层与富含水层接触

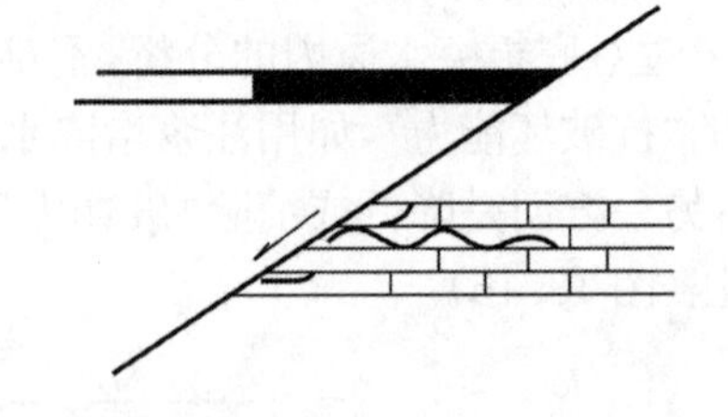

图18.19 煤层底板与富含水层接近

留设防隔水煤(岩)柱需要考虑被隔水源的水压和水量、煤层厚度和产状、巷道尺寸、围岩被破坏程度、采空后顶板的垮落程度等因素。确定防水煤柱的尺寸是一个复杂的问题,至今还没有一个比较完善的办法,尚有待于进一步研究。但在确定防水煤柱尺寸时,应着重考虑含水层或其他水体的水量、水压、煤层的强度、厚度及围岩的物理力学性质等因素。其他矿床在开采过程中,也受地下水的威胁,其防水矿柱的留设可参考煤矿床的防水煤柱留设原则和方法。

四、注浆堵水

注浆堵水就是将配制的浆液压入井下岩层空隙、裂隙或巷道中,使其扩散、凝固和硬化。在下列情况下可采用注浆堵水。

(1) 当涌水水源与强大水源有密切联系,单纯采用排水的方法不可能或不经济时。

(2) 当井巷必须穿过一个或若干个含水丰富的含水层或充水断层,如果不堵住水源将给矿井建设带来很大的危害甚至不可能掘进时。

(3) 当井筒或工作面严重淋水时,为了加固井壁、改善劳动条件、减少排水费用等,可采用注浆堵水。

(4) 某些涌水量特大的矿井,为了减少矿井涌水量,降低常年排水费用,也可采用注浆堵水的方法堵住水源。

(5) 对于隔水层受到破坏的局部地质构造破坏带,除采用隔离煤柱外,还可用注浆加固法建立人工保护带。

注浆堵水的工艺和所用设备比较简单,是防治矿井涌水行之有效的措施,许多矿井经过注浆堵水后,大大减少了涌水量,改善了井下劳动条件。在矿井建设和生产中,井筒地面预注浆、井筒井壁注浆、帷幕注浆及注浆恢复被淹矿井等被广泛利用。

五、设置防水闸门和防水墙

矿井水闸门是用来预防井下突然涌水威胁安全生产而设置的一种特殊闸门。它在正常情况下应不妨碍运输通风和排水，一旦井下发生水害时，可将其关闭以控制水流，达到把水害控制在一定范围内，保证其他采区安全生产的目的。

水文地质条件复杂、极复杂的矿井，应当在井底车场周围设置防水闸门，或者在正常排水系统基础上安装配备排水能力不小于最大涌水量的潜水电泵排水系统。

1．防水闸门

防水闸门和水闸墙是井下放水的主要安全设施。凡水患威胁严重的矿井，在井下巷道设计布置中，必须在适当位置设置防水闸门和水闸墙，使矿井形成分翼、分水平或分采区隔离开采。在水患发生时，能够将矿井分区隔离，缩小灾情影响范围，控制水患危害，确保矿井安全。

防水闸门由混凝土门垛、门扇、放水管、压力表等组成(图 18.20)。门扇视运输需要而定，一般宽 0.9～1 m，高 1.8～2.0 m，分为单扇和双扇，有矩形门和圆形门等。一般采用平面形，当压力超过 2.5～3.0 MPa 时可采用球面形。防水闸门平时是开的，为了便于运输，中间铺设有易于拆卸的活动轻便铁轨。当发生水患时，可迅速将活动铁轨拆除，并关闭防水闸门。

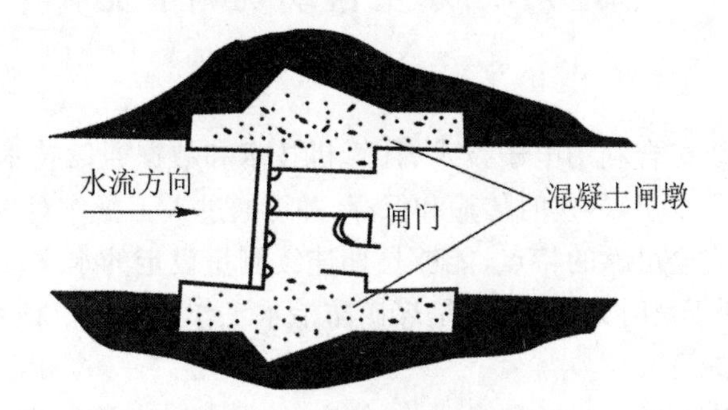

图 18.20　防水闸门示意图

2．水闸墙

水闸墙分临时性和永久性两种。临时性水闸墙是在有出水可能的采掘工作面事先准备好截水材料，如木板、石块、砂袋等。一旦突水，利用截水材料将水堵截在较小范围内，以利于临时抢险。永久性水闸墙用混凝土或钢筋混凝土构筑，用于堵截某一个区域开采结束后的涌水。永久性水闸墙可分为平面形、圆柱形、球形三种。平面形施工容易，但抗压强度低；球形抗压强度高，但施工复杂，故常用圆柱形，如图 18.21 所示。当水压很大时，可采用多段水闸

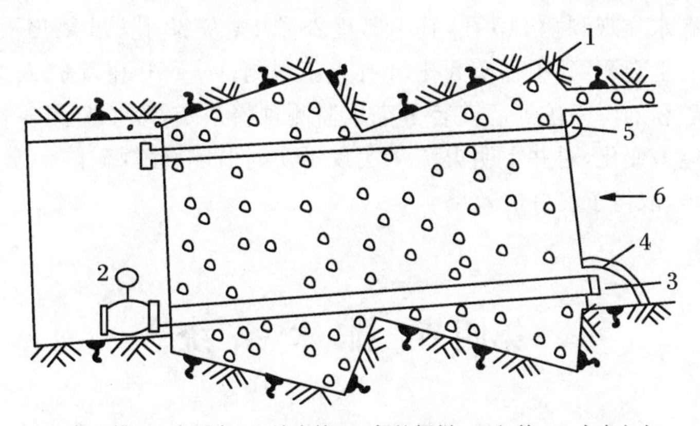

1.截口槽；2.水压表；3.放水管；4.保护栅栏；5.细管；6.来水方向

图 18.21　圆柱形水闸墙

墙，如图 18.22 所示。

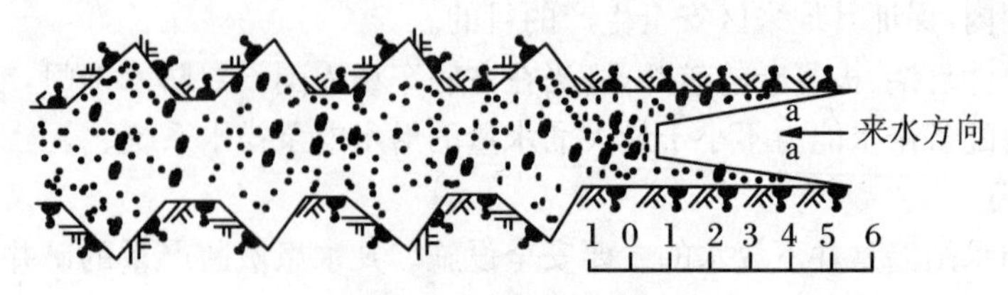

图 18.22 多段水闸墙

井下需要构筑水闸墙时，必须由有资质的单位进行设计，严格按设计施工，并进行竣工验收，否则，不得投入使用。水闸墙的日常维护以及技术管理等，必须严格执行有关规定。

第三节 水文自动观测系统

水文自动观测系统综合利用电子技术、计算机技术和数据通信技术，可实现无人值守的水文参数(水位或水压、水温)的实时传输和保存，并可通过人工操作对数据进行处理，具有精度高、实时性强、运行安全可靠的特点，能够长期连续测量设定的水文参数，并利用计算机分析辅助防治水决策，利于及时处理水情，是煤矿防治水工作的眼睛。该系统的运用对保障煤矿安全生产具有重要的意义。

该系统一般分为中心站(主站)和终端站(分站)。中心站功能有：通过通讯设备向分站发送命令或者接收数据；将数据整理保存到磁盘；完成数据的显示、查询、编辑；对数据进行处理，生成各种报表并打印输出；绘制水压(水位)、温度、流量变化趋势曲线和直方图等各种图形。终端功能有：数据采集、暂存、显示；井下子站通过安全监测系统将数据传输到井上，井上子站通过 GSM 网将数据传输到监测中心。

《煤矿防治水规定》第二十五条规定，水文地质类型属于复杂、极复杂的矿井，应当尽量使用智能自动水位仪观测、记录和传输数据。

两淮煤田所属矿井一般已安装水位遥测系统，有力地支持了矿井防治水工作。如淮北矿业集团全矿区共有水文观测孔 115 孔，其中奥灰 28 孔、太灰 38 孔、四含 46 孔、废弃老窑 3 孔，但只有 5 孔仍为人工观测，其中临涣 8 孔，4 孔人工观测；孙疃 10 孔，1 孔人工观测。

另外祁东煤矿和刘桥一矿等还安装了突水监测预警系统，除了监测各长观孔的水位外，还监测煤层底板应力变化，对井下明渠流量实现了实时监测，使煤矿防治水工作向信息化方向迈出了重要一步，取得了良好的效果。

第四节 排 水 系 统

排水系统是一个综合性的系统，包括水泵、排水管路、配电设备和水仓等。排水系统的排水能力与水泵的排水能力、排水管路的管径以及配电设备都有关系。矿井的排水系统是否能起到作用往往取决于最细微的环节，即取决于工作面和掘进头的排水能力。如何保证将工作面和掘进头的涌水顺利排至中央水仓是整个排水系统正常运转的关键，这就需要估算工作面和掘进头的涌水量，配备足够的排水设施，根据实际情况布置临时水仓和水泵。

按照《煤矿防治水规定》第五十八条、第六十三条和第六十六条的要求，水文地质条件复杂或者极复杂的矿井，可以在主泵房内预留安装一定数量水泵的位置，或者增加相应的排水能力；应当在井筒底留设潜水泵窝，老矿井也应当改建增设潜水泵窝；井筒开凿到底后，井底附近应当设置具有一定能力的临时排水设施，保证临时变电所、临时水仓形成之前的施工安全；应当在井底车场周围设置防水闸门，或者在正常排水系统基础上安装配备排水能力不小于最大涌水量的潜水电泵排水系统。两淮煤田各矿井排水能力的设计充分考虑了对突水灾害的防御能力，各矿井排水系统参数如表 18.2 所示。自表中可看出，各矿井排水系统可满足矿井排水的需要，并具备一定的防灾抗灾能力。

表 18.2　两淮煤田各生产矿井排水能力一览表

矿井	涌水量(m^3/h)		水仓容积(m^3)		水泵排水能力			安装地点
	正常	最大	内仓	外仓	型　号	台数	能力(m^3/h)	
新集一矿	327.2	404.9	1 454		150-100E-AH-K	3	245	南东翼五采区水仓
			2 460		MD155-30×7	3	155	北中央三采区 -580 m 水仓
			2 460		D280-43×3	3	280	西翼六采区 -580 m 水仓
			3 753		MD500-57×3	5	1 000	-550 m 水平中央水仓
			7 579		MD500-57×9 MD450-60×10	4 1	1 000	-450 m 水平中央水仓
新集二矿	543	701	7 582		D500-57×3	5	840	-550 m 水平水仓
			4 000			2	425	-650 m 水平水仓
			7 250			6	980	-750 m 水平
新集三矿	132	187	2 040		HDM300×8 MDS300-65×8	3 1	900	-340 m 水平水仓
			3 570		MDS300-65×10 MDS420-96×7	3 2	1 440	-550 m 水平水仓
口孜东	92.0	120.00	5 280		MDS420-96×12	5	840	-967 m 水仓
			2 080		BQ275-1070/28/W-S	4	550	-967 m 井下潜水电泵泵房
刘庄	245.02	286.47	5 018		MDS420-96×10 MDS420-96A×1	5	840	-762 m 水平水仓
顾桥	150.08	248.40	2 900	3 900	200SGD×10	7	1 260	-780 m 水平水仓
			2 100	2 700	MDS420-96×10	5	840	-796 m 水平水仓
潘二	126	181.34	1 920	2 520	MDS420-95×7	5	840	

续表

矿井	涌水量(m³/h)		水仓容积(m³)		水泵排水能力			安装地点
	正常	最大	内仓	外仓	型　号	台数	能力(m³/h)	
谢一	20	30	1 713		200D-43×7	2		－180 m清水泵房
					MD280-43/84×9	1		
					200D-43×9	1		
			3 680		MD280-65/84×10	1		－480 m清水泵房
					200D-65×10	3		
			4 530		MD280-65/84×10	6	1 680	－480 m污水泵房
			2 828		IS200-150-315	2	1 000	－660 m南部污水泵房
					IS125-100-200	1		
			1 760		MD280-63/84×7	3	840	－780 m污水泵房
			2 744		PJ200EB×1	5	1 400	－817 m污水泵房
			5 128		PJ200×12	5		－960 m污水泵房
谢桥	422.47	584.30	4 863		HDM420×8	3	840	－610 m水平中央泵房
					PJ200×8	1		
					DG420-95×8	1		
			1 837		MD280-43/84×3	3	600	－720 m水平中央泵房
			6 862		MDS420-96×12	7	2 608	－923 m水平中央泵房
潘一	190.7	242.1	1 890	2 959	MD450-60×10	5	900	－530 m水平
潘一东	17.3	27.2			DG420-95×10	5	840	－848 m水平
张集	129.68	252.60	4 731		PJ2000B×8	5	2 100	中央区－600 m
			1 915	2 152	HDM420×7	5	840	北区副井井底
潘三	251.39	482.60	2 600	3 000	MDS420-96×8	5	840	－650 m水平
					MD280-43×5	3	280	－810 m水平
潘北	193.94	299.04	2 000	2 850	HDM420×9	7	2 650	－650 m水平
					BQ550-800/21-1900/W-S	1		
李嘴孜	661.6	843.95				2	280	－400 m水平
						6	1 200	－530 m水平
丁集	71.60	130.10	4 050		HDM420×10	5	1 680	－826 m水平
			1 350		MD500-57×2	3	1 160	－910 m水平
					BQS80-180/4-90/N	2		

续表

矿井	涌水量(m^3/h)		水仓容积(m^3)		水泵排水能力			安装地点
	正常	最大	内仓	外仓	型　号	台数	能力(m^3/h)	
新庄孜	501.00	713.97	5 874		MD500-57×9 MD280-65×8	5 2	2 560	－412 m 水平
			5 000		SGD150×5	5	1 200	－612 m 水平
			4 400		SGD150×7	3	600	－812 m 水平南部
			5 700		MDS420-96×3	5	1 680	－812 m 水平北部
袁庄	116	280	438	496	MD280-43×5	3	840	Ⅳ1 泵房
			880	990	MD280-43×5	3	840	Ⅳ2 泵房
			518	848	MD155-30×8	3	465	Ⅳ62 泵房
			1 279	1 350	MD280-43×5	4	1 120	三水平泵房
			867	890	MD280-65×6	4	1 120	二水平泵房
双龙	86	104	432.7		150D30×5	2	300	$Ⅱ_1$泵房
			634.7	318.7	150D30×5	3	450	$Ⅱ_2$泵房
			692.4		150D30×5	2	300	$Ⅱ_7$泵房
			3 145		MD450-60×6	3	1 350	二水平泵房
岱河	115	141	950	1 190	MD280-65×8	4	1 120	二水平泵房
			2 100		MD155-30/84×7	3	465	Ⅲ1 泵房
			2 100		MD155-30/84	3	465	Ⅲ2 泵房
朱庄	365.3	544	3 000		MD280-43×8	3	840	二水平
			10 076		MD500-57×9	6	3 000	三水平
杨庄	908	1 064	5 500	5 500	D500A-57×7	11	5 500	二水平
			7 700		MD500-57×4	8	4 000	三水平
					BQ725-636/24-1800/W-S	2	1 400	
			2 600		MD450-60×5	3	1 350	Ⅳ2 泵房
			800		MD155-67×5	3	465	Ⅳ53 泵房
朔石西部井	131.8	158.3	2 800		200D-43×6 200D-43×7	4 1	1 000	井底水仓
			1 800		MD280-43×6	2	560	六二采区水仓
			1 800		MD280-43×6	3	840	Ⅱ3 水仓
朔石东部井	108	166.18	2 540		200D43-8 200D43-9	3 1	800	一水平
			3 952		D450-60×11	3	1 350	二水平
			2 160		D450-60×11	3	1 350	三水平

续表

矿井	涌水量(m^3/h)		水仓容积(m^3)		水泵排水能力			安装地点
	正常	最大	内仓	外仓	型 号	台数	能力(m^3/h)	
芦岭	315.8	359.2	1 380	1 620	D450A-60×8	3	1 350	一水平
			2 556	3 124	D450A-60×11	5	2 250	二水平排至地面
			1 080	1 882	D450A-60×6	3	1 350	三水平排至二水平
朱仙庄	284.5	388.7	10 050		D450-60×9	8	3 600	井底泵房
			3 200		MD450-60×5	4	1 800	Ⅱ水平泵房
			2 148		300	4	1 200	Ⅱ3 水仓
临涣	408.3	462.4	2 400	4 300	D450-60×9	5	2 250	一水平泵房
			900	1 500	MD155-30×10	3	465	二水平泵房
			500	1 700	MD155-30×9	3	465	Ⅱ3 采区泵房
海孜	381.6	395.6	4 114		MD450-60×9	6	2 700	一水平
			3 630		MD280-43/84×7	5	1 400	二水平
			4 636		MD420-96×12	5	2 100	三水平
			1 850		MD280-65×6	3	840	西部井
童亭	234.3	278.5	6 888.6		MD500-57×10	5	2 500	中央泵房
			2 600		MD280-43×7	3	840	−715 m 泵房
			300		BQS60-120/2-45N	3	180	陈楼 109 辅助水仓泵房
桃园	740.5	843	7 302		MD500A-57×11	6	3 000	一水平
			7 890		MD420-93×10	7	2 940	二水平
祁南	231.4	313.6	4 230		D500-57×11/D500A-57×11	5	2 500	井底泵房
			1 500		BQS80-400/4-200	3	240	34 下采区水仓
许疃	390	432	5 158.7		MD500-57×10	5	2 500	−500 m 井底水仓泵房
			3 460		MD500-57×10	3	1 500	−500 m 东翼改扩建泵房
			1 862.8		MD280-43×6	5	1 400	33 采区−720 m 水仓
			925		MD280-43×6 MD150-30×7	1 2	580	82 下采区水仓
涡北	72.6	87.6	1 765	2 279	HDM300×11	5	1 500	−640 m 井底泵房
孙疃	168.1	233.9	3 560		MD420-93×7	5	2 100	−545 m 井底泵房
刘店	203.2	270.2	4 427		MD420-93×9	5	2 100	井底泵房
杨柳	243.9	252.5	5 200		MD500-57×11	5	2 500	−569 m 中央水仓
			1 020		BQW200/50/45	6	1 800	104 采区水仓
			1 200		MD155-30×3	3	465	106 采区水仓
			1 200		MD218-30×3	3	654	107 采区水仓

续表

矿井	涌水量(m^3/h)		水仓容积(m^3)		水泵排水能力			安装地点
	正常	最大	内仓	外仓	型　号	台数	能力(m^3/h)	
青东	182.3	244.4	5 600		SGD200×8	5	2 100	－585 m 中央水仓
袁一	154.7	203.2	5 150		MDS420-96Ⅲ×9-H100	5	2 100	一水平井底水仓
袁二	65.3	79.8	4 907		MDS300-65×10	5	1 500	一水平水仓
邹庄	60	70	5 150		MD420-96×9(B)	5	2 100	一水平井底水仓
百善	194	290	1 500			2	102	东 65 水仓
			1 260			3	146	64 水仓
			2 400		MD280-43×7/200D43×7	4	551	中央泵房
恒源	101.44	109	5 670		MDA/MD450-60×8	7	1 333	一水平大泵房
	294	336	7 974		MD450-60×5	6	1 742	二水平大泵房
刘桥一矿	587.8	693.3	1 800		MD280-65×4	6	1 275	Ⅱ66 泵房
			5 979		MD280-65×4	8	1 519.5	二水平北翼
			5 254		MD280-65×7	9	1 630	一水平水泵房
祁东	305.7	459	5 000		MD280-65×10	6	1 680	中央泵房
					PJ200×8	4	1 680	
			2 300		MD450-60×4	5	2 250	南部－650 m 水平
前岭	55.24	95.2	1 100		MD280-43×7	3	120	－240 m 水平
钱营孜	128.5	158.3	5 140		MDS420-96×8/MD500-85×9	7	2 940	一水平(－650 m)中央水仓
任楼	146	342	4 223		MD450-60×8	6	2 052	一水平－520 m
			2 574		MD450-60/84×4	6	2 437	二水平－720 m
卧龙湖	43.69	461	7 200		MDS200×7/MD450-60×3	6	1 864	－535 m 水平
	71.05	122	6 670		MD450-60×3	6	1 546	－655 m 水平排
五沟	111	265	4 500		MD420-93×6	5	1 025	440 中央泵房
			1 451		MD280-43×3	3	455	南二采区
			2 777		MD450-60×4	3	908	三采区
朱集西	35.35	63.92	4 800		MD(S)420-96×11	7	420	水仓

第十九章　水体下采煤水害防治技术

第一节　水体类型及对采矿的威胁

根据两淮煤田水文地质条件，水体下采煤时的主要水体类型有以下几种。

一、地表水

（一）地表水体类型

地表水体主要有江河湖海、沼泽坑塘、水库、水渠、采空区地表塌陷区积水、洪水、山沟水、稻田水等水体。

（二）地表水对采矿的威胁

地表水体一旦直接溃入矿井，则峰值水量大、水流速度快，对井下破坏性强，对人员威胁很大，因此应当严防此类水灾事故的发生。如淮南煤田老区的新庄孜矿浅部煤层开采主要受淮河水、排洪沟水、塌陷区及露天坑水等地表水体的危害，这些地表水体主要接受大气降水补给，补给充沛。其中淮河水斜穿新庄孜井田，流经矿区段河道长度约7 km；河床直接覆盖于煤系地层之上；河床底标高最高为+13 m，最低+6 m；平水期水位+17 m（蚌埠闸控制水位），汛期时常见洪水位+23 m左右，历史最高洪水位标高为+25.63 m，高出地面2～4 m；最大洪水期水面宽达3 000～4 000 m；最大流量为10 800 m^3/s（1954年7月27日）；其中在新庄孜矿毕井西部约1 km的地段内河床底为流砂层，是区域第四系含水流砂层的天然露头区。淮河水通过露头区补给第四系砂层含水层（图19.1）。

除淮河水体外，井田西部长约8.4 km的排洪沟位于奥陶系与石炭系地层之上，东自土坝孜流经新庄孜、毕家岗，西至李咀孜煤矿井田西翼注入淮河。排洪沟宽8～15 m，深3～7 m，沟底多为黏土、亚黏土构成。淮南肥皂厂对应排洪沟段的沟底为奥陶系灰岩的露头区。从1978年至1991年这里先后发生过三次较大规模的塌陷漏水现象，约3×10^4 m^3的水流入构造裂隙中，致使新庄孜矿灰岩水位急剧上升。

另外除淮河和排洪沟等地表水体外，该矿还受三号、五号、六号泵站的塌陷积水区及钱家湖、麻纺厂等露天坑等地表水体的影响。

（三）地表水涌水规律

其涌水规律一般有以下几点：

（1）受季节流量变化大的河流补给的矿床，其涌水强度亦呈季节性周期变化。有常年性大水体补给时，可造成补给稳定的大量涌水，并难于疏干。

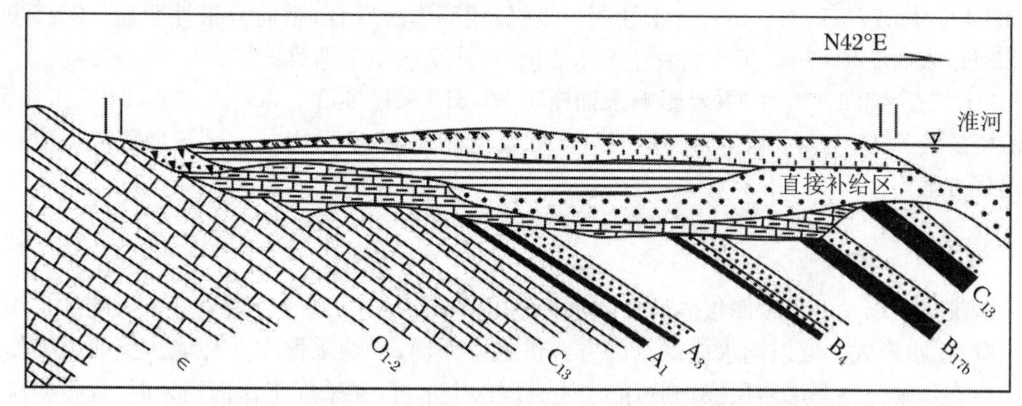

图 19.1　新庄孜矿地表水—松散砂层—基岩接触关系剖面图

(2) 矿井涌水强度还与井巷到地表水体间的距离、岩性与构造条件有关。一般情况下，其间距愈小，则涌水强度愈大；其间岩层的渗透性愈强，涌水强度愈大。当其间分布有厚度大而完整的隔水层时，则涌水甚微，甚至无影响；其间地层受构造破坏愈严重，井巷涌水强度亦愈大。

(3) 涌水受采煤方法的影响。依据煤矿水文地质条件选用适当的采煤方法，开采近地表水体的煤层，其涌水强度虽可能增加，但不会过于影响生产或发生灾害；如选用的方法不当，可造成导水裂缝与地表水体相通，发生溃水、溃沙事故。

二、松散含水层水

两淮煤田为新生界松散层覆盖的全隐蔽煤田，区内松散层大都发育有4个含水层和3个相应的隔水层，其中四含大都是直接覆盖在煤系地层之上的，给浅部煤层的安全回采带来安全隐患。故两淮煤田水体下采煤主要防范来自巨厚松散层下的孔隙含水层水。如淮北煤田宿县矿区的祁东矿自投产以来，曾发生过15次四含突水事故；淮南煤田潘谢矿区的潘三矿在巨厚松散含水层下采煤也有两个面发生过四含(下含)突水事故。

(一) 松散含水层水体特点

赋存于第四系与部分第三系未胶结或半胶结的松散沉积物含水层中的地下水体，例如砂层、砂砾层和砾石层水体属孔隙水，其特点是天然状态下流速小，与地表水相比，补给速度慢。

(二) 松散含水层水体对采矿的影响

(1) 松散含水层对采矿的影响取决于含水层的富水性、安全煤(岩)柱的厚度和采矿的强度。当含水层富水性中等—强而安全煤(岩)柱过小时，工作面出现涌水；富水性越强，安全煤岩柱越小，则工作面涌水量越大；当含水层富水性弱但安全煤岩柱过小时，易出现溃沙事故。

(2) 厚松散地层含水层一般呈层状间隔分布，有的地区按照与下伏煤系的相对位置分为上部、中部和下部松散含水层，有的为单一结构的松散含水层。当松散层上部含水层和中部含水层有较厚的黏性土隔水层时，对矿井生产的威胁较小。松散层下部含水层及单一结构的含水层对矿井生产的威胁较大，特别是当砂层富水性强，补给、径流、排泄条件好，且直接覆盖在煤系基岩之上时，对矿井生产的威胁更大。

三、侏罗系“五含”水

由前所述，侏罗系“五含”仅发育于淮北煤田朱仙庄矿北部，井田内面积2.8 km^2，压占煤炭资源 1.6×10^7 吨，与“四含”、煤系地层及太、奥灰均为不整合接触，属山麓洪积相沉积，q = 0.003 42～4.377 7 L/(s·m)，富水性弱—极强，浅部岩溶发育，垂向分带性明显。2015 年 1 月 30 日，朱仙庄矿 866-1 工作面发生突水事故，造成 7 名职工遇难。

“十三五”期间，“五含”主要影响朱仙庄矿 86，810 采区 866-1，866-2，8105，8107 工作面，影响资源量为 4.5×10^5 吨。为确保“五含”下安全开采，决定采用“五含”帷幕截流疏干开采的治理方案。

四、离层水

两淮煤田煤系地层顶底板砂岩裂隙水一般以静储量为主，其水位随着开采深度的延深同步下降，出水形式一般以滴水或淋水的方式进入工作面，影响采掘作业环境。但如果工作面顶板存在坚硬完整厚层岩层段，则可能产生离层次生水害，在采煤工作面回采时，顶板初次来压或周期来压期间诱发突水，威胁采煤工作面的安全。2005 年 5 月 21 日，淮北煤田的海孜矿 745 工作面巨厚坚硬火成岩下开采造成离层溃水事故(图 19.2)，5 人遇难。

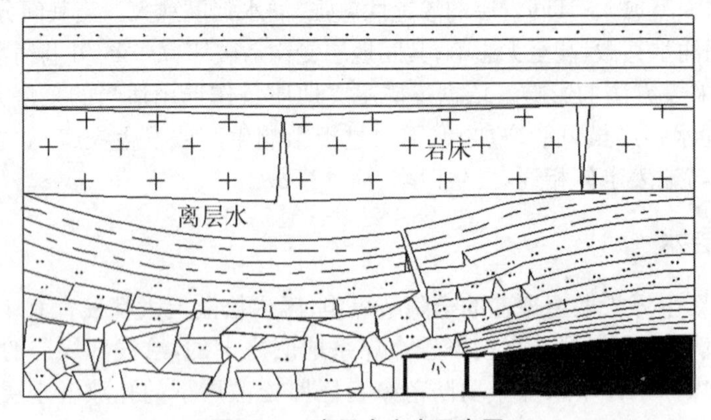

图 19.2　离层水突水示意图

“十三五”期间，受砂岩(离层)水影响的矿井主要分布在淮北煤田的杨庄、桃园、杨柳、许疃、海孜等矿。

五、推覆体含水系统水

由前所述，淮南煤田潘谢矿区的新集区域部分矿井顶板还存在着推覆体含水系统，该含水系统具体有推覆体寒武系灰岩岩溶裂隙水、推覆体片麻岩裂隙水和推覆体夹片灰岩岩溶裂隙水。其中推覆体寒武系灰岩富水性上部中等、向下减弱，底部受阜凤逆冲断层影响富水性亦相对较强，主要受二含补给，储存量和补给量均较丰富，是 13-1 煤层安全开采的主要水害。推覆体片麻岩裂隙水，由于片麻岩裂隙发育较弱且不均一，上部风化带及下部构造破碎带相对含水，是 11-2 煤层顶板砂岩的主要补给水源，其总体为弱富水性，补给量不足，以储存量为主，对 11-2 煤层开采不会造成危害。推覆体夹片灰岩岩溶裂隙水，由于推覆体夹片灰岩以岩溶裂隙不发育但不均一，井田西段局部受阜凤断层影响岩溶裂隙较发育，具有夹片太灰弱富水性、夹片奥灰中等—强富水性的特征。推覆构造导致夹片地层倒转，夹片灰岩主要分布于夹片地层上部，一般对下伏煤层开采无充水威胁。但 01 线、02 线和 04 线局部夹片太灰分布至夹片底面，直接与煤系地层相接，对下伏煤层开采造成充水威胁。

六、采空区积水

采空区积水中含有大量的SO_4^{2-}，具有强烈腐蚀性，对井下设备破坏性很大。这种水成为突水水源时，来势猛，易造成严重事故。当与其他水源无联系时，易于疏干；当与其他水源有联系时，则可造成量大而稳定的涌水，危害性极大。

第二节 覆岩破坏规律

对覆岩破坏规律的研究是水体下采煤合理留设防水煤岩柱的关键，是解放水体下压煤储量和保证矿井安全生产不可缺少的重要步骤。在安徽省两淮矿区，经过近五十年来的开采实践，已经基本上掌握了炮采、普机采以及综采条件下的覆岩破坏规律和特点。20 世纪 90 年代初，综放开采技术在两淮矿区得到了普遍应用，并逐步开展了水体下综放开采实验及其对覆岩破坏规律研究等工作，也取得了一定成果。本节主要针对安徽省两淮煤田在巨厚松散含水层下采煤时的覆岩破坏规律进行总结。

一、覆岩破坏特征

由前所述，煤层开采后，其覆岩要发生移动和破坏。走向长壁全部垮落法采煤时，覆岩一般有三带破坏特征，简称“三带”，即垮落带、裂缝带和弯曲下沉带。其中垮落带和裂缝带合称两带，又称导水裂缝带。本小节主要介绍覆岩三带破坏的最终形态。

覆岩破坏范围的最终形态是标志覆岩破坏规律的重要内容。它不仅直接决定着破坏的范围，而且直接决定着破坏范围的最大高度。现场实测资料结果表明，在采用长壁全部垮落法开采缓倾斜煤层时，覆岩破坏的最终形态，除与采空区大小及顶底板岩性有关外，煤层倾角的影响也是十分显著的。现按水平和缓倾斜、中倾斜及急倾斜煤层三种情况分别叙述。

(一) 近水平及缓倾斜(0°～35°)煤层覆岩破坏的最终形态

采用全部垮落法管理顶板时，水平及缓倾斜单一煤层长壁采煤法采空区各种不同岩性覆岩在垂直剖面上的最终破坏形态类似于一个“马鞍形”，如图 19.3 所示。其特点是：

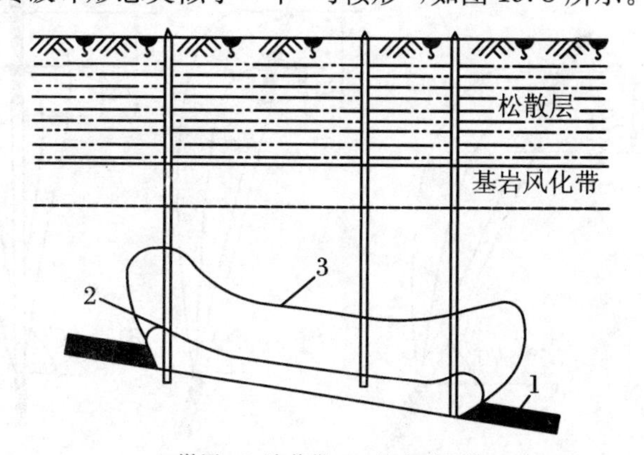

1. 煤层；2. 垮落带；3. 导水裂缝带

图 19.3 近水平及缓倾斜煤层覆岩破坏形态

(1) 采空区四周边界上方的破坏高度略大，其最高点位于开采边界以内或以外数米的范围内。

(2) 采空区中央的破坏高度低于四周边界的破坏高度。当采空区面积相当大，且采厚大体相等时，采空区中央部分的破坏高度基本是一致的。

(3) 采空区四周边界垮落带、导水裂缝带的范围与水平面成一定的角度。初步测定，垮落角比相应条件下的移动角大15°～25°；导水裂缝角则比相应条件下的移动角大5°～10°。

覆岩破坏范围的马鞍形形态的形成，最主要的原因是煤层永久性开采边界的存在。由于煤壁的支撑作用，在煤壁上方岩体的一定范围内移动变形量较采空区中部明显增大，导致垮落带和导水裂缝带高度在该区域也相应增大。

在厚煤层分层开采时，随着分层层数的增加，垮落带、导水裂缝带的范围不断扩大，马鞍形形态仍然存在，有时甚至更加突出。

在浅部开采时，如导水裂缝带接触到基岩风化带，裂高的发展会受到风化带软弱覆岩的抑制，马鞍形形态随之消失。

(二) 中倾斜(36°～54°)煤层覆岩破坏的最终形态

中倾斜煤层采用走向长壁式采煤方法时，冒落岩块下落到采空区底板后，向采空区下部滚动。于是采空区下部很快能被冒落岩块填满，两带发育高度较低。而采空区上部，则由于冒落岩块的流失，等于增加了开采空间，故其垮落高度就大于下部。此时采空区倾斜剖面上垮落带、导水裂缝带范围的最终形态呈上大下小的抛物线拱形形态，如图19.4所示。在走向上，由于采空区尺寸较大，垮落带、导水裂缝带范围仍然能成为马鞍形形态。

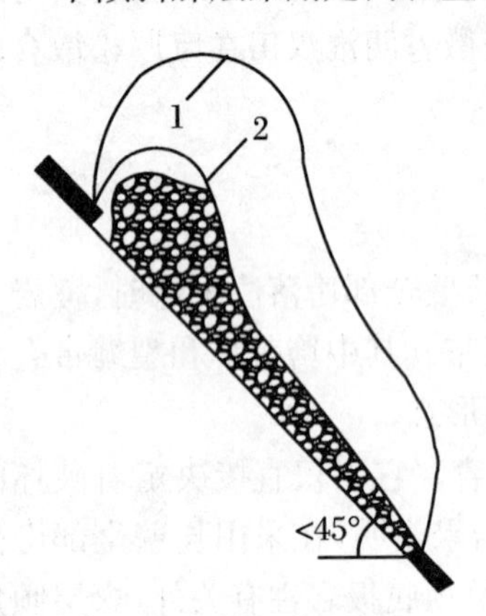

1. 导水裂缝带；2. 垮落带

图19.4 中倾斜煤层覆岩破坏形态

(三) 急倾斜(>55°)煤层覆岩破坏范围的最终形态

在开采急倾斜煤层时，不仅顶板冒落岩块会发生向下滚动的现象，同时上部阶段的整个冒落岩块堆，在受到下部阶段的采动影响后，也可能发生整体滑动，而且所采煤层本身还可能发生抽冒；有时底板岩石也可能出现向下滚动和整体滑动的现象，因此急倾斜煤层垮落带、导水裂缝带范围内呈现出各种不同的拱形形态，并且不稳定(图19.5)。

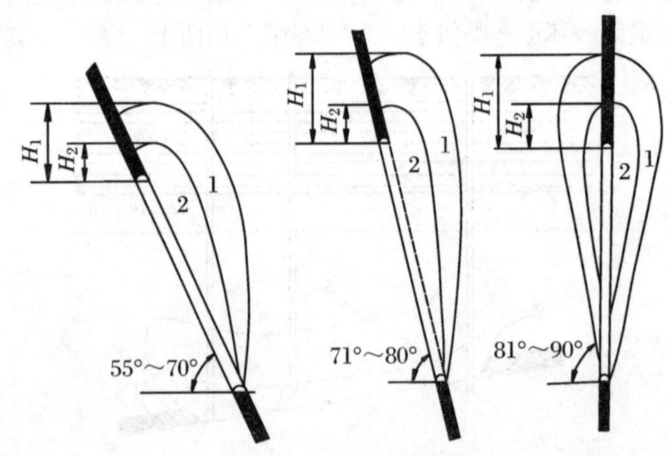

1. 导水裂缝带；2. 垮落带

图19.5 急倾斜煤层覆岩破坏范围形态

其主要特点是：

(1) 破坏性影响更加偏向于采空区上边界，采空区下边界则显著减小。

(2) 除顶板岩层外，破坏性影响波及底板岩层及采空区上边界的所采煤层，且对所采煤层的破坏先于对顶底板岩层的破坏。

(3) 随着煤层倾角及顶底板和所采煤层力学强度差异性的增加，垮落带、导水裂缝带高度在开切眼和停采线附近高于采空区中央。

另外，值得强调的是，在特殊的地质、采矿条件下，覆岩破坏出现非“三带”类型破坏，垮落带及导水裂缝带高度异常发育对采矿有严重威胁，应当引起警惕。

二、覆岩破坏高度的实测

实测覆岩破坏两带高度直接、可靠。两带高度是留设露头区安全煤(岩)柱提高开采上限和预测评价顶板水害的关键参数。尚无实测资料的新矿区、新矿井或采用新采煤法的工作面，均应当进行实测。

在松散含水层水体下煤层回采过程中，研究覆岩破坏规律进而确定出两带高度，确使垮落带或导水裂缝带不波及松散层水体，是松散含水层水体下采煤的关键所在。为了研究覆岩破坏特征，两淮煤田部分矿井运用施工两带观测孔、声波、电法及超声成像等物探方法对覆岩进行破坏探测，所得成果如表 19.1、表 19.2 和表 19.3 所示。

表 19.1　淮南煤田覆岩两带高度实测一览表

矿别	工作面名称	孔　号	煤层	开采方法	采　厚 (m)	基岩面标高 (m)	$H_{裂}$ (m)	裂采比	$H_{垮}$ (m)	垮采比
张集	1221(3)	冒 1	13-1	综放	4.5	−318.82	57.45	12.77	14.52	3.23
张集	1221(3)	冒 2	13-1	综放	3	−303.59	60.14	20.04	16.23	5.41
张集	1212(3)	冒 3	13-1	综放	2.6	−352.45	52.15	20.05	10.95	4.21
张集	1212(3)	冒 4	13-1	综放	3.9	−348.96	49.05	12.58	14.48	3.71
张集	1215(3)	冒 5	13-1	综放	3	−342.31	52	17.33	14.73	4.91
谢桥	1121(3)	冒 1	13-1	综放	6	−346.92	67.88	11.31	20.5	3.42
谢桥	1121(3)	冒 2	13-1	综放	5.2	−351	46	8.85	未钻进	—
谢桥	1121(3)	冒 3	13-1	综放	4.8	−350.83	54.79	11.41	21.52	4.48
谢桥	1221(3)	冒 4	13-1	综放	5	−340.39	73.28	14.66	32.24	6.45
谢桥	1211(3)	冒 5	13-1	综放	4	−352.09	38.81	9.7	19.72	4.93
谢桥	1211(3)	冒 6	13-1	综放	4	−348.15	44.96	11.24	未见—	
潘一	1121(1)	冒 11-3	11-2	高普	1.6～1.9/1.8	−280.27	28.92	16.07	未钻进	—
潘一	1121(1)	冒 11-4 (2)	11-2	高普	1.6～1.9/1.8	−282.74	29.33	16.3	10.05	5.58
潘二	1201(1)	92-1 裂	11-2	高普	2	−224.05	33.01	16.5	12.68	6.34
潘二	12128	90-1 裂	8-2	炮采	2	−254.94	36.99	18.5	10.74	5.37

续表

矿别	工作面名称	孔　号	煤层	开采方法	采　厚（m）	基岩面标高（m）	$H_{裂}$（m）	裂采比	$H_{垮}$（m）	垮采比
潘二	12118	91-1 裂	8-2	炮采	2	－240.24	33.96	16.98	10.66	5.33
潘二	16028	99-1 裂	8-2	高普	1.8	－273.04	31.46	17.48	7.92	4.4
潘二	16028	99-2 裂	8-2	高普	2	－272.78	35.24	17.62	7.24	3.62
潘二	12117	92-2 裂	7-1	炮采	2	－238.37	21.62	10.81	12.07	6.04
潘二	12027	92-3 裂	7-2	炮采	2	－247.42	27.25	13.63	7.06	3.53
刘庄	121101	—	11-2	综采	3.62	—	53.6	14.8	—	—
	121301	—	13-1	综采	3.85	—	66.2	17.2	—	—

表 19.2　淮南煤田覆岩破坏物探探测成果汇总表

探测方法	工 作 面	探测主要成果	说　明
网络并行电法探测	张集矿 17116	本面冒高/采厚比约为 4.2，裂高/采厚比为 7.9	顶板覆岩破坏和动态检测
	潘三矿 12318	垮落带高度约 10 m，老空区稳定裂隙带高度约 45 m	
	刘庄矿 171301	13-1 煤平均采高 5.05 m，垮落带高度 19.5～24.0 m，平均为 21.62 m，垮高采厚比为 3.94～5.00 倍左右，平均为 4.32；裂缝带高度为 65.0～67.8 m，平均为 66.46 m；裂高采厚比为 12.15～15.22 倍左右，平均为 13.25	
钻孔电法探测	谢桥矿 13118	垮落带发育高度约 15 m，裂隙带发育高度约 27 m	
	谢桥矿 1211(3)	冒 5 孔的裂采比为 8.5；冒 6 孔的裂采比为 10.1	
声波动态检测	潘一矿 140$_3$2(3)	最大导高在上巷顶部附近，高度为距煤层顶板 30 m；裂高向面内降低，在距上巷 21 m 处（水平距离）工作面内裂高为 25 m	在煤层顶板上方 25～30 m 处先期发育有一层离层，在煤层顶板上方 17～20 m 的位置为裂隙发育段
	谢桥矿 1221(3)	最大导高为距煤层顶板 50.5 m，垮落裂隙发育段高度为 25.2 m	煤层顶板上方 50 m 左右发育裂隙带发育位置，顶板上方 25 m 左右的位置为垮落带发育位置
反射地震波法（即 MSP 法）	潘三矿 12318	垮落带高度 10 m，为粉砂岩和泥岩界面附近；裂隙带高度为 45 m，位于粉细砂岩与砂质泥岩界面附近。平均采高取 3.8 m，本面冒高/采厚比约为 2.63，裂高/采厚比为 11.84	和 12318 工作面的网络并行电法探测结果结合进行分析
	谢桥矿 1201(3) 工作面	最大导高为距煤层顶板上方 29.2～35 m	—

续表

探测方法	工作面	探测主要成果	说明
声波检层与CT技术探测	潘一矿 $140_3$2(3)和谢桥矿1221(3)工作面	从$140_3$2(3)最大导高在上风巷顶部附近，顶部离层的高度距煤层顶板30 m左右	—
高分辨地电阻率法	潘一矿 $140_4$2(3)	煤层顶板裂高为16～20 m；沿煤层倾向由上而下，裂高由17～20 m增加到24～30 m	开采上限距基岩面仅30 m左右，避免井下施工穿透防水煤柱，采用高分辨地电阻率法

表19.3　淮北煤田覆岩两带高度实测一览表

矿别	工作面名称	孔　号	煤层	开采方法	采厚(m)	$H_{裂}$(m)	裂采比	$H_{垮}$(m)	垮采比
朱仙庄	873	873-1	8	综放	7.8	—	—	11.34	1.44
	2863	873-2	8	综放	7.8	—	—	15.74	1.69
		—	8	综放	—	—	8.21～10.89	—	2.67～3.26
桃园	1031	—	10	综采	2.90	54.3	18.72	11.72	4.04
	1062	—	10	综采	3.0	53.41	17.80	13.82	4.6
祁南	345	05	3	综采	3.0	40.6	13.53	12.72	4.42
	342电法	08	3	综采	3.4	27	7.94	13	3.82
孙疃	1022电法	—	10	综采	3.5	44	12.57	12.5	3.57
	7211电法	—	7	综采	2.9	33	11.38	9	3.1
涡北	8103电法	—	8	综放	9.2	68～78	7.2～8.3	30～35	3.2～4.2
许疃	$3_2$34	1#	3_2	综采	2.5	29	11.6	8～2	3.3
		2#	3_2	综采	2.4	32.1	13.2	8.5	3.4
任楼	$7_2$12	98-1	7_2	综放	4.7	56.00	11.91	15.00	3.19
	$7_2$11	99-1	7_2	炮采上分层	2.3	38.50	16.74	8.75	3.80
	$7_2$11	99-2	7_2	炮采上分层	2.3	36.0	15.65	8.45	3.67
	$7_3$11	2000-1	7_3	炮采下分层	4.7	40.1	8.53	7.60	1.62
五沟	1013	1013-1	10	综采	3.1	37.8	12.2	—	—
	1013	1013-2	10	综采	3.1	33.8	10.9	—	—
	1013	1013-3	10	综采	3.1	19.0	6.1	—	—
	1013	1013-4	10	综采	3.1	35.9	11.6	11.70	3.77
	1016	1016-1	10	综采	3.5	38.65	11.04	16.40	4.69
	1016	1016-2	10	综采	3.5	25.79	7.37	13.15	3.76
	1017	1017-1	10	综采	3.8	35.14	9.24	9.14	2.40

续表

矿别	工作面名称	孔　号	煤层	开采方法	采厚(m)	$H_{裂}$(m)	裂采比	$H_{垮}$(m)	垮采比
祁东	7114	D_1	7	综采	3.0	62.0	20.7	18.7	6.2
		D_2	7	综采	3.0	102.3	34.1	20.0	6.7
	7122	D_3	7	综采	2.4	54.9	22.9	17.5	7.3
		D_4	7	综采	2.4	53.7	22.4	14.6	6.1
	3241	L_3	3_2	综采	2.1	59.0	28.1	12.7	6.0
		L_4	3_2	综采	2.1	55.2	26.3	14.3	6.8
	3224	L_1	3_2	综采	3.0	46.0	15.3	18.0	6.0
		L_2	3_2	综采	3.0	72.2	24.1	17.1	5.7
	$3_2$22	注 1	3_2	综采	2.6	72.2	24.1	—	—
		注 2	3_2	综采	2.6	62	24	—	—
		注 3	3_2	综采	2.6	45	17	—	—
		注 4	3_2	综采	2.6	65	25	—	—
百善	675(未上提面)	C_1	6	炮采	2.2	32.78	14.90	14..21	6.46
		C_2	6	炮采	2.2	33.06	15.03	9.15	4.16
		C_3	6	炮采	1.8	17.32	9.60	9.06	5.03
		C_4	6	炮采	2.2	37.45	17.02	9.50	4.32
		C_5	6	炮采	2.0	30.15	15.08	10.48	5.24
		C_6	6	炮采	2.1	40.85	19.45	12.40	5.90
		C_7	6	炮采	2.2	41.69	18.95	33.50	15.23
	602(上提面)	C_8	6	炮采	2.0	11.45	5.73	3.58	1.79
		C_9	6	炮采	1.9	15.01	7.90	3.64	1.92
		C_{10}	6	炮采	1.8	11.63	6.46	2.60	1.44
	662(上提面)	C_{11}	6	综采	2.8	12.35	4.12	2.42	0.81
		C_{12}	6	综采	3.0	14.64	4.72	8.80	2.84
		C_{13}	6	综采	2.6	11.66	3.89	4.80	1.60
	663(上提面)	C_{14}	6	综采	3.0	12.35	4.12	2.42	0.81
		C_{15}	6	综采	3.1	14.64	4.72	8.80	2.84
		C_{16}	6	综采	3.0	11.66	3.89	4.80	1.60
	664(上提面)	C_{17}	6	综采	3.1	9.12	2.94	—	—
		C_{18}	6	综采	3.0	16.75	5.58	1.66	0.55
		C_{19}	6	综采	3.0	27.80	9.27	4.15	1.38
		C_{20}	6	综采	3.0	26.37	8.79	4.10	1.37

根据两淮煤田两带高度的实测资料以及部分研究成果可知，覆岩层的顶板岩性及其组合关系，对煤层采后导水裂缝带发育有较大的影响，一般来讲岩性越硬，所发育导水裂隙带越高（在其他条件相同时），岩性越软所发育的导水裂隙带高度越小。图19.6为不同覆岩条件下，覆岩破坏高度的实测结果①。

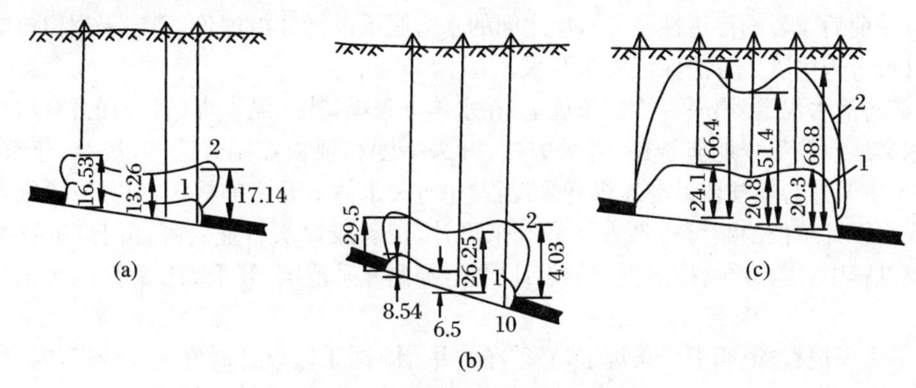

1.垮落带；2.裂缝带

(a)覆岩为软岩层；(b)覆岩为中硬岩层；(c)覆岩为坚硬岩层

图19.6　实际测得的不同类型覆岩开采后的破坏情况

实验表明：风化岩石强度普遍比未风化岩石显著降低，绝大多数风化岩石抗压强度仅仅为同类未风化岩石的10%～50%；而且风化程度越高，强度降低幅度越大。同时，泥质岩和泥质胶结的砂岩中的黏土矿物——高岭石、伊利石和长石，风化后全部黏土化，其塑性大大增强。此类风化岩层，因强度降低，塑性增强，抗采动影响的变形破坏能力显著增大，可有效地抑制导水裂隙向上发展，并使采动裂缝的发育程度和导水性明显减弱。相反，硅质、钙质胶结的坚硬砂岩尤其是硅质胶结的石英砂岩以及其他坚固、极坚固岩层风化后，强度、刚度无显著变化，有的塑性还会减弱；采动冒落裂缝高度和破坏程度不会降低，有时还会增高。

钻孔资料显示，两淮煤田浅部煤层之上80 m左右高度范围内，泥岩、砂质泥岩、粉砂岩一般占60%甚至70%以上，坚硬、较坚硬砂岩总厚度较小。在此条件下，在临近基岩风氧化带开采时，因风化岩层岩石强度普遍降低，塑性普遍增强，抑制了岩层破坏向上发展，使导水裂隙高度大大降低；风化岩层受水浸后迅速崩解、膨胀、泥化，原生和采动裂隙易被压密、弥合，使渗透水性能减弱，隔水能力大大增强，并在强风化段形成良好的阻隔水屏障。以上这些条件为两淮煤田巨厚松散层下安全采煤提供了有利条件。

第三节　露头区安全煤(岩)柱留设

一、水体下安全煤(岩)柱的留设

(一) 留设安全煤(岩)柱的原则

《煤矿防治水规定》和《建筑物、水体、铁路及主要井巷煤柱留设与压煤开采规程》(以下简

① 钱鸣高，石平五，许家材.矿山压力与岩层控制[M].北京：中国矿业大学出版社，2010.

称《三下采煤规程》)关于水体安全煤(岩)柱的留设的主要规定如下：

《煤矿防治水规定》第一百零二条规定，在河流、湖泊、水库和海域等地面水体下采煤，应当留足防隔水煤(岩)柱。在松散含水层下开采时，应当按照水体采动等级留设不同类型的防隔水煤(岩)柱(防水、防砂或者防塌煤岩柱)。在基岩含水层(体)或者含水断裂带下开采时，应当对开采前后覆岩的渗透性及含水层之间的水力联系进行分析评价，确定采用留设防隔水煤(岩)柱或者采用疏干方法保证安全开采。

《煤矿防治水规定》第一百零三条规定，在水体下采煤，其防隔水煤(岩)柱的留设，应当根据矿井水文地质及工程地质条件、开采方法、开采高度和顶板控制方法等，按照《建筑物、水体、铁路及主要井巷煤柱留设与压煤开采规程》中有关水体下开采的规定，由具有乙级及以上资质的煤炭设计单位编制可行性方案和开采设计，报省级煤炭行业管理部门审查批准后实施。采煤过程中，应当严格按照批准的设计要求，控制开采范围、开采高度和防隔水煤(岩)柱尺寸。

《三下采煤规程》第四十三条规定，必须在矿井、水体、采区设计时确定安全煤(岩)柱的水体主要有：

(1) 水体与设计开采界限(煤层)之间的最小距离，既不符合各采动等级水体要求的相应安全煤(岩)柱尺寸，又不能采用可靠的开采技术措施以保证安全正常生产的。

(2) 在目前技术条件下，只能采用改道(河流)、放空(水库)、疏干(含水层)或堵截等办法处理，但在经济上又属严重不合理的水体。

(3) 位于预计顶板垮落带、导水裂缝带内，且无疏放水条件的砂砾孔隙含水层和砂岩、石灰岩裂隙岩溶强含水层、岩溶地下暗河和有突水危险的含水断层与陷落柱等水体。

(4) 预计采后矿井涌水量会急剧增加，超过矿井正常排水能力，且水量长期稳定不变，增加排水能力难以实现或排水费用高昂的。

(5) 煤层开采后，地表和岩层有可能产生抽冒、切冒型塌陷，地质弱面活化和突然下沉而引起溃沙、溃水灾害的。

(6) 对国民经济和人民生活有重大影响的河流、湖泊、水库及旅游景点的地面、地下水体。

(二) 留设条件及允许采动等级

1. 规程规定

煤层露头区采煤时，必须严格控制对水体的采动影响程度。按水体的类型、流态、规模、富水性、赋存条件及允许采动影响程度，将受开采影响的水体分为不同的采动等级。对不同采动等级的水体，必须采用留设相应的安全煤(岩)柱的措施。安全煤岩柱分为防水安全煤(岩)柱、防砂安全煤(岩)柱和防塌安全煤(岩)柱三种。

《三下采煤规程》第五十条规定了水体下三种安全煤岩柱的留设标准，即允许采动程度，具体见表19.4。《三下采煤规程》表示水体类型第四条原规定“急倾斜煤层上方的各类地表水体和松散含水层水体”由于违背《煤矿防治水规定》第一百零七条(三)“严禁在水体下开采急倾斜煤层”，替换为“上层煤采空区积水”。

2. 应用实例

(1) 淮南潘谢矿区潘三煤矿

以潘三西三采区为例，根据对本采区中隔、下含以及松散层底部红层的水文地质条件分析可知，本采区中隔厚42.66(ⅩⅢ1孔)～92.45 m(ⅩⅤ东11孔)，平均68.07 m，分布稳定，隔水性好，是良好的隔水层。下含厚59.81（ⅩⅢ19孔）～98.05 m（ⅩⅤ东9孔），平均71.27 m，承压孔隙水，标准单位涌水量 q 在0.52～1.24 L/(s·m)之间，渗透系数 k 在0.07～3.38 m/d之间，富水性中等—强。

表19.4　水体采动等级及允许采动程度

水体采动等级	水体类型	允许采动程度	要求留设的安全煤（岩）柱类型
Ⅰ	(1) 直接位于基岩上方或底界面下无稳定的黏性土隔水层的各类地表水体； (2) 直接位于基岩上方或底界面下无稳定的黏土隔水层的松散孔隙强、中含水层水体； (3) 底界面下无稳定的泥质岩类隔水层的基岩强、中含水层水体； (4) 上层煤采空区积水； (5) 要求作为重要水源和旅游地保护的水体	不允许导水裂缝带波及水体	防水安全煤（岩）柱
Ⅱ	(1) 底界面下为具有多层结构、厚度大、弱含水的松散层或松散层中、上部为强含水层，下部为弱含水层的地表中、小型水体； (2) 底界面下为稳定的厚黏性土隔水层或松散弱含水层的松散层中、上部孔隙强、中含水层水体； (3) 有疏降条件的松散层和基岩弱含水层水体	允许导水裂缝带波及松散层的弱含水层水体，但不允许垮落带波及该水体	防砂安全煤（岩）柱
Ⅲ	(1) 底界面下为稳定的厚黏性土隔水层中、上部孔隙弱含水层水体； (2) 已经或接近疏干的松散层和基岩水体	允许导水裂缝带波及松散层的弱含水层水体，同时允许垮落带波及该水体	防塌安全煤（岩）柱

ⅩⅤ东13、ⅩⅤ东水1以及ⅩⅣ～ⅩⅤ5孔见“红层”，厚12.25～27.75 m，岩芯观测砂砾岩裂隙不发育，据邻近矿区抽水资料，单位涌水量 $q=1.65\times10^{-3}\sim1.94\times10^{-3}$ L/(s·m)，富水性极弱。

由前分析可知，采区13-1煤ⅩⅤ23、ⅩⅤ东水1、ⅩⅣ东3、ⅩⅣ西下含2、ⅩⅣ西3共计5孔存在底隔，其中ⅩⅤ23以及ⅩⅣ西3共计2孔隔水层大于5 m，可有效阻止下含水的下渗。

根据以上分析可知，本采区ⅩⅤ东13、ⅩⅤ东水1、ⅩⅣ-ⅩⅤ5、ⅩⅤ23以及ⅩⅣ西3共5个钻孔见“红层”分布或底界面下为稳定的厚黏性土隔水层，水体采动等级Ⅱ级；其余地区水体采动等级Ⅰ级（图19.7）。而在80 m煤柱内，只有ⅩⅤ东13、ⅩⅤ东水1、ⅩⅣ-ⅩⅤ5三孔地段为水体采动等级Ⅱ级，其余浅部地段全为Ⅰ级。

(2) 淮北临涣矿区青东煤矿和孙疃煤矿

① 青东煤矿

以该矿 $Ⅰ_3$ 采区为例，根据精查地质报告以及水文补勘钻孔抽（注）水实验结果可知，采区四含单位涌水量为 $q=0.000318\sim0.037$ L/(s·m)。按《煤矿防治水规定》可知，四含为弱富水的。

由现场和实验室测试结果来看，四含单位涌水量和渗透系数值均较小，属于弱富水的含水层，研究成果也表明四含地下水的径流补给条件相对较差，这为采区浅部煤层的安全回采提供了十分有利的条件。另外，采区“三隔”隔水层有效厚度 28.74～54.54 m，平均 43.77 m。平均 43.59 m，三隔中的黏土层易变形，具有良好的隔水能力。使其以上的地表水和第一、二、三含水层与四含和煤系砂岩裂隙水失去水力联系。

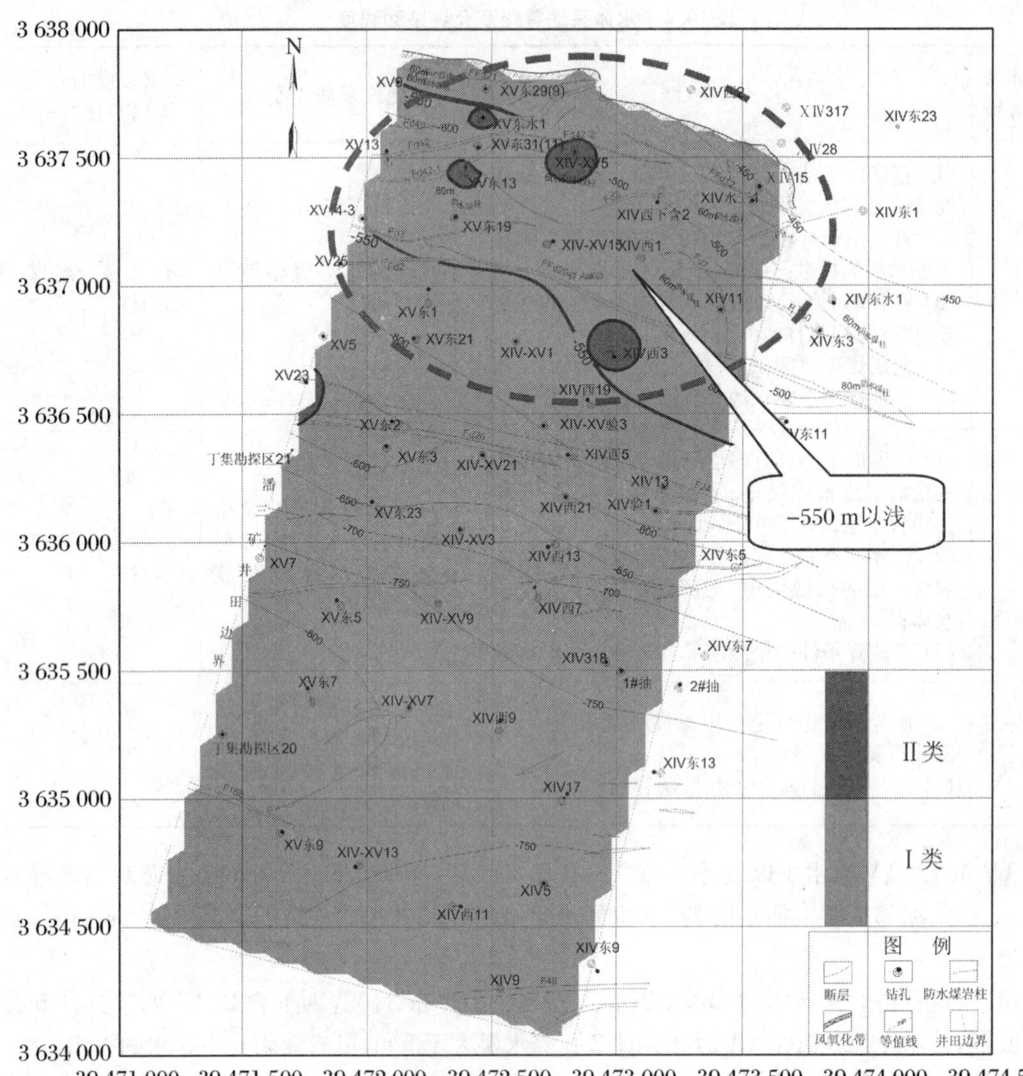

图 19.7 西三采区含水层下采煤水体采动等级图

依据表 19.4，本采区符合水体采动等级Ⅱ第二条描述，即“底界面下为稳定的厚黏性土隔水层或松散弱含水层的松散层中、上部孔隙强、中含水层水体”，确定 13 采区采动等级为Ⅱ级。

② 孙疃煤矿

以该矿 102 采区为例，该采区三隔隔水层有效厚度 22.00～49.10 m，平均 38.37 m。普遍厚度较大，分布稳定，为良好的隔水层(组)，可使其以上水体与四含和煤系砂岩裂隙水失去水力联系。第四含水层普遍不太发育，厚度一般为 0～6.59 m，平均 2.44 m，含黏土量较高，且属复合结构，单位涌水量 $q=0.000\,85$～$0.010\,5$ L/(s・m)，富水性极弱到弱，渗透系数 $k=0.021$～0.278 m/d，为弱透水层，径流补给条件不畅。依据表 19.4，本采区符合水体采动等级

Ⅱ第二条描述，即“底界面下为稳定的厚黏性土隔水层或松散弱含水层的松散层中、上部孔隙强、中含水层水体”，确定102采区采动等级为Ⅱ级。

(3) 淮北宿县矿区朱仙庄矿

87采区是矿井最南部采区，采区内三隔主要由黏土、砂质黏土组成，厚度平均为80 m，且分布稳定，塑性指数 Ip 为21～32，膨胀量为0.02～3.705，为湖滨回水湾静水环境沉积，具有塑性强、膨胀性大的特点，为良好的隔水层，基本阻隔了下部含水层与上部含水层之间的水力联系。第四含水层，厚度较薄，含黏量较高，为8%～13%，且呈致密固结、半固结状态，故其富水性较弱，垂直与水平补给均不太通畅，径流补给条件不畅。抽水实验中渗透系数 k 仅为0.017 m/d，单位涌水量 $q=0.000\,9\sim0.002\,9$ L/(s・m)，甚至抽不出水，富水性弱，透水性差。依据表19.4，本采区符合水体采动等级Ⅲ第二条描述，即“已经或接近疏干的松散层和基岩水体”，确定13采区采动等级为Ⅱ级。

二、安全煤岩柱类型

根据《三下采煤规程》，在近松散层底部含水层下采煤，所采用的安全煤岩柱常为以下三种。

(一) 防水安全煤(岩)柱

它的作用是最大限度地防止煤层开采后所形成的导水裂缝带波及上覆水体，避免上覆水体中的水涌入井下坑道。防水安全煤岩(土)柱的最小垂高($H_{柱}$)，应大于或等于导水裂缝带的最大高度 $H_{裂}$ 和保护层厚度($H_{保}$)之和(图19.8)，即：$H_{柱}\geqslant H_{裂}+H_{保}$。

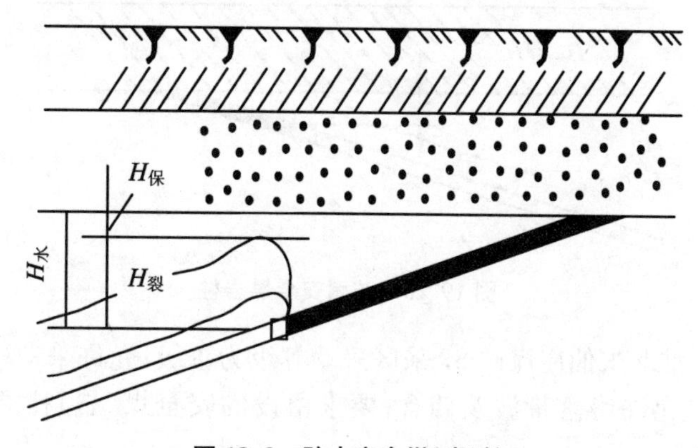

图19.8　防水安全煤(岩)柱

同样以淮南煤田潘谢矿区潘三西三采区为例，由前所述，本区下含属于中等—强富含水，绝大部分采动等级为Ⅰ级，只是在个别钻孔下含底面有黏土层或“红层”，在设计安全煤岩柱类型时，为安全考虑，将研究区13-1煤浅部采动等级全取为Ⅰ级，则允许采动程度为，不允许导水裂缝带顶点波及下含；要求留设的安全煤(岩)柱类型为防水安全煤(岩)柱，安全煤(岩)柱高度＝导水裂缝带高度＋保护层厚度。

(二) 防砂安全煤(岩)柱

留设防砂安全煤岩(土)柱的作用是防止垮落带进入或接近松散层，避免泥砂溃入井下，但可允许一部分导水裂缝带进入松散层的弱含水层或已疏降的松散强含水层。这样，矿井涌水量会在所增加或短时间内增加。其垂高($H_{柱}$)应大于或等于垮落带的最大高度($H_{垮}$)与保护层厚度($H_{保}$)之和,即 $H_{柱} \geqslant H_{垮} + H_{保}$(图 19.9)。

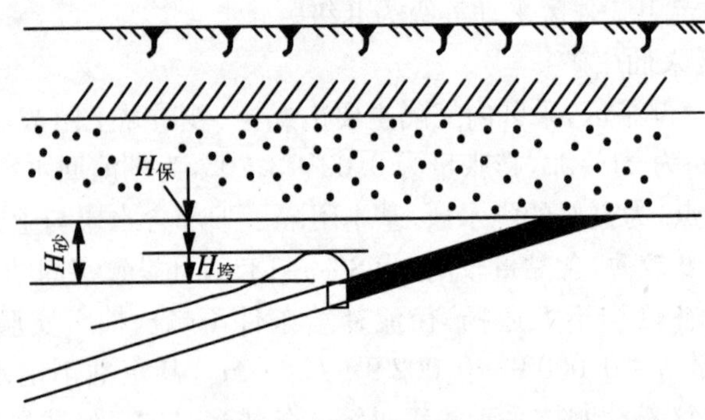

图 19.9 防砂安全煤岩柱

由前分析可知,淮北青东煤矿 I3 采区采动等级为Ⅱ级;允许采动程度为:允许导水裂缝带顶点波及四含,但不允许垮落带波及四含;要求留设的安全煤(岩)柱类型为:防砂安全煤(岩)柱。

(三) 防塌安全煤(岩)柱

留设防塌安全煤岩(土)柱的目的,是不仅允许导水裂缝带波及松散层弱含水层或已疏散干的松散含水层,同时允许垮落带接近松散层底部,亦即相当于防砂煤岩(土)柱中的保护层厚度被取消。其垂高($H_{柱}$)应等于或接近垮落带的最大高度($H_{垮}$),即 $H_{柱} \approx H_{垮}$(图 19.10)。

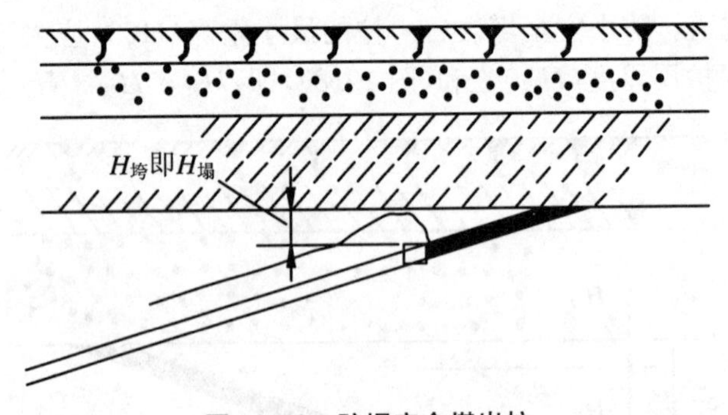

图 19.10 防塌安全煤岩柱

由前分析可知,淮北朱仙庄煤矿 87 采区采动等级为Ⅲ级;允许采动程度为:允许导水裂缝带波及四含,同时允许垮落带波及四含;要求留设的安全煤(岩)柱类型为:防塌安全煤(岩)柱。

综上所述,在煤矿生产实际中,对于浅部煤炭开采来说,也就是近第四纪底部含水层下煤层安全开采问题,实际上就是松散层下防水煤岩(土)柱的留设问题,在正常情况下,松散层含水层下纵向防水煤岩(土)柱的留设尺寸一般由两部分组成,为导水裂缝带高度与保护层厚度之和,即 $H_{柱} = H_{裂} + H_{保}$。对于松散层有富含水层且其底部黏土层很薄或缺失及不连续分布(即存在“天窗”区)的情况,需按上式考虑留设防水煤岩(土)柱;否则应按防砂煤岩(土)柱留设,即

$$H_{柱} = H_{裂} + H_{保}$$

三、垮落带、导水裂缝带高度计算

准确地确定两带高度,对解决水体下采煤问题有特别重要的意义。《煤矿防治水规定》第一百零七条规定“严禁在水体下开采急倾斜煤层”,因此本节计算公式仅适用于倾角在 45°以

下的煤层。实测和理论分析结果表明，采用综放开采时，由于采高的扩大，垮落带和导水裂缝带发育高度都将比分层开采明显增大。因此，综放开采的两带高度计算本规程计算仅供参考。

中厚煤层单层开采和厚煤层分层开采、垮落法管理顶板，公式应用范围为单层 1～3.5 m，累计采厚不超过 15 m。

(一) 垮落带高度

当煤层顶板覆岩内为坚硬、中硬、软弱、极软弱岩层或其互层时，工作面的垮落带最大高度可采用表 19.5 所列的计算公式。

表 19.5　分层开采的垮落带高度计算公式

覆岩岩性(单向抗压强度及主要岩石名称)	计 算 公 式
坚硬(40～80 MPa，石英砂岩、石灰岩、砂质页岩、砾岩)	$H_{垮}=\dfrac{100\sum M}{2.1\sum M+1.6}\pm 2.5$
中硬(20 ～ 40 MPa，砂岩、泥质灰岩、砂质页岩、页岩)	$H_{垮}=\dfrac{100\sum M}{4.7\sum M+19}\pm 2.2$
软弱(10 ～ 20 MPa，泥岩、泥质砂岩)	$H_{垮}=\dfrac{100\sum M}{6.2\sum M+32}\pm 1.5$
极软弱(＜ 10 MPa，铝土岩、风化泥岩、黏土、砂质黏土)	$H_{垮}=\dfrac{100\sum M}{7.0\sum M+63}\pm 1.2$

注：① $\sum M$ 为累计采厚。

② 公式应用范围为单层采厚 1～1.5 m，累计采厚不超过 15 m。

③ 计算公式中“±”号项为误差。

如计算淮南煤田潘谢矿区的潘三煤矿西三采区的两带高度。根据采区岩石力学实验结果，西三采区浅部覆岩在岩柱高度低于 80 m 时，大部分岩石强度小于 10 MPa，小部分大于 10 MPa 而小于 40 MPa，表 19.5 可知，该防水煤(岩)柱中的覆岩应属于软弱—中硬类型，故选用中硬、软弱覆岩计算公式预计两带高度，供分析时参考。

西三采区 13-1 煤层采高为 2.8～3.5 m，一次采全高方法，分别按中硬和软弱覆岩预计了两带高度(表 19.6)。另外该区覆岩类型为软弱—中硬型，故可按中硬覆岩计算公式第二项取负值计算，计算结果如表 19.6 所示。

表 19.6　淮南潘三煤矿西三采区两带高度预计(按“三下规程”公式)

煤层	采高(m)	按软弱岩石计算		按中硬岩石计算		按中硬岩石计算(取负值)	
		垮落带(m)	导水裂缝带(m)	垮落带(m)	导水裂缝带(m)	垮落带(m)	导水裂缝带(m)
13-1	3.5	5.02～8.02	18.08～26.08	7.67～12.07	32.44～43.64	7.67	32.44
13-1	2.8	4.17～7.17	16.47～24.47	6.5～10.9	29.05～40.25	6.5	29.05
垮/裂采比(3.5)		1.43～2.29	5.17～7.45	2.19～3.45	9.27～12.47	2.19	9.27
垮/裂采比(2.8)		1.49～2.56	5.88～8.74	2.32～3.89	10.38～14.38	2.32	10.38

（二）导水裂缝带高度

当煤层覆岩内为坚硬、中硬、软弱、极软弱岩层或其互层时，导水裂缝带最大高度可选用表 19.7 所列的计算公式。同样以淮南煤田潘三煤矿为例，计算实例如表 19.7 所示。

表 19.7 分层开采的导水裂缝带高度计算公式

岩性	计算公式之一	计算公式之二
坚硬	$H_{裂} = \dfrac{100\sum M}{1.2\sum M + 3.6} \pm 8.9$	$H_{裂} = 30\sqrt{\sum M} + 10$
中硬	$H_{裂} = \dfrac{100\sum M}{1.6\sum M + 3.6} \pm 5.6$	$H_{裂} = 20\sqrt{\sum M} + 10$
软弱	$H_{裂} = \dfrac{100\sum M}{3.1\sum M + 5.0} \pm 4.0$	$H_{裂} = 10\sqrt{\sum M} + 10$
极软弱	$H_{裂} = \dfrac{100\sum M}{5.0\sum M + 6.0} \pm 3.0$	—

（三）近距离煤层垮落带和导水裂缝带高度的计算

（1）上、下两层煤的最小垂距 h 大于回采下层煤的垮落带高度 $H_{下垮}$ 时，上、下层煤的导水裂缝带最大高度可按上、下层煤的厚度分别选用公式计算，取其中标高最高者作为两层煤的导水裂缝带最大高度。

（2）下层煤的垮落带接触到或完全进入上层煤范围内时，上层煤的导水裂缝带最大高度按本层煤的开采厚度计算，下层煤的导水裂缝带最大高度则应采用上、下层煤的综合开采厚度计算，取其中标高最高者为两层煤的导水裂缝带最大高度。

上、下层煤的综合开采厚度可按以下公式计算：

$$M_{zl} = M_2 + \left(M_1 - \frac{h_{1\text{-}2}}{y_2}\right)$$

式中，M_{zl}：综合开采厚度；

M_1：上层煤开采厚度；

M_2：下层煤开采厚度；

$h_{1\text{-}2}$：上、下层煤之间的法线距离；

y_2：下层煤的冒高与采厚之比。

（3）如果上、下层煤之间的距高很小，则综合开采厚度为累计厚度。

四、保护层留设

中厚煤层单层开采和厚煤层分层开采、垮落法管理顶板工作面，防水安全煤（岩）柱的保护层厚度，可根据有无松散层及其中黏性土层厚度，按表 19.8 所列的数值选取。对于综放开采，《煤矿防治水规定》给出了综放开采保护层留设的原则，即采用放顶煤开采的保护层厚度，应当根据对上覆岩土层结构和岩性、顶板垮落带高度、导水裂缝带高度以及开采经验等分析确定。

表 19.8　分层开采防水安全煤(岩)柱保护层厚度(m)

覆岩岩性	松散层底部黏性土层厚度大于累计采厚	松散层底部黏性土层厚度小于累计采厚	松散层全厚小于累计厚度	松散层底部无黏性土层
坚硬	$4A$	$5A$	$6A$	$7A$
中硬	$3A$	$4A$	$5A$	$6A$
软弱	$2A$	$3A$	$4A$	$5A$
极软弱	$2A$	$2A$	$3A$	$4A$

注:$A=\sum \frac{M}{n}$;$\sum M$:累计采厚,n:分层层数。

防砂安全煤(岩)柱的保护层厚度,可按表 19.9 所列的数值选取。

表 19.9　分层开采防砂安全煤(岩)柱保护层厚度(m)

覆岩岩性	松散层底部黏性土层或弱含水层厚度大于累计采厚	松散层全厚大于累计采厚
坚硬	$4A$	$2A$
中硬	$3A$	$2A$
软弱	$2A$	$2A$
极软弱	$2A$	$2A$

防水煤(岩)柱的保护层计算以淮南煤田潘三煤矿西三采区为例。由前所述,浅部覆岩为中硬型,四含(下含)为Ⅰ类水体,直接覆盖在煤系地层之上,故根据表 19.9,保护层厚度“松散层底部无黏性土层”的情况进行选取,即:

采高 3.5 m 时

$$H_{保3.5}=6M=6\times3.5=21.0(\mathrm{m})$$

采高 2.8 m 时

$$H_{保2.8}=6M=6\times2.8=16.8(\mathrm{m})$$

防砂煤岩柱的保护层计算以淮北煤田孙疃煤矿 102 采区为例。该采区浅部覆岩类型为中硬型,四含为Ⅱ类水体,采高为 3 m。故根据表 19.9,保护层厚度可按可按“松散层底部黏性土层或弱含水层厚度大于累计采厚”的情况进行选取,即

$$H_{保}=3A=3\times3=9\ \mathrm{m}$$

第四节　水体下采煤的主要技术及安全措施

本节主要针对两淮煤田巨厚松散含水层下浅部煤层开采,介绍现今主要采取的技术措施。

一、分层开采

采高是影响两带高度发育的关键因素之一。厚煤层和特厚煤层沿倾斜分层开采,可有效

降低两带高度。根据相关研究可知，分层开采时二次开采的覆岩破坏高度小于初次开采，覆岩沉降速度增大，两带高度增幅降低；三次开采时覆岩破坏高度小于二次开采；三次、四次开采后的两带高度增幅越来越小。上述规律在覆岩岩性软弱的露头区尤为突出。因此，分层开采时减少采动影响程度的有效措施。

二、限高开采

（一）限高开采的适用条件

在露头区厚煤层或特厚煤层通过采用限厚开采或阶梯采高，可减少安全煤（岩）柱的压煤量。对于倾斜或缓倾斜厚煤层，根据基岩柱厚度的变化，综放工作面可采取“只采不放”“限制放煤”至“全厚综放”，形成阶梯采高。也可以采用分层开采，通过开采不同数量的分层数达到限厚开采的目的，从而减小两带高度。

（二）限高开采的方法

1．间隔放煤，即通过控制放煤口放煤时间和称重控制顶煤放出量

根据放煤经验利用工作面支架进行间隔放煤，在工作面下端安置电子称重器，通过电子称重器可根据放煤量逐渐调整放煤间隔。可根据前期全厚放煤的经验，控制煤层较厚区域支架放煤口的放煤时间，进而控制顶煤放出量。

2．通过留底煤的方式限制采放总厚度

为减少限厚开采时顶煤的损失量，可采用留底煤的方法，将多余厚度的煤炭留底以便下分层工作面开采。工作面准备过程中，轨道顺槽及皮带顺槽施工完毕后进行顶煤厚度探测，根据探测结果，通过调整割煤机截割角度逐渐抬高工作面，控制采放总厚度，超出部分煤层留作底板。

三、疏水降压

疏降水体开采是在开采前或开采过程中，采用钻孔、开挖巷道等方式，疏干（补给源有限时）或降低（补给源充足时）采区、井田或矿区的地下水水位，使含水层残余水位低于临界水力坡降，以保证开采含水层下面或上面煤层时的安全。同时钻孔施工还可进一步查明主采煤层覆岩及其氧化带的厚度变化情况与岩性特征。

回采工作面风、机巷及切眼设计一定数量的钻窝，每个钻窝设计 3 个放水孔（向上覆盖四含施工）。有关技术参数与要求如下：

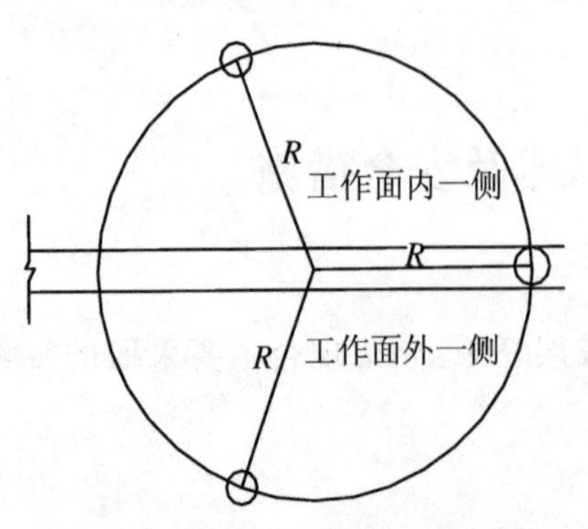

图 19.11　放水孔在四含顶部布置

（1）钻窝见方：

$$长 \times 宽 \times 高 = 4\ \text{m} \times 3\ \text{m} \times 3\ \text{m}$$

在巷道的工作一侧布置“U”形钢支护。

（2）放水钻孔孔径 Ø 为 75 mm（变化幅度不宜过大）。

（3）设计钻孔仰角 50°～60°（记为 α），实际施工时可根据现场条件作约为 ±5°的调整。

（4）钻孔方位角：每个钻窝中有两个孔与巷道方位垂直，分别向工作面内外钻进；另一个钻孔与巷道同方位（图 19.11）。

(5) 钻孔深度：一般打穿四含达到三隔。

(6) 施工顺序：先从靠近四含高水位分布区开始疏放。

(7) 每个钻窝防水的引用影响半径计算：平面上，按3个放水孔所围成的圆台形疏水廊道计算。

(8) 钻窝间距为：根据每个钻窝防水的引用影响半径确定。

(9) 防水过程中要进行水量历时观测。

(10) 取水样化验水质，为开采中判别水砂来源并及时采取治理措施提供依据。

疏干或疏降水体开采方法的优点是：① 资源回收率高；② 生产安全性大。其缺点为：① 需要增加疏排水设备及必要辅助工程，增加生产成本；② 改变了水体的自然循环，导致地面塌陷。

四、安全技术措施

两淮煤田在多年的松散含水层下开采中积累了大量的安全技术方法，具体如下：

(1) 坚持“预测预报、有疑必探、先探后掘、先治后采”的原则，严格执行《煤矿防治水规定》。采用井上、下物探、钻探、化探相结合，加强水文地质条件的分析研究工作。针对四含应建立地下水长期动态观测系统，进行水害预报，并制定相应的“探、防、堵、截、排”等综合防治措施。

(2) 严格工程质量，防止局部冒顶。贴近松散层底部掘进和回采时，应加强采掘工作面工程质量，防止局部顶板抽冒。工作面附近要备有一定的木料，一旦发生冒顶，应及时处理，避免出现冒高过大情况。同时，在初次来压和周期来压期间，要加强顶板维护，增加支护密度等措施，防止局部冒顶事故。如遇巷道淋水、温度变化应及时分析原因，采取相应措施。

(3) 开展综合性的观测研究，掌握水、土、岩变化规律。加强采区及工作面出水情况观测，并采集四含水进行水质分析，以掌握水源及出水规律；同时对四含长观孔水位进行动态观测。

① 工作面充水特征、涌水量和水质的观测。设立两个控制工作面涌水的观测站，对底砾泄水钻孔用容积法进行对泄水量的长期观测，对底砾水和采空区水进行水质化验。目的是探索工作面开采与矿井涌水量大小及水源等的关系。

② 松散层下部含水层水位动态的观测。工作面开采前后松散含水层的水位动态，是反映和衡量开采影响的重要特征之一。与工作面采动关系密切的是松散层底部第四含水层，即采煤引起的覆岩破坏性范围内及其邻近的各含水层的水位动态。如淮北煤田朱仙庄煤矿871工作面回采期间四含观测孔(05-水4)水位的变化情况，显示工作面回采期间四含水位没有明显变化，如图19.12所示。

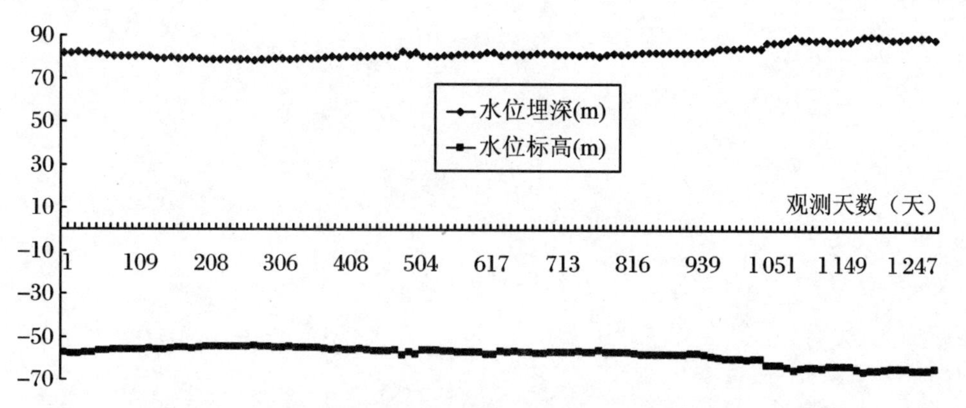

图19.12　淮北朱仙庄煤矿871工作面回采期间四含水位变化情况

(4) 建立、完善从采掘工作面到井底的疏排水系统。建立、完善从采掘工作面到井底的疏排水系统特别是采区内的疏排水系统,并始终保持其畅通无阻,预防重大水患事故。

(5) 采区工作面或其他地点发现有突水征兆(挂汗、空气变冷、出现雾气、顶板淋水加大、顶板来压、底板鼓起或产生裂隙出现渗水、水色发浑、有臭味等)时,必须停止作业,撤出人员,并及时报告调度。

(6) 搞好支架选型工作,应针对工作面回采时的具体情况选择相应类型或型号支架。加强采区内矿压观测工作,总结矿压显现规律,为实现安全回采做好保障工作。

第二十章　承压灰岩水上采煤水害防治技术

由前所述，两淮煤田的下组煤[淮南为A组煤，淮北为10(6)煤]受底板太原组灰岩岩溶承压水威胁较重。如1977年10月14日，淮南煤田老区的谢一矿－250 m水平33采区3311A_3采煤工作面发生底板灰岩突水，瞬时最大出水量达1 002 m^3/h，至10月30日实测稳定水量为772 m^3/h，该次突水造成－480 m、－425 m阶段大巷全部被淹；1988年10月24日，淮北杨庄矿Ⅱ617综采面发生特大突水灾害，瞬时水量高达3 153 m^3/h，造成二水平全部被淹，经济损失高达1.5亿元；1996年3月4日，皖北任楼矿发生重大底板突水事故，最大突水量34 571 m^3/h，为奥灰及第四系底含混合水通过岩溶陷落柱突入矿井，直接经济损失超过2亿元；1997年3月15日，淮北桃园矿发生底板灰岩突水，水量410 m^3/h，不但淹没了采区，而且造成4人死亡的重大事故，经济损失达7 000多万元；2001年刘桥一矿的Ⅱ623和Ⅱ626工作面相继突水，突水量分别为375 m^3/h和210 m^3/h，严重威胁井下的安全生产；2012年10月4日，淮南新庄孜矿63301A_1煤层工作面在回采过程中，底板突然出水，稳定水量130 m^3/h，并长期没有衰减，造成工作面提前收作。以上事故表明两淮煤田底板灰岩水害的治理依旧任重而道远。

从20世纪60年代的淮南老区开采A组煤治理灰岩水开始，两淮煤田各矿井针对下组煤开展了一系列以查条件为重点、查治结合的课题研究。如进行了灰岩放水实验查明水文地质条件、煤层底板采动破坏深度研究、底板突水危险性预测理论技术、充分利用隔水层开采的可行性论证基础性研究；以工作面为单元先后分别选用充分利用隔水层带压开采、疏水降压开采和底板注浆加固改造开采等多种防治水方法、模式研究与尝试，取得了良好的经济技术效益。

经过多年的努力探索与实践，在底板高承压灰岩突水治理方面逐步形成了技术方法较实用、可操作性较强的具有淮南、淮北煤田特色的查治技术工程体系，为两淮煤田下组煤的安全开采闯出了一条适用的路子。但随着矿井向深部开采，底板灰岩水压力加大，加之隔水层厚度普遍较薄，底板水害问题日趋严重。故为了进一步深入、全面地总结高承压底板水害的查治经验，进一步总结高承压灰岩水上采煤底板水害治理的规律性以及对现行底板突水评价体系的总结完善，为深部近距离高水压灰岩水上采煤提供开采防治经验及技术保障，本章将系统地对两淮煤田的灰岩水上采煤水害治理进行梳理总结。

第一节　底板破坏深度

底板采动破坏深度的大小是关系到承压水体上开采工作面安全与否的一个重要因素，并由此决定了底板有效保护层带的厚薄或存在与否，煤层底板是否具有足够的阻水能力，而确定底板采动破坏深度是准确预测底板阻水能力的首要条件。底板采动破坏深度研究方法有很多，本处着重以理论分析、同类型矿区的对比分析以及实测分析三种方法为例，重点阐述底板采动破坏深度的研究内容。

一、垂直分带理论

在工作面采动影响前进行底板注、涌水观测，注、涌水水量的大小反映了底板岩层的裂隙发育、连通情况。注、涌水水量大则说明底板裂隙发育、连通性好，反之则说明底板原岩裂隙不发育、连通性差。底板岩体在受工作面采动影响后，采前采后注、涌水水量的相对变化及变化过程，首先反映了底板裂隙发育、连通程度的相对变化过程，同时反映了在特定的条件下底板承压水运动的情况，即体现了底板岩体移动变形和底板承压水运动的内在联系。

矿压作用于煤层底板的影响影响深度也分为三种情况，即直接破坏带（Ⅰ带）、影响带（Ⅱ带）、微小变化带（Ⅲ带），其数值见表 20.1。

表 20.1 矿压作用于煤层底板的影响深度 单位：m

岩体类型	直接破坏带（Ⅰ带）	影响带（Ⅱ带）	微小变化带（Ⅲ带）
坚硬	11～20	30～35	40～80
中硬	10～17	24～40	50～70
软弱	8～12	15～25	30～50

相关专家根据岩石全应力—应变过程的渗透实验研究，获得了底板在整个采动过程中破坏变形的发生、发展、形成及变化的全过程，即获得了底板岩体采动破坏规律及特征，而且也获得了不同岩石在全应力—应变过程中渗透率的变化规律。根据现场观测成果，得到了承压含水层之上底板岩体破坏的一般特征，如图 20.1 所示。

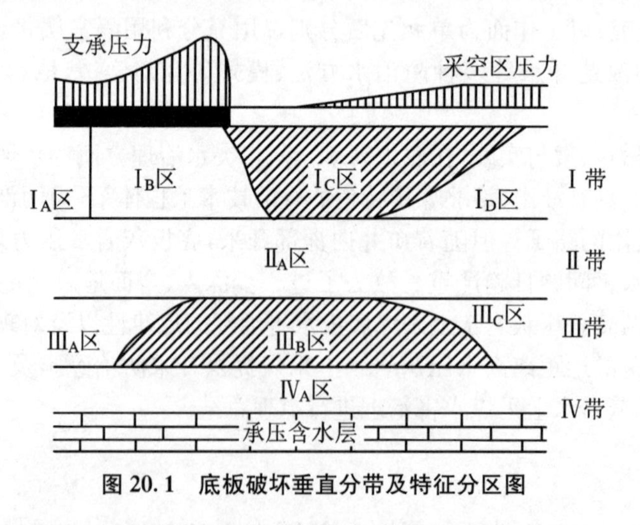

图 20.1 底板破坏垂直分带及特征分区图

在垂直方向上把煤层和承压含水层之间的底板岩体自上而下分为 4 带，分别为Ⅰ带、Ⅱ带、Ⅲ带和Ⅳ带。各带的范围为：Ⅰ带是深部岩体破坏带最大厚度所在层位，Ⅱ带是Ⅰ带和Ⅲ带之间的底板岩体，Ⅳ带是Ⅲ带底部至承压含水层之间的底板岩体。

Ⅰ带内的底板岩体根据受采动影响的特点可以划分为 4 个区，即Ⅰ$_A$区、Ⅰ$_B$区、Ⅰ$_C$区和

I_D区，其中I_A区为原岩应力区，该区内的底板岩体没有受到采动的影响；I_B区为超前压力压缩区，该区位于工作面前方，该区内底板岩体受采前超前压力压缩；I_C区为采动矿压直接破坏区，该区内的底板岩体因采后卸压膨胀，表明底板岩体已经破坏；I_D区为底板岩体破坏恢复区，该区内底板岩体应力状态又逐渐恢复到接近原岩应力状态。

Ⅱ带内底板岩体在采动影响前后变化不大，表明采动对该带影响不大，该带内的底板岩体大致可分为一个区，称为II_A区。

Ⅲ带内的底板岩体根据受采动影响的特点可分为三个区，即III_A区、III_B区和III_C区，III_A区为未受采动影响的底板岩体，故为原岩应力区；III_B区为深部岩体破坏区；III_C区内的底板岩体又逐渐恢复到接近原岩应力状态。

Ⅳ带在采动过程中底板岩体无变化，表明采动对它已无影响，故该带可划分为一个区，称为IV_A区。

根据前人的研究成果，I_A区中底板岩体处于原岩应力状态，一般是处于弹性应力状态，且渗透率一般较低。

当底板岩体由I_A区进入I_B区后，在工作面前方超前支撑压力的作用下，其应力也逐渐增加，渗透一般随着应力增加而减小，渗透率下降的大小取决于岩性及应力增量。

当底板岩体由I_B过渡到I_C区后，底板岩体结构状态发生了较大的变化。I_C区的底板岩体破坏后由于其破坏程度不同，其渗透率也有差异但是一般最大渗透率就出现在该区。

I_D区内的底板岩体在采空区压力作用下其应力逐渐增加，并逐渐恢复并接近原岩应力状态。这表明该区内的底板岩体在经过I_C区的破坏后又恢复，底板岩体重新压实，故其渗透率减小。

II_A区和IV_A区内的底板岩体由于受采动影响不大或无影响，故可认为采动后底板应力状态基本上处于原岩应力状态，其渗透率也相应地为原岩渗透率。

Ⅲ带的III_A区尚未受到采动影响，故III_A区的渗透率为原岩渗透率。底板岩体受采动影响，首先产生III_B区，且III_B区的底板岩体发生了破坏；其后，随着工作面的推进，该区又过渡到III_C区，底板岩体应力逐渐地增加并恢复接近原岩应力状态，底板岩体在采空区压力的作用下又逐渐地被重新压实，III_B区和III_C区中底板岩体渗透率的变化规律与Ⅰ带中的I_C区和I_D区类似。

二、采场底板破坏深度的塑性理论计算

众所周知，天然应力状态下煤层及围岩处于应力平衡状态，煤层或岩层的开挖必然破坏其应力平衡状态，引起围岩应力的重新分布，并使之产生变形与破坏。对于煤层顶板，一般产生顶板冒落带、裂隙带和弯曲下沉带。对于煤层底板，在水压和矿压的作用下也同样要产生变形和破坏。实践表明，直接位于煤层以下的底板岩层的破坏主要与开采空间周围支撑压力大小和分布、支撑边界条件及顶板悬露面积的大小等有关。在沿工作面推进方向，煤层底板岩层将出现压缩、膨胀、再压缩的过程。在煤壁前方附近，煤层底板处于支撑压力的作用下被压缩，工作面推过后，应力得到释放，底板处于膨胀状态，随着工作面的进一步推进，顶板岩层开始在采空区冒落，采空区内冒落矸石对膨胀底板又起着压实作用，并且随顶板冒落或顶板活动的结束施加给底板的压实荷载也越来越大，直至恢复或接近恢复到原岩应力状态。由于底板膨胀区岩层无阻水能力，所以在进行煤柱留设时必须确定膨胀区域的大小，即煤壁支撑压力对采场底板的最大破坏深度。

工作面底板下一定范围内的岩体，当作用在其上的支撑压力达到或超过其临界值时，岩体中将产生塑性变形，形成塑性区；当支撑压力达到导致部分岩体完全破坏的最大载荷 P_u 时，支撑压力作用区域周围的岩体塑性区将连成一片，致使采空区内底板隆起，已发生塑性变形的岩体向采空区内移动，并且形成一个连续的滑移面。此时底板岩体遭受的采动破坏最为严重。

魏西克(A. S. Vesic)通过大量的压模实验及现场实际经验提出了产生塑性滑移时岩、土层极限承载力的综合计算公式。张金才对此公式加以必要的修改及补充，得到底板岩体的极限载荷，公式如下：

$$P_u = (C\cot\varphi_0 + m\gamma H + \gamma x_a \operatorname{tg}\varphi_0)e^{\pi\operatorname{tg}\varphi_0}\operatorname{tg}^2\left(\frac{\pi}{4}+\frac{\varphi_0}{2}\right) + \gamma x_a \operatorname{tg}\varphi_0 - C\cot\varphi_0 \tag{20.1}$$

式中，x_a：煤柱屈服区的长度；C：岩体的内聚力；φ_0：底板岩体的内摩擦角。

底板岩体的滑移线场，即塑性区的边界，如图 20.2 所示，塑性区由三个区组成：主动极限区 $aa'b$ 及被动极限区 acd，其滑移线各由两组直线组成；过渡区 abc，其滑移线一组由对数螺线组成；最后一组为以 a 为起点的放射线。

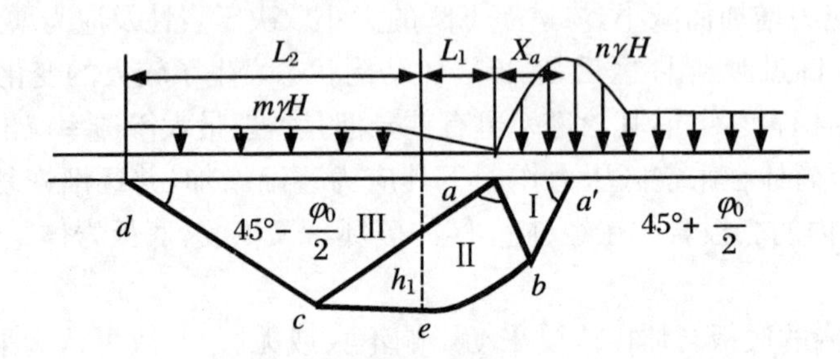

图 20.2 极限状态下底板中塑性破坏区的范围

从图 20.2 中塑性区的形成及发展过程可以解释实际生产中煤层底板岩体发生底鼓的原因。煤层开采后，在采空区四周的底板岩体上产生支撑压力，当支撑压力作用区域的岩体(即图 20.2 中的Ⅰ区，亦即主动区)所承受的应力超过其极限强度时，岩体将产生变形，并且这部分岩体在垂直方向上受压缩，则在水平方向上岩体必然会膨胀，膨胀的岩体挤压过渡区(即图 20.2 中的Ⅱ区)的岩体，并且将应力传递到这一区。过渡区的岩体继续挤压被动区(即图 20.2 中的Ⅲ区)，由于只有这一区有采空区这一临空面，从而过渡区和被动区的岩体在主动区传递来的力的作用下向采空区内膨胀。

根据图 20.3 中塑性区的几何尺寸可以确定出极限支撑压力条件下破坏区的最大深度及长度。

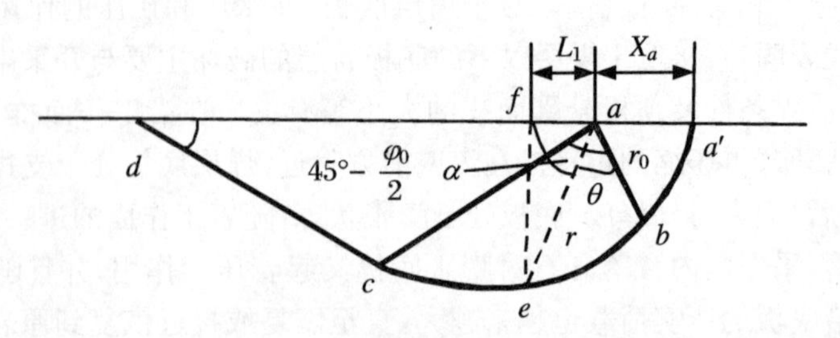

图 20.3 底板最大破坏深度计算图

在$\triangle aba'$中

$$ab = r_0 = \frac{x_a}{2\cos\left(\frac{\pi}{4}+\frac{\varphi_0}{2}\right)}$$

在$\triangle aef$ 中

$$h = r\sin a$$

而

$$a = \frac{\rho}{2} - \left(\frac{\pi}{4}-\frac{\varphi_0}{2}\right) - \theta$$

所以

$$h = r_0 e^{\theta \operatorname{tg} \varphi_0} \cos\left(\theta + \frac{\varphi_0}{2} - \frac{\pi}{4}\right) \tag{20.2}$$

由$\frac{dh}{d\theta}=0$,可以求出破坏区的最大深度 h_1:

$$\frac{dh}{d\theta} = r_0 e^{\theta \operatorname{tg}\varphi_0}\cos\left(\theta+\frac{\varphi_0}{2}-\frac{\pi}{4}\right)\operatorname{tg}\varphi_0 - r_0 e^{\theta \operatorname{tg}\varphi_0}\sin\left(\theta+\frac{\varphi_0}{2}-\frac{\pi}{4}\right) = 0$$

所以

$$\operatorname{tg}\varphi_0 = \operatorname{tg}\left(\theta+\frac{\varphi_0}{2}-\frac{\pi}{4}\right)$$

从而

$$\theta = \frac{\pi}{4}+\frac{\varphi_0}{2} \tag{20.3}$$

将式(20.2)及 r_0代入式(20.3),即可得到岩体最大破坏深度 h_1:

$$h_1 = \frac{x_a \cos\varphi_0}{2\cos\left(\frac{\pi}{4}+\frac{\varphi_0}{2}\right)} e^{\left(\frac{\pi}{4}+\frac{\varphi_0}{2}\right)\operatorname{tg}\varphi_0} \tag{20.4}$$

底板岩体最大破坏深度距工作面端部的水平距离 l_1为

$$l_1 = \operatorname{tg}\varphi_0 \tag{20.5}$$

三、与其他华北型矿区的对比取值

底板采动破坏深度主要取决于工作面的矿压作用,其影响因素有开采深度、煤层倾角、煤层开采厚度、工作面长度、开采方法和顶板管理方法等。其次是底板岩层的抗破坏能力,包括岩石强度、岩层组合及原始裂隙发育状况等。其中工作面长度对底板破坏起着主导作用。

我国部分煤矿工作面底板采动破坏深度实际观测结果如表 20.2 所示(统计范围工作面斜长 30～200 m,采深 100～1 000 m,倾角 4°～30°,一次采高 0.9～5.4 m)。采用回归分析,只考虑工作面斜长,有统计公式如下:

$$h = 0.7007 + 0.1079L \tag{20.6}$$

式中,h:底板采动导水破坏带深度,m;L:开采工作面斜长,m。

表 20.2 我国华北地区部分煤矿不同工作面斜长下的底板破坏带深度

序号	工作面地点	采深 H (m)	倾角 a (°)	采高 M (m)	工作面斜长(m)	破坏带深度(m)	备 注
1	邯郸王凤矿 1930 面	103～130	16～20	2.5	80	10	—
2	邯郸王凤矿 1830 面	123	15	1.1	70	6～8	—
3	邯郸王凤矿 1951 面	123	15	1.1	100	13.4	—
4	峰峰二矿 2701 面	145	16	1.5	120	14	—
5	峰峰三矿 3707 面	130	15	1.4	135	＞10	—
6	峰峰四矿 4804,4904 面	—	12	—	100+100	10.7	协调面开采
7	肥城曹庄矿 9203 面	132～164	18	—	95～105	9	—
8	肥城曹庄矿 7406 面	225～249	—	1.9	60～140	7.2～8.4	—
9	淄博双沟矿 1024,1028 面	278～296	—	1	60+70	10.5	对拉面开采
10	潦合二矿 22510 面	300	8	—	100	10	—
11	韩城马沟渠矿 1100 面	—	—	2.3	120	13	—
12	鹤壁三矿 128 面	230	26	3～4	180	20	采二分层破坏达 24 m
13	邢台矿 7802 面	234～284	4	3	160	16.4	—
14	邢台矿 7607 窄面	310～330	4	5.4	60	9.7	—
15	邢台矿 7607 宽面	310～330	4	5.4	100	11.7	—
17	井径三矿 5701 面	227	12	3.5	30	3.5	断层带破坏深度＜7 m
18	井径三矿 4707 小面	350～450	9	7.5	34	8	分层带厚 4 m,破坏深度约为 6 m
19	井径三矿 4707 大面	350～450	9	4	45	6.5	采一分层
20	开滦赵各庄 1237 面	900	26	2	200	27	—
21	开滦赵各庄 2137 面	1000	26	2	200	38	含 8 m 煤且底板原生裂隙发育
22	新汶华凤矿 42303 面	480～560	30	0.94	120	13	—

四、两淮煤田底板破坏深度实测

由前所述,可以采用理论与经验公式估算采动破坏深度,但是现场实测却是确定底板采动破坏深度的最佳途径和方法,也是利用底板采动破坏深度现场实测结果反演分析上述解析估算公式中某些参数的较好途径和方法。本次收集到的两淮煤田底板采动破坏深度实测值如表 20.3 所示。

五、实例分析

以刘桥一矿 2622、663 工作面以及恒源煤矿 2614 工作面为例,运用上面介绍的方法分别计算出底板采动破坏深度,如表 20.4 所示。从表中可以看出,各种计算方法值与实测值较为接近，说明各种计算方法具有一定的参考价值。

表 20.3　两淮煤田底板破坏深度实测结果

序号	工作面地点	开采与地质条件					
		采深(m)	煤层倾角	采厚(m)	工作面斜长(m)	水压(MPa)	底板破坏深度(m)
1	新庄孜矿 4303(1)	310	26°	1.8	128	—	16.8
2	新庄孜矿 4303(2)	310	26°	1.8	128	—	29.6
3	潘三 12318 工作面	590	14°	3	205	—	14.6(物探)
4	孙疃 1028 工作面	470	15°	4	120	—	13(物探)
5	钱营孜 $3_2$12 工作面	650	9°	3.5	150	—	24.3
6	钱营孜 $3_2$13 工作面	630	9°	3.5	200	—	17
7	刘店 10 煤某工作面	660	13°	3.5	140	—	15
8	杨庄矿 2635 工作面	265～345	17°～21°	2.6	80～140	2.8	15.5
9	恒源煤矿 2614 工作面	470	7°	3.0	190	3.5	14.9(物探)
10	桃园煤矿 1034 工作面	—	—	—	—	—	14.3(物探)
11	桃园煤矿 1045 工作面	—	—	—	—	—	13.1(物探)
12	刘桥一矿 663 工作面	300	10°～22°	3.2	200	3.0	16.57
13	刘桥一矿 2622 工作面	—	18°	2.3	90	—	12

表 20.4　几种不同方法得出的工作面底板破坏深度值　单位:m

方　法	刘一矿 2622 面	刘一矿 663 面	刘二矿 2614 面
工作面斜长(m)	90	200	120～180
垂直分带理论	10～17	11～20	10～17
塑性理论解	13.21	16.27	14.25
经验公式	10.41	22.28	13.64～20.12
实测值	12	16.57	14.9

第三节　突水预测评价

一、突水系数评价

我国学者早在 1964 年就开始了对底板突水规律的研究，并在焦作矿区水文会战中，以煤科总院西安勘探分院为代表提出了采用突水系数作为预测预报底板突水与否的标准。由于最早提出的突水系数法没有考虑矿压和岩性组合对底板破坏的影响，20 世纪 70～80 年代西

安勘探分院水文所曾先后两次对突水系数的表达式进行了修改，目前《煤矿防治水规定》中的突水系数公式为

$$T = \frac{P}{M} \tag{20.7}$$

式中，T:突水系数；P:含水层水压；M:隔水层厚度，m。

突水系数的物理含义是单位隔水层所承受的水头压力，而临界突水系数是单位隔水层厚度所承受的最大水压。当突水系数超过突水临界时，突水危险性增大，极有可能会突水。显然突水系数法涉及几个突水的直接因素，其一为底板水头压力，其二为隔水岩组的隔水抗压性能。但是临界突水系数是从实际突水资料统计中获得的，由于各次突水的原因和具体条件均不同，所以在相同的开采条件下，临界突水系数的准确性其实是存疑的。

实际应用中发现小于规程要求突水系数临界值照样发生突水，如峰峰二矿 2701 工作面突水系数为 0.04 MPa/m，发生底板突水 2 400 m^3/h，险些淹井；尚庄矿下架煤层掘进中突水系数为 0.02 MPa/m，发生底板突水 900 m^3/h，矿井被淹，说明完全以突水系数理论进行带压开采的安全评价存在不足。其原因主要有两点：

(1) 突水系数不能反映煤矿底板突水的多种作用因素，尤其未考虑底板含水层富水性因素。

(2) 突水系数临界值是从大量的突水资料中统计来的，而突水多数与构造发育有关，因此突水系数评价方法适用于构造发育的隔水层底板；在有些底板构造不发育的工作面，突水系数超过了 0.1 甚至 0.15(肥城查庄煤矿 91002 面，奥灰 $T = 0.158$ MPa/m；白庄煤矿 10404 面，奥灰 $T = 0.168$ MPa/m；淄博矿区一些工作面徐灰突水系数已高达 0.35 MPa/m，奥灰达 0.18 MPa/m 等)，这些工作面开采中实际出水量较小，或经过简单治理措施后实现了安全开采，因此突水系数法评价对于正常隔水层底板来说过于保守，这也解释了淮北矿业集团濉萧矿区、宿县矿区有些工作面突水系数远超过突水临界仍然能够实现安全开采的原因。

《煤矿防治水规定》中要求，底板在受构造破坏块段的临界突水系数一般不大于 0.06 MPa/m，在正常块段不大于 0.10 MPa/m。两淮煤田各矿业公司根据多年的技术经验总结以及参考《煤矿防治水规定》，规定的灰岩承压水上采煤的临界突水系数如表 20.5 所示。可见各矿业集团公司规定的值相在完整地段皆小于《煤矿防治水规定》的要求，在构造影响段则相差无几。

表 20.5 两淮煤田临界突水

矿业集团	淮 南	淮 北	皖 北	新 集
临界突水系数(MPa/m)	0.05(完整) 0.05(构造)	0.07(完整) 0.05(构造)	0.07(完整) 0.05(构造)	0.07(完整) 0.05(构造)

二、板梁理论

苏联学者 В. Ц. 斯列沙辽夫以静力学理论为基础，研究了煤层底板在承压水作用下的破坏机制，将煤层底板视作两端固定的承受均布载荷作用的梁，并结合强度理论推导出底板理论安全水压值的计算公式：

$$H_{安} = 2\frac{K_p t^2}{L^2} + \gamma t \tag{20.8}$$

式中，$H_{安}$：安全水头压力，MPa；

K_p：隔水层的抗张强度，MPa；

t：煤层底(顶)板隔水岩层厚度，m；

L：巷道宽度或工作面最大控顶距，m；

γ：隔水岩层的重力密度，kN/m³。

当实际水头压力 $H_{实}>H_{安}$ 时会产生失稳破坏，反之则安全。该公式计算简单，对巷道或控顶距较小的工作面较为适用。但因未考虑矿山压力等因素对底板破坏的影响，其计算结果与实际情况差别较大，因此其使用受到很大限制，但它开创了用力学方法研究底板突水的先河(图 20.4)。

煤科总院北京开采所刘天泉院士、张金才博士等认为底板岩层由采动导水裂隙带和底板隔水带组成，并运用弹性力学、塑性力学理论和相似材料模拟实验来研究底板突水机制，采用半无限体一定长度上受均布竖向载荷的弹性解(其结果见式 20.6、式 20.7 和式 20.8)、结合库仑-莫尔强度理论和 Griffith 强度理论分别求得了底板受采动影响的最大破坏深度。将底板隔水层带看作四周固支受均布载荷作用下的弹性薄板，然后采用弹塑性理论分别得到了以底板岩层抗剪及抗拉强度为基准的预测底板所能承受的极限水压力的计算公式。该理论首次运用板结构研究底板突水机制，发展了突水理论。

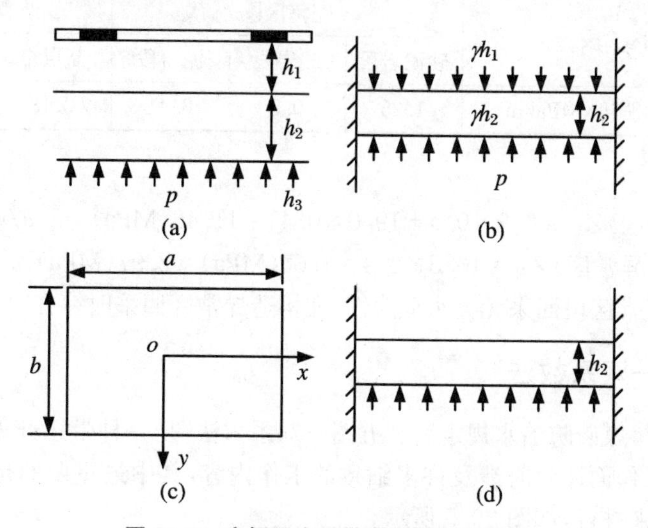

图 20.4　底板隔水层带岩层板力学模型

$$\sigma_1=\frac{12qa^2b^2(a^2+\nu b^2)}{\pi^2h^2(3b^4+3a^4+2a^2b^2)} \tag{20.9}$$

$$\sigma_2=\frac{12qa^2b^2(b^2+\nu a^2)}{\pi^2h^2(3b^4+3a^4+2a^2b^2)} \tag{20.10}$$

$$\sigma_3=0 \tag{20.11}$$

三、阻水强度法

阻水强度是由现场钻孔水力压裂法实测的单位底板岩层的平均阻水强度，计算公式为

$$\sigma = \frac{P_b}{R} \tag{20.12}$$

式中，σ：平均阻水强度，MPa/m；R：钻孔间距（由现场测得），m；P_b：岩体破裂压力，MPa，与地应力和岩体抗张强度有关。

$$P_b = 3\sigma_h - \sigma_H + T - P_0 \tag{20.13}$$

式中，P_b：岩石破裂压力；σ_h，σ_H：作用于岩体的最小、最大水平主应力；T：岩体的抗张强度；P_0：岩体孔隙中的液压，值小时可略去。

利用平均阻水强度评价煤层底板安全性的原则是：

(1) 若岩石破裂压力（P_b）大于水压（P_w），则安全。

(2) 若 $P_b < P_w$，则用水压（P_w）与有效隔水层总阻水能力（$Z_总 = \sigma_{h2}$）比较，若 $Z_总 > P_w$ 则安全，若 $Z_总 < P_w$ 则不安全。

如淮北煤田恒源煤矿 2614 工作面在放水前的突水危险性计算，阻水强度依据杨庄煤矿实测值（表 20.6），工作面隔水底板总厚度为 41.4 m，扣除底板采动破坏深度，底板正常区有效隔水层厚度为 26.5 m，海相泥岩平均厚 19.6 m，砂岩厚为 6.9 m。

表 20.6 杨庄煤矿 362 采区底板岩层阻水强度

区　段	完整区段			断裂区段	
	砂泥岩段	砂岩段	泥岩段	断层带	断层上盘
平均阻水强度(MPa/m)	1.25	0.5	0.41	0.18	0.055

计算得：

（正常区）$Z_总 = 6.9 \times 0.5 + 19.6 \times 0.41 = 11.48(\text{MPa}) > 2.97(\text{MPa})$

（构造异常区）$Z_总 = 16.5 \times 0.1 = 1.65(\text{MPa}) < 2.97(\text{MPa})$

计算表明在正常区段回采无突水危险性，在构造异常区回采时存在突水危险性。

四、底板"五图—双系数法"

该法被写入了《煤矿防治水规定》。"五图—双系数法"是一种带压开采工作面评价方法。该方法用于采煤工作面评价时涉及许多细致的工作内容，其中最重要的是围绕"五图""双系数"和"三级判别"来进行，如图 20.5 所示。

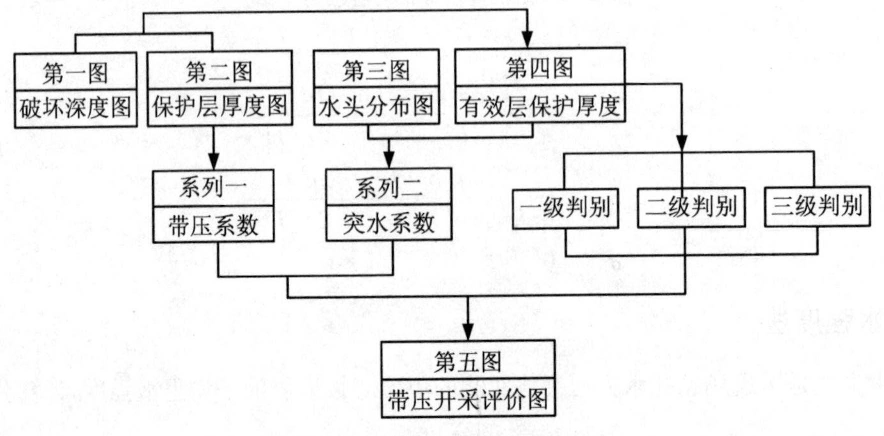

图 20.5 "五图—双系数法"流程

（一）"五图"的概念和意义

(1) 在工作面回采过程中，在矿压等综合因素影响下，在煤层底板产生一定深度的破坏，破坏后的岩层具有导水能力，故称之为"导水破坏深度"。通过实验和计算可以获得该值分布状况。据此绘制"底板保护层破坏深度等值线图"(第一图)。

(2) 煤层底面至含水层顶面之间的这段岩层称为"底板保护层"。它是阻止承压水涌入采掘空间的屏障，需查明其厚度及其变化规律。据此绘制"底板保护层厚度等值线图"(第二图)。

(3) 煤层底板以下含水层的承压水头将分别作用在不同标高的底板上，据此计算绘制"煤层底板上的水头等值线图"(第三图)。

(4) 把导水破坏深度从底板保护层厚度中减去，所剩厚度称为"有效保护层"。它是真正具有阻抗水头压力能力且起安全保护作用的部分。据此绘制"有效保护层厚度等值线图"(第四图)。

(5) 最后根据有效保护层的存在与否和厚度大小，依照"双系数"和"三级判别"综合分析，即可绘制带压开采技术的最重要图件"带水头压力开采评价图"(第五图)。

（二）"双系数"和"三级判别"的概念和意义

(1) 在研究保护层时，要同时进行保护层阻抗水头压力能力的测试，根据所获参数计算保护层的总体"带压系数"。总体"带压系数"是表示每米岩层可以阻抗多大水头压力的指标，也是双系数之一。另一系数是"突水系数"，它是"有效保护层厚度"与作用其上的水头值之比。

(2) "三级判别"是与"双系数"配合使用来判别突水与否、突水形式和突水量变化的三个指标：一级判别，是判别工作面必然发生直通式突水的指标；二级判别，是判别工作面发生非直通式突水可能性及其突水形式的指标；三级判别，是判别已被二级判别判定的突水工作面其突水量变化状况的指标。

五、底板脆弱性指数法

该法被写入了《煤矿防治水规定》。"底板脆弱性指数法"是一种将可确定底板突水多种主控因素权重系数的信息融合方法与具有强大空间信息分析处理功能的 GIS 融为一体的煤层底板突水预测评价方法。它是一种评价在同类型构造破坏影响下、由多岩性多岩层组成的煤层底板岩段在矿压和水压联合作用下突水风险的预测方法。它不仅可以考虑煤层底板突水的众多主控因素，而且可以刻画多因素之间复杂的相互作用关系和对突水控制的相对"权重"比例，并可实施对脆弱性的多级分区。根据信息融合的不同数学方法，脆弱性指数法可划分为非线性和线性两大类。非线性脆弱性指数法包括基于 GIS 的 ANN 型脆弱性指数法、基于 GIS 的证据权重法型脆弱性指数法、基于 GIS 的贝叶斯法型脆弱性指数法等；线性脆弱性指数法包括基于 GIS 的 AHP 型脆弱性指数法等。

脆弱性指数法评价的具体步骤：

(1) 根据对矿井充水水文地质条件分析，建立煤层底板突水的水文地质物理概念模型。

(2) 确定煤层底板突水主控因素。

(3) 采集各突水主控因素基础数据，并进行归一化无量纲分析和处理。

(4) 应用地理信息系统，建立各主控因素的子专题层图。

(5) 应用信息融合理论,采用非线性数学方法(如 ANN 法、证据权重法、Logistic 回归法等)或线性数学方法(如 AHP 等方法),通过模型的反演识别或训练学习,确定煤层底板突水的各主控因素的"权重"系数,建立煤层底板突水脆弱性的预测预报评价模型。

(6) 根据研究区各单元计算的突水脆弱性指数,采用频率直方图的统计分析方法,合理确定突水脆弱性分区阈值。

(7) 提出煤层底板突水脆弱性分区方案。

(8) 进行底板突水各主控因素的灵敏度分析。

(9) 研发煤层底板突水脆弱性预测预报的信息系统。

(10) 根据突水脆弱性预测预报结果,制定底板水害防治的对策措施与建议。

六、开采经验法

开采经验法是矿区多年在和承压水斗争的基础上,总结出的突水预测方法。如淮北煤田受底板太灰水害威胁的10(6)煤开采的情况,并结合邻近矿区河南永城相似条件下工作面突水实例,绘制了 *P-M* 图(图 20.6),分成突水区、掘进安全区及回采安全区,据此判断回采工作面是否存在突水危险性。应用时将各工作面隔水层厚和水压绘在该图中,即可判断该工作面能否安全开采,该方法直观,方便快捷,但条件必须类似。

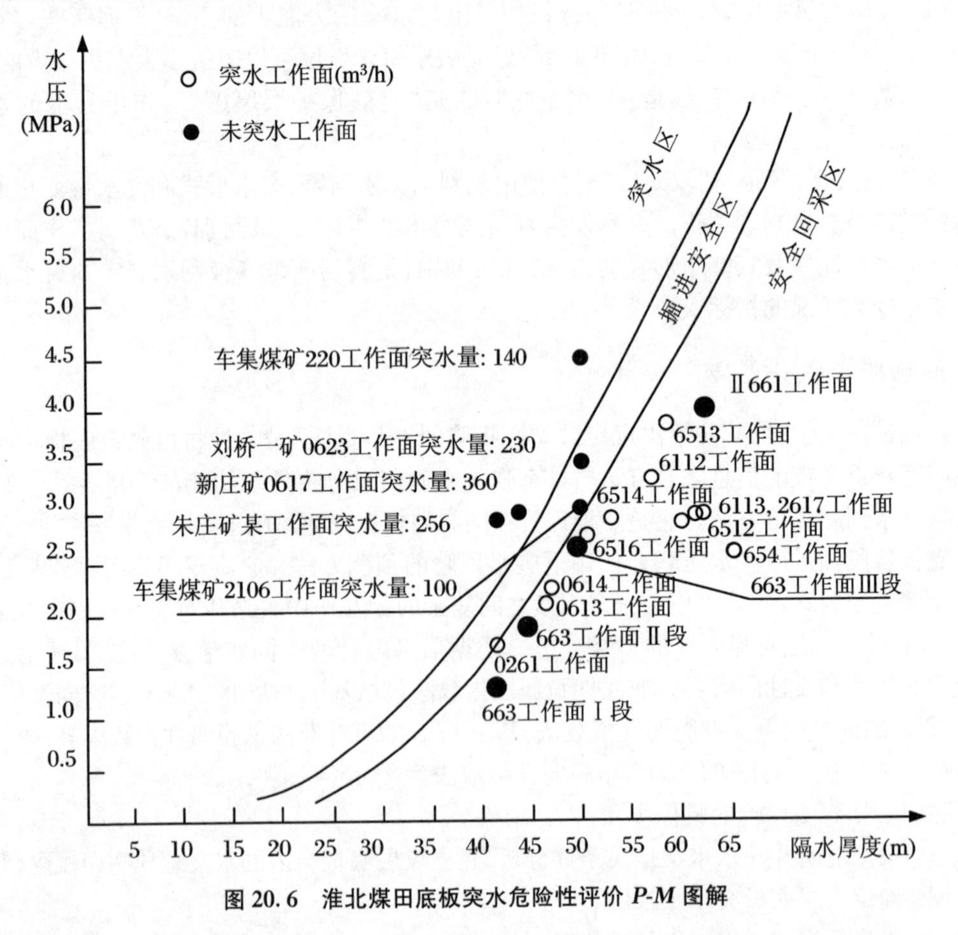

图 20.6 淮北煤田底板突水危险性评价 *P-M* 图解

第四节　带压开采

带压开采是指充分利用底板隔水层抵抗水压，在查清工作面水文地质条件的情况下，经评价在当前的水压下，对工作面不做工程治理而直接开采的防治水方法。众所周知，两淮煤田各矿区浅部的下组煤，都是充分利用隔水层进行带压开采的，大都安全取得了良好的经济效果。如淮北矿业集团的桃园、朱仙庄矿的10煤以及皖北煤电集团的刘桥一矿和恒源煤6煤进行了大量带压开采，共计61个工作面实现安全开采，获得了良好的技术经济效益。本节以以上两矿带压开采为例来说明带压开采的条件。

一、带压开采水文地质条件分析

（一）安全带压开采水文地质条件分析

1．刘桥一矿6煤带压开采水文地质条件

本矿在2002年前，先后回采了32个6煤工作面实现安全带压开采，这些工作面都集中在本矿南部浅部一带。浅部6煤底板灰岩岩溶裂隙水水头压力小，底板隔水层较厚(大都50 m以上)，绝大多数工作面一灰突水系数均小于临界突水系数值0.07，从而保障了带压开采的安全。

2．恒源煤矿6煤带压开采水文地质条件

1993年至2005年，本矿先后在61,62,63,65,68等5个采区安全回采了29个6煤工作面，实现了安全带压开采，各工作面条件如表20.7所示。

表20.7　恒源矿带压开采工作面

工作面	日　期	走向×倾向 埋深(m)	水压(MPa)	所处背、向斜部位、断层	隔水层厚(m)	突水系数(MPa/m)	水文地质条件
623	1999	345～380 —	2.88	单斜宽缓，H大于2 m，3条	56	0.064	太灰裂隙发育，连通性好，含水丰富，水压较大
6510	1999	1 015×154 —	1.48	单斜宽缓，H大于2 m，3条	55	0.035	水文地质条件简单，影响小
629	2002	325×120 382～398	1.93	单斜 $H=0.7\sim7.3$ m，9条	54	0.046	水文简单
625～626	2002	740×295 331～+47	1.96	单斜 $H=0.5\sim2.1$ m，13条	50	0.051	水文简单
635	1996	474×142 —	不详	缓波状褶曲，H大于2 m的1条，H小于2 m的12条	56	—	水文简单
615	1997	1 025×218 349.7～377.5	2.88	宽缓单斜，$H=0.5\sim10$ m，15条	53	0.052	推进至F_1断层附近层位时禁止
651	1997,2	750×126 341.3～390.5	2.81	宽缓单斜 $H=0\sim2$ m，13条	60	0.051	水文条件复杂，Q大于80 m^3/h
633	1995,12	130×120 384～391	不详	单斜 $H=0.5\sim2$ m，9条	57	—	水文简单，无出水

续表

工作面	日　期	走向×倾向 埋深(m)	水压(MPa)	所处背、向斜部位、断层	隔水层厚(m)	突水系数(MPa/m)	水文地质条件
631	1999	270×160 373.31～380	不详	地质条件简单	55	—	水文较简单
627～628	2003,9	693×190 349～361.8	2.3	单斜 H=0.8～6 m,9 条	53.71	0.0627	水文较简单
655	1998	590×170 268～304.86	2.3	单斜 H=0.7～2.5 m,11 条	56	0.056～0.066	水文较简单
653	1997	660×148 302～337	2.51	宽缓褶皱 H=1.6～2.4 m,4 条	56	0.057	可以安全回采,最大 Q 小于 30 m^3/h
6511	2003	900×230 387～423	2.1	单斜 H=1.4～6 m,1 条	54	0.05	
6512	2001,2	860×220 —	2.75	宽缓向斜 H=0.7～3 m,5 条	57	0.061	音频显示底板内 60 m 无大的含水构造
659	2001	800×140 198～201.5	不详	宽缓单斜 H=0.4～4 m,13 条	53	—	煤层埋藏前,水压小,无导水通道
6513	2000,3	800×150 —	3.9	宽缓单斜 H=0.3～6 m,5 条	56	0.077	水头高
657	2002	218～263 —	不详	单斜 H=0.8～2 m,7 条	58	—	水文简单
629 补充回采	2003	135×114 —	1.93	H=0.8～3.5 m,5 条	54	0.046	水文简单
636	2003	480×120 —	1.08	单斜,构造发育 H=1～3.47 m	57	0.024	留 50 m 断层煤柱,水文简单
658	2003,5	532×200 203～259	不详	单斜 H=0.3～2 m,11 条	58	—	水文简单,太灰水压小
6513	2000,3	840×130 —	3.9	宽缓向斜 H=0.3～9 m,5 条	56	0.088	水文复杂,可能突水,水头高
654	2000,11	284～295.3 —	不详	H=1.9～1.9 m,6 条	55	—	水压小,无大断层,太灰水不构成危险
632	2000,7	370～450 —	2.97	H=0.2～12 m,13 条	53	0.072	水文较复杂
622	1998,11	800×150 —	2.58	单斜 H=0.5～5 m,8 条	57	0.057	含水丰富,水压大,岩溶发育连通性好
6514	2006,4	840×180 451～500	2.58	宽缓向斜 H=1.7～10 m,8 条	51.85	0.065	不易突水,水文简单
681	20057	570×157 245～375	2	土楼背斜中段西翼及轴部 H>5 m,3 条	48.85	0.045	水文简单,构造区也不易突水
681 里段	2005	119×275 320～336	0.95	土楼背斜东翼及轴部 H=0.8～0.85 m,2 条	48.85	0.026	处于构造裂隙区,有灰岩突水可能
682	2007	405×123 305～338	1.15	土楼背斜中段及轴部 H=0.5～7 m,7 条	48.85	0.033	处于构造裂隙区,有灰岩突水可能
684	2009	361×101 349～371	1.37	土楼背斜西翼 H=0.9～5 m,12 条	61.18	0.035	处于构造裂隙区,有灰岩突水可能

3．带压开采水文地质条件小结

(1) 查明隔水层厚度和含水层富水性、水头压力、断层的分布是成功实现带压开采的前提。

(2) 两矿 6 煤成功回采表明多数工作面隔水层较厚，突水系数不超过临界值相对安全。但是在地质条件相对简单的区域，突水系数在大于临界值(0.07)的情况下仍然可以实现安全生产。

(3) 工作面有落差较大断层时要留设一定的断层防水煤柱。

(二) 刘桥一矿带压开采突水工作面水文地质条件分析

刘桥一矿 6 煤带压开采有Ⅱ623 和Ⅱ626 两个工作面发生底板突水。其中Ⅱ623 工作面里段 2001 年 3 月 30 日出水，水量由初期的 20 m^3/h，到 4 月 5 日的 90 m^3/h。水质有太灰水介入，到 4 月 27 日水量最大达 375 m^3/h。至 8 月 10 日，Ⅱ623 工作面出水量为 220 m^3/h(表 20.8 和图 20.7)。

表 20.8　Ⅱ623 工作面里段出水量变化表(2001 年)

时　间(月-日)	出水量(m^3/h)	底板出水水温(℃)	时　间(月-日)	出水量(m^3/h)	底板出水水温(℃)
3.31	20	27.0	4.24	365	28.0
4.01	65	27.0	4.27	375	28.3
4.05	90	27.0	4.28	365	28.5
4.10	142	27.0	4.30	355	28.3
4.12	180	27.0	5.10	350	28.0
4.14	240	27.0	5.15	343	28.0
4.17	280	27.0	5.19	326	28.3
4.19	300	27.0	5.25	320	28.2

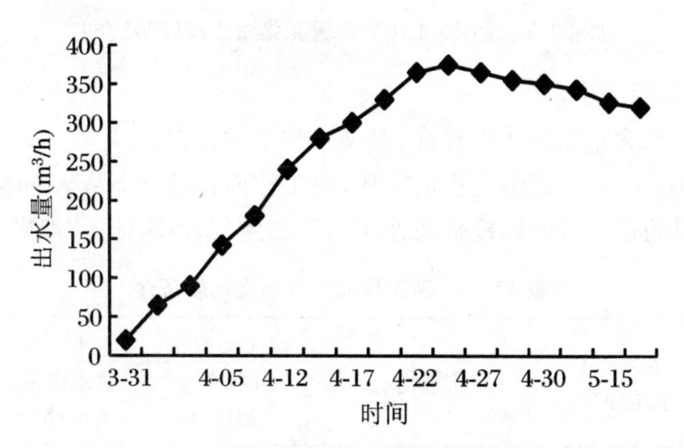

图 20.7　Ⅱ623 工作面里段出水量变化曲线图(2001 年)

Ⅱ626 工作面于 2001 年 7 月 24 日投产，7 月 31 日顶板淋水及底板渗水，砂岩裂隙水总出水量为 3～4 m^3/h。8 月 31 日，工作面共推进 95 m，机巷向上 34.5 m 和 81.5 m 两处底板渗水，出水量由 4:00 的 20 m^3/h 到 14:00 的 95 m^3/h，水量迅速增大，工作面停采，注浆封堵前出水量稳定在 210 m³/h(表 20.9 和图 20.8)。

表 20.9 Ⅱ626 工作面出水量变化表(2001 年)

时 间	出水量(m³/h)	备 注	时 间	出水量(m³/h)	备 注
8月31日 4:00	20	工作面机巷向上 81.5 m 和 34.5 m 处出水,水温 27 ℃	9月1日 22:00	227	水温 27 ℃
8月31日 10:00	70	同上	9月2日 10:30	221	同上
8月31日 15:00	110	同上	9月2日 17:30	223	同上
8月31日 23:00	110	同上	9月2日 22:30	220	同上
9月1日 2:00	115	同上	9月3日 4:00	210	同上
9月1日 21:00	120	同上	9月3日 9:00	207	同上

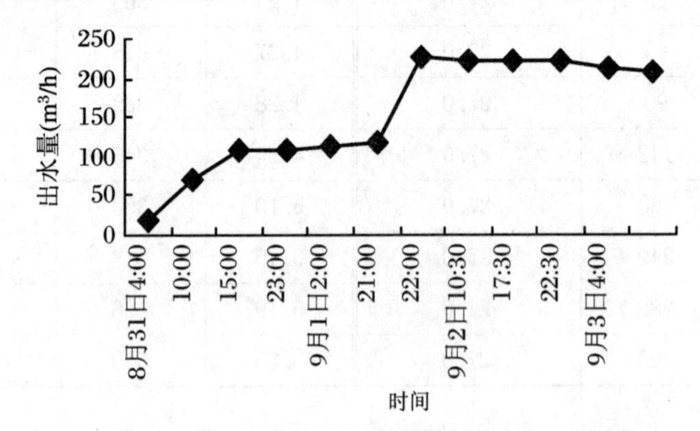

图 20.8 Ⅱ626 工作面水量变化曲线图(2001 年)

带压开采突水原因分析:

(1) 6 煤直接充水含水层富水性较强,有突水的水源存在。

(2) 地质条件复杂(表 20.10)。由前所述,两工作面皆位于 NWW 向构造带内,含隔水层裂隙异常发育,断层的存在导致底板采动破坏深度加大,这也验证了"逢突必断"。

表 20.10 两工作面突水水文地质条件

工作面号 走向×倾向(m)	标高(m) 水压(MPa)	构造情况	隔水层厚(m) 突水系数(MPa/m)	突水年月 突水水量(m³/h)	回采时间 采出煤量(万 t)
Ⅱ623 350×150	−472～−537 4.4	NWW 向构造带内,底板裂隙异常发育	54 0.094	2001.3 375	—
Ⅱ626 —	4	NWW 向构造带内,底板裂隙异常发育	56 0.098	2001.8 210	2 001.7～2 002.9 14.6

(3) 两工作面突水系数分别为0.094和0.098,已大大超过带压开采允许的临界突水系数(0.07为正常条件;0.05为有断层构造区)。

(4) 水压力较大,两工作面底板承受4.4 MPa和4 MPa的水压。

二、带压开采突水影响因素

(一) 底板含水层特征对突水的影响

底板含水层特征主要包括水压、水量因素。

1. 含水层的富水性是底板突水的基础因素

太灰是含水丰富的高承压含水层,其富水性是决定底板突水的水量大小和突水点能否涌水的基本条件。

2. 水压力是煤层底板突水的动力条件

水压的主要作用是与矿压共同造成煤层底板隔水层的破坏,导致部分隔水层失去阻水作用,承压水在水压的作用下涌入矿井而形成突水。足够的水头压力是引起突水的重要条件,显然承压水压力越大,越容易突水。

由前分析,四矿中太灰上段一、二灰富水性相对较弱,刘桥一、二矿存在富水性不均一性的特征;三灰、四灰富水性较强,是矿井突水的主要含水层。

(二) 隔水层厚度及其特征对煤层底板突水起着制约作用

隔水层阻水能力与厚度、岩性及其组合关系有关。在正常的地质条件下,隔水层厚度越大的地段,突水可能性越小;反之突水的几率加大。

(三) 断层对煤层底板突水起着控制作用

断层是煤层底板突水的薄弱地段,断层控制煤层底板变形、破坏及其水力学特征,降低了岩体的强度,提供突水通道。其突水通道主要包括构造带和断层影响带,构造带导水的断层称为导水断层,在采动影响下,断层影响带导水称为断层活化导水。

据统计,有75%的煤矿突水事故与断裂构造带有关,另有25%与裂隙有关。因此实现安全带压开采的前提是必须查明断层的赋存特征和科学合理的留设断层防水煤柱。

(四) 底板采动破坏深度降低了隔水层的厚度

根据刘桥一矿663工作面6煤底板破坏深度现场注水测试结果在16 m左右;恒源矿Ⅱ614工作面底板破坏深度震波CT探测结果在14.9 m。断层带或构造异常区,根据淮南矿区测试其底板采动破坏深度比正常岩层中增大0.5~0.6倍。因此可以推测,Ⅱ623、Ⅱ626两工作面底板采动破坏深度也应在16 m左右,断层影响带将更大,造成有效隔水层厚度降低。

三、带压开采水害防治遵循的原则

(一) 查明工作面富水性、水压、水量和隔水层厚度

刘桥一矿两工作面突水为矿井水害防治提供了以下启示:造成突水的原因是没有对工作面进行采前治水勘探,带压开采安全可行性评价所必需的灰岩富水性、水头压力、隔水层厚度等条件是不清楚的,因而造成带压开采的水文地质依据不足而具有盲目性。

(二) 查明断层赋存特征、合理留设防水煤柱

刘桥一矿Ⅱ623和Ⅱ626工作面受多期构造应力作用,隔水层完整性受到破坏,含隔水层

裂隙发育，从而成为破坏隔水层的连续完整而成为突水隐患。因此查明底板构造情况以及断层的赋存特征并对构造发育区进行改造或留设一定的防水煤柱是实现含有断层的工作面实现安全开采的前提。

（三）带压开采工作面突水系数评价

20世纪60年代，中国矿井水害防治工作者就提出突水系数的概念用以指导岩溶承压水的安全开采。长期以来，我国岩溶富含水层上的煤层开采经验以及两淮矿区数十年来的安全开采实践证明，用突水系数来预测突水危险性是可行的。工作面试采前必须采用突水系数法对工作面开采安全性评价，对严重超压工作面要采取必要的相关措施。

根据皖北矿区多年的开采实践，刘桥一矿一灰带压开采突水系数可以超过临界值，如Ⅱ633、Ⅱ635两工作面突水系数分别为0.082 MPa/m和0.08 MPa/m，仍能安全生产。恒源矿6513面、6112面、6113面在留设断层防水煤柱的情况下，突水系数分别达到0.088 MPa/m、0.072 MPa/m和0.071 MPa/m也实现了安全回采。可见，在地质条件相对简单以及在科学合理的处理构造发育区，突水系数超过临界值（正常地段0.07）也能够实现安全回采，但是在试采之前要报上级主管部门批准。

四、带压开采治理方法小结

（1）采用带压开采治理模式，必须查明底板含水层水量水压、隔水层厚度，为突水系数的评价提供资料和依据。

（2）采用带压开采治理模式，必须查明工作面涉及的断层段层组合构造，尤其是断层组合构造，合理留设断层防水煤柱。

（3）采用带压开采治理模式主要评价方法为突水系数法，突水系数临界值可以适当上调，但是在严重超限工作面，必须报请上级领导部门批准。

五、带压开采工作面设计

带压开采受承压含水层威胁的煤层，必须编制专门水文地质说明书和开采设计，专门开采设计除一般开采设计内容外，应有带压开采方案比较、设计说明书、工程图及安全技术措施等。编制专门开采设计前，应通过钻探、物探等对底板隔水层、含水层进行探查，取得必要的水文数据。水文地质说明书和带压开采设计由煤矿企业技术负责人审查，报企业主要负责人审批。依据《煤矿防治水手册》中的内容，带压开采的设计如下：

（一）带压开采采区（工作面）地质说明书主要内容

1. 概况

（1）采区（工作面）所在地表位置、井下位置、上下限标高。

（2）煤层赋存条件，包括走向、倾向、厚度、周围开采情况和采区（工作面）储量。

（3）采区（工作面）顶板有关煤层、含水层的情况，包括间距、层厚、富水性或采后积水情况。

（4）顶板煤层开采范围及其对本煤层的影响。

（5）勘探钻孔的分布及其封闭质量。

2. 区域地质构造特征（概要简述）

（1）区域地形、地貌。

（2）地层、区域地质发展史及其特征。

(3) 地质构造、区域构造形态及断层节理组的分布。

(4) 火成岩侵入情况,岩墙、岩柱、岩床的产状和分布。

3. 区域水文地质条件

(1) 气象、水文要素(主要是降水量、河流及其他地表水体的分布情况)。

(2) 含水层(组)的划分及各层组的富水性。

(3) 区域地下水的补给、径流、排泄条件,地下水的天然及人工露头及其流量、水位、水质动态特征。

4. 开采水文地质条件分析

(1) 影响或威胁生产的承压含水层的厚度、水位、富水性、边界条件及其补给水源和水量的分析,并编制水压等值线图。

(2) 承压含水层与开采煤层之间隔水岩柱的厚度、岩性、岩组结构的变化,并编制隔水岩柱厚度等值线图。

(3) 采取有关的构造分布、断距、煤层与含水层的对接情况,并编制含水层水文地质边界条件分析图。

(4) 承压含水层突水可能性的分析,编制实际隔水层厚度和应有安全隔水岩柱厚度比值等值线图和突水系数等值线图。

(5) 一般情况下涌水量和最大可能突水量的预测。

5. 对安全开采与今后地质及水文地质工作的建议

(1) 带压开采时的有关建议。

(2) 允许安全水头与疏降工作的建议。

(3) 今后地质及水文地质工作的建议。

水文地质报告说明书通常应在补充水文地质勘探或调查的基础上提出。如疏水降压开采,可在放水实验后,提出补充说明,供采区设计参考应用。

(二) 带压开采工作设计的主要内容

1. 水文地质特征分析和带压开采依据

(1) 含水层厚度变化和富水特征的分析。

(2) 隔水层厚度变化和抗拉强度的分析。

(3) 易于突水的薄弱地段的分析(构造破碎带、水文地质异常区、封闭不良钻孔、富水带位置或范围)

2. 井上下检查孔布设

(1) 隔水层厚度检查孔的布置密度,一般应为100～300 m有一孔。

(2) 地面或井下针对主要承压含水层水位(压)的观测孔位置、个数及钻孔结构,在平面上成网布设,具体编制含水层水位(压)等值线图。

(3) 层间弱含水层放水孔的布置(主要起报警作用),可与隔水层厚度检查孔结合考虑,探明情况后,封闭下段钻孔。

(4) 采区边界或采区内断距大于5 m的断层应布置断层检查孔,确切探明走向、倾角、落差,保留必要的防水煤柱或注浆加固。

3. 预防性的安全工程

(1) 设置(或预留)防水闸门(墙)。

(2) 一旦发生突水时泄水巷道的安排。

(3) 相应的增强供电、排水能力。

(4) 避灾路线。

(5) 掘进时为防止意外遇断层破碎带导通高压水的超前探水工程的安排。

4. 采矿方面的相应工程

(1) 工作面推进与主要断层节理组最佳交角的安排。

(2) 减轻矿山压力的顶板管理方式方法的选择。

(3) 工作面长度和推进速度的适当安排。

(4) 其他安全措施。

第五节　疏 降 开 采

两淮煤田各矿的生产实践表明，只有在地质条件相对简单、水压相对较小的区域才比较适合采用带压开采的治理模式。因此，带压开采不能完全满足安全生产的要求，为此两淮煤田受底板灰岩水危害的各矿进行了大量的疏水降压开采的生产实践。根据突水系数法判断，当 T 值大于临界值时，则存在可能突水的危险性，必须采取疏水降压的措施，即对灰岩含水层在额定疏放水量的前提下，将底板隔水层所承受的水头压力限定在安全水头值范围内，以保障安全开采。这种水害防治措施称之为疏水降压法。本节同样以淮北煤田濉萧矿区的刘桥一矿和恒源煤矿为例进行说明。

一、疏降开采实践分析

刘桥一矿自 2002 年 4 月后，先后对Ⅱ62、Ⅱ63、Ⅱ64、Ⅱ65 四采区大部分工作面采用疏水降压开采的底板水害治理模式；恒源煤矿先后有Ⅱ614、Ⅱ621、6516 以及 6515 四工作面同样采用疏降的方法治理底板水害，取得了良好的经济和技术效益，各矿疏降工作面技术条件参数如表 20.11 和表 20.12 所示。

表 20.11　刘桥一矿部分疏降开采工作面

工作面	日 期	走向(m)×倾向(m) 埋深(m)	水压(MPa)	所处背、向斜部位、断层	隔水层厚(m) T 值(MPa/m)	疏水量(m^3/h)	附加防治水措施	采煤量($\times10^4$ t)
Ⅱ6510	2005-6	500×130 380～430	2.5	陈集向斜西翼，H=0.8～1.5 m，7 条	52.6 0.062	80	无	26.9
Ⅱ658	2003	540×136 371～393	1.94	单斜，H = 1～7 m，5 条	52.8 0.0486	320	无	30.8
Ⅱ624	2004	700×145 470～520	3.1	H=1～13 m，2 条	55 0.085	440	留断层煤柱	39
Ⅱ621	2004	390×165 420～470	2.5	宽缓背斜，H = 8～8.5 m，2 条	53 0.061	380	留 $F_{Ⅱ62\text{-}1}$ 断层煤柱	16.2
Ⅱ622	2003-3	600×90 455～497	2.8	单斜，H = 0.5～4 m，5 条	50 0.087	360	$F_{Ⅱ62\text{-}2}$ 断层注浆加固	16.5

续表

工作面	日 期	走向(m)×倾向(m) 埋深(m)	水压(MPa)	所处背、向斜部位、断层	隔水层厚(m) T 值(MPa/m)	疏水量(m^3/h)	附加防治水措施	采煤量($\times 10^4$ t)
Ⅱ634	2003	470×85 367.3～427.8	不详	陈集向斜轴部，H=2.5～4 m，2 条	+50 m	350	无	13.5
Ⅱ644	2006-3	580×110 360～449	1.46	单斜，H=2～5 m，3 条	53.61 0.0355	320	无	26.7
Ⅱ651	2003	1 090×220 312～411	3.0	单斜，H=1～5 m，6 条	52 0.075	310	构造发育处注浆加固	78
Ⅱ635	2002-6	400×172 378～472	3.04	陈集向斜轴两翼，H=2～7 m，4 条	50 0.08	280	构造发育处注浆加固	18.96
Ⅱ636	2002	530×132 375～393	2	单斜，H=0.4～1.8 m，8 条	52.8 0.05	320	构造发育处注浆加固	16.2

表 20.12　恒源矿疏降开采工作面

工作面	日 期	走向(m)×倾向(m) 标高(m)	水压(MPa)	所处构造部位断层	隔水层厚(m) T 值(MPa/m)	疏水量(m^3/h)	附加防治水措施	采出煤量($\times 10^4$ t)
2614	2005	733×160 -400～-463	2.97	孟口逆断层下盘 H=1～15 m，21 条	47.57 0.091	450	构造发育处注浆加固	58.8
6516	2005	745×181 -494.7～-523.6	3.45	丁河向斜 H=0.9～5 m，10 条	49.88 0.088	150	构造发育处注浆加固	50.5
2621	2006	915×179 -442～-396	1.73	土楼背斜断层 H=1～8 m，10 条	47 0.054	>300	无	54.2
6515	2008	705×158 -452～-514	2.78	丁河向斜断层 H=1.1～2.6 m，11 条	55.4 0.069 5	150	无	43.8

综合表 20.11 和表 20.12 可见，经过多工作面的开采实践证明，疏降开采模式为消除突水隐患提供了有效的技术保障。

二、适合疏降开采的水文工程地质条件分析

（一）底板含水层具备可疏性

（1）含水层的富水性不强，能够将太灰水位疏降到安全水头以下。

（2）根据井下探放水孔显示，两淮煤田中的太原组上段一灰和二灰厚度较小，难以形成大的储水系统，且富水性较差，岩溶不甚发育，易于分层疏降；另外太原组上段含水岩组富水与构造有关，存在不均一性，存在相对富水区，有利于集中布孔疏放。

（二）底板采动破坏深度研究

底板采动破坏降低了隔水层的厚度，是引发底板突水的关键因素之一。在底板水害疏水降压开采治理模式中，主要有以下两点影响：

（1）底板采动破坏深度值的认定直接影响着运用安全水头值的计算。如果底板采动破坏深度测试不准确，会导致安全水头值计算产生比较大的误差。比如若安全水头值计算偏大，导致疏水水量过多，增加开采成本；反之，则增加突水危险性，一旦发生事故后果不堪设想。两淮煤田部分矿井曾对下组煤开采进行底板采动破坏深度实测研究，取得了一定的成果，可以给其他矿井提供借鉴。

（2）底板采动破坏极易沟通断层，形成突水通道。由上可见，底板采动破坏深度的研究对疏水降压开采的治理水害模式具有非常重要的影响，必须作为考察是否选择该方法治理底板高承压水害的关键水文地质工程地质条件之一。

三、疏降开采治理方法小结

（1）疏水降压方法：底板含水层要具备可疏性，即含水层富水性不强，连通性好，与其他含水层水力联系弱。因此在采煤之前必须对一灰、二灰、三灰及四灰、奥灰以及松散层底部含水层进行定期系统观测，掌握其水位变化规律。利用井下探放水孔揭露查明太灰上段一到四灰单层灰岩的涌水量、灰岩厚度、水压观测；查明太灰上段各单层灰岩的富水性特征，为一灰、二灰及三灰、四灰两个含水层组的评价、划分提供可靠资料。

（2）对太灰上段一灰到四灰含水组进行放水实验、太灰与奥灰以及松散层底部含水层连通性实验。查明太灰上段的补径排条件，一到四灰含水层组水力联系程度、太灰与奥灰以及松散层底含的联系程度。

（3）根据水压水量实测值、隔水层厚度、底板采动破坏深度进行底板突水危险性评价、计算一灰、二灰疏水降压的安全水头值，为预计太灰上段疏水降压水量值提供依据。

四、疏水降压开采治理方法关键技术

疏水降压开采成功的标志是：疏水水量值能恰到好处地把含水层水位降低到临界安全水头值，即“经济流量值”。所谓经济流量是疏水水量既不偏小，偏小达不到降到安全水头值的要求；也不能偏大，偏大即过多地疏水会造成不必要的疏排水电费，同时也浪费了水资源。

因此，疏水降压开采所确定的技术原则是：疏水降压后的一灰水头压力应该等于底板隔水层的临界安全水头值。在这种条件推算出的疏水量即可满足经济流量的条件要求。

（一）含水层疏降效果分析

1. 疏放水方案设计

以恒源煤矿 2614 工作面放水实验为例（吴基文，2006），介绍疏水降压实验效果。2614 工作面回采前工作面底板的最大平均突水系数为 0.091 MPa/m，在正常区段和构造区段及底板裂隙发育区段均已超过临界突水系数，存在突水危险性，所以应对工作面进行疏水降压。建议施工疏放孔，进行疏水降压，施工的目的层为一灰到四灰。并将疏放孔用作供水孔，实行排供结合。

本次放水钻孔 3 个，终孔至四灰。位置分别在Ⅱ614 工作面切眼和收作线附近。具体位置是：北翼轨道大巷 30 号点向西 30 m（GS_6）、四四—四六石门 5 号点（GS_5）和北翼轨道大巷 2 号联巷（GS_7），见图 20.9。

本次放水先期施工了 GS_6 孔，于 2005 年 3 月 18 日开始放水，放水量为 250～270 m^3/h；于 2005 年 4 月 2 日开启 GS_5 孔放水，放水量为 130 m^3/h，总水量为 400 m^3/h；之后为加大放水量，保证降深，又施工了 GS_7 孔，至 2005 年 4 月 9 日，关闭 GS_5，用 GS_7 孔进行放水，该孔放水量为 250 m³/h，总放水量最大为 500 m³/h，一般保持在 450 m³/h 左右。放水量历时曲线如图 20.10 所示。

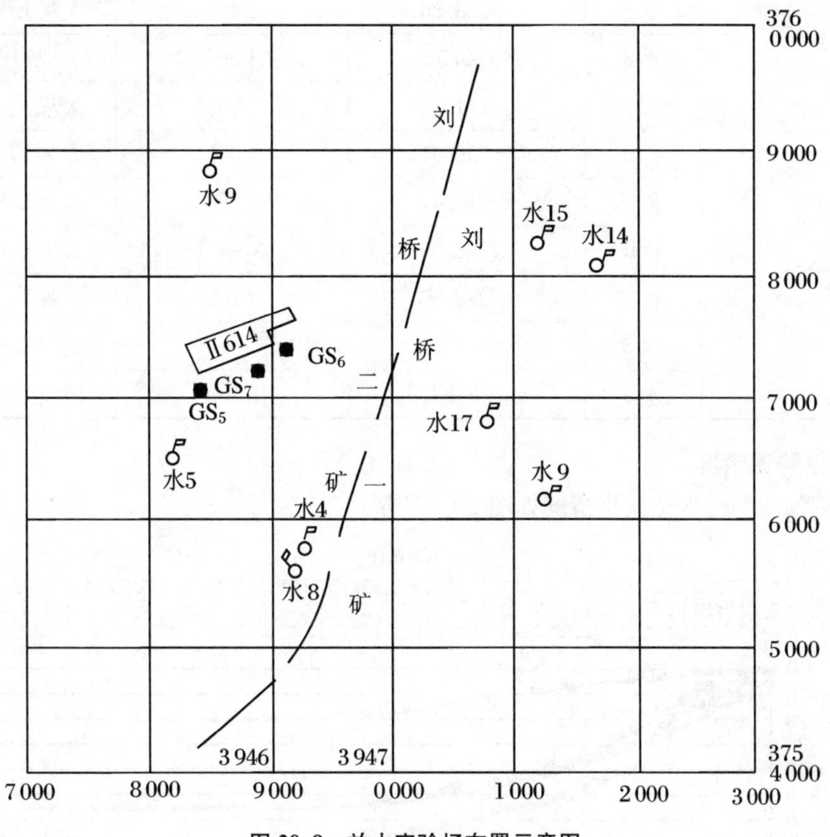

图 20.9　放水实验场布置示意图

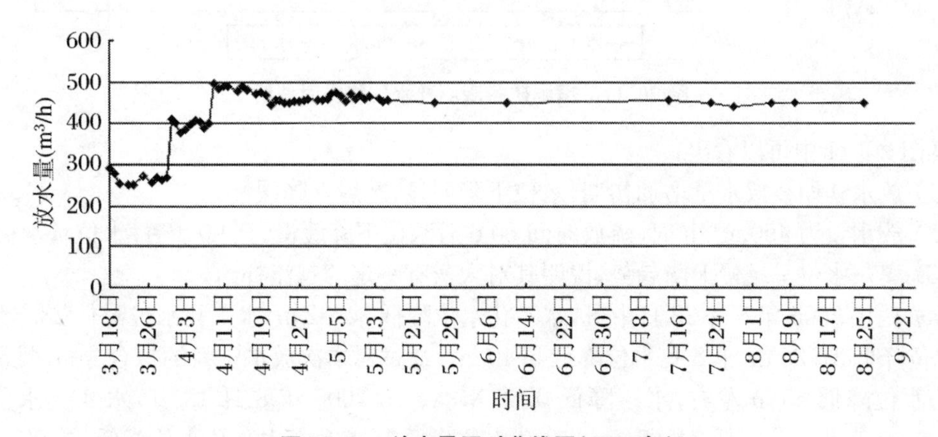

图 20.10　放水量历时曲线图(2005 年)

观测孔在刘二矿内布置了太灰观测孔 3 个，分别为水 4、水 5 和水 9，奥灰观测孔 1 个，即水 8 孔；另在刘一矿内布置了 6 个孔作为辅助观测孔，即太灰 L_1～L_4 观测孔 4 个，分别为水 14、水 15、水 16、水 17；L_4～L_6 观测孔 1 个，即水 6 孔；奥灰观测孔 1 个，即水 9 孔。观测孔基本情况和布置如表 20.13 所示。

表 20.13 地面观测孔基本情况一览表

矿 别	孔 号	放水前标高(m)	距放水孔距离(m)	层 位
恒源矿	水 4	−154.84	1 750	太灰 L_1～L_4
	水 5	−158.80	1 400	太灰 L_1～L_4
	水 8	−69.52	1 800	奥灰
	水 9	−171.71	1 600	太灰 L_1～L_4
刘桥一矿	水 14	−256.91	3 000	太灰 L_1～L_4
	水 15	−113.47	2 500	太灰 L_1～L_4
	水 16	−236.85	—	太灰 L_1～L_4
	水 17	−278.56	2 100	太灰 L_1～L_4
	水 6	−90.02	—	太灰 L_4～L_6
	水 9	+9.83	2 700	奥灰

2．水位降深情况

恒源矿各观测孔水位变化情况如图 20.11 所示。

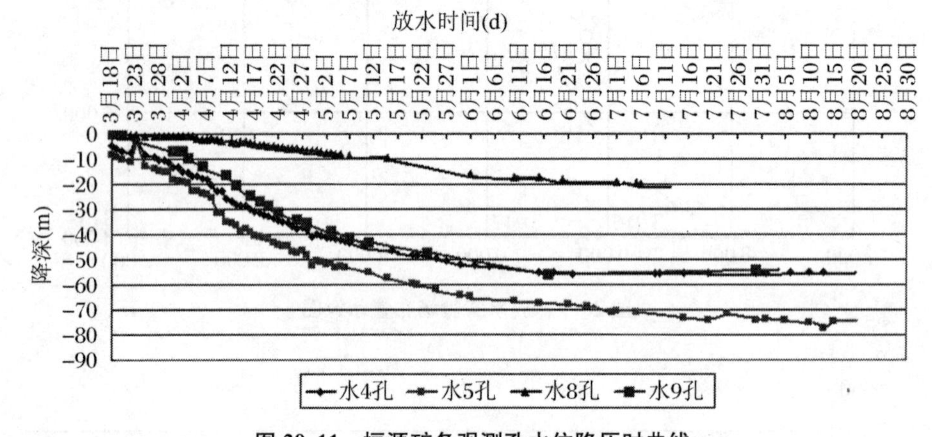

图 20.11 恒源矿各观测孔水位降历时曲线

从图 20.11 中可以看出：

(1) 放水初期或放水量增加初期，水位下降明显，之后下降缓慢。

(2) 放水量为 450 m^3/h 时，疏放时间 60 d 后水位下降缓慢，至 90 d 后，水位基本稳定。

(3) 奥灰水位呈缓慢下降趋势，说明其对太灰有一定的越流补给。

(4) 截止 2005 年 4 月 22 日中班，水 4 孔水位降低 34.32 m，水 5 孔水位降低 43.88 m，水 9 孔水位降低 31.35 m，水 8 孔水位降低 5.40 m。通过对本次放水资料的拟合分析，推测工作面中心水位降低 65 m 左右，水压降低 0.65 MPa。至 2005 年 8 月 13 日，水 4 孔水位降低 54.88 m，水 5 孔水位降低 74.68 m，水 8 孔水位降低 19.62 m，水 9 孔水位降低 53.92 m，水 8 孔水位降低 19.84 m。推测工作面中心水位降低 100 m 左右，即水压降低了 1.1 MPa。

(二) 含水层水文地质参数(T,a,μ^*,k)求解

1．参数求解原理与计算模型

本次放水实验层位太原组灰岩为承压含水层，放水期间放水量、水位处在动态变化中，故

用承压含水层井流运动理论来描述。

假设太灰侧向无限延伸，放水前水位相对稳定，由于放水前地下水运动缓慢，故可认为其满足 Darcy 线性渗透定律。放水区域相对集中，将其视为井径无穷小的水井，参数求解可参考第九章的非稳定井流公式。

由于实际上太灰含水层各向异性，故一般不宜采用降深—距离法求参。故本次求参采用降深—时间法求解，具体公式参考第九章第三节中的承压非稳定流井流公式。

2. 水文地质参数求解结果

按上述原理和模型，利用水 4、水 5 孔观测资料，分别在单对数坐标系统中作出水 4、水 5 孔的 $s-\lg t$ 曲线及计算图（图 20.12）。

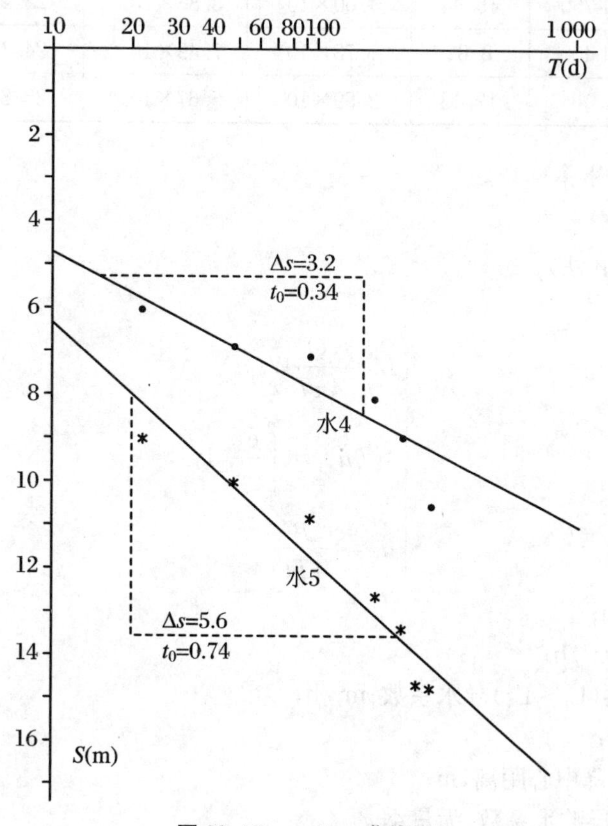

图 20.12　$s-\lg t$ 曲线图

(1) 在水 4 孔计算图上可得，其 $s-\lg t$ 曲线斜率 $i=\Delta s_4=3.2$，截距 $t_4=0.34$，故

$$T_4=\frac{2.3Q}{4\pi\Delta s_4}=\frac{2.3Q}{4\pi\times 3.2}=\frac{2.3\times 270}{4\pi\times 3.2}=15.44(\mathrm{m^2/h})$$

$$\mu^*=\frac{2.25Tt_{04}}{r_4^2}=\frac{2.25\times 15.44\times 0.34}{1\,750^2}=3.86\times 10^{-6}$$

$$k_4=\frac{T_4}{M_4}=\frac{15.44\times 24}{23.2}=15.97(\mathrm{m/d})$$

(2) 在水 5 孔计算图上可得，其 $s-\lg t$ 曲线斜率 $i=\Delta s_4=5.6$，截距 $t_4=0.74$，故

$$T_5=\frac{2.3Q}{4\pi\Delta s_5}=\frac{2.3Q}{4\pi\times 5.6}=\frac{2.3\times 270}{4\pi\times 5.6}=8.82(\mathrm{m^2/h})$$

$$\mu^* = \frac{2.25Tt_{05}}{r_5^2} = \frac{2.25 \times 8.82 \times 0.74}{1\,400^2} = 7.49 \times 10^{-6}$$

$$k_5 = \frac{T_5}{M_5} = \frac{8.82 \times 24}{24.4} = 8.67\ \text{m/d}$$

综上，将计算结果列于表20.14。对照六五采区放水实验结果（$k = 1.1 \sim 1.5$ m/d），Ⅱ61采区太灰富水性要强于六五采区。

表20.14 含水层水文地质参数计算结果

孔 号	r(m)	T(m²/h)	a(m²/d)	μ^*	M(m)	k(m/d)
水4	1 750	15.44	4.00×10^6	3.86×10^{-6}	23.2	15.97
水5	1 400	8.82	1.78×10^6	7.49×10^{-6}	24.4	8.67
平均值		12.13	2.59×10^6	5.67×10^{-6}	23.8	12.32

（三）疏降流量计算

1. 方法

解析法（井流公式法）。

2. 数学模型

$$\begin{cases} s = \dfrac{Q}{4\pi T}W(u) \\ W(u) = \displaystyle\int_u^{\infty} \frac{e^{-y}}{y}dy \\ u = \dfrac{r^2\mu^*}{4Tt} \end{cases}$$

式中，s：疏放降深，m；

Q：疏放水量，m³/h；

T：太灰含水层（$L_1 \sim L_4$）导水系数；m²/h；

t：疏放时间，d；

r：计算点距疏降中心距离，m；

μ^*：太灰含水层贮水系数，无量纲。

将上述计算模型中 $W(u)$ 用无穷级数表示，并舍去较小级数项可得近似应用模型为

$$s = \frac{Q}{4\pi T}\ln\frac{2.25Tt}{r^2\mu^*}$$

3. 参数确定

（1）$T = kM$

M 为太原组一到四灰厚，取穿过该层钻孔平均值22.1 m；

k 为水6、水7、水9、95_4孔流量测井资料所得 k 值加权平均得

$$k = \frac{\sum K_i M_i}{\sum M_i} = 4.19(\text{m/d})$$

故

$$T = kM = 22.1 \times 4.19 = 95.6(\mathrm{m^2/d})$$

(2) μ^*:贮水系数

依据六五采区太灰含水层放水实验成果,该区分区模拟计算知,其中六个区的结果为 7.7×10^{-5},4×10^{-5},5×10^{-5},3.1×10^{-5},1.3×10^{-5}和 5×10^{-5}。取其平均值 $\mu^* = 4.35\times10^{-5}$。

(3) r:点距疏降中心距离

依据现场工作面条件及疏放钻孔位置,取 $r = 350$ m。

4. 计算结果

将上述参数代入公式

$$s = \frac{Q}{4\pi T}\ln\frac{2.25Tt}{r^2\mu^*} = \frac{2.3Q}{4\pi T}\lg\frac{2.25Tt}{r^2\mu^*}$$

可得疏放时间、水量、降深之间关系,如表 20.15 如示。

表 20.15　不同疏放水量、不同疏放时间水位降深(m)计算成果表

疏放水量($\mathrm{m^3/h}$)	疏放时间(d)									
	5	10	15	20	30	40	50	60	80	100
150	15.86	17.93	18.19	20.00	21.24	22.14	22.76	23.31	24.20	24.82
200	21.18	23.95	25.57	26.71	28.33	29.48	30.37	31.10	32.25	33.14
300	31.70	35.84	38.32	39.98	42.46	44.25	45.49	46.59	48.38	49.62
400	42.27	47.79	51.09	53.30	56.61	59.00	60.65	62.12	64.51	66.17
450	47.66	53.88	57.52	60.11	63.75	66.38	68.33	69.97	72.55	74.56
500	52.95	59.87	63.91	66.78	70.83	73.70	75.93	77.74	80.61	82.84

根据巷道过水能力和矿井排水能力,疏放水量定为 450 $\mathrm{m^3/h}$,不同底隔条件达安全回采的水头降和疏放时间如表 20.16 所示。疏放 30 d,可降低水头 60 m 左右。

表 20.16　放水量为 450 $\mathrm{m^3/h}$ 时不同底隔厚度(M)条件下达安全回采的水头降和疏放时间

底隔厚度(m)	工作面里段 $M = 41.4$ m	工作面外段 $M = 53.25$ m	将一灰作为隔水层考虑	
			工作面里段 $M = 47.9$ m	工作面外 $M = 59.75$ m
突水系数 T(MPa/m)	0.112	0.077	0.090	0.066
降低水头值(m)	110	26	66	突水系数小于临界值,无需疏降
疏放时间(d)	>100	5	40	
降低突水系数值(MPa/m)	0.042	0.007	0.020	

本工作面于 2005 年 4 月 22 日正式回采(试采)。试采时,对于工作面里段,正常区域底板承受的最大水压为 2.32 MPa,突水系数为 0.087 MPa/m,大于突水系数临界值。将一灰作为隔水层考虑,其突水系数处于临界值。目前该区段已顺利实现了安全回采。由此可以认为,一灰起到了隔水作用。故在计算时将一灰可作为隔水层,厚度扩大到二灰顶,这样底隔厚度相应增加 6.5 m 左右,可使突水系数降低 0.010～0.012 MPa/m,正常底板区域基本达到安全回采状态。故可定 450 $\mathrm{m^3/h}$ 输水量是 2614 面疏水降压开采防治技术指标中的“经济流量”。

第六节　注浆加固改造

早在20世纪80年代,肥城、井陉、焦作等矿区已经把底板注浆加固技术成功应用到高承压灰岩水上采煤中来。两淮煤田中,淮北煤田根据自身的地质条件,围绕底板注浆加固技术进行了近15年的科学探索与实践,形成了具有淮北特色的工艺技术方法。底板注浆加固治理方法旨在对煤层底板注浆加固改造断层及褶曲等构造裂隙带,使其增大抵抗水压的强度;同时注浆填充灰岩岩溶裂隙,把含水层改造成隔水层。

本着"先查治,后回采"的原则,针对下组煤开采工作面底板灰岩高承压水害的防治,两淮煤田受灰岩水影响的矿井先后应用充分利用隔水层带压开采、疏降开采技术方法,成功实现多个工作面的安全开采。但是随着下组煤采深的加大,部分矿井深部水文地质条件变得更加复杂,水文地质条件不利于疏水降压,而有利于注浆加固技术的应用。故带压开采和疏水降压开采底板水害治理方式已经不能满足此类煤矿安全开采的要求。如淮北煤田濉萧矿区的刘桥一矿自2007年开始采用底板注浆加固治理方法已安全回采了663,664,665,661,2661及2662等6个工作面;恒源矿自2005年始已安全回采了26119,26111,2613,2616,2617及2615等6个工作面;淮北煤田临涣矿区的五沟矿自2008年开始也已安全开采了1012,1018,1021,1016及1017等5个工作面。各矿各注浆加固改造工作面具体见表20.17～表20.19。

表20.17　淮北煤田濉萧矿区刘桥一矿底板注浆改造工作面

工作面走向长(m) / 倾斜宽(m)	工作面埋深(m) / 太灰水压	所处背、向斜部位 / 有、无断层简述	6(10)煤至L_1隔水层厚度(m) / T_s值(MPa/m)	L_1,L_2灰岩富水性描述
661 / 155×326	277～370 MPa / 3.0 MPa,水位-120 m	/ H=1.0～2.4 m,3条	40.46～54.20 / 0.063	L_1:出水2～60 m^3/h,L_2:出水10～25 m^3/h;L_1,L_2富水性较强
663 / 200×670	150～360 MPa / 水位-108 m,3.8 MPa	向斜 / H<3 m,4条	48.2 / 0.114	
664 / —	250～440 MPa / 水位-115 m,3.8 MPa	单斜 / H<3 m,9条	48.2 / 0.079	L_1:出水5～60 m^3/h,L_2:出水5～60 m^3/h;L_1,L_2富水性较强
665 / 76×77	247～376 MPa / 水位-130 m,3.0 MPa	单斜 / H=0～8 m,2条	47.95 / 0.063	L_1:41孔揭露5孔无水最大出水50 m^3/h,L_2:出水5～100 m^3/h;L_1,L_2富水性较强
Ⅱ661 / 500×194	555～631.13 MPa / 水位-320 m,3.61 MPa	向斜 / H=0.5～2.5 m,14条	50.52 / 0.102	L_1:出水0.5～3 m^3/h,L_2:出水0.2～50 m^3/h;L_1,L_2富水性较弱,水压强
Ⅱ662 / 460×176	575～642 MPa / 水位-320 m,3.71 MPa	向斜 / H<4.0 m,16条	48.57 / 0.076	L_1:出水0.5～30 m^3/h,L_2:出水3～30 m^3/h;L_1,L_2富水性较弱,水压强

表 20.18　淮北煤田濉萧矿区恒源矿底板注浆改造工作面

工作面 走向长(m) 倾斜宽(m)	工作面埋深(m) 太灰水压	所处背、向斜部位 有、无断层简述	6(10)煤至 L_1 隔水层厚度(m) T_s值(MPa/m)	L_1,L_2 灰岩 富水性描述
Ⅱ6119 1 421×160	496.6～594.9 2.74～3.71	单斜 H=2～3 m,2 条, H<2 m,8 条	54.3 —	L_1:出水 2～16 m^3/h, L_2:出水 1～85 m^3/h; L_1,L_2 富水性较强
Ⅱ6111 675×160	537.4～614.2 3.38～3.99	宽缓单斜 H>3 m,4 条;H=2～3 m, 5 条;H<2 m,3 条	37.45 0.09～0.106	L_1:出水 2～30 m^3/h, L_2:出水 3～60 m^3/h; L_1,L_2 富水性较强
Ⅱ613 413×200	420.7～461.8 2.4	构造简单 H=2.4 m,1 条	42.4～55.2 0.073	L_1:出水 40～80 m^3/h, L_2:出水 0.5～140 m^3/h; L_1,L_2 富水性较强
Ⅱ616 737×170	439.9～498.4 2.25～2.79	宽缓单斜 H>3 m,3 条;H=2～3 m, 7 条;H<2 m,3 条	46.6 0.071～0.088	L_1:出水 2～50 m^3/h, L_2:出水 5～128 m^3/h; L_1,L_2 富水性较强
Ⅱ617 931×138	492.9～575.2 3.3	宽缓单斜 H>3 m,4 条;H=2～3 m, 9 条;H<2 m,6 条	44.0～51.7 0.096	L_1:出水 10～26 m^3/h, L_2:出水 3～100 m^3/h; L_1,L_2 富水性较强

表 20.19　淮北煤田临涣矿区五沟矿底板注浆加固改造工作面

工作面号 走向长(m)× 倾斜宽(m)	工作面埋深(m) 太灰水压(MPa)	所处背、向斜部位 有、无断层简述	6(10)煤至一灰 隔水层厚度(m) T_1 值(MPa/m)	L_1,L_2 灰岩富水性描述
1 012 1 507×68	325.7～378.9 2.66	五沟向斜西翼 H≤8 m,16 条	38.31 0.120 7	L_1:无出水现象,L_2:无出水现象;L_1,L_2 富水性较弱,水压强
1 018 669×180	320.9～377.2 3.73	五沟向斜东翼 H=1.2～11 m,9 条	48.07 0.079	L_1:出水 3 m^3/h 左右, L_2:出水 6～38 m^3/h; L_1,L_2 富水性弱,水压强
1021 1 431×172	283.7～339.7 2.93	单斜 H=0.8～4.2 m,12 条	54.6 0.07	L_1:出水 5～100 m^3/h, L_2:出水 1～40 m^3/h; L_1,L_2 富水性强
1016 879×180	320.3～377.5 2.5	五沟向斜西翼 H=2.0～7.5 m,9 条	47.24 0.077	L_1:出水 2～30 m^3/h, L_2:出水 2～20 m^3/h; L_1,L_2 富水性弱,水压强
1017 1 190×180	300～358.34 2.4	五沟向斜东翼 H=1.0～4.2 m,12 条	55.42 0.067	L_1:出水 0.5～10 m^3/h, L_2:出水 0.5～20 m^3/h; L_1,L_2 富水性弱,水压强

一、注浆加固的水文工程地质条件分析

(1) 突水系数超过临界值。随着采深的加大,采用底板注浆加固改造的工作面底板水压增大,水压在 3 MPa 以上的工作面 10 个,最大约达到 3.8 MPa,突水系数在 0.063～0.120 7 MPa/m 之间,绝大多数工作面超过安全系数值。

(2) 由前所述,三灰、四灰富水性较强,因此技术上可行,但在经济、环保上不合理的疏水降压开采方法不宜再继续采用。

(3) 由前文所述,一灰、二灰单层厚度不大,岩溶裂隙一般不发育,十分有利于将一灰、二灰注浆改造成为隔水层。且岩溶裂隙型含水层注浆耗材量与溶洞型含水层比较会大大减少注浆耗材成本。注浆改造一灰、二灰岩为隔水层,预计可增加等效隔水层厚度约为 13 m 以上。既可以防范三灰、四灰强含水层组的危害,又可消除二灰、三灰突水隐患。

(4) 断层、断层带等构造复杂区域导致富水性不均、隔水层变薄。工作面内小断层较多,小断层的存在,一方面破坏了底板隔水层的连续完整性,从而削弱了隔水层抵抗高水头压力灰岩水的阻水能力;另一方面由于对灰岩的切割造成三灰、四灰较强含水层组因构造导水,而在局部与二灰产生直接的水力联系。断层、断层带富水性和导水性更加复杂增加了对灰岩水的治理难度。

二、勘察方法

多年来淮北煤田的淮北矿业集团和皖北煤田集团坚持不懈地遵循先查后治、查治结合、综合治理的原则,在实践中逐步完善并形成了具有淮北煤田特色的工作面查条件技术,完善了“查”“治”全程体系。

(1) 为配合注浆加固试采,在已开采采区,布置采区探水、疏水钻孔,形成疏水、测压系统,为采区各工作面疏水降压和水压监测创造条件,并且必须坚持采区、工作面开采期间的相关放水孔观测孔的水量、水位动态监测制度。

(2) 进行简易放水实验,查明二灰与三灰、四灰的水力联系及一灰、二灰的疏水降压效果。

(3) 以工作面为查治单元,采用物探、钻探相结合的方法沿走向不同地段的地质、水文地质条件差异,分块段勘查,根据不同水文地质条件采取不同治理模式。

① 物探先行,为有针对性地探明导水断层、灰岩富水区指引方向。借助电法勘探速度快、覆盖范围广的优势,可超前探明断层破碎带、灰岩富水异常区的宏观分布范围,即通过低阻异常平面趋势图进行定性解释,为探查钻孔的布置提供有益的参考依据。

② 钻孔探查和验证。工作面内布孔一般为一面 3 孔,视条件适当加密,以控制隔水层厚度值、隔水层岩性组合;一灰至二灰的水量、水压等富水性指标,为突水可能性预测提供可靠的参数。

综上所述,工作面治水勘探的钻探、物探结合的工程投入是查明条件的根本保障。

(4) 以突水系数法为主,做好相关计算因子的取值工作。

① 核实工作面隔水层厚度值,为采用突水法预测突水可能性的 T_1 值计算,提供可靠的值。

② 核实工作面不同标高地段的底板隔水层水头压力 P 值,为 T_1 值计算选定有代表性的 P 值。

③ 底板采动破坏深度选用：根据已有的底板破坏深度测试、模拟计算研究科研成果和开采实践经验，综合考虑成底板采动破坏深度值。

④ 依据工作面不同地段的不同地质、水文地质条件，分别采用不同地段所施工钻孔控制的不同的 T 值，一灰、二灰不同赋水性指标分别核算各工作面不同地段、不同条件下的 T 值，分块段进行突水可能性的预测，为实现在同一个工作面选取不同的治水方法模式提供依据。

⑤ 及时利用带压开采实践中提高临界突水系数（即大于 0.07 MPa/m）进行试采并取得成功的实践成果。

三、注浆方案设计

注浆施工前，本着技术可行、经济合理、优质高效的设计原则，将工程目的、任务及钻探、浆材选用、设备与注浆工艺、质量保障措施等关键环节都纳入该设计内容并进行优化，以确保各项技术要求及质量保障措施的落实到位。

1. 深入研究查条件的成果，确定注浆重点部位及任务，并设定质量评价指标

(1) Ⅰ类注浆加固型的重点部位为断层破碎带。通过对断层带的砂岩、灰岩破碎层段进行高压注浆加固，使之成为等效隔水层。

(2) Ⅱ类注浆改造型的目的层，为物探异常一、二两层灰岩裂隙发育带的富水区，进行高压注浆充填改造，使之成为等效隔水层。

(3) 设定注浆加固改造效果评价采用的 T_s 值指标，为确定注浆终压提供依据标准。根据皖北矿业集团公司《地测防治水工作技术管理规定》，6(10)煤工作面回采时，正常地段突水系数小于 0.07，底板破碎带及物探查明的富水异常区突水系数小于 0.5。但通过注浆加固改造提高底板强度后，应按本矿局部注浆改造实践验证，可安全开采的三灰的突水系最大值为 0.08。据此求出相应的水头压力值 P，以 1.5 倍的 P 值作为注浆终压的依据。

2. 注浆钻孔布设方案设计原则

(1) 注浆钻孔布设在与探查孔布设技术原则一致的基础上，设浆液播散半径为 25 m，考虑孔距不大于 50 m。以Ⅰ类注浆加固地段为重点进行总体考虑，统筹布设，按三边工作原则，依序次施工。

(2) 注浆孔的地质、水文地质任务；施工技术要求；钻孔结构；终孔层段；简易水文观测与编录；孔口装置要求同探查孔要求一致。

3. 注浆设备与造浆工艺系统

(1) 钻探设备：SGZ－ⅢA(300)型、SGZ－1B 型各一台。

(2) 注浆泵：NBB250/6 型。

(3) 造浆设备系统：矿车人工上料，经一次搅拌（机州 ZJ－800 型）、二次搅拌（JJS－2B 型）后，由注浆泵经耐高压管路注入钻孔。

4. 注浆方式与浆液配比

(1) 注浆方式。当砂岩段涌水大于 5 m^3/h 或压水压力在 5 MPa 以下时，采用下行分段注浆。当砂岩与灰岩孔段水量小或无涌水时，则采用砂岩、灰岩全孔段联合注浆。

(2) 浆液配比。为使浆液扩散较远，先期注稀浆，比重一般为 1.28～1.31，后期逐渐增大浆液浓度，最大比重不超过 1.4。

5. 注浆压力与终量终压

(1) 注浆压力。为增大浆液扩散半径，保障注浆质量、效果，注浆时均采用低挡连续注浆，初始压力为3～6 MPa。

(2) 终量与终压。依据灰岩水头压力，确定注浆结束终压为水头压力的1.5～2倍。结束注浆的吸浆终量标准为40 L/min。

6. 注浆质量检查方法

(1) 钻孔检查。一是对一些注浆效果不佳的钻孔进行重新透孔，视透孔的涌水量情况，确定是否补注。二是对符合注浆结束标准的注浆孔，也随机透孔抽检进行压水实验检验，以压水压力达到水头压力1.5～2倍为合格。

(2) 二次电法探测检查注浆质量与质量补救措施。工作面注浆结束后，进行二次电法检查验证。检查结果以如一次电法探查的严重低阻异常区在注浆改造后异常基本消失为合格，否则补注。

(3) 注浆有质量问题的补救措施。二次电法检查发现，在注浆加固改造区仍存在低阻异常区，但比一次电法结果有明显减弱。针对存在的异常，一是透孔补注；二是新打注浆孔进行补注加固。

7. 注浆工程竣工后的技术总结

注浆加固工程结束后进技术报告编制。

(1) 对物探、钻探查条件成果进行系统分析统计，总结物探钻探查条件成果。

(2) 对注浆改造工程质量与效果进行评价。

(3) 对全面注浆质量效果和工作面安全开采的可行性进行评价、论证，并做出可行性结论。

(4) 指出存在的问题并对进一步应采取的水害防范措施提出应对建议。

四、注浆加固及改造治理技术小结

根据上述三矿注浆加固底板治理技术的成功实践，发现注浆工作面在加固前一灰和三灰突水系数值均大于矿区对正常地段带压开采的临界突水系数0.07的规定值。刘桥一、二矿以及五沟矿采用注浆加固改造方式进行抗压开采，成功地实现了安全回采，证明加固后的底板抗水压性能有所增强，即一灰、三灰的临界突水系数值可能有所提高。可见注浆加固及改造的方法对类似条件下承压水上开采具有重要参考意义。

注浆加固及改造治理方法的关键：首先在于对底板太灰上段一、二灰含水层水文地质条件的勘察，即一灰、二灰必须具备可注性；其次要求科学合理的布设注浆孔，对注浆工艺、过程严格把关；第三要做好相应的注浆效果检验工作，对注浆效果较差区段及时补注。

值得指出的是，带压开采、疏降开采以及注浆加固开采在一定的条件下并不是孤立的，三种方法在同一工作面可同时使用。如受灰岩水威胁的淮北煤田中的部分工作面采用了注浆改造和带压开采相结合的方法，即在底板水文地质异常部位采用注浆改造底板含水层，在底板完整性好的区域采用带压开采方法，其他工作面采用疏水降压方法或探查局部改造结合疏水降压的方法。因此，带压开采、底板注浆加固、疏水降压可以根据受灰岩水威胁的具体条件选择应用。

五、底板注浆效果评价

以刘桥一矿2661面底板注浆效果评价为例说明。2661工作面为Ⅱ六六采区首采面，风巷靠近刘桥镇保护煤柱，机巷下部靠近A_9陷落柱保护煤柱线，切眼靠近陈集断层保护煤柱线,工作面横穿陈集向斜轴。该面回采上限标高为－555.00 m,下限标高为－631.13 m,平均煤厚2.8 m,平均倾角15°,工作面平均走向长500 m,倾向宽194 m,回采上限为－550 m,下限为－631 m,地质储量47.4×10^4 t,可采储量45×10^4 t。

根据地面太灰长观孔及井下放水、测压孔资料,Ⅱ六六采区工作面回采受太灰水威胁严重,目前北翼二水平深部只有1个太灰水供水孔,供水量为20 m^3/h左右,北翼二水平Ⅱ62石门太灰水疏放钻孔总疏放量350 m^3/h,但距2661工作面较远,地面太灰长观孔水16孔水位为－320 m左右。井下注浆探查孔揭露资料表明,2661工作面底板太灰富水性较强,水文地质条件较为复杂。

为了确保回采期间不发生底板突水灾害和矿井安全高效生产,刘桥一矿要求对工作面开展了物探、钻探、注浆和评价工作,并于2009年7月25日对工作面进行了注浆改造设计,采用由里向外进行,目的层为一灰、二灰和三灰,并于2009年8月5日正式开工。完成钻探工程量3 884 m,注浆工程量水泥量1 598.2 t。

(一) 注浆压力

工作面的46个底板注浆孔中,加固一灰、二灰、三灰注浆孔中有6个末达到终压要求,其余注浆孔孔口压力都大于7.5 MPa,大于该处水压的2倍以上,采用3挡至设计终压值,后改用2挡至大于终压1 MPa以上,维持时间30 min,达到设计要求。

(二) 注浆量

底板46个注浆钻孔总注浆量为2 050 m^3,水泥量为584 t。单孔平均注浆量为44.6 m^3,固料12.7 t;加固二灰段单孔平均注浆量为47.2 m^3,固料13.5 t;加固三灰段单孔平均注浆量为44.7 m^3,固料12.5 t。与663工作面注浆结果相比,加固二灰段单孔平均注浆量小得多(663面为327 m^3,固料135 t);但与刘桥二煤矿Ⅱ613、Ⅱ617工作面单孔注浆量(固料30 t)相比略小。总体Ⅱ661工作面单孔注浆量较小,溶裂隙不发育,底板完整性较好,注浆效果较好。

(三) 注浆效果检查评定

1. $P-t$ 曲线法

如图20.13所示,在注浆施工过程中主要表现出两种 $P-t$ 曲线。Ⅰ型曲线主要是早期灰岩注浆孔注浆时所表现($Z_{3\text{-}3}$等),其注浆压力较小,一般为2.0～2.5 MPa,随着注浆的进行,注浆压力稍有升高,但表现不明显,当达到设计注浆量时,注浆终压不能达到设计终压值。经分析,认为主要是灰岩区存在一定空隙(洞),浆液流动的阻力较小,浆液主要表现为以填充扩散方式进行加固[图20.13(a)]。Ⅱ型曲线主要是后期注浆孔所表现,在注浆过程中,开始时注浆压力为2.0～3.0 MPa,随着注浆的进行,注浆压力呈曲线上升,而且上升较快,注浆终压很快达到或超过设计终压值7.0～9.0 MPa,达到了挤压密实的目的[图20.13(b)]。

2. 涌水量对比法

同一钻窝中,注浆前施工的钻孔涌水量较大,注浆后施工的钻孔涌水量减小甚至为零。如4号钻窝$Z_{4\text{-}6}$孔(2009-9-15)一灰、二灰涌水量分别为20 m^3/h和30 m^3/h,$Z_{4\text{-}3}$孔(2009-9-19)一灰、二灰涌水量分别为5 m^3/h和8 m^3/h,$Z_{4\text{-}8}$(2009-10-13)和$Z_{4\text{-}4}$孔(2009-10-17)二灰涌水量分别为1 m^3/h和0。这一方面说明注浆效果明显,另一方面也说明浆液扩散半径较大,影响到相邻钻孔。

3. 注浆量分布时间空间效应特征法

绘制的注浆量分布时间效应图见图 20.14。由图可知,前期注浆孔的注浆量明显大于后期注浆孔的注浆量,这和预期的挤压填充注浆设计原则相一致,注浆后地层得到了较好的加固和改造。

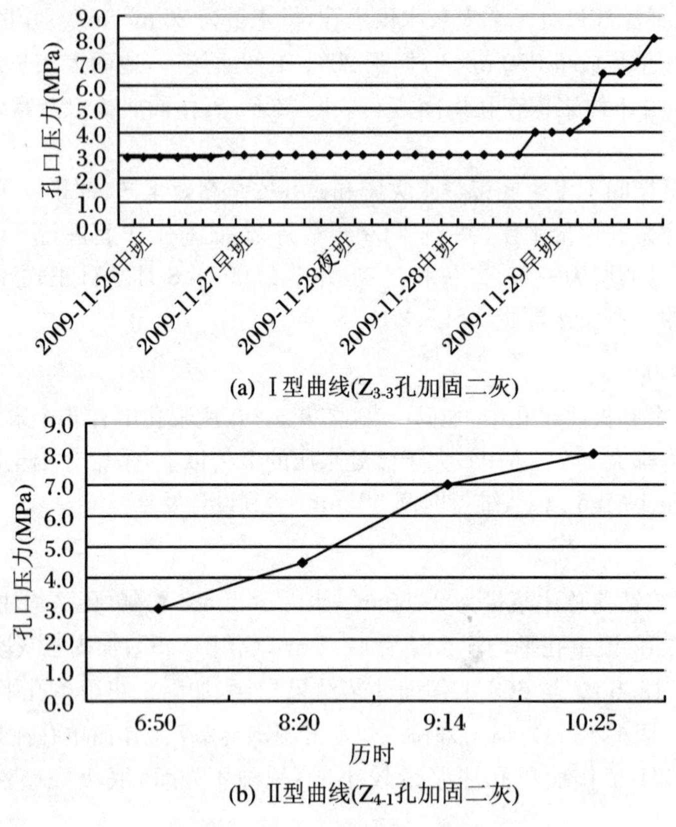

(a) Ⅰ型曲线($Z_{3\text{-}3}$孔加固二灰)

(b) Ⅱ型曲线($Z_{4\text{-}1}$孔加固二灰)

图 20.13 注浆孔 $P-t$ 曲线

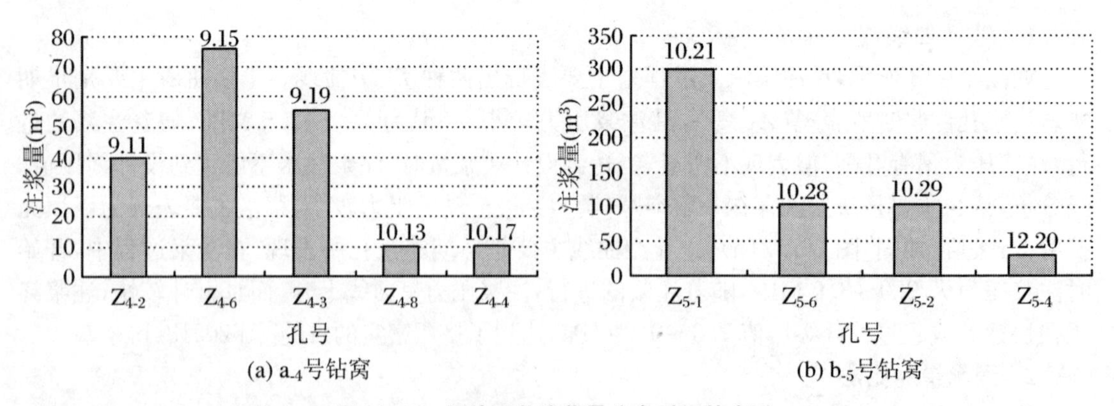

(a) a_{-4}号钻窝　　(b) b_{-5}号钻窝

图 20.14 评价区段注浆量分布时间效应图

结合现场注浆情况来看,底板海相泥岩段以上岩层出水的钻孔,注浆量较大,说明底板岩层破碎,裂隙发育;1 号钻场出水量小,但吃浆量较大,且多处跑浆,说明底板裂隙较发育且连通性较好;2 号钻场出水量小,吃浆量也小,说明该区域底板较完整。

4．物探法

为了了解注浆后煤层底板含水裂隙封堵与含水层改造效果，采用矿井瞬变电磁法探测技术对注浆后煤层底板再次进行了探测。电法勘探可以测出岩层中视电阻率的变化，而视电阻率与岩层的含水性具有紧密关系，即岩层富水性强视电阻率低，富水性弱，视电阻率高。6(10)煤下伏太原组灰岩，通常灰岩为高阻电性层，所采集的视电阻率值相对较大。但是在灰岩破碎或岩溶发育的情况下，视电阻率呈低阻反映，因此视电阻率低阻异常在电测深剖面图上往往是含水异常部位。根据视电阻率剖面图能分辨富水性区域。对底板注浆改造前视电阻率低异常区段(富水性区域)布孔进行注浆加固工作，灰岩裂隙被充填后视电阻率会有所上升，通过与注浆前视电阻率值的分析与对比，可以作为定性评价工作面底板注浆改造加固效果的方法。

对比注浆前后矿井瞬变电磁法探测结果，综合矿井地质和水文地质资料分析，得出如下结论(赋水异常分布见平面图图 20.15)：

(1) Ⅱ661 风巷内横坐标在 F_4+5 m～F_4+75 m 之间，工作面靠近风巷一侧底板下 45 m 以下含水裂隙发育，此范围底板在回采前需进行注浆加固，工作面靠近风巷一侧其他范围底板注浆效果较好。

(2) Ⅱ661 机巷内 T_9+10 m～T_9+40 m 位置，工作面底板靠近机巷一侧底板下 40 m 以下含水裂隙发育，此范围底板在回采前需进行注浆加固，工作面底板其他范围底板注浆效果较好。

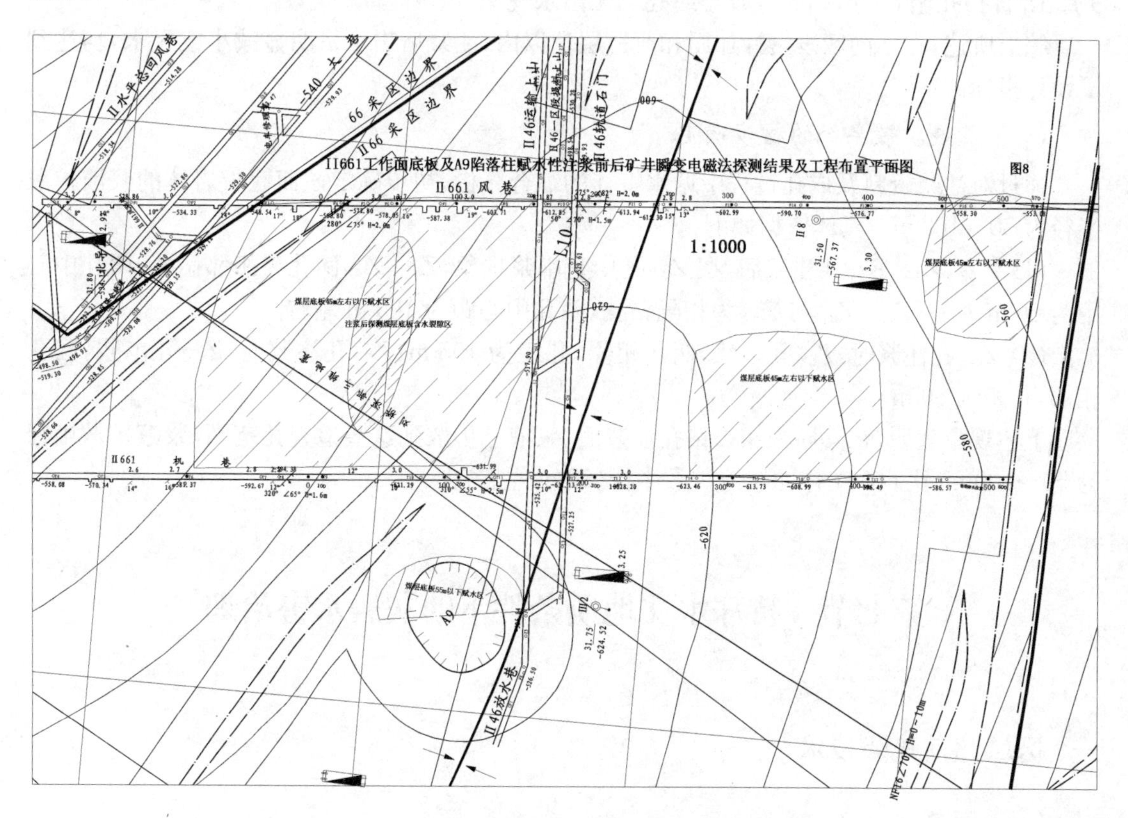

图 20.15　Ⅱ661 工作面底板富水性注浆前后矿井瞬变电磁探测异常区对比图

5．钻探法

（1）钻孔取芯法

Z_4 检查验证孔：在Ⅱ661 风巷 4 号钻场布置了一个检查验证孔，目的是检验注浆效果，Z_4 检查孔钻探结果：0～40 m 为砂泥岩互层，约 52 m 为海相泥岩，约 53 m 为一灰，约 63.9 m 为泥岩，约 67.7 m 为二灰，约 68 m 为泥岩，终孔深度 68 m，终孔层位为二灰下，终孔无水。

$Z_{2\text{-}6}$ 检查孔：在 Z_2 钻场布置 1 个钻孔，探查验证该钻场注浆效果，该孔终孔取芯至 63.3 m，终孔深度 73 m，38～52.8 m 为海相泥岩，约 53 m 为一灰，61～63.3 m 为二灰，68.5～73 m 为三灰，终孔层位三灰下，终孔无水。说明该区段注浆效果较好。

（2）钻孔扫孔检查

$Z_{5\text{-}2}$ 孔：于 2009 年 10 月 28 日成孔，钻探结果：58.2～62 m 为一灰，62.7～67.1 m 为二灰，74.8 m 见三灰；出水情况：67 m 出水 30 m^3/h；于 2009 年 10 月 21 日注浆，注水泥 29.8 t。20 天后于 2009 年 11 月 9 日扫孔至 82 m，扫孔至终孔出水 0.2 m^3/h。

$Z_{6\text{-}7}$ 孔：于 2009 年 12 月 20 日成孔，钻探结果：62～64 m 为一灰，69.5～75.0 m 为二灰；出水情况：73 m 出水 4 m^3/h；于 2009 年 12 月 20 日注浆，注浆时 $Z_{6\text{-}6}$ 孔跑浆。于 2009 年 12 月 27 日扫孔至 75 m，终孔无水；于 2009 年 12 月 28 日扫孔，终孔 115 m，无出水现象。

$Z_{1\text{-}4}$ 孔：于 2009 年 9 月 16 日成孔，钻探结果：51～54 m 为一灰，56～60 m 为二灰；出水情况：52 m 出水 1 m^3/h；60 m 出水 5 m^3/h；于 2009 年 9 月 15 日注浆，注水泥 11.3 t；于 2009 年 9 月 18 日扫孔至 60 m，扫孔过程至终孔均无出水现象。

综上所述，在不同区段设计加固和改造层位以内，注浆后出水量明显减小或无水，均达到了设计指标。

（四）浆液扩散半径的初步确定

通过对注浆资料及成孔过程中返水特征的综合分析，初步确定该面底板岩体的浆液扩散半径为 50～100 m。具体依据如下：

（1）$Z_{3\text{-}3}$，$Z_{3\text{-}5}$，$Z_{3\text{-}7}$ 孔注浆后，在 $Z_{3\text{-}8}$ 孔中有串浆现象，$Z_{3\text{-}3}$，$Z_{3\text{-}8}$ 两孔为相邻钻孔，两孔中心距为 60 m 左右；$Z_{3\text{-}5}$，$Z_{3\text{-}7}$ 与 $Z_{3\text{-}8}$ 为相隔钻孔，两孔中心距为 100 m 左右。

（2）$Z_{6\text{-}3}$ 孔注浆时，$Z_{6\text{-}5}$ 孔串浆，两孔相隔，孔距为 105 m；$Z_{6\text{-}7}$ 孔注浆时，$Z_{6\text{-}6}$ 孔串浆，两孔相邻，孔距为 50 m。

上述现象表明，在其周围相邻钻孔注浆后，浆液已扩散到这些检查孔范围，浆液扩散半径为 50～100 m，比 663 工作面浆液扩散半径（50 m 左右）大。

第七节　特殊水文地质条件下的灰岩水害治理

一、区域超前疏降技术

（一）概述

淮北煤田的芦岭、朱仙庄、孙疃、临涣、海孜、童亭、袁一、杨柳等矿处于相对封闭的水文地质区域，太原组灰岩含水层以静储量为主，补给不充沛，富水性较弱。主要表现为在井田的垂向方向，灰岩岩溶存在明显的分带性，虽然矿井浅部灰岩岩溶相对发育，有一定的富水性，但进入矿井深部富水性普遍变弱。井田内被落差几十米乃至百米以上的断层切割，被分割成若干个次级水文单元，由于补给弱，封闭性较强，具备可疏性。随着开采水平的不断延伸，海孜、朱仙庄、芦岭矿开采水平最深达－1 000 m，均具属高承压，弱富水特征。

由于岩溶裂隙不发育、连通性差、富水性弱，灰岩钻孔出水率低，如孙疃煤矿投产初期在102采区施工的229个至太灰的钻孔，出水大于10 m^3/h的仅6个孔，绝大多数为干孔，出水率不足3%。

针对此类矿井灰岩水高水压、富水性较弱、以静储量为主、具备可疏性的特点，按照"超前查治、区域治理"技术思路，提出了区域疏降的治理方案，由过去逐面探查、治理变为区域超前治理，分区疏降(干)太灰水。

(二) 区域超前疏降实例

1. 孙疃矿太灰水文地质条件

孙疃井田南、北分别以界沟和杨柳断层为界，井田内被F_5，F_7，F_9，F_{10}，F_{11}和F_{12}等较大落差断层分割成多个区块。勘探及生产补勘查明井田内大断层具有良好的隔水作用，各区块之间太灰水力联系弱，水文地质分区特征明显，自北向南分割为104，102，101和103四个相对独立的水文地质单元。太灰具有高水压、弱富水、不均一的特征；浅部露头外富水性强，向深部富水性逐渐减弱。

2. 疏降总体设计

区域疏降工程设计方案：在104采区，10411风联巷处设计直揭灰岩的专用放水巷，如专用放水巷的放水量小于100 m^3/h，则沿灰岩施工大口径顺层放水孔。在101采区1011机联巷处同样设计施工直揭三灰的专用放水巷；并在1017机、风巷施工底板密集常规放水孔，实现掘疏平行作业。

3. 区域疏降工程的实施

(1) 101采区

1017机、风巷施工底板密集穿层孔，掘疏平行施工，掘到哪疏到哪，利用密集穿层孔实现积少成多，以多取胜。一个钻场施工3～6个孔，累计5 867.7 m/45孔(表20.20)。

表20.20 1017机、风巷太灰放水孔工程情况表

位置	工程量(m/孔)	终孔层位	单孔最大水量(m^3/h)	目前总放水量(m^3/h)
风巷	3 573.8/26	三灰、四灰	60	0
机巷	2 293.9/19	三灰、四灰	70	70
合计	5 867.6/45			70

101采区专用灰岩放水巷于2015年10月开始施工，巷道拨门于10煤层底板下16 m，终止于四灰底板下1 m，全长225.5 m，其中灰岩段88.3 m(图20.16、图20.17)。断面为3.2 m×3.2 m，采用锚网支护。施工过程中严格落实"钻探为主、物探为辅"的超前循环探查掩护掘进措施，按规定进行超前探查，进入10煤层底板下法距20 m及揭露灰岩前集中进行探放灰岩水，共完成2次物探和2组9个超前探查钻孔，单孔最大水量20 m^3/h(表20.21)。

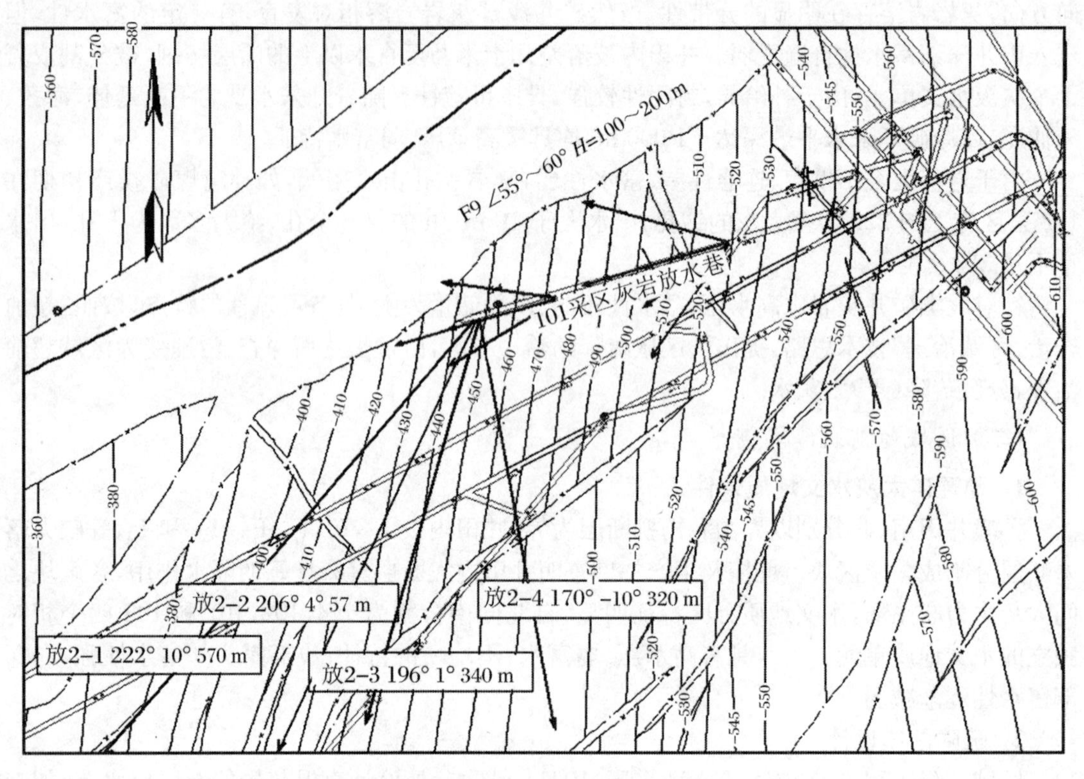

图 20.16 101 采区放水巷平面图

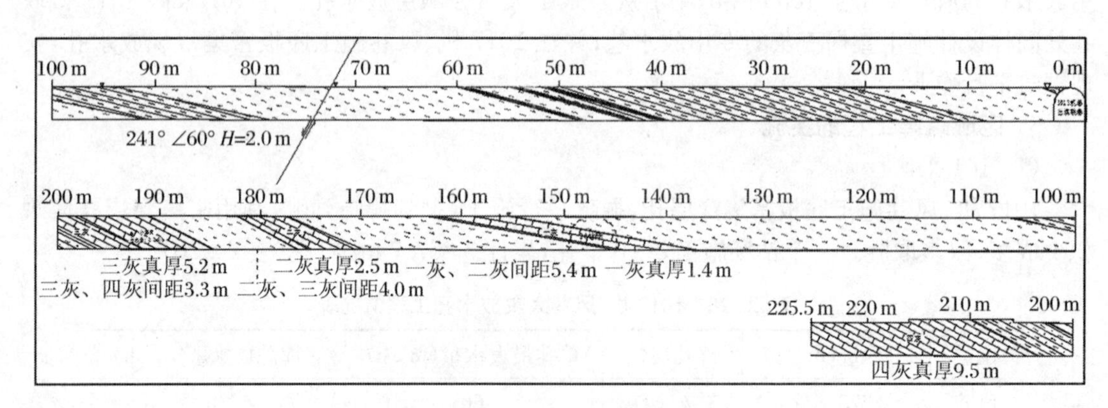

图 20.17 101 采区放水巷实揭剖面图

表 20.21 101 采区灰岩放水巷超前探查孔一览表

序 号	孔 号	位 置	孔 深(m)	层 位	单孔最大水量 (m^3/h)	放水量 (m^3/h)
1	探 1-1	X2+83 m	125.3	三灰上	5	1
2	探 1-2		120.4	三灰下	5	2
3	探 1-3		135	三灰	0	0
5	探 1-4		100.7	三灰	2	0
5	探 1-5		118.2	三灰	0	0

续表

序　号	孔　号	位　置	孔　深(m)	层　位	单孔最大水量(m^3/h)	放水量(m^3/h)
6	探 2-1	X5+147 m	130.6	四灰下	20	4
7	探 2-2		90.2	四灰	10	1
8	探 2-3		90.7	四灰	2	0
9	探 2-4		107.3	四灰下	2	0

在专用放水巷四灰段设计 4 个大口径灰岩顺层放水孔，选用 ZDY6500G 钻机施工，目前大口径灰岩顺层放水孔施工了 4 个，工程量 509.4 m，放水量 25 m^3/h(表 20.22)。

至 2016 年 4 月中旬，101 采区总放水量 105 m^3/h，累计疏放灰岩水 1.092×10^6 m^3。

表 20.22　101 采区大口径灰岩顺层放水孔施工情况表

序　号	孔　号	工程量(m)	层　位	最大水量(m^3/h)	放水量(m^3/h)
1	放 2-1	62	四灰上	0	0
2	探 2-2	147.4	四灰	10	7
3	补探 2-2	153	四灰	10	6
4	探 2-3	147	四灰	27	12
	合计	509.4			25

(2) 104 采区

2015 年 5 月，先后在 10411 风联巷和 10411 机巷施工常规探放水钻孔，累计完成 1 553.1 m/21 孔，基本都为干孔(表 20.23)。

表 20.23　104 采区常规探放孔一览表

位　置	工程量(m/孔)	终孔层位	单孔最大水量(m^3/h)	目前总放水量(m^3/h)
10411 风联巷	994/7	四灰	3	0
10411 风巷	559.1/4	四灰	3	2
合计	1 553.1/21			2

104 采区专用放水巷于 2015 年 8 月施工，巷道拨门于 10 煤层底板，终止于三灰底，全长 292.3 m，其中灰岩段 99 m(图 20.18、图 20.19)。巷道断面为 3.6 m×3.3 m，采用锚网支护。巷道进入 10 煤层底板法距 20 m 后，采取“钻探为主、物探为辅”的超前循环探查掩护掘进，揭露灰岩前集中探放灰岩水的防治水措施，共完成 2 次物探和 3 组 10 个超前探查钻孔，单孔最大水量 30 m^3/h(表 20.24)。

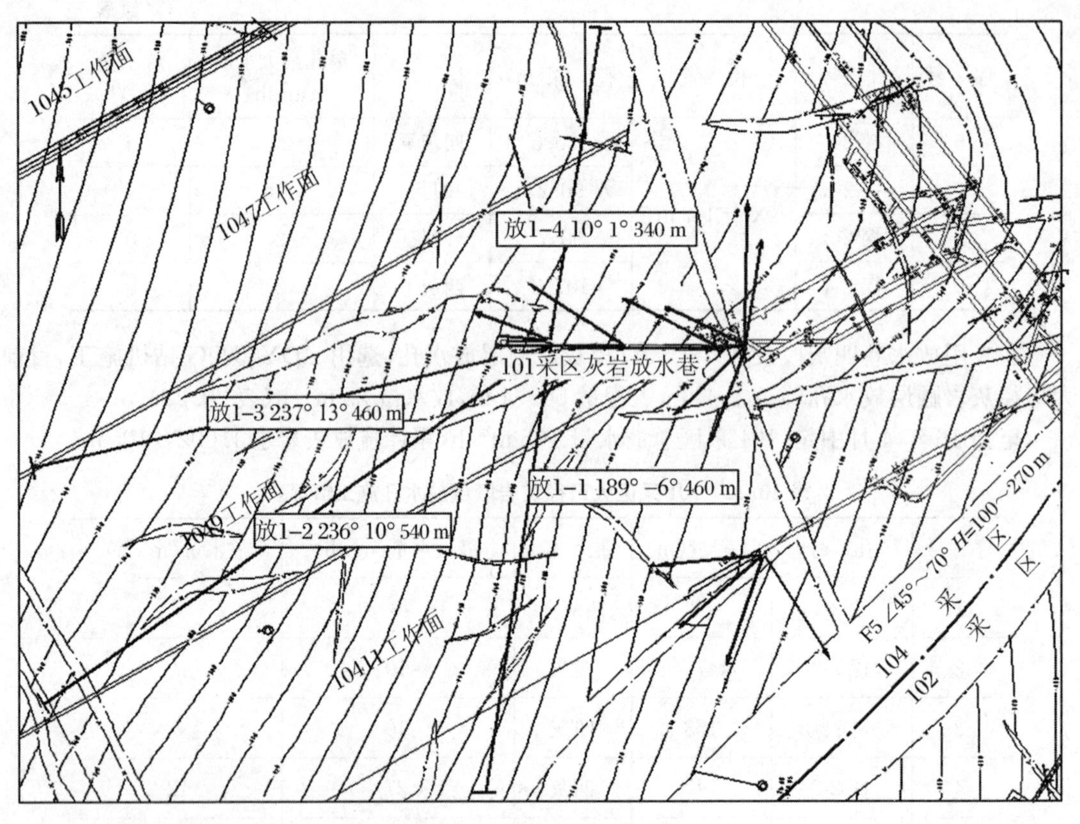

图 20.18　104 采区放水巷平面图

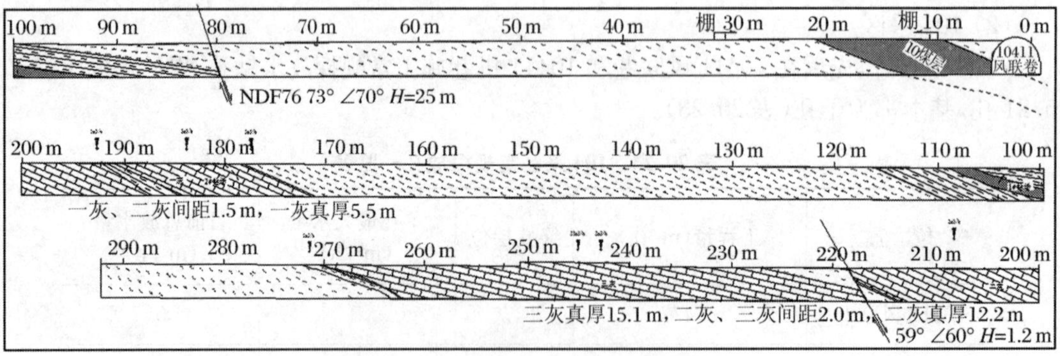

100 m　90 m　80 m　70 m　60 m　50 m　40 m　棚 30 m　20 m　棚 10 m　0 m
10煤层
10411风联巷
NDF76 73° ∠70° H=25 m
200 m　190 m　180 m　170 m　160 m　150 m　140 m　130 m　120 m　110 m　100 m
一灰、二灰间距1.5 m，一灰真厚5.5 m
290 m　280 m　270 m　260 m　250 m　240 m　230 m　220 m　210 m　200 m
三灰真厚15.1 m，二灰、三灰间距2.0 m，二灰真厚12.2 m
59° ∠60° H=1.2 m

图 20.19　104 采区放水巷实揭剖面图

表 20.24　104 采区灰岩放水巷超前探查钻孔一览表

序　号	孔　号	位　置	孔　深(m)	层　位	单孔最大水量(m^3/h)	放水量(m^3/h)
1	探 1-1	L_3+72 m	130.4	三灰上	1	1
2	探 1-2		101.5	三灰下	0	0
3	探 1-3		101.7	三灰	0	0
4	探 1-4		105.2	三灰	1	0

续表

序 号	孔 号	位 置	孔 深(m)	层 位	单孔最大水量(m^3/h)	放水量(m^3/h)
5	探 2-1	L_4+90 m	115.5	四灰下	10	1
6	探 2-2		25	四灰	1	0
7	探 2-3		115.2	四灰	16	4
8	探 2-4		130.4	四灰下	2	2
9	探 3-1	L_5+42 m	130.3	五灰	5	2
10	探 3-2		90.6	五灰	5	2
	合计		1 045.8			12

在专用放水巷三灰中段，巷道断面扩大为长 10 m×宽 5 m×高 3.5 m 的钻场，设计 4 个大口径长距离灰岩顺层放水孔，工程量 1 800 m，层位为三灰。

钻机选择：选用西安煤科院生产的 ZDY12000G 型大功率液压钻机。

钻孔结构：开孔 Ø168 mm 钻进 9 m，下入 Ø146 mm 护壁管 8 m；Ø133 mm 钻进至 22 m，下入 Ø127 mm 孔口管；向下至终孔为裸孔，孔径为 Ø108 mm。

轨迹控制：全程导向，低压慢钻；地质人员现场跟班，对岩性及出水量进行观测，并做好记录；终孔及钻进异常进行测斜，及时调整下一孔参数，确保钻孔顺三灰钻进。

安全措施：放水巷具备自流排水条件；预测最大可能出水量；施工人员全员进行培训；现场人员熟悉避灾路线；专人跟带班；遇紧急情况汇报等。

104 采区专用放水巷大口径灰岩顺层放水孔实际施工 5 个，工程量为 1 800.7 m，单孔最大放水量为 20 m^3/h，总放水量为 41 m^3/h(表 20.25)。

表 20.25　104 采区大口径灰岩顺层放水孔览表

序 号	孔 号	工程量(m)	层 位	最大水量(m^3/h)	放水量(m^3/h)
1	放 1-1	248.2	三灰	20	20
2	放 1-2	542	三灰	20	7
3	放 1-3	463.5	三灰	10	3
4	放 1-4	206	三灰	20	10
5	补 1-4	341	三灰	1	1
	合计	1 800.7			41

4. 取得的成效

(1)目前 101 采区太灰总放水量 105 m^3/h(1017 机、风巷和专用放水巷)，累计疏放灰岩水约 1.092×10^6 m^3。地面太灰观测孔 14 观 1(采区露头外)水位从 +1.22 m 下降至 −180 m，累计下降 181.22 m，最大日降幅 2.4 m(图 20.20)。地面 15－水 2(1017 工作面附近)水文补勘孔水位为 −438.7 m，1017 风巷放水孔已不出水，机巷仅剩 4 个放水孔出水，工作面里段最低开采标高 −390 m，外段最低标高为 −520 m，工作面最大突水系数为 0.014，基本达到了疏干开采的目标。

(2) 104 采区太灰总放水量约 55 m^3/h，累计疏放灰岩水量约 20.3 万 m^3。104 采区地面 11 观 2 太灰观测孔于 2016 年 3 月 17 日干孔（-213.53 m），最大日降幅 3.57 m（图 20.21）。井下观测孔（104 放水巷）水压为 0.5 MPa，对应水位为 -477 m，1045 首采面最低开采标高为 -400 m，工作面达到了疏干开采的目标。

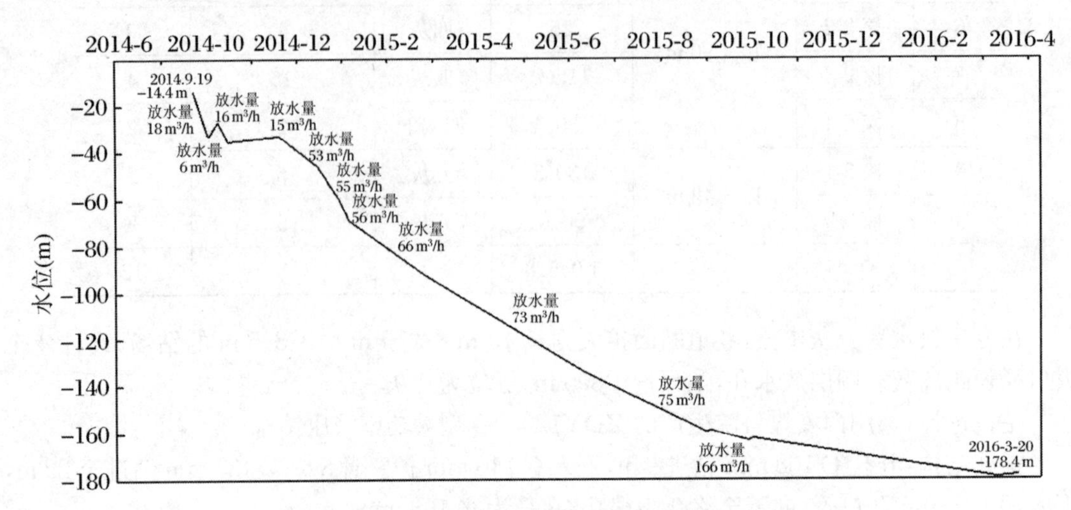

图 20.20　101 采区太灰水位变化曲线图(14 观 1)

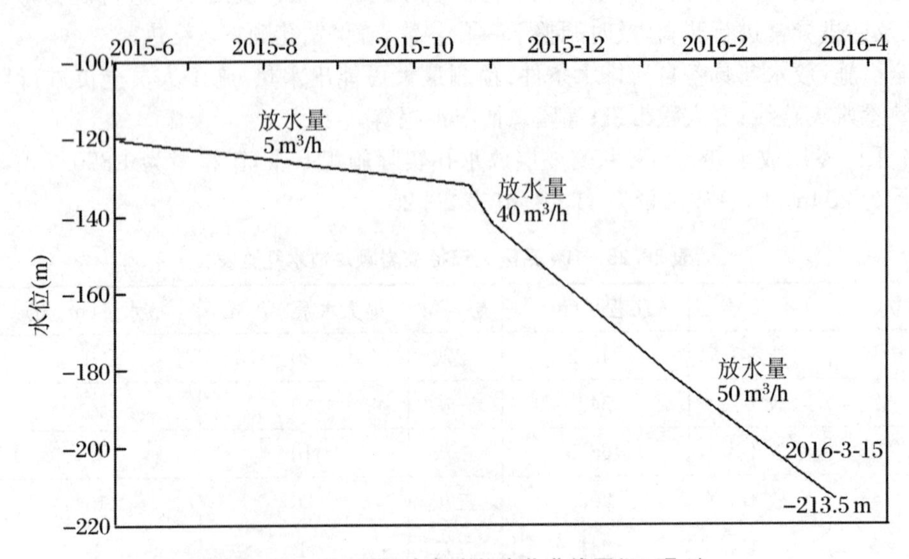

图 20.21　104 采区太灰水位变化曲线图(11 观 2)

(3) 几点经验：

① 104、101 两个区域疏降（干）灰岩水的成功，实现了防治水由点、面向区域超前治理的转变，水害治理彻底，工作面投产时间短，安全更加可靠。针对高水压、弱富水、不均一的太灰水文地质条件，形成了密集穿层孔掘探平行疏降、直揭灰岩专用放水巷 + 大口径长距离灰岩顺层放水孔的水害治理模式。

② 应用以“钻探为主、物探为辅”的超前循环探查掩护掘进的方法，在淮北矿区首次将专用放水巷安全施工至太原组四灰。

③ 成功施工了大口径长距离灰岩顺层放水孔，解决了灰岩不均一、弱富水条件下，高效

疏放灰岩水的难题。

④ 解放 F_{11} 及 F_{11-1} 断层防水煤柱近 4.6×10^5 t，F_5 断层防水煤柱 4×10^5 t，为1017，1019和10411工作面优化布置创造了条件，经济效益显著。

二、地面定向钻注浆改造高水压薄层灰岩技术

针对太灰富水性强、治理难度大的问题，在太奥灰存在水力联系的区域实采用地面定向钻超前探查区域治理的方案，这种治理方式是对传统淮北煤田的注浆加固改造治理模式的丰富和发展。

（一）概述

淮北煤田的朱庄、桃园两矿，灰岩岩溶溶隙发育以及导水通道隐蔽，水文地质条件极其复杂。如朱庄矿太原组三灰至四灰岩溶裂隙发育，水量丰富，补给充沛，可疏性差，$q=0.022\sim2.338$ L/(s·m)。井下最大单孔水量700 m³/h。近年来施工的井下钻孔，揭露三灰富水区域，一般单孔水量200～400 m³/h。太灰含水层局部地段原始导高较高，在底板岩石破碎或断层发育区域直达6(10)煤层底板砂岩(太原群灰岩上覆海相泥岩之上)。在井下钻探时，一般需对底板砂岩段进行注浆加固，防止灰岩水通过底板砂岩裂隙涌出，导致止水套管失效。钻孔进入三灰、四灰层位，单孔注浆量大，一般均达几十甚至上千吨水泥。

该矿Ⅲ63采区首采Ⅲ631工作面井下探查钻孔单孔最大水量达400 m³/h。在采取了井下常规底板灰岩注浆改造治理措施后，工作面回采期间反复出水，被迫停采治理3次，井下钻探发现工作面浅部发育一个隐伏陷落柱，后又采取地面治理隐伏陷落柱措施，累计施工井上、下灰岩水治理钻孔15 805.4 m/98孔，注水泥 2.76×10^4 t(其中地面钻探工程量3 638 m/3孔，注水泥 1.17×10^4 t)，工作面恢复开采后，仍发生底板出水。

另外，桃园矿位于宿南向斜轴线的北部翘起端，西部外围灰岩区基岩古地形较高，松散新地层较薄。此外，矿井中北部 F_2 断层上盘下沉区，地势低洼，总体来看，矿区古地形为西部高、东部低、北部高、南部低、中部最低的地貌现象，根据岩溶发育的规律，此类型地段的构造应力集中，岩溶地层岩体容易发生张性破坏，纵向水动力作用强，因此地质历史上陷落柱发生几率较大。

太原群上部灰岩(一灰至四灰)，其含富水形式主要表现为正常地段富水相对较弱，岩溶裂隙不发育，三维地震资料和井下钻探成果表明，该区域太原组灰层断层较为发育，或煤层中的小型断层直接切割至灰岩深部。在井下进行煤层底板探查和加固时，往往钻孔出水率较低，仅为15%左右，一般单孔水量不大于50 m³/h，单孔注浆量少，少者几吨，多者也仅几十吨。井下钻孔揭露6(10)煤层底板砂岩层位时，往往表现为钻孔冲洗液漏失。正常情况下在采取探查加固结合疏水降压的措施后对矿井的安全生产不构成威胁，但矿井发育隐伏陷落柱，隐蔽性强、探查和治理难度大，威胁程度高，一旦突水将给矿井带来灭顶之灾，是今后淮北矿业防治水工作的重点内容之一。

2013年2月3日，1035切眼发生隐伏导水陷落柱奥灰突水淹井事故，突水量达29 000 m³/h。2014年7月，桃园矿Ⅱ2采区放水实验最大放水量280 m³/h，查明该区域太灰补给水源较为充沛，太灰富水性较强，存在多个高水压分布区，与奥灰水力联系密切，反映该采区存在垂向导水通道。此外，矿井 N_8 采区涌水量偏大，水温及水质异常，采区放水实验显示采区太原组灰岩水与奥灰水水力联系密切，该采区深部Ⅱ6采区三维地震资料揭示了一个疑似陷落柱。

从以上分析可以看出，上述区域的水文地质条件极复杂，传统的以井下注浆改造底板灰岩水的技术，已不能很好适应深部开采、构造复杂工作面下组煤开采底板灰岩水的防治，急待研究新的水害治理技术和实施方法。

(二) 治理措施

近年来，随着钻探技术的不断发展，近水平定向顺层钻探技术已逐步在煤矿底板注浆改造中使用。采用该技术，底板改造中钻孔稳斜段可在灰岩中沿层钻进，且钻孔穿层段长度大、可连续穿过灰岩与灰岩充分接触，钻孔的利用率和钻孔施工效率高，能最大限度地揭露岩溶裂隙，增强注浆改造效果，是目前国内工作面底板改造中的新方法和新技术。为保证安全生产，该项技术被引用到灰岩水害治理中，以下将以朱庄和桃园两矿的治理实践来说明该项技术的应用。

1. 地面定向孔顺层钻进，超前探查、区域治理

朱庄矿地层结构相对简单，地层倾角较为宽缓，适宜采取地面定向顺层钻进治理技术，目前Ⅲ631、Ⅲ6213 工作面已安全收作，Ⅲ634 工作面地面治理工程已完成，井下验证效果孔显示三灰富水性变弱，效果良好，Ⅲ63 采区其他工作面正在开展地面治理工程。

(1) 目的层：钻孔改造目标层位为三灰，朱庄矿 6 煤底板至三灰顶部平均间距为 74 m，三灰平均厚度为 8.92 m，考虑到地层变化较大，设计钻孔位于三灰中部，即设计钻孔轨道位于 6 煤底板以下 78 m。

(2) 钻孔间距：依据朱庄矿井下钻孔底板注浆改造浆液扩散半径，本方案中水平井分支间距取 50～55 m。在项目具体实施过程中，可通过施工检查孔来检查改造效果，并对钻孔间距进行动态调整。

(3) 钻孔结构：一开孔径 Ø311.1 mm，一开套管为 Ø244.5 mm，长度 85～95 m，进入基岩层 10 m 后一开完钻；二开孔径 Ø215.9 mm，二开套管为 Ø177.8 mm。考虑到侧钻分支及地层稳定性要求，二开完钻原则为进入太原组一灰 2 m。三开孔径为 Ø152.4 mm，裸眼完钻(图 20.22)。

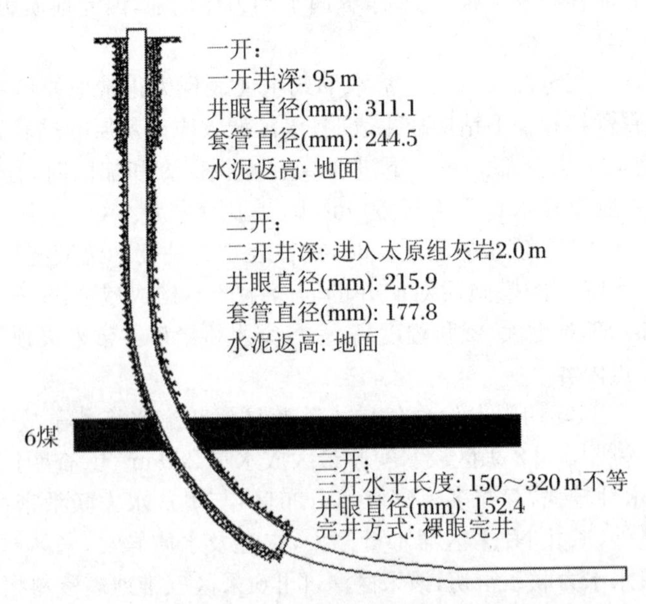

图 20.22 地面多分支水平井井身结构示意图

(4) 终孔压力：当钻孔涌水量小于 30 m^3/h 时，每完成 100 m 进行注浆；如钻进过程中涌水量大于 30 m^3/h，则可随时停止钻进，开始注浆。地面钻探过程中，若钻孔有较大消耗量，则停钻开始注浆。

(5) 注浆：注浆材料以水泥为主，采用 PO.32.5 普通硅酸盐水泥。根据需要，若注浆量偏大，还可采用水泥与粉煤灰的混合浆液或水泥与黏土混合浆液。注浆孔口压力 12～20 MPa。

2. 地面定向孔定深钻进，超前探查、区域治理

桃园煤矿地层倾角变化较大，构造较发育，很难保证三灰顺层钻进率，因此采用定向孔定深钻进技术。

该技术与定向孔顺层钻进基本相同，区别仅在于桃园矿地层结构变化大，导致三灰顺层难度高，因此在充分分析桃园矿地质资料的基础上，选取一个相对固定的深度，来确保三灰顺层率达到最高。目前Ⅱ1026、Ⅱ1027、Ⅱ1029 正在治理，具体内容如图 20.23 所示。

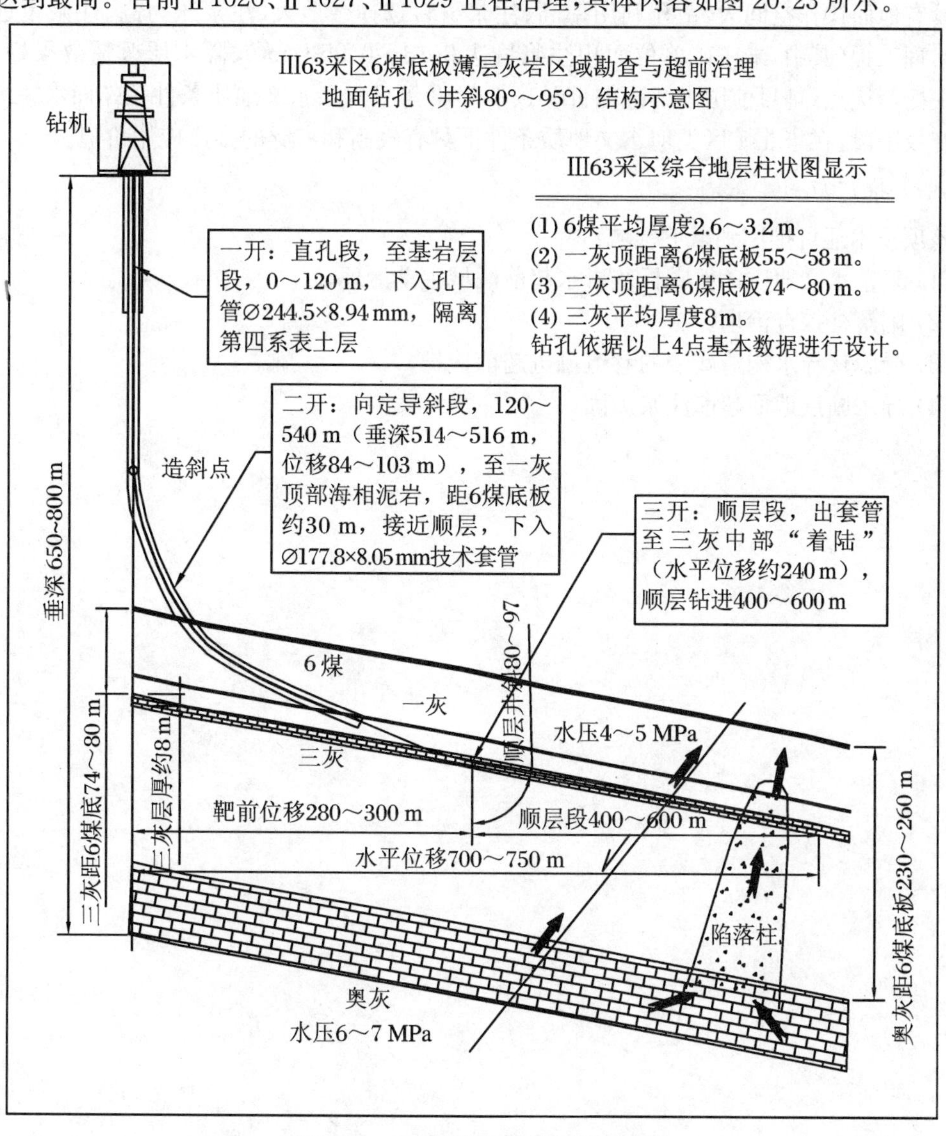

图 20.23　地面定向钻钻孔剖面示意图

(三) 治理效果

地面定向钻孔顺层治理技术能从源头上有效封堵垂向导水通道,顺灰岩钻进并注浆,实现面状注浆,较之传统井下钻孔点状注浆效果更佳,实现底板灰岩水超前区域、主动治理。

1. 垂向导水通道封堵效果好

常规井下防治水措施很难查明隐伏导水构造,采用地面定向钻孔顺灰岩注浆加固,可从源头上封堵垂向导水构造。经治理,朱庄Ⅲ6213、Ⅲ631 工作面实现安全开采,工作面涌水量不大于 5 m^3/h,成功封堵朱庄Ⅲ6213、Ⅲ631 工作面隐伏陷落柱;桃园Ⅱ1026 工作面外段利用地面钻孔顺层钻进探查发现一个隐伏陷落柱,目前正在治理。

2. 含水层改造效果好

对比桃园及朱庄矿井下及地面治理工程的治理工期、注浆量及注浆效果,可见地面治理工程具有地面操作空间大、钻孔利用率高、注浆材料选择余地大、注浆压力高、注浆量远大于井下治理工程(其中,朱庄矿单位面积注浆量达 0.13～0.95 t/m^2)、隔水层改造效果好、施工安全快捷等优点,是目前国内解决如Ⅲ631、Ⅲ6213 等极复杂水文地质条件工作面水害治理难题的有效手段,在华北矿区类似水文地质条件下具有较高和广泛的推广应用价值。

(四) 推广应用

该项技术还可推广到以下领域:

(1) 复杂水文地质条件底板灰岩水超前区域主动治理。

(2) 陷落柱探查治理。

(3) 受隐伏导水构造威胁的巷道掘进超前掩护。

(4) 导水断层地面超前注浆加固。

第二十一章　其他水害防治技术

第一节　砂岩裂隙水(离层水)防治

二叠系砂岩裂隙水是两淮煤田各煤层顶板主要充水含水层，各矿井一般均受砂岩裂隙水的威胁，也是许多煤层开采时的直接充水水源，是矿井涌水量的主要组成部分。二叠系砂岩裂隙含水层的特点是不会造成矿井被淹的威胁，但其稳定的水量给工作面的改造环境带来了很大的破坏，其瞬间较大的水量给改造人员的生命安全也造成了很大的威胁，例如皖北煤电集团公司的恒源公司的4413工作面顶板砂岩溃水量达284 m^3/h。另外如果工作面顶板存在坚硬完整厚层岩层段，则可能产生离层次生水害。在采煤工作面回采时，顶板初次来压或周期来压期间诱发突水，威胁采煤工作面的安全。2005年5月21日，淮北煤田的海孜矿745工作面巨厚坚硬火成岩下开采造成离层溃水事故，死亡5人。因此，防治顶板砂岩水也是两淮煤田各矿的重要任务之一。

一、两淮煤田砂岩裂隙水富水性特征

根据两淮煤田各矿地质报告以及水文地质类型划分报告，本次统计出两淮煤田各矿煤系砂岩裂隙水的抽水实验结果，如表21.1所示。从表中可以看出，两淮煤田煤系砂岩裂隙水天然状况下富水性较弱，渗透性较差。

表21.1　两淮煤田煤系砂岩裂隙水抽水实验结果

矿区	煤矿名称	含水层名称	单位涌水量 q(L/(s·m))	渗透系数 k(m/d)
濉萧矿区	袁店煤矿	煤系砂岩含水层	0.006 25～0.147	0.215 9
	双龙煤矿	石盒子中段含水层	0.002 4～0.05	0.006 24～0.218
		山西组含水层	0.001 54～0.007 5	0.003 78～0.003 8
		K_3砂岩裂隙含水层	0.002 42～0.592	0.008～1.507
		3～5煤砂岩裂隙含水层	0.005 71～0.078 2	0.02～0.205
		6煤砂岩裂隙含水层	0.007 35～0.037 5	0.038 0～0.045 4
	岱河煤矿	K_3砂岩裂隙含水层	0.058 7～0.100 9	—
		2～5煤砂岩裂隙含水层	0.008 130～0.104 657	0.006 24～0.255
		6_1煤组砂岩裂隙含水层	0.005 0～0.041 0	0.024 8～0.085 0

续表

矿区	煤矿名称	含水层名称	单位涌水量 q(L/(s·m))	渗透系数 k(m/d)
濉萧矿区	杨庄煤矿	K_3砂岩裂隙含水层	0.040 8~0.683	0.013~1.933
濉萧矿区	杨庄煤矿	3~5 煤砂岩裂隙含水层	0.000 875~0.078 7	0.010 5~0.326
濉萧矿区	杨庄煤矿	6 煤砂岩裂隙含水层	0.000 7~0.549	0.002 5~0.817
濉萧矿区	石台煤矿	K_3砂岩裂隙含水层	0.06~0.601	—
濉萧矿区	石台煤矿	3~5 煤砂岩裂隙含水层	0.000 418 2~0.093 3	0.000 348~0.262 7
濉萧矿区	石台煤矿	6 煤砂岩裂隙含水层	0.125 3	0.220 4
濉萧矿区	朔里煤矿	2~5 煤组含水组	0.137 9~0.197 71	0.567~1.452
濉萧矿区	朔里煤矿	6 煤含水组	0.002 5~0.117 481	0.017 1~0.668
濉萧矿区	刘桥一矿	上石盒子组砂岩含水层	0.874	2.65
濉萧矿区	刘桥一矿	山西组砂岩含水层	0.033	0.590 1
濉萧矿区	百善煤矿	5_2煤砂岩裂隙含水层	0.013 4	0.127
濉萧矿区	百善煤矿	6 煤砂岩裂隙含水层	0.000 51	—
濉萧矿区	前岭煤矿	4 煤砂岩裂隙含水层	0.013 4	0.052 3
濉萧矿区	前岭煤矿	6 煤含水层	0.000 7	0.000 8
濉萧矿区	卧龙湖煤矿	K_3裂隙含水层	0.004 227	0.007 07
濉萧矿区	卧龙湖煤矿	6-8 煤砂岩裂隙含水层	0.006 95~0.009 7	0.036 01~0.062 9
濉萧矿区	卧龙湖煤矿	10 煤砂岩裂隙含水层	—	—
濉萧矿区	恒源煤矿	K_3砂岩裂隙含水层	0.161 3	1.207
濉萧矿区	恒源煤矿	5 煤砂岩裂隙含水层	0.002 4~0.759 3	0.007 5~12.89
濉萧矿区	恒源煤矿	4 煤砂岩裂隙含水层	0.043 6~0.125	0.100 9~0.189 7
濉萧矿区	恒源煤矿	6 煤砂岩裂隙含水层	0.051~0.88	0.038 3
宿县矿区	芦岭煤矿	上石盒子组含水层	0.000 362~0.001 6	0.000 92~0.002 3
宿县矿区	芦岭煤矿	下石盒子组含水层	0.000 135~0.016 5	0.001 5~0.002 3
宿县矿区	芦岭煤矿	山西组上部含水层	0.001 43~0.010 9	0.001 2~0.016
宿县矿区	朱仙庄煤矿	下石盒子组第六含水层	0.003 48	0.004 6
宿县矿区	朱仙庄煤矿	下二叠系第七含水层	0.000 122~0.000 359	0.000 54~0.099
宿县矿区	桃园煤矿	3_2~4 煤间含水层	—	—
宿县矿区	桃园煤矿	6~9 煤间含水层	0.003 59~0.082 31	0.007 8~0.63
宿县矿区	桃园煤矿	10 煤砂岩裂隙含水层	0.094 91	0.45
宿县矿区	祁南煤矿	3_2~4 煤间含水层	0.000 4~0.044 53	0.001 1~0.516 6
宿县矿区	祁南煤矿	6~9 煤间含水层	0.000 4~0.002	0.000 878~0.009 92
宿县矿区	祁南煤矿	10 煤砂岩裂隙含水层	0.000 0941~0.001	0.000 208~0.003 21

续表

矿区	煤矿名称	含水层名称	单位涌水量 q(L/(s·m))	渗透系数 k(m/d)
宿县矿区	祁东煤矿	K_3砂岩裂隙含水层	0.003 9～0.008 15	0.002～0.111 4
		7～9 煤砂岩裂隙含水层	0.004 2～0.075 5	0.336 2～0.025 27
		10 煤砂岩裂隙含水层	0.002 918	0.037 99
	钱营孜煤矿	3_2煤煤系砂岩水	0.000 768～0.0209 7	0.000 117～0.061 6
		7～8 煤煤系砂岩	0.009 35～0.007 96	0.034 7～0.071 8
		10 煤煤系砂岩水	0.003～0.13	—
临涣矿区	临涣煤矿	3～5 煤间含水层	0.000 741	0.002 33
		5～9 煤间含水层	0.014 9	0.086
		10 煤上、下砂岩含水层	0.002 01～0.004 07	0.001 53～0.011 32
	海孜煤矿	3 煤砂岩裂隙含水层	0.012 7	0.028 2
		7～9 煤砂岩裂隙含水层	0.000 525	0.004 2
		10 煤上砂岩裂隙含水层	0.061 3	0.5
	童亭煤矿	3 煤砂岩裂隙含水层	0.013～0.031	0.012～0.044
		7～8 煤砂岩裂隙含水层	0.000 218～0.002 926	0.12～0.000 368
		10 煤砂岩裂隙含水层	0.000 218～0.061 3	0.000 368～0.50
	许疃煤矿	3～4 煤砂岩裂隙含水层	0.012 64～0.023 28	0.020 1～0.067 76
		5～8 煤砂岩裂隙含水层	0.000 52～0.444 7	0.000 23～0.941 3
		10 煤砂岩裂隙含水层	0.003 48	0.003 846
	孙疃煤矿	3～4 煤砂岩裂隙含水层	0.000 741	0.002 33
		7～8 煤砂岩裂隙含水层	0.004 26～0.008 741	0.047 816～0.011 67
		10 煤砂岩裂隙含水层	0.001 81～0.009 3	0.006 56～0.086 05
	青东煤矿	3 煤砂岩裂隙含水层	—	—
		7～8 煤顶底板砂岩裂隙含水层	0.000 158～0.018 55	0.000 449～0.013 6
		10 煤砂岩裂隙含水层	0.018 23	0.041 5
	杨柳煤矿	3～4 煤间含水层		
		7～8 煤上下含水层段	0.009 08	0.014 97
		10 煤砂岩裂隙含水层	0.008 6	0.025 02
	袁一煤矿	K_3砂岩裂隙含水层	—	—
		7～8 煤砂岩裂隙含水层	0.008 47～0.017	0.088 11～0.019 08
		10 煤砂岩裂隙含水层	0.009 519～0.009 701	0.034 34～0.035 96

续表

矿区	煤矿名称	含水层名称	单位涌水量 q(L/(s·m))	渗透系数 k(m/d)
临涣矿区	袁二煤矿	K_3 砂岩裂隙含水层	—	—
		7～8 煤层上下砂岩裂隙含水层	0.040 83	0.190 4
		10 煤层上、下砂岩裂隙含水层	0.009 7	0.035 96
	任楼煤矿	3 煤～4 煤间含水层	—	—
		5 煤～8 煤间含水层	0.019 6	0.019
	五沟煤矿	K_3砂岩裂隙含水层	—	—
		7～8 煤砂岩裂隙含水层	0.009 24～0.012 4	0.187 7～0.038 21
		10 煤砂岩裂隙含水层	0.006 414～0.009 9	0.059 63～0.099 6
涡阳矿区	涡北煤矿	3 煤砂岩裂隙含水层	—	—
		6～8 煤砂岩裂隙含水层	0.003 757～0.016 13	0.001 83～0.030
		10～11 煤砂岩含水层	—	—
	刘店煤矿	上统上石盒子组含水层	0.874	2.65
		7 煤层砂岩裂隙含水层	0.004 6	0.013～0.023
		10 煤层砂岩裂隙含水层	0.004 4～0.010 78	0.017 6～0.042 2
淮南矿区	谢一煤矿	煤系砂岩裂隙含水层	0.009 3～0.105	—
	谢李深部	煤系砂岩裂隙含水层	0.054 5～0.055 5	0.39
	新庄孜煤矿	二叠系砂岩含水层	0.007～0.094	—
潘谢矿区	潘一煤矿	煤系砂岩水	0.006 32	—
	潘二煤矿	二叠系砂岩含水层	6.32×10^{-4}～0.049 0	0.002～0.175
	潘三煤矿	二叠系砂岩裂隙含水层	0.013 3	0.038 9
	潘北煤矿	煤系砂岩含水层	0.001 41	0.002 3
	朱集西煤矿	二叠系砂岩含水层	0.000 016～0.000 080	0.000 032～0.001 287
	丁集煤矿	煤系砂岩水	0.000 676～0.034 8	0.002 26～0.207
	谢桥煤矿	煤系砂岩水	0.004 6～0.087 2	—
	张集煤矿	煤系砂岩水	0.000 95～0.039	0.000 204～0.238
	新集一矿	13-1 煤砂岩含水层	0.001 43～0.002 01	0.005 84～0.006 37
		11 煤砂岩含水层	0.003 31	0.014 7
		8 煤砂岩含水层	0.013 8～0.018 6	0.027 7～0.083 6
	新集二矿	煤系砂岩水	0.001 43～0.018 6	—
	新集三矿	14～13-1 煤砂岩含水层	—	—
		11-2 煤砂岩裂隙含水层	0.009 976	0.138 63
		8-2～6-1 砂岩含水层	0.005 592	0.054 58

续表

矿区	煤矿名称	含水层名称	单位涌水量 q(L/(s·m))	渗透系数 k(m/d)
阜东矿区	口孜东煤矿	13-1 煤层顶底板砂岩含水层	0.000 14	0.000 478 8
		11-2 煤层顶底板砂岩含水层	0.002 05	0.016
		8～5 煤层顶底板砂岩含水层	0.001 08	0.008 49
	刘庄煤矿	二叠系砂岩裂隙含水层	0.000 008 5～0.018 1	0.000 027 9～0.39

二、砂岩水(离层水)防治措施

一般顶板含水层都位于采动冒裂带之内，开采期间顶板含水层水必然溃入工作面，因此，应该在开采之前将含水层水放出，确保回采期间工作面无水。多年的开采资料证明，煤层顶板砂岩水以静储量为主，是可以疏干的。但因其有可观的静储量，需要一定时间才能疏干。

在疏干之前，建议用物探手段进行富水区探测，合理施工探放水钻孔，做到“一面一策”，同时保证工作面和掘进头的排水设施与排水能力。具体方案可参照下列方案执行。

(一) 顶板水疏放方案

在顶板水害防治中，建议采用自然疏放和预疏放相结合的方式进行顶板水防治。预疏放采用钻孔预疏放方案。预疏放钻孔的布置原则如下：

(1) 布设于物探圈定的富水区域。

(2) 揭露含水层段尽量长些，以施工斜孔为宜。

(3) 钻孔尽量与构造断裂或裂隙方向斜交。

(4) 断裂构造、裂隙发育地段重点布孔。

对顶板水的预疏放应在工作面回采前 2～3 个月进行，以确保残余水头为零。由于导水裂隙和工作面的夹角变化很大，存在着裂隙连通不良的现象，为了使疏干的效果更好，建议采用预疏干和采动疏干相结合的方法。预疏干就是常规的疏干方法，采动疏干就是利用开采工作面的超前破裂进行疏干的方法。对于顶板离层水(次生水)，也要采用同样的方法治理。预疏干和采动疏干共用同一个钻孔，只是对钻孔的姿态有特殊要求，即要求疏干钻孔的总体倾向和工作面的推进方向一致，如图 21.1 所示。为了防止疏干过程中因塌孔造成钻孔堵塞，影响疏干效果，疏干孔需要下入花管，具体技术要求需要有专门的疏干设计。

(二) 采煤过程中防治水技术措施

首先根据井下水文地质、工程地质条件，合理安排开采顺序，先开采相对安全的区域，在采区内合理确定回采工作面的参数。

根据矿井相关资料，分析主采煤层上覆含水层的厚度、富水性以及隔水层厚度，采用比拟法及现场实验计算或测定的冒裂带高度，绘制顶板两带发育高度等值线等，针对不同煤厚和不同隔水层厚度以及顶板含水层富水性分布情况，提出工作面开采时水害预测评价，提供科学合理的防治顶板水害方法。尤其是煤厚超过 15 m 的区域，选择适宜的采煤方法，对顶板水防治至关重要，在采煤过程中主要注意如下几方面：

1. 控制工作面规模

当隔水层强度不够或构造裂隙发育时，可大面改小面、适当缩短工作面斜长或工作面采高以减小顶板破裂高度。

2．调整工作面布置

工作面应尽量避免布置在断层附近或和其平行或在工作面顶板富水性较强时。

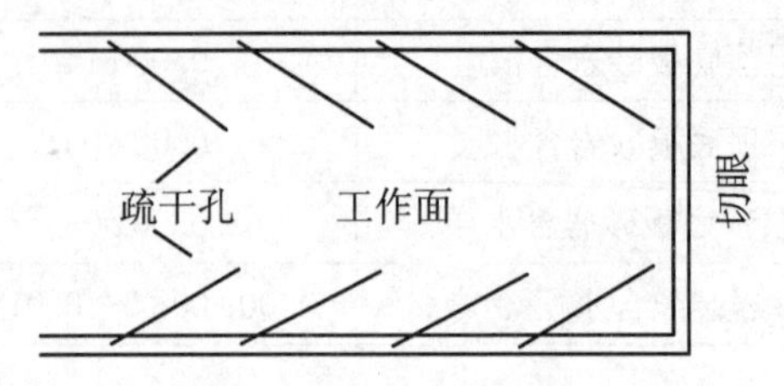

(a) 顶板砂岩水预疏干和采动疏干相结合工程布置平面图

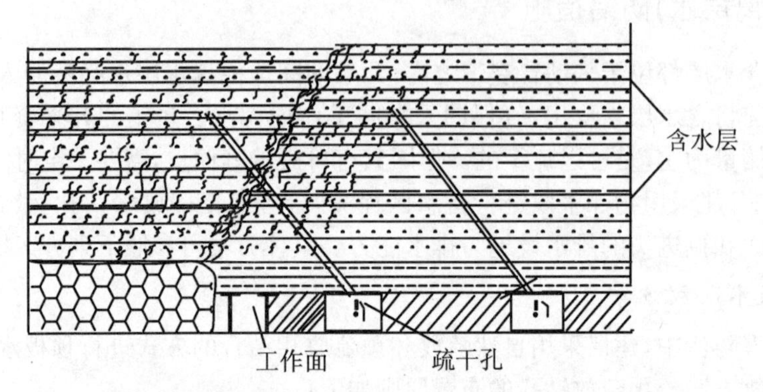

(b) 顶板砂岩水预疏干和采动疏干相结合工程布置剖面图

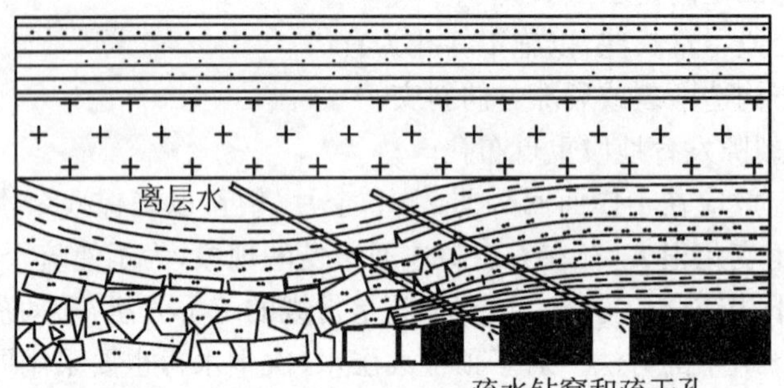

(c) 顶板离层水预疏干和采动疏干相结合工程布置剖面图

图 21.1

3．顶板控制

当顶板坚硬不易冒落而形成悬顶距过大时，则应人工放顶，减少悬顶面积，降低初次来压强度，应根据相似矿井长期的开采时间和现场测定结果，制定相应的控制措施。

工作面覆岩存在坚硬厚层关键层、导水裂缝带附近发育有软硬岩互层的，施工面内顶板导流孔、面外顶板截流孔，钻孔终孔进入导水裂缝带上硬岩内。

4．加强采煤工作管理

严格按照设计采高进行开采，严禁超限采煤。特别是发现采煤工作面停滞不前时更应严格禁止集中超限采煤。在断层发育部位采煤时，须严密监测顶板水文情况，严格控制采高与采速；尽量做到回采工作面连续快速和匀速推进，要尽量使全工作面的采厚较均匀。在开采期间，特别是在老顶初次来压和周期来压期间，加强回采工作面顶板管理，做到及时支护，并做好工作面端头支护，防止冒顶事故的发生。

5. 在开采过程中密切监视

安排专职人员对采煤工作面水情变化进行密切监视，及时向矿总工程师和有关部门汇报，以便采取相应措施。特别是在工作面过断层时加强对断层的活动状态及其水情的监控，及时采取必要的安全防范措施。积累工作面涌水量、进尺等基础数据，为矿井防治水提供基础数据。

6. 开展矿井水文情况长期监测

利用形成的井上下水文观测系统，对顶板水动态、工作面涌水量及水质、水温等进行联合监测。建立健全的地下水动态及矿井涌水量实时监测预警系统，以便及时发现水情变化和采取应急对策。

（三）完善排水系统

采前对井上、下排水设施（排水沟、水仓和管路）进行清理、疏通和检修，水仓、泵房、排水沟、管路均要达到正常运作要求。在开采期间要保证中央泵房除按规定正在检修以外的所有水泵处于随时开机运行状态，加强排水设备的维修与管理，定期清理水沟和水仓，确保疏排水系统的正常。保证工作面具备足够的临时排水能力，保证工作面一旦有水涌出时能顺畅疏排。

四、煤系砂岩水防治实例

下面以皖北煤电集团五沟煤矿首采面顶板砂岩裂隙水防治为例进行说明，该矿首采面顶板含水层主要是10煤层顶部砂岩和7煤、8煤层顶底板砂岩裂隙含水层。由于首采面断层等小构造较多，若顶板覆岩破坏范围内局部含水较大，当预测处理不当时，极易造成生产上的被动甚至发生水害事故。

（一）砂岩富水性分析

1. 首采面10煤层顶板砂岩空间分布趋势

煤层顶板中砂岩的存在是决定富水性的前提条件，砂岩厚度是影响地下水赋存的首要因素之一。一般而言，厚度大的部位单位面积上储量大，富水性好；反之，厚度小、储量小则富水性差。综合考虑首采面范围内10煤层采用及采用的开采技术等因素，分析得出开采后采空区导水裂缝带发育高度在60 m左右。这一范围内的砂岩含水层是主要含水层。因此，把10煤顶板60 m范围内的砂岩总厚度作为含水层相对厚度。为了更安全起见，我们统计了10煤顶板90 m范围内的砂岩总厚度，根据此厚度做出砂岩厚度区域分布图。

2. 首采面10煤层顶板砂岩富水性和汇水特征分析

在10煤层顶板含水层中，对首采面充水有直接影响的主要是10煤层上覆岩层的砂岩。10煤层上覆岩层50 m以上的7煤、8煤层顶板岩层中的砂岩，多为泥质胶结，裂隙不发育。泥质岩和泥质胶结的砂岩，多数易崩解、泥化，从而大大增强了抗变形破坏能力和隔水性能。百善、任楼等矿资料表明，其可以抑制开采引起的导水裂缝带向上发展和减弱上方含水层的向下渗漏，具有双重特性。7煤、8煤层顶板砂岩富水性极弱，可视为弱透水层，且距首采面较远，对首采面无影响。

在10煤层上覆岩层50 m范围内，砂岩累计厚度平均为5～10 m，约占20%。10煤层顶板砂岩以间接顶板多层状出现，岩性为中、细砂岩和粉砂岩，成分以石英为主，具水平层理。钻孔施工时，$q=0.006\,414\sim0.008\,287$ L/(s·m)，$k=0.059\,63\sim0.002\,797\,8$ m/d，水质类型为$HCO_3-K\cdot Na\cdot Mg\cdot Ca$或$HCO_3-K\cdot Na$型，矿化度为0.428～0.496 g/L，pH为7.7

～8.6，富水性微弱。

10煤层顶板砂岩主要接受四含的渗透补给，但补给范围和补给量有限，以静储水量为主。砂岩裂隙不够发育，也不均匀，大部受构造控制，以构造裂隙为主，连通性不强。

3．首采面10煤层顶板水对安全生产影响分析

综合上述分析得出，五沟煤矿10煤层顶扳砂岩裂隙水是矿井充水的直接水源，水量较小，补给有限，以静储量为主，有明显疏干趋势，属弱含水、弱透水的含水层。正常情况下水量对生产不会产生危险，但对生产会产生一定影响，在生产中应做好顶板水防排工作。

（二）砂岩裂隙水的防治措施

对于矿井顶板砂岩裂隙水，从防治角度主要考虑两种情况：一是上覆水体（或强含水层）水量大、压力高，开采时不能波及，此时顶板水以防为主，防止上覆水体涌入井下；二是在正常开采方法的情况下，涌水量不能太大且矿井排水能力及相应措施应满足要求。研究表明，顶板主要充水含水层是10煤顶部砂岩，该含水层补给条件较差，主要为静储量，有明显疏干趋势，属弱含水、弱透水的含水层，对工作面威胁较小。顶板水防治根据局部富水区的情况，先预计涌水量，然后根据涌水量大小，设计实施防排水工程，制定防治水措施，避免顶板水涌出影响正常生产。具体的防治措施根据工作面提前查明的富水情况，在打钻疏放的基础上，再采用临时水泵排水等安全技术措施，可保证工作面正常推进。

其他矿井顶板砂岩水的防治措施参考《煤矿安全规程》与《煤矿防治水规定》等相关规程条例。

五、离层水防治实例

淮北矿业集团海孜煤矿是一座设计年产1.5 Mt的现代化矿井，2005年5月21日，该矿745工作面发生了瞬时水量达3 887 m^3/h的特大溃水事故。经分析发现，此次溃水事故的水源来自7煤层顶板砂岩离层积水，是在复杂水文工程地质条件下，采煤工作面顶板产生的一种动态突水水源。本次突水和其他工作面顶板砂岩突水存在着明显的区别，具有以下几方面的特点。

（1）突水出现突破了顶板突水从小到大的规律，几乎是瞬间溃出，无任何征兆。

（2）瞬时最大水量为3 887 m^3/h，并伴有约400 m^3的岩石以泥石流形式溃出，造成沿途巷道被切割冲刷，最大冲刷深度为1.5 m。

（3）水量衰减快，具封闭水体（老塘水）突水特点，突水后仅过3.5 h水量就衰减了97%。

如此强度的顶板水突水现象在国内十分罕见。如何进行防治，避免类似事故的再次发生，以扭转生产和安全的被动局面，保证工作面安全恢复生产成为工作面水害治理的课题。

（一）745工作面地质及水文地质概况

745工作面7煤层属二叠系下石盒子组，隐伏于第四系及火成岩层之下，煤层厚0.2～3.2 m，平均1.29 m，倾角18°。对7煤层开采充水有影响的主要含水层为第四系四含和7煤顶板厚层砂岩，而四含底部黏土层、火成岩层与7煤直接顶泥岩具有隔水作用。

（1）四含。为第四系地层的最下一层，直接覆盖在煤系地层之上，与煤系地层不整合接触。四含底部发育一层黏土层，含砾石，黏土层发育不均一，局部具“天窗”，四含水通过“天窗”缓慢向煤系地层补给。

（2）火成岩。厚76.3～88.77 m，下距7煤层61.2～62.83 m，属闪长岩和闪长粉岩，整体块状结构，总体属隔水层，能阻隔四含对煤系地层的补给。但当有断层等裂隙发育与四含沟通时，会局部丧失隔水作用，通过地面补勘钻孔采取钻孔电视技术可清晰地看到该区火成岩发育有大量纵向和层状拉伸裂隙，但不含水。

(3) 7 煤顶板砂岩。厚 14.07～30.87 m，下距 7 煤层 12.86～28.03 m，含脉状裂隙承压水，属弱含水层，是 7 煤开采的直接充水水源。

(4) 7 煤底板煤岩层。与 7 煤同属于二叠系下石盒子组的 8，9 煤层目前还未开采(8 煤层上距 7 煤层 22 m，8，9 煤层之间约距 3 m)，与 7 煤层下距约 116 m 的二叠系山西组 10 煤层，已于 2002 年 11 月全部采完。

(二) 745 工作面突水水源勘查

745 工作面发生突水后，为了查明突水原因，在位于停采线外 sm，机巷向上 rom，施工了 R455 钻孔，终孔孔深 368.53 m，距 7 煤顶板 34.8 m，基本查明了 7 煤层顶板砂岩离层的发育及水位变化特征(图 21.2)。

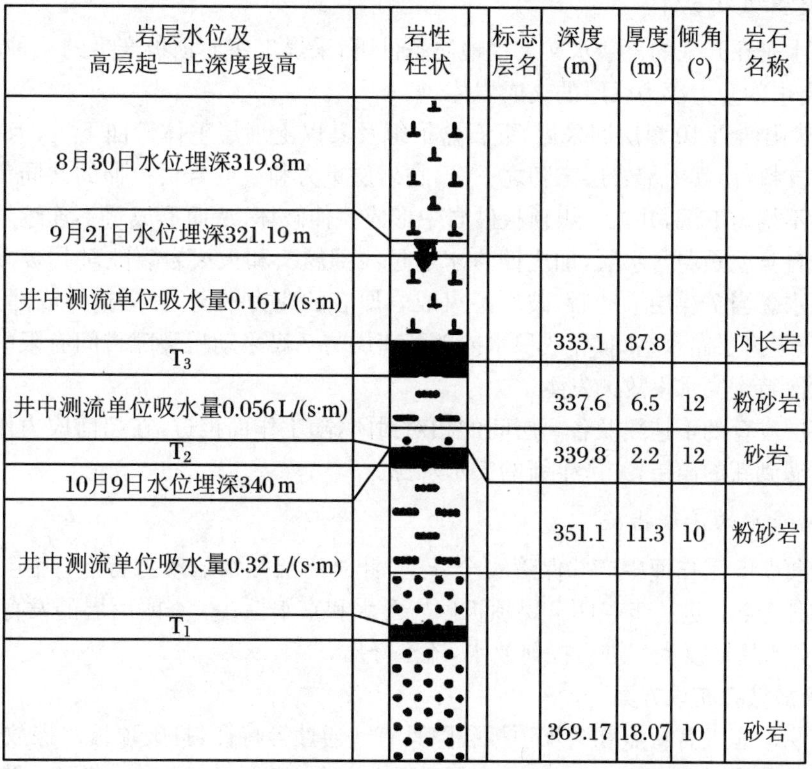

岩层水位及离层起—止深度段高	岩性柱状	标志层名	深度(m)	厚度(m)	倾角(°)	岩石名称
8月30日水位埋深319.8 m 9月21日水位埋深321.19 m 井中测流单位吸水量0.16 L/(s·m)			333.1	87.8		闪长岩
T_3						
井中测流单位吸水量0.056 L/(s·m)			337.6	6.5	12	粉砂岩
T_2			339.8	2.2	12	砂岩
10月9日水位埋深340 m 井中测流单位吸水量0.32 L/(s·m)			351.1	11.3	10	粉砂岩
T_1						
			369.17	18.07	10	砂岩

图 21.2　R455 勘查孔中离层的发育特征及水位变化示意图

1. 离层带的发育特征

(1) T_3 离层带。钻孔施工在 329.5～332.5 m 中发现岩浆岩与粉砂岩接触带(易产生离层的硬软岩层界面)，已形成段高 3 m 的离层带(T_3)，注水实验测流结果，$q=0.16$ L/(s·m)，相当于中等富水含水层。

(2) 竹离层带。孔深 339.5～341 m 孔段的煤系砂岩与粉砂岩界面(也是软、硬岩层界面)分布有段高为 1.5 m 的离层带(T_2)，注水实验 $q=0.056$ L/(s·m)，相当于弱含水层，表明离层带为破碎岩石充填，而不是空腔。

(3) T_1 离层带。在孔深 350.74～368.53 m 的巨厚(大于 17.5 m)的砂岩中,砂岩顶界 6.76 m 以下发现有段高为 1.2 m 的离层带(T_1),注水实验 $q=0.32$ L/(s·m),相当于中等富水含水层,k 值为 31.16 m/d。总吸水量为 13.64 m^3/h。

2. 离层带水位变化特征

R455 孔终孔时,岩浆岩孔段(333 m)的水柱高度为 16.1 m。T_1,T_2,T_3 三个离层带均有积水。44 d 后水位为 340 m,已低于岩浆岩底板 18.9 m,表明 T_3 离层带已处于水位之上而成为“无水离层带”。T_2 离层带顶界为 339.5 m,表明该离层带上部已有 0.5 m 处于水位之上,此时只有 T_1 离层带仍保持水位,水柱高达 17.5 m。

R455 孔内水位之所以能保持 44 d,说明:① 有 T_3“积水离层带”补给源的存在;② 孔底有水位说明其下部砂岩还没有被导水裂隙所波及(R455 孔底距 7 煤顶还有 34.8 m)。46 d 后孔内水位消失,钻孔发生吸风现象,说明 T_3 积水离层带已被疏干。

上述勘查结果表明,$q=0.32$ L/(s·m)的 T_1 积水离层带是 5.21 突水事故的直接水源。

(三) 突水动力分析

离层积水是在开采的复杂水文工程地质条件下,采煤工作面顶板产生的一种动态的突水水源,导致突水的动力源为巨厚的火成岩体。

7 煤下伏山西组 10 煤层回采后,下石盒子组及其以上地层整体弯曲下沉,但由于受巨厚火成岩板的支撑,使其上部岩层未随之下沉,在岩层重力和火成岩板拉伸的共同作用下,造成下石盒子组不均匀下沉,并在 7 煤顶板砂岩中形成拉伸破坏,从而形成了不连续发育的离层。因该层砂岩自身就是弱含水层,加之四含水通过浅部露头和火成岩裂隙对其缓慢补给,使离层内产生积水。当 7 煤层采动后,破坏了火成岩原有的应力平衡,岩层整体或部分位移产生的动力,挤压了离层储水空间,导致积水冲破了离层与 7 煤采动后裂隙带间有限的隔水层,从而导致了此次特大突水事故的发生。

由于离层发育的不连续及各离层间的相对封闭,随工作面推进,在超前应力作用下,工作面前方将会遇到新的离层,并产生新的突水水源。

(四) 离层水的治理措施

为了恢复 745 工作面生产并保障安全开采,针对离层突水的动力特点,确定了治理离层水的目的和任务:① 进一步查明 7 煤顶板砂岩含水和富水性;② 查明离层的发育情况;③ 为 745 工作面突水后恢复生产进行提前放水,疏干降压。

1. 预疏放钻孔布设方案

结合离层动态发育特点和 7 煤顶板裂隙具有连通性等特征,打破顶板水探放钻孔布设在工作面上方的传统,按每 50 m 一组向工作面下山方向(煤层倾向方向)布置。钻孔开孔于 7 煤底板约 15 m 施工的 745 岩石轨道巷内,避免钻孔因工作面回采被破坏,每个钻窝布置 3 个孔,呈扇形分布,使钻孔呈网状穿过 7 煤顶板砂岩,保证覆盖面。

钻孔开孔直径 127 mm,两层套管结构,孔口管 8～10 m,用标号不小于 500# 的水泥固管,用不小于 5 MPa 的压力进行耐压实验,合格后缩径 89 mm 钻进至终孔。然后全程下入甲 73 mm 花管作为过滤器,防止孔内掉歼堵塞钻孔,保证钻孔持续有效放水,详细记录钻孔在施工过程中的出水层位、孔深,水量、水压等,并采取水样进行水质分析。

2. 简易放水实验

所有钻孔施工完成后,选取了水量较大的 3 个钻孔进行简易放水疏干,对其他钻孔进行测压，监测钻孔水压变化情况。简易放水实验为期 10 d，3 个孔总放水量 1 025 m³，钻孔水压从 0.54 MPa 降到 0.2 MPa。经计算砂岩水位从原始高出风巷约 5 m，下降到放水后仅高出机巷 0.2 m。放水实验结束后，进行了为期 72 h 的恢复水位实验，24 h 后钻孔水位为 0.25 m，并保持稳定。

3．TEM 检测结果

在钻孔施工前，为了准备掌握 7 煤顶板砂岩的含富水情况，在 745 工作面风巷、腰巷和机巷向工作面顶板采取了瞬变电磁探测，共查出 3 处低阻异常。视电阻率横向上表现出起伏变化较大，与高阻曲线明显不协调。探测结论为 3 处视电阻率低阻异常对应工作面顶板存在 3 处较强富水区，为富水异常区。

为进一步确定钻孔防水效果，在工作面恢复生产前，再次用瞬变电磁法对钻孔放水效果进行检验，重点探查先期探测 3 个低阻异常的视电阻率变化。通过对比发现，二次瞬变电磁视电阻率明显增大，且视电阻率等值线横向变化较均匀，与其他高阻曲线协调性较好，煤层顶板电性横向分布均匀，说明原探测富水区已降为弱含水或不含水，钻孔放水效果较好。

（五）工作面回采过程中的与疏放水效果

在工作面恢复生产过程中，受超前应力影响，所有放水孔水量均有不同程度变化，突出表现在 3# 钻场 1# 孔（图 21.3）。

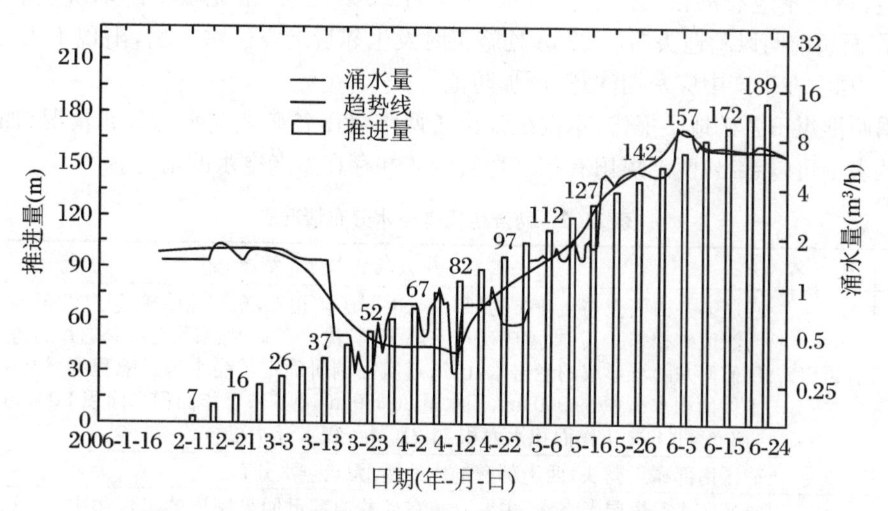

图 21.3　疏水量变化趋势曲线与工作面累计进度对照关系图

该钻孔施工后到恢复生产，工作面在推进至距钻孔大于 50 m 期间，钻孔水量一直保持在 0.8 m³/h 的稳定水量。当工作面在距钻孔 50 m 且继续向前推进时，钻孔水量持续增大，距钻孔约 20 m 时，水量已增大到 5 m³/h，当工作面采到钻孔上方时水量增大到 9.8 m³/h，达到极值，随着工作面继续向前推进，钻孔水量虽有所下降但仍保持在 7 m³/h 的稳定水量。在工作面恢复生产的整个过程中，只有钻孔水量发生变化，而工作面内却未出现任何淋水和滴水等水情异常。

通过对整个回采过程钻孔疏放水量计算，发现钻孔放水总水量是 745 工作面突水水量的 2.3 倍，说明钻孔疏放水对超前疏放砂岩水、截断离层积水水源发挥了重要作用。

由于离层动力突水现象在国内较为罕见，采取何种布孔方式、孔组间距需要多大以及孔与孔之间如何排列等，才能最经济合理地预疏放煤层顶板离层积水、截断离层积水水源，保证预疏放效果，均还处于一种摸索状态。

745工作面恢复生产后，先后采出原煤约70 kt，工作面内未出现任何水情异常，实现了安全开采，工作面预疏放顶板动态离层水技术为类似顶板条件下水害防治积累了治理经验，具有较可观的社会和经济效益。

第二节　老空水防治

一、老空水概况

“老空”是指古代小井（又称老窑）采空区或现代矿井的老采空区（以下简称老空）。它们一般都是充满水的，就像地下水库一样。当采掘与之沟通时，则像水库溃坝似的，老空积水猛然涌出。不仅因来势猛，可冲垮工作面、巷道设施及现场人员，而且水中常带有害气体，可熏人致死。由于我国采煤历史悠久，老空广布，且大多缺少开采记录资料，因此，新中国成立以来，老空突水事故常常发生，因老空突水致死的人数亦很惊人。虽然随着矿井开采加深，老空突水事故减少，但由于工作疏忽、管理不善等原因，现代采空区（甚至本矿已采区）突水事故仍时有发生，造成不应有的损失。如在1995年7月22日凌晨，淮北煤田的刘桥一矿65采区6511工作面超前回风巷迎头向后22 m处施工时发生邻近老空区水溃出，出现1人死亡的重大事故。由此，在生产中应密切注意，严加防范。

根据两淮煤田各矿地质报告，本次统计出了两淮煤田各矿老空水的分布情况，如表21.2所示。从表中可以看出，两淮煤田有相当数量的矿井存在着老空水的情况。

表21.2　两淮煤田老空水分布情况表

矿区名称	矿　名	井田老空水分布情况
闸河矿区	袁店煤矿	袁庄矿井田西南与孟庄矿为邻，南与毛郢子矿相邻，东与沈庄矿接壤，北部与人为边界与沈庄矿相邻。其中，孟庄矿与毛郢子矿、沈庄矿矿井已闭坑。本矿井周边存在因沈庄矿矿井闭坑形成的老窑水，已通过实际调研确定了受水害影响程度。其中Ⅳ31114工作面积水面积59 960 m^2、积水量30 059 m^3，Ⅳ626工作面积水面积1 064 m^2、积水量413 m^3，Ⅳ622工作面积水面积11 210 m^2、积水量4 726 m^3
	双龙	矿区南部靠近露头，西南部有杨庄地堑，无老空水分布
	朱庄煤矿	本矿3,4,5煤层老空水，主要分布在矿井内部已回采完毕的工作面中，位置、范围、积水量等均清楚，采掘活动接近老空区时，采取超前探放措施，不威胁矿井生产。Ⅲ4420工作面积水面积120 m^2、Ⅲ5414工作面积水面积12 400 m^2、Ⅲ4423外段工作面积水面积4 415 m^2，Ⅲ4423里段工作面积水面积2 312 m^2
	岱河煤矿	本矿在Ⅲ4215，Ⅲ4214，Ⅲ419，Ⅱ348，Ⅱ447和Ⅱ4412这6个工作面出现了采空区积水，目前这些采空区积水范围、积水量清楚。其周围“小井”不多，只有杜集区房庄煤矿有老空水，该矿处于岱河、朔里、石台三矿边界所夹的三角块段，面积约0.55 km^2
	杨庄煤矿	本矿老空积水位置、范围、水量清楚。本矿Ⅱ616工作面、Ⅱ611工作面两次突水，水均由老塘方向涌出。1985年11月21日Ⅱ611工作面6煤底板老空水突出，突水量352 m^3/h。特别是本矿范围内目前有北杨煤矿、新杨煤矿、广安煤矿、友谊一矿、洪杨煤矿、友谊二矿等6个小煤矿（8个块段），其中友谊一矿、友谊二矿、广安煤矿已经闭坑，井筒封闭合格，这些小煤矿均分布在矿井浅部露头，除新杨煤矿外其他各矿与杨庄矿无完整隔离边界，大部分是回采矿井内遗留的残余煤块段和遗留的底煤及小的阶段煤柱。小煤矿开采多数不太规范，有的甚至有越界开采现象，井下采空区积水边界不清楚

续表

矿区名称	矿　名	井田老空水分布情况
闸河矿区	石台煤矿	矿井及周边老空水分布位置明确、范围清楚、积水量清楚，且积水量多较少。Ⅱ318 工作面积水面积 23 870 m^2、Ⅱ3110 工作面积水面积 1 603 m^2、Ⅱ312 工作面积水面积 1 603 m^2、Ⅱ355 工作面积水面积 11 050 m^2、Ⅱ356 工作面积水面积 18 205 m^2、3422 工作面积水面积 10 800 m^2、3424S 工作面积水面积 13 334 m^2
	刘桥一矿	矿井自 1981 年投产以来，开采 4 煤和 6 煤层共产生了 20 个积水采空区，其中Ⅱ62 采区积水采空区、四一采区积水采空区和Ⅱ64 采区积水采空区位置明确，积水面积和积水量已探明，积水总量为 40 500 m^3；其余的采空区为：Ⅱ461，Ⅱ462，Ⅱ463，Ⅱ464，Ⅱ465，Ⅱ466，Ⅱ467，Ⅱ4210，Ⅱ469，661，663，665，Ⅱ467，Ⅱ661，Ⅱ662，Ⅱ664 和Ⅱ665 采空区，位置、积水量比较明确。根据资料显示，刘桥一矿的积水采空区状况如下：四一采区积水面积 20 800 m^2、Ⅱ62 采区积水面积 27 310 m^2、Ⅱ64 采区积水面积 400 m^2、Ⅱ664 工作面积水面积 32 200 m^2、Ⅱ661 工作面积水面积 24 000 m^2
	恒源煤矿	恒源煤矿存在老空水的有Ⅱ61 采区Ⅱ6111 工作面及Ⅱ616 工作面。 Ⅱ6111 工作面横跨宽斜的小城背斜，机巷里段和采空区的右下侧位于背斜的另一翼，老塘水不能自流出而积聚在其中，预计积水面积 10 860 m^2，总水量 1 507 m^3，水头高度最大约 8.1 m。另外，在此工作面的外端，因巷道开始为下山施工，而后又上山施工，形似“向斜”形状，其中积聚了大量的老塘水，预计：风巷积水面积 440 m^2，积水量 260 m^3，水头高度大约 2.5 m，且有动水量约 4 m^3/h；机巷积水面积 512 m^2，总水量 1 136 m^3，水头高度最大约 15.3 m，且有动水量 30 m^3/h 左右。 Ⅱ616 工作面位于Ⅱ61 采区的北翼中部，东、西部分别为已回采完毕的Ⅱ614、未回采的Ⅱ618 工作面，南部为二水平暗斜井；北部隔着孟口断层与Ⅱ62 采区相邻；Ⅱ616 工作面横跨宽缓的小背斜，里段 2009 年采用综采进行回采，同年因 FⅡ616-3 断层影响而收作，外段正在回采。里采空区面积 4.98×10^4 m^2。目前老塘水已越过背斜顶点顺机巷外流，水量 6 m^3/h 左右，推测Ⅱ616 采空区的积水上限为 −469 m，在工作面的里段下侧有老塘积水，预计目前积水面积 2.6×10^4 m^2，总水量 1.9×10^4 m^3，且有 5 m^3/h 的裂隙水动水量，老塘水头最大为 29.5 m。在其下侧沿空掘进的Ⅱ618 工作面以后将受到此老塘水的严重影响
	前岭煤矿	矿井自投产至 2013 年，开采 4 煤层共产生了 6 个积水采空区，积水总量为 27 150 m^3，开采 6 煤层共产生了 8 个积水采空区，积水总量为 32 550 m^3。采空区老塘水是影响前岭煤矿在采掘过程中的主要水害隐患，近期，前岭煤矿采掘活动范围为 43 采区。41，61 采区已回采完毕，根据在 41 采区回采期间对各工作面的涌水量调查情况分析，该采区老空水主要来源于煤层的顶、底板砂岩裂隙水层，也是矿井充水的直接含水层，富水性较弱，41 采区老空水积水量约为 15 000 m^3
	百善煤矿	目前所采掘工作面局部存在少量老空积水，位置、范围、积水量清楚。具体积水区和积水情况如下所示：682 采空区积水面积 1 730 m^2、积水量 450 m^3；685 采空区积水面积 19 000 m^2、积水量 1 520 m^3；6524 采空区积水面积 6 053 m^2、积水量 1 574 m^3；6542 采空区积水面积 15 530 m^2、积水量 4 038 m^3
	卧龙湖	由于 6，7，8 煤层间距较小，均约 12 m，卧龙湖煤矿采用下行式开采，先采上部 6 煤，后采下部 7，8 煤。所以开采 7 煤时，存在上部 6 煤采空区积水；开采 8 煤时，上部 6，7 煤老空水对生产施工影响较大；另外开采下区段时，上区段老塘积水较大，严重威胁了采掘安全

续表

矿区名称	矿　名	井田老空水分布情况
宿县矿区	芦岭煤矿	芦岭矿老空水分布10个工作面采空区，其中在Ⅱ1042上采空区积水面积3 360 m^2、积水量3 000 m^3；Ⅱ1015采空区积水面积4 600 m^2、积水量3 082 m^3；Ⅱ829^{-1}采空区积水面积20 000 m^2、积水量16 000 m^3；Ⅱ884西段采空区积水面积2 520 m^2、积水量1 860 m^3；Ⅱ982西段采空区积水面积3 050 m^2、积水量2 200 m^3；988积水面积1 650 m^2、积水量1 800 m^3；987采空区积水面积4 300 m^2、积水量3 000 m^3；10109采空区积水面积4 600 m^2、积水量4 000 m^3；101010采空区积水面积5 800 m^2、积水量4 800 m^3；Ⅱ1048采空区积水面积19 000 m^2、积水量22 000 m^3。总之，井田老空积水区位置、范围、积水量清楚
	朱仙庄	本矿采区巷道布置为底板岩巷和斜上山，大部分水可通过岩巷自流排出，小范围的采空区积水量、范围等情况清楚。根据分析认为，在拆除Ⅱ84泵房、报废Ⅱ86采区后，Ⅱ86采区及84采区各区段出水不断汇集，大范围的老空积水仅分布在Ⅱ86采区及84采区下段，采空区积水面积约716 009 m^2，积水量约537 006 m^3，最低点标高－624.800 m，最高点标高－417.843 m
	桃园煤矿	桃园煤矿煤层呈单斜状倾斜，煤层开采后有利于老空区水的积存，同时也有利于集中处理，为安全生产提供了条件
	祁南煤矿	主要受到以下采空区积水的影响：6111采空区积水面积8 760 m^2、积水量1 810 m^3；328采空区积水面积51 760 m^2、积水量60 000 m^3；342＋344采空区积水面积201 000 m^2、积水量300 000 m^3；711采空区积水面积2 441 m^2、积水量890 m^3；1012采空区积水面积4 578 m^2、积水量2 105 m^3；1027采空区积水面积16 800 m^2、积水量7 520 m^3；10210采空区积水面积4 150 m^2、积水量1 826 m^3；6121采空区积水面积9 367 m^2、积水量5 620 m^3；6123采空区积水面积7 042 m^2、积水量3 170 m^3；7124采空区积水面积10 780 m^2、积水量79 772 m^3；344采空区积水面积14 404 m^2、积水量16 552 m^3；348采空区积水面积8 400 m^2、积水量60 000 m^3；34下4采空区积水面积15 407 m^2、积水量14 391 m^3；328采空区积水面积55 100 m^2、积水量48 685 m^3；1012采空区积水面积4 578 m^2、积水量2 105 m^3
	祁东煤矿	本矿采空区状况如下：3248采空区积水面积14 110 m^2、积水量11 005 m^3；3247采空区积水面积17 799 m^2、积水量13 883 m^3；6138采空区积水面积13 883 m^2、积水量16 295 m^3；6137采空区积水面积11 189 m^2、积水量20 315 m^3；7130采空区积水面积4 334 m^2、积水量1 548 m^3；7124采空区积水量1 390 m^3；7123采空区积水量2 244 m^3；8224采空区积水面积1 218 m^2、积水量987 m^3
	钱营孜	据矿区提供的矿井周边煤矿采空区资料显示，目前采空区主要有两个：① 位于西一采区北翼的$3_2$12工作面，2011年6月老空区积水台账显示积水面积13 955 m^2、积水量4 800 m^3、涌水量40 m^3/h，其水源为砂岩裂隙水，主要影响临近的3210工作面的回采。② 位于西一采区南翼的$3_2$13工作面，2012年5月老空区积水台账显示采空区面积812 700 m^2、积水面积58 103 m^2、积水量90 142 m^3、涌水量4 m^3/h，其水源为砂岩裂隙水，主要影响临近$3_2$27面的回采。 现阶段已开展对老空水的探放工作面，W$3_2$12工作面探放水钻孔45个，探放水量100 000 m^3；W$3_2$13工作面探放水钻孔施工82个，探放水量100 000 m^3；西三轨道大巷探放W$3_2$13老塘水共计施工13个钻孔，合计施工858.3 m，总放水量54 000 m^3。放水效果良好，积水区静水量基本疏尽。由于工作面内的采空区积水存在动态补给水量，随着时间的推移，积水会逐渐增加，应加强防范措施，提前探放水

续表

矿区名称	矿　名	井田老空水分布情况
临涣矿区	临涣	临涣煤矿采空区积水主要集中于Ⅱ2，Ⅰ4，Ⅰ3，Ⅰ9采区，积水位置和积水量清楚。历年煤矿开采过程中，采空区积水较大的有：Ⅱ923工作面靠近9211工作面，积水区位置为9211机巷机0点～机4之间，积水面积2 788 m^2、积水量5 520 m^3、积水标高－468.3 m。Ⅱ923工作面所处地段，上为7213采空区，7煤与9煤间距为38.8 m，Ⅱ923工作面回采时，导水裂隙带将波及7213采空区，积水面积106 370 m^2，积水量210 612.6 m^3、积水标高－464.0 m。7213老空水严重威胁到Ⅱ923工作面的安全回采，因此在施工Ⅱ923工作面巷道前必须坚持“有疑必探，先探后掘”的原则，确保7213老空水放净后，方可施工回采
	海孜	本矿大井和西部井均有老空水分布，积水位置和积水量清楚。① 大井老空水分布状况为3个采区共有10处积水，分别是：86采区的762工作面、84采区的962工作面、846工作面、845工作面，32采区的843工作面、426工作面，积水面积34 402 m^2，积水量33 101.61 m^3。② 西部井老空水分布状况为I_3采区有10处积水，分别是：1035(上)工作面、1031工作面，积水面积49 075 m^2、积水量59 625.54 m^3
	童亭	童亭井田内老空积水主要集中于32，34，81，83，8_2下，107，109采区，其中：32与34采空区水量70 m^3/h，81与83采空区水量20 m^3/h，共占矿井涌水量的40%，是矿井的主要出水水源。N_{107}采区积水面积为418 788 m^2、积水量为418 788 m^3，位于10煤层－400 m以深，对下一步采掘活动虽然不构成突水威胁，但建议观测进出水量是否平衡。S_{107}采区积水面积为215 178.4 m^2、积水量为301 249.76 m^3，有可能对1011采区相邻处构成突水威胁，建议在1011采区进行的采掘活动过程中应留设足够的防隔水煤岩柱或疏干开采
	许疃	受地质条件及采掘工艺的影响，各个区段均存在着探放老空水问题，开采下分层要探放上分层的老空水，开采下区段要探放上区段的老空水。许疃矿老空水的分布如下：$3_2$34采区积水量17 835 m^3，$7_1$27采区积水量3 000 m^3，$3_2$35采区、$3_2$36采区、$3_2$22采区、$7_1$210采区积水量80 245 m^3，$7_1$212采区、$7_2$29采区、$8_2$12和$7_2$14采区积水量155 000 m^3，$7_2$15采区积水量5 123 m^3，$7_1$24和$7_1$22采区积水量35 000 m^3，$723_{下}$2采区、$7_1$24和$7_1$26采区积水量24 000 m^3
	孙疃	本矿邻近的生产矿井有杨柳煤矿和任楼煤矿，矿井边界附近没有采掘活动，矿内及周边没有小煤矿及老窑
	青东	726工作面机巷起伏造成老空积水(726机巷J_{15}至726切眼)，积水总量约3 000 m^3。在728风巷施工放水孔，集中探放老空积水约12 300 m^3，循环钻探探放老空积水约5 600 m^3，确保了巷道安全施工。目前老空区积水区域为4处，分别为：$3^{\#}$瓦斯抽排巷W_{15}～W_{18}点前17 m(积水面积为1 411 m^2，积水量为3 642 m^3)；728机巷J_5点后6 m～J_7点后21 m(积水面积为1 958 m^2，积水量为2 048 m^3)，J_8点前10 m～J_9点前6 m(积水面积为1 712 m^2，积水量为1 790 m^3)，J_{12}点～J_{16}点(积水面积为3 899 m^2，积水量为4 077 m^3)
	杨柳	本矿104采区10414和10416工作面存有老空水，积水位置和积水量清楚，10414工作面东南端积水面积16 154 m^2、积水量9 692.4 m^3；10416工作面东南端积水面积30 185.8 m^2、积水量18 111.5 m^3
	袁一	本矿自投产以来有2个10煤工作面收作，分别为1021工作面(2012年4月收作)和1011工作面(2013年5月收作)，各存在少量老空积水，积水区位置、范围及积水量清楚
	袁二	目前老空区积水主要分布在7211，7213两个工作面采空区内。7211工作面积水面积约40 615 m^2、积水量20 308 m^3、积水最低标高－556 m；7213工作面积水面积约130 100 m^2、积水量65 050 m^3、积水最低标高－524 m

续表

矿区名称	矿　名	井田老空水分布情况
临涣矿区	任楼	任楼煤矿周围，不存在小煤矿和老窑，因此不存在老窑水问题。 任楼矿目前已形成大量的采空区，虽采后及时进行探放，仍存在少量采空区积水问题，但清楚了解采空区位置、范围及积水量。上一回采区风石门采空区积水量 4 750 m^3；Ⅱ7222S 工作面采空区积水面积 10 050 m^2、积水量 18 500 m^3；Ⅱ7222N 工作面采空区积水面积 6 300 m^2、积水量 13 500 m^3；7227 工作面采空区积水面积 25 200 m^2、积水量 50 400 m^3
	五沟	根据资料统计，五沟矿的采空区及老空积水状况如下：1016 工作面采空区面积 51 156 m^2、积水量为 55 788 m^3；1017 工作面有 3 个采空区积水面积分别为 574 m^2，10 574 m^2 和 17 441 m^2，积水量分别为 631 m^3，11 359 m^3 和 18 765 m^3；1018 工作面有 2 个采空区，积水面积分别为 16 777 m^2 和 6 544 m^2，积水量分别为 15 332 m^3 和 6 909 m^3；1021 工作面有 2 个采空区，积水面积分别为 809 m^2 和 1 007 m^2，积水量分别为 1 151 m^3 和 791 m^3
涡阳矿区	涡北	8101 工作面采空区积水面积 81 553 m^2、积水量 77 816 m^3；8102 工作面采空区积水面积 102 069 m^2、积水量 210 157 m^3；8103 工作面采空区积水面积 54 674 m^2、积水量 121 061 m^3；8203 工作面采空区积水面积 7 205 m^2、积水量 15 954 m^3；8104 工作面采空区积水面积 233 972 m^2、积水量 106 936 m^3
	刘店	矿区西南临近涡北矿，矿区周边地区无老窑水。经调查目前两矿井边界均未进行采掘活动，不存在相互贯通情况，对矿井安全开采不会构成安全威胁，故对矿井的安全生产无影响
淮南矿区	谢李	截至 2012 年末，井田范围内仍有 16 个小井，其中开采 D，E 组煤层的小井 4 对，即东方煤矿、能发煤矿、金阳煤矿、八区四矿；开采 A，B，C 组煤层的小井 12 对，即鸿鑫小井、赵郢孜煤矿、谢区新五矿、静安煤矿、鑫蔡煤矿、焦宝石煤矿、恒聚煤矿、谢家集区新二矿、谢家集新一煤矿、唐山三矿、八区五矿和唐山煤矿，其中部分小井的井口标高较低且位于地表塌陷塘附近，雨季容易将地表水引入井下，特别在汛期将严重威胁大井的安全生产
	新庄孜	近年来，本矿对周边地面小井情况进行了调查，查清了现存小井的位置及采掘煤层情况，查清了部分小井的采掘范围、积水情况等，为减少本矿老空水害威胁提供了参考资料。目前新庄孜矿井田范围内在生产小井及在建的 8 对小井均在大井的监督管理下，故其对大井安全生产的影响有限
潘谢矿区	潘一	井田范围内不存在老窑、小井水害，井田内仅存在矿井开采所形成的采空区积水，但采空区位置、范围清楚，充水水源以灌浆水为主。积水量已探明或预计。根据《煤矿防治水规定》，规范地绘制了完善的图件资料，做了老空区积水水害的预测预报，以严格执行探放水安全技术措施，因此近 10 年来未发生老空水透水事故
	潘二	已开采的矿井都存在老空区，老空积水就有存在的可能，因此在开采过程中就必须进行超前钻探，探明前方将要采掘区域的情况。潘二煤矿自 1977 年建矿以来已有 30 年的历史，上部已开采水平存在大量老空区
	潘三	井田为全隐蔽式煤田，煤系地层被巨厚的新生界松散沉积物所覆盖，其厚度为 186.54～483.55 m，因此，不具备小井开采条件，无小井开采历史。矿井回采后形成的采空区内将会存留一定量的积水
	潘北	矿井回采后形成的采空区有一定量的积水，对矿井生产有一定影响，采空区位置、范围、积水量清楚
	朱集西	目前，周边矿井老窑水对该矿井煤层的安全生产无影响

续表

矿区名称	矿　名	井田老空水分布情况
潘谢矿区	丁集	无小井充水威胁。已开采的矿井都存在老空区，老空区都存在积水可能，因此在开采过程中必须进行超前钻探，探明前方采掘区域将要影响的老空区情况
	顾桥	顾桥矿每年能形成3个工作面采空区，都集中在北一采区和南二采区，每个采空区局部都存在老空积水，对相邻工作面的采掘活动有一定的水害威胁，但由于其位置、范围、积水量均清楚，对煤矿的安全生产并不构成大的威胁
	谢桥	谢桥煤矿存在少量老空积水，老空区位置、范围和积水量清楚
	张集	采空区积水是影响张集煤矿安全生产的主要因素之一 张集煤矿矿区范围内无老窑、小井水害，井田内仅存在矿井开采所形成的采空区积水，按照规定，绘制了完善的水文地质图件，采空区积水位置、范围清晰可靠，积水量均已探明或已预计
	新集一矿	本井田周边及井田范围内均无老窑存在，西部连塘里井田尚在规划中，东部新集二矿及北部张集矿间均以人为边界分隔并互留边界煤柱分隔，因此矿内开采不受老窑水影响。但就已建成投产20余年的老矿而言，本矿范围内局部采空区存在积水对附近煤层开采会有一定影响。13-1煤开采时间最长，形成的老空区较大，但积水区范围小，分布零星，其他开采煤层也类似
	新集二矿	本矿与相邻的新集一矿和新集三矿均为全隐蔽式煤田，煤系地层被新生界松散层和推覆体所覆盖，不具备小井开采条件，无小井水威胁。 矿井生产至今，已回采了13-1,11-2,8,6等煤层的71个工作面。由于煤层起伏大，采空区多呈里低外高形态，内部有不同存量的积水。本矿在生产过程中始终加强充水性调查，采空区位置、范围、积水量清楚。 目前因211110和120603工作面开采需要疏放的为111108面和120605面采空区水，其积水情况如下：111108综采面面积7 440 m^2、积水量4 110 m^3；120605工作面面积74 556 m^2、积水量48 070 m^3
	新集三矿	目前，新集三矿采空区水主要集中在西四采区，其主要补给水源为8-1煤老顶、11-2煤老顶和老底砂岩裂隙水。但由于采区石门的长期自然疏放，砂岩水已基本被疏干，对采空区补给量很少，即使有少量补给，也会通过下一阶段风巷和临近石门被全部疏干，对工作面开采无安全威胁；工作面出水形式主要以淋、渗水为主，工作面最大涌水量10 m^3/h左右，对生产环境有一定影响，但无安全威胁
阜东矿区	口孜东	口孜东矿为新建矿井，井田周边及井田范围内均无老窑存在，东部为刘庄矿，两者以F_{12}断层为界，并且两矿互留边界煤柱分隔，因此，矿内开采不受周边地区老空积水影响。矿井生产至今，内部有一定量的积水。本矿生产过程中，始终加强充水性调查，采空区位置、范围、积水量清楚
	刘庄	随着矿井开采程度和强度的增大，采空区范围不断扩大。受顶板砂岩裂隙水和灌浆水等影响，采空区内积水对相邻的下部工作面采掘构成充水威胁。本矿与相邻矿井均无小井开采。矿井有少数老空区积水，其位置、范围、积水量清楚，并设置了探水警戒线

二、老空突水预防

（一）老空突水前兆

一般情况下老空突水并无统一的预兆，预测性差，关键在于老空水产生的时间、地点、形式不同，其突出的表现特征也各不相同。老空水突出的力学机理既简单又复杂，其简单在于岩壁（柱）强度不够所致，其复杂在于多厚的岩壁（柱）、多大的岩石强度是突水的临界值一直难有定论，而且如何确定生产区域周围是否存在老空水也是很困难的。目前对其突出征兆仅有文字性的笼统概述。

经过多年的经验积累，现在一般掘进工作面或其他地点出现挂红、挂汗、空气变冷、出现雾气、顶板淋水加大、顶板来压、底板鼓起、产生裂隙或出现渗水、水色发浑有臭味等异状，即是老空水突出的前兆，必须停止作业，采取措施，报告矿井调度室。如果情况危急，必须立即发出警报，撤出所有受水威胁地点的人员。

（二）老空水防范措施

预防老空突水主要应从以下几方面入手：

1．加强老空积水调查

（1）调查老空位置及开采概况，如井深及井上下标高、井筒直径、开采煤层层数及名称、各煤层的开采范围、巷道规格及布置情况、产量、采煤方法和排水情况以及开采时间和停采的原因等。

（2）地质及水文地质情况，如煤层厚度、产状及其变化、断层位置、出水原因、水压、水量及补给来源，与相邻老窑及井泉的关系。

（3）开采地面破坏情况和开采塌陷、裂缝分布等。通过调查，应掌握开采的煤层、范围、积水量、水压及连通关系，作为确定老空边界和防治老空积水工程的依据。

2．井上下探测

进行该项工作可分别在地面和井下同时进行，可采用地球物理勘探等多种探测方法，有关探测方面的内容请参考有关材料，这里不再赘述。

3．加强生产管理和安全教育

（1）经常检查井下采掘工程，并与生产图纸对照，不能盲目采掘或超限采掘。

（2）注意采掘迎头，遇有异常应及时报告，认真研究处理。

4．老空水防探技术措施

（1）查明有无漏填、错填的积水老硐、老塘和废弃井巷。在采掘工程图上标明积水区及其最洼点的具体位置和积水外缘标高，并外推 60 m 用红色圈出积水老空区的警戒线。

（2）以平面图、剖面图确切反映积水区与采掘工作面的空间关系。对于缓倾斜、近水平煤层或厚煤层分层回采的工程采空区，应绘制小等高距的采空区底板等深线图，以表明积水区的构造和形状。要分析其主要的充水因素，预计可能的积水量和动水量。

（3）掘进工作面进入积水警戒线后，必须超前探放水、并在距积水实际边界 20 m 处停止掘进，进行打钻放水，在证实积水已被某个放净后，才允许继续掘进。

（4）探放水钻孔必须具有孔口控水装置。探放大范围老空水或工作面上方的老硐水时，应预计各放水孔的最大放水量，以供生产部门合理组织排、泄水使用。

（5）探放老空积水时，要制定预防有害气体溢出伤人的专门措施。

三、老空突水案例

（一）淮南煤田潘二矿“1.31”老空突水事故案例

1997 年 1 月 31 日 9 时 54 分，潘二矿掘进 102 队施工的 11218 过压工作面开切眼迎头发生一起老空透水事故，总涌水量约 50 m^3，冲出煤量约 45 m^3，造成 3 人死亡、2 人重伤的惨痛结果。

（二）现场概述

11218 工作面位于西一 B 组采区二阶段东翼，准备开采 B_8-2 槽煤。煤层厚度 2.5～2.9 m，倾角 15°～41°，直接顶板为 7.4 m 的泥岩，老顶为 5.6 m 厚的细砂岩，裂隙比较发育，B_8-2 煤层顶板砂岩单位涌水量为 0.006 3～0.000 1 L/(s·m)。切眼左侧发育一条与切眼近于平行的落差 10 m 的 F_{24} 正断层。

11218 工作面开切眼复测后迎头与移交图中老巷道位置关系图如图 21.4 所示。该块段下顺槽标高 −447.8～−450.4 m，上风巷标高 −387.7 m，一阶段轨道巷，2# 探煤巷以西 −320～−350 m 的部分于 1990 年回采完毕，一阶段轨道巷，2# 探煤巷以东的巷道于 1991 年回收封闭（回棚时巷道干燥）。

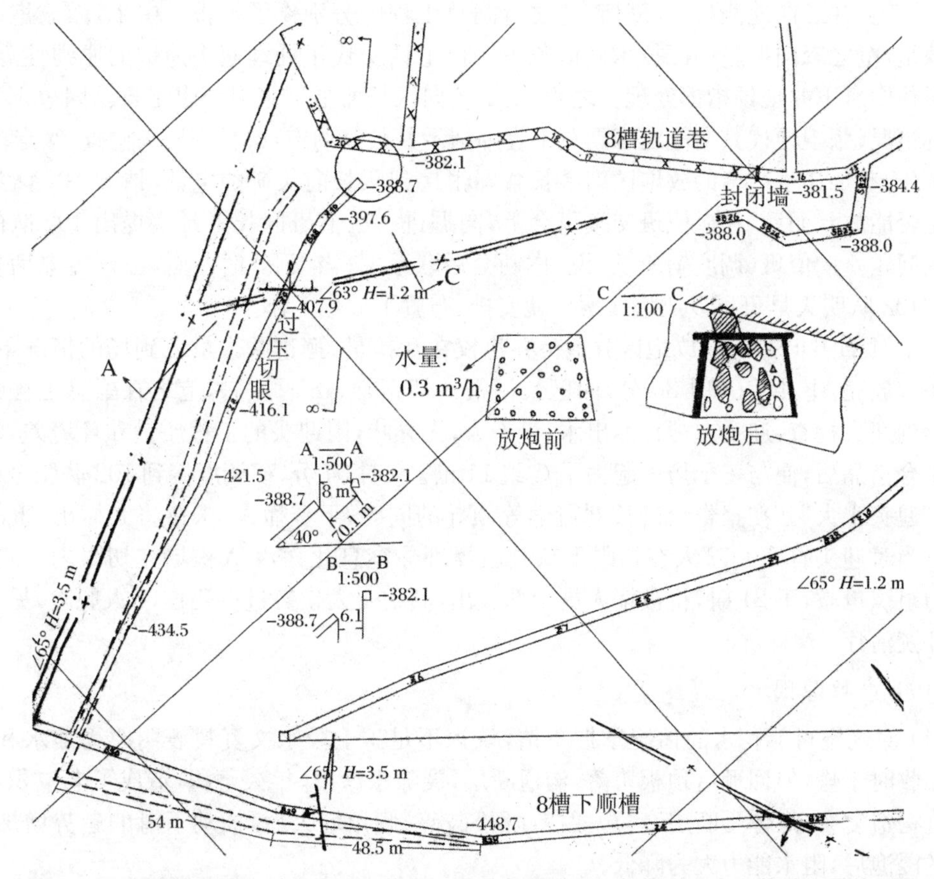

图 21.4　淮南煤田潘二矿 11218 工作面开切眼复测后迎头与移交图中老巷道位置关系图

该块段的生产准备程序是：在一阶段轨道巷 2# 探煤巷以外 17 m 处开窝，下山掘进至 −387.7 m，然后沿煤层走向掘进上风巷，已掘 31 m（巷道于上阶段老轨道巷的隔离煤柱为 5 m）未发现出水迹象。下顺槽于 −450 m 标高，沿煤层走向施工 480 m 时遇 F_{24} 断层（未出水），后退 17 m 开窝沿煤层倾向掘进过压切眼，到预定位置后停头，由上风巷与其贯通。该巷道为梯形断面，沿顶掘进，木棚支护，规格为 2.2 m×2.2 m×2.2 m。1 月 24 日地测科用业务联系书告知掘进一区：39# 点向前再施工 161.2 m，迎头距 39# 点 13.6 m，标高 −387.7 m，迎头距图标老巷最小水平距为 12 m。

事故调查组通过复测巷道与勘察现场后证实：突水点位于迎头的左前上方，迎头的实际位置与图标资料存在误差，即迎头距图标老巷的最小平距为6.1 m。

（三）事故经过

1997年1月29日16时10分，掘进102队副队长王振武从井下乡区里汇报11218迎头左帮炮眼出水，水量不大（炮已装好），掘一区技术副区长王子仿随即将情况反映给矿技术科、地测科，同时向分管掘进的副总工程师范之森作了汇报。16时40分范之森指示掘一区，立即停头，加固支架，并安排地测科派人下井调查水文情况，王子仿随即对井下直接安排停头事宜。

第二天上午，地测科水文地质员李多光下井进行水文调查发现：迎头左上方炮眼出水，水量0.3 m^3/h，有臭味，遂与当班队长王振武在上山口附近挂了一个警示牌，上写“迎头有水，禁止进入”。上井后向地测科、调度所、范之森副总工程师分别作了汇报。中午，因放炮区要求处理遗炮，范之森向掘进一区技术副区长王子仿电话交代了处理迎头遗炮的原则性意见，并让王子仿中班下井现场指挥处理。之后，王子仿向区长兼书记张卫说出了自己因故下午不能下井的情况，张卫便代其向范之森副总工程师请示并与其约定：次日去迎头检查、鉴定。

下午，参加矿生产会的放炮区副区长蔡国彬接到队长俞长矿的电话，请示102队迎头的遗炮是否能放。而后，在矿值班交接班会上，向掘进一区值班区长王延宝提出102队的炮能否放的问题。矿值班（调度副所长）说“你俩会后联系”。当天20时左右，王延宝电话告知蔡国彬：“102队明天早班可以放炮”，蔡也就安排、布置了放炮工作。

1月31日6时50分，放炮区放炮员乔建权在瓦检员、掘进队人员未到场的情况下，独自将迎头炮放完，上井后（8时30分）向区长汇报一切正常。8时左右，范之森副总工程师与王子仿等到迎头检查，迎头左帮仍然出水，量不大，无异味，因迎头的工程质量和环境差，将该头定为不合格品后，便与王子仿一起去了C组11槽。9时54分，矿调度接到102队张全柱电话汇报：“迎头水大”。在报告给矿长刘冠学等领导的同时，下令撤人，未待将人撤出，事故已经发生。当时迎头有6人，2人在切眼下口被淤煤埋住窒息死亡，4人被堵在切眼内。之后，局矿竭力组织抢救，于21时，将被堵人员全部救出，其中1人伤势过重死亡，1人脱险，另2人受重伤住院治疗。

（四）事故原因

(1) 对老空可能积水的情况掌握不清，认识不足。上段水文资料表明原无涌水和积水，老空回收时干燥，但回棚后顶板垮落，沟通断层，裂隙水渗出，年久蓄积，造成了老空积水。迎头附近构造复杂，煤体受断层牵拉、揉搓、酥松破碎，倾角增大后，抽动下滑的趋势增加，长期受水的浸泡后，阻水能力大为降低。

(2) 巷道测量存在误差。经复测，原测量资料提供的迎头位置与老巷的最小平距为12 m，实际为6.1 m，相差5.9 m。

(3) 管理不到位。没有认真执行“有疑必探、先探后掘”的规定，工作安排得不严不细，对迎头遗炮的处理缺乏认真的研究，措施的制定和执行不够严谨。

（五）防范措施

(1) 采掘工作面接近老塘、废巷时，必须小心谨慎，要认真地分析巷道冒落、地质构造等影响因素，细致地研究其充水、储水条件，正确地判断老空积水情况。

(2) 坚持“有疑必探、先探后掘”的原则，发现水患征兆，必须停止作业并果断采取措施进行探放。

(3) 加强地质测量工作,配足测量人员,测量作业选择在干扰因素少的交接班时间进行,并定期地对已掘巷道进行检查测量和填图,做到资料准确。

(4) 认真落实各级领导和职能科室的业务保安责任制,技术安全措施必须有规范的文本,审批做到集体会审。研究安排工作必须召集会议统一部署,并有翔实的记录。确保各单位和部门各司其职,协调行动。

第三节　断层水害防治

断层是导致矿井突水的主要因素之一,煤层底板突水事故中有80%以上与断层有关。水下采煤时,断层也是沟通上覆水体的主要通道,因此研究断层水害的防治措施对预防断层突水非常重要。对断层水的探查已在第十八章进行了叙述,在此不再赘述。

一、断层的水文地质意义

(1) 回采工作面顶底板岩体中存在断层时,采动破坏深度增大。根据一些现场底板岩体注水实验结果可知,断层破碎带岩体的导水裂隙带深度是正常岩体的两倍左右。

(2) 断层的存在破坏了岩层的完整性,降低了岩体的强度。实验结果表明,断层带内岩石的单轴抗压强度仅为正常岩石的1/7。研究表明,在断层落差为几十米的情况下,断层附近节理区的出现是顺断层方向发展的。一般在断层两侧延展20 m左右;断层落差为2～7 m时,断层附近一般直接伴随岩石弱化强度降低,范围离开断层约1 m,而一般岩石弱化区为5 m。

(3) 断层上下两盘错动,缩短了煤层与含水层之间的距离,或造成断层一盘的煤层与另一盘的含水层直接接触,使工作面更易发生突水。如果断层破碎带或断层影响带为充水或导水构造,当工作面揭露到断层时即会发生突水。

(4) 断层的导水与否主要与断层的力学性质有关。一般正断层是在低围压条件下形成的,因此,其断裂面的张裂程度很大,并且破碎带疏松多孔隙、适水及富水性强;而逆断层多是在高围压条件下形成的,破碎带宽度小且致密孔隙小。所以,在其他条件相同的情况下,正断层的存在更容易造成工作面突水。有一些压性逆断层,经过后期的构造运动变成张性正断层,导致断层性质的复杂化。

(5) 断层的导水性与断层的其他性质也有关。当断层面与岩层夹角较小或接近平行时,其导水性较差;反之则导水性较强。当断层带两侧都是坚硬岩体时,则导水性强;当断层带一侧为坚硬岩体,另一侧为软弱岩体时,则导水性弱;当断层带两侧均为软弱岩体时则断层带的充填情况较好,其导水性很弱甚至不导水。

从以上的断层水文地质意义可以总结出断层与矿井突水的关系,即断层本身可含水且是沟通其他水源的通道。压性断层,其断层带密实,两侧为隔水岩层,可起隔水作用。但此隔水作用在断层的不同部位、不同水压及采矿活动破坏下是可以改变的。张性断层、新构造断层、断层密集带、交叉点及应力集中部位,相对说来易于突水;断层与强大水源密切联系时,易导致突水。

二、断层突水的防治技术

断层突水的防治技术之一的探水技术已在第十六章介绍，本节主要介绍断层防水煤柱的具体留设方法。断层防水煤柱即介于导水断层（或易突水的断层）和采场之间的隔离煤柱，它是煤矿防止断层突水的重要措施之一。目前，我国对于断层防水煤柱宽度的确定，或是按理论公式计算，或是凭经验留设。由于这些方法在一定程度上忽略了断裂构造的破坏特点和煤柱的渗透性变化规律，对影响因素考虑不足，往往导致煤柱宽度留设不合理。现综合考虑多种因素的影响，合理确定断层防水煤柱宽度。

（一）考虑煤层方向突水的断层防水煤柱留设

若断层导水要考虑煤层方向突水，《煤矿水文地质规定》中规定了含水或导水断层的防隔水煤柱的留设方法（图 21.5），即采用下述公式计算煤柱宽度：

$$L_0 = 0.5KM\sqrt{\frac{3P}{K_p}} \geqslant 20 \tag{21.1}$$

式中，L_0：煤柱宽度，m；

M：采厚，m；

P：静水压力，MPa；

K_p：煤的抗张强度，MPa；

K：安全系数，取 2～5。

公式（21.1）是将煤柱看作位于顶底板之间的简支梁推导出来的。实际上，由于采场四周应力复杂多变，这样的简化是有待商榷的，但该公式在我国断层防治水中应用较早，积累经验较多，安全系数值正是针对该法模型简化的问题而设置的。

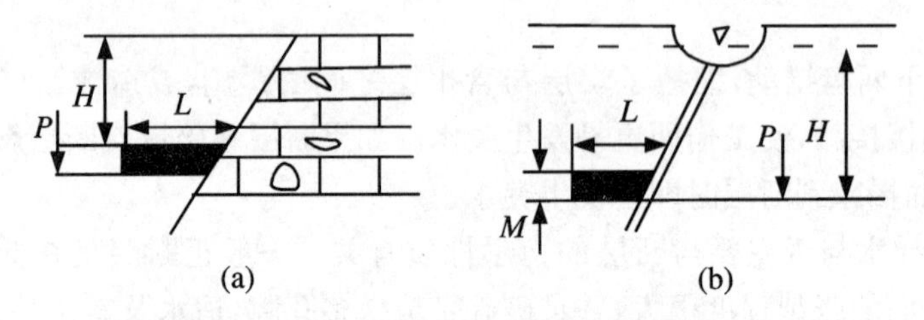

图 21.5　含水或导水断层防隔水煤柱的留设

（二）考虑煤层及底板两个方向突水时煤柱留设问题

由于受采动影响，底板岩体破坏产生导水裂隙，此时，承压水不仅可能从煤层中突入工作面，而且还有可能通过导水断层彼侧的强含水层沿底板中最短的距离突入工作面，如图 21.6 所示。在这种情况下，为防止断层突水，断层防水煤柱不仅要符合式（21.1）的要求，而且还应使底板导水裂隙带至导水断层或含水层的最短距离符合要求。

根据图 21.6 的几何关系可求得

$$L_2 = \frac{H_2}{\sin\eta} + H_1 \operatorname{ctg}\eta - l_1 \tag{21.2}$$

式中，L_2：煤柱宽度，m；

H_1：底板最大破坏深度，m；

l_1：$H_1 \operatorname{tg}\varphi_0$，m；

φ_0:底板岩体的内摩擦;

η:断层倾角;

H_2:底板安全隔水层厚度,根据《矿井地质规程》推荐的经验公式,$H_2=\dfrac{P}{V}+10$,m;

P:防水煤柱受承受的静水压力,MPa;

V:突水系数,断层带附近一般取 0.06。

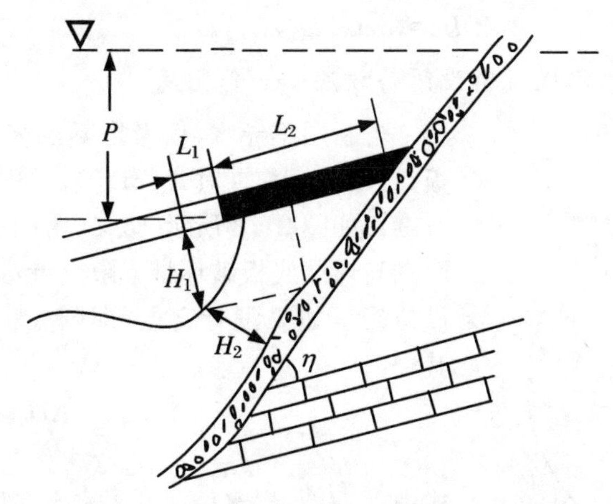

图 21.6　考虑底板时突水断层防水煤柱计算图

若考虑断层的定位误差,需加上 5 m,以确保安全。所以,为了防止由于断层导致沿煤层及沿底板破坏带发生突水,断层防水煤柱应按下式留设:

$$L=\max(L_0,L_1,L_2) \tag{21.3}$$

(三) 考虑煤层顶板方向突水时煤柱留设问题

由于煤层受采动破坏,顶板岩层产生导水裂缝,当波及含水断层带或断层彼侧的含水层时,承压水有可能通过煤层或顶板导水裂隙带突入工作面,如图 21.7 所示。应使开采后导水裂隙带顶界与断层面之间有一定的安全防水岩柱 $H_{安}$,由此可以确定断层防水煤柱 L_3的宽度为:

$$L_3=\frac{H_{安}}{\sin\theta}+H_{裂}\cdot\operatorname{ctg}\theta+H_{裂}\cdot\operatorname{ctg}\beta \tag{21.4}$$

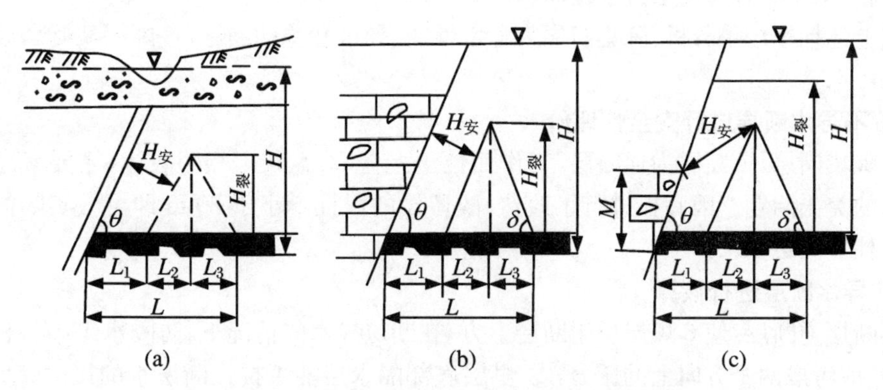

图 21.7　考虑顶板突水时的断层防水煤柱计算图

式中，$H_{裂}$：导水裂隙带高度，m；

β：移动角；

θ：断层倾角；

$H_{安}$：同(21.3)式的 H_2，m。

综上所述，由于 L_0、L_1 和 L_3 可能是不同的，因此，同时满足顺煤层方向和沿煤层顶板方向不突水的断层煤柱合理宽度 L 为

$$L = \max\{L_0, L_1, L_3\} \tag{21.5}$$

(四) 不导水断层防水煤柱留设简易方法——作图法

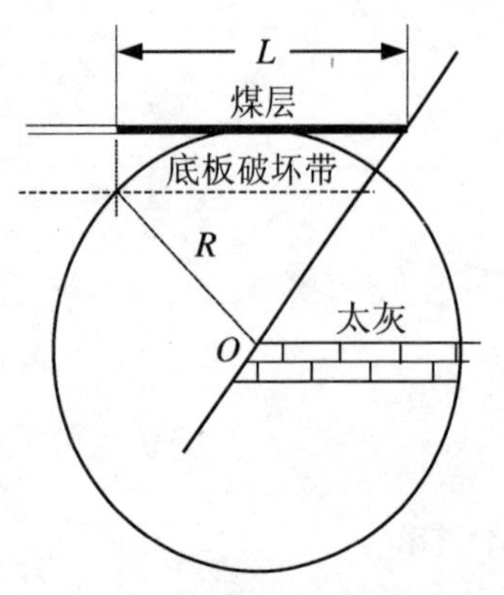

图 21.8 确定断层煤柱的作图法

若断层不导水，仅考虑断层彼侧含水层水从煤层底板突入工作面，针对式(21.5)，可用简易作图法确定煤柱宽度。如图 21.8 所示，以 O 为圆心，以 R 为半径画圆，取圆与煤层底板破坏带下限交点对应的煤柱作为煤柱留设位置。如果没有交点(即圆太小)，直接取 $L = 20$ m。其中，

$$R = \frac{\Delta H}{T} \tag{21.6}$$

式中，ΔH：灰岩水位与开采水平差值，MPa；

T：突水系数，断层影响带取 0.06 MPa/m，正常带岩体的突水系数取 0.10 MPa/m。

三、断层防水煤柱留设实例

(一) 考虑煤层以及底板方向突水留设实例

以淮北煤田刘桥一矿 2661 面陈集断层防水煤柱留设为例进行说明。2661 工作面切眼端距陈集断层较近，工作面位于陈集断层的上盘。在机巷切眼口向里 26 m 和风巷切眼口向里 56 m 处均揭露陈集逆断层，产状分别为 80°∠48，85°∠40，落差在 25～60 m 之间，揭露时无出水现象。为详细了解陈集断层富导水性，特施工 Z_{1-1}、Z_{1-2}、Z_{1-3}、Z_{1-4} 4 探查孔，其中 Z_{1-1}、Z_{1-2} 钻孔剖面见图 21.9。其中 Z_{1-1} 孔穿过陈集断层，Z_{1-2}、Z_{4-2}、Z_{4-3} 孔均接近断层。探查结果 4 孔出水量皆较小，说明陈集断层含水性弱，导水性较差。

根据上述探查结果分析，陈集断层为含水性弱、导水性差的断层，该断层实际留设防水煤柱为 30 m。

1. 按不导水断层进行安全性评价

对于陈集断层，该断层为逆断层，工作面位于上盘，对盘灰岩相距较远，主要考虑本盘底板灰岩水的突出问题。因底板进行了改造，故留设的煤柱不小于 20 m 即可。实际留设的断层防水煤柱能满足要求。

2. 按导水断层进行核算

陈集断层逆断层，使 6 煤层位于断层上方，在断层导水的情况下，防隔水煤(岩)柱的留设原则，主要应考虑两个方向上的压力：① 煤层底部隔水层能否抗住断层水的压力；② 断层水在顺煤层方向上的压力。

(1) 考虑煤层方向突水的断层防水煤(岩)柱留设

若断层导水时，考虑煤层方向突水，《煤矿防治水规定》规定了含水或导水断层的防隔水煤柱的留设方法，即采用式(21.1)计算煤柱宽度。

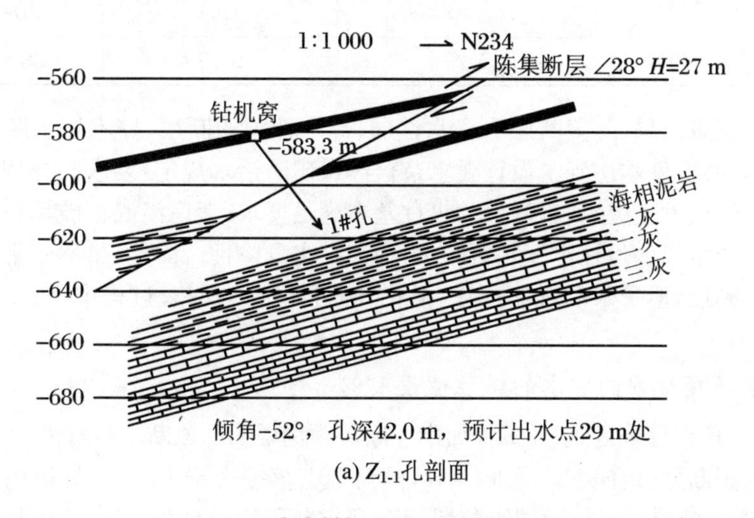

(a) $Z_{1\text{-}1}$孔剖面

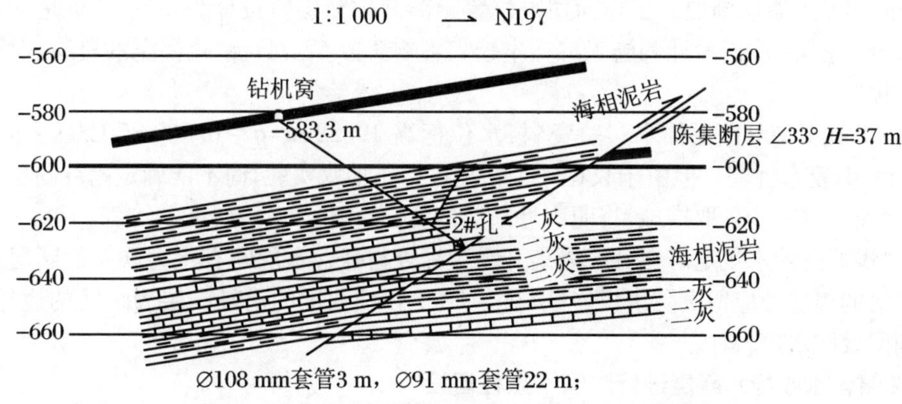

(b) $Z_{1\text{-}2}$孔剖面

图 21.9　陈集断层探查孔剖面图

计算时，采厚 $M=2.5$ m，$K_p=0.2$ MPa，太灰水压 2.50 MPa，计算结果见表 21.3。从表 21.3 中可以看出，当安全系数取 3～4 时，实际留设的煤柱宽度均能满足要求。

表 21.3　经验公式法煤柱留设计算结果

水压(MPa)	$K=3$ 时煤柱 L_1(m)	$K=4$ 时煤柱 L_1(m)	实际煤柱(m)
2.50	23.0	30.6	30

(2) 考虑煤层底板方向突水时的煤柱留设

由于受采动影响，底板岩体破坏产生导水裂隙，此时，承压水不仅可能从煤层中突入工作面，而且还有可能通过导水断层沿底板中最短的距离突入工作面。在这种情况下，为防止断层突水，断层防水煤柱不仅要符合式(21.1)的要求，而且还应使底板导水裂隙带至导水断层或含水层的最短距离符合要求。将有关参数代入公式(21.4)，计算结果见表 21.4。

表 21.4　考虑底板突水时的煤柱留设计算结果

水压 P (MPa)	断层倾角 η	底板安全隔水层厚度 H_2 (m)	计算煤柱宽 L_2 (m)	实际煤柱 (m)
2.50	40°	51.7	89.7	30

综上所述，根据探查结果，陈集断层为含水性弱、导水性差的断层，按不导水断层考虑留设的断层防水煤(岩)柱宽度均达到了设计要求，符合《煤矿防治水规定》要求。并按导水断层进行了核算，考虑沿煤层发生突水时，留设的煤柱基本满足要求；考虑沿底板破坏带发生突水时，实际留设的断层防水煤(岩)柱宽度相对较小，存在突水危险性。因此，虽然陈集断层为含水性弱、导水性差的断层，但受采动影响存在“活化”的可能性，在回采过程中，应加强水文地质监测工作。

(二) 考虑煤层及顶板方向突水的煤柱留设实例

以淮北煤田钱营孜矿首采区 $3_2$12 工作面南坪断层为例说明。该断层是首采区 $3_2$12 工作面西部边界断层，为正断层，走向 NE，倾向 NW，倾角 70°，落差大于 1 000 m。区内的延展长度 9.6 km，属基本查明断层。工作面切眼位置距离南坪断层暂设计为 100 m，也是本工作面的上部边界，对本工作面设计和施工将产生较大影响。按 42_4，41_3 钻孔揭露的资料，对南坪断层进行了控制。

另据 41_3 孔对南坪断层抽水实验资料：水位标高 19.22 m，$q=0.000\,35$ L/(s·m)，$k=0.000\,26$ m/d，富水性弱。但由于只在一个钻孔进行了抽水实验，尚不能确定南坪断层的富水性，开采之前应进一步采取措施，查明南坪断层的含、导水性。

按照《煤矿防治水规定》，在分区隔离开采边界处与强含水层间有水力联系的断层或强导水断层接触的煤层处应留设防水煤岩柱，在 $3_2$12 工作面西部的南坪断层为采区的边界断层，应按条例留设防水煤岩柱。

1. 按照含水或导水断层进行防隔水煤柱留设

由于南坪断层属含水断层，利用公式(21.1)计算防水煤柱。根据 41_3 孔对南坪断层抽水实验资料可知，其水位标高为 19.22 m，工作面标高为 −650 m 左右，因此可计算出其水头压力约为 6.56 MPa；煤的抗张强度 K_p 取 0.2 MPa，代入以上公式，计算可得防水煤柱宽度 $L=71.66$ m。

2. 按照煤层与强含水层或导水断层接触，并局部被覆盖的条件，进行防水煤柱留设

根据南坪断层实际落差可知，含水层顶面高于最高导水裂隙带上限，根据图 21.5(b)，利用公式(21.5)可知，防水煤柱宽度

$$L=L_1+L_2+L_3=\frac{H_{安}}{\sin\theta}+H_{裂}\operatorname{ctg}\theta+H_{裂}\operatorname{ctg}\alpha$$

(1) $H_{安}$的确定

根据《煤矿防治水规定》，有

$$H_{安}=\frac{P}{T}+10 \tag{21.7}$$

式中，P：防水煤柱所承受的静水压力，取 6 MPa；

　T：突水系数，取 0.07 MPa/m。

其中保护层厚度取 10 m，根据公式(21.7)计算得 $H_{安}=95.7$ m。

(2) $H_{裂}$的确定

根据经验公式计算，$H_{裂}=75.42\ m$。

(3) θ及α的确定

θ为南坪断层倾角，$\theta=70°$；α为岩层移动角，取三下采煤规程中淮北矿区地表移动实测参数平均值，$\alpha=79°$，则：

$$L=\frac{H_{安}}{\sin 70°}+H_{裂}\operatorname{ctg} 70°+H_{裂}\operatorname{ctg} 79°=101.84+27.45+14.66=143.95(\mathrm{m})$$

第四节　陷落柱水害防治

由前所述，安徽省两淮煤田中的任楼煤矿、桃园煤矿皆发生过陷落柱突水事故，给矿井安全生产带来了严重的影响。目前两淮煤田中存在陷落柱水患问题的有潘三、谢桥、口孜东、任楼、刘桥一矿、桃园、祁南、袁庄、许疃等煤矿。陷落柱大都在地表没有明显迹象，但它能沟通各含水层造成矿井极复杂的水文地质条件，并能直接将两淮煤田煤系地层基底的奥灰水导入工作面，给矿井安全造成极大的威胁。随着开采深度和强度的增加，开采环境日趋复杂、水压、地应力和瓦斯不断增大，陷落柱水害问题越加突出。本节将简要介绍目前两淮煤矿中对于陷落柱水害问题采取的常用防治方法。

一、岩溶陷落柱的隐蔽性与危害性

(一) 岩溶陷落的隐蔽性

岩溶陷落柱属于隐伏垂向构造，具有无次生地质现象征兆、孤立随机分布的特点，不利于用任何勘探技术手段的直接揭露：

(1) 由于水平方向上投影面积有限，地面上又无显现，钻探很难揭露，同时也不利于提高带有“体积效应”的各类物理场探测的分辨率。

(2) 垂向上，陷落柱柱顶发育高度可以是冲积层、煤系地层及下覆地层中的任何一层，这也增加了分层次探测的难度。

(3) 岩溶陷落柱的导水性能差异很大，即使物、化探能够测出陷落柱的地质异常反应，还必须使用钻探方法直接揭露柱体，并进行水文地质实验以确定水量、导水性、水源通道进而确定其水文地质性质。

(二) 岩溶陷落柱的危害性

岩溶陷落柱比正常岩体结构地层更容易引发突水，且危害性更大，其原因如下：

(1) 柱体内岩体破碎，应力释放，地应力重新分布引起周边局部应力集中，导致陷落柱的周边和柱顶上部均有2～10 m的裂隙发育带，有效隔水层厚度减小。

(2) 柱体的破碎强度降低，在奥灰水压下和水浸润滑作用下的剪切破坏变得更容易。

(3) 柱体破碎形成的空隙裂隙为地下水渗流提供了通道。

(4) 分布有限，地面无显现，比断层更难探查，具有一定隐蔽性；一般导通灰岩水，突水量大，因此陷落柱突水危害性更大。

二、岩溶陷落柱类型与突水方式

（一）岩溶陷落柱类型

岩溶陷落柱常成为煤系地层基底下的奥陶系灰岩含水层地下水和煤系地层之间的联系通道，井巷或采煤工作面接近陷落柱时，则可能产生突水，威胁上部煤层的开采，故研究陷落柱的导水性是煤矿防治水工作的重要内容之一。依据导水性能可把陷落柱划分为以下三种类型：

1. 不导水型陷落柱

这种类型的岩溶陷落柱，溶洞发育空间不大，陷落岩石碎胀堆积，充满陷落柱空间并压实，阻塞了导水通道，风化程度极强，揭露时有少量滴水或无水，边缘裂隙水已被疏干，采掘工程可由柱内通过，但应加强支护。

(1) 陷落柱形成后，由于构造运动或地下岩溶水的利用，承压水水头减小或消失，已无水可导。

(2) 对陷落柱柱体本身而言，其充填物多以煤系地层的砂岩碎块为主，掺杂少量的分布不连续的碳酸盐碎块。这种岩土体胶结紧密，渗透率极低，不含水、不渗水、抗渗能力强，且这种胶结体具有黏弹性；在漫长的地质历史时期中，经过反复压实作用，一般为压实紧密，呈胶结状态的非均质柱体，且岩块间有方解石和泥质充填，因而柱体内无裂隙、无节理，整体性好，具有很高的阻水强度。

2. 弱导水型陷落拄

这种类型的岩溶陷落柱，溶洞发育空间较大，充填物滚圆度高，只充填大部分空间，且压实不够紧密，胶结不好。岩溶裂隙较为发育；未全阻塞导水通道，风化程度高；水力联系不好，边缘次生裂隙发育、充水。这类陷落柱一经采掘揭露，即会造成一定量的突水，但出水时涌水量不大。

3. 强充水型(强导水型)陷落柱

这种类型的岩溶陷落柱，溶洞发育空间很大，还有很多空间未被充填，未阻塞导水通道，岩溶强烈，奥灰水充满柱体。陷落柱内充填物尚未胶结，岩块棱角显著、杂乱无章，存在大量空洞或正在发育的陷落柱，其导水性极强，水力联系好，能沟通几个含水层。

综合众多学者的研究成果可知，陷落柱的导水性是受多种条件和因素控制和影响的，而各种因素又是彼此促进和相互制约的，并非所有岩溶陷落柱都可构成充水通道，只有处在现代岩溶水强径流带和集中排泄带并隐伏埋藏在地下水头面以下者，才能构成突水的潜在威胁，造成突水危害，而绝大部分北方岩溶陷落柱并不导水。

（二）岩溶陷落柱的突水方式

不同地质和水文地质条件下岩溶陷落柱造成突水的特点有所不同，可大致分为以下三种类型：

1. 突发型

在地质和水文地质条件不清时，巷道工程开拓或采煤工作面揭露导水性极强的陷落柱，使大量地下水在短暂的时间内突然溃入坑道，造成淹井事故。

2. 缓冲型

水压高、水量大，虽留有煤柱但强度不够，在水压、矿压等共同作用下，煤柱破坏形成突水，水量由小逐渐增大，有一缓冲过程。这种突水较易防治。

3. 滞后型

若煤柱强度不够，矿压长期作用，煤柱压酥或应力突然作用，长期完好的采掘工程也可能发生滞后突水。在采矿作业中，要针对不同突水类型，结合矿区地质和水文地质条件，采取适宜的方法防止岩溶陷落柱突水。必须坚持有疑必探、先探后掘、先探后采的原则，可采用钻孔探放水、钻孔无线电透视仪和坑透仪透视探测等方法做超前探测。在进行探放水时，特别是在煤层中探岩溶陷落柱深层高压水，具有很大的危险性，应该采用物探先行、钻探验证的方法，且钻探时，在开孔部位缺少可以下好套管的坚硬岩层及不能下好护孔套管的地区，不能盲目探水，这样才能达到保证安全的目的。

（三）陷落柱突水与断层突水的区别

(1) 陷落柱突水，一般先突黄泥水，后突出黄泥和塌陷物；断层沟通奥灰顶部溶洞的突水多是先突黄泥水，后突出大量的溶洞中高黏度黄泥和细砂或水夹泥、砂同时突出；而断层沟通奥灰强含水层发生的突水，很少有突出大量黄泥的现象。

(2) 陷落柱突水一般来势猛、突水量大，突出物总量也很大且岩性复杂；这种冲出大量突出物的现象，对断层突水来说，一般是极其少见的。

(3) 与陷落柱有关的突水，塌陷物突出过程一般都是先突煤系中的煤、岩碎屑，后突奥灰碎块。在突水点附近巷道或采场的突出物剖面上，常见下部是煤、岩碎屑，上部或表面是太灰和奥灰的碎块。突出物常表现出与地下水活动有关的特征。

三、岩溶陷落柱水害防范技术

陷落柱水害防范技术主要采用井上下探查定位确定靶区，地面树形分支钻孔注浆、井下检查，井上下相结合注浆以及留设防水煤柱等技术措施。探查一般有主要有：放水实验、地面物探、直流电法勘探、音频透视、坑透雷达、槽波地震以及钻探探查等。其中放水实验目的是通过探查太灰上段一到四灰岩的水位、水温和水质，发现异常区域，进而确定导水陷落柱的范围。这种方法尽管不能确定陷落柱的准确位置，但如果水位降深足够大，放水时间足够长，可以定性地确定陷落柱的存在与否及其大概范围。下面主要介绍物探和钻探探查技术。

（一）物探探查

物探探查井下的方法主要有直流电法勘探、音频透视、坑透雷达、槽波地震等，地面物探主要是三维地震勘探。井下直流电法（普通电法）探查只对前方和底板下方隐伏的陷落柱有效；井下高密度电法也是一种电法勘探，是在底板一定深度内形成电性剖面，以查找电性异常的方法查找水文地质异常和导水陷落柱。音频电透视可以对工作面进行透视，对工作面内部陷落柱的探查具有一定的作用。工作面坑透是通过雷达波探查工作面内部的波动异常区，进而判断陷落柱的存在。各种电法（坑透雷达）受井下电缆、金属的干扰较大，效果不能保证。槽波地震是利用沿层面全反射的弹性波产生的层面不连续异常现象的地震探测方法，其透视距离可达 500～800 m，对于落差大于煤层厚度 1/2 的断层、陷落柱都有很好的效果。这里以淮南煤田潘三煤矿 12318，12418 工作面岩溶陷落柱物探探查为例进行说明。

2007 年 10 月，潘三矿西一采区 12318 工作面回采揭露一长轴约 75 m、短轴约 25 m 的长椭圆形的陷落柱（1# 陷落柱）。另据 2007 年 10 月对西一采区 1995 年三维地震勘探资料再分析，发现在 12418 工作面内存在另一个地质异常体（2# 异常体），异常体为长轴约 175 m、短轴约 140 m 的椭圆形，据初步分析，异常体有可能为陷落柱。

陷落柱及异常体的出现，成为矿井生产的重大安全隐患，不仅威胁该采区 8 煤及以下各煤层的开采安全，而且直接影响该采区 8 煤及以下各煤层工作面开采的布置。为了保证西一采区 12318、12418 工作面及 8 煤以下各煤层的开采安全，集团公司根据潘三矿的要求给予了该矿西一采区异常体探查工程立项。其中，2007 年安徽惠洲地下灾害研究设计院开展了《潘三矿 12318 面直流电法和瞬变电磁探测》项目，2008 年中国矿业大学（北京）开展了《潘三矿西一采区 12318、12418 工作面疑似陷落柱探查——地面物探工程》项目，分别对潘三矿西一采区 12318、12418 工作面地质异常体进行了深入的研究分析，其取得成果简述如下。

1.《潘三矿 12318 面直流电法和瞬变电磁探测》项目

2007 年安徽惠洲地下灾害研究设计院开展了《潘三矿 12318 面直流电法和瞬变电磁探测》项目，项目主要探测目标有三个：

(1) 已知陷落柱的分布影响范围。

(2) 有无其他隐伏陷落柱，及其分布范围。

(3) 查明巷道揭露的已知构造延展情况和面内隐伏构造（落差＞煤厚）的情况。

图 21.10 为本次项目探测的结果图，从整体的视电阻率垂向（12318 工作面内）断面图中可以看出，随不同岩层的变化，断面图显示出不同的颜色，其不同的颜色表示不同的阻值，整体来看，在整个探测的范围内视电阻率纵、横向起伏都比较大，说明在探测的范围内岩层的电

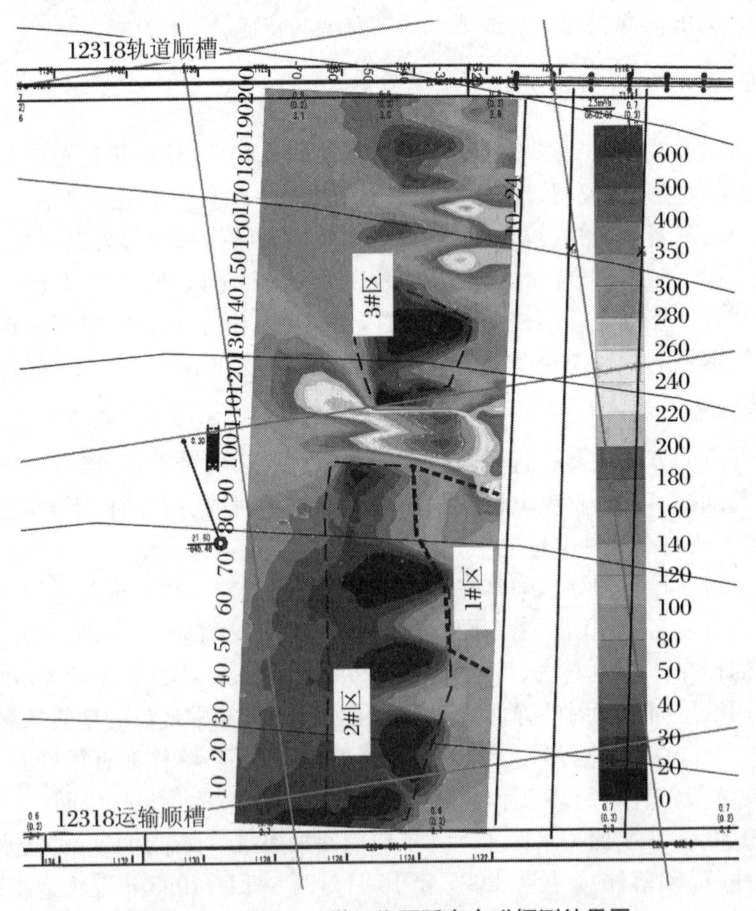

图 21.10 12318 采煤工作面瞬变电磁探测结果图

性分布极不均匀。沿切眼进行详细分析可以看出，红色高阻区结合现场及已揭露的地质资料知为煤层段。陷落柱所在位置为全岩段，其视电阻率值为 80～160 Ωm，1# 区范围根据该视电阻率值圈定，反映陷落柱范围为其沿煤层走向方向 20～30 m。红色高阻区的两侧特别是蓝色低阻区域，视电阻率值小于 40 Ωm。2# 区低阻在陷落柱边缘地带，由工作面揭露陷落柱知，在陷落柱边缘顶板淋水较为严重。因此，2# 低阻区为陷落柱影响的相对富水区，该范围内煤层也可能变薄。3# 区低阻范围与 2# 区范围相似，二者之间距离很近，且都距陷落柱较近，很可能为富水区或薄煤区范围。

根据直流电法和瞬变电磁探测结果，综合分析得出地质解释如图 21.11 所示，共有 5 个低阻异常区，各低阻异常区解释情况如下：

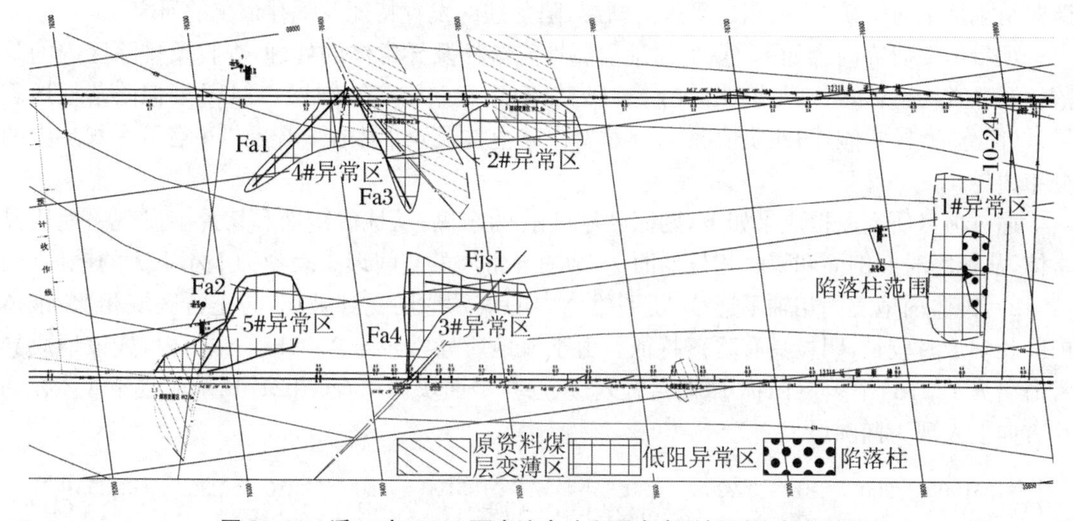

图 21.11 潘三矿 12318 面直流电法和瞬变电磁探测综合成果图

1# 异常区：为工作面生产揭露陷落柱影响低阻区。工作面揭示陷落柱全岩区为 30～66# 支架处，长度为 55 m，因此推断该陷落柱全岩范围为近似椭圆形，其沿工作面延展长轴方向为 60 m 左右，在煤层走向上向面内延伸 22 m 左右（10 月 24 日工作面位置）。1# 低阻区为陷落柱影响相对富水区或煤层变薄区，异常区走向影响长 40 m 左右，倾向影响长 100 m 左右。在该范围内采掘生产应加强顶板岩层管理和防水措施。

2# 异常区：为原资料 5 煤层变薄区影响范围。沿煤层走向影响范围约 90 m，沿煤层倾向影响范围约 50 m。

3# 异常区：为断层影响区。运输顺槽揭露 F_{a4} 断层向面内延伸长 75 m 左右，隐伏断层 F_{js1}，最大落差在 1/2 煤厚以上，延伸长度为 70 m 左右。该异常区受断层影响，煤层可能变薄。

4# 异常区：为原资料 6 煤层变薄区。由于巷道揭露有两条断层 F_{a1} 和 F_{a3}，因此，该低阻区为断层影响煤层变薄区范围，F_{a1} 和 F_{a3} 断层向面内延伸长度约 80 m。

5# 异常区：为原资料 7 煤层变薄区影响范围。巷道揭露有 F_{a2} 断层，因此，该范围断层影响煤层变薄区范围。沿煤层走向影响范围约 100 m，沿煤层倾向影响范围约 70 m。

2.《潘三矿西一采区 12318，12418 工作面疑似陷落柱探查——地面物探工程》项目

2008 年中国矿业大学（北京）开展的《潘三矿西一采区 12318，12418 工作面疑似陷落柱探查——地面物探工程》项目，该项目由三个子项目组成（《潘三矿西一采区三维地震资料重新解释勘探》《淮南矿业集团潘三矿西一采区大深度瞬变电磁勘探》《潘三矿西一采区地质异常体探查SYT探测》),其项目取得的成果分述如下:

(1)《潘三矿西一采区三维地震资料重新解释勘探》项目

为了查明13-1煤层、8煤层的赋存形态及煤层中落差5 m以上的小断层,查明新生界的厚度,有效降低地质风险,确保高产高效矿井的安全生产,淮南矿业集团于1995年决定在该矿东一、东二采区开展三维地震勘探工作,并委托安徽煤田地质局物探测量队承担,以期进一步提高采区三维地震勘探应用地质效果和经济效益。近年来,随着煤矿开采不断深入,发现受当时解释技术的限制,原解释成果与现实揭露的地质现象有一定的差距,并在东一、东二采区发现陷落柱的发育。受淮南矿业(集团)有限责任公司潘三矿的委托,中国矿业大学(北京)课题组承接了对该矿东一、东二采区的断层、陷落柱的发育特征及赋存情况的研究。

项目主要研究内容如下:① 通过地震属性陷落柱及异常体的处理,查找及排除区内的陷落柱及异常构造体,特别是勘探区内12318陷落柱(简称1#陷落柱)、12418疑似陷落柱地震异常(简称2#异常体)的地质情况。② 解释出陷落柱及异常体在8煤及以下各开采煤层中的分布边界。

通过项目研究取得成果如下,勘探区Ⅻ11孔的东侧,从地震剖面和切片上发现一地质异常体,从地震时间剖面和瞬时相位剖面上,地质异常体的空间形态表现为上小下大的锥体(图21.12),锥体内地震同相轴不连续,说明锥体内的煤系地层受到破坏,与正常区域相比,椎体内同相轴走时较长,明显具有陷落特征。由于该地质异常位于12318工作面内,故该地质异常命名为12318陷落柱(简称1#陷落柱)。从层拉平面块切片看(图21.13),地质异常体在切片方向上表现为椭圆形。

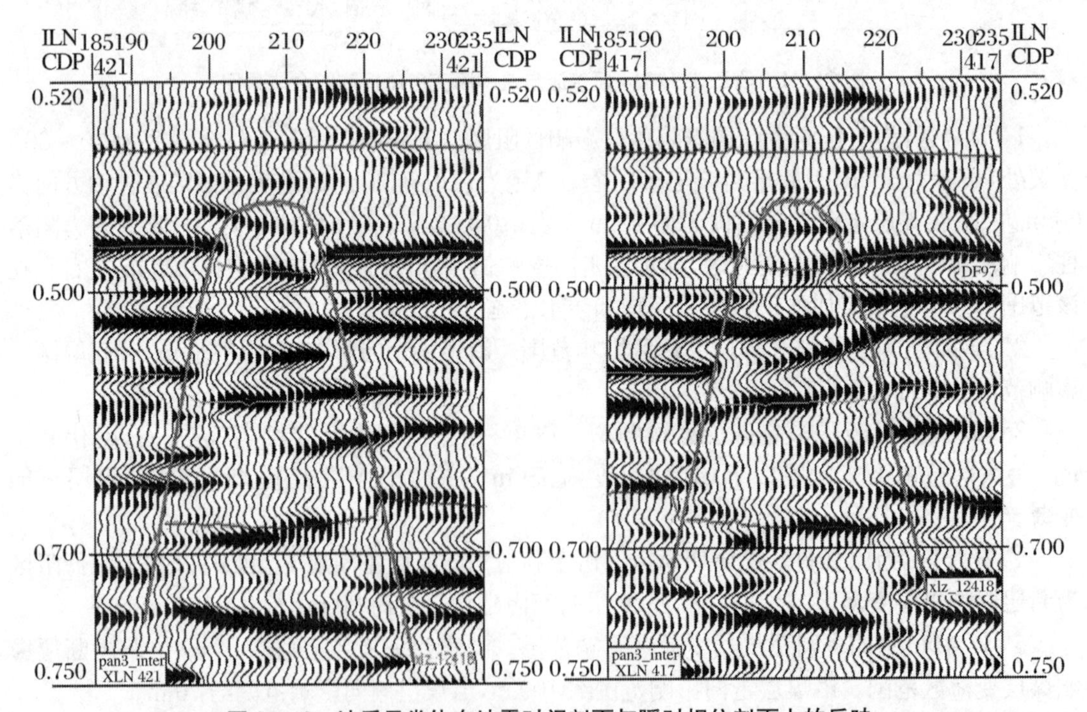

图21.12 地质异常体在地震时间剖面与瞬时相位剖面上的反映

地质异常体的塌陷层位依次为:8煤及下部4煤、1煤,塌陷角在65°~75°之间(图21.14)。地质异常体的长轴为北北西向,短轴为北东东向,在8煤位置,长轴长98 m,短轴长

74 m;在 4 煤处,长轴长 139 m,短轴长 106 m;在 1 煤处,长轴长 185 m,短轴长 140 m。

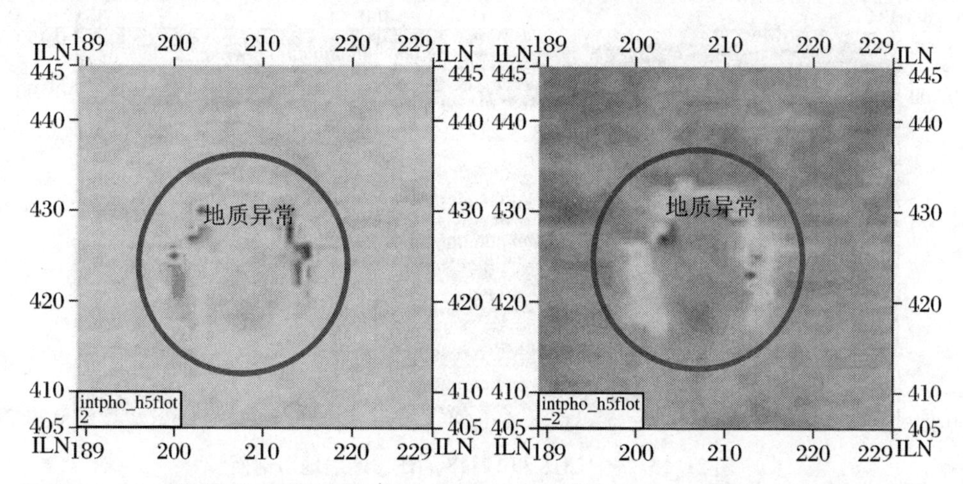

图 21.13 瞬时相位属性上的切片反映 (左图为 8 煤往上 2 ms,右图为 8 煤往下 2 ms)

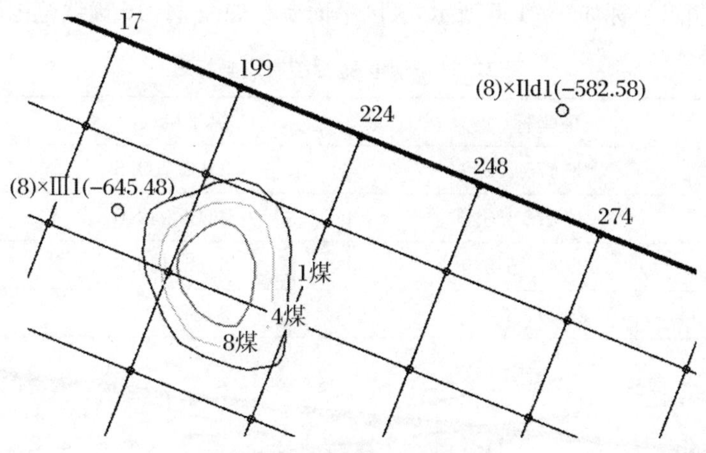

图 21.14 地质异常体平面位置图

Ⅺ-Ⅻ15 孔的东西侧,认为该处存在一个陷落柱异常,被称为 12418 疑似陷落柱地震异常(简称为 2# 异常体)。由于 12318 陷落柱已经被确认,因此在本次的勘探区内,12318 陷落柱的地震响应可以看作本勘探区的陷落柱响应特征。通过将 2# 异常体的地震响应和 1# 陷落柱进行对比分析发现,无论是在瞬时相位、瞬时振幅、瞬时频率,还是方差体,2# 异常体都没有明显的陷落柱响应特征(图 21.15),并且在水平切片上也没有看到明显的陷落柱异常。综合上述的因素,认为 2# 异常体不是陷落柱。

陷落柱在岩溶地区较为普遍,淮南矿业集团过去也有少数矿发现了岩溶陷落柱,有的陷落柱贯穿整个煤系地层,下部与太灰和奥灰相连。本次发现的 12318 陷落柱穿过 8,6,4,1 煤层,向下与太灰和奥灰比较近,因此这个疑似陷落柱可能与灰岩岩溶有关。12418 陷落柱异常虽然在 8 煤排除了陷落柱的存在,但是深部情况仍不明确。由于岩溶陷落柱可构成充水的通道,因此建议煤矿在开采深部煤层前,按照《煤矿防治水规定》,预留一定厚度与高度的防水煤柱,防止突水灾害。

(2)《淮南矿业集团潘三矿西一采区大深度瞬变电磁勘探》项目

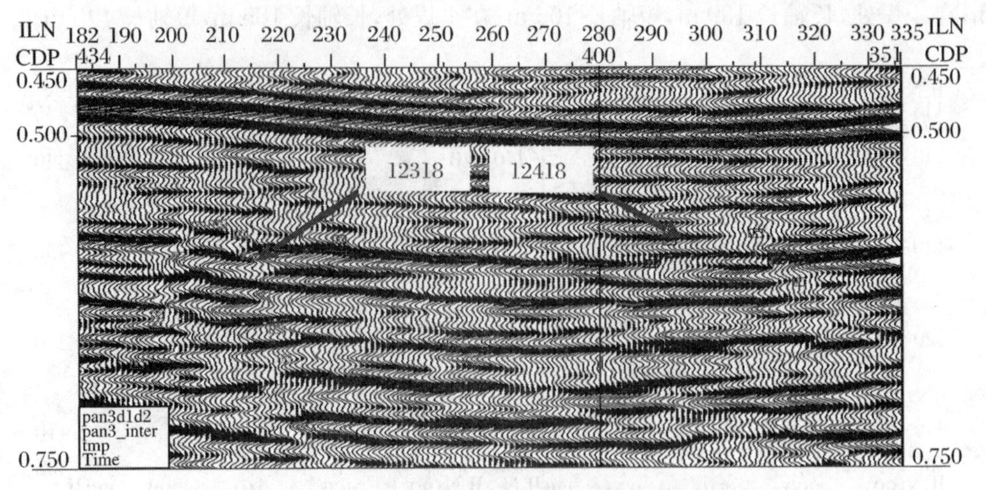

图 21.15 过 12318 和 12418 的任意连线地震剖面

该项目探测范围以陷落柱及各地质异常体分布区为主,形成 300 m×800 m 的一个矩形勘探区,工区控制点坐标如表 21.5 所示,工区平面展布如图 21.16 虚线范围所示。

表 21.5 探测区范围控制点坐标表

横坐标(Y)	纵坐标(X)
39 476 705.9	3 635 709.5
39 476 886.6	3 635 949.0
39 477 519.9	3 635 460.2
39 477 339.3	3 635 220.7

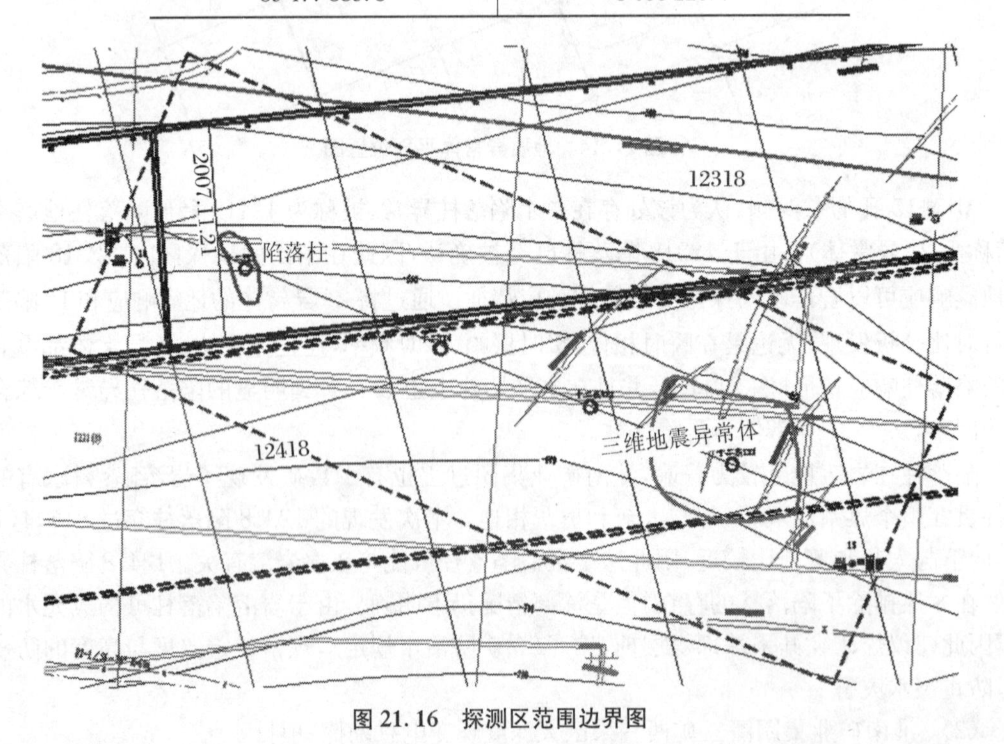

图 21.16 探测区范围边界图

该项目按合同要求，完成如下地质任务：

探测潘三矿西一采区 12318，12418 工作面 1# 陷落柱、2# 异常体在煤系地层中的富水性及其分布范围。

通过本次电磁法勘探工作，基本查明了测区内潘三矿西一采区 12318，12418 工作面 1# 陷落柱、2# 异常体在煤系地层中的富水性及其分布范围。成果总结如下：

① 1# 陷落柱位置，不富水或富水性较弱，但是其周围发育有两处低阻异常，富水性平面图上所圈定的低阻异常 1 和低阻异常 2。低阻异常富水性一般。

② 2# 异常体位置，富水性平面图上所圈定的低阻异常 5 所示，有一定的富水特征，其富水性可能性高于 1# 陷落柱附近低阻区域。

③ 除上述异常，另外圈定了低阻异常 3 和低阻异常 4 两处异常区域，因水文地质资料较少，无法分析判定其发育因素。

(3)《潘三矿西一采区地质异常体探查 SYT 探测》项目

中国矿业大学(北京)使用 SYT 物性探测仪对西三采区的疑似岩溶陷落柱进行了探测研究，根据合同书的任务和质量要求，进行了勘查设计、野外数据采集和数据处理。项目主要研究内容如下：

应用 SYT 电磁测深技术对探测深度范围内的地质异常体导、富水性等水文地质特征进行探查。

① 查清潘三矿西一采区 12318，12418 工作面地质异常体在煤系地层中的富水性及其分布范围。

② 对地质异常体在太灰、奥灰等深部地层中的富水及导水性进行解释。

本次 SYT 探测结果显示，在探测区的西北和东南部，存在两个地应力值低的异常体，分布区域较大。在西北部，地震资料解释的异常体处异常值反而是较高值，而在其南部为较大面积的低值区。这两个低值异常区贯穿整个采集深度段，直至寒灰，但各深度截面内，其性质有所不同。

从整个 SYT 探测结果看，该区域整个探测段都处于低值区，具有一定的富水性。

测区内主要目的层 8 煤层和太灰、奥灰、寒灰的富水性是本次探测的主要目的。以主要目的层及地质体的所在深度及其下方 25～50 m 不等的深度做横截面，所得截面地应力等值线图如图 21. 17 所示。应力值低的区域，为可能富水或者岩层较破碎的区域；若应力值逐渐变大，则富水性能降低、岩层较完整。

图 21. 17 是按照 8# 煤层所在底板深度所作的 -650 水平截面，从图中可以看出探测区域内有两个范围比较大的低值区，其一是中 7-12～7-15，8-11～8-14，9-5～9-8，11-7～11-11 测点所构成的应力值低值区域，其二是 8-20～8-26，9-21～9-25 所构成的地应力低值区，这两个个范围内可能岩石较破碎或者裂隙发育而富含水。把地震资料解释的地质异常体投影到该水平面上，在异常体的周围地应力值都比较低。除此低值区外，在探测区的其他部位同样也存在一些范围较小的低值区。

在 -650 m 水平上，1 号地质异常体基本处于中地应力值区，只有在南部少部分低值区。对 2 号地质异常体来说，异常体的西南部分为中值区，富水性较弱；二西北部分为低值区，富水性强。图 21. 18 是 8# 煤层下部 25 m 的 -675 m 截面，在这个水平截面中低值区面积相对减少，而中值区面积稍有增大。

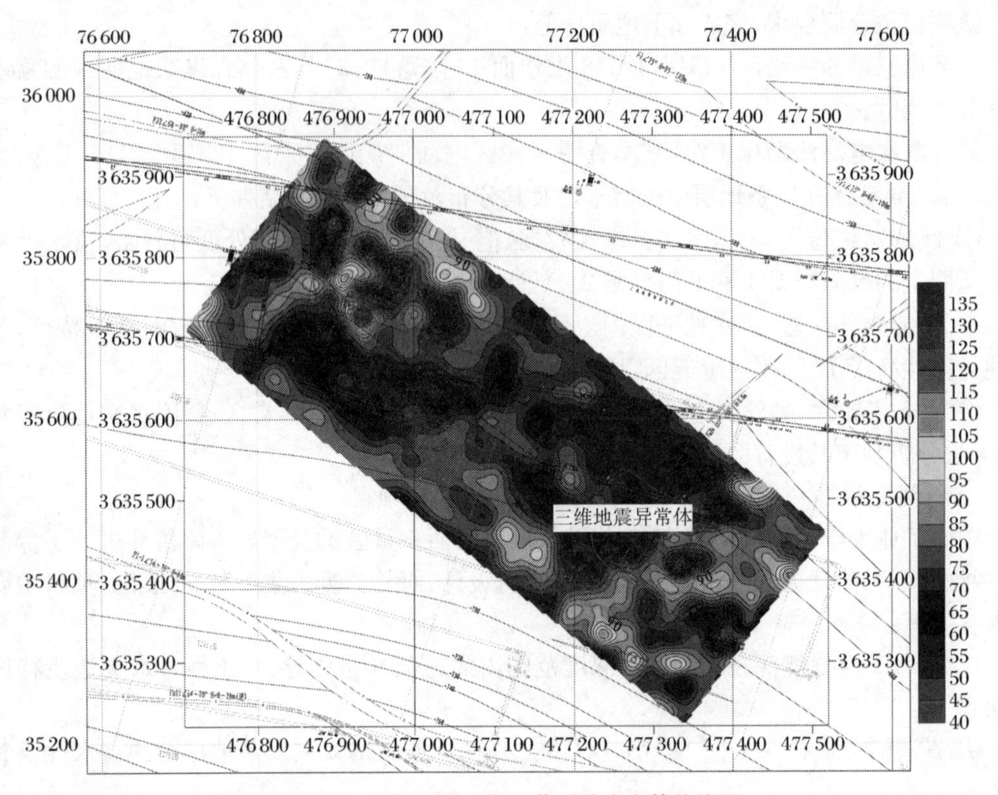

图 21.17　8 煤-650 m 水平截面地应力等值线图

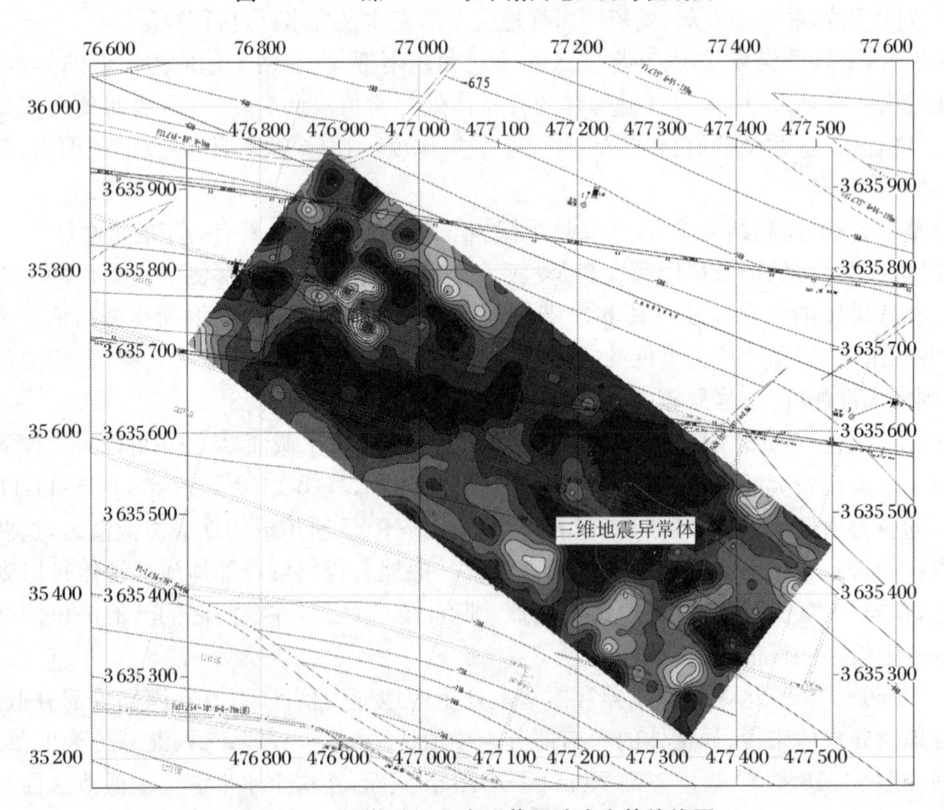

图 21.18　8 煤-675 m 水平截面地应力等值线图

3. 物探探查总结

综合以上勘探工程所取得的成果，并联系潘三矿区的实际情况，截至目前，矿井揭露陷落柱1个，位于西翼8煤首采工作面1231(8)工作面内，在回采过程中，该陷落柱无出水现象。本次发现的12318陷落柱穿过层位依次为:8煤及下部4煤、1煤，塌陷角在65°～75°之间。地质异常体的长轴为北北西向，短轴为北东东向，在8煤位置，长轴长98 m，短轴长74 m；在4煤处，长轴长139 m，短轴长106 m；在1煤处，长轴长185 m，短轴长140 m。向下与太灰和奥灰比较近，因此这个陷落柱可能与灰岩岩溶有关。12418陷落柱异常虽然在8煤排除了陷落柱的存在，但是深部情况仍不明确。由于岩溶陷落柱可构成充水的通道，因此建议煤矿在开采深部煤层前，按照《煤矿防治水规定》，预留一定厚度与高度的防水煤柱，防止突水灾害。

从富水性角度讲，12318，12418工作面1#陷落柱、2#异常体在煤系地层中的富水性有如下特点：

(1)12318工作面1#陷落柱位置，不富水或富水性较弱，但是其周围发育有两处低阻异常即富水性平面图上所圈定的低阻异常1和低阻异常2。低阻异常富水性一般。

(2)12418工作面2#异常体位置，如富水性平面图上所圈定的低阻异常5所示，有一定的富水特征，其富水性可能性高于1#陷落柱附近低阻区域。

(3)除上述异常，另外圈定了低阻异常3和低阻异常4两处异常区域，因水文地质资料较少，无法分析判定其发育因素。

(二) 钻探探查

1. 探查方法

在探查导水陷落柱的过程中，钻探探测是确定导水通道位置和性质等参数最精确的手段。对于物探发现疑似陷落柱的部位都要进行钻探探查。钻探探查孔布置原则:依据水文地质物探成果资料，兼顾物探验证、探放水与观测、底板预注浆加固等方面，力争一孔多用。

(1) 以物探的异常带范围作为布孔的重点，并兼顾一般地段，对太原组灰岩富水区段钻孔间距40～45 m，弱富水区段钻孔间距80～150 m，以利于查明工作面底板含水层厚度、富水性、水温、水压、水质等特征。

(2) 钻孔设计方向尽量和断裂构造的发育方向垂交，以尽可能多穿过裂隙，并尽可能向工作面内深入，对于裂隙的发育地带，断层的交叉、拐弯地带，太原组灰岩水文地质异常地带，工作面初压显现地段，应作为布孔的重点，以利于查明工作面底板断裂或裂隙等构造发育情况及其导水性。

(3) 探查钻孔以斜孔为主，尽可能揭露较长的岩层，以利于查明工作面底板含、隔水岩层厚度、岩性、受构造破坏影响破碎程度等特征。

2. 探查实例

这里以淮北煤田的刘桥一矿井下钻探探查A_9陷落柱为例说明钻探探查陷落柱情况。

(1) 4煤层揭露陷落柱情况

2007年7月28日中班，Ⅱ465工作面回采至风巷距WF4#点向里34 m，机巷距WJ2#点向里79 m处沿工作面机巷向上40～78 m揭露A_9陷落柱。根据4煤层实际揭露A_9陷落柱资料，矿方在综合分析的基础上圈定了A_9陷落柱在6煤层的范围(长轴80 m，短轴65 m)，并外推50 m留设安全保护煤柱。Ⅱ661工作面机巷即沿A_9陷落柱保护煤柱线施工，在掘进过程中先后2次对A_9陷落柱进行超前探查，据探查资料分析A_9陷落柱在6煤层底板下45 m

以下范围含水裂隙发育。

进一步查明 A_9 陷落柱的形态、位置和范围，探查其富、含水及导水性，确保Ⅱ661 工作面回采的安全性，同时也为Ⅱ663 工作面的合理布置提供可靠的地质资料，并为下一步治理提供依据。

(2) 施工情况

综合前期勘探资料分析后，对 A_9 陷落柱煤层顶、底板以仰角、俯角两个方向施工了 6 个钻孔，工程量为 588.0 m，采取分段取芯。其中有 5 个孔均揭露陷落柱，1 个孔未揭露。3 个仰角孔在砂岩段均有出水现象，水量在 0.1～0.2 m^3/h，至终孔时水量均未有增大现象，水质化验为砂岩裂隙水；3 个俯角孔终孔无水。

① A_{9-1}孔：方位 N27°，倾角 +11°，设计孔深 99 m，实际施工 87.0 m。

0～51 m 砂泥岩互层未取芯，51.0～55.0 m 细砂岩，55.0～67.0 m 泥岩，67.0～69.0 m 细砂岩，69～75 m 粉砂岩，75.0～79.0 m 细砂岩，79.0～87.0 m 粉砂岩，其中 55 m 开始见破碎，67.0～69.0 m 细砂岩块有磨圆度。

② A_{9-2}孔：方位 N27°，倾角 -25°，设计孔深 108 m，实际施工 109 m。

0～50 m 砂泥岩互层未取芯，50～54.4 m 泥岩，54.4～56 m 细砂岩，56～79.8 m 泥岩，79.8～80.5 m 煤线，80.5～87 m 泥岩，87～99 m 粉砂岩，99～101 m 细砂岩，101～110 m 粉砂岩，110～111 m 海相泥岩，其中 56～60 m 段破碎，以后未见明显破碎段。

③ A_{9-3}孔：方位 N343°，倾角 +2°，设计孔深 109 m，实际施工 111 m。

0～80 m 砂泥岩互层未取芯，80～91 m 泥岩，91～100.8 m 细砂岩，100.8～111 m 泥岩，其中 104～111 m 段破碎。

④ A_{9-4}孔：方位 N343°，倾角 -29°，设计孔深 125 m，实际施工 89.0 m。

0～60 m 砂泥岩互层未取芯，60～64.3 m 粉砂岩，64.3～77.0 m 泥岩，77.0～89.0 m 破碎，破碎段泥岩、粉砂岩互层。

⑤ A_{9-5}孔：方位 N5°，倾角 +5°，设计孔深 78 m，实际施工 94.0 m。

0～18 m 砂泥岩互层未取芯，18～26.0 m 细砂岩，26～67.3 m 细砂岩，67.3～75 m 泥岩，75～89 m 细砂岩，89～94 m 泥岩，其中 26～34.5 m 细砂岩破碎带，62.5～94 m 段岩石破碎。

⑥ A_{9-6}孔：方位 N5°，倾角 -23°，设计孔深 104.0 m，实际施工 91.0 m。

0～70.0 m 砂泥岩互层未取芯，70.0～73.0 m 粉砂岩，73.0～91.0 m 破碎，岩性主要以泥岩、粉砂岩为主（施工情况及岩芯分析见附表）。

(3) 探测结果

① 结合物探资料及 4 煤揭露位置分析，陷落柱呈近椭圆形，探查结果与原圈定范围（长轴长 80 m，短轴 65 m）对比，在长轴方向上，整个陷落柱沿煤层倾向向陈集向斜轴部偏移了 10 m，短轴基本吻合，陷落角 60°～80°（图 21.19）。

② A_9陷落柱不富水，且不含水、导水。

③ A_9 陷落柱填充较密实，揭露岩性主要以泥岩、粉砂质泥岩、细砂岩为主，其中泥岩破碎，少量细砂岩块磨圆度较好，陷落柱内夹少量煤块或炭质泥岩。

④ 接触面形态：为不规则的界面，沿煤层方向，其中上部为锯齿状，下部接近圆弧状。

⑤ A_9 陷落柱成因较早，属于疏干型。

⑥ Ⅱ661 工作面 A_9 陷落柱留设煤柱合理。

⑦ 为指导防水煤柱合理留设、Ⅱ663 工作面合理布置及研究陷落柱的成因，提供了可靠

的资料。

(4) 下一步建议

① Ⅱ661 工作面下一步回采时,注意观察 A_9 陷落柱变化情况。

② 由于钻探设备及技术限制,对 A_9 陷落柱另一侧探查工作在Ⅱ663 回采前,进一步采用物探、钻探手段,探查其形态、位置和范围。

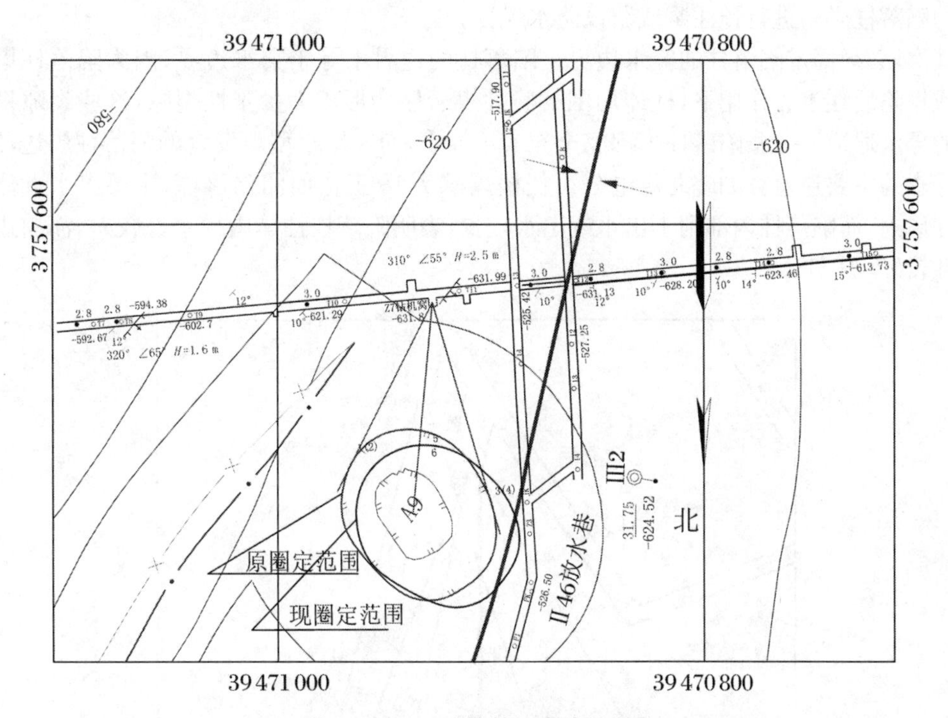

图 21.19　A_9 陷落柱探查前后位置

(三) 留设陷落柱防水煤柱

1. 陷落柱防水煤柱的留设原则

陷落柱防水煤柱的留设必须在充分研究陷落柱导水特征的基础上进行,不同类型、不同状态陷落柱应有不同的防水煤柱留设原则。

(1) 基底无水的陷落柱可不留设防水煤柱。

(2) 局部破碎已形成隔水层的陷落柱,留设防水煤柱应保证采动应力不破坏隔水层结构。

(3) 已封堵陷落柱留设防水煤柱时,采动应力不应破坏止水塞,

(4) 未封堵导水陷落柱的煤柱留设,在确定突水边界的基础上比照导水断层留设原则进行。

2. 已封堵陷落柱的煤柱留设

对于已经查出具有导水性的陷落柱或已经突水造成灾害的陷落柱,一般都必须打钻注浆将其封堵。封堵陷落柱一般采用“止水塞”或“止水帽”等办法。所谓“止水塞”,是指选择合适深度,注入一定长度段水泥,形成隔水层,将灰岩水与煤系地层隔开。对于已封堵的陷落柱,留设煤柱的主要目的是保护“止水塞”。防止其受采动影响而被破坏。

3．未封堵导水陷落柱的煤柱留设

对于一些导水陷落柱，如果所处位置对回采影响不大，可以只留设保护煤柱而不封堵。这类陷落柱突水隐患很大，留设防水煤柱时一定要周密考虑其特征，做到万无一失。

首先，必须查明有无与陷落柱连通的导水断层、如果存在断层，即使断层断距很小，也会作为突水通道将陷落柱内的水导入矿坑。从而导致突水事态的扩大。因此，对于与导水断层连通的陷落柱必须进行预注浆或留设防水煤柱。

其次，必须固定陷落柱的突水边界。陷落柱的边界不等于突水边界，因为陷落柱塌陷过程中或塌陷后在重力作用下，柱体周围的脆性煤岩层会形成大量张性裂隙，这些裂隙将成为良好的导水通道。一些陷落柱内部完全充实不导水，而断层小型隙发育的陷落柱周边环带反成为导水的主要通道。如皖北煤电公司任楼煤矿 $7_2$18 工作面的陷落柱，主要出水点分布在陷落柱周围，而陷落柱内部则不出水或出水较少，表明陷落柱柱体内导水性较差，而周边裂隙导水性较好（图 21.20）。

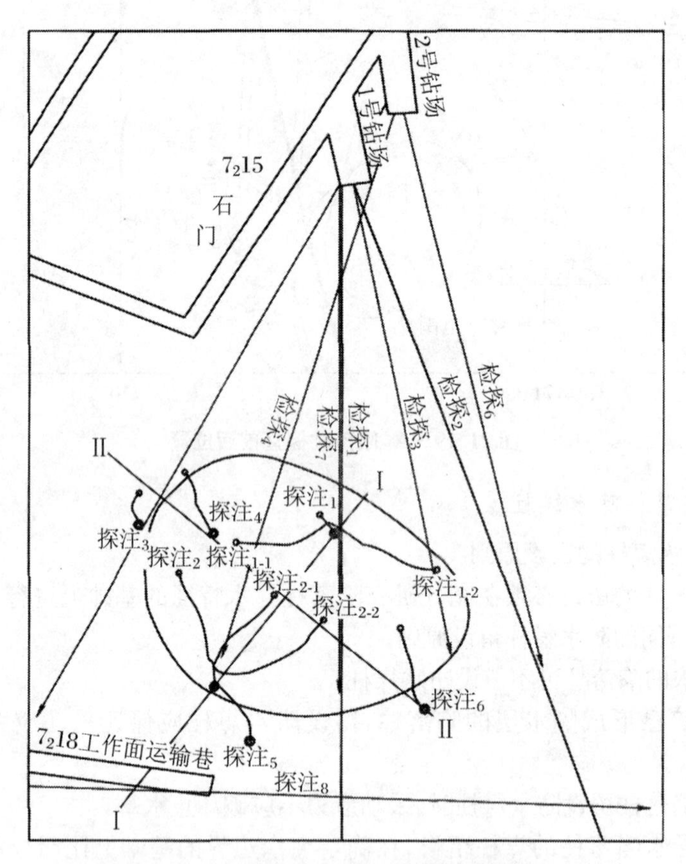

图 21.20　任楼煤矿 $7_2$18 工作面陷落柱出水点

因此，确定陷落柱的突水边界，必须考虑周边裂隙发育带，将其划在突水边界之内。突水边界确定以后，可将突水边界视为一个断层面，参照《煤矿防治水规定》有关导水断层防水煤柱留设方法比照计算。

4．不导水陷落拄的煤(岩)柱留设

不导水陷落柱分为两种类型：第一种是陷落柱基底的灰岩不含水或含水不丰富，陷落柱无水可导；第二种是陷落柱的局部挤压变质变成了隔水层，从而位陷落柱无法导水。对于第一种类型的陷落柱，可以不留设保护煤柱。在有些矿区，工作面甚至可以穿越陷落柱。

但对于第二种类型的陷落柱，尤其是曾经有过陷落柱导水的矿区出现的不导水陷落柱，如果不留设煤柱而强行通过，在采动应力作用下隔水层可能受到破坏而出现突水危险。

5. 陷落柱煤(岩)柱计算

根据经验，可按矿区导水断层煤(岩)柱留设计算公式进行陷落柱煤(岩)柱计算，合理留设陷落柱防水煤(岩)柱，保证矿井的安全生产。故可按式(21.1)计算断层保护煤柱宽度。

6. 计算实例

以淮北煤田桃园煤矿1035工作面陷落柱防水煤柱计算为例。1035工作面位于南三采区上山南翼，上部为1033工作面采空区，下至10煤层－520 m底板等高线，南至10煤层不可采边界，北至南三回风上山。工作面为走向近西南、倾向近东南的单斜构造，走向长1 223 m，倾斜长177.3 m。工作面标高－398.0～－510.3 m。

(1) 陷落柱情况

2013年2月3日工作面切眼发生突水，突水通道为隐伏陷落柱，水源为奥灰水。通过探查，查明该陷落柱长轴方向为南北向，长约70 m，短轴为东西方向，宽约30 m，面积约2 100 m^2。陷落柱顶部发育至10煤层底板以下约20 m处。

突水后在地面施工了12个注浆钻孔，其中巷道截流孔5个，陷落柱探查治理孔7个，累计向注浆孔内注浆220 843 t。通过对单孔注浆结束标准、追排水、钻孔水位、涌水量残余等方面的分析，结合奥灰及太灰水位已恢复至突水前水位，认为阻水体结构稳定、效果良好、切断了出水点与桃园矿井间的水力联系，堵水率100%。

(2) 工作面设计情况

工作面切眼现布置在机、风巷拐点处，距陷落柱边缘最小距离为290.9 m，能够满足安全需要；原轨道巷已注实，现上提标高重新掘进。

(3) 工作面陷落柱防水煤柱留设

根据《煤矿防治水规定》关于防水煤柱的尺寸要求，按含水或导水断层防隔水煤柱的留设公式，即本章第三节中的公式(21.1)计算。计算参数为：安全系数K取5；煤层厚度或采高M取3.0 m；水头压力P根据98观1地面奥灰长观孔11月水位标高－12.20 m取位，推算陷落柱边缘最低点－474.5 m处水压为4.7 MPa；煤的抗拉强度K_p取0.07 MPa。

经计算1035工作面陷落柱安全防隔水煤柱宽度为106.4 m。为安全起见，1035工作面陷落柱防隔水煤柱宽度按110 m留设。煤柱留设如图21.21所示。

(四) 预注浆封堵法

提前预注浆封堵陷落柱柱内、边缘、围岩裂隙、空隙，改善胶结程度，减小裂隙、空隙率，切断导水通道，以达到预防目的。可采用井下和地面注浆两种方式。

四、陷落柱突水治理技术

陷落柱突水治理技术一般有巷道截流技术、建立止水塞技术、陷落柱“三段式”堵水技术、直接封堵技术、返流注浆技术、引流注浆技术等。本处以淮北煤田桃园煤矿2013年陷落柱突水治理为例，介绍陷落柱突水的治理技术，该治理方案是由中煤科工集团西安研究院完成的。

(一) 陷落柱突水概况

2013年2月2日17时30分，淮北煤田桃园煤田1035工作面机巷准备到位向上施工切眼 28 m 时，迎头向后约 12 m 处底板底鼓渗水，到 18 时，水量稳定在 60 m³/h 左右，到 19 时水量增加到 150～200 m³/h，之后一直稳定到次日 0 时。2 月 3 日 00 时 20 分，突水点水量突然剧增，估计突水量 3×10⁴ m³/h 以上，现场监测人员汇报后带人撤离现场，矿调度所下达全矿撤人命令。3 日 1 时，一水平泵房电机被淹无法排水，1 时 53 分二水平泵房被淹。

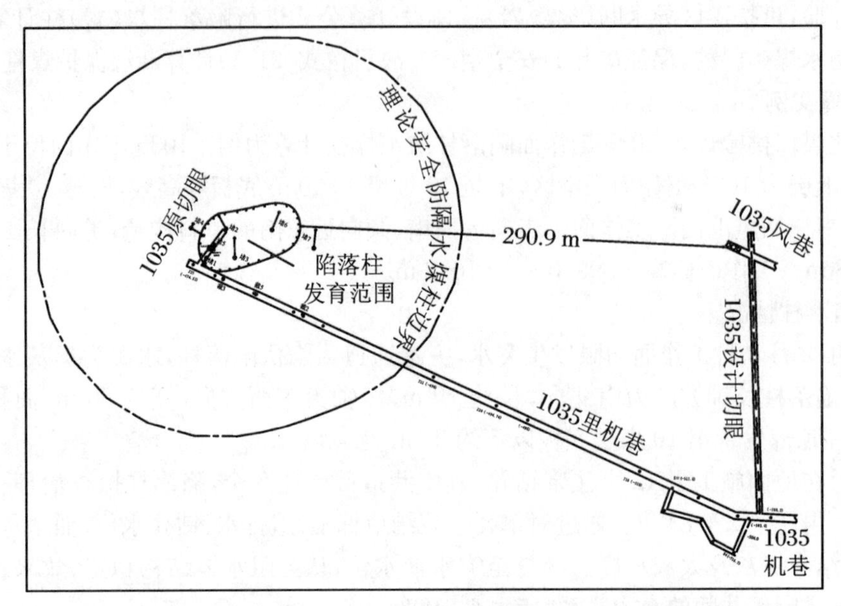

图 21.21 淮北煤田桃园煤矿 1035 工作面陷落柱防水煤柱留设图

切眼突水点标高 -470 m，突水点 10 煤到太灰顶，隔水层厚度 64.27 m。该区域进行了地面三维地震勘探，未发现落差大于 5.0 m 的断层、陷落柱等地质构造异常；机巷、切眼掘进揭露煤层顶板连续完整；与突水点相距 18 m 的补 10-3 孔终孔于太原组一灰，该孔揭露地层结构稳定，钻孔简易水文地质观测资料正常。

1035 工作面突水后，矿井奥灰水水位下降 40～60 m 以上，水化学分析显示突水水质与奥灰水特征大体相符，且突水量巨大，基本确定本次突水水源为奥陶系灰岩含水层的岩溶水。但根据突水情况、突水点附近构造发育特征以及突水点与奥灰含水层的相对位置分析，本次突水的通道应该为发育在 10 煤以下的一个隐伏导水陷落柱，其具体位置、形态、发育高度有待钻探及注浆进一步查明。

（二）封堵方案的制订

为了尽快恢复矿井生产，在确保堵水效果的条件下尽最大限度地节约治理时间，本次突水灾害治理采用截流与堵源同时进行的方案。

1. 巷道截流工程

总体方案为通过大量灌注水泥浆在堵头巷道内建立 150 m 的堵水段，切断突水点与矿井间的水力联系，并对巷道顶底板地层加固改造，形成能够抵挡奥灰水高水头压力的阻水墙，达到排水复矿的条件。具体步骤为：

(1) 巷道封口：先在离切眼 150 m 处的巷道下口实施“关门封口”钻孔截 1 孔，设计通过大量灌注骨料，在巷道内形成堆积体，减少后续孔大量注浆时的浆液无效扩散。

(2) 充填注浆：分别在离切眼 80 m 和 20 m 位置实施注浆孔截 2 孔和截 3 孔，大量快速灌注水泥浆液，填充巷道空间。

(3) 升压加固注浆：在截1孔和截2孔之间实施检查加固孔截4孔，在截2孔和截3孔之间实施检查加固孔截5孔。并通过5个巷道截流孔对巷道顶底板上下30 m岩层及巷道内未充填空间进行加固，形成安全有效的堵水段。

2. 堵源工程

总体方案为对陷落柱进行充填盖帽，盖帽完成后进行下延加固改造。具体步骤如下：

(1) 先期在突水点及其上山方向、走向方向布置3个探查注浆钻孔，用于查明陷落柱发育高度及范围。

(2) 利用先期探查钻孔对陷落柱灌注水泥浆，形成顶部盖层。

(3) 分段(20～40 m)延伸探查钻孔注浆充填陷落柱，直至四灰底板以下20 m，形成10煤下约120 m的止水塞。

(4) 布置检验钻孔对陷落柱止水塞进行质量检验和注浆加固。

在注浆堵水工程进行过程中，为进一步探查陷落柱发育高度和范围，新增堵源4孔、堵源5孔、堵源6孔和堵源7孔，用于查明隐伏陷落柱发育特征，并对陷落柱充填加固改造。

3. 工程技术难点

(1) 7_1煤采空区距离1035机巷顶91～110 m，推测“三带”裂隙发育，坍塌破碎严重，钻探过程中可能会遇到塌孔、抱钻等一系列的困难，影响施工进度。

(2) 奥灰突水量巨大，突水通道畅通，巷道破坏严重。

(3) 煤巷内进行截流，前期阻水墙抗突破能力差，易发生反复冲溃。

(4) 后期水位上升至静止水位过程中，大量煤泥会沉积在巷道底板，注浆难以对其进行加固，降低堵水段安全性。

(5) 隐伏陷落柱发育高度、位置、范围不明，探查治理工程量大。

(6) 时间紧迫，对钻探和注浆协调和配合工作提出较高要求。

(三) 治理效果

1. 巷道截流工程效果分析

(1)单孔结束标准

根据本次注浆工程实际情况，设计单孔结束标准为孔口压力4 MPa，持续30 min以上。即当孔口压力达到以上值并持续规定时间后，可认为该受注层段注浆已达到压力结束标准。表21.6显示巷道截流段各单孔的受注段注浆均已达到压力结束标准，质量合格。

表21.6　巷道截流工程中各单孔注浆结束压力表

孔　号	注浆结束时间(2013年)	受注段(m)	注浆量(t)			结束标准		
			水　泥	粉煤灰	合　计	结束压力(MPa)	流量(L)	持续时间(min)
截1孔	3-25	403～530	11 650		11 650	6	<60	>30
截2孔	4-6	472.5～530	27 910		27 910	5	<60	>30
截3孔	4-27	401～581.13	62 217	9 950	72 167	4.5	<35	>30
截4孔	3-20	469.25～530	390		390	5.5	<60	>30
截5孔	4-2	470～570	2 530		2 530	4	<60	>30
总计			104 697	9 950	114 647	>4～6	<60	>30

(2) 单位吸水率

巷道截流工程中的注浆施工经过充填、升压和加固三个阶段，已经把过水通道内空隙、10煤底顶板裂隙及陷落柱空间充填完毕，且严格按照注浆结束标准执行，根据注浆泵压、吸水段长度等计算单位吸水率 q，当计算结果不大于0.01 L/(min・m・m)时，才能结束钻孔注浆施工。单位吸水率公式如下：

$$q = \frac{Q}{pL} \tag{21.8}$$

式中，q：单位吸水率，L/(min・m)；Q：压入流量，L/min；p：作用于试段内的压力换算水头高度；L：受注段长度，m。

Q 和 p 取最后封孔注浆的记录数据，L 取受注段段长，计算的单位吸水率值见表21.7。表中显示巷道截流工程中的5个钻孔的单位吸水率均小于0.01 L/(min・m・m)，达到单孔结束标准。

表21.7 巷道截流工程中各钻孔单位吸水率计算结果表

孔 号	实验段段长(m)	孔口压力(MPa)	浆液压力(MPa)	水柱压力(MPa)	总压力(MPa)	流 量(L/min)	单位吸水率(L/min・m・m)
截1孔	127	6	8.5	4.5	10.0	60	4.72×10^{-4}
截2孔	57.5	5	8.5	4.4	9.0	60	1.15×10^{-3}
截3孔	180.13	4.5	9.3	5.4	8.4	60	3.95×10^{-4}
截4孔	60.75	5.5	8.5	4.3	9.7	60	1.02×10^{-3}
截5孔	100	4	9.1	4.7	8.4	60	7.11×10^{-4}

(3) 终孔水位

钻孔水位也能够在一定程度上反应巷道截流的效果。表21.8显示巷道内各钻孔结束注浆前的水位均与奥灰水水位埋深(33～34 m)差异较大，由此可推测巷道内附近区域已经与奥灰含水层不存在水力联系或联系大幅度减弱，截流工程效果明显。

表21.8 巷道截流工程中各注浆孔结束注浆前孔内水位统计表

钻孔编号	截1孔	截2孔	截3孔	截4孔	截5孔
钻孔水位埋深(m)	82.3	86	43.5	98.5～100.7	103

截1、截2、截3、截4、截5孔共注入水泥浆104 697 t，粉煤灰9 950 t，各孔均达到4 MPa以上，奥灰观测孔水位已升到－13.89 m，截流塞以内堵7孔的水位也与奥灰观测孔水位一致，截流塞以外的巷道已露出水面，截流塞已充分具备抵抗奥灰4.5 MPa的压力，从南三流出的矿井水水质、水温显示不再是奥灰水，因此说明截流是成功的。

综上所述，根据注浆压力单孔结束标准、受注段单位吸水率及注浆结束前钻孔水位，判断巷道截流工程达到预期效果，有效地切断了突水点进入矿井的通道。

2. 陷落柱封堵工程效果分析

(1) 单孔结束标准

根据本次注浆工程实际情况，设计单孔结束标准为孔口压力4 MPa，持续30 min以上。即当孔口压力达到以上值并持续规定时间后，即可认为该受注层段注浆已达到压力结束标准。表 21.9 显示,各单孔注浆施工中受注段注浆均已达到压力结束标准。质量合格。

表 21.9　陷落柱封堵工程中各单孔注浆结束压力表

孔　号	注浆结束时间(2013 年)	受 注 段(m)	注浆量(t)		结束标准		
			水　泥	粉煤灰	结束压力(MPa)	流量(L)	持续时间(min)
堵 1 孔	4-18	430.48～620.19	25 529.89	7 000.11	4	＜60	＞30
堵 2 孔	4-18	415.72～604.21	27 443.44	8 566.56	4	＜60	＞30
堵 3 孔	4-27	418.18～620.13	23 500.71	11 019.29	4	＜60	＞30
堵 4 孔	5-2	385～620	1 865	61	7	＜60	＞30
堵 5 孔	5-9	385～654	535		7	＜60	＞30
堵 6 孔	5-2	420.45～619.96	660		4	＜60	＞30
堵 7 孔	5-19	382.2～622.15	15		4	＜60	＞30
总计		79 549.04	26 646.96	＞4	＜60	＞30	

(2) 单位吸水率

陷落柱封堵工程中,注浆施工经过充填、升压和加固三个阶段,已经把过水通道内空隙和陷落柱空间充填完毕,且严格按照注浆结束标准执行,根据注浆泵压、吸水段长度等计算单位吸水率 q,当计算结果不大于 0.01 L/(min·m·m)时,才能结束钻孔注浆施工。通过式(21.8)计算得出的单位吸水率值见表 21.10。

表 21.10　陷落柱封堵工程中各钻孔单位吸水率计算结果表

孔　号	实验段段长(m)	孔口压力(MPa)	浆液压力(MPa)	水柱压力(MPa)	总压力(MPa)	流　量(L/min)	单位吸水率(L/min·m·m)
堵 1 孔	189.71	4	9.9	5.8	8.1	60	3.91×10^{-4}
堵 2 孔	188.49	4	9.7	5.7	8.0	60	4.00×10^{-4}
堵 3 孔	201.95	4	9.9	5.8	8.1	60	3.68×10^{-4}
堵 4 孔	235	7	9.9	5.4	11.5	60	2.22×10^{-4}
堵 5 孔	269	7	10.5	6.2	11.3	60	1.98×10^{-4}
堵 6 孔	199.51	4	9.9	5.7	8.2	60	3.67×10^{-4}
堵 7 孔	239.95	4	10.0	5.8	8.2	60	3.07×10^{-4}

根据各钻孔受注段单位吸水率计算结果,初步判断此区域内 10 煤底板以下陷落柱内 120 m 段已达到充填加固,有效地切断了陷落柱及奥灰含水层与 1035 工作面之间的水力联系。

(3) 终孔水位

钻孔水位也能够在一定程度上反应陷落柱封堵的效果。表 21.11 显示陷落柱内堵 1 孔、堵 2 孔、堵 3 孔结束注浆前钻孔均钻进至四灰以下 20 m,水位与奥灰水水位大体相当。从钻探施工、注浆压力以及单位吸水率等情况来看,四灰以上地层均已升压加固完毕。延伸至四灰以下 20 m 后,仍在陷落柱柱体内,与奥灰含水层存在水力联系,水位显示接近奥灰水位。最终加固注浆形成自 10 煤底板至四灰以下 20 m 长达 120 m 的止水塞,有效阻隔奥灰水通过陷落柱通道进入井下。由此可推测已与奥灰含水层不存在水力联系或联系大幅度减弱，陷落柱封堵工程效果明显。

表 21.11　陷落柱封堵工程中各注浆孔结束注浆前孔内水位统计表

钻孔编号	堵1孔	堵2孔	堵3孔	堵4孔	堵5孔	堵6孔	堵7孔
钻孔水位埋深(m)	37.3	33.7	35.7	76.2	33～34	46.55	42.1

综上所述，根据注浆压力单孔结束标准、各钻孔受注段单位吸水率及注浆结束前钻孔水位，初步判断突水通道封堵工程中的底板加固以及陷落柱充填加固改造均达到预期效果，基本完成了对此次突水灾害的突水通道封堵和陷落柱的注浆改造工程。

3. 追排水情况

注浆治理期间桃园煤矿进一步健全完善水文动态观测系统，实时观测奥灰、四含、太灰及井筒水位。尤其是井筒水位和奥灰水位的变化情况，从而确定注浆方式、排水复矿提供了重要依据(图 21.22)。2013 年 2 月 24 日 14 时截 1 孔开始注浆 2 h 后(注浆量 80 t)，井筒水位停止上升，并开始下降，此时奥灰水位 - 51.44 m，井筒水位 - 52.14 m，两者相差 0.7 m，截流效果即开始显现。此后奥灰水位逐步稳定上升，井筒水位持续下降，至 3 月 3 日 23 时，奥灰水位 - 34.92 m，井筒水位 - 92.64 m，两者相差 57.72 m，即突水点内外水压差达 0.6 MPa，此时堵 2 孔水位 - 20 m 上下波动。

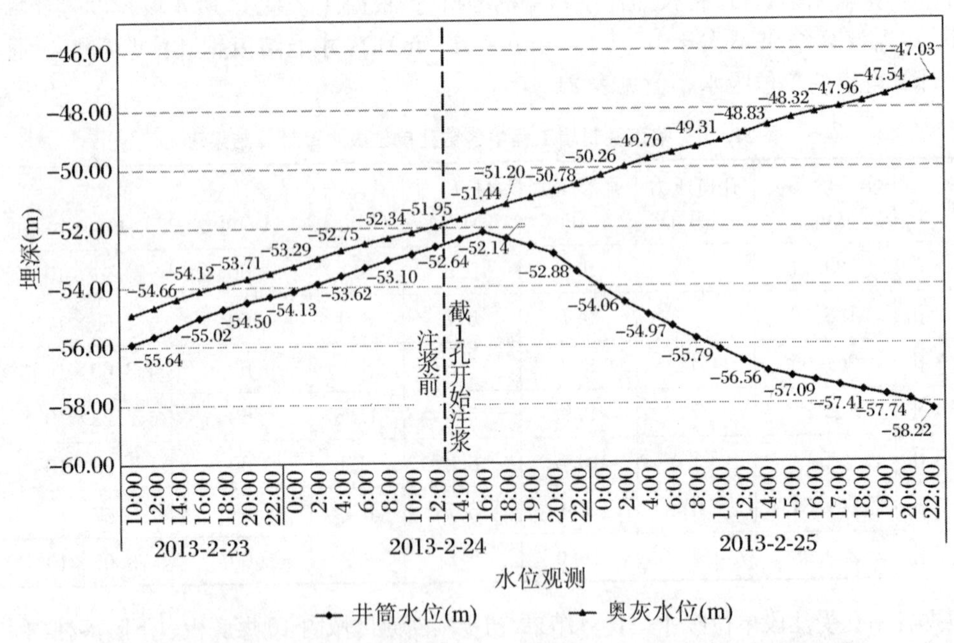

图 21.22　淮北桃园煤矿注浆前后奥灰水位和井筒水位(埋深)变化曲线图

因突水点内外水压差逐步增大，此时截流孔尚未升压，为防止水压差增大突破截流堆积的水泥，于 3 月 3 日 23 时 18 分采取向西风井井筒内注水措施，注水流量 180 m^3/h，注水后井筒水位下降变缓；3 月 10 日截 1 孔注浆 11 330 t，孔压 4.0 MPa，停注，堵 1 孔水位在 - 25.0 m 上下波动，截流初见成效，于 3 月 11 日停止向井筒注水。

西风井停止注水后，井筒水位持续下降，奥灰水位持续上升，堵 1 孔水位始终在 - 25.0 m 上下波动，鉴于截 1 孔已升压，为检验截流效果，同时达到引流注浆的目的，决定于 3 月 14 日开1台泵试排水，随后逐步加至6台泵排水，排水期间，截4孔注浆升压，至3月23日，截1、截4孔均加压注浆结束。至4月1日，累计排水201×10^4 m^3，井筒水位下降至－442.9 m，奥灰水位上升至－17.3 m。截至目前，井筒水位下降至－776 m，奥灰水为上升至－13.83 m。井下水量稳定，未见突水点再次涌水。

4. 涌水量残余

从目前排水情况来看，突水点已经完全露出，但清淤工作尚未完成，未见从突水点涌水。

5. 堵水效果评价

通过对单孔注浆结束标准、追排水、钻孔和涌水量残余等方面进行分析，认为阻水体结构稳定，效果良好，堵水效果达到100%。

第五节　封闭不良钻孔水害

由于种种原因，两淮煤田部分矿井存在着封闭不良钻孔。这些封闭不良钻孔会成为沟通采掘工作面顶、底板含水层或地表水的通道。在开采过程中，遇到或接近(一般是3～5 m)这样的钻孔时，就可能发生涌水甚至淹井事故。例如，淮北煤田的杨庄煤矿钻孔突水灾害发生过3次，其中58采区上山遇D_{41}钻孔，最大水量335 m^3/h；祁南煤矿1985年11月发生钻孔突水，最大涌水量达645.3 m^3/h；朔里煤矿封闭不良钻孔出水2次；朱庄煤矿钻孔出水(灰岩)7起，涌水量12～180 m^3/h。本书统计了两淮煤田存在着封闭不良钻孔的矿井信息如表21.12所示。从表中可以看出，两淮煤田具有相当数量的矿井存在着封闭不良钻孔的现象。当这些钻孔贯穿多个含水层时，有的可能穿透老空积水区、含水断层等水体，成为人为导水通道，使矿井充水条件复杂化，也可能成为直接导水通道。因此，必须对封闭不良的钻孔进行处理。

表21.12　两淮煤田各矿存在封闭不良钻孔统计表

矿　区	煤　矿	封闭不良钻孔
濉萧矿区	岱河煤矿	矿界内存在封闭不良钻孔41个，其中在未采区的封闭不良钻孔有：78-16孔、355孔、71-19孔、417孔、73-4孔、416孔、77-4孔、304孔、80-2孔、77-8孔、305孔、340孔和老付检孔
	袁庄煤矿	封闭不合格的钻孔有：75-25孔、75-7孔、783孔、75-23孔和补M75，未封闭或无封孔资料的钻孔有781孔、781-2孔、782孔、73-3孔、761孔、780孔和透65-4孔
	杨庄煤矿	本矿未封闭或已封闭无资料的钻孔共66个，其中D_{94}孔、83-20孔、D85孔、517孔、D_{36}孔、A_{56}孔、A_{86}孔、A_{16}孔、D_{35}孔、183孔、D_{63}孔、D_{64}孔、A_{74}孔、B_{24}孔、B_{26}孔、D_{113-1}孔等孔位于未开采地段
	双龙公司	未封孔的有：408-1孔、433孔、74-39孔、C69孔、C87孔和C65孔；缺少封孔资料的有344孔，62-1孔、63-1、62-3孔和64-3孔
	石台煤矿	区内有16个封闭不良的钻孔：77-37孔、77-40孔、81-24孔、77-8孔、77-32孔、91-4孔、628-2孔、81-6孔、81-7孔、81-8孔、81-14孔、81-16孔、I_{42-4}孔、81-2孔、81-10孔和6-78-12孔
	刘桥一矿	封闭不良钻孔22个：72-2孔、72-6孔 72-8孔、U_{180}孔、U_{184}孔、186孔、U_{185}孔、U_{171}孔、U_{35}孔、U_{34-2}孔、81-3孔、47-3孔、U_{55}孔、U_{61}孔、水15孔、U_{35}孔、U_{57}孔、U_{43}孔、U_{44}孔、U_{45}孔、U_{54}孔和U_{64}孔

续表

矿区	煤矿	封闭不良钻孔
濉萧矿区	恒源煤矿	本矿尚有 U_{17} 孔、U_{49} 孔、U_{50} 孔、U_{152} 孔、U_{190} 孔、W_{17} 孔、14-3 孔、14-5 孔、14-4 孔、12-4 孔、13-3 孔、16-2 孔、16-3 孔、13-14-B6 等 14 个钻孔未进行启封，U_{51} 孔、23-3 孔、13-14-B73 孔等钻孔已进行封孔处理。封闭质量为不合格，有可能会成为导水通道，特别是 U_{17} 孔、14-3 孔、13-14-B6 孔终孔层位太原组石灰岩应引起注意
	前岭煤矿	据统计矿井共封闭不良钻孔为 325 队 1959 年以前施工的，后来未经启封的老孔封闭不良；1985～1986 年 325 队施工的 7 个钻孔，封孔情况不明；其他钻孔的封闭质量为合格
	百善煤矿	据统计矿井封闭不良钻孔 13 个，主要包括 K_{01} 孔、K_{02} 孔、K_{04} 孔、K_{21} 孔、K_{35} 孔、K_{51} 孔、K_{52} 孔、K_{53} 孔、K_{54} 孔、K_{93} 孔、K_{95} 孔、K_{134} 孔、B_{135} 孔
	朱庄煤矿	2001 年 12 月 20 日曾因 89-1 钻孔封闭不良，导通太灰含水层发生突水；2005 年Ⅲ424 工作面回采揭露 87-5 钻孔时，钻孔出现出水现象
	朔里煤矿	1972 年 1 月 28 日施工西总回风巷揭露 I364 钻孔时出水，水量 16 m^3/h；1989 年 4 月 6 日 S_{327} 工作面回采揭露 H126 钻孔出水
	卧龙湖	卧龙湖煤矿共封闭不良钻孔 1 个，钻孔编号 7-84，该钻孔位于采区边界之外
宿县矿区	朱仙庄煤矿	本矿未封或封闭资料不详，钻孔 92 个
	桃园矿	本矿目前还未发现封闭不良钻孔突水
	祁东煤矿	本矿的封闭不良钻孔不在近期开采规划范围内，威胁较小
临涣矿区	临涣煤矿	未封孔：028、浅 023、临水 1、临水 2、临水 3、临水 4、东风检；无封孔记录：浅 25、1-2_5、1-2_{13}、1-2_{14}、3-4(三)$_1$；封孔资料不详：5-6_{24}、5-6_{27}、构水 4-5-6_{26}、5_8、4-5_{16}、4-5_{23}、水 1 4-5_{11}、水 2、4-5_{15}、4_7、029、3-4_7、3-4_8、3-4_{13}、039、043、2-3_5、2_4、2_5、067、1-2_{12}、主检、构水 5、西 2_2、西 1-1_2
	海孜煤矿	—
	童亭煤矿	－265 东翼总回风巷施工的 92-观 1 孔，1011 风巷施工的 94-观 4 孔
	许疃煤矿	区内封闭不良钻孔：07 孔、08 孔、012 孔、67-22 孔、70-4 孔、72-7 孔、78-8 孔、80-7 孔和 67-11 孔
	孙疃煤矿	不详：090 孔、092 孔、010 孔、085 孔、086 孔、070 孔、091 孔；未封：081 孔、095 孔、097 孔、058 孔；无资料：088 孔、066 孔
	青东煤矿	封闭不良钻孔：041 孔、051 孔、052 孔
	杨柳煤矿	本矿未封或封闭资料不详钻孔，见附表中的封孔不良钻孔成果表
	袁店一矿	袁-1 孔封孔情况不明，06-26、袁店 1、袁店 2、13 观 1、13 观 2 孔为长观孔，均未封闭
	袁店二矿	本区封闭不良钻孔：40-2 孔、42-2 孔、68-34 孔
	任楼煤矿	一采区的 46_1 孔、46_2 孔、46_3 孔；中四采区的 38_8 孔、42_2 孔、42_6 孔；中五采区的 48_1 孔；中六采区的 38_2 孔、38_{12} 孔、38_{14} 孔、40_2 孔；中八采区的 34_8 孔、34_2 孔、34_6 孔；上一采区的 46_3 孔；上二采区 42_6 孔；上四采区 38_8 孔；上六采区 38_{12} 孔、38_{14} 孔；上八采区的 34_8 孔、34_6 孔以及 01_0 孔、02_6 孔、48_2 孔、50_4 孔、34_2 孔、38_{10} 孔、38_6 孔、42_1 孔、34_4 孔、42_2 孔和 42_4 孔
	五沟矿	五沟矿共查出封闭不良钻孔 8 个，分别为：34-5 孔、80-1 孔、30-11 孔、30-12 孔、30-2 孔、30-5 孔、30-4 孔、011 孔

续表

矿　区	煤　矿	封闭不良钻孔
涡阳矿区	涡北煤矿	67-53 孔、8-6 孔、012 孔、67-54 孔
	刘店煤矿	部分钻孔（G_{53-1}孔 301.48～343.11 m、G_{31}孔 492.00～534.00 m、G_{55}孔 329.00～337.49 m，G_{93}孔 0～6.00 m、294.11～322.8 m、402.69～419.67 m）共 4 孔 6 层未进行封闭
潘谢矿区	潘一矿	Ⅴ-Ⅵ-14 孔、检 014 孔、Ⅴ-Ⅵ-15 孔、Ⅴ-Ⅵ-016-1 孔、Ⅴ-Ⅵ-016-2 孔、Ⅴ-Ⅵ-017 孔、Ⅴ-Ⅵ-038 孔、Ⅴ-Ⅵ-039 孔、Ⅵ-028 孔、Ⅵ-053 孔、Ⅵ-054 孔、Ⅵ-Ⅶ-064 孔、Ⅶ-027、Ⅶ-034 孔、Ⅶ-071 孔、Ⅶ-056 孔、Ⅸ-Ⅹ-078 孔
	潘一东矿	本区的 12 个老钻孔资料分别是Ⅲ线的：31、水 45、水 01 孔；Ⅱ线的：5 孔、2 孔、1 孔、6 孔；Ⅰ线的：水 15-1、3、水 16 孔；0 线的：1 孔、2 孔
	潘二矿	潘二煤矿封闭不良钻孔较多，共统计出 45 个封闭不良钻孔：水 18 孔、019 孔、025 孔、026 孔、045 孔、046 孔、048 孔、1 孔、26 孔、补 07-1 孔、检 014 孔、074 孔、018 孔、013 孔、020 孔、058 孔、051 孔、052 孔、057 孔、063 孔、061 孔、060 孔、029 孔、030 孔、032 孔、0722 孔、027 孔、6 孔、1 孔、240 孔、236 孔、64-07 孔、3 孔、16 孔、2 孔、18 孔、8 孔、1 孔、构 7 孔、1-1 孔、504 孔、601 孔、602 孔、503 孔
	潘三矿	构 8 孔、水 42 孔、01 孔、06 孔、05 孔、3 孔、012 孔、19 孔、水（三）5 孔、3 孔、下含 1 孔、217 孔、13 孔、3 孔、灌浆孔，供水孔，水（三）1
	潘北矿	八$_6$、九$_{12}$、十$_4$、八西线 C_3Ⅰ孔、补水 1 线 C_3Ⅰ孔、补水 1 线 C_3Ⅱ孔、补水 1 线 C_3Ⅲ孔、补水 1 线 O_{1+2}孔、补水 1 线$\in_3$孔、九线 O_{2-2}、十线 C_3Ⅰ-1 孔、十线 C_3Ⅰ-2 孔、十线 C_3Ⅱ孔、下含 3、十西线 C_3Ⅰ-1 孔、十西线 C_3Ⅰ-2 孔、补 KZ_4 孔、补 KZ_5 孔、补 KZ_6 孔、补 KZ_{10}孔、补 KZ_{14}孔、补 KZ_{15}孔、补 KZ_{16}孔、补 KZ_{17}孔、径向孔
	丁集矿	十五 14-3，十八 29，水 3，二十一 3，三十一 4，水 2，水 1，水 7，水 8，8411，二十四 30，水 6，二十八 1，三十 1，三十一 2，88，66-08。
	谢桥矿	七一八 5，补Ⅳ5，D_{8-2}，七西 8，补Ⅰ8，十 3。
	顾桥矿	情况不明：十六 12；不合格：66-06 孔、66-07 孔、66-08 孔、67-4 孔、三 6 孔、79 孔、十一 23 孔、67-33 孔、67-03 孔、水 15 孔、88 孔、十二 8 孔
	新集一矿	封闭不良的钻孔 6 个
	新集二矿	封闭资料不详孔：凤 07 孔、凤 09 孔、凤 13 孔；分段封闭孔：111 孔、0103 孔、0104 孔、0101 孔、0106 孔、0102 孔、0107 孔、0108 孔、0201 孔、0202 孔、0203 孔、0307 孔、0309 孔、0401 孔、0402 孔、0403 孔、0501 孔、0502 孔、0503 孔、0601 孔、0602 孔、0604 孔、0701 孔、0703 孔、0706 孔、01001 孔、01002 孔、01104 孔
	新集三矿	1950 年施工的 26 个钻孔均未有钻孔封闭情况记录。据 024 孔、029 孔、030 孔启封资料，发现所有钻孔均未采取封闭措施
阜东矿区	口孜东矿	未来三年矿井仅受 23-3 孔封闭不良钻孔影响

现行矿井对封闭不良钻孔水害的主要处理措施如下：

（1）按现行规范全面评价钻孔封孔质量，建立钻孔封孔质量台账和数据库。对于封孔不良的钻孔要单独建账，并分析钻孔封闭不良的孔段、穿透含水层或其他水体的情况，确定导水钻孔。

（2）绘制钻孔分布图。矿井必须绘制钻孔分布图，将井田内的各类钻孔标注到采掘工程平面图、充水性图、综合水文地质图和水害预测图等图件上。封孔不良钻孔要用专门图例标注，导水钻孔要圈定采掘工程的警戒线、探水线。

(3) 对于能够在地面找到的导水钻孔,应根据钻孔或其"暗标"的位置在地面安装钻机进行透孔处理。一般采用导向钻头扫孔到需要重新封闭的深度,进行重新封孔。

(4) 不便在地面找孔启封的导水钻孔,可以从井下探水找孔封堵。找孔封堵的步骤是:

① 预测钻孔涌水量。根据钻孔穿透含水层的参数、井下揭露钻孔的水压、钻孔直径等情况,预计揭露钻孔时的正常涌水量和最大涌水量,对于涌水量小于抗灾能力的导水钻孔,才能在井下揭露钻孔。

② 施工探水巷道。布置一条岩层巷道并向导水钻孔施工,逐步接近警戒线或探水线。探水巷要具有抗水流冲击的能力和良好的泄水条件,水流应直接流向水仓。

③ 提高排水系统能力。按照预计钻孔最大涌水量1.5~2倍的要求,调整和增强水泵、排水管路、供电和水仓容水能力。

④ 施工探水钻孔。在探水巷接近探水线时布置扇形探水孔向导水钻孔钻进,利用探水钻孔涌水量对比或孔间透视等物探方法,确定导水钻孔位置,然后布孔,进一步探找。

⑤ 放水检验。若探水孔揭露导水钻孔,可利用探水孔的孔口控制装置进行放水检验,确定导水钻孔的水压、水量。对于水压、水量过大,不能采用巷道直接揭露的导水钻孔,可利用探水孔连续注浆的方法间接封堵;对于水压、水量不大,巷道揭露无安全威胁的导水钻孔,可采用巷道揭露直接封堵方式。

⑥ 封堵导水钻孔。巷道揭露导水钻孔后,分别在上、下孔内安装止水器(移动式孔口安全装置)控制涌水,然后采用连续注浆方式封堵上、下孔段。止水器类型有双层管止水胶囊同径止水器、单管止水胶囊异径止水器、单管膨胀橡胶(牛皮)止水器等。如遇水压较高、水量较大,止水器对孔下置困难时,可使用前后、左右、上下均可移动的套管支架支撑止水器,强行对孔压入孔内。

⑦ 扫孔封堵。对于涌水量小,出现塌孔、充填堵塞的导水钻孔,要安装钻机进行全段扫孔,然后安装止水器注浆封堵。

⑧ 连续注浆施工注意事项:备足水泥,保证供水、供电正常,检修设备保持完好,尽量减少注浆间断时间,保证全孔段水泥结石体完整不留空隙。

第二十二章　突水事故的应急救援预案

第一节　突水前水灾预测预防预案

一、加强矿井防治水的基础工作

(1) 煤矿地测科应依据《煤矿防治水规定》及《矿井地质测量工作质量标准化标准》等有关规程、规定，有计划、有针对性地开展矿井水文地质工作，做到水文地质图纸、台账齐全，并及时修改完善，为矿井防治水预防重大水患事故提供翔实可靠的基础成果资料，并提出预测预报。

(2) 坚持“有疑必探、先探后掘”的探放水原则。采掘工作面接近积水老巷、积水老空区时，接近有出水可能的未封或封孔不良钻孔时，接近导水断层或落差大于 10 m 且位置不清的断层时，巷道透窝前透窝点为积水地段而积水情况不明时，接近水文地质条件复杂，情况不明且有出水征兆的区域时，要编制安全措施，采取探放水措施，措施经总工程师审查同意后付诸实施，待水患排除后方可施工。开工前必须由防治水业务部门认可。

(3) 每年初核查本年度采掘活动影响范围内的所有穿过煤层顶底板富含水层的钻孔封孔资料和积水老峒、老塘的位置，填绘在矿井充水性图上。对封闭不良或未封的钻孔，根据不同情况，在与采掘工作面相遇前分别采取重新封孔、井下探水或留设防水煤柱等措施处理。各类水患预报必须经总工程师审查批准后，发至安监处、技术科等有关单位。

(4) 设计部门必须认真分析研究水患预测预报资料和有关的地质、水文资料，在编制采掘工程设计时充分考虑水害因素，从工程设计开始，为防止重大水患和探放水工作创造必要的条件，并将探放水工程纳入采掘工程设计和工作面衔接计划时间表内。

(5) 施工单位必须严格按预测预报、通知书、说明书、分析意见等提出的防治水措施进行落实，并及时汇报施工过程中出现的水文地质条件变化。

(6) 安监处负责按照措施要求监督检查防治水措施的落实，保证各项防治水措施及时落实到位，有效防止水害事故发生。

(7) 当采掘工程施工出现地质及水文地质条件变化可能危及安全生产时，要先停止作业，重新采取探测措施，提出预测预报及防范措施，并修改作业规程，经审查批准后，方可继续施工。

(8) 所有防水煤柱内不得进行任何采掘活动，以保证煤柱的完整性及隔水的可靠性。如因工程特殊需要不得不开掘巷道，则要提出专门报告和相应的有效措施，报上级部门审批，不经正式批准不得施工。

(9) 坚持水害隐患定期排查制度。矿总工程师组织每月进行一次、地测科每周进行一次的水害排查工作。水害隐患和排查结果及防治措施按规定上报和下发。

二、水灾预兆

导致煤矿水害发生的矿井充水水源,无论是来自地面还是井下,均有源头可寻;充水水源出水汇集起来对矿坑形成威胁,需要一定的充水通道和充水过程;有了充水水源和充水通道是否能够溃决成灾,取决于是否有一定的充水强度和其他前提条件。因此,水害事故发生前一般会显现出各种各样的透(突)水征兆,有时这些透(突)水征兆还非常明显,只要能够有效识别,就可避免重特大透(突)水事故的发生或大大减少人员伤亡和财产损失。

1. 与承压水有关的突水征兆

(1) 顶板来压、掉渣、冒顶、支架倾倒或折断柱。

(2) 底板膨胀、底鼓张裂。这种征兆多在顶板来压之后出现,且较普遍。表现为在采掘工作面围岩(特别是顶底板为脆性岩层)内出现裂缝,当突水量大、来势猛时,底鼓张裂的同时还伴有“爆炸”响声。在受压最大地段,柔性岩层变薄,相应压力小的地段会出现增厚现象。

(3) 先出小水后出大水也是较常见的征兆。由出小水至出大水,时间长短不一,据统计由1～2 d至20～30 d不等。

2. 冲积层水突水征兆

(1) 突水部位煤岩层发潮、滴水且水量逐渐增大,仔细观察可发现水中有少量细砂。

(2) 发生局部冒顶,水量突增并出现流砂。流砂常呈间歇性,水色时清时混,总的趋势是水量、砂量增加,直到流砂大量涌出。

(3) 发生大量溃水、溃砂,这种现象可能影响至地表,导致地表出现塌陷坑。

3. 老空水突水征兆

(1) 煤层发潮、色暗无光。有此现象时把煤壁剥挖一薄层做进一步观察。若仍发暗,表明附近有水;若里面煤干燥光亮,则为从附近顶板上流下的“表皮水”所造成。

(2) 煤层“挂汗”。煤层一般为不含水和不透水,若其上或其他方向有高压水,则在煤层表面会有水珠,似流汗一样。其他地层中若积水也会有类似现象。

(3) 采掘工作面、煤层和岩层内感觉“发凉”。若走进工作面感到凉且时间越长越感到凉;用手摸煤时感到冷,且时间越长越冷。此时应注意可能会突水。

(4)在采掘工作面内,若在煤壁、岩层内听到“吱吱”的水声,表征水压大,水向裂隙中挤压发出响声,说明离水体不远了,有突水危险。

(5)老空水呈红色,含有铁,水面泛油花和臭鸡蛋味,口尝感觉发涩;若水甜且清,则是“沙”层水或断层水。

第二节　突水后水灾现场救援与处置

一、突水后的水量估算

（一）现场实测突水量方法

1．浮标法

矿井发生突水后，初期水量一般较小，可在井下巷道的排水沟内测量其水量。选用几何形状规整的排水沟约 5 m 长，清除沟内的杂物，选择上、中、下 3 个断面，测量其宽度及 3～5 个水深值，并用木屑或纸屑作浮标，测量排水沟内水的流速，反复测量 3～5 次，采用下式即可计算突水水量：

$$Q = 60KL\frac{\frac{1}{3}\left(W_1\frac{h_1+h_2+h_3}{3}+W_2\frac{h_4+h_5+h_6}{3}+W_3\frac{h_7+h_8+h_9}{3}\right)}{\frac{t_1+t_2+t_3}{3}} \tag{22.1}$$

式中，Q：突水水量，m^3/min；

L：水沟测量段长度，m；

W_i：水沟断面宽度，m；

h_i：水沟内水深，m；

t_i：浮标在某一段内运动的时间，min；

K：断面系数，按表 22.1 选择。

表 22.1　断面系数 K 的选择

水沟特征	水深(m)	0.3～1.0		>1.0	
	粗糙度	粗糙	平滑	粗糙	平滑
K 值		0.45～0.65	0.55～0.77	0.75～0.85	0.80～0.90

当突水继续增大到不能采用巷道排水沟测量时，可选用巷中较为平直的一段，测量巷道内的水流量。其具体测量方法与排水沟内测量方法相同。

2．水泵标定法

突水事故发生后，应增开水泵或增加水泵运转时间。水仓内增加的水量用下式计算：

$$Q = KNW + \frac{SH}{t} \tag{22.2}$$

式中，W：水泵的名牌排水量，m^3/min；

N：增开的水泵台数；

K：水泵的排水系数，参考表 22.2 选择；

H：t 时间内水位上升高度，m；

S：水仓的水平断面面积，m^2；

t:水仓水位上涨 H 所用的时间,min。

表 22.2 水泵的排水系数

排水条件	新泵排清水	旧泵排清水	新泵排混合水	旧泵排混合水	双台老泵单管排水
K	1	0.8	0.9	0.7	0.6

3. 容积法

矿井突水时,如果水是由下向上充满井下巷道及其他空间,可利用下水平巷道硐室的淹没时间来估算其突水量,即

$$Q = \frac{V}{t} \quad 或 \quad Q = \frac{SH}{t} \tag{22.3}$$

式中,V:下水平巷道的淹没体积,m^3;

t:淹没时间,min;

S:下水平硐室巷道的水平断面面积,m^2;

H:t 时间内水位上升高度,m。

突水后,如将下水平巷道淹没,水位上升至回采过的采空区,则涌水量可用下式计算:

$$Q = \frac{KSHM}{t\cos\alpha} \tag{22.4}$$

式中,K:采空区的淹没系数;

S:求积仪在平面图上量得的淹没面积,m^2;

H:水位上涨的高度,m;

M:果空区煤层的实际采高,m:

α:岩层的倾角,(°);

t:水位上升所用的时间,min。

选用淹没系数时应注意:① 如果采空区回采时间相差较大,则淹没系数应根据采空区充水曲线的数值分别计算;② 如果采空区内为多煤层开采,则应将各煤层的采空区淹没水量相加,其和为淹没总水量;③ 如果采空区内巷道较多,则应将巷道硐室的容积累加计算,然后求出总淹没水量。

(二) 矿井突水总水量的估算

煤矿在突水抢险过程中,需及时掌握从突水开始到某一时刻的突水总水量。其具体计算方法有两种。

1. 算术叠加法

$$V = Q_1 t_1 + Q_2 t_2 + \cdots + Q_n t_n \tag{22.5}$$

式中,V:从突水始到某一时刻止突水总体积,m^3;

$Q_1 \sim Q_n$:从突水开始分段计算突水的涌水量,m^3/min;

$t_1 \sim t_n$:从突水始到某一时刻止,与上述涌水量相对应的连续时间段,$t_1 + t_2 + t_3 + t_4 + \cdots + t_n = t$,min。

2. 曲线求积仪法

在直角坐标纸上,绘出涌水量变化曲线,其横坐标为时间,纵坐标为涌水量,绘出从突水开始到某一时刻涌水量变化曲线,在曲线图上用求积仪量出坐标轴与曲线所包围的整体面

积，然后用该面积乘以单位面积所代表的水量，即得出水淹没的总体积。

3. 淹没时间的预计

矿井突水后，应定时测量水量及水位上涨速度，并及时预测某一段时间内的水位上涨速度，这对抢险排水具有重要意义。矿井突水过程中，水量常呈不稳定状态，可用较简单的直线回归统计法推算：

$$Q = a + bV_1 t \tag{22.6}$$

式中，V_1：涌(突)水量，m^3/min；

t：涌(突)水时间，min；

a、b：待定系数。

在水量变化的情况下，矿井淹没水位上升时间可用下式计算：

$$t = \frac{V_1 + V_2}{Q_{平}} \tag{22.7}$$

式中，V_1：采空区的总空隙体积，m^3；

V_2：已疏放含水层的空隙体积，m^3；

$Q_{平}$：预测到某时刻水量与最后一次实测水量的平均值，m^3/min。

二、被困人员自救互救

如果在逃生撤退过程中发现退路已被透(突)水或其他原因所隔断，就要立即寻找井下地理位置最高的地方作为临时躲避场所。同时，应立即启动积极主动的自救、互救预案，采取有效的自救、互救措施。在井下躲避的生还人员，一定要充分利用有限的避灾空间保持必要的体力，要心情平静、适量呼吸、禁止活动、躺卧待救、相互帮助；在避灾场所的轨道或水管上定时敲击向外发出求救信号；防止有害气体的中毒和窒息；所带干粮和矿灯集中统一分配，应做好长期坚持的准备。

三、救援现场的指挥与处置

发生水害事故后采取的主要措施包括10个方面：

(1) 撤出受灾害威胁区域的所有人员。

(2) 立即报告集团公司、政府有关部门，同时通知救护队组织抢救。应急救援指挥部要立即下达抢险救灾命令，开展抢险救灾工作。在水灾应急期，应急救援指挥部应本着“积极抢救”的原则，争分夺秒地组织救援队伍在现场实施紧急救援行动；所属工作组应按各自职责，积极行动，尽职尽责做好抢险救灾工作。

(3) 了解透(突)水地点、时间、影响范围，分析灾变及周围区域地质、水文地质条件，收集透(突)水前后水量变化、各长观孔水位变化、地表水资料，必要时做水质化验，判断直接水源及补给水源、通道，推测、判断透(突)水水量变化趋势。

(4) 掌握灾区范围，查清事故前人员分布，判断遇险人员可能避灾的地点，科学分析这些地点是否具有人员生存的条件，然后组织力量进行抢救。

(5) 根据透(突)水量大小和矿井排水能力，要选用排、疏、堵、截及开掘小巷等综合措施，营救遇险人员。在井下要害地点快速构筑临时挡水堰或挡水闸墙，使涌水按规定的路线流淌、排泄。查明矿井、相关采区排水设施及排水能力，当排水能力小于突水水量时，要尽快组织增加排水泵和排水管路。

(6) 采用压风管、水管、打钻孔等方法，向遇险人员输送新鲜空气，给遇险人员创造生存条件。

(7) 加强通风，防止硫化氢、瓦斯和其他有害气体集聚，发生熏人等次生意外事故。

(8) 侦察、抢险时，要管好水路，防止涌水冲垮巷道；采取措施，防止冒顶、垮塌、掉底、边帮破坏、二次出水等事故发生。

(9) 抢救和运送长期被困井下人员时，防止环境和生存条件突然改变造成意外。

(10) 在抢险救援排水过程中，要注意环境保护和卫生防疫工作。

附录一　长观孔设计

淮北矿业朱庄煤矿奥陶系岩溶含水层长观孔技术设计

一、钻孔设计

朱庄煤矿现有地面灰岩长观孔3个，其中太灰2个、奥灰1个；井下太灰观测孔6个，太灰观测孔井上、下已经联成网。奥灰井下无观测孔，不能满足奥灰水位观测的需要。为了进一步查明奥灰水位变化动态，满足矿井防治水需要，设计奥灰长观孔1个，钻孔编号为2013-观1孔。地面位置在现勘探工程处院内，与朱庄煤矿为同属一个奥灰水系，距现奥灰观测孔90-3孔1 402 m，符合观测孔要求（附表1.1），预计钻探工程量360 m。

附表1.1　地面奥灰长观孔设计参数表

编　号		2013-观1
施工目的		“奥灰”长观孔
孔口坐标(m)	*X*	3 759 607
	Y	39 489 255
孔口标高(m)		+31.8
终孔层位		奥灰
终孔深度(m)		360
套管(m)	Ø168×7 mm	90
	Ø127×4.5 mm	200
主要任务		抽(注)水实验
地点		勘探公司

开孔0～90 m(基岩下)Ø216 mm孔径、下入Ø168 mm地质套管，管外水泥浆固孔；以下至奥灰顶(孔深200 m)以上Ø152 mm孔径，下入Ø127 mm地质套管、管外水泥浆固孔；奥灰层位内160 m终孔用Ø94 mm孔径裸孔钻进。

二、技术要求

（一）岩芯采取及要求

1. 取芯段

基岩开始至终孔全部取芯；其他长观孔基岩上 20 m 开始至终孔全部取芯。

2. 岩芯采取率

岩芯采取率：松散层黏土类长度采取率≥70%，松散层砂及砂砾类长度采取率≥50%；基岩及煤系地层的长度采取率≥70%（按甲级孔标准要求）。

3. 岩芯鉴定

（1）岩芯取出后，及时清洗干净，用钢尺丈量长度，误差不得大于±1%。

（2）岩芯鉴定严格按照《煤矿安全规程》中沉积岩的描述要求，进行鉴定描述。要求对大于 0.5 m 的松散层层位进行分层鉴定。

4. 岩芯保管

（1）鉴定后的岩芯，严格按照顺序排列，按回次贴岩芯票，并将煤、岩芯按回次顺序装箱，煤、岩芯之间用隔板隔开，严禁将岩芯顺序排错。

（2）岩芯全部放入岩芯箱，要用防水帆布盖起来，防止煤、岩芯被风吹、雨淋、日晒。

（3）岩芯要妥善保管到钻孔终孔验收，经甲方同意后，方可处理。

（二）抽水实验的要求

（1）抽水实验落程。要求进行三个落程，降深大于 10 m，小于 50 m，每次降深的差值大于 10 m。

（2）稳定延续时间与稳定标准：稳定延续时为 12 h；稳定标准：涌水量波动值不超过正常流量的 5%；钻孔水位波动不超过 3 cm。

（3）静止水位观测：抽水实验前对自然水位进行观测，每小时观测一次，三次所测水位差不超过 2 cm，即为静止水位。

（4）恢复水位观测：抽水实验结束，进行恢复水位观测，以 1 min、3 min、5 min、10 min、15 min、30 min…按顺序观测，直至完全恢复为止。要求每小时观测一次，三次所测水位差不超过 2 cm，为达到恢复水位。

（5）恢复水位后，每 2 小时观测一次，延长 24 h。

（6）抽水实验资料整理：

① 绘制水文地质综合图表，内容包括：实验地段平面图；水位、流量与时间过程曲线图；$Q=f(s)$，$q=f(s)$曲线图；水位恢复曲线图；钻孔结构图等。

② 计算水文地质参数：渗透系数、影响半径、单位涌水量等。

如果钻孔的富水性弱，难以进行抽水实验，则进行一次注水实验。

（三）简易水文观测

对简易水文观测有以下要求：

（1）泥浆池要夯实、隔漏，并放置水位标杆，每天检查一次，发现漏浆及时处理，检查情况要有记录。

（2）水位测定：下套管后、提钻前后、下钻前各测水位一次，并有记录。

（3）消耗水量：下套管后，在钻进过程中，每回次钻进超过半小时时，每半小时观测一次；

钻进时间不足半小时,每回次观测一次,并记录。

(4) 遇严重漏水、涌水层段,应按照有关规程规定,观测近似稳定水位,正确确定漏水、涌水层段,并做好相关记录。

(四) 测井

要求对全孔进行数字测井。测井成果要达到优质标准,测井综合评级要达到甲级。

钻探与测井所释的煤层、地层厚度、深度应吻合。测井曲线划分岩层的解释结果应与岩芯分层基本吻合,钻探与测井解释的岩性不可相差两个粒级(包括两个)。

(五) 其他技术和要求

其他技术、质量要求按勘探设计和有关规范、技术要求执行;质量验收按《MT/T 1042—2007 煤炭地质勘查钻孔质量标准》进行。

附录二　煤层顶板砂岩裂隙含水层疏水降压设计

淮南顾北煤矿 1322(1)工作面顶板砂岩探放水钻孔设计

一、概况

1322(1)工作面位于淮南顾北煤矿南翼(11-2)采区。根据2013年5月新生界含水层下开采工作面顶板砂岩富水区探测工程1322(1)工作面物探成果报告，有5个相对低阻异常区。为消除11-2煤层顶板砂岩水的危害，决定在1322(1)胶带机顺槽及回风顺槽内施工物探验证孔及放水钻孔。

二、目的与任务

超前探放11-2煤层顶板砂岩水，消除安全隐患，确保安全回采。

三、钻场布置及工程量

(1) 1322(1)胶带机顺槽内探放1#,2#,3#低阻异常区，回风顺槽内探放4#,5#低阻异常区。回风顺槽与胶带机顺槽钻孔均布置在顺槽内。施工地点各施工一个起吊锚杆并设正规水泱，水泱规格：长2.0 m、宽1.0 m、深0.8 m，水泱上铺设大板，内用水泥抹面。

(2) 低阻异常区中钻孔设计：

根据该工作面的物探成果报告中钻孔布置原则及工作面的实际情况，1#,2#,4#异常区钻孔的垂直深度控制在等于60 m，3#,5#异常区因距离基岩面较近，故控制距离距基岩面大于12 m。钻孔平面长度超过异常区范围或终孔点在异常区内。

1322(1)工作面共设计31个钻孔，共计3 101 m。其中验证孔16个，合计1 627 m；探放水钻孔15个，合计1 474 m。具体工程量如附表2.1所示。

优先施工验证孔，如验证孔没有出水，则不施工该低阻异常区探放水钻孔；如验证孔有水，则继续施工探放水钻孔。

四、探放水钻孔单孔涌水量预计

1322(1)工作面与1312(1)工作面属同一采区，同一可采煤层。1312(1)工作面在施工顶板砂岩水钻孔时，最大出水量为35 m^3/h，故1322(1)工作面在施工顶板砂岩水钻孔时最大单孔出水量预计为40 m^3/h，施工单位必须配备排水能力不小于40 m^3/h的排水泵及同等排水能力的备用泵。

附表 2.1　探放砂岩裂隙水钻孔工程量

工作面顺槽	异常区代号	施工地点	验证钻孔	验证孔长度(m)	探放水钻孔	探放水孔长度(m)	合计钻孔数	合计钻孔长度(m)
胶带机顺槽	1#	H_6 点后 26 m	1-2#，1#，1-4#	337	1-1#，1-3#，1-5#	323	6	660
	2#	Y_9 点前 4 m	2-2#，2#，2-5#	315	2-1#，2-3#，2-4#	298	6	613
	3#	H_3 点处	3-2#，3-4#，3-6#	253	3-1#，3-3#，3-5#	251	6	504
回风顺槽	4#	X_{10} 点前 22 m	4-1#，4#，4-4#	317	4-2#，4-3#	219	5	536
	5#	X_{16} 点前 1 m	5-2#，5-4#，5-5#，5-7#	405	5-1#，5-3#，5-6#，5-8#	383	8	788

五、主要技术要求

(1) 采用 SGZ-ⅢA 钻机及其配套钻具施工，清水排渣钻进。

(2) 钻孔开孔前，由施工单位编制《1322(1)工作面顶板砂岩水物探验证孔及探放水钻孔施工安全技术措施》，经矿相关部门审查并报矿总工程师审批后方可施工。

(3) 钻孔结构如下：

设计钻孔结构为 0～10 m 为 Ø133 mm 孔径，下 Ø108 mm 套管 10.3 m，10 m～终孔为 Ø75 mm 孔径。

(4) 孔口管配备，钻孔孔口管配备如下：

0～10.3 m 为 Ø108 mm 套管，外露 0.3 m；管外口焊接高压法兰盘。

(5) 孔口管的加固与耐压实验。

① 孔口管安置与加固。用 Ø133 mm 孔径开孔至 10 m，用清水将孔内岩粉冲洗干净，下入 Ø108 mm 套管 10.3 m，套管外露孔口 0.3 m。套管外壁需焊接钢筋肋骨，并在外口焊接高压法兰盘，用钢丝绳将套管与钻场内稳固锚杆固定住，孔口管外口四周与孔壁之间用水泥砂浆或树脂药卷捣实封闭，封闭长度不得小于 1.0 m，同时预埋导气铁管，导气铁管上加高压小闸阀。

待孔口封闭凝固后，套管口装上闷盘后向孔内注入水灰比为 1∶1 加三乙醇胺与食盐混合溶液的水泥浆，待导气铁管冒浆后，关闭导气管小闸阀，继续注浆至压力升至 6 MPa 时停注。如孔口周围及迎头岩缝溢浆时则进行间歇注浆，或等注入的水泥浆凝固后，扫孔到底，再进行注浆，如此反复，直至孔口管周围不溢浆。

② 孔口管耐压实验。待注入孔内的水泥浆凝固 24 小时后，用 Ø75 mm 钻头扫孔至孔底以外 0.2 m，进行清水耐压实验。实验压力为 6 MPa，稳定 30 min，以孔口周围不漏水、孔口管不动为合格，否则需重新注浆加固，直至耐压实验合格。

(6) 套管耐压合格后，孔口安装高压闸阀，并用钢丝绳将高压闸阀与钻场内稳固锚杆固定住，用 Ø75 mm 孔径钻至终孔。

(7) 全孔采用清水钻进。

(8) 水文观测：钻进过程中进行简易水文地质观测。

(9) 严格按钻孔设计、操作规程及安全措施施工，如孔内异常(如气体、卡钻、埋钻等)，必须停钻处理后，方可继续钻进，确保安全施工。

(10) 钻进过程中如发现孔内突然来压、水量增大及顶钻现象时，必须停止钻进，但不得拔出钻杆，应派人监测水情，及时汇报矿调度信息中心，然后采取安全措施进行处理。

(11) 钻进过程中，应及时填写相关的原始记录及班报，做到工整、准确、清晰。工程结束后3天内应提交完整的钻探成果资料。

(12) 钻孔施工前，应连接好施工地点排水系统，排水管应与1322(1)胶带机顺槽或回风顺槽内的排水管合茬，以便及时排水。施工地点水泱内应安设不小于40 m^3/h 排水能力的水泵，并有同等排水能力的备用泵。

(13) 钻孔施工前，在打钻地点或其附近安设专用电话。

(14) 若钻孔出水，视出水情况进行控制放水。

(15) 专门编制《1322(1)工作面顶板砂岩水物探验证孔及探放水钻孔施工安全技术措施》并经总工程师签字后执行。

(16) 排水路线：

① 胶带机顺槽排水路线：1322(1)胶带机顺槽→1322(1)胶带机顺槽提料斜巷→南翼(11-2)轨道巷→南翼(11-2)胶带机斜巷→南翼轨道大巷→副井北绕道→水仓。

② 回风顺槽排水路线：1322(1)回风顺槽→1322(1)回风顺槽提料斜巷→南翼(11-2)轨道巷→南翼(11-2)胶带机斜巷→南翼轨道大巷→副井北绕道→水仓。

(17) 避水灾路线：

① 胶带机顺槽避水灾路线。a. 副井正常提升时的避水灾路线：1322(1)工作面胶带机顺槽→1322(1)胶带机顺槽提料斜巷→南翼(11-2)轨道巷→－648 m井底车场→副井→地面。b. 副井不能正常提升时的避水灾路线：1322(1)工作面胶带机顺槽→1322(1)胶带机顺槽提料斜巷→南翼(11-2)轨道巷→－648 m井底车场→煤仓上口及转载胶带机联络斜巷→－550 m车场→风井→地面。

② 回风顺槽避水灾路线。a. 副井正常提升时的避水灾路线：1322(1)工作面回风顺槽→1322(1)回风顺槽提料斜巷→南翼(11-2)轨道巷→－648 m井底车场→副井→地面。b. 副井不能正常提升时的避水灾路线：1322(1)工作面回风顺槽→1322(1)回风顺槽提料斜巷→南翼(11-2)轨道巷→－648 m井底车场→煤仓上口及转载胶带机联络斜巷→－550 m车场→风井→地面。

其他未尽事宜按《煤矿防治水规定》《淮南矿业集团煤系砂岩水水害防治管理规定》《钻机操作规程》执行。

附录三　下组煤开采底板疏水降压、注浆改造设计案例

淮北煤田祁南煤矿10113工作面防治水工程设计

一、工作面基本情况

10113工作面位于101采区下部，为101采区扩大范围的首采工作面，上部、下部分别与10112和10114工作面相邻，两工作面均未准备，左以DF_{28}断层为界，右以东翼轨道大巷保护煤柱为界工作面，综合柱状图如附图3.1所示。工作面走向长度1 160 m，倾斜长150 m。工作面为炮采工作面，顶板采用自由垮落方式管理。2006年8月形成系统，2007年1月下旬开始回采。

二、工作面地质、水文地质概况

（一）工作面地质概况

10113工作面开采二叠系山西组10煤层，煤层厚度0.4～3.0 m，一般煤厚2.0～2.6 m，平均2.4 m。地质储量48.8×10^4 t，可采储量46.4×10^4 t。工作面煤层整体走向为NW，倾向NE，煤层倾角6°～18°，平均12°。工作面里高外低，高差120.5米，风巷底板标高－399.1～－519.5 m，机巷底板标高－428.0～－518.9 m。工作面受断层影响较大，掘进过程中实际揭露8条断层，按断层落差分2 m$\leqslant H\leqslant$5 m的4条，5 m$<H\leqslant$10 m的3条，$H>$10 m的1条；按断层性质分正断层6条，逆断层2条。其中DF_{33}，DF_{28}断层落差10～11 m，与工作面基本直交，将工作面分为上、中、下三段，上段工作面标高－399.1～－453.8 m，高差54.7 m；中段工作面标高－426.3～－501.3 m，高差75 m；下段工作面标高－491.9～－516.5 m，高差24.6 m。工作面过2断层时需进行改造。工作面断层情况见附图3.1、附表3.1。

（二）工作面水文地质概况

10113工作面水文地质条件中等—复杂，对工作面回采可能构成影响的充水含水层有煤层顶底板砂岩裂隙含水层和煤层底板太原组灰岩含水层。

1. 10煤顶底板砂岩裂隙含水层

工作面10煤直接顶板多为泥岩，厚0.8～2.4 m，老顶多为中细粒砂岩厚度约为3 m，局部为粉细砂岩，厚3.7～5.7 m。直接底板多为泥岩，厚约3.0 m，局部为粉砂岩，厚4.5～5.7 m。砂岩裂隙一般不发育，据补19_6孔抽水实验，$s=65.34$ m，$q=0.001\ 22$ L/(s·m)，$k=$

系	统	组	岩石名称	层厚(m)	柱状图	岩性描述
二叠系	下统	山西组	粉砂岩	5.5～8.7		灰色、致密、块状，含植物化石碎片
			泥岩	8～12.4		灰—深灰色、块状，含植物化石碎片
			粉砂岩	3.7～5.7		深灰色、致密、块状，富含植物化石碎片
			中、细粒砂岩	0～3.3		浅—深灰色、块状结构，夹有薄层粉砂岩、具水平层理
			泥岩	0.8～2.4		深灰色、碎块状—块状、富含植物化石碎片
			10煤	0.4～3.0		黑色、粉末状为主、局部为碎块状、玻璃光泽、性脆易碎、为亮—半亮型煤
			泥岩	0～3.3		灰黑色—黑色、含炭质泥岩、含有植物化石碎片
			粉砂岩	4.5～5.7		灰—灰黑色、块状结构、水平层理发育，含有植物化石碎片
			中粒砂岩	9.8～16.0		灰白色、中粒结构、上部为细砂岩，主要成分为石英长石云母片，水平层理发育
			细砂岩	5.6～9.3		灰色细砂岩，以石英长石为主，夹深灰色泥质条带，具不连续的波状层里，裂隙发育，水平层里
			粉砂岩	3.7～8.8		灰—深灰色粉砂岩，夹浅灰色细砂岩薄层，层里发育
			11煤	0.2～0.7		黑色、粉末状—碎块状、暗淡型煤
			泥岩	1.0～2.5		深灰—黑色泥岩、中厚层、块状、下部含有粉砂岩及植物化石碎片
			细粉砂岩	2.0～3.5		深灰色、致密、块状，富含植物化石碎片
			砂泥岩互层	8.6～10.4		深灰—灰黑色、质纯、较细腻、贝壳状断口
			中粒砂岩	8.5～13.2		灰—灰白色，主要成分为石英长石云母片，局部夹泥质条带，裂隙发育
			泥岩	9.0～11.6		海相泥岩、深灰色、厚层块状，含钙质结核，具滑面檫痕，局部夹砂岩条带
石炭系	上统	太原组	灰岩	2.5～3.3		一灰、浅灰—灰色、块状、致密、坚硬
			煤线	0～0.4		
			泥岩	4.1～5.9		深灰色、块状、致密、性脆
			灰岩	5.2～6.8		二灰、灰—深灰色、块状、结晶结构、致密、坚硬
			煤线	0～0.5		
			泥岩	6.3～7.7		深灰色泥岩、块状、局部含炭质

附图 3.1　工作面综合柱状图

0.00321 m/d，矿化度 0.542 g/L，水质为 $HCO_3 - Na$ 类型，富水性较弱。工作面在掘进期间，受砂岩裂隙水的影响，局部顶底板有淋渗水现象，涌水量为 1～3 m^3/h。

附表 3.1　10113 工作面断层一览表

编号	倾向(°)	倾角(°)	性质	落差(m)	备注
DF_{28}	200	40	正	5～10	
DF_{31}	30	55	正	0～3	
DF_{33}	260	50～60	逆	6～11	
101-F_{23}	145	20	逆	6.0	
101-F_{22}	200	50	正	3.5	
101-F_{21}	20	70	正	4.5	
101-F_{20}	36	55～75	正	4.0	
101-F_{19}	25	52～75	正	7.5	

2. 10 煤底板太原组灰岩含水层

矿区太灰含水层总厚约 83 m，一灰至四灰厚约 25 m。太灰含水层富水性不均一，一般浅部岩溶裂隙发育，富水性较深部强，一到四灰岩溶裂隙相对发育，富水性较好。根据 102 采区放水实验结果，太灰上段含水层局部水力联系较为密切。根据周边见灰岩钻孔分析，工作面 10 煤层底板隔水层厚度 60.7～78.8 m，在 DF_{28} 和 DF_{33} 断层附近隔水层厚度减小至 49.7～67.8 m，一灰厚度 2.9～3.5 m，二灰厚度 4.3～6.5 m，多数钻孔一灰及二灰无水。据精查时补 18_8 孔对太灰上段抽水实验资料 $s = 12.09$～31.02 m，$q = 0.339$～0.249 L/(s · m)，$k =$ 1.541 3～1.252 m/d，矿化度 1.583 g/L，水质类型为 $SO_4 \cdot Cl - Na \cdot Ca \cdot Mg$ 型。根据工作面附近 101-观 1 孔、101-观 2 孔、102-观 4 孔和地面西风井 2001-观 1 孔资料，太灰含水层水位为 −30～5.2 m。综合评价，工作面灰岩含水层富水性不均一，分区性较为明显。

（三）现有勘探成果及物探资料分析

矿井勘探及生产期间施工的勘探钻孔中，见 10 煤而又见太灰的钻孔 58 个，10 煤底板至太灰顶间距除补 22_3 和 14_{17} 两孔因受断层影响间距缩短为 16～26 m 外，一般间距为 48～77 m，平均 60.8 m。根据工作面附近的见灰岩钻孔（附表 3.2）及电法勘探资料分析，该面煤层底板距太原群灰岩含水层一灰顶板 60.7～78.8 m，平均间距约 64.8 m。隔水层岩性组合为：煤层直接底板以下 0～10 m 为泥岩和粉细砂岩，10～20 m 为粉砂岩，20～50 m 为泥砂岩互层和细砂岩，50 m 到一灰顶板多为一层海相泥岩，泥岩和粉砂岩结构较为完整，局部砂岩段裂隙相对发育。灰岩含水层富水性不均一，一灰和二灰含水层一般无水，富水性相对较弱。

经统计工作面附近见三灰钻孔情况分析，工作面周边钻孔见一、二灰时均未出水。一灰至三灰顶部厚度为 27.5～34.5 m，一般为 30.0 m 左右（一灰与二灰之间为泥岩、细砂岩，厚度 6.3～8.0 m；二灰与三灰间岩性多为泥岩～粉砂岩，厚度约为 14.0 m，在对一灰、二灰局部进行注浆充填改造的情况下可作为隔水层考虑），10 煤底板至三灰顶隔水层厚度为 88.2～113.3 m。

2006 年 8 月，该矿委托西安煤科院物探所进行了 10113 工作面的电法勘探工作，根据电法勘探资料分析，工作面煤层底板灰岩含水层富水性不均一，机风巷及切眼控制19处砂岩或

附表 3.2 工作面周围见灰岩钻孔情况一览表

钻孔编号	位置	隔水层厚度(m)	终孔层位	出水层位	出水量(m^3/h)	水压(MPa)	现水位(m)
2001-观 1	西风井院内		八灰				0
101-观 1	101 东翼轨道巷	64.7	四灰	四灰	50	5.33	5.2
101-观 2	101 一中车场	62.9	四灰	三灰	15	3.46	−30
102-观 4	101 采区轨道巷	66.7	四灰	三灰	35	5.2	−10.0
补 20-1		60.7	一灰				
15-16-8		78.8	三灰				
16-17-7		65.0	一灰				
16-17-8		52.0	一灰				
补 19-8		68.0	一灰				

说明：16-17-8 钻孔见断层，隔水层厚度仅供参考，不取用。

灰岩低阻异常区，多数地段为底板砂岩相对富含水区，有 5 处底板灰岩相对富含水，且上部隔水层不完整，应为工作面防治水工程的重点部位。分别如下：

Ⅰ号异常带位于风巷 J_{36} 点前 100 m 处至机巷 J_{46} 点前 25 m 处，距离切眼较近，位于应力集中区。

Ⅱ号异常带位于风巷 J_{35} 点前 16 m-J_{35} 点后 4 m 至机巷 J_{28} 点后 4 m-J_{26} 点后 12 m。

Ⅲ号异常带位于风巷 J_{31} 点前 24 m-J_{30} 点前 15 m 至机巷 J_{24} 点前 6 m-J_{22} 点前 34 m。

Ⅳ号异常带位于风巷 J_{27} 点前 30 m-J_{25} 点前 10 m 至机巷 J_{20} 点前 6 m-J_{18} 点前 10 m。

Ⅴ号异常带位于风巷 J_{19} 点前 30 m-J_{19} 点后 10 m 至机巷 J_{14} 点。

（四）工作面主要水害类型分析及底板安全隔水岩柱计算

1. 工作面主要水害类型分析

通过分析认为，工作面回采可能的水害有：10 煤层顶底板砂岩裂隙水和煤层底板太原组灰岩水。

（1）砂岩裂隙水：通过 10 煤层顶底板砂岩裂隙导入工作面。掘进期间工作面风机巷局部顶底板出现淋渗水现象，但总涌水量较小，一般不超过 3 m^3/h。根据勘探资料分析 10 煤顶底板砂岩裂隙含水层富水性较弱，预计工作面回采时正常涌水量为 2～5 m^3/h，最大涌水量为 15 m^3/h，对工作面的生产一般不会构成威胁，对正常生产有一定影响。

（2）太原群灰岩水及奥陶系灰岩水：太原群灰岩水通过富水异常区、采动裂隙带及构造破碎带导入工作面。奥陶系灰岩含水层距离 10 煤层较远，在无大的导水断层情况下，一般不会对 10 煤层工作面回采构成安全威胁。

2. 底板安全隔水岩柱计算

根据工作面受 DF_{22} 和 DF_{33} 断层的切割情况将工作面分为上、中、下三个块段，取灰岩水水位标高最高值 5.2 m，根据计算公式分别计算工作面的突水系数小于 0.07 时需满足的隔水层厚度。根据计算，结合工作面底板岩性情况分析，上段工作面探查孔控制到二灰，深度大于 74.3 m 即可满足安全隔水岩柱的需要，注浆孔终孔层位亦选择二灰；工作面中、下段最大隔水层厚度分别达到 80.9 m 和 83 m，两者较为接近，根据工作面底板岩性情况分析，中、下段工作面探查孔控制到二灰底板下 6～9 m 位置，深度达 80～83 m 即可，注浆孔终孔层位亦选择二灰底板下 6～9 m 位置。

综合评价，10113 工作面水文地质条件中等—复杂，主要具以下特点：

(1) 工作面为该区段第一个工作面，电法勘探查明的 5 个低阻异常区显示底板裂隙发育，隔水层不完整。

(2) 低阻异常显示底板灰岩含水层富水性相对较强，深部作用在 10 煤底板的静水压力大，隔水层厚度取至一灰顶板时突水系数大于 0.07 MPa/m 的临界值，具突水危险；隔水层厚度取至 74.3～83 m(至二灰或二灰底板下 6～9 m 位置)时，突水系数小于 0.07 MPa/m，才能够满足安全回采的要求。

(3) 工作面揭露落差 5.0 m 以上的断层 4 条，其中 DF_{28} 和 DF_{33} 断层落差 10.0 m 以上，在断层破碎带附近底板较薄弱，为灰岩易突水区。为确保安全需在 DF_{28} 和 DF_{33} 断层两侧留设防水煤柱。

综合以上分析认为，10113 工作面回采时受底板灰岩水的威胁，回采前和回采期间必须进行有效的防治水工作。

(五) 防治水原则及工作方法

1. 防治水原则

根据《地测防治水工作技术管理规定》及实施细则的要求，10 煤层工作面的防治水应达到工作面回采时，正常开采区域突水系数小于 0.07 MPa/m，底板构造破碎区突水系数小于 0.05 或通过改造提高底板强度后，突水系数不大于 0.07 MPa/m。

2. 工作方法

根据附近区域的放水观测结果分析，10 煤层底板灰岩水局部连通性较好，放水能起到一定的疏水降压作用。根据本矿 10 煤层已开采工作面的防治水经验和 10113 工作面的水文地质条件，确定按照富水异常区及构造破碎带打钻探查和注浆充填加固，10.0 m 以上断层两侧留设防水煤柱，回采期间疏放降压的方法进行防治水工作。

(1) 对工作面已查明的底板破碎带、异常区进行钻探验证，查明隔水层厚度、岩性及一、二灰的富水性。

(2) 对工作面底板破碎带、异常区采取底板注浆加固，充填砂岩裂隙，提高底板隔水层的整体性及强度。

(3) 注浆充填一灰和二灰，改造含水层为隔水层。

(4) 疏放降压，在 101 人行上山施工放水孔将灰岩水水位降至安全水头以下。

(5) 在 DF_{28} 和 DF_{33} 断层两侧留设 20～30 m 的防水煤柱。

(六) 防治水工程设计

1. 防治水工作目的

(1) 查明工作面的地质及水文地质条件，为防治水工程的合理布置提供可靠的技术设计依据。

(2) 综合治理工作面灰岩水害，使工作面具备安全回采条件。

2. 防治水工程的任务

(1) 通过钻探、物探等技术手段，查明工作面煤层赋存情况，构造发育程度，灰岩含水层的富水性，底板隔水层岩性、厚度及裂隙发育情况，查明工作面内的富水异常区。

(2) 注浆充填底板隔水层、一灰、二灰含水层和构造破碎带裂隙，增强富水异常区和构造破碎带煤层底板的整体强度，提高底板岩层的抗破坏能力，确保工作面安全生产。

(3) 施工放水孔，工作面回采期间进行疏放开采，将灰岩水水位降至安全水头以下，确保工作面安全生产。

(4) 大断层两侧留设防水煤柱，防止工作面回采破坏原有的地应力平衡状态，导致灰岩含水层沿断层破碎带出水。

3. 断层防水煤柱设计

因工作面过 DF_{33} 和 DF_{28} 断层需进行改造，并且按照矿井地质报告，10 煤层揭露的落差 10 m$<H\leqslant$20 m 的断层均要留设 30 m 的防水煤柱，为防止采掘活动破坏原有的应力平衡状态，激活断层的导水性，在 DF_{33} 断层两侧留设 30 m 的防水煤柱。工作面过 DF_{28} 断层时位于煤层顶板，在 DF_{28} 断层两侧留设 20 m 的防水煤柱。

4. 钻探工程设计

根据计算，上段工作面底板隔水层厚度达到二灰即能满足突水系数小于 0.07 的要求，因此确定上段工作面探查孔控制层位为二灰，深度不小于 75 m；中、下段工作面隔水层厚度达到二灰底板下 6.0～9.0 m，才能满足突水系数小于 0.07 的要求，确定中下段工作面探查孔控制层位为二灰底板下 6.0～9.0 m，深度 80～83 m。上段工作面底板注浆孔垂向控制深度达到二灰，中、下段工作面底板注浆孔垂向控制深度达到二灰底板下 5.0 m 左右。

(1) 钻孔布设方案

① 放水孔。根据现有巷道条件，并从后期便于观测和长期利用考虑，设计施工 3 个灰岩水放水孔，分别位于 101 采区人行上山 X_{10} 点前 9 m、X_6 点前 2 m 和 X_4 点后 13 m。放水孔终孔层位于四灰。

② 探查及注浆孔。共施工 7 组钻孔，分别位于机巷的 J_{37} 点前 53 m、J_{26} 点前 10 m、J_{23} 点前 28 m 和 J_{18} 点前 48 m，风巷的 J_{45} 点前 30 m、J_{30} 点前 28 m 和 J_{19} 点。每组钻孔布置 1 个探查孔和 3 个注浆孔，共 28 个注浆及探查孔。探查孔俯角 90°，以探查富水异常区的富水性。针对工作面富水异常条带的展布情况，向工作面内部布置 2 个注浆孔，向外布置 1 个注浆孔。考虑底板受采动影响较为破碎，要求注浆孔水平控制距离不少于 60 m，终孔落点尽量向工作面内、构造破碎带及突水异常区内延伸。钻孔倾角 45°～60°，要求垂向深度 75～83 m，满足各孔注浆时浆液扩散至整个富水异常区。其中第 2 组和第 6 组钻孔根据探查孔的出水情况再决定是否施工注浆孔。查明一灰、二灰富水情况后，若无水则利用探查钻孔作注浆加固钻孔，对一、二灰进行充填改造，该组底板注浆钻孔不再施工。若一灰、二灰出水则按设计要求完成该组注浆钻孔的施工。

(2) 钻孔结构

① 放水孔。开孔直径 Ø150 mm，终孔直径 Ø91 mm。0～2m 下为 Ø146 mm 护壁管，0～20 m 为 Ø127 mm 管；20 m 以下为 Ø110 mm 孔径下 Ø108 mm 止水套管，套管下到一灰顶部，以下为 Ø91 mm 裸孔。

② 探查及注浆孔。开孔直径 Ø130 mm，探查孔终孔直径 Ø75 mm，注浆孔终孔直径 Ø91 mm。0～2 m 为 Ø127 mm 护壁孔口管，2～20 m 为 Ø110 mm 孔径，下 Ø108 mm 止水套管 20 m，采用管内注浆，管外返浆固管，孔深 20 m 以下为 Ø91 mm 裸孔。其中探查孔钻进一灰顶板时，换 Ø75 mm 裸孔。

各钻孔参数见附表 3.3，钻孔结构及孔口结构见附图 3.2～附图 3.4。

附表 3.3　钻孔设计参数一览表

孔号	位置	方位(°)	倾角(°)	孔深(m)	备注
探 1	风巷 J_{45} 点前 30 m		90	75	根据探查孔的出水情况，决定是否施工注浆孔
1-1		288	45	90	
1-2		78	55	95	
1-3		138	50	95	
探 2	风巷 J_{30} 点前 28 m		90	80	
2-1		288	50	95	
2-2		88	55	100	
2-3		148	55	100	
探 3	风巷 J_{19} 点		90	83	
3-1		288	55	100	
3-2		88	60	100	
3-3		148	60	100	
探 4	机巷 J_{37} 点前 53 m		90	75	根据探查孔的出水情况，决定是否施工注浆孔
4-1		318	50	95	
4-2		258	50	90	
4-3		108	55	90	
探 5	机巷 J_{26} 点前 10 m		90	80	
5-1		318	50	90	
5-2		258	50	95	
5-3		108	58	95	
探 6	机巷 J_{23} 点前 28 m		90	80	
6-1		318	50	90	
6-2		268	50	95	
6-3		108	58	95	
探 7	机巷 J_{18} 点前 48 m		90	83	
7-1		285	50	90	
7-2		235	50	90	
7-3		108	60	100	
101 放 1	X_{10} 点前 9m		90	135	放水孔
101 放 2	X_6 点前 2m		90	130	
101 放 3	X_4 点后 13m		90	115	
合计				2 926	

(3) 施工机械：SGZ-ⅢA、SGZⅡB 钻机各 1 台，ZJ-400 制浆机 2 套，SGB6-10 型泥浆泵 2 台。

(4) 工程工期：探查、注浆及放水孔同时施工，回采前必须完成工作面上段注浆孔的施工。

(5) 钻探施工技术要求：

① 施工顺序：每组钻孔均要求先施工探查孔，查明底板灰岩含水层的富水性及裂隙发育情况，然后再施工注浆孔。

② 压水实验：底板注浆孔施工至砂岩层段(垂深 30～45 m)时做压水实验，探查砂岩含水层段的裂隙发育情况。做压水实验时，要求详细记录压力表的压力值、压注水量(L/min)和钻孔深度。

③ 钻孔孔深要比预计下套管深度深 1～2 m，以防止因岩粉未冲净而造成套管下不到预定深度。

(6) 下套管技术要求：

① 下管前一定要校正孔深，彻底冲洗干净孔内岩粉，按要求长度把套管下至预定深度。

② 各段套管之间的丝扣必须抹上铅油或缠上棉纱。

③ 套管丝扣要拧紧，防止脱扣或漏水。夹板一定要拧紧，防止套管滑脱，掉入孔内。

④ 若钻孔偏斜，要在套管外壁四周焊结小段圆钢，防止套管紧靠孔壁一侧，造成注浆止水效果不理想。

⑤ 为控制钻孔出水，要求放水钻孔 Ø127 孔口护壁管和 Ø108 套管孔口各焊接法兰盘一个，两法兰盘间加密封垫用螺栓紧密连接在一起。其他钻孔的 Ø108 套管孔口焊结法兰盘一个(法兰盘规格统一为外径 Ø250 mm，眼中距 200 mmØ，螺栓眼 Ø20 mm×8)。

(7) 注浆固管要求：

① 注浆前首先彻底清理巷道底板浮矸，露出实底。

② 用 425# 优质水泥机械注浆固管，浆液浓度不低于 0.7：1，返浆后顺时针转动套管 1～2 周，使水泥浆液均匀充满套管四周间隙，孔口大量出浆后方可停止注浆。

③ 水泥析水沉淀后，上部套管壁与孔壁及管壁与管壁之间均要人工灌注或管壁注浆，确保上部管壁间的环状间隙充满水泥，防止套管松动。

④ 注浆后凝固 48 h 才能扫孔，扫孔至预定深度下 1 m 左右后，做孔口管耐压实验，实验压力大于静水压力的 1.5～2 倍，稳定时间不少于 10 min，孔口周围无出水冒浆现象，套管不松动方可继续钻进，否则必须重新注浆。

5. 注浆工程设计

(1) 注浆材料：选用 425# 普通硅酸盐水泥作为注浆材料。

(2) 注浆参数：

① 浆液浓度：底板注浆工程，为使浆液扩散的较远，浆液浓度不宜太大，一般应控制在水灰比 1.3：1～1：1，先期注稀浆，后期根据注浆量及压力情况，调整浆液浓度，水灰比最大不应超过 0.8：1。

② 注浆终止标准：注浆压力达到 2 倍静水压力以上，且单位时间吸浆量小于 40 L/min，稳定 30 min 以上即可结束注浆。

③ 注浆段：注浆孔 20 m 以下全段注浆。

④ 注浆量：注浆钻孔分别按平均每孔注浆量 5 t 水泥计算，预计注浆量为 140 t。

(3) 注浆工艺:注浆孔穿过一灰及二灰,若钻孔提前出水,且水量较大时,则要求停钻注浆改造底板。注浆结束后,再行扫孔至二灰底板,进行二次注浆。

(4) 施工机械：ZJ-400 制浆机 2 套,SGB6-10 型注浆泵 2 台。

(5) 注浆施工技术要求：

① 注浆前要再向注浆孔内作一次压水实验,压水时间不少于 30 min,通过压水量,评价底板裂隙的发育程度,合理配比浆液浓度。

② 注浆过程中要观察是否跑浆,其他钻孔是否串浆。

③ 注浆达到结束标准后,要延续 30～40 min 闭浆,以保证质量。

④ 注浆孔因故或其他情况而未达到注浆结束标准时,要进行复注,停注前要求压清水 30 min 以上,防止因底板裂隙被充填造成注浆效果达不到要求。

6. 注浆效果检验

为确保注浆效果,要求每组注浆钻孔施工结束后均取其中 1 个注浆钻孔进行透孔压水检验,检验标准为压水不少于 30 min,稳定终压不小于 8 MPa,进水量≤40 L/min,若达不到标准,则需重新注浆,直至满足要求为止。

注浆工程结束后,进行二次电法勘探验证,检验富水异常区的富水性是否减弱。

7. 防排水系统

(1) 完善排水系统,施工排水巷道。为防止工作面出水淹面,在机巷 2 处低洼点 J_{12}点、J_{26}点分别布置一条排水巷,以完善工作面排水系统,实现人员、煤、水分流。

(2) 工作面因沿煤层伪倾斜方向布置,煤层起伏变化较大,且受断层影响,风巷有 2 处较大的低洼点易造成后路淤塞,不具备自流排水条件,在局部低洼点采用 QKB50-150-45 型水泵(单台排水能力 50 m^3/h)敷设一趟 4 寸管路排水,并在机风巷挖宽×深为 500 mm×400 mm 的排水沟,铺设排水槽,防止工作面出水冲垮棚子。排水路线为:施工地点→101 东翼轨道大巷→101 轨道大巷→102 运输石门→西大巷→井底车场→井底水仓。

（七）施工技术要求及安全措施

(1) 为保证打钻工作的安全顺利进行,要求对钻场附近的巷道进行补强支护,施工的钻场严格按设计施工,提前做好运料线路的清理和维护工作,确保运料线路畅通无阻。

(2) 钻机安装前首先清理施工现场及附近水沟,保证水流畅通。

(3) 钻进中,因故停钻时,必须认真丈量机上余尺,详细分析和记录孔内情况,并及时设法将钻具提出孔口或提至安全孔段。

(4) 下管前一定要校正孔深,彻底冲洗干净孔内岩粉,按要求长度把套管下至预定深度。

(5) 下套管时,套管丝扣要拧紧,防止脱扣或漏水。夹板一定要拧紧,防止套管滑脱,掉入孔内。

(6) 钻孔采用 $425^{\#}$ 优质水泥机械灌浆固管,返浆后顺时针转动套管 1～2 周,使水泥浆液均匀充满套管四周间隙,孔口大量出浆后方可停止注浆。

(7) 注浆后凝固 48 h 才能扫孔,扫孔至超过止水套管 1～2 m 后做耐压实验,实验压力不小于静水压力 1.5～2 倍,持续时间不少于 10 min,孔口周围无出水冒浆现象,套管不松动方可继续钻进,否则必须重新注浆。

(8) 注浆前首先彻底清理巷道底板浮矸,露出实底。

(9) 每钻进 10 m 校正一次钻孔深度,严格控制孔深并做好详细记录。

(10) 钻孔透含水层前首先安装好孔口高压闸阀方可往下钻进。

(11) 注浆时要先上水后加水泥,注浆期间无关人员要远离现场。

(12) 每次注浆结束后,要认真做好注浆泵和管路的清理工作,防止堵塞。

(13) 矿成立防治水工作领导小组,负责防治水工作的协调和监督、检查工作。

(14) 施工地点安设一部电话,确保通讯畅通。

(15) 避水灾路线:施工地点→101 东翼回风上山→101 回风上山→101 总回→西风井→地面。

(八) 工程费用

10113 工作面防治水工程费用预计为 513.0 万元,各单项工程量及工程费用见工作面防治水工程概算附表 3.4。

附表 3.4 10113 工作面防治水工程概算表

序号	单项工程名称	单 位	单价(元)	工 程 量	资金(万元)	备 注
1	钻场及排水巷	m	4 000	350	140.0	
2	注浆、探查、放水孔	m	400	2 926/31	117.0	
3	注浆费用		1 000/t		14.0	
4	技术工作费				19.6	
5	排水费用		0.5		170.0	
6	材料费				52.3	
①	水泥 425#	t	300	140	4.2	
②	孔口装置	套	2 000	31	6.2	
③	地质套管	m	230	990	22.8	
④	接箍	m	60	1 020	6.2	
⑤	高压闸阀	个	3 000	10	3.0	
⑥	零星材料				10.0	
	合 计				513.0	

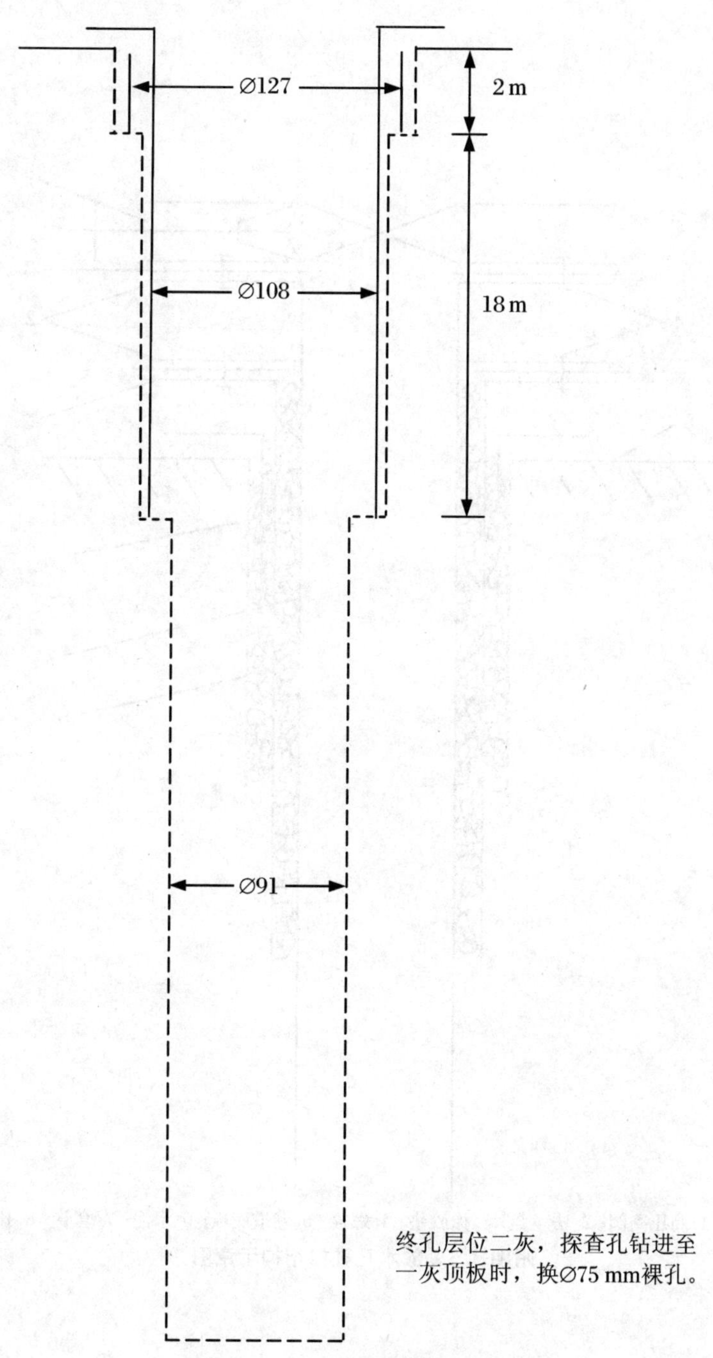

附图 3.2　探查及注浆孔结构示意图

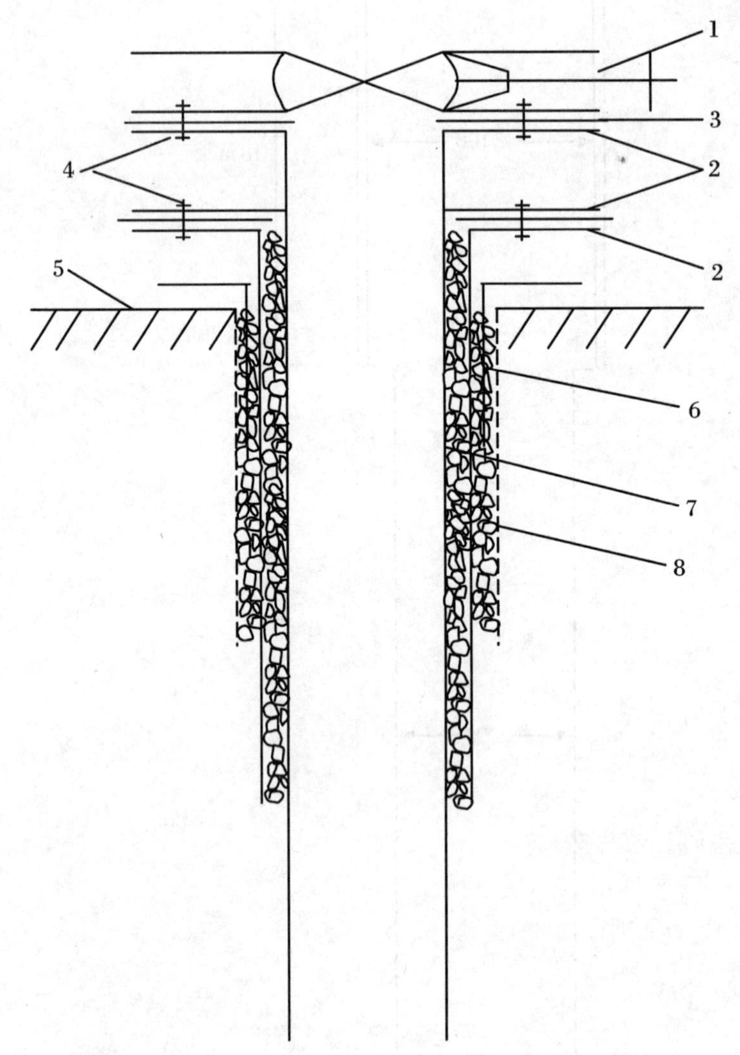

1.高压闸阀；2.法兰盘；3.橡胶垫；4.螺栓；5.巷道底板；6.水泥；7.套管；8.孔壁

附图 3.3 放水孔孔口结构示意图

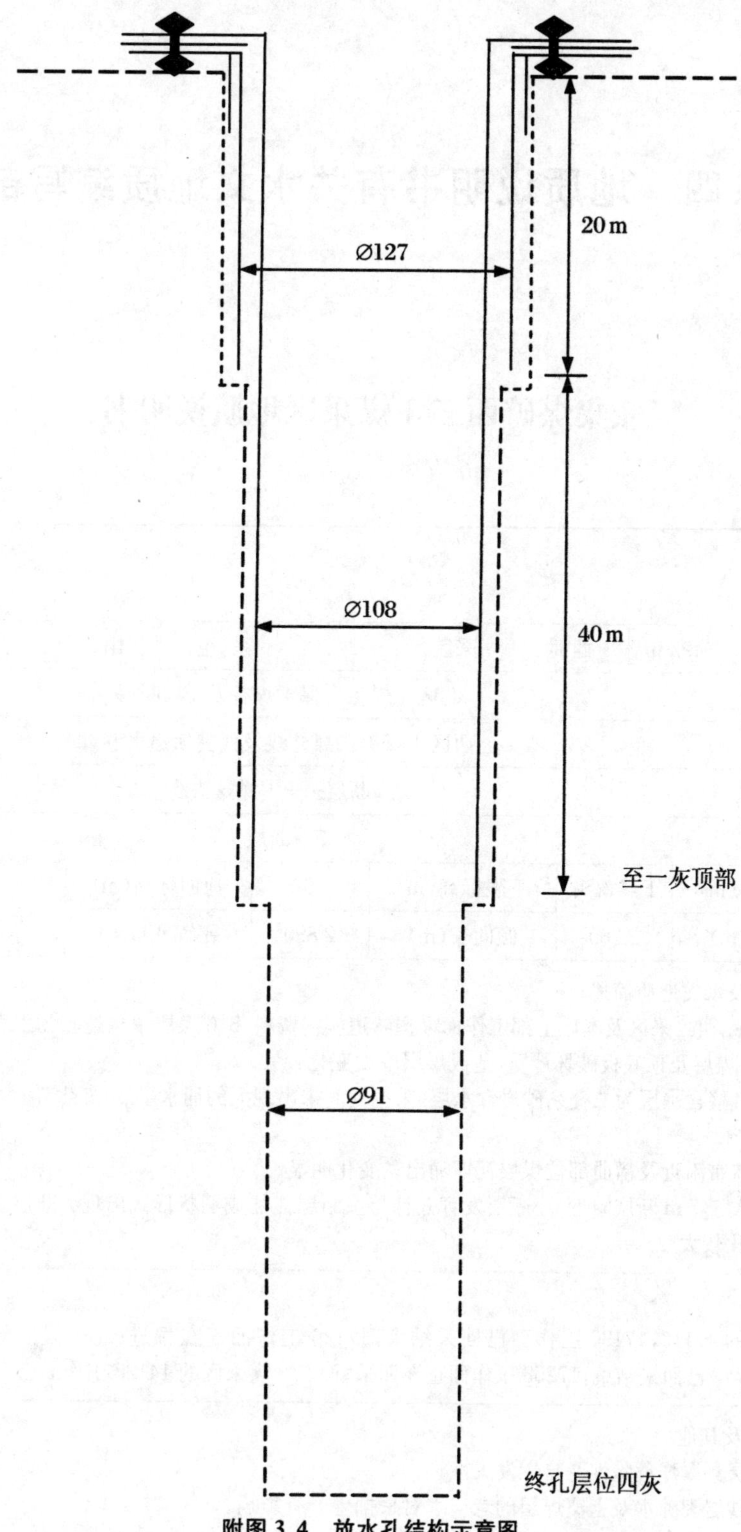

附图 3.4　放水孔结构示意图

附录四　地质说明书有关水文地质编写部分

张集煤矿西二1煤采区地质说明书

一、概况

<table>
<tr><td rowspan="7">位置及范围</td><td>水平</td><td>-492 m</td><td>西翼</td><td>采区</td><td>西二</td><td>系(组)</td><td>山西</td><td>煤层</td><td>1煤</td></tr>
<tr><td>东至</td><td colspan="8">北区1煤工广保护煤柱及F_{226}断层</td></tr>
<tr><td>南至</td><td colspan="8">西区1煤工广煤柱线及西翼轨道大巷</td></tr>
<tr><td>西至</td><td colspan="8">F_{209}断层——1煤露头线</td></tr>
<tr><td>北至</td><td colspan="8">F_{215}断层</td></tr>
<tr><td colspan="2">上限标高(m)</td><td>1煤露头</td><td colspan="2">下限标高(m)</td><td>-625</td><td>地面标高(m)</td><td colspan="2">+17.4～+24.5</td></tr>
<tr><td colspan="2">走向长(m)</td><td>2 360</td><td colspan="2">倾向长(m)</td><td>2 890</td><td>平面积(m^2)</td><td colspan="2">5 387 248.58</td></tr>
<tr><td rowspan="3">邻区情况</td><td colspan="9">实见地质及水文地质简述:
(1) 据北一、西二采区及本区上部工作面采掘巷道实揭资料,8,6煤层中构造较为发育特别是层间滑动构造,对煤层及顶底板破坏严重,造成煤层厚度变化较大。
(2) 区内直接含水层为二叠系砂岩含水层,采掘期间未出现大的涌水事故,新生界含水层未对采掘生产造成影响。
(3) 在构造带附近及褶曲部位煤层瓦斯涌出量变化明显。
(4) 落差大于5 m断层附近,小断层发育并且与主断层往往成羽状形式出现。断层上下盘附近煤岩层产状变化较大</td></tr>
<tr><td colspan="9">采掘情况:
本区上部的17116,17136工作面已回采结束,17126工作面正在掘进;北一采区的17218,17228,17238,17248已回采结束,17258工作面正在回采;西二8煤采区的14128工作面已回采结束</td></tr>
<tr><td colspan="9">自然灾害及其他:
(1) 各煤层具爆炸危险性及自燃发火性。
(2) 顶板砂岩裂隙水及上覆煤层的老空水对采掘生产有影响。
(3) 地压较明显</td></tr>
</table>

续表

<table>
<tr><td rowspan="4">地面情况及受生产影响程度</td><td colspan="7">地面建筑、设施等：
本采区对应的地面地物主要为农田，村庄有栾咀孜部分农舍、缪咀孜、金沟集、观音庙等；地面设施有薛窑砖瓦场、鱼塘、薛窑电灌站、许大湖电灌站、张集矿区铁路专用线；河流主要有西淝河、跃进渠等灌溉及泄洪渠道</td></tr>
<tr><td colspan="7">地形（地貌、植被、地层出露情况）：
对应地表地势平坦，其标高大部在＋17.4～＋24.5 m，地表大部分为村庄、农田、沟渠；为隐伏煤田，无地层出露</td></tr>
<tr><td colspan="7">水系及地面积水范围：
水体主要有西淝河、跃进渠等灌溉、泄洪渠道。西淝河及跃进渠河滩常年积水</td></tr>
<tr><td colspan="7">采掘影响及破坏程度：
西二采区1煤开采后将造成地表下沉，对地表建筑物及设施产生破坏。地面村庄应及时搬迁，水利设施应予以加固</td></tr>
<tr><td rowspan="20">采区内地质勘探情况</td><td colspan="7">概述：区内共有25个钻孔通过1煤层位，除水217孔作为水文长观孔未封外，其余均为封孔质量合格的钻孔。由于本说明书专门针对1煤，故只叙述1煤层见煤情况。该区进行了三维地震勘探工作</td></tr>
<tr><td>孔　号</td><td>煤层</td><td>见煤底板标高(m)</td><td>煤　厚(m)</td><td>终孔层位</td><td>封孔质量</td><td>备　注</td></tr>
<tr><td>水212</td><td>1</td><td>－471.83</td><td>7.51</td><td>四灰下中细砂岩</td><td>合格</td><td></td></tr>
<tr><td>水213</td><td>1</td><td>－546.22</td><td>5.43</td><td>三灰下黏土岩</td><td>合格</td><td>穿过7-2,6,4-2,4-1煤</td></tr>
<tr><td>水217</td><td>1</td><td>－448.19</td><td>7.82</td><td>十二灰下铝土泥岩</td><td>未封</td><td></td></tr>
<tr><td>水219</td><td>1</td><td>－514.04</td><td>7.68</td><td>四灰</td><td>合格</td><td>穿过4-2,4_1煤</td></tr>
<tr><td>202</td><td>1</td><td>－441.14</td><td>3.38</td><td>1煤下砂泥岩</td><td>合格</td><td></td></tr>
<tr><td>210</td><td>1</td><td>－560.26</td><td>5.32</td><td>1煤下粉砂岩</td><td>合格</td><td>穿过8,7-2,7-1,6煤</td></tr>
<tr><td>212</td><td>1</td><td>－557.87</td><td>7.74</td><td>1煤下砂泥岩互层</td><td>合格</td><td>穿过9-1,8,7-2,7-1,6,5,4-2煤</td></tr>
<tr><td>242</td><td>1</td><td>－466.71</td><td>4.32</td><td>1煤下细砂岩</td><td>合格</td><td></td></tr>
<tr><td>246</td><td>1</td><td>－440.57</td><td>8.55</td><td>1煤下细砂岩</td><td>合格</td><td></td></tr>
<tr><td>251</td><td>1</td><td>－593.61</td><td>6.87</td><td>一灰</td><td>合格</td><td>穿过9-1,8,7-2,7-1,6,5,4-2煤</td></tr>
<tr><td>三7</td><td>1</td><td>－438.28</td><td>7.03</td><td>1煤下砂泥岩互层</td><td>合格</td><td></td></tr>
<tr><td>三2</td><td>1</td><td>－511.84</td><td>7.54</td><td>1煤下细砂岩</td><td>合格</td><td>穿过4_1,4_2煤</td></tr>
<tr><td>六4</td><td>1</td><td>－601.25</td><td>8.29</td><td>1煤下砂泥岩互层</td><td>合格</td><td>穿过9-1,8,7-2,7-1,6,5,4-2煤</td></tr>
<tr><td>六12</td><td>1</td><td>－601.41</td><td>6.65</td><td>一灰</td><td>合格</td><td>穿过9-1,8,7-2,7-1,6,5,4-2煤</td></tr>
<tr><td>六-七1</td><td>1</td><td>－478.40</td><td>3.57</td><td>十灰</td><td>合格</td><td></td></tr>
<tr><td>六-七8</td><td>1</td><td>－456.80</td><td>4.0(0.65)1.03</td><td>1煤下粉砂岩</td><td>合格</td><td></td></tr>
<tr><td>六西1</td><td>1</td><td>－526.93</td><td>7.39</td><td>1煤下砂泥岩互层</td><td>合格</td><td>穿过4-2,4-1煤</td></tr>
<tr><td>六西2</td><td>1</td><td>－558.73</td><td>8.83</td><td>1煤下砂泥岩</td><td>合格</td><td>穿过9,8,7-2,7-1,6,5,4-2,4-1煤</td></tr>
</table>

续表

	孔　号	煤层	见煤底板标高(m)	煤　厚(m)	终孔层位	封孔质量	备　注
采区内地质勘探情况	十一 1	1	－542.81	7.14	1 煤下细砂岩	合格	穿过 4-2,4-1 煤
	十一 18	1	－493.96	4.18	一灰	合格	
	十二 5	1	－625.62	7.89(0.08)0.66	1 煤下粉细砂岩	合格	穿过 9-1,8,7-2,7-1,6,4-2 煤
	十二北 1	1	－545.54	6.88(0.11)0.53	1 煤下砂泥岩互层	合格	穿过 6,5,4-2 煤
	十二北 2	1	－559.39	5.50	1 煤下粉砂岩		穿过 7-2,7-1,6,5,4-2 煤
	L_{17}	1	－443.49	4.5(0.15)1.0	1 煤下泥岩	合格	
	L_{18}	1	－435.13	2.12(0.1)2.02(0.1)1.67	1 煤下砂泥岩	合格	

二、地层及标志层

地层	本采区为全隐蔽含煤区,煤系地层之上覆盖有巨厚新地层松散沉积物,厚度在 384.65～460.70 m 之间,平均 426.73 m,主要由黏土、砂层、砂质黏土和砂砾组成。本采区勘探钻孔揭露煤系地层为二迭系山西组(P_{1sh})、下石盒子组(P_{1x})及石炭系太原组(C_3),厚度为 29.28～207.48 m,主要由砂质泥岩、泥岩、黏土岩、砂泥岩互层、粉细砂岩、中砂岩、粗砂岩、灰岩、煤及煤线组成。自上而下划分为 3 个含煤段,即第二、第一及太原组含煤段,本区所采 1 煤层位于二迭系下统山西组地层第一含煤段地层中
主要标志层	(1) 铝质泥岩:位于 4_2 煤层下 19 m 左右,厚 4～15 m,乳白色、浅灰色、致密,细腻具滑感,常与花斑泥岩共生,全区稳定。 (2) 太原组顶部灰岩:位于 1 煤下 17 m 左右,厚约 3 m,灰色,微密,含海百合茎、腕足类及蜓科类化石,是对比 1 煤层的可靠标志。 (3) 1 煤层上部常为灰色巨厚层状砂岩,局部含有细砾,或有泥质包体;煤层下部砂泥岩互层发育,层面上富含大片状白云母,其下即为灰黑色微密均一海相泥岩、互层中具虫孔及生物扰动构造,含礓状、团块状菱铁结核。可作为判断 1 煤的辅助标志层

三、煤层

煤层赋存情况	1 煤层为黑色,暗淡—油脂光泽,以粉末状和块状为主,少量片状;以亮煤为主,含暗煤和镜煤条带,属半暗—半亮型煤。勘探钻孔揭露采区的北部及西部有 5 个孔煤层中含有 1～2 层夹矸,夹矸厚度为 0.08～0.65 m,岩性为炭质页岩或黏土岩。1 煤厚 3.38～8.83 m,平均 6.7 m,煤层最厚点位于北区 1 煤工广煤柱附近,最薄点位于风氧化带内;煤层可采性指数(K_m)为 1,变异系数(r)为 23.27%,综合评价 1 煤为结构复杂、全区稳定可采的厚煤层

煤层名称	煤　厚(m)	倾角	结　构	层间距	K_m	r	稳定性	
1	平均	6.70°	5	复杂	79.77	1%	23.27	稳定
	最小—最大	3.38°～8.83°	3～8					
4-2	平均	2.35°	5	极复杂	63.76～90	0.73%	81.7	极不稳定
	最小—最大	0°～5.42°	4～6					

续表

四、煤层性质

物理性质 工业指标	煤层	颜色	光泽	硬度	容重	煤岩类型
	1	黑色	暗淡—油脂光泽		1.33	半暗型—半亮型

煤质主要指标情况表	煤层	M_{AD}（原煤）	A_D（原煤）	V_{DAF}（精煤）	FC（原煤）	$S_{T.D}$（原煤）	P_D（原煤）	$Q_{B.D}$(MJ/kg)（原煤）	Y(mm)	工业牌号
	1	0.93%～ 2.55%/1.74%	8.65%～ 25.93%/15.09%	34.94%～ 41.53%/37.28%		0.2%～ 4.94%/0.66%	0.003%～ 0.014%/0.006 6%	23.43～ 33.91/29.28	10～ 20/13	QM 1/3JM

五、煤层顶底板

煤层	类别		岩石名称	厚度(m)	主要岩性特征
1	顶板	伪顶	炭质页岩	0～0.42	灰黑色、含炭质、破碎。本采区内仅十二5孔揭露
		直接顶	泥岩、砂泥岩、黏土岩	0～4.5	浅灰—灰黑色，较为完整。本采区少数钻孔揭露
		老顶	粉砂岩、中砂岩、中细砂岩、砂泥岩互层	1.15～30	浅灰—灰白色、具层理、薄层—中厚层状、裂隙较为发育、含水
	底板	直接底	泥岩、砂泥岩、黏土岩	0～6.02	黑灰色、团块状、含植物根部化石碎片。本采区大部分钻孔揭露
		老底	粉砂岩、细砂岩、中砂岩、砂泥岩互层	0.79～12.36	灰色、钙—泥质胶结、块状构造
煤层顶底板区内变化情况	伪顶：采区绝大区段没有伪顶，只有采区东北部边界十二5孔揭露炭质页岩伪顶。 直接顶：采区局部地段赋存直接顶板，主要分布在采区的东部及西部边界，岩性以砂泥岩为主。 老顶：采区内1煤普含老顶，岩性为粉砂岩、中砂岩、中细砂岩及砂泥岩互层，以中、中细砂岩为主。老顶厚度变化较大，最薄处位于采区西部边界；最厚处位于采区南部边界。 直接底板：大部分钻孔揭露直接底板为砂泥岩、泥岩、黏土岩，其中以砂泥岩居多，主要分布在采区的西北部边界。 老底：采区内1煤底板普含砂岩或砂泥岩互层，以砂泥岩互层居多，主要分布在采区的东部及南部				

六、地质构造(含陷落柱、岩浆岩)及古河床冲刷等

地质构造：采区内1煤层普遍发育，1煤层总的赋存形态表现为一个走向近南北、倾向近东的单斜构造，在单斜构造的基础上发育一轴向南东东宽缓的背斜(栾胡背斜)；另外，在局部区域还发育一些幅度较小的波状起伏。

在采区的中部，发育一个轴向南东东宽缓的背斜(栾胡背斜)，背斜的轴部位于断层FS_{866}南侧100 m处，轴向南东东，向南东东倾伏，区内控制延展长度1 200 m，幅度为0～40 m。由于在背斜轴部断裂(FS_{866}、FS_{873})构造较发育，故该背斜的形态不甚明显。

在采区内，1煤层倾角为0.5°～10°(一般为3°～8°)，煤层倾角最陡处位于测区东北部、钻孔十一1及十一18所在区域，煤层倾角最缓处位于采区西南角、钻孔246及L_{18}所在区域。

在采区的西南部即三7孔向西南105 m处与F_{209}断层间三维勘探解释有一地质异常体，长轴近南北向长约85 m，短轴近东西向宽约54 m

续表

北一采区西部三维地震断层情况一览表

断层名	性质	错断层位	走　向	倾　向	倾　角(°)	落　差(m)	区内延展长度(m)	控制程度
F_{209}	正	1	NNE	NWW	55～73	0～13	818	较可靠
F_{S863}	正	1	NNW	NNE	60	0～3	460	
F_{S864}	正	1	SN	W	59	0～3	320	
F_{S865}	正	1	SN	E	60	0～2	372	
F_{S866}	正	1、8、6	NW	NE	56～75	0～25	2 332	较可靠
F_{S868}	正	1	NE	NW	55	3～9	373	较差
F_{S869}	正	1	NW→EW	SW→S	58	0～6	398	较可靠
F_{S871}	正	1	NE	NW	60	0～4	208	
F_{873}	正	1、6	NW	SW	60～71	0～22	1 596	可靠
F_{S874}	正	1	NW	SW	60	0～2	296	
F_{S875}	正	1	NNE	NNW	58	0～2	191	
F_{S876}	正	1	NE	SE	55	0～5	323	较差
F_{S877}	正	1	NE	NW	60	0～2	268	
F_{S878}	正	1	SN	W	58～65	0～6	441	较差
F_{S879}	正	1	EW	S	55～62	0～3	479	
F_{S889}	正	1	NWW	NNE	60	0～2	311	
F_{S890}	正	1	NWW	NNE	65～72	0～16	773	可靠
F_{215}	正	1、6、8	NW	NE	65～75	70～94	1 324	可靠
F_{216}	正	1、6、8	NW	SW	64～74	0～14	1 089	较可靠

七、水文地质

以下是地质说明书中的水文地质部分，一般包括工作面水文地质基本特征（含、隔水层性质）、充水因素及威胁程度、工作面涌水量计算、建议及措施等4个部分组成。如该面的水文地质部分书写如下：

基本特征	本采区含水层由新生界松散层孔隙水、二叠系砂岩裂隙水和太原组灰岩岩溶裂隙水三部分组成。开采1煤时以灰岩溶裂隙底板进水为主的充水矿床，水文地质条件复杂。现将水文地质情况分述如下： **1. 新生界松散层含水层** 本采区范围内松散层层厚384.65～460.70 m之间，平均426.73 m，主要由砂层、砂质黏土和砂砾组成。自上而下可分为上部第四系含隔水层(组)、中部上第三系含隔水层(组)、下部上第三系含隔水层(组)和底部碎石层(红层)等4个部分。

续表

基本特征	**2．二叠系砂岩裂隙含水层** 以中细砂岩为主，局部粗砂岩，分布于可采煤层及泥岩之间，岩性厚度变化较大，裂隙多发育在断层的附近，钻探揭露时，漏水层段多集中在上部25～20煤和11～8煤层之间，水位标高25.40～27.74 m。据地面钻孔抽水实验资料，单位涌水量 $q = 0.000\,95 \sim 0.039$ L/(s·m)，渗透系数 $k = 0.000\,204 \sim 0.238$ m/d，矿化度1.187～3.54 g/L，pH 7.9～9.21，水质为Cl－Na型。 **3．太原组灰岩岩溶裂隙含水层组** 地层总厚108.55～122.95 m，平均114.42 m；含薄层灰岩12～13层，灰岩总厚62.25～68.40 m，平均65.19 m，假整合于奥陶系地层之上。C_3 Ⅰ组灰岩（一至三灰）厚26.55～39.10 m，平均33.61 m，灰岩总厚17.00～23.65 m，平均19.99 m，为1煤底板直接充水含水层。各层灰岩中，以 C_3^{11} 为最厚，平均厚度13.62 m；$C_3^{3上}$，$C_3^{3下}$ 下次之，平均厚度分别为7.13 m，8.06 m；C_3^2 和 C_3^{12} 层灰岩赋存不稳定。据揭露太灰全层的区内水217和谢桥井田水1、七-八10、顾桥井田水7等4孔抽水实验资料，原始水位标高25.18～27.055 m，单位涌水量 $q = 0.017\,4 \sim 1.764$ L/(s·m)，渗透系数 $k = 0.018\,24 \sim 8.77$ m/d。水质主要为Cl－K+Na型，极少数为Cl·SO_4－K+Na型。矿化度2.19～2.57g/L，水温29～36.5℃。总体上太原组灰岩富水性弱—中等，具不均一性，主要取决于岩溶发育程度，在岩溶陷落影响带、断层带附近和厚层灰岩发育处富水性较强。 **4、奥陶系灰岩岩溶裂隙含水层组** 本区勘探阶段无钻孔揭露奥灰地层。2009年矿井开展灰岩补勘钻探工程共有3个钻孔揭露奥灰，揭露厚度1.00～88.40 m，岩性以白云质灰岩为主，致密、厚层状，未见溶蚀现象及漏水。据六 O_2 等5孔抽水实验资料，原始水位标高23.65～24.60 m，单位涌水量 $q = 0.000\,119 \sim 2.773$ L/(s·m)，含水小—丰富，富水性极不均一。
充水因素及威胁程度	**1．二叠系砂岩裂隙含水组** 煤系地层的砂岩含水组之间多以泥质岩类隔水层间隔，据邻近采区资料，断层带一般不含水，导水性也较弱。煤系砂岩富水性取决于裂隙发育程度、开启大小和延展长度，而裂隙发育程度的不均一性导致煤系地层的富水性差异。从抽水实验资料分析，煤系富水性属弱含水层，是以储存量为主的不均一裂隙含水层。本采区1煤顶板主要以中厚层状中细砂岩为主，在遇构造或砂岩裂隙发育处可能有淋水。正常情况下不会对工作面采掘活动构成较大水患威胁。 **2．未封闭钻孔导水** 据采区地面钻孔的封孔资料分析，全区共有25个钻孔，除水217钻孔作为长观孔未封闭外，其余钻孔均显示为封闭合格。封孔合格的钻孔一般情况下不会成为上覆新生界水的导水通道，未封闭钻孔则可能成为采掘工作面与新生界砂层水和1煤底板灰岩水的出水通道。因此必须本着“有疑必探、先探后掘”的防治水原则，做好防止未封闭钻孔导水的防治水工作。 **3．松散层与基岩层之间的水力联系** 西二1煤采区东部为古地形隆起带，在中南部及北、东北部边缘地带，基岩层之上广泛分布“红层”。“红层”为黏土夹砾石。据矿井新生界补勘钻孔资料，在“红层”段钻进均不漏水，且盐化扩散测井无释水现象，说明该层富水性极弱，另外本采区新生界底部普遍发育有20～30 m的固结黏土或砂质黏土隔水层。“红层”与上部中隔共同组成复合隔水地层，可阻滞新生界上覆含水层与煤系地层间的水力联系，正常情况下不会对矿井开采构成充水威胁。 **4．石灰岩岩溶裂隙水** (1) 太原组灰岩岩溶裂隙含水组 本采区1煤层与下部石炭系第一层灰岩距离15.23～19.74 m，平均仅17 m，开采1煤层，地压失去平衡以后，1煤底部岩石将会因超过强度极限而破裂，引起底鼓，灰岩水将是1煤开采直接充水水源。尤其在断层由煤系切入灰岩，或者断层使煤层与灰岩直接对接时，突水机率会大为增加。

续表

<table>
<tr><td>充水因素及威胁程度</td><td colspan="6">(2) 奥陶系灰岩岩溶裂隙含水组
奥灰与1煤层间的太原组内第二、三组灰岩内发育有泥岩、砂质泥岩等隔水地层，一般不会对1煤开采构成直接充水影响。但奥灰岩溶在中下部比较发育，因岩溶裂隙发育的不均一性，各处富水性相差悬殊。在岩溶或在断层较发育地段，下部奥灰水与太灰间存在着一定的水力联系，从而造成奥灰水间接对1煤开采进行水力补给</td></tr>
<tr><td rowspan="4">涌水量计算预测及依据</td><td rowspan="3">最大涌水量
(m^3/h)</td><td>顶板砂岩水</td><td>141</td><td rowspan="3">正常涌水量
(m^3/h)</td><td>顶板砂岩水</td><td>115</td></tr>
<tr><td>底板灰岩水</td><td>642</td><td>底板灰岩水</td><td>430</td></tr>
<tr><td>砂岩＋灰岩水</td><td>783</td><td>砂岩＋灰岩水</td><td>545</td></tr>
<tr><td colspan="6">1. 顶板砂岩水涌水量
张集矿西二1煤采区与中央区13-1煤采区水文地质单元条件有相似之处，本次顶板砂岩水涌水量预计主要采用张集矿中央区13-1煤实际涌水量资料，运用比拟法对西二1煤采区涌水量进行预计。公式为
$$Q = Q_0 \frac{F}{F_0} \cdot \frac{S}{S_0} \cdot \frac{M}{M_0}$$
其中，西二1煤采区1煤层：开采面积 $F = 5.39\ km^2$，水位降深 $S = 650\ m$，导水裂隙带砂岩厚度 $M = 34.96\ m$；中央区13-$_1$煤层：$F_{0'} = 8.33\ km^2$，水位降深 $S_{0'} = 690\ m$，导水裂隙带砂岩厚度 $M_0 = 34.96\ m$，$Q_{0正常} = 114\ m^3/h$，$Q_{0最大} = 140\ m^3/h$。
计算得出：
$Q_{正常} = 115\ m^3/h$
$Q_{最大} = 141\ m^3/h$
2. 太原组石灰岩岩溶裂隙水涌水量
采用《淮南矿业集团张集煤矿A组煤底板岩溶水地面水文地质勘探报告》中的灰岩涌水量预计结果：
$Q_{正常} = 430\ m^3/h$
$Q_{最大} = 642\ m^3/h$
综上，本采区开采1煤层时预计顶板砂岩水和底部灰岩水合计水量为：
$Q_{正常} = 545\ m^3/h$
$Q_{最大} = 783\ m^3/h$</td></tr>
<tr><td>建议及措施</td><td colspan="6">(1) 采区巷道在进入1煤层前，对1煤及其底板灰岩进行超前控制，查清地质及水文地质条件后方可继续掘进。
(2) 采用物探、钻探等综合探测技术手段，保证1煤及灰岩巷道的安全掘进。
(3) 工作面过未封闭钻孔或其他见灰岩钻孔时，应严格执行“有疑必探、先探后掘”的防治水原则，必要时进行启封检查并重新封孔，防止钻孔导通新生界水和灰岩水。
(4) 如进行提高上限开采，应首先查明工作面上方水文地质条件，合理确定防水煤柱留设高度。
(5) 掘进过程中加强排水能力，确保排水系统畅通。</td></tr>
</table>

续表

八、影响生产的其他地质因素

(1) 瓦斯:由于1煤在我矿还没有采掘活动,根据勘探钻孔取样测得－400～－500 m,瓦斯含量1.63 m^3/t;－500～－600 m瓦斯含量5.43 m^3/t;－600～－700 m,瓦斯含量6.21 m^3/t。

(2) 煤尘及煤的自燃:各煤层均属有爆炸危险性的煤层,最大火焰长度达620 mm;各开采煤层都有自燃发火危险,一般发火期为3～6个月。

(3) 地温:恒温带深度为30 m、温度为16.8℃,地温梯度大于3.0℃/百米,属于地温异常为主的高温区。

(4) 地压:地压明显

九、储量

计算范围	北至 F_{215} 断层;东至北区1煤工广保护煤柱及 F_{226} 断层;西至 F_{209} 断层1煤风氧化带;南至西区1煤工广煤柱线及西翼轨道大巷
计算参数及方法	计算公式: $$Q=\frac{S\cdot M\cdot D}{\cos\alpha}$$ 参数:Q:煤层块段储量(t);S:煤层块段水平面积(m^2); M:块段平均厚度(m);D:煤层平均容重(t/m^3)1煤平均容重1.33 t/m^3; α:煤层倾角,两根等高线间的平均倾角(°)。

	煤层	块段级别编号	平面积(m^2)	倾角	平均厚度(m)	容重(t/m^3)	储量($\times10^4$ t)	储量级别	回收率	可采储量($\times10^4$ t)	备注
储量计算	1煤层	A_1	22 276	7.1°	4.18	1.33	12.48	333			F_{215} 断层
		A_2	180 692	3.8°	6.35	1.33	152.94	333			F_{215} 断层
		A_3	14 994	3.8°	7.93	1.33	15.85	333			F_{215} 断层
		A_4	44 197	3.8°	6.8	1.33	40.1	333			FS_{890} 断层
		A_5	212 635	7.1°	4.18	1.33	119.13	333			防水煤柱
		A_6	1 258 211	3.8°	6.8	1.33	114.04	333			FS_{873} 断层
		A_7	363 602	3.8°	6.8	1.33	329.57	111b	75%	247.18	
		A_8	50 382	3.8°	7.93	1.33	53.26	122b	75%	39.95	
		A_9	110 969	3.8°	6.76	1.33	99.99	333			F_{216} 断层
		A_{10}	341 572	3.8°	6.8	1.33	310.0	111b	75%	235.5	
		A_{11}	70 389	3.5°	7.33	1.33	68.75	111b	75%	51.56	
		A_{12}	126 831	3.5°	7.33	1.33	123.88	111b	75%	92.91	大巷煤柱
		A_{13}	32 943	3.5°	8.39	1.33	36.83	333			F_{226} 断层
		A_{14}	125 819	3.8°	6.8	1.33	114.04	333			FS_{866} 断层
		A_{15}	593 338	5.0°	5.48	1.33	434.10	333			防水煤柱
		A_{16}	444 112	3.8°	7.81	1.33	462.33	111b	75%	346.75	
		A_{17}	4 450	3.8°	6.8	1.33	3.97	111b	75%	2.98	大巷煤柱

续表

<table>
<tr><td rowspan="6">储量计算</td><td>煤层</td><td>块段级别编号</td><td>平面积（m²）</td><td>倾角</td><td>平均厚度（m）</td><td>容重（t/m³）</td><td>储量（×10⁴ t）</td><td>储量级别</td><td>回收率</td><td>可采储量（×10⁴ t）</td><td>备 注</td></tr>
<tr><td rowspan="4">1 煤层</td><td>A18</td><td>19 256</td><td>8.7°</td><td>6.58</td><td>1.33</td><td>17.05</td><td>333</td><td></td><td></td><td>F209 断层</td></tr>
<tr><td>A19</td><td>57 597</td><td>7.4°</td><td>6.92</td><td>1.33</td><td>53.46</td><td>122b</td><td>75%</td><td>40.10</td><td></td></tr>
<tr><td>A20</td><td>1 177 041</td><td>3.7°</td><td>7.07</td><td>1.33</td><td>1 109.10</td><td>111b</td><td>75%</td><td>831.83</td><td></td></tr>
<tr><td>A21</td><td>21 070</td><td>3.7°</td><td>7.07</td><td>1.33</td><td>19.85</td><td>111b</td><td>75%</td><td>14.89</td><td>大巷煤柱</td></tr>
<tr><td>合计</td><td></td><td></td><td></td><td></td><td></td><td>3 690.72</td><td></td><td></td><td>1 903.65</td><td></td></tr>
<tr><td></td><td>采区合计</td><td>111b</td><td colspan="3">2 427.45</td><td>122b</td><td>106.72</td><td>331</td><td>0</td><td>333</td><td>1 156.55</td></tr>
<tr><td></td><td colspan="2">(111b+122b)</td><td colspan="2">2 534.17</td><td colspan="3">111b+122b+331+333</td><td>3 690.72</td><td>111+122</td><td colspan="2">1 903.65</td></tr>
<tr><td rowspan="3">储量分析</td><td colspan="11">各类煤柱：断层煤柱：603.32×10⁴ t；防水煤柱：：553.23×10⁴ t；
采区巷道保护煤柱：147.7×10⁴ t；合计：1 304.25×10⁴ t。</td></tr>
<tr><td colspan="11">三下压煤：资源总储量为 3 690.72×10⁴ t，全为三下压煤</td></tr>
<tr><td colspan="11">可采储量：1 903.65×10⁴ t。</td></tr>
</table>

十、存在问题及建议

(1) 1 煤在我矿尚无采掘工程揭露，对 1 煤层瓦斯参数和突出危险性指标尚无评价。打开 1 煤层时应及时取样测试分析。

(2) 采区范围内尤其是北部断层（FS_{866}、FS_{873}、F_{216}、FS_{890}、F_{215} 等）较发育，可能与上覆新生界地层含水层及下伏奥陶系灰岩存在一定的水力关系。建议在井巷开拓中应做好断层导水的预防工作。

(3) 根据采区内地质勘探钻孔揭露煤层资料评价，1 煤为稳定厚煤层。采区内煤厚为 3.38～8.83 m，平均为 6.70 m，建议采取合理的采煤工艺，提高 1 煤回采率。

(4) 根据地震三维勘探资料在采区的西南部即三 7 孔向西南 105 m 处与 F_{209} 断层间有一地质异常体，应提前做好探查工作，查清其水文地质条件及影响程度，为工作面设计提供基础资料，确保安全生产。

(5) 由于灰岩富水具不均一性，在灰岩溶隙特别发育地段瞬间涌水量可能较大，采区开拓过程中要保证排水系统畅通，加大排水能力，满足灰岩突水排水需要

十一、附图（此处略）

(一) 西二 1 煤采区综合柱状图　1∶500
(二) 西二采区 1 煤层底板等高线及储量计算图　1∶2 000
(三) 西二 1 煤采区煤岩层对比图　1∶500
(四) 勘探线剖面图
1. 十二勘探线剖面图(局部)　1∶2 000
2. 十二南勘探线剖面图(局部)　1∶2 000
3. 十二北勘探线剖面图(局部)　1∶2 000
4. 六西勘探线剖面图(局部)　1∶2 000
5. 六-七勘探线剖面图(局部)　1∶2 000
6. 六西西勘探线剖面图(局部)　1∶2 000

附录五　提高回采上限可行性研究报告编写模板

根据《安徽省煤矿含水层下开采若干规定》(皖经煤炭〔2007〕110号)的文件要求，现附编写模板如下。

______矿(公司)含水层下______工作面开采可行性方案设计

编 制 提 纲

前言

一、含水层下缩小防水煤柱开采现状及存在问题

1. 已有缩小防水煤柱开采概况及采出煤量

2. 已采块段地质及水文地质条件

(1) 范围

(2) 构造

(3) 煤层赋存状况

(4) 顶底板岩性组合特征(附柱状图)

(5) 煤系上覆含、隔水层赋存情况(重点叙述基岩面上直接充水含水层)

(6) 基岩面控制程度及风化带深度

3. 覆岩破坏探测及导水裂隙带发育规律

(1) 覆岩破坏探测方法及成果

① 地面冒落孔探测(列表)

② 其他方法探测

(2) 导水裂隙带发育规律

4. 存在问题及采取的措施

(1) 试采块段出水情况、充水水源及特征

① 留设的煤岩柱高度

② 煤厚,采高,开采方法,推进度

③ 充水水量变化情况,地面观测孔水位变化情况

④ 工作面充水前后矿压显现规律

(2) 其他问题

(3) 采取的措施

二、________面含水层下试(开)采的技术可行性分析

1. 缩小防水煤柱的范围及可采煤量

2. 地质及采矿条件

3. 水文地质条件(主要叙述上覆含水层的沉积特征、在本工作面上方的厚度、富水性(q)、水位动态、作用在基岩面上的水头压力等、基岩面上覆是否有黏土以及厚度、范围等,区域隔水层(新区指中隔)赋存特征、厚度)

4. 矿井、水文地质类型及水体采动等级

5. 工程地质特征

主要叙述煤层顶板至基岩面岩性组合,直接顶与老顶厚度、岩性特征、工程力学指标、直接顶与采高的比值$\left(N=\sum \frac{m}{h}, \sum m \text{ 直接顶厚度,采高 } h\right)$、对工作面矿压影响的分析、煤的结构及硬度。

6. 基岩面控制程度、留设煤岩柱高度及可行性分析

7. 开采技术方法

8. 与已缩小防水煤柱开采工作面的地质、水文地质、工程地质、采矿条件的区别

9. 导高预计(三下规程、煤矿水文地质规定及本矿公式或矿区公式)

10. 可行性分析

三、________开采安全可靠性分析

1. 有利条件与不利条件

2. 可能出现的问题

3. 安全技术措施

4. 可行性评价

四、________开采经济评价

1. 设计概算

2. 资源采出量与服务年限

3. 经济评价(按《三下开采规程》附录十二的增量净收益法计算)

五、结论

六、主要附图和资料

1. 含水层、隔水层、基岩面等值线图或水文地质图

2. 新地层水文地质剖面图(过煤层工作面的倾向及走向)

3. 水文地质剖面图

(1) 倾向剖面(开切眼、中间、收作三条线);

(2) 上风巷走向剖面(按照水文地质剖面图的图示)。

4. 煤系上覆含水层等水位(压)线图

5. 开采煤层顶板留设的防水煤岩柱对比图(工作面范围实际柱状)

6. 煤层充水性图

7. 工作面内的煤层及煤层顶板实际柱状对比图

8. 井上下对照图

9. 其他需要提供的图纸

10. 含水层抽水实验资料汇总表

11. 隔水层控制程度汇总表

12. 基岩面控制程度汇总表

参 考 文 献

[1] 武强.煤矿防治水手册[M].北京:煤炭工业出版社,2013.
[2] 刘谊,等.新集矿区推覆体水文工程地质条件研究和水害防治实践[M].徐州:中国矿业大学出版社,2008.
[3] 国家煤炭工业局.建筑物、水体、铁路以及主要井巷煤柱留设与压煤开采规程[M].北京:煤炭工业出版社,2000.
[4] 国家安全产监督管理总局,国家煤矿安全监察局.煤矿防治水规定[M].北京:煤炭工业出版社,2009.
[5] 薛禹群.地下水动力学[M].北京:地质出版社,2001.
[6] 黄德发,王崇敏,杨彬.地层注浆堵水与加固施工技术[M].徐州:中国矿业大学出版社,2003.
[7] 张金才,张玉卓.岩体渗流与煤层底板突水[M].北京:地质出版社,1997.
[8] 彭苏萍,王金安.承压水体上安全采煤[M].北京:煤炭工业出版社,2001.
[9] 桂和荣,陈陆望.皖北矿区主要突水水源水文地质特征研究[J].煤炭学报,2004(6).
[10] 葛晓光.临涣矿区地下水的环境同位素研究[J].安徽地质,1999,9(4).
[11] 彭涛.淮北煤田断裂构造系统及其形成演化机理[D].淮南:安徽理工大学,2015.
[12] 魏振岱.安徽省煤炭资源赋存规律与找煤预测[M].北京:地质出版社,2012.
[13] 房佩贤,卫中鼎,廖资生.专门水文地质学[M].北京:地质出版社,1996.
[14] 柴登榜.矿井地质工作手册[M].北京:煤炭工业出版社,1986.
[15] 刘会明.老空积水的探水方法及技术[J].科技情报开发与经济,2009,19(33).
[16] 陈书平,张慧娟,等.矿井水文地质[M].北京:煤炭工业出版社,2011.
[17] 贾琇明.煤矿地质学[M].徐州:中国矿业大学出版社,2007.
[18] 车树成,张荣伟.煤矿地质学[M].徐州:中国矿业大学出版社,2006.
[19] 宋元文.煤矿灾害防治技术[M].兰州:甘肃科学技术出版社,2007.
[20] 卢鉴章,刘见中.煤矿灾害防治技术现状与发展[J].煤炭科学技术,2006.
[21] 陈涛.浅析坑柄煤矿水害类型及其防治对策[J].能源与环境,2011.
[22] 王秀兰,刘忠席.矿山水文地质[M].北京:煤炭工业出版社,2007.
[23] 虎维岳.矿山水害防治理论与方法[M].北京:煤炭工业出版社,2005.
[24] 李增学.矿井地质[M].北京:煤炭工业出版社,2009.
[25] 王大纯.水文地质学基础[M].北京:地质出版社,1995.
[26] MEINZER O E. The occurrence of ground water in the United States[J]. U.S. Geological:Survey Water Supply Paper,1923:489.
[27] 弗里泽 R A,彻里 J A. 地下水[M].吴静方,译.北京:地震出版社,1987.
[28] 汪民,吴永锋.地下水环境工程:水文地质学发展的一个新动向[J].地球科学:中国地质大学学报, 1995,20(4):465-468.

[29] 张蔚榛,张瑜芳.土壤释水性和给水度数值模拟的初步研究[J].水文地质工程地质,1983(5):18-28.
[30] 张人权,高云福,王佩仪.层状土重力释水机制初步探讨[J].地球科学:中国地质大学学报,1985,20(3):3-7.
[31] 贝尔 J.地下水水力学[M].许涓铭,等,译.北京:地质出版社,1985.
[32] 陈崇希.地下水不稳定井流计算方法[M].北京:地质出版社,1983.
[33] 裴源生.地下水水位匀速升降条件下土壤水分运动和给水度研究[J].水文地质工程地质,1983(4):1-7.
[34] 张人权,梁杏,靳孟贵.可持续发展理念下的水文地质与环境地质工作[J].水文地质工程地质,2004,31(1):82-86.
[35] 张人权,梁杏,靳孟贵,等.当代水文地质学发展趋势与对策[J].水文地质工程地质,2005,32(1):51-56.
[36] 罗戴 A A.土壤水[M].巴蓬辰,译.北京:科学出版社,1964.
[37] 沈照理.水文地球化学基础[M].北京:地质出版社,1986.
[38] 任天培,彭定邦,郑秀英,等.水文地质学[M].北京:地质出版社,1986.
[39] 王大纯.水文地质学基础[M].北京:地质出版社,2005.
[40] 陈兆炎,苏文智,郑世书,等.煤田水文地质学[M].北京:煤炭工业出版社,1989.
[41] 虎维丘,等.矿井水害防治的理论与方法[M].北京:煤炭工业出版社,2005.
[42] 沈照理.水文地质学[M].北京:科学出版社,1985.
[43] 柴登榜.矿井地质工作手册(下册)[M].北京:煤炭工业出版社,1984.
[44] 赵全福.煤矿安全手册[M].北京:煤炭工业出版社,1992.
[45] 尹观.同位素水文地球化学[M].成都:成都科技大学出版社,1988.
[46] 地质矿产部地质环境管理司.DZ/T0133—1994 地下水动态监测规程[S].北京:中国标准出版社,1994.
[47] 供水水文地质手册编写组.水文地质手册[M].北京:地质出版社,1978.
[48] 孙恭顺,梅正星.实用地下水连通试验方法[M].贵阳:贵州人民出版社,1988.
[49] 姚永熙.地下水监测方法和仪器概述[J].水利水文自动化,2010(1):6-13.
[50] 武强,金玉洁.华北型煤田矿井防治水决策系统[M].北京:煤炭工业出版社,1995.
[51] 淮南煤炭学院,焦作矿业学院,等.矿井地质及矿井水文地质[M].北京:煤炭工业出版社,1979.
[52] 杨思成.专门水文地质学[M].北京:地质出版社,1981.
[53] 钱鸣高,石平五.矿山压力与岩层控制[M].徐州:中国矿业大学出版社,2003.
[54] 杜计平,汪理全.煤矿特殊开采方法[M].徐州:中国矿业大学出版社,2003.
[55] 袁亮.煤矿总工程师技术手册[M].北京:煤炭工业出版社,2010.
[56] 武强,董书宁,张志龙.矿井水害防治[M].徐州:中国矿业大学出版社,2007.
[57] 武强.煤层底板突水评价的新型实用方法Ⅱ:脆弱性指数法[J].煤炭学报,2007,32(11):1121-1126.
[58] 张景海.矿井防治水[M]//煤矿安全手册.北京:煤炭工业出版社,1992.
[59] 中国煤炭建设协会.GB 50215—2005 煤炭工业矿井设计规范[S].北京:中国计划出版社,2005.
[60] 詹道江,等.工程水文学[M].中国水利出版社,2010.
[61] 中国市政工程东北设计研究院.给排水设计手册(第二篇)[M].中国建筑工业出版

社,2000.
[62] 国家安全生产监督管理总局宣传教育中心.矿井探放水工程[M].徐州:中国矿业大学出版社,2009.
[63] 陈仲颐,周景星,王洪瑾.土力学[M].北京:清华大学出版社,1998.
[64] 许延春.含黏砂土流动性实验[J].煤炭学报,2008(5).
[65] 武强,李周尧.矿井水害防治[M].徐州:中国矿业大学出版社,2002.
[66] 王国际.注浆技术理论与实践[M].徐州:中国矿业大学出版社,2000.
[67] 赵苏启.导水陷落柱突水淹井的综合治理技术[J].中国煤炭,2004(7).
[68] 武强.煤矿防治水手册[M].煤炭工业出版社.2013.
[69] 刘谊.新集矿区推覆体水文工程地质条件研究和水害防治实践[M].徐州:中国矿业大学出版社.2008
[70] 国家煤炭工业局.建筑物、水体、铁路以及主要井巷煤柱留设与压煤开采规程[M].北京:煤炭工业出版社,2000.
[71] 国家安全产监督管理总局,国家煤矿安全监察局.煤矿防治水规定[M].北京:煤炭工业出版社,2009.
[72] 国家煤矿安全监察局.煤矿防治水规定释义[M].徐州:中国矿业大学,2009.
[73] 薛禹群.地下水动力学[M].北京:地质出版社,2001.
[74] 黄德发,王崇敏,杨彬.地层注浆堵水与加固施工技术[M].徐州:中国矿业大学出版社,2003.
[75] 张金才,张玉卓.岩体渗流与煤层底板突水[M].北京:地质出版社,1997.
[76] 彭苏萍,王金安.承压水体上安全采煤[M].北京:煤炭工业出版社,2001.
[77] 桂和荣,陈陆望.皖北矿区主要突水水源水文地质特征研究[J].煤炭学报,2004.
[78] 葛晓光.临涣矿区地下水的环境同位素研究[J].安徽地质,1999,9(4).
[79] 王经明.孙疃煤矿灰岩水害防治[R].华北科技学院,2006.
[80] 彭涛.淮北煤田断裂构造系统及其形成演化机理[D].淮南:安徽理工大学,2015.
[81] 魏振岱.安徽省煤炭资源赋存规律与找煤预测[M]北京:地质出版社,2012.
[82] 房佩贤,卫中鼎,廖资生.专门水文地质学[M].北京:地质出版社,1996.
[83] 柴登榜.矿井地质工作手册[M].北京:煤炭工业出版社,1986.
[84] 刘会明.老空积水的探水方法及技术[J].科技情报开发与经济,2009,19(33).
[85] 陈书平,张慧娟.矿井水文地质[M].北京:煤炭工业出版社,2011.
[86] 贾琇明.煤矿地质学[M].徐州:中国矿业大学出版社,2007.
[87] 车树成,张荣伟.煤矿地质学[M].徐州:中国矿业大学出版社,2006.
[88] 宋元文.煤矿灾害防治技术[M].兰州:甘肃科学技术出版社,2007.
[89] 卢鉴章,刘见中.煤矿灾害防治技术现状与发展[J].煤炭科学技术,2006.
[90] 陈涛.浅析坑柄煤矿水害类型及其防治对策[J].能源与环境, 2011(1):94-95.
[91] 王秀兰,刘忠席.矿山水文地质[M].北京:煤炭工业出版社,2007.
[92] 李增学.矿井地质[M].北京:煤炭工业出版社,2009.
[93] 王大纯.水文地质学基础[M].北京:地质出版社,1995.
[94] 赵苏启.引流注浆快速治理煤矿水害技术[J].煤炭科学技术,2003(2).
[95] 虎维丘,田干.我国煤矿水害类型及其防治对策[J].煤炭科学技术,2010,38(1):92-96.
[96] 靳德武.我国煤层底板突水问题的研究现状及展望[J].煤炭科学技术,2002,30(6):1-4.

[97] 刘白宙.井下瞬变电磁技术在探测煤矿老空水方面的应用[J].地震地质,2007,29(3):687-691.

[98] 张文泉.矿井(底板)突水灾害的动态机理及综合判测和预报软件开发研究[D].青岛:山东科技大学,2004.

[99] 肖洪天,温兴林,张文泉,等.分层开采地板岩层移动的现场观测研究[J].岩土工程学报,2001,23(1):71-74.

[100] 张春霞.矿井水文地质信息管理与水害预测系统[D].青岛:山东科技大学,2004.

[101] 张立俊.废弃矿井高强渗流水害识别与封堵技术研究[D].青岛:山东科技大学,2005.

[102] 崔希民,缪协兴.论煤矿环境地质灾害与防治[J].煤矿环境保护,2000,14(5):20-23.

[103] 桂和荣,胡友彪.防水煤(岩)柱合理留设的应力分析计算法[M].北京:煤炭工业出版社,1997.

[104] 煤炭科学研究院北京开采研究所.煤矿地表移动与覆岩破坏规律及其应用[M].北京:煤炭工业出版社,1981.

[105] 许延春,刘世奇.水体下综放开采的安全煤岩柱留设方法[J].煤炭科学技术,2011,39(11):1-3.

[106] 许延春.综放开采防水煤岩柱保护层的"有效隔水厚度"留设方法[J].煤炭学报,2005,30(3):305-308.

[107] 杨本水,王广军.综放工作面缩小防水煤岩柱的可行性研究[J].煤田地质与勘探,2000,28(1):36-38.